Zu diesem Buch

Das vorliegende Skriptum gibt eine knappe, praxisbezogene und leicht verständliche Einführung in das Gebiet optoelektronischer Halbleiterbauelemente. Es setzt lediglich elektrophysikalische und einige halbleiterelektronische Grundkenntnisse voraus, wie sie in mittleren Studiensemestern an Technischen Hochschulen/Universitäten und Fachhochschulen in elektrotechnischen, physikalischen und informationstechnischen Studienrichtungen geboten werden. Das Skriptum ist zum Gebrauch neben Vorlesungen sowie für das Selbststudium gedacht.

Optoelektronische Halbleiterbauelemente

Von Prof. Dr.-Ing. habil. Reinhold Paul
Technische Universität Hamburg-Harburg

2., überarbeitete und erweiterte Auflage
Mit 244 Bildern und 41 Tafeln

B. G. Teubner Stuttgart 1992

Die Deutsche Bibliothek - CIP-Einheitsaufnahme

Paul, Reinhold
Optoelektronische Halbleiterbauelemente / von Reinhold Paul.
- 2., überarb. und erw. Aufl. - Stuttgart : Teubner, 1992
 (Teubner-Studienskripten ; 96 : Physik)
 ISBN-13: 978-3-519-10096-6   e-ISBN-13: 978-3-322-89215-7
 DOI: 10.1007/978-3-322-89215-7

NE:GT

Umschlaggestaltung: W. Koch, Sindelfingen

Vorwort

Halbleiterbauelemente sind heute für die Informationstechnik
mit ihren Teilbereichen Informationsverarbeitung, -übertra-
gung, -erfassung und -wiedergabe zur wichtigsten Grundlage
geworden, ohne die eine moderne Elektronik und deren vielfältige Anwendungen in der Volkswirtschaft undenkbar wären.

Im Teilgebiet Informationserfassung und -wiedergabe spielt
die Anwendung elektrooptischer Wirkprinzipien schon seit langem eine gewichtige Rolle, die durch die Konzeption optoelektronischer Halbleiterbauelemente wie Lumineszenz- und Laserdioden, Anzeigeeinheiten, die vielfältigen Formen der Fotodetektoren und Bildaufnahmeelemente noch zusehends an Bedeutung
wuchs. Zu einer völligen Neubewertung optoelektronischer
Halbleiterbauelemente führte der Vorschlag M. Dörners im
Jahre 1966, Informationen durch Glasfasern zu übertragen.
Seitdem hat sich das Gebiet der optischen Nachrichtentechnik
- fast als logische Fortsetzung der Hochfrequenz- und Mikro-
wellentechnik - sehr stürmisch entwickelt und ist mit solchen
Stichworten wie Glasfasertechnik, integriertes digitales
Nachrichtensystem und Kabelfernsehen derzeit im Begriff,
seine Möglichkeiten auch dem Laien zu vergegenständlichen.

Das vorliegende Studienskriptum versucht, die Wirkprinzipien,
Eigenschaften und Anwendungsmöglichkeiten der typischen optoelektronischen Halbleiterbauelemente übersichtsartig und aus
einheitlicher Sicht darzustellen. Es entstammt Teilen einer
Einführungsvorlesung über Halbleiterbauelemente für Elektro-
techniker in den unteren Ausbildungssemestern. So sollte es
für Studenten mit einigen physikalischen und elektronischen
Kenntnissen verständlich sein. Eine umfassende Darstellung
des Gesamtgebietes würde diese Zielsetzung sicher verfehlen.
Zusätzliche Literatur - meist mit Übersichtscharakter bzw.
Quellenzitate am Ende eines jeden Abschnittes - ermöglicht
ein tieferes Eindringen. Sie ist in jedem Falle erforderlich,

will der Leser später selbst an den vielen noch offenen Fragestellungen gerade dieses Gebietes mitarbeiten.

Die technische Vorbereitung wäre ohne die tatkräftige Mithilfe meiner Frau Ingrid und meines Sohnes Steffen wohl kaum möglich gewesen, ihnen beiden danke ich daher ganz besonders. Zu Dank verpflichtet bin ich auch dem B.G. Teubner Verlag, insbesondere Herrn Dr. Spuhler, für die gute Zusammenarbeit und nicht zuletzt das wohlwollende Verständnis für das Grundproblem eines jeden Autors: die zu rasch vorschreitende Zeit.

Reinhold Paul

München, im Frühjahr 1985

Vorwort zur zweiten Auflage

Die durchweg wohlwollende Aufnahme der ersten Auflage dieses Scriptums beim Leser bot Gelegenheit, in die vorliegende Neuauflage vor allem die neueren Entwicklungen optoelektronischer Halbleiterbauelemente in Richtung integrierter Komponenten, Photonik und der zugehörigen Materialsysteme aufzunehmen. Eine gewisse Umfangserweiterung mußte so zwangsläufig in Kauf genommen werden.

Zu großem Dank bin ich dem B.G. Teubner Verlag, in Sonderheit Herrn Dr. P. Spuhler gegenüber verpflichtet, nicht nur für die aktive Unterstützung, sondern auch für die Nachsicht in der Zeitdisposition.

Mit viel Geduld und technischer Hilfe trug meine Frau Ingrid zur endgültigen Form bei, wofür ich ihr herzlichst danke.

Reinhold Paul

Hamburg, im Herbst 1991

Inhaltsverzeichnis

Vorwort   5
Optoelelektronische Halbleiterbauelemente   11

1 Physikalische Grundlagen optoelektronischer Halbleiterbauelemente   17

  1.1 Wellen- und Teilchencharakter des Lichtes   17
    1.1.1 Wellenauffassung   17
    1.1.2 Teilchenauffassung des Lichtes   23
  1.2 Elektromagnetische Wellen   29
    1.2.1 Wellenausbreitung im ungestörten Raum   29
    1.2.2 Reflexion und Brechung von Wellen an ebenen Grenzflächen   36
    1.2.3 Interferenz und Kohärenz   47
    1.2.4 Geometrische Optik   52
  1.3 Strahlungserzeugung   52
    1.3.1 Temperaturstrahlung   53
    1.3.2 Lumineszenzstrahlung   60
  1.4 Wechselwirkung von elektromagnetischer Strahlung und
      Festkörper. Emission und Absorption   64
    1.4.1 Grundprozesse   64
    1.4.2 Absorption und Emission   67
    1.4.3 Physikalische Absorptionsmechanismen   74
      1.4.3.1 Fundamentalabsorption   76
      1.4.3.2 Weitere Absorptionsmechanismen   81
    1.4.4 Stimulierte Emission   84
    1.4.5 Die optischen Konstanten   90
  1.5 Größen zur Kennzeichnung von Strahlung   93
    1.5.1 Strahlungsphysikalische Größen   93
    1.5.2 Lichttechnische Größen   95

2 Halbleiterstrahlungsquellen   98

  2.1 Lumineszenzdiode   98
    2.1.1 Wirkprinzip   99
    2.1.2 Eigenschaften und Kennwerte von LEDs   103
    2.1.3 Materialien, Herstellungs- und Bauformen   116
    2.1.4 Anwendungen. Grundschaltungen   131
    2.1.5 Weitere Strahlungsquellen   134
      2.1.5.1 Schottky-Diode   134
      2.1.5.2 MOS-Diode   135
  2.2 Anzeigeeinheiten   137
    2.2.1 Übersicht   137
    2.2.2 Digitale LED-Anzeigen   142
      2.2.2.1 Anzeigeelemente   142

2.2.2.2 Ansteuerschaltungen 145

2.2.3 Flüssigkeitsanzeigen, LCD-Anzeige 151

2.2.3.1 Anzeigeelemente 151

2.2.3.2 Ansteuerschaltungen 155

2.2.4 Weitere Digitalanzeigen 156

2.2.4.1 Vakuumfloreszenzanzeige 157

2.2.4.2 Elektrolumineszenzanzeigen 157

2.2.4.3 Weitere Anzeigetechniken 159

2.2.5 Quasianaloganzeigen 160

2.3 Laserdioden 162

2.3.1 Wirkprinzip 163

2.3.2 Eigenschaften realer Laserdioden 169

2.3.2.1 Bilanzgleichungen 169

2.3.2.2 Stationäre Lösungen der Bilanzgleichungen 172

2.3.2.3 Strahlungskennlinie. Ausgangsleistung 179

2.3.2.4 Dynamische Lösungen der Bilanzgleichungen 187

2.3.3 Bauformen 192

2.3.3.1 Materialien 193

2.3.3.2 Bauformen 195

2.3.3.3 Potentialtopflaserdioden 206

2.3.4 Anwendungen 210

3 Strahlungsempfänger 213

3.1 Fotoleiter 221

3.1.1 Wirkprinzip und Eigenschaften 222

3.1.2 Bauformen, Materialien, Anwendungen 230

3.2 Fotodiode 232

3.2.1 Fotodiode mit PN-Übergang 233

3.2.1.1 Wirkprinzip 233

3.2.1.2 Kennlinie. Eigenschaften der Fotodiode 237

3.2.1.3 Dynamische Eigenschaften 243

3.2.1.4 Materialeinfluß 246

3.2.2 PIN-Fotodioden 248

3.2.3 Schottky-Fotodioden 252

3.2.4 Lawinen-Fotodiode 254

3.2.5 Fotodioden mit Heterostrukturen 266

3.2.5.1 Fenstereffekt 267

3.2.5.2 Hetero-Lawinenfotodioden 268

3.2.5.2.1 Hetero-Lawinenfotodioden mit getrennter Lawinen- und Absorptionszone 268

3.2.6 Weitere Fotodetektoren 272

3.2.7 Schaltungstechnik 277

3.3 Fototransistoren, Fotothyristoren 279

3.3.1 Fotobipolartransistor	279
3.3.2 Fotofeldeffekttransistoren	285
3.3.3 Fotothyristor	288
3.4 Weitere Fotoempfänger	291
3.4.1 Spezielle Fotodetektoren	291
3.4.2 Halbleiterfotokatoden	295
3.5 Rauschverhalten von Strahlungsempfängern	298
3.5.1 Rauschquellen in Strahlungsempfängern	298
3.5.2 Empfindlichkeit. Detektivität	308
3.5.3 Betriebsarten von Strahlungsempfängern	310
3.6 Solarzelle	312
3.6.1 PN-Solarzelle	313
3.6.1.1 Kennliniengleichung. Grundeigenschaften	313
3.6.1.2 Bauformen. Materialeinfluß	319
3.6.2 Weitere Strukturen	324
3.7 Bildaufnahmeeinheiten, integrierte Fotosensoren	327
3.7.1 Bildaufnahmeröhre mit Fotodiodenmatrix	328
3.7.2 Integrierte Festkörper	330
3.7.3 Ladungsinjektionssensoren	336
3.7.4 Ladungstransfersensoren	338
4 Optokoppler	346
4.1 Wirkprinzip und Eigenschaften	348
4.2 Grundschaltungen	357
4.3 Anwendungen	365
5 Optische Übertragungssysteme	368
5.1 Übertragungsstrecken optischer Systeme. Lichtwellenleiter	374
5.1.1 Freie (atmosphärische) Übertragungsstrecke	374
5.1.2 Lichtwellenleitersystem	376
5.1.2.1 Wirkprinzip und Eigenschaften von Glasfaserwellenleitern	377
5.1.2.2 Übertragungseigenschaften	384
5.1.3 Schichtwellenleiter	391
5.1.4 Rechteckwellenleiter	400
5.1.5 Zylindrische Wellenleiter. Glasfaserkabel	405
5.2 Komponenten optischer Systeme. Integrierte optische Schaltungen	408
5.2.1 Komponenten optischer Systeme	409
5.2.1.1 Koppler	409
5.2.1.2 Modulatoren	412
5.2.1.2.1 Elektrophysikalische Effekte und ihre Anwendung in Modulatoren	415

5.2.1.2.2 Optisch gesteuerte Modulatoren   423
5.2.1.3 Schalter   424
5.2.2 Integrierte Optoelektronik   425
5.2.2.1 Hybride integrierte optische Schaltungen   428
5.2.2.2 Monolithisch integrierte optische Schaltungen   428
5.2.3 Photonik   432
5.2.3.1 Nichtlineare optische Materialeigenschaften.
Optische Bistabilität   435
5.2.3.2 Optische Verstärker   439
5.2.3.3 Optische Schalter und Digitalelemente   442
5.3 Optische Übertragungssysteme   444
5.3.1 Modulation, Demodulation   445
5.3.2 Optische Übertragungssysteme   448
5.3.2.1 Optische Quellen und ihre Anpassung   449
5.3.2.2 Optische Detektoren   453
5.3.2.3 Übertragungslänge   455

Literaturverzeichnis   461
Sachwortverzeichnis   470

Optoelektronische Halbleiterbauelemente

Überblick. Seit langem überträgt der Mensch Informationen
durch optische Signale wie Feuer, Rauch o.a. sichtbare Zeichen. Eine solche <u>optische Informationsübertragung</u> (Bild 0.1)
enthält stets eine <u>Informationsquelle</u> (Feuerschein, Rauch),
die <u>Übertragungsstrecke</u> und den <u>Empfänger</u> (menschliches Auge).
Die Nachteile dieses Übertragungsprinzips [1.1], wie z.B.
- zu schwache und nur langsam veränderbare (modulierbare) In-
  formationsquelle,
- Witterungseinfluß auf die Übertragungsstrecke,
- Empfindlichkeitsbegrenzung und Trägheit des menschlichen
  Auges,
wurden erst durch die elektrische Nachrichtentechnik überwun-
den. Zugleich entstand die Notwendigkeit zur Entwicklung <u>op-
toelektrischer</u> Bauelemente wie Oszillographen-, Bild und
Bildaufnahmeröhren, Gasentladungsanzeigen, Glühlampen und Fotovervielfacher. Nur sie konnten elektrische Vorgänge optisch
wahrnehmbar machen oder Lichtsignale in elektrische umformen.
Optoelektrische Bauelemente sind demnach das Bindeglied zwischen der subjektiv wahrnehmbaren Sinneswelt und objektiven,
nicht direkt wahrnehmbaren elektrischen Vorgängen. Deshalb
gelangten sie bereits während der Ära der Vakuumelektronik zu
hoher technischer Reife.

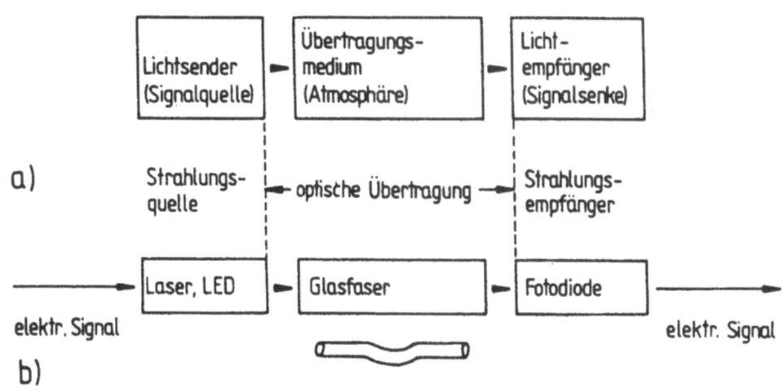

Bild 0.1 Informationsübertragung durch Licht bzw. Strahlung
     a) rein optische Übertragung
     b) elektrisch-optisch-elektrische Übertragung

Die Entwicklung der Halbleiterbauelemente zu Beginn der 50er Jahre führte sehr bald zu ersten <u>optoelektronischen Halbleiterbauelementen</u> durch gezielte Nutzung festkörperphysikalischer Effekte, heute umfassend verstanden als <u>(Halbleiter)-Optoelektronik,</u> gelegentlich auch als <u>Optronik</u> bezeichnet.

Die Optoelektronik ist ein Teilgebiet der Elektronik, das die Erzeugung, Übertragung, Verarbeitung, Speicherung und den Empfang optischer Strahlung (sehr kurzwellige elektromagnetische Strahlung) im sichtbaren (Licht) und unsichtbaren Bereich (Infrarot, Ultraviolett)) durch optoelektronische Bauelemente und deren Anwendung umfaßt, kurz die Wandlung optischer Signale in elektrische und umgekehrt durch Nutzung der Wechselwirkung zwischen elektromagnetischer Strahlung und beweglichen Ladungsträgern insbesondere in Festkörpern. Deshalb unterteilt man optoelektronische Bauelemente in <u>Strahlungsemitter</u>, <u>Strahlungsempfänger</u>, <u>Optokoppler</u> und <u>optische Übertragungsstrecken</u>.

Die Beschränkung auf optoelektronische Halbleiterbauelemente grenzt damit deutlich von älteren optoelektrischen Bauelementen, wie z.B. Glühlampen, Oszillographenröhren u.a.m. ab.

Die Halbleiteroptoelektronik wird heute umfangreich eingesetzt, wie folgende Beispiele zeigen mögen:
- <u>digitale Anzeigeeinrichtungen</u> z.B. für Taschenrechner, Minicomputer, elektrische Kassen, Uhren, elektronische Meßgeräte,
- <u>Lasertechnik</u> für die Nachrichtenübertragung, Holographie, Medizin (Krebserkennung, Operationstechnik), Meßtechnik (Zielerkennung, Flugzeugführung), Entfernungsmessung, Materialbearbeitung (Bohren, Schmelzen, Trennen) für das CD-Verfahren u.a.m.,
- <u>fotoelektrische Steuerung und Erkennung:</u> Zählung, Start-, Stopsysteme, Füllstandskontrolle, Locherkennung, Sortieraufgaben, Lageerkennung und Justierverfahren, Zielerken-

nungsaufgaben, Beleglesar für die Rechentechnik, Symboler-
kennung,

- <u>Infrarottechnik:</u> Nachtsichtgeräte, Zielerkennung,
  Wettervorhersage, Rauchmeldeeinrichtungen, Spektrometrie,
  Warnanlagen, Temperaturmessung u.a.,
- <u>Fotovervielfältigungsprinzipien:</u> automatische Belichtungs-
  meßtechnik, Kameraeinstellung, elektrische Bildspeicherung,
- <u>elektrische Energiegewinnung</u> durch Umwandlung der Sonnenenergie in sog. <u>Solarzellen</u>, eine sehr umweltfreundliche
  Art der Energieumformung,
- neuartige, potentialfreie Verkopplungsmöglichkeiten von
  Stromkreisen durch sog. <u>Optokoppler</u> oder <u>Optoisolatoren</u> mit
  einer Isolationsfestigkeit von einigen 1000 Volt,
- integrierte Halbleiterbauelemente zur <u>Bildaufnahme</u> in Vi-
  deokameras,
- <u>optische Nachrichtenverarbeitung und -übertragung:</u> Wandlung
  elektrischer Signale in optische, Übertragung mit sog.
  <u>Lichtwellenleitern</u> und Rückwandlung in elektrische. Gerade
  die Entwicklung der Glasfaserlichtleiter machte zusammen
  mit den nun verfügbaren schnellen, empfindlichen Halbleiterfotoempfängern und intensiven, leicht modellierbaren
  Laser- und Lumineszenzdioden die elektrisch-optisch-elek-
  trische Signalübertragung sehr leistungsfähig möglich (Bild
  0.1). Sie hat gegenüber dem rein elektrischen System bemer-
  kenswerte <u>Vorteile</u>, wie z.B.
  . erheblich größere Übertragungsbandbreite (u.U. > 1 GHz),
  . Überbrückung größerer Entfernungen (viele Kilometer) ohne
    Zwischenverstärker),
  . Unempfindlichkeit gegen elektrische Störungen (z.B. durch
    Starkstromkabel),
  . elektrische Potentialtrennung, daher Wegfall von Erd-
    schleifenproblemen,
  . Kompatibilität der optoelektronischen Halbleiterbauele-
    mente mit integrierten Schaltkreisen,
  . geringes Gewicht und sehr kleiner Durchmesser der Glasfa-
    serlichtleiter, erhebliche Einsparung von Kupfer.

Diese Vorzüge verschieben die rein elektrische Nachrichtenübertragung auf vielen Gebieten stärker zur elektrisch-
optischen Übertragung, so daß die Bedeutung optoelektronischer Halbleiterbauelemente weiter wächst.

Angeregt durch die Integration elektronischer Bauelemente zu
integrierten Schaltungen, gibt es heute bereits <u>integrierte
optische Schaltungen</u>. Dabei werden Strahlungsquelle, Lichtleiter und Strahlungsempfänger in integrierter Form realisiert. Solche Integrationsprinzipien bieten aussichtsreiche
Lösungsprinzipien für schnell arbeitende optische Computer.

Tafel 0.1 gibt eine Zusammenstellung typischer optisch-elek-
trischer Signalwandlungen. Man erkennt folgende Gruppen optoelektronischer Halbleiterbauelemente:
- <u>Strahlungssender</u> oder <u>Lichtemitter.</u> Das sind Halbleiterbauelemente, die zugeführte elektrische Energie in elektromagnetische Strahlung im sichtbaren, infraroten und ultravioletten Bereich umwandeln. Hierzu gehören die <u>Lumineszenz-
  diode</u> und die <u>Laserdiode</u> als Einzelbauelemente sowie Anordnungen zur Symbol- und Bildwiedergabe, die sog. <u>Displays</u> .
  oder <u>Anzeigeeinheiten.</u>
- <u>Strahlungsempfänger</u> oder <u>Strahlungsdetektoren,</u> oft auch als
  <u>Strahlungssensoren</u> bezeichnet. Das sind Halbleiterbauelemente, die optische Strahlung in elektrische Energie umwandeln, entweder als Einzelbauelemente (Fotowiderstand, -dio-
  de, -transistor, -thyristor, Solarzelle) oder integrierte
  Strukturen (Festkörper-Bildaufnahmeeinheiten) und Bildverstärker.
- <u>Optokoppler.</u> Das sind Halbleiterbauelemente für die Signal-
  wandlung elektrisch-optisch-elektrisch. Sie vereinen je
  einen Strahlungssender und -empfänger, die beide über eine
  "kurze optische Übertragungsstrecke" verkoppelt sind. Die
  Übertragungsstrecke kann der freie Raum oder ein wellenlei-
  tendes System (Lichtwellenlleiter) sein. In moderner Form
  wird er als integrierte Anordnung ausgeführt und leitet da-

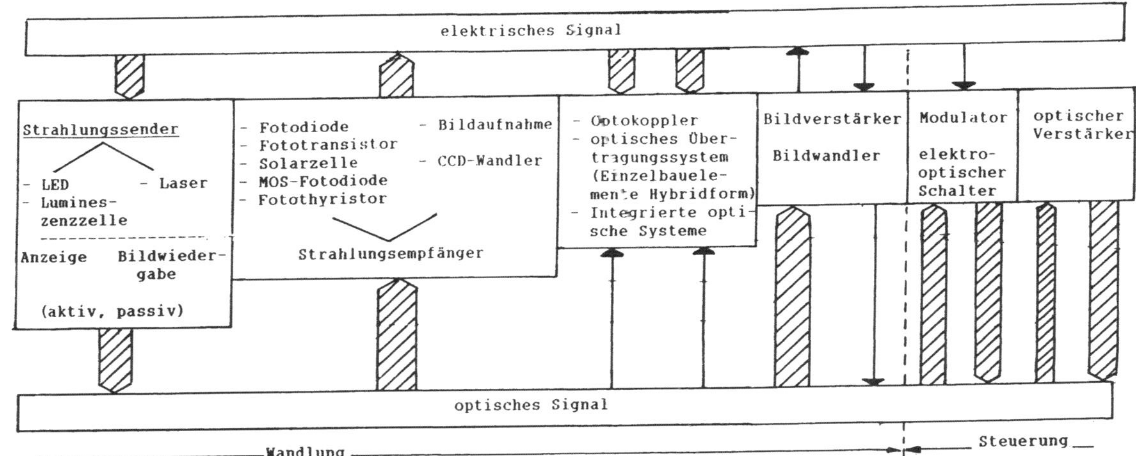

Tafel 0.1 Übersicht optoelektrischer Signalwandlungen mit Realisierungs-
beispielen

mit zu den "integrierten optoelektronischen Schaltungen"
über (s. Abschn. 5.2).

Sind dagegen Sender- und Empfängerelement räumlich weit
voneinander entfernt, so spricht man üblicherweise von
einem <u>optischen Übertragungssystem.</u> Dabei ist es zunächst
zweitrangig, ob als optische Übertragungsstrecke die Atmosphäre oder ein Glasfaserkabel benutzt wird.

- <u>Optoelektronische Schaltungen.</u> Das sind Anordnungen mit optoelektronischen Bauelementen, die entweder aus diskreten
  Einzelbauelementen bestehen, in Hybridform oder als integrierte Schaltung (integrierte Optik, monolithische I.O.)
  realisiert werden.

- Elektrisch gesteuerte <u>optische Übertragungsglieder.</u> Das
  sind Anordnungen, in denen die optischen Übertragungseigenschaften z.B. durch ein elektrisches Feld beeinfluß werden.
  Dazu gehören beispielsweise Wellenleitermodulatoren, elektrooptische Schalter, optische Verstärker u.a.m.

Die vorgenannten Signalwandlungen und Steuerungen umfassen
die typischen Funktionen der optoelektronischen Halbleiterbauelemente mit breiter Anwendung. Dagegen sind andere Wand-
lungs- und Steuerprinzipien heute noch von untergeordneter
Bedeutung; sie werden deshalb nicht behandelt:

- <u>Optisch-optische Signalwandler.</u> Das sind Bauelemente, die
  Strahlung einer Wellenlänge über optische Anregung in
  Strahlung einer anderen Wellenlänge umsetzen, z.B. unsicht-
  bar in sichtbar. Dazu gehören die UV-Leuchtschirme mit
  polykristallinem dünnschichtigen ZnS, das in eine Matrix-
  substanz eingebettet ist und der Leuchtschirm der Elektro-
  nenstrahlröhre.

- <u>Optisch-elektrisch-optische Signalwandler.</u> Sie wandeln ein
  optisches Signal zunächst in ein elektrisches und dieses
  wieder in ein optisches. So gelingt z.B. die Umformung
  eines optischen Spektralgebietes in ein anderes, wie es der
  wissenschaftliche Gerätebau und die Astronomie verlangen.
  Hier ist die Entwicklung noch stark im Fluß,

1 Physikalische Grundlagen optoelektronischer Halbleiterbauelemente

Optoelektronische Halbleiterbauelemente beruhen auf der Wechselwirkung elektromagnetischer Strahlung mit der Materie insbesondere in Halbleitern und den Ausbreitungsgesetzen dieser Strahlung.

Die typischen <u>Grundfunktionen</u> der optoelektronischen Halbleiterbauelemente (Tafel 0.1) basieren dabei aus physikalischer Sicht auf charakteristischen Effekten (Tafel 1.1), die stark materialabhängig sind. Daraus erklärt sich das generell größere Materialspektrum optoelektronischer Halbleiterbauelemente etwa im Vergleich zu integrierten Si-Schaltkreisen. Beispielsweise liegt die Wellenlänge einer durch eine Laserdiode erzeugte Strahlung durch die Materialbandbreite W_G fest. Ein Strahlungsempfänger für diese Strahlung muß hohe Absorption aufweisen, während beispielsweise ein eingefügter Modulator resp. Wellenleiter ausgeprägt transparent sein muß.

Typische Materialien der Optoelektronik sind insbesondere III-V-Verbindungshalbleiter wie Galliumarsenid (GaAs), Galliumphosphid (GaP), Aluminiumarsenid (AlAs), Indiumphosphid (InP) und deren quasiternären Mischverbindungen.

1.1 Wellen- und Teilchencharakter des Lichtes

Für das Verständnis der optoelektronischen Halbleiterbauelemente sind sowohl der Wellen- wie auch Teilchencharakter der elektromagnetischen Strahlung - oder eingeschränkter (s.u.) des Lichtes - heranzuziehen.

1.1.1 Wellenauffassung

Zum Begriff "Strahlung" gehört außer dem Gesamtspektrum der elektromagnetischen Strahlung auch die Korpuskularstrahlung der Elektronen, Protonen, Neutronen und schweren Ionen [1.2], [1.3]. Ihre Wechselwirkung mit der Materie wird u.a. durch

Grundfunktion optoelektronischer Halbleiterbauelemente	Typische physikalische Effekte
- Strahlungserzeugung - Strahlungsverstärkung	Emission (Injektions)-Lumineszenz (Elektro)-Lumineszenz
Strahlungsempfang	Absorption
Strahlungsmodulation Strahlungsschalter	elektrooptischer Effekt Elektroabsorption Transparenz
Strahlungsführung	Totalreflexion Ausbildung von Strahlungsmoden

Tafel 1.1 Grundfunktionen optoelektronischer Halbleiterbauelemente und
zugeordnete typische physikalische Effekte

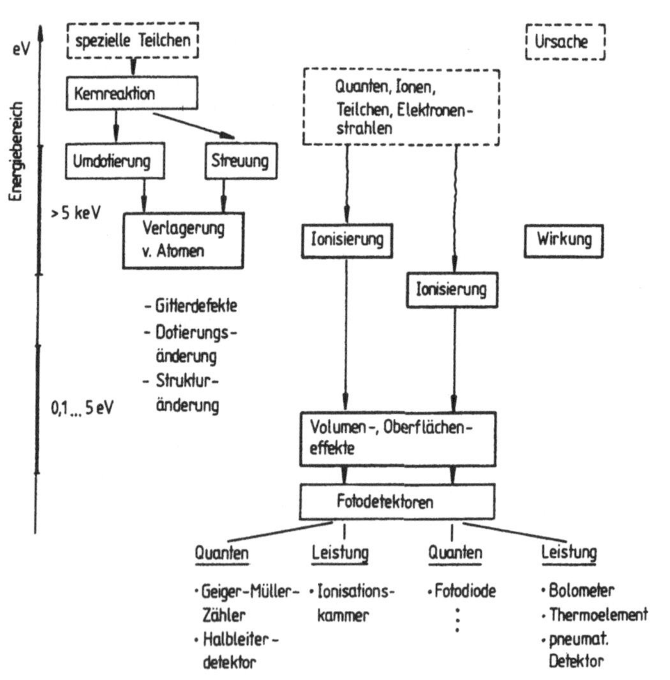

Bild 1.1 Wechselwirkung zwischen Strahlung und Materie mit typischen
Bereichen der Teilchenenergie

die Teilchenenergie oder "Eindringtiefe" in den absorbierenden Festkörper bestimmt (Bild 1.1).

Beispielsweise sind für die Halbleitertechnik nicht primär
die hochenergetischen Kernreaktionen (Ausnahme Neutronendo-
tierung) von Interesse, sondern mit abnehmender Teilchenenergie
- die Stoß-Wechselwirkung mit <u>Atomen</u> - bekannt als <u>Streuung</u> -
  im Gefolge der <u>Korpuskularstrahlung</u> <u>hoher</u> und <u>mittlerer</u>
  Energien (besonders Ionen und Neutronen zum Dotierung von
  Halbleitern, wie Elektronen-, Röntgen- und Ionenstrahlung
  zum Strukturieren), für technologische Prozesse interessant
- die Wechselwirkungen mit den <u>Elektronen des Absorbermate-
  rials</u> wesentlich, bekannt als <u>Ionisation</u>, z.B.
  . für Korpuskularstrahlung mittlerer und geringer Energie
    in den sog. <u>Teilchenzählern</u>,
  . für die elektromagnetische Strahlung geringer Energie
    (Bereich einiger eV) in den <u>optoelektronischen Bauele-
    menten</u>.

Aus dem Gesamtspektrum der elektromagnetischen Strahlung, das
einen Wellenlängenbereich von rd. 24 Zehnerpotenzen überdeckt, umfaßt die <u>optische Strahlung</u> nur etwa 5 Zehnerpotenzen von λ = 10 nm bis λ = 1 mm (Bild 1.2). Das menschliche
Auge nimmt davon lediglich einen sehr kleinen Teil als <u>Licht,</u>
d.h. als <u>Farb-</u> und <u>Helligkeitseindruck</u> <u>subjektiv bewertet</u> im
Wellenlängenbereich λ = 380 nm (violett) ... λ = 780 nm (rot),
auf, also rd. nur eine Oktave. Man unterteilt daher den optischen Strahlungsbereich in
- <u>Ultraviolettbereich</u> ($\lambda \approx$ 10 nm ... 380 nm),
- <u>sichtbaren Bereich</u> ($\lambda \approx$ 380 ... 780 nm),
- <u>Infrarotbereich</u> ($\lambda \approx$ 0,78 µm ... 1000 µm (Grenze des
  Mikrowellenbereiches), im letzten Fall oft noch unterglie-
  dert in
  - nahes Infrarot (NIR) $\lambda \approx$ 0,78 ... 1,5 µm für die optische
    Nachrichtenübertragung,

- mittleres Infrarot (MIR) $\lambda \approx 1,5 \ldots 6$ µm,
- fernes Infrarot (FIR) $\lambda \approx 6 \ldots 40$ µm für Nachtsichtgeräte,
- ultrafernes Infrarot (UFIR) $\lambda > 40 \ldots 1000$ µm.

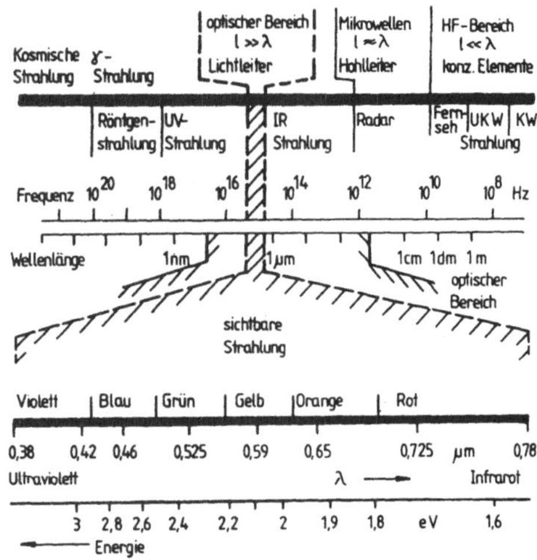

Bild 1.2 Frequenz- und Wellenlängenbereiche der elektromagnetischen Strahlung

Der Infrarotbereich ist dann mit rd. 3 Dekaden (oder 10 Oktaven) des elektromagnetischen Spektrums sehr groß im Vergleich zum sichtbaren Bereich mit etwa einer Oktave.

Der Lichtbegriff bezog sich ursprünglich auf die vom Auge wahrgenommene Strahlung. Heute ist es jedoch üblich, auch die unmittelbar angrenzende Strahlung (z.B. den nahen Infrarotbereich) als Licht zu bezeichnen, um die physikalisch-technischen Gemeinsamkeiten mit dem sichtbaren Bereich hervorzuheben.

Die Lage einer Schwingung im Spektrum der elektromagnetischen Strahlung kann gleichberechtigt angegeben werden durch

- Wellenlänge λ bzw. Wellenzahl $\nu = 1/\lambda$ } Wellenauf-
- Frequenz f } fassung
- Photonen- oder Lichtquantenenergie h . f } Teilchenauffas-
    sung.

Es gelten folgende Umrechnungen:

$$\lambda = c/f \quad \text{(im Vakuum)} \tag{1.1a}$$

und über die Einsteinsche Gleichung zur Photonenenergie W

$$\boxed{W = h \cdot f = hc/\lambda} \tag{1.1b}$$

mit dem Planckschen Wirkungsquantum $h = 6{,}62 \cdot 10^{-34}$ Ws. Für praktische Zwecke gelten die Zahlenwertgleichungen

$$\lambda = \frac{3 \cdot 10^{14}}{f} = \frac{1{,}24}{hf} \tag{1.1c}$$

$$hf = 1{,}24/\lambda$$

$$\left(\frac{\lambda}{\mu m}, \frac{f}{s^{-1}}, \frac{hf}{eV} \right).$$

Die gleichberechtigte Einordnung des Lichtes in das elektro-magmagnetische Spektrum (Bild 1.2) erfolgt zunächst aufgrund seiner <u>Wellennatur.</u> Bekanntermaßen wird Licht – wie jede elektro-magnetische Welle – z.B. an einem Beugungsgitter gebeugt. Die <u>Ausbreitungsgeschwindigkeit</u> einer bestimmten <u>Phase</u> einer elektromagnetischen Welle im Vakuum heißt <u>Lichtge-</u><u>schwindigkeit c</u>:

$$v_{ph} = c = 2{,}998 \cdot 10^8 \text{ m/s} \approx 3 \cdot 10^8 \text{ m/s} = \text{Licht- oder Pha-}$$
$$\text{sengeschwindigkeit im Vakuum.}$$

"Lichtwellen" haben z.B. gegenüber Rundfunkwellen eine erheblich höhere Frequenz f und damit kürzere Wellenlänge [1.4], [1.5]. Galt im Vakuum Gl.(1.1a), so ist in <u>Stoffen</u> (ε_r, μ_r) zu setzen:

$$\lambda = v_{ph}/f \quad \text{(in Stoffen)} \tag{1.2a}$$

mit

$$c = \sqrt{\varepsilon_r \mu_r} \cdot v_{ph} \qquad\qquad (1.2b)$$

Im Bereich optischer Wellen wird anstelle von $\varepsilon_r \mu_r$ meist die Brechungszahl oder der Brechungsindex $n = \sqrt{\varepsilon_r \mu_r}$ verwendet. Für die in der Optik i. a. verwendeten nichtferromagnetischen Materialien gilt $\mu_r = 1$. Die elektromagetischen Wellen verschiedener Wellenlänge unterscheiden sich nach Bild 1.2 vor allem durch die Art ihrer Erzeugung und ihr spezifisches Verhalten in Stoffen. Hängt die Phasengeschwindigkeit v_{ph} z.B. durch einen frequenzabhängigen Brechungsindex n von der Frequenz ab, so heißt dieser Sachverhalt Dispersion. Nach Gl. (1.2b) ist nur das Vakuum dispersionsfrei.

Ein wesentlicher Unterschied zwischen einer Lichtwelle und der elektromagnetischen Welle eines elektrotechnischen Oszillators besteht - außer in der kürzeren Wellenlänge - darin, daß im Licht normalerweise nicht nur eine Schwingung (bzw. abgestrahlte Welle) mit genau festliegender Frequenz und Phase vorliegt, sondern die Schwingung durch eine Vielzahl atomarer Oszillatoren erzeugt und abgestrahlt wird:

Licht setzt sich aus einer Vielzahl von relativ kurzen Wellenzügen ohne gegenseitige feste Phasenbeziehung, sog. inkohärenten Schwingungen zusammen. In Sonderfällen - z.B. mit dem Laser (s. Abschn. 2.3) - können jedoch auch kohärente Schwingungen erzeugt werden.

Mit der Wellenauffassung des Lichtes, oft auch als Wellenoptik bezeichnet, können besonderes gut Ausbreitungsvorgänge, Interferenzen, Beugung, Transmission und Reflexion sowie Polarisationseffekte erklärt werden (Bild 1.3).

Ein Sonderfall der Wellenoptik ist die Strahlen- oder geometrische Optik. Dabei wird die Wellenlänge des Lichtes als vernachlässigbar klein gegen die Geometrieabmessung l üblicher optischer Bauelemente (Lichtleiter, Linsen, Prismen u. a.) angenommen (s. Abschn. 1.2.4):

Elektromagnetische
Strahlung

Wellenauffassung

Ausbreitungsvorgang

Teilchenauffassung:
Photon als Teilchen

Wechselwirkung
mit der Materie

- Interferenz
- Kohärenz
- Beugung
- Reflexion
- Polarisation

- Absorption
- Emission
- Transmission

Bild 1.3 Interpretation der Wellen- und Teilchenbeschreibung des Lichtes

$\lambda \ll 1$ geometrische Optik.

In optoelektronischen Halbleiterbauelementen können aber entscheidende Geometrieabmessungen durchaus vergleichbar mit der Wellenlänge sein, sicher ist aber der Gitterabstand l_{Gitt} ($l_{Gitt} \approx 0,5$ nm) benachbarter Atome des Kristallgitters klein gegen die Lichtwellenlänge. Hier bietet sich der Vergleich mit einem Hochfrequenzschwingkreis an. Normalerweise sind die geometrischen Abmessungen seiner Elemente (L, C) klein gegen die Wellenlänge der elektromagnetischen Schwingung und sein elektrisches Verhalten wird durch Strom und Spannung (nicht Wellen!) beschrieben. Dies sind aber Begriffe, die letztlich auf der Teilchenauffassung des Elektrons basieren.

Deshalb ist zu erwarten, daß immer dann, wenn die Lichtwellenlänge vergleichbar oder größer als wesentliche geometrische Abmessungen (Gitterabstände!) wird, die Wechselwirkung zwischen Strahlung und Materie besser durch eine Teilchenauffassung des Lichtes beschrieben werden kann [1.3],[1.6],[1.7].

1.1.2 Teilchenauffassung des Lichtes

Schon historisch bildeten sich zwei Auffassungen über die Natur des Lichtes heraus:

- die Wellentheorie von Huygens und Hooke und
- die Korpuskulartheorie von Newton.

Maxwell (1864) gelang später die zusammenfassende Darstellung des elektromagnetischen Feldes mit dem Postulat der Existenz elektromagnetischer Wellen, die später von Hertz (1887) experimentell bestätigt wurden. Die so untermauerte Wellenauffassung des Lichtes vermochte eine Reihe optischer Phänomene zu klären (z.B. Brechung, Interferenz), sie versagte aber bei energieaustauschenden Vorgängen, wie z.B. dem photoelektrischen Effekt (Einstein 1905) sowie bei der Absorption und Emision von Licht. Planck fand um 1900 im Zusammenhang mit der Ableitung des Strahlungsgesetzes (s. Abschn. 1.3.1), daß die elektromagnetische Strahlung auch als eine <u>Gesamtheit vieler Teilchen</u>, der sog. <u>Photonen</u> oder <u>Lichtquanten</u>, aufgefaßt werden kann (Plancksche Lichtquantenhypothese).

Die <u>Photonen-</u> oder <u>Teilchenauffassung</u> beschreibt die Wechselwirkung zwischen elektromagnetischer Strahlung und Materie, während sich die elektromagnetische Strahlung für Ausbreitungsvorgänge wie eine Welle verhält. Diese <u>Dualität</u> zwischen Wellen- und Teilchenauffassung des Lichtes führt zu Beziehungen zwischen der Wellenlänge der elektromagnetischen Strahlung und Energie, Impuls und Masse der Photonen:

Licht besteht nach der <u>Teilchen-</u> oder <u>Quantenauffassung</u> aus diskreten <u>Energiequanten</u> (Energiepaketen) oder <u>Photonen</u> (Lichtquanten). Das sind ungeladene Teilchen
- der Energie $W_q = h \cdot f = h \cdot c/\lambda$
- des Impulses $\vec{p} = (h/2\pi)\vec{k}$ $\hfill (1.3)$
- der Masse $m = W_q/c^2 = hf/c^2$.

Dabei sind f die Frequenz der elektromagnetischen Strahlung und k ihr Wellenvektor (s.u., $k = 2\pi/\lambda$). Beispielsweise haben Photonen eines Lichtes der Wellenlänge 550 nm (gelb) und der Strahlungsintensität $I = 0,1$ W/m^{-2} die

<table>
<tr><td colspan="2"><u>Welleneigenschaften</u>   <u>Teilcheneigenschaften</u></td></tr>
</table>

Wellenlänge λ = 550 nm	Energie W_q = $3{,}6 \cdot 10^{-19}$ J = 2,25 eV
Frequenz f = c/λ	Impuls p = $1{,}2 \cdot 10^{-27}$ kgms^{-1}
= $5{,}45 \cdot 10^{14}$ s^{-1}	
Intensität I = 0,1 W/m^{-2}	Masse m = $4{,}0 \cdot 10^{-36}$ kg
	Strahlungsflußdichte n = I/W_q
	= $2{,}27 \cdot 10^{21}$ m^{-2}s^{-1}.

Im Vergleich zum <u>Elektron</u> (m = $9{,}1 \cdot 10^{-31}$ kg) fällt die <u>sehr kleine</u> Ruhemasse m der Photonen auf, so daß sie häufig vernachlässigt wird.

Im Vergleich zum <u>Kristallimpuls</u> h/a (Gitterkonstante a des Festkörpers) haben Lichtquanten der Energie W_q = 1 eV einen um mehrere Größenordnungen kleineren Wert. Damit kann der Photonenimpuls i.a. gegenüber dem Kristallimpuls vernachlässigt werden.

Im Bild 1.2 wurde der Zusammenhang zwischen Photonenenergie und Frequenz bzw. Wellenlänge nach Gl.(1.3) mit eingetragen. Danach steigt die Energie mit sinkender Wellenlänge: kurzwellige Strahlung ist stets energiereicher als langwelligere. Blaues Licht (λ = 460 nm), besteht aus Photonen der Energie W_q = 2,7 eV, rotes (λ = 680 nm) aus solchen der Energie W_q = 1,8 eV.

Photonen sind somit die Energiequanten oder quantenmechanischen Teilchen des elektromagnetischen Strahlungsfeldes (kleinste energetische Einheit des Lichtes, so wie das Elektron die kleinste Einheit der Ladung ist). Sie besitzen - im Gegensatz zu Elektronen - praktisch keine Masse und keine Ladung und können deshalb nicht gespeichert werden.

Unmittelbaren Ausdruck findet das Photonenkonzept des elektromagnetischen Strahlungsfeldes durch
- den <u>fotoelektrischen Effekt</u> (s. Abschn. 3),

- die <u>Bremsstrahlung</u>, die beim Auftreffen schneller Elektronen auf eine Metalloberfläche entsteht (Umkehrung des photoelektrischen Effektes),
- den <u>Compton-Effekt</u>,
- die <u>Gravitationswirkung</u> auf Photonen (Energieänderung eines Photons bei Durchlauf einer Energiedifferenz, die sich als Frequenzverschiebung bemerkbar macht (Mößbauereffekt)),
- <u>Strahlungsdruck</u> einer elektromagnetischen Welle u.a.

Den Zugang zum Photonenbegriff kann man auf unterschiedliche Weise erhalten (Bild 1.4). Planck ging bei der Herleitung des Strahlungsgesetzes (s.u.) von der Annahme aus, daß man sich einen strahlenden schwarzen Körper (idealer, d.h.vollständig reflektierender Hohlraum) aus linearen harmonischen Oszillatoren mit verschiedenen Eigenfrequenzen zusammengesetzt vorstellen kann, wobei das Energiekontinuum des klassischen Oszillators durch gequantelte Energiewerte nhf ersetzt wird: Hohlraumstrahlung zurückgeführt auf ein Photonengas mit einer Zustandsdichte, einer Verteilungsfunktion (Bose-Einstein-Verteilung) und der Photonenenergie $W_q = hf$. Dabei ist es vom Begriff her unerheblich, daß hier noch eine Verteilungsfunktion berücksichtigt werden muß.

Auf der anderen Seite kann die Wechselwirkung zwischen einer elektromagnetischen Welle und einem Elektron im Festkörper durch die <u>Schrödingergleichung</u> mit gitterperiodischem Kristallpotential und einer Potentialstörung durch die Lichtwelle beschrieben werden. Die Ergebnisse lassen sich (in Erfüllung des Energie- und Impulssatzes) so deuten, als ob ein Stoßvorgang zwischen dem Elektron und einem Teilchen vorliegt. Dieses Teilchen heißt Photon.

Nach der Teilchenauffassung kann Licht gleichwertig als eine Strömung von Photonen beschrieben werden, die sich im Vakuum mit der Lichtgeschwindigkeit c bewegen und von denen jedes die Energie $W_q = hf$ führt.

Meist ist die Zahl der Photonen so groß, daß der Wellencha-
rakter des Lichtes dominiert; sie liegt bei emittierenden
Halbleiterbauelementen in der Größenordnung von $> 10^{14}$ pro
Sekunde.

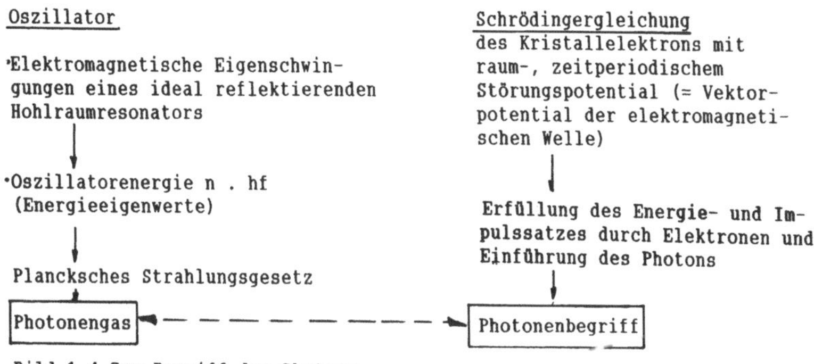

Bild 1.4 Zum Begriff des Photons

Die von einem Lichtstrahl pro Zeitspanne übertragene Energie
W heißt <u>Strahlungsfluß</u> Φ_e oder <u>Strahlungsleistung</u> P_e. Sie ist
nach der Wellentheorie dem Quadrat der Amplitude der Licht-
welle proportional[1]. Nach der Quantenauffassung besteht dieser Strahlungsfluß aus dem Produkt der pro Zeitspanne durch
den Strahlenquerschnitt übertragenen Photonenzahl N mit der
Photonenenergie W_q. Somit stellt der Lichtstrahl eine <u>Photo-
nenströmung</u> (= Teilchenstrom) dar mit dem Strahlungsfluß

$$P_e = \Phi_e = NW_q = n\,h\,f = N\,h\,c/\lambda. \tag{1.4}$$

Er hat die Einheit eV/s bzw. Watt. Damit sind z.B. die Photonen des blauen Lichtes rd. 50 % energiereicher als die des
roten. Umgekehrt führt ein "einfarbiger" (monochromatischer)
roter Strahl von 1 W Strahlungsleistung nach Gl.(1.4) rd.
eineinhalb mal so viele Photonen wie ein blauer gleicher
Strahlungsleistung. Deshalb ist es z.B. wichtig, bei einem
Fotoempfänger darauf zu achten, ob er auf

[1] Das entspricht üblichen Flußüberlegungen und gilt z.B.
analog für das elektrische und magnetische Feld.

- die <u>Strahlungsleistung</u> anspricht wie die sog. <u>Leistungsde-</u>
  <u>tektoren</u> oder

- die <u>Zahl der auftreffenden Photonen.</u> Das gilt für die sog.
  <u>Quantendetektoren</u> (s. Abschn. 3). Dann geht die Strahlungsleistung des Lichtes nur indirekt ein.

<u>Mehrfarbiges</u> (polychromatisches) Licht enthält Photonen ver-
schiedener Energie. Die Strahlungsleistung einer so emittierenden Lichtquelle ergibt sich, indem man die jeweilige Photonenzahl in einzelnen Wellenlängenbereichen bestimmt und alle Teilstrahlungsleistungen nach Gl.(1.4) addiert. Eine sol-
che <u>Intensitäts-</u> oder <u>Strahlungsverteilung</u> oder besser <u>spek-</u>
<u>trale Strahlungsleistung</u> $\Delta\Phi_e/\Delta\lambda = \Phi_{e\lambda}$ (spektrale Größen wer-
den mit dem Index λ versehen) enthält Bild 1.5. Dabei ist zu

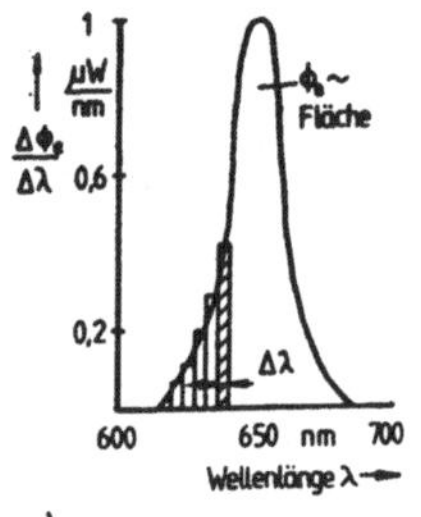

a)

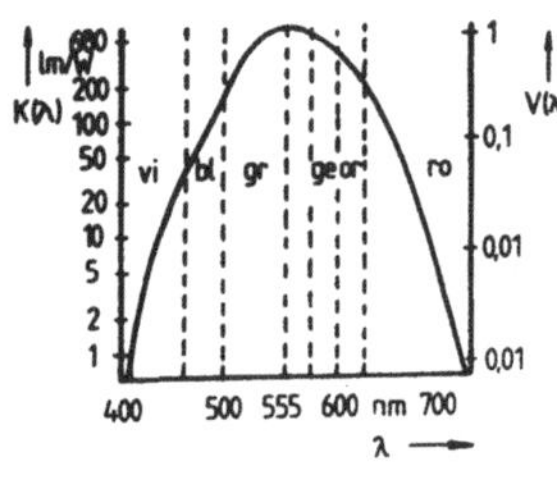

b)

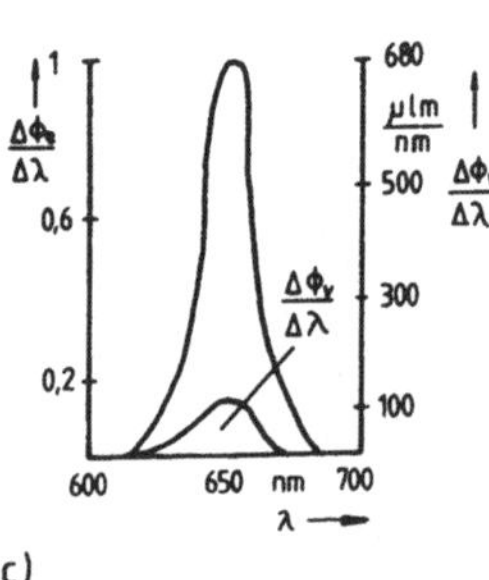

c)

Bild 1.5
Spektralgrößen einer Lumineszenzdiode
a) Spektrale Leistungsverteilung
   mit Darstellung der Teillei-
   stung $\Delta\Phi_e$ im Bereich zwischen
   λ und $\lambda + \Delta\lambda$ (schraffiert).
   Die gesamte Strahlungsleistung
   Φ_e ergibt sich durch Summation
   der Rechtecke
b) Augenempfindlichkeitskurve $V(\lambda)$
   und elektrisches Strahlungs-
   äquivalent $K(\lambda)$ (ro rot, or
   orange, ge gelb, gr grün, bl
   blau, vi violett)

c) spektrale Leistungsverteilung und spektraler Lichtstrom
   $\Delta\Phi_V/\Delta\lambda$

unterscheiden zwischen der (physikalischen) Strahlungsleistung Φ_e und derjenigen (subjektiven) Strahlungsleistung Φ_v,
die der Mensch zufolge seiner Augenempfindlichkeitskurve $V(\lambda)$
wahrnimmt (Bild 1.5b, c),(s. Abschn. 1.5.2).

Die beiden Auffassungen der elektromagnetischen Strahlung als
Welle oder Teilchen sind somit zusammengefaßt nicht gegeneinander konkurrierend, sondern ergänzend. Vom Energiegesichts-
punkt lassen sich dann zwei Fälle formulieren:
- Das Photon wird erhalten. Dies ist bei der Wellenausbreitung der Fall, also Phänomen wie Transmission, Reflexion,
  Streuung, Brechung und Polarisation.
- Es findet eine Umwandlung des einfallenden Photons in eine
  andere spektrale Verteilung oder Energieform (Wärme) statt;
  es wird vom Festkörper absorbiert. Das ist bei der Anregung
  von Elektronen und sog. Exzitonen[2], der Elektronen-Loch-
  Paar-Erzeugung oder der Elektronenemission der Fall. Auf
  diesen Effekten beruhen die meisten Fotodetektoren. Umgekehrt bedeutet dann Strahlungsemission die Umwandlung elektrischer Energie in Strahlungsenergie: Emission der Photonen.

Die Grundzüge der Wellenausbreitung werden in Abschnitt 1.2
behandelt, die Wechselwirkungsmechanismen in Abschnitt 1.4,
nachdem sich 1.3 generell mit der Strahlungserzeugung befaßt
hat.

1.2 Elektromagnetische Wellen

1.2.1 Wellenausbreitung im ungestörten Raum

Die elektromagnetische Strahlung wird durch die räumliche
Ausbreitung der rasch veränderlichen verkoppelten Feldgrößen
(elektrische und magnetische Feldstärke $\vec{E}$, $\vec{H}$) charakterisiert
und durch die Maxwellschen Gleichungen, ergänzt um die sog.

---

[2] Die Anregung zur Luminszenz.

<u>Material</u>gleichungen, beschrieben. Letztere bringen die dielektrischen und magnetischen Eigenschaften des Mediums ein:

$$\text{rot } \vec{H} = \frac{\partial \vec{D}}{\partial t} + \vec{S}; \qquad \text{div } \vec{D} = 0$$

$$\text{rot } \vec{E} = - \frac{\partial \vec{B}}{\partial t}; \qquad \text{div } \vec{B} = 0 \qquad\qquad (1.5)$$

($\vec{H}$ ($\vec{E}$) magnetische (elektrische) Feldstärke, $\vec{B}$ magnetische Flußdichte, $\vec{S}$ elektrische Stromdichte, $\vec{D}$ Verschiebungsstromdichte).

Die Materialgleichungen lauten

$$\vec{B} = \mu_r \mu_o \vec{H} \qquad\qquad \vec{S} = \varkappa \vec{E} \qquad\qquad (1.6)$$
$$\vec{D} = \varepsilon_r \varepsilon_o \vec{E}.$$

Aus den Maxwellschen Gleichungen ergeben sich durch Kombination die <u>Wellengleichungen,</u> insbesondere für <u>homogenes isotropes Medium</u>

$$\nabla^2 \vec{E} - \varepsilon\mu \cdot \frac{\partial \vec{E}}{\partial t^2} - \varkappa\mu \, \frac{\partial \vec{E}}{\partial t} = 0 \qquad\qquad (1.7)$$

$$\nabla^2 B - \mu\varepsilon \cdot \frac{\partial^2 \vec{B}}{\partial t^2} - \varkappa\mu \, \frac{\partial \vec{B}}{\partial t} = 0.$$

Eine einfache Lösung dieser Wellengleichung ist sicher die <u>ebene Welle.</u> Sie hängt nur von einer Ortskoordinate und der Zeit ab und stellt sich in ausreichendem Abstand von einer Wellenquelle immer ein. Ebene Wellen haben (zumindest im vorliegenden raumladungsfreien Fall) <u>keine Feldkomponenten in Ausbreitungsrichtung</u> (hier z-Richtung, karthesische Koordinaten), es sind also <u>transversale</u> Wellen ($E_z = B_z = 0$).

Eine einfache Transversalwelle und damit Lösung der Wellengleichung, die sich <u>harmonisch zeitabhängig</u> ändern möge, ist

$$\vec{E} (x, y, z, t) = \hat{E} \exp (j\omega t - j \vec{k} \cdot \vec{r}) + \dots \qquad (1.8)$$

mit dem <u>Ortsvektor</u> $\vec{r} = (x, y, z)$, dem <u>Wellenvektor</u> $\vec{k} = (k_x, k_y, k_z)$ und $\vec{E} = (E_x, E_y, 0)$ (komplexe Amplitude). (Der rechts fehlende konjugierte komplexe Wert des Ausdruckes wurde weggelassen). Die Welle Gl.(1.8) breitet sich in $\vec{k}$-Richtung aus. Der Wellenzahlvektor $\vec{k}$ (Ausbreitungs- oder Wellenvektor) gibt mit seiner Richtung die Ausbreitungsrichtung an, mit seinem Betrag

$$| \vec{k} | = k = 2\pi/\lambda \tag{1.9}$$

steht er direkt mit der reziproken Wellenlänge in Verbindung.

Ist die ebene Welle linear in x-Richtung polarisiert (hat also nur die Feldkomponente $\vec{E} = (E_x, 0, 0)$ und breitet sich in z-Richtung aus ($\vec{k} = (0, 0, k_z)$), so lautet die Feldstärke jetzt

$$\vec{E}_x (x, y, z, t) = \hat{E}_x \exp (j\omega t - j k_z \cdot z). \tag{1.10}$$

Rückeinsetzen in die Wellengleichung (1.7) liefert eine Beziehung zwischen k_z und ω, die <u>Dispersionsbeziehung</u> oder genauer

$$k_z = \sqrt{\varepsilon \mu \omega^2 - j\varkappa\mu} = \beta - j \alpha/2. \tag{1.11}$$

Dabei sind β das <u>Phasenmaß</u> und α der <u>Intensitätsabsorptionskoeffizient</u> oder schlechthin der <u>Absorptionsfaktor</u>.

Für das <u>verlustfreie</u> Medium ($\varkappa = \alpha = 0$) reduziert sich die Disperionsbeziehung auf

$$k_z = \beta = \omega \sqrt{\varepsilon \mu} = \omega/c \; \sqrt{\varepsilon_r \mu_r} = 2\pi n/\lambda \; . \tag{1.12}$$

Dabei wurden der <u>Brechungsindex</u> $n = \sqrt{\varepsilon_r \mu_r}$ und die Vakuumwellenlänge λ verwendet.

Die Geschwindigkeit, mit der sich die Phase der Welle ausbreitet, ist die <u>Phasengeschwindigkeit</u> v_{ph}. In Gl.(1.10) bleibt die Phase (φ_0 beliebig)

$$\omega(k_z) \, t - k_z z + \varphi_0 \quad \text{für} \quad z = z_0 + \frac{\omega(k_z)}{k} t$$

konstant. Dann beträgt die Phasengeschwindigkeit

$$v_{ph} = \omega(k)/k, \tag{1.13a}$$

und speziell im verlustfreien Fall

$$v_{ph} = \omega/\beta = (\varepsilon\mu)^{-1/2} = c/n. \qquad (1.13b)$$

Dispersion bedeutet frequenzabhängige Phasengeschwindigkeit
Gl.(1.13a). Im dispersionsfreien Fall (1.13b) ist die Phasengeschwindigkeit frequenzunabhängig gleich der Lichtgeschwindigkeit (dividiert durch den Brechungsindex n).

Bild 1.6 zeigt den Verlauf der linear polarisierten ebenen
Welle im verlustfreien und verlustbehafteten Medium. Im letz-
teren wird besser ein <u>komplexer Brechungsindex</u> $\eta = n - j\bar{\varkappa}$
eingeführt

$$k_z = \beta - j\,\alpha/2 = 2\pi(n - j\bar{\varkappa})/\lambda \qquad (1.14)$$

oder mit einer <u>komplexen Dielektrizitätszahl</u>

$$\varepsilon' - j\varepsilon'' = \varepsilon - j\,/\varepsilon_O = n^2 - \bar{\varkappa}^2 - 2j\bar{\varkappa}\,n. \qquad (1.15a)$$

Damit liegt ein Zusammenhang zwischen <u>elektrischen</u> $(\varepsilon, \varkappa)$ und
<u>optischen Konstanten</u> $(n, \bar{\varkappa})$ vor. Der <u>Extinktionskoeffizient</u> $\bar{\varkappa}$
auch als Absorptionsindex bezeichnet (neg. Imaginärteil des
komplexen Brechungsindexes n), ist der Dämpfung α proportional

$$\bar{\varkappa} = \alpha\,\lambda\,/4\pi, \qquad (1.15b)$$

komplexer Brechungsindex und Absorptionskoeffizient sind
nicht unabhängig voneinander, sie hängen vielmehr über die
<u>Kramer-Kronig-Beziehung</u> für die komplexe Dielektrizitätskon-
stante zusammen [5.3], [5.10], [5.12].

Damit genügt die Kenntnis der optischen Konstanten (z.B. aus
dem Experiment), um mittels der Maxwellschen Gleichungen die
Wellenausbreitung im Medium zu bestimmen. Die optischen Konstanten lassen sich auch aus den mikroskopischen Wechselwirkungen ermitteln.

Die Kramer-Kronig-Beziehungen verknüpfen Real- (ε') und den
Imaginärteil (ε'') der komplexen Dielektrizitätszahl
miteinander, z.B. in der Form

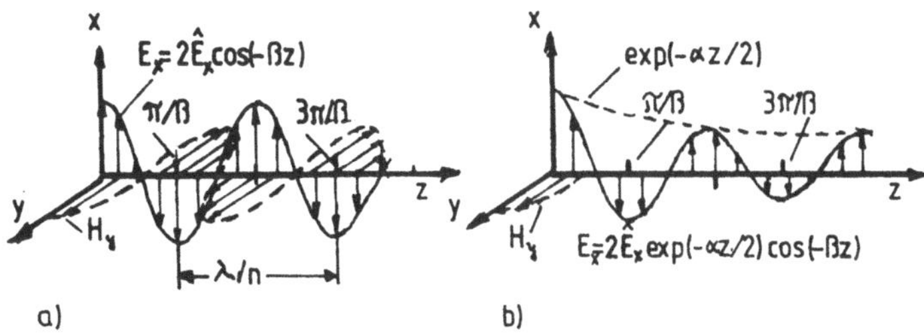

Bild 1.6 Ebene elektromagnetischer Welle im Medium zur Zeit t = 0 (Brechungsindex n). Elektrischer und magnetischer Feldstärkevektor
stehen stets senkrecht aufeinander
a) verlustfreies Medium, b) verlustbehaftetes Medium

$$\varepsilon'(\omega) = 1 + \frac{2P}{\pi} \int_0^\infty \frac{\omega'\varepsilon''(\omega')}{\omega'^2 - \omega^2} \, d\omega' \tag{1.16}$$

$$\varepsilon''(\omega) = \frac{2P}{\pi} \int_0^\infty \frac{\varepsilon''(\omega')}{\omega'^2 - \omega^2} \, d\omega'$$

mit P, dem Cauchyschen Hauptwert des Integrales bei der Sin-
gularität $\omega' = \omega$. Kennt man den Verlauf $\varepsilon'(\omega)$, so kann daraus
$\varepsilon''(\omega)$ berechnet werden und umgekehrt. Dies ist der eigent-
liche Grund dafür, daß Brechungsindex und Absorptionskoeffizient nicht unabhängig voneinander sind.

Das mit dem elektrischen Feld verknüpfte <u>Magnetfeld</u> $\vec{H}$ ergibt
sich aus dem Induktionsgesetz in Gl.(1.5). Da nur E_x existiert, folgen zwangsläufig $H_x = H_z = 0$ und damit für die
Komponente H_y

$$\frac{\partial E_x}{\partial z} = - j\,\omega\,\mu_o\,H_y$$

resp.

$$H_y(z, t) = \sqrt{\frac{\varepsilon_r \varepsilon_o}{\mu_r \mu_o}}\,E_x(z, t) \tag{1.17}$$

mit dem <u>Wellenwiderstand</u> (verlustfreies Medium)

$$Z = \frac{E_x}{H_y} = \frac{1}{n}\sqrt{\frac{\mu_o}{\varepsilon_o}} \longrightarrow \sqrt{\frac{\mu_o}{\varepsilon_o}}\Bigg|_{\text{Vakuum}} \approx 377\ \Omega \tag{1.18}$$

Elektrisches und magnetisches Feld sind gleichphasig, stehen
senkrecht aufeinander und senkrecht zur Wellenausbreitungs-
richtung (im verlustbehafteten Medium wird Z komplex),(Bild
1.6).

Energieflußdichte. Die Energieflußdichte des elektromagneti-
schen Feldes wird durch den sog. Poynting-Vektor $\vec{S} = \vec{E} \times \vec{H}$
beschrieben. Er kennzeichnet die elektromagnetische Leistung,
die durch eine Einheitsfläche tritt und steht senkrecht auf
der durch $\vec{E}$ und $\vec{H}$ aufgespannten Fläche. Im vorliegenden Fall
gilt mit $\vec{S} = (0, 0, S_z)$ für den Betrag des zeitlichen Mittel-
wertes des Poynting-Vektors (= mittlere Energieflußdichte)
oder die Intensität I der ebenen Welle

$$|< S_z >| \equiv I = \frac{2n}{n^2 + \varkappa^2} \sqrt{\frac{\mu_o}{\varepsilon_o}} |\hat{H}_y|^2 \exp(-\alpha z)$$

$$\text{(1.19)}$$

$$= 2n \sqrt{\frac{\varepsilon_o}{\mu_o}} |\hat{E}_x|^2 \exp(-\alpha z) = I(0) \exp(-\alpha z).$$

Der bereits eingeführte Absorptionskoeffizient α

$$\boxed{\quad \alpha = \frac{2\omega k}{c_o} \quad \text{resp.} \quad \alpha = -\frac{1}{I}\frac{dI}{dz} \qquad\qquad \text{(1.20)}\quad}$$

kennzeichnet den relativen Intensitätsverlust längs der
Strecke dz. Er ist eine fundamentale Materialgröße optoelektronischer Bauelemente (s. Abschn. 1.4.3).

Polarisation. Überlagert man zwei Wellen $\vec{E}_1 = (E_x, 0, 0)$ und
$\vec{E}_2 = (0, E_y, 0)$, wobei

$$E_x = \hat{E}_x \cos(\omega t - k_z z + \Phi_x) \qquad\qquad \text{(1.21)}$$
$$E_y = \hat{E}_y \cos(\omega t - k_z z + \Phi_y)$$

gelten soll, so ergibt sich daraus leicht die Ellipsen-
gleichung

$$\left(\frac{E_x}{\hat{E}_x}\right)^2 + \left(\frac{E_y}{\hat{E}_y}\right)^2 - 2\left(\frac{E_x}{\hat{E}_x}\right)\left(\frac{E_y}{\hat{E}_y}\right) \cos\Delta\Phi = \sin^2\Delta\Phi \qquad \text{(1.22)}$$

mit $\Delta\Phi = \Phi_x - \Phi_y$.

Das räumliche Verhalten des elektrischen Feldstärkevektors
und damit der elektromagnetischen Welle wird generell mit
einer elliptischen Polarisation (Bild 1.7) beschrieben, m.a.
W. rotiert der resultierende Feldvektor

$$\vec{E}(\vec{r},\ t) = \vec{e}_x\ E_x + \vec{e}_y\ E_y \qquad (1.23)$$

und ändert seine Amplitude so, daß der Vektor eine Ellipse
beschreibt. Für beliebige Werte von E_x, E_y und $\Delta\Phi$ wird die

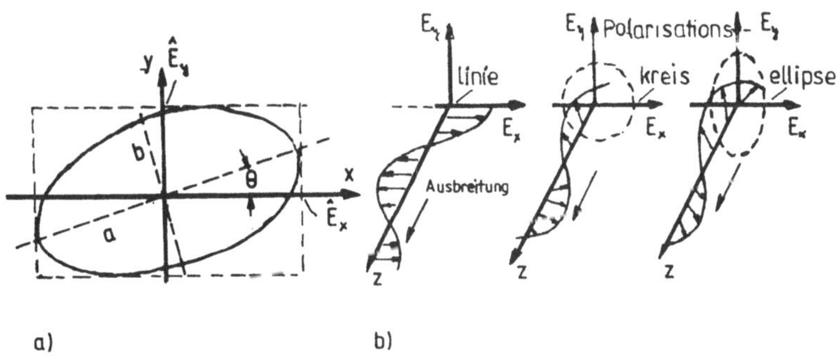

Bild 1.7 Polarisation ebener Wellen
  a) Zustandekommen der Polarisationsellipse
  b) Ausbreitung des Polarisationszustandes für verschiedene
     Polarisationsfälle

Ellipse eingegrenzt von einem Rechteck der Seitenlängen $2E_x$,
$2E_y$, die Ellipse hat den Hauptachsenwinkel

$$\Theta = 1/2\ \text{arc tan}\ [\cos\Delta\Phi\ \tan\ \{\ 2\ \text{arc tan}\ \hat{E}_y/\hat{E}_x\ \}] \qquad (1.24a)$$

und für die Ellipsenachsen a, b gilt

$$\hat{E}^2{}_x + \hat{E}^2{}_y = a^2 + b^2. \qquad (1.24b)$$

Zwei Sonderfälle der Gl.(1.24) sind wichtig:

1. Ist $\Delta\Phi = m\pi$ ein ganzes Vielfaches von π (m ganz), so reduziert sich Gl.(1.24) auf

$$E_y = (-1)^m\ \hat{E}_y/\hat{E}_x\ \cdot\ E_x, \qquad (1.25)$$

   eine <u>Geradengleichung.</u> Der elektrische Feldstärkevektor
   vollzieht eine harmonische Bewegung längs einer Geraden,

man spricht vom <u>linear polarisierten</u> Feld. Die Welle breitet sich sinusförmig räumlich aus und liegt in einer Ebenen
definiert durch die Gerade
$y = (-1)^n \hat{E}_y / \hat{E}_x \cdot x$ und die z-Achse.

2. Ist die Differenz $\Delta \Phi = (2m + 1) \pi/2$ ein ungeradzahlig
   Vielfaches von $\pi/2$ und stimmen die Amplituden $\hat{E}_x$ und $\hat{E}_y$
   überein, so geht Gl.(1.24) in eine Kreisgleichung über: es
   liegt ein <u>zirkular</u> polarisiertes Feld vor.

Bild 1.7b zeigt die linear, zirkular und elliptisch polarisierte Welle. Ist die Drehrichtung des elektrischen Feldstärkevektors noch wichtig, so unterscheidet man noch rechts-
oder linksdrehende Polarisation.

Wie bereits erwähnt, besteht eine übliche Lichtquelle aus
sehr vielen, statistisch emittierenden atomaren Emissions-
quellen, von denen jede sehr kurze ($\approx 10^{-8}$ s) polarisierte
Wellenzüge aussendet. Da auch die Polarisation aller Wellenzüge statistisch schwankt, ist das resultierende Licht <u>nicht</u>
polarisiert.

Die Polarisation einer ankommenden Welle kann z.B. durch Reflexion, Refraktion und Streuung geändert werden.

1.2.2 Reflexion und Brechung von Wellen an ebenen Grenz-flächen

Fällt eine ebene elektromagnetische Welle aus einem (linear
optischen) Medium mit dem Brechungsindex n_1 auf eine ebene
Grenzfläche zum Medium mit dem Brechungsindex n_2, so müssen
an der Grenzfläche die physikalisch bedingten Randbedingungen
für $\vec{E}$, $\vec{H}$, $\vec{D}$ und $\vec{B}$ erfüllt sein. Dies ist möglich (Bild 1.8),
wenn man neben der einfallenden Welle ($\vec{k}_e$) eine ins Medium 1
reflektierte Welle ($\vec{k}_r$) und eine ins Medium 2 gebrochene eintretende ($\vec{k}_t$) zuläßt. Da sich bei diesem Vorgang die Wellenlänge nicht ändert, müssen die drei ebenen Wellen (mit den
Wellenvektoren $\vec{k}_e$, $\vec{k}_r$, $\vec{k}_t$)

$$\vec{E}_e = \vec{\hat{E}}_e \, \exp j \, (\, t - \vec{k}_e \cdot \vec{r})$$

$$\vec{E}_r = \vec{\hat{E}}_r \, \exp j \, (\, t - \vec{k}_r \cdot \vec{r}) \qquad\qquad (1.26)$$

$$\vec{E}_t = \vec{\hat{E}}_t \, \exp j \, (\, t - \vec{k}_t \cdot \vec{r})$$

an der Mediengrenze aus Stetigkeitsbedingungen Bedingungen
für die Amplituden $\vec{\hat{E}}_e$, $\vec{\hat{E}}_r$, $\vec{\hat{E}}_t$ erfüllen und die zugeordneten
Phasen an der Mediengrenze ($\vec{r} = \vec{r}_o$) übereinstimmen, d.h. es
muß gelten

$$\vec{k}_e \cdot \vec{r}_o = \vec{k}_r \cdot \vec{r}_o = \vec{k}_t \cdot \vec{r}_o . \qquad\qquad (1.27a)$$

Daraus folgt, daß
- die Vektoren $\vec{k}_e$, $\vec{k}_r$, $\vec{k}_t$ coplanar sind, also in einer
  <u>Einfallsebene</u> liegen und
- ihre Projektionen auf die Mediengrenze übereinstimmen
  müssen.

Damit folgt zunächst Betragsgleichheit für $\vec{k}_e$, $\vec{k}_r$ und aus

$$k_e \sin \Theta_e = k_r \sin \Theta_r = k_t \sin \Theta_t \qquad\qquad (1.27b)$$

zunächst mit $k_e = k_r$ das <u>Reflexionsgesetz</u>

$$\boxed{\Theta_e = \Theta_r = \alpha_1 . \qquad\qquad (1.28)}$$

Da zwangsläufig nach Gl.(1.27) die Tangentialkomponenten von
$\vec{k}_e$ und $\vec{k}_t$ übereinstimmen müssen, folgt mit $k_e \sin \Theta_e = k_t \sin \Theta_t$ schließlich

$$\frac{k_t}{k_e} = \frac{\sin \Theta_e}{\sin \Theta_t} = \frac{\omega \sqrt{\mu_1 \varepsilon_1}}{\omega \sqrt{\mu_2 \varepsilon_2}} \qquad\qquad (1.29a)$$

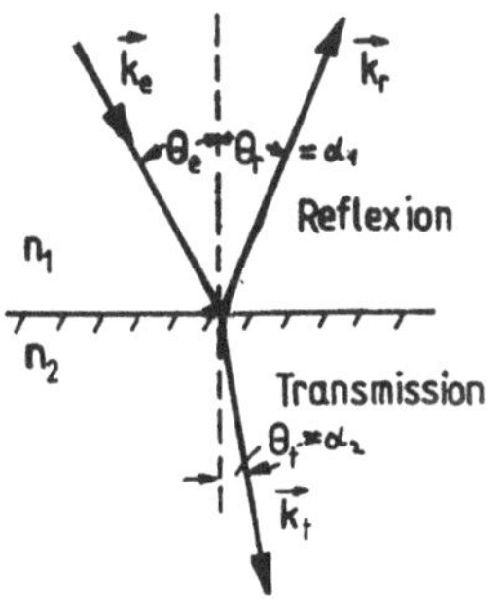

Bild 1.8
Reflexion einer ebenen Welle
an einer ebenen Grenzfläche

oder mit $\Theta_t = \alpha_2$ und $n = c/v = \sqrt{\mu\varepsilon/\mu_o\varepsilon_o}$ das Ergebnis

$$\frac{\sin \alpha_2}{\sin \alpha_1} = \frac{n_1}{n_2} = \frac{v_2}{v_1} \qquad \text{Snellinsches Brechungsgesetz} \qquad (1.29b)$$

v_1, v_2 sind die Phasengeschwindigkeiten in den Medien 1 und 2.

Außer den Winkelbeziehungen sind noch die <u>Amplitudenbeziehun-</u><u>gen</u> der Wellen Gl.(1.26) aus den Feldrandbedingungen zu be-

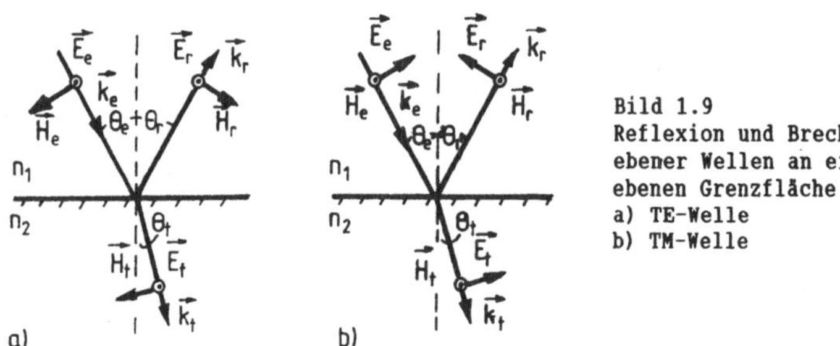

Bild 1.9
Reflexion und Brechung
ebener Wellen an einer
ebenen Grenzfläche
a) TE-Welle
b) TM-Welle

stimmen. Dabei ist zu unterscheiden, ob die elektrische Feldstärkewelle in der Einfallsebene schwingt oder senkrecht dazu
steht, da jede Feldkomponente einen parallelen oder senkrechten Anteil haben kann. Deshalb unterscheidet man die:
- <u>transversale elektrische Schwingung</u> (TE-Welle) (Polarisation senkrecht zur Einfallsebene) und die
- <u>transversale magnetische Schwingung</u> (TM-Welle), wobei die
  elektrischen Feldkomponenten jetzt in der Einfallsebene
  liegen (Polarisation parallel zur Einfallsebene).

Für die <u>TE-Welle</u> (Bild 1.9a) ergibt sich aus den Stetigkeitsforderungen für $\vec{E}$ und $\vec{H}$ an der Grenzfläche

$$\hat{E}_e + \hat{E}_r = \hat{E}_t \qquad (1.30)$$

und

$$(\hat{H}_e - \hat{H}_r) \cos \Theta_e = \hat{H}_t \cos \Theta_t \qquad (1.31a)$$

bzw. mit $H = E/Z$, $Z = \sqrt{\mu/\varepsilon}$ (Gl.(1.18))

$$(\hat{E}_e - \hat{E}_r) \frac{\cos \Theta_e}{Z_1} = \hat{E}_t \frac{\cos \Theta_t}{Z_2}. \qquad (1.31b)$$

Daraus folgen die <u>Fresnelschen Beziehungen</u> der <u>TE-Welle</u>

$$r_\perp = \left(\frac{\hat{E}_r}{\hat{E}_e}\right)_\perp = \frac{Z_2 \cos \Theta_e - Z_1 \cos \Theta_t}{Z_2 \cos \Theta_e + Z_1 \cos \Theta_t} = \frac{n_1 \cos \Theta_e - n_2 \cos \Theta_t}{n_1 \cos \Theta_e + n_2 \cos \Theta_t} = \qquad (1.32a)$$

$$\frac{\cos \Theta_e - \sqrt{n^2_{21} - \sin^2 \Theta_e}}{\cos \Theta_e + \sqrt{n^2_{21} - \sin^2 \Theta_e}} = \frac{\sin(\Theta_t - \Theta_e)}{\sin(\Theta_t + \Theta_e)} \quad \text{mit} \quad \cos \Theta_t = \pm\sqrt{1 - \frac{1}{n^2_{21}} \sin^2 \Theta_e}$$

und

$$t_\perp = \left(\frac{\hat{E}_t}{\hat{E}_e}\right)_\perp = \frac{2 Z_2 \cos \Theta_e}{Z_2 \cos \Theta_e + Z_1 \cos \Theta_t} = \frac{2 \cos \Theta_e}{\cos \Theta_e + \sqrt{n^2_{21} - \sin^2 \Theta_e}} = \qquad (1.32b)$$

$$= \frac{2 \sin \Theta_t \cos \Theta_e}{\sin(\Theta_e + \Theta_t)}.$$

Dabei wurde für nichtmagnetische Materialien

$$\frac{Z_1}{Z_2} = \sqrt{\frac{\varepsilon_2}{\varepsilon_1}} = \frac{n_2}{n_1} = \frac{\sin \Theta_e}{\sin \Theta_t} \qquad (1.32c)$$

beachtet. Die Größen $r_\perp$, $t_\perp$ werden als <u>Reflexions-</u> bzw. <u>Transmissionskoeffizienten</u> (besser Amplitudenreflexionskoeffizienten) bezeichnet.

Grundsätzlich stimmt der über Gl.(1.32) definierte Amplitudenreflexionsfaktor r mit dem aus der Leitungstheorie bekannten Spannungsreflexionsfaktor sinngemäß überein, da er sich auch durch den Feldwellenwiderstand $Z = \sqrt{\mu/\varepsilon}$ ausdrücken läßt. In Gl.(1.32a) ergeben sich nur für $n_1 < n_2$ reelle Werte von $\cos \Theta_t$, was $|E_r|^2 < |E_e|^2$ zur Folge hat. Die Energiedifferenz wird von der gebrochenen Welle abtransportiert.

Leicht ist nachzuweisen, daß die senkrechten Komponenten von $\vec{D}$ verschwinden und die Stetigkeit der senkrechten Komponenten von $\vec{B}$ durch das Brechungsgesetz und die der Parallelkomponenten von $\vec{E}$ gewährleistet ist.

Ganz analog lassen sich die _TM-Wellen_ behandeln, also der Fall _paralleler_ Polarisation (Bild 1.9b). Hier spielen $\vec{E}$ und $\vec{H}$ vertauschte Rollen: die Stetigkeit der parallelen Komponenten von $\vec{H}$ ergibt

$$\hat{H}_e - \hat{H}_r = \hat{H}_t \qquad (1.33a)$$

bzw.

$$(\frac{\hat{E}_e - \hat{E}_r}{Z_1}) = \frac{\hat{E}_t}{Z_2} \qquad (1.33b)$$

und für die parallelen $\vec{E}$-Komponenten

$$(\hat{E}_e + \hat{E}_r) \cos \Theta_e = \hat{E}_t \cos \Theta_t. \qquad (1.34)$$

Diese Bedingungen unterscheiden sich gegenüber Gl.(1.30) und (1.31), weshalb ein anderes Reflexions- und Transmissionsverhalten zu erwarten ist. Aus Gl.(1.33) und (1.34) ergeben sich die _Fresnelschen Gleichungen_ der _TM-Welle_ (mit Gl. (1.32c))

$$r_{\|} = (\frac{\hat{E}_r}{\hat{E}_e})_{\|} = \frac{Z_2 \cos \Theta_t - Z_1 \cos \Theta_e}{Z_2 \cos \Theta_t + Z_1 \cos \Theta_e} = \frac{\sqrt{n^2_{21} - \sin^2 \Theta_e} - n_{21} \cos \Theta_e}{\sqrt{} + n^2_{21} \cos \Theta_e}$$

$$= \frac{\tan(\Theta_t - \Theta_e)}{\tan(\Theta_t + \Theta_e)}$$

und

$$t_{\|} = (\frac{\hat{E}_r}{\hat{E}_e}) = \frac{2 Z_2 \cos \Theta_e}{Z_1 \cos \Theta_e + Z_2 \cos \Theta_t} = \frac{2 \cos \Theta_e}{n_{21} \cos \Theta_e + \cos \Theta_t}$$

$$= \frac{2 \sin \Theta_t \cos \Theta_e}{\sin(\Theta_t + \Theta_e) \cos(\Theta_e - \Theta_t)}. \qquad (1.35)$$

Die senkrechten Komponenten von $\vec{B}$ verschwinden, und die Stetigkeit der senkrechten Komponenten von $\vec{D}$ ist durch das Brechungsgesetz und die Stetigkeit der Parallelkomponente von $\vec{H}$ gewährleistet.

Energiefluß. Reflexions-(R) und Transmissionskoeffizient T. Die Energieflußdichte, d.h. die pro Zeit durch eine Fläche transportierte elektromagnetische Energie läßt sich über den _Poyntingvektor_

$$\vec{S} = \vec{E} \times \vec{H} = (0,\ 0,\ E_x H_y) = (0,\ 0,\ E^2{}_x/Z) \tag{1.36}$$

bestimmen. Angewendet auf die <u>TE-Welle</u> ergibt sich dann aus
Gl.(1.30), (1.31)

$$(\hat{E}^2{}_e - \hat{E}^2{}_r) \cos \frac{\Theta_e}{Z_1} = \frac{\hat{E}^2{}_t}{Z_2} \cos \Theta_t \tag{1.37a}$$

oder

$$(S_e - S_r) \cos \Theta_e = S_t \cos \Theta_t. \tag{1.37b}$$

Dies drückt die Energieerhaltung aus, denn die einstrahlende
Energieflußdichte S_e verteilt sich auf die reflektierte und
die transmittierende Welle. Umgeformt wird aus Gl.(1.37b)

$$1 - \left(\frac{\hat{E}_r}{\hat{E}_e}\right)^2 = \left(\frac{\hat{E}_t}{\hat{E}_e}\right)^2 \frac{Z_1 \cos \Theta_t}{Z_2 \cos \Theta_e} \tag{1.38a}$$

$$1 - R = T.$$

Man nennt nun

$$R = \left(\frac{\hat{E}_r}{\hat{E}_e}\right)^2 = r^2 \tag{1.38b}$$

den <u>Intensitätsreflexionsfaktor</u> (zu unterscheiden von dem
komplexen Amplitudenreflexionsfaktor $r = \hat{E}_r/\hat{E}_e$) und

$$T = \left(\frac{\hat{E}_t}{\hat{E}_e}\right)^2 = t^2 = \frac{Z_1 \cos \Theta_t}{Z_2 \cos \Theta_e} \tag{1.38c}$$

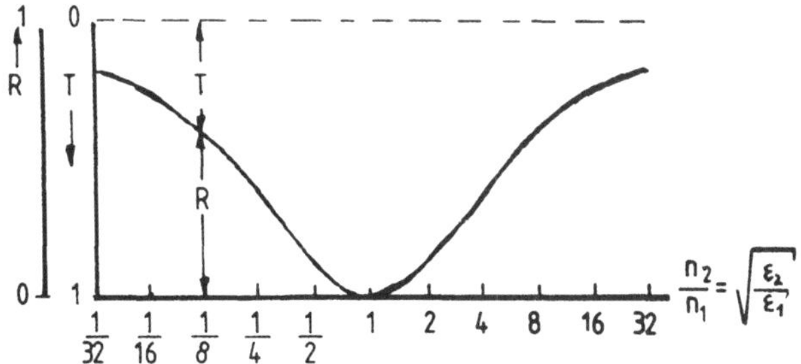

Bild 1.10 Intensitätsreflexions- und -transmissionsfaktor bei senkrechtem
Einfall über dem Brechungszahlverhältnis n_2/n_1

den (Intensitäts-) Transmissionsfaktor.

Für senkrechten Einfall $\Theta_e = \Theta_t = 0$ ($\cos \Theta_e = \cos \Theta_t = 1$) und unmagnetisches Material ergeben sich dann aus Gl.(1.32) und (1.35)

$$\left(\frac{\hat{E}_r}{\hat{E}_e}\right)_{TE} = \left(\frac{\hat{E}_r}{\hat{E}_e}\right)_{TM} = \frac{\sin \Theta_t - \sin \Theta_e}{\sin \Theta_t + \sin \Theta_e} = \frac{n_1 - n_2}{n_1 + n_2} \quad \text{bzw.} \quad (1.39a)$$

$$\boxed{R_{TE} = R_{TM} = \left(\frac{n_2 - n_1}{n_2 + n_1}\right)^2 \qquad \text{sowie}}$$

$$\left(\frac{\hat{E}_t}{\hat{E}_e}\right)_{TE} = \left(\frac{\hat{E}_t}{\hat{E}_e}\right)_{TM} = \frac{2 \sin \Theta_t}{\sin \Theta_t + \sin \Theta_e} = \frac{2 n_1}{n_1 + n_2} \qquad (1.39b)$$

$$\boxed{T_{TE} = T_{TM} = \frac{4 n_1 n_2}{(n_1 + n_2)^2}.}$$

Den Einfluß der Brechungszahlen n_2/n_1 auf R und T zeigt Bild 1.10. Für die optischen Materialien der Halbleitertechnik bleibt n_2/n_1 durchweg unter 5. Dann tritt der größte Teil der auffallenden Strahlung in das Medium ein. Für $n_1 = n_2$ gilt R = 0 und T = 1. Ohne Grenzfläche ($\Theta_e = \Theta_t$) gilt ebenfalls R = 0 und T = 1. Interessanterweise verschwindet die Reflexion bei der TM-Welle (parallele Polarisation) in Gl.(1.35) auch für

$$\Theta_e + \Theta_t = \pi/2. \qquad (1.40)$$

Dazu gehört nach dem Brechungsgesetz Gl.(1.29)

$$\boxed{\frac{\sin \Theta_e}{\sin \Theta_t} = \frac{n_2}{n_1} = \frac{\sin \Theta_e}{\cos (\pi/2 - \Theta_t)} = \tan \Theta_{ekr} \qquad (1.41)}$$
$$\text{Brewster-Bedingung}$$

ein kritischer Einfallswinkel Θ_{ekr}, der Brewster- oder Polarisationswinkel (Tritt bei TE-Wellen nicht auf!). Dies hat eine praktische Konsequenz:

Wird eine unpolarisierte elektromagnetische Strahlung unter der Brewster-Bedingung reflektiert, so ist die reflektierte

Strahlung stets senkrecht polarisiert. Das durch die Grenzfläche tretende Licht ist teilpolarisiert mit einem TM-An-
teil, der größer als der TE-Anteil ist. Parallel polarisiertes Licht tritt dagegen unter diesem Winkel voll durch die
Grenzfläche hindurch.

Dagegen gibt es keinen Winkel, bei dem der hindurchtretende
gebrochene Strahl völlig polarisiert wird, vielmehr wird bei
jeder Brechung nur die Parallelkomponente gegenüber der Senk-
rechtkomponente bevorzugt (unabhängig davon, ob die Brechung
beim Übergang ins optisch dünnere oder dichtere Medium erfolgt).

Partielle Polarisation der reflektierten und transmittierten
Strahlung ergibt sich auch bei jedem, von der Brewster-Bedingung abweichenden Winkel. Deswegen wird Licht beim Durchgang
durch optische Elemente teilweise polarisiert (Anwendung, Erzeugung von polarisiertem Licht beim Durchgang durch einen
Satz planparalleler Platten, Erzeugung reflexionsarmer Fenster für Lichtstrahlen u.a.).

Bild 1.11 zeigt die Intensitäts-Reflexionsfaktoren (Gl.(1.
32a), (1.35))

$$R_{TE} = \left(\frac{\hat{E}_r}{\hat{E}_e}\right)_{\perp,TE} \qquad\qquad R_{TM} = \left(\frac{\hat{E}_r}{\hat{E}_e}\right)_{,TM} \qquad\qquad (1.42)$$

über dem Einfallswinkel Θ_e für ein System GaAs ($n_1 = 3,6$) zu
Luft ($n_2 = 1$). Für einen Brewster Winkel von etwa 15,5° verschwindet R_{TM}, ansonsten gilt stets $R_{TM} < R_{TE}$. Bei senkrechtem Einfall ist der Reflexionskoeffizient unabhängig von der
Polarisation durch Gl.(1.39a) gegeben.

<u>Totalreflexion.</u> Trifft eine Welle von einem Medium 1 unter
den Einfallswinkel α_1 auf eine ebene Grenzfläche eines Mediums 2 mit größerer Phasengeschwindigkeit $v_2 > v_1$, so kann
unter bestimmten Bedingungen <u>Totalreflexion</u> eintreten.

-44-

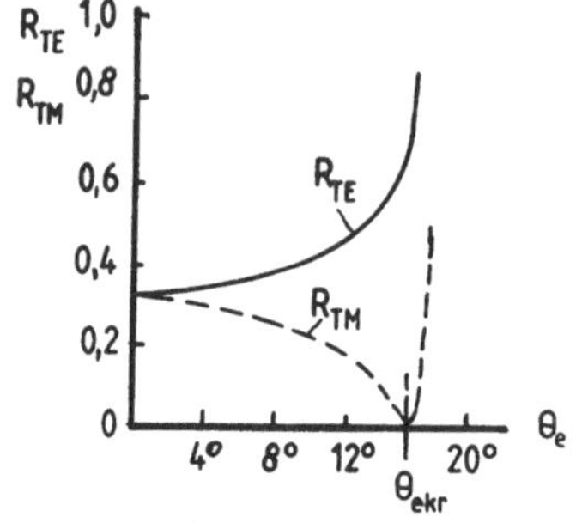

Bild 1.11
Intensitätsreflexionsfaktor
R_{TE}, R_{TM} über dem Einfalls-

winkel Θ_e beim Übergang vom

optisch dichteren Medium
(GaAs, $n_1 = 3{,}6$) zu Luft ($n_2 = 1$)

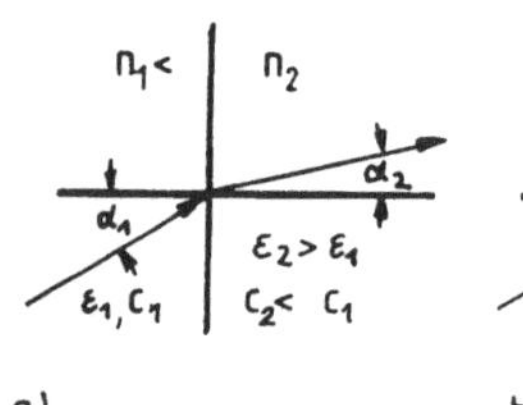

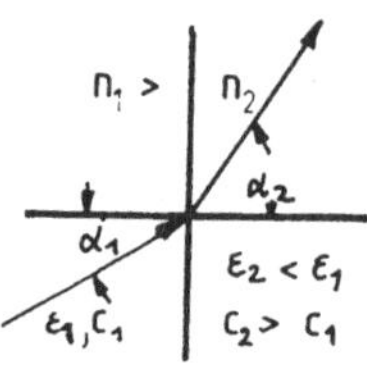

Bild 1.12
Brechung einer Welle beim
Übergang in ein optisch
dichteres Medium (a) und
ein optisch dünneres un-
magnetisches Medium (b)

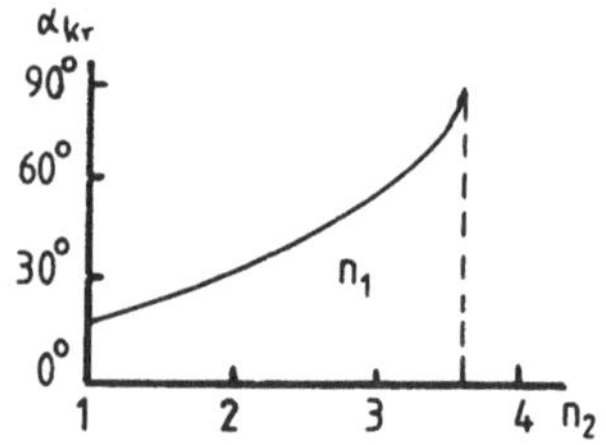

Bild 1.13
Grenzwinkel α_{kr} der Totalreflexion
beim Übergang aus einem Material
mit Brechungsindex n_1 (3,6 GaAs)
in ein Material mit n_2

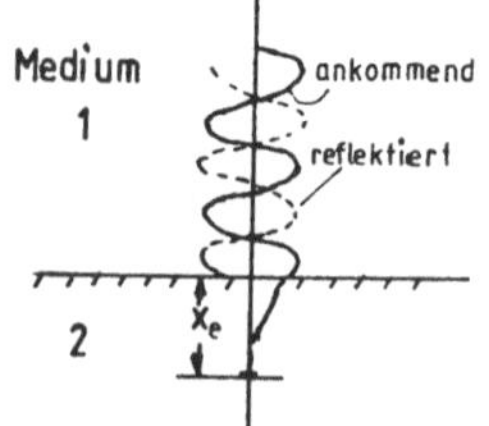

Bild 1.14
Totalreflexion mit stehender Welle
im Medium 1 und einer exponentiell
abklingenden Welle im Medium 2

Nach dem Brechungsgesetz Gl.(1.29b) entspricht dem "optisch dünneren" Medium (mit der größeren Phasengeschwindigkeit) der größere Winkel, dem "dichteren" der kleinere Winkel. Deshalb erfolgt die Brechung beim Übergang in ein optisch dichteres Medium "zum Lot hin", beim Übergang in ein dünneres Medium "vom Lot weg"(Bild 1.12). In diesem Fall gilt nach Gl.(1.29b)

$$\sin \alpha_2 = (v_2/v_1) \sin \alpha_1 = (n_1/n_2) \sin \alpha_1 > \sin \alpha_1, \quad (1.43)$$

d.h. für bestimmte Winkel α_1 müßte $\sin \alpha_1 > 1$ sein, was für reelle Winkel nicht möglich ist. Vielmehr wird in diesem Fall die gesamte einfallende Energie reflektiert, und es gibt keine gebrochene ebene Welle.

Der kritische Winkel

$$\sin \alpha_{1kr} = n_2/n_1 \qquad (1.44)$$

bestimmt dann den Fall der Totalreflexion (sog.Grenzwinkel der Totalreflexion). Für die TE-Welle mußte nach Gl.(1.32a) für einen reellen Winkel Θ_t $n_1 < n_2$ gelten, damit der Radikand positiv bleibt. Im Falle der Totalreflexion ($n_1 > n_2$) liegt ein negativer Radikand vor und für $\Theta_e > \alpha_{1kr}$ wird $\cos \Theta_t$ (Gl. (1.32a)) rein imaginär.

Bild 1.13 zeigt den Grenzwinkel der Totalreflexion für das System GaAs ($n_1 = 3,6$) gegen ein anderes (n_2). Für Luft beträgt der Grenzwinkel $\alpha_{kr} = 16,12°$.

Im Falle der Totalreflexion läßt sich zeigen, daß $|E_r|^2 = |E_e|^2$ gilt: die gesamte einfallende Strahlung wird reflektiert, und es gibt keinen Nettoenergiefluß in das Medium n_2, vielmehr tritt eine im oberen Halbraum $x > 0$ (Bild 1.14) in x-Richtung stehende Welle (Überlagerung der ankommenden und reflektierten Welle) der Periode $\lambda_x = \lambda/n_1 \cos \Theta_e$ auf, im unteren Raum ($x < 0$) dagegen eine exponentiell abklingende Welle mit der Eindringtiefe (1/e-Abfall):

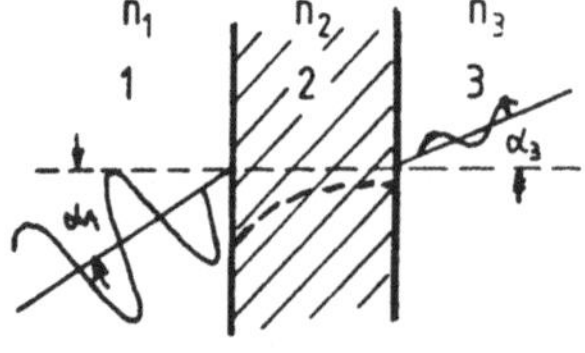

Bild 1.15
Reflexion an einer dünnen Schicht
(Medium 2). Ein Teil der Welle
tritt gedämpft durch die Schicht
in das Medium 3

$$x_e = \frac{\lambda}{2\pi \sqrt{n^2_1 \sin^2 \Theta_e - n^2_2}} \tag{1.45}$$

Totalreflexion wird jedoch <u>nicht</u> beobachtet, wenn die Dicke
des optisch dünneren Mediums kleiner oder vergleichbar mit
der Eindringtiefe der Strahlung ist. Vielmehr erzeugt die ankommende Welle im (an sich) totalreflektierenden Medium eine
ins Innere exponentiell abklingende Welle (Bild 1.15), die an
der hinteren Grenzfläche noch nicht abgeklungen ist und deshalb unter bestimmter Voraussetzung eine Abstrahlung in Medium 3 erfolgen kann. (Dies ergibt sich aus den Randbedingungen der hinteren Grenzfläche.) Der Vorgang ist völlig analog
zum quantenmechanischen Tunneleffekt.

Totalreflexion nach Gl.(1.44) wird auch beobachtet, wenn eine
<u>TM-Welle</u> auf eine Grenzfläche auftrifft. Hier liegen die
elektrischen Feldvektoren in der Einfallsebene, die magnetischen stehen senkrecht dazu. Eindringtiefe und Periode der
stehenden Welle stimmen mit der TE-Welle überein.

<u>Reflexion und Transmission im leitfähigen Medium.</u> Verlustbe-
haftete Medien konnten durch Einfügung der <u>komplexen</u> Brechungszahl (s. Gl.(1.14)) $\eta = n - j\bar{\varkappa}$ formal erfaßt werden.
Dies gestattet, sowohl die Amplitudenreflexions- und Trans-
missionsfaktoren als auch die Intensitätsfaktoren (Reflexion,
Transmission) sinngemäß zu definieren, z.B. bei senkrechtem
Einfall:

$$r = \frac{\hat{E}_r}{\hat{E}_e} = \frac{\eta_1 - \eta_2}{\eta_1 + \eta_2} = - \frac{\hat{H}_r}{\hat{H}_e} \tag{1.46a}$$

$$t = \frac{\hat{E}_t}{\hat{E}_e} = \frac{2\eta_1}{\eta_1 + \eta_2} \; ; \qquad \frac{\hat{H}_t}{\hat{H}_e} = \frac{2\eta_2}{\eta_1 + \eta_2} . \tag{1.46b}$$

Daraus ergeben sich die <u>Intensitätsfaktoren</u>

$$R = \left| \frac{\hat{E}_r}{\hat{E}_e} \right|^2 = \left| \frac{\eta_1 - \eta_2}{\eta_1 + \eta_2} \right|^2 \tag{1.47a}$$

$$T = \frac{Re(\eta_2)}{Re(\eta_1)} \left| \frac{2\eta_1}{\eta_1 + \eta_2} \right|^2 . \tag{1.47b}$$

Ist beispielsweise Medium 2 absorbierend ($\eta_2 = n_2 - j\bar{\varkappa}_2$), Medium 1 nicht ($\bar{\varkappa}_1 = 0$), so folgt z.B.

$$R = \frac{(n_1 - n_2)^2 + \bar{\varkappa}_2^2}{(n_1 + n_2)^2 + \bar{\varkappa}_2^2} . \tag{1.48}$$

Damit geht die Absorption ($\bar{\varkappa}_2$) von Medium 2 mit ein, bei größerem Extinktionskoeffizient (Metall!) folgt zwangsläufig starke Reflexion.

1.2.3 Interferenz und Kohärenz

Unter <u>Interferenz</u> versteht man phasen-, orts- oder richtungsabhängige Intensitätserscheinungen, die durch Überlagerung gleichartiger Wellen, z.B. der an einer Grenzfläche reflektierten Welle, mit der ankommende Welle entstehen.

Bei der sog. <u>Zweistrahlinterferenz</u> werden zwei <u>kohärente</u> Wellenzüge gleicher Ausbreitungsrichtung und Polarisation, jedoch mit einem Gangunterschied d

$$E_1 = E_{10} \cos 2\pi \, (t/T - z_1/\lambda)$$
$$E_2 = E_{20} \cos 2\pi \, (t/T - (z_2 - d)/\lambda)$$

überlagert. Durch Addition ergibt sich die Intensität als zeilichen Mittelwert zu

$$I_{ges} = I_1 + I_2 + 2\sqrt{I_1 \cdot I_2} \, \cos \left(\frac{z_2 - z_1}{\lambda} + d \right) \tag{1.49}$$

(I_1, I_2 Intensitäten der Einzelwelle).

Die (räumlich-periodische) Interferenz hängt vom Gangunterschied d ab.

Ein typisches Anwendungsbeispiel ist die Interferenz an einer
planparallelen Platte der Dicke d (aus schwach absorbierendem
Medium). Abhängig von der Wellenlänge stellen sich Maxima und
Minima des Reflexions- und Transmissionsgrades ein. Immer
dann, wenn sich stehende Wellen in der Platte bilden, also
für

$$m\,\frac{\lambda}{2n} = d \qquad \text{Fabry-Perot-Bedingung} \qquad m = 1,\ 2\ \dots \qquad (1.50a)$$

entstehen Minima im Reflexionsspektrum (Maxima im Transmis-
sionsspektrum)

$$\lambda^R_{min} = 2nd/m = \lambda^T_{max}. \qquad (1.50b)$$

Anwendung findet Gl.(1.50) für die Festlegung der <u>Laser-
Axialmoden</u> (s. Abschn. 2.3.1), aber auch zur Dickebestimmung
dünner Schichten (Oxid-, Epitaxieschicht in der Halbleitertechnik) aus der Lage benachbarter Maxima und Minima bei be-
kannter Brechungszahl.

<u>Vielstrahlinterferenz.</u> Werden nicht zwei, sondern viele kohä-
rente Wellenfelder additiv überlagert, so läßt sich die Amplitude des Wellenfeldes häufig als geometrische Reihe
schreiben, weil sich die Einzelamplituden jeweils um einen
konstanten Faktor exp - jkd unterscheiden. Ein Beispiel ist
die <u>Mehrfachreflexion</u> an einer planparallelen Platte (Dicke
d) (senkrechter Einfall). Man erhält für die transmittierte
Intensität

$$I_t = I_e - I_r = I_e \left[1 + \frac{4R}{(1 - R)^2}\sin^2 kd\right]^{-1}$$

also

$$T_P = \frac{I_t}{I_e} = \frac{(1 - R)^2}{(1 - R)^2 + 4R\sin^2 kd}. \qquad (1.51)$$

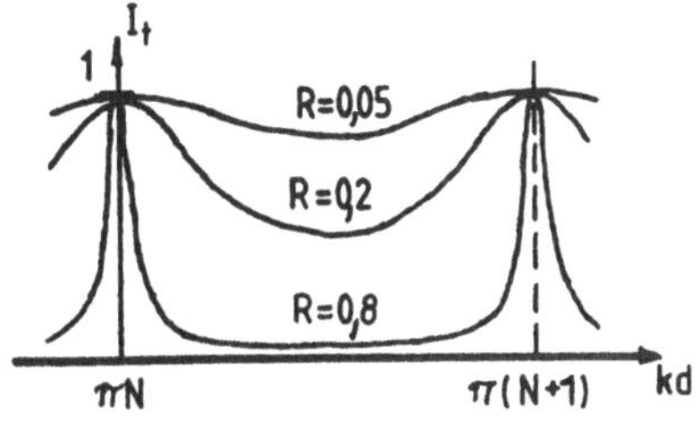

Bild 1.16
Transmittierte Intensität I_t
einer mehrfach reflektierenden
Platte (Dicke d) mit dem Refle-
xionskoeffizienten R

(R Reflexionskoeffizient der Plattenoberfläche, $k = (2\pi/\lambda)n$
Wellenzahl in der Platte, I_e einfallende Intensität.

Für $kd = N\pi$ ($N = 1, 2 \ldots$) tritt die Strahlung ohne Energie-
verlust hindurch (Bild 1.16).

Vernachlässigt man die Interferenzen, so lautet die

$$\text{Transmission } T_P = \frac{(1 - R)^2 \exp(- ad)}{1 - R^2 \exp(- 2ad)}$$

$$\approx (1 - R)^2 \exp (- ad) \Big| \exp - ad \ll 1$$

$$\text{Reflexion } R_P = R \, \frac{1 + (1 - 2R) \exp (- 2ad)}{1 - R^2 \exp (- 2ad)}$$

$$\approx \frac{R \, [1 - \exp (-2ad)]}{1 - R^2 \exp (-2ad)} \approx R.$$

<u>Kohärenz.</u> Zwei Wellenfelder mit <u>konstantem</u> Phasenunterschied
heißen <u>kohärent</u>. Dann addieren sich ihre Intensitäten I_1, I_2
gemäß der Zweistrahlinterferenz zu

$$I_{1+2} = I_1 + I_2 + 2 \sqrt{I_1 \cdot I_2} \, \cos (kd + \alpha_2 - \alpha_1). \qquad (1.52)$$

Es besteht jedoch kein fester Phasenunterschied zwischen beiden Wellen, wenn sich die Phasen statistisch ändern: <u>Inkohä-
renz.</u> Dann addieren sich nur die Intensitäten I_1, I_2 der einzelnen Wellen, weil die phasenabhängigen Terme im zeitlichen
Mittel verschwinden:

$$I_{1 + 2} = I_1 + I_2. \qquad (1.53)$$

Bei inkohärenten Wellen fehlen Interferenzerscheinungen. Kohärenz tritt insbesondere bei der stimulierten Emission (s. Abschn. 1.4.2) auf.

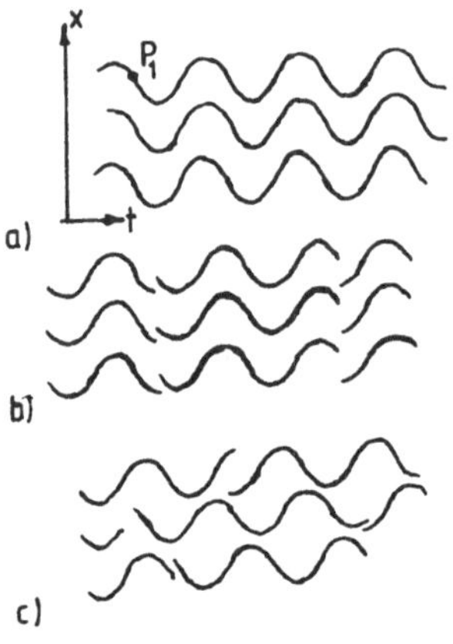

Bild 1.17 Kohärenz
a) Völlige räumlich-zeitliche Kohärenz, die Wellen sind zu jeder Zeit in Phase
b) Räumliche, aber nur begrenzt zeitliche Kohärenz
c) Inkohärenz: Die Phasen der einzelnen Wellenzüge ändern sich statistisch über der Zeit

Kohärenz bedeutet nach obigem, daß die räumlichen und zeitlichen Änderungen der Feldgrößen zweier Wellen völlig übereinstimmen. Man spricht von räumlicher Kohärenz, wenn sich die elektrischen Größen in jedem Raumpunkt zur gleichen Zeit in gleicher Weise ändern und von zeitlicher Kohärenz, wenn sich die Relativphasen der elektrischen Größen am gleichen Ort in gleicher Weise ändern. Bild 1.17 zeigt Beispiele: Bei völliger Kohärenz (Bild 1.17a) sind alle Wellen zu allen Zeiten in Phase. Bei Bild 1.17b zeigt eine räumlich kohärente Strahlung, die aber nur für bestimmte Zeitabschnitte kohärent ist, da die Wellen nach einigen Wellenzügen ihre Phase um einen gleichen Betrag ändern. Im Fall 1.17c schließlich liegt Inkohärenz vor, weil sich die Phasen der einzelnen Wellenzüge statistisch und zu unterschiedlichen Zeitpunkten ändern. Für sehr kurze Zeitabschnitte liegt jedoch noch eine geringe zeitliche Kohärenz vor, weil die Phasen bis zu einem gewissen Grad in diesen Abschnitten vorhersagbar sind.

Die zeitliche Kohärenz läßt sich durch die Kohärenzzeit t_k und Kohärenzlänge L_k kennzeichnen. Nach dem atomistischen

Bild besteht Strahlung aus einzelnen Wellenzügen der (mitt-leren) Länge L_k. Dann beträgt die Kohärenzzeit

$$t_k = L_k/c = 1/\Delta f, \qquad (1.54)$$

die sich andererseits auch durch die Bandbreite f der emit-tierten Strahlung ausdrücken läßt. Je kleiner die spektrale Breite einer Lichtquelle, desto größer ist die Kohärenzzeit t_k. Überschreitet der Laufzeitunterschied zweier Wellenzüge die Kohärenzzeit, so sind keine Interferenzen mehr möglich.

Emittiert eine Lichtquelle bei λ = 590 nm ($\rightarrow \Delta f$ = 5,1 . 10^{14} Hz), so beträgt die Kohärenzzeit nach Gl.(1.54) t_k = 2. 10^{-12} s und L_k = 0,6 µm. Ein Laser mit einer Linienbreite Δf = 1 MHz z.B. hat dagegen eine Kohärenzlänge von rd. 300 m!. Auf die Kohärenz wird später noch eingegangen. Tafel 1.2 enthält einige weitere Beispiele.

	Bandbreite $f(s^{-1})$	Kohärenzzeit t_k [1]	Kohärenzlänage $l_k = ct_k/cm$
Sonne	5 . 10^{14}	3 . 10^{-16}	10^{-5}
Spektrallampe	5 . 10^{11}	3 . 10^{-13}	10^{-2}
Fabry-Perot-Interferometer	10^{8}	1,5 . 10^{-9}	5 . 10^{1}
Laser	10^{3}	1,5 . 10^{-4}	5 . 10^{6}

Tafel 1.2 Kohärenzeigenschaften einiger Lichtquellen

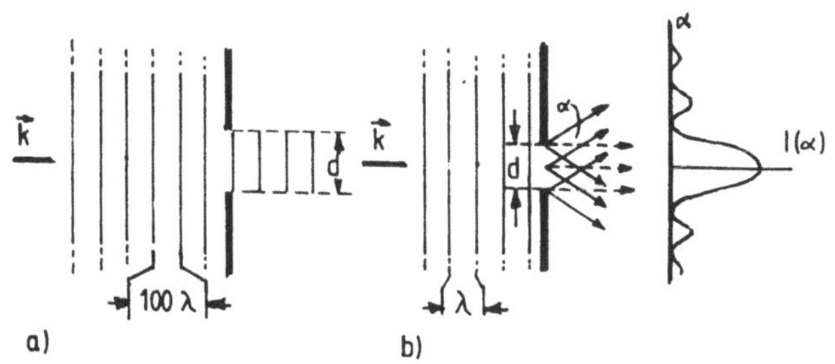

Bild 1.18 Homogenes Wellenfeld mit Lochblende im Falle der
a) Strahlenoptik (d $\gg \lambda$), b) Wellenoptik (d $\approx \lambda$)

1.2.4 Geometrische Optik

Die <u>Strahlen-</u> oder <u>geometrische Optik</u> umfaßt den Grenzfall
der Wellenoptik, der sich durch Vernachlässigung der endlichen Größe der Wellenlänge gegen die linearen Abmessungen
der optischen Geräte ergibt, also den Grenzfall

$$\lambda \to 0 \text{ oder } k = 2\pi/\lambda \to \infty. \tag{1.55}$$

Dann kann Licht als Ausbreitung eines Bündels von Lichtstrahlen angesehen werden, das sich geometrisch beschreiben läßt.
Deutlich erkennt man den Unterschied zwischen Strahlen- und
Wellenoptik etwa an einer Lochblende im Wellenfeld einer homogenen Planwelle (Bild 1.18): Ist ihr Lochdurchmesser $d \gg \lambda$,
so breitet sich das Wellenfeld geradlinig aus (Schattenwir-
kung): Gültigkeit der Strahlenoptik (Beugung vernachlässigbar). Ist aber d mit λ vergleichbar, so gilt die Wellenoptik,
und es treten Beugungserscheinungen auf, die zu einer anderen
Intensitätsverteilung führen. Die grundlegenden Gesetze der
geometrischen Optik sind nicht Gegenstand dieses Bandes
[1.2], [1.6].

1.3 Strahlungserzeugung

Von <u>Strahlungserzeugung</u> oder <u>Emission elektromagnetischer
Strahlung</u> spricht man, wenn ein physikalisches System von
einem angeregten höheren Energiezustand W_2 in einen niedrigeren Zustand W_1 übergeht und dabei ein Lichtquant

$$hf = \hbar\omega = W_2 - W_1 \tag{1.56}$$

emittiert. Nach der Art der Anregung wird unterschieden
zwischen

- <u>Temperatur- oder Wärmestrahlung</u> (thermische Strahlungsquellen), wenn die Anregung allein durch die <u>Temperatur</u> bedingt
  ist (Beispiel: Sonne, künstliche Temperaturstrahler). Für
  die Temperaturstrahlung existieren <u>Strahlungsgesetze</u>
  (s.u.).
- <u>Lumineszenzstrahlung,</u> wenn die Anregung <u>nichtthermisch</u> erfolgt (z.B. durch eingebrachte elektromagnetische Strah-

lung, chemische Energie, Injektion von Ladungsträgern u.
a.). Dabei gelten die eben erwähnten Strahlungsgesetze
nicht.

1.3.1 Temperaturstrahlung

Temperaturstrahlung. Jeder, auf einer Temperatur $T > 0$ befindliche Körper sendet elektromagnetische Strahlung aus. Sie
liegt bei Zimmertemperaturen im Ultrarotbereich ($\lambda = 1 \ldots 50$
µm), bei $T \approx 1000$ K (glühender Körper) im sichtbaren Bereich
(0,4 ... 0,7 µm). Die Beziehungen zwischen der Temperatur des
Körpers und seiner emittierten Wärmestrahlung sind durch
Strahlungsgesetze (Plancksches, Kirchhoffsches, Stefan-Boltz-
mann- und Wiensches Gesetz) gegeben [1.2], [1.4], [1.7].

Das für alle Temperaturstrahler gültige _Kirchhoffsche Gesetz_
$$\varepsilon(\lambda, T) = \alpha(\lambda, T) \tag{1.57}$$

besagt, daß der (spektrale) Emissionsgrad $\varepsilon(\lambda, T)$ und der
(spektrale) Absorptionsgrad $\alpha(\lambda, T)$ bei gegebener Temperatur
(und gleicher Einfallsrichtung) gleich sind.

Der spektrale Emissionsgrad ε eines Strahlers ist dabei das
Verhältnis der emittierten Strahlung, die sog. _spezifische
spektrale Ausstrahlung_ $M_\lambda(\lambda, T)$, bei der Temperatur T bezogen auf die emittierte Strahlung ($M_{\lambda_S}(\lambda, t)$) eines sog.
schwarzen Körpers (s.u.) bei gleicher Temperatur

$$\varepsilon(\lambda, T) = \frac{M_\lambda(\lambda, T)}{M_{\lambda_S}(\lambda, T)}. \tag{1.57}$$

Damit folgt
$$M_\lambda(\lambda, T) = \alpha(\lambda, T) \, M_{\lambda_S}(\lambda, T), \tag{1.58}$$

m.a.W. kann die spezifische Ausstrahlung eines Temperaturstrahlers auch aus der des schwarzen Körpers und des Absorp-
tionsgrades $\alpha(\lambda, T)$ bestimmt werden.

Der sog. schwarze Körper oder schwarze Strahler ist dabei ein idealer Strahler, der eine in beliebigem Winkel einfallende Strahlung beliebiger Wellenlänge völlig absorbiert oder umgekehrt in jeder Richtung bei jeder Wellenlänge die maximale Strahlungsenergie abstrahlt. (Praktisch können schwarze Strahler nur für begrenzte Temperaturbereiche realisert werden.)

Das Grundproblem der Wärmestrahlung ist die Bestimmung der spektralen Energiedichte resp. der spektralen spezifischen Ausstrahlung des schwarzen Körpers, die von Planck ermittelt wurde:

$$M_{\lambda s}(\lambda, T)\,d\lambda = \frac{2\pi c^2 h}{\lambda^5} \frac{d\lambda}{\exp hc/\lambda kT - 1} = \frac{C_1}{\lambda^5} \frac{d\lambda}{\exp C_2/\lambda T - 1}$$

$$(1.59)$$

$$C_1 = 2\pi c^2 h, \qquad C_2 = c\,h/k \quad \text{Plancksches Strahlungsgesetz,}$$

c Lichtgeschwindigkeit.

Breite und Zusammensetzung des abgestrahlten Spektrums hängen nur von der Strahlungstemperatur ab (Bild 1.19). Mit steigender Temperatur wird die Strahlung energiereicher und das Maximum verschiebt sich zum kurzwelligeren Bereich hin. Auffallend ist der hohe Infrarotanteil.

Die gesamte spezifische Ausstrahlung des schwarzen Körpers in dem Halbraum ergibt sich durch Integration von Gl.(1.59) über alle Wellenlängen zu

$$M_s(T) = \int_0^\infty M_{\lambda, s}(\lambda, T)\,d\lambda = \sigma\,T^4 \quad \text{Stefan-Boltzmann-Gesetz}$$

$$(1.60)$$

mit der Stefan-Boltzmann-Konstante

$$\sigma = \frac{2\pi^5 k^4}{15\,c^2 h^3} = 5{,}67 \cdot 10^{-12}\ \text{Wcm}^{-2}\ \text{K}^{-4}.$$

So beträgt z.B. die von einem schwarzen Strahler mit der Oberfläche $A = 10^{-1}$ cm² bei der Temperatur $T = 2000$ K ausgestrahlte Leistung nach Gl.(1.60) $P = 9{,}07$ W.

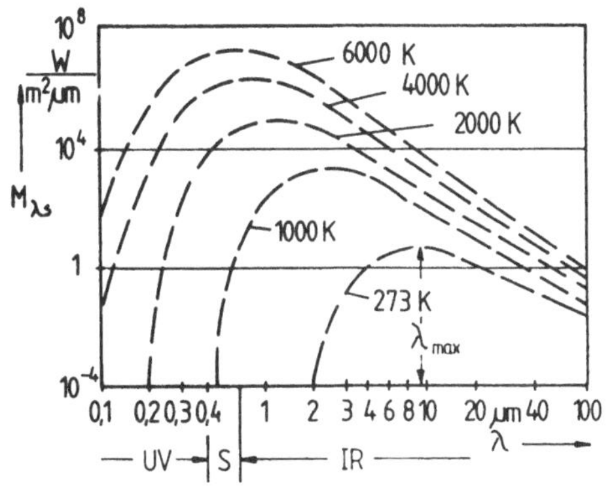

Bild 1.19
Spektrale Strahldichte
$M_{\lambda s}$ des Körpers über der
Wellenlänge. Parameter:
Temperatur

Der Verlauf $M_{\lambda s}(\lambda)$ hat bei λ_{max} ein Maximum, wobei λ_{max} dem
__Wienschen Verschiebungsgesetz__

$$T\lambda_{max} = b = \text{const}; \quad b = hc/4{,}95\ K = 2898\ \mu m\ K \qquad (1.61)$$

genügt. Beispiele:

	T/K	$\lambda_{max}/\mu m$	Strahlung
Zimmer	300	9,8	mittleres IR
glühender Körper	1200	2,41	nahes IR
Sonne	6000	0,485	gelbgrünes Licht.

Für $T < 3600$ K liegt die Wellenlänge λ_{max} im Infraroten, etwa
3/4 der ausgestrahlten Gesamtleistung liegt im Wellenlängenbereich $\lambda > \lambda_{max}$.

Grundsätzlich können die Strahlungsgesetze auch auf die __Pho-__
__tonenzahl__ bezogen werden, man erhält dann z.B.

- die spektrale spezifische Photonenausstrahlung

$$Z_{\lambda s} = \frac{M_{\lambda s}}{hf} = \frac{2\pi c}{\lambda^4}\left[\exp\frac{hc}{kT} - 1\right]^{-1}, \qquad (1.62a)$$

- die __Gesamtphotonenausstrahlung__

$$Z_s = \int_0^\infty Z_{\lambda s}\,d\lambda = \sigma' T^3; \quad \sigma' = 1{,}523 \cdot 10^{11}\ s^{-1}\ cm^{-2} K^{-3}, \qquad (1.62b)$$

- die <u>Photonendichte</u>

$$n = 4Z_g/c. \qquad (1.62c)$$

<u>Nichtschwarzer Strahler.</u> Der ideale Strahler läßt sich nur bedingt gut realisieren, praktisch zutreffend ist vielmehr der Fall $\varepsilon = \alpha < 1$. Stimmt die Spektralverteilung eines nichtschwarzen Strahlers mit der des schwarzen Strahlers proportional überein, so spricht man vom <u>grauen</u> Strahler. Weicht dagegen die <u>Spektraldichte</u> vom schwarzen Strahler ab, so liegt ein <u>selektiver Strahler</u> vor. Typisch für diese Gruppe sind spektrale <u>Emissionssbanden</u> oder -linien, wie sie oft bei Lumineszenzstrahlern auftreten.

<u>Materialwechselwirkung.</u> Nach dem Prinzip der Energiehaltung muß die einem Körper zugeführte Energie gleich der Summe der absorierten, reflektierten und transmittierten Energie sein (Bild 1.20) Für den Temperaturstrahler gibt zunächst der spektrale Emissionsgrad $\varepsilon(\lambda, T)$ die spezifische spektrale Ausstrahlung $M\lambda(\lambda, T)$ bezogen auf die des schwarzen Körpers an. Dabei gilt

$$\varepsilon = \alpha = 1 - (\varrho + \tau),$$

m.a.W. bestimmen <u>Absorption</u> bzw. <u>Emission</u> den Energieaustausch durch Strahlung wesentlich mit.

<u>Absorption</u> (α), <u>Reflexion</u> (ϱ) und <u>Transmission</u> (τ) lassen sich - bezogen auf den auffallenden Strahlenfluß Φ_e - ausdrücken (spektrale Größen) durch

$$\alpha(\lambda) = \frac{\Phi_a(\lambda)}{\Phi_e(\lambda)} \qquad (1.63a)$$

$\Phi_a(\lambda)$ ist der im Bereich λ vom Körper absorbierte Strahlenfluß (für den schwarzen Körper gilt $a_g(\lambda) = 1$),

den <u>Reflexionsgrad</u>

$$\varrho = \Phi_r(\lambda)/\Phi_e(\lambda) \qquad (1.63b)$$

$\Phi_r(\lambda)$: im Bereich λ reflektierter Strahlungsfluß, den <u>Transmissionsgrad</u> τ

$$\tau = \Phi_\tau(\lambda)/\Phi_e(\lambda). \tag{1.63c}$$

Wenn ein Strahlungsfluß auf einen Strahler trifft, wird die auftreffende Strahlung absorbiert, reflektiert und transmittiert. Daher gilt

$$\boxed{1 = \alpha(\lambda) + \varrho(\lambda) + \tau(\lambda). \tag{1.64}}$$

Für die Optoelektronik sind als thermische Strahlungsquellen nur die Sonne ($\rightarrow$ Solarzelle) und Glühlämpchen von Bedeutung.

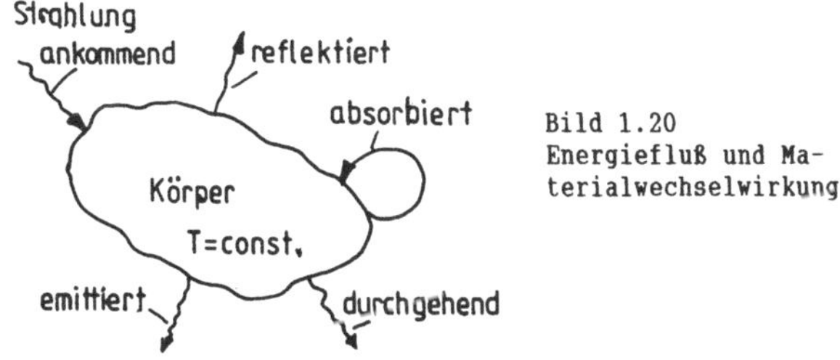

Bild 1.20
Energiefluß und Materialwechselwirkung

<u>Solarstrahlung.</u> Der wichtigste natürliche Temperaturstrahler ist die <u>Sonne.</u> Außer ihrer Bedeutung für alles Leben auf der Erde, wird sie in der Optoelektronik vor allem für die <u>Energiegewinnung</u> durch <u>Solarzellen</u> genutzt (s. Abschn. 3.6). Sonnenlicht gleicht bezüglich der Spektralverteilung etwa der des schwarzen Strahlers mit der Temperatur T = 6000 K. Temperatur und Wellenlänge hängen dabei über das Plancksche Strahlungsgesetz Gl.(1.59) zusammen. So liegt es nahe, die Strahlung beliebiger Körper mit der des schwarzen Körpers durch Angabe der Temperatur zu vergleichen.

Die Strahlungsenergie der Sonne entstammt einer Kernfusion, wobei pro Sekunde rd. $6 \cdot 10^{11}$ kg Wasserstoff zu Helium verwandelt werden mit einem Nettomasseverlust von $4 \cdot 10^3$ kg. Dem entspricht nach der Einstein-Beziehung $W = m c^2$ eine Energie von $4 \cdot 10^{20}$ J. Sie gelangt als elektromagnetische Strahlung mit einem Spektralbereich von Ultraviolett bis weit

ins Infrarote (0,1 ... > 100 µm) und einer Strahlungsdichte
von 1353 W/m², der <u>Solarkonstante</u> in die Erdatmosphäre (Bild
1.21) [1.12]. Die Sonne strahlt zwar innerhalb des elektromagnetischen Spektrums jede Wellenlänge ab, durch Absorption
in den oberen Luftschichten gelangt nur die Strahlung im erwähnten Bereich zur Erde. Die partielle Absorption erfolgt
durch Wasserdampf, Kohlendioxid im Infraroten, Ozon im Ultravioletten sowie Gase, Staub und Wasserdampf. Diese Dämpfung
wird generell durch den sog. <u>AM-Wert</u> (air mass) berücksich-

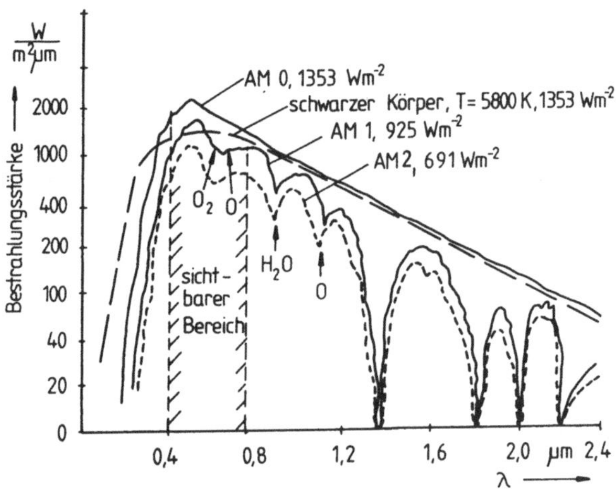

Bild 1.21 Sonnenspektrum über der Wellenlänge mit verschiedenen
          AM-Werten

tigt. Er ist das Verhältnis der optischen Weglänge des Sonnenlichtes zur Weglänge der im Zenit stehenden Sonne: AM =
$\cos^{-1} \alpha$ (α Sonnenwinkel). Ausgang ist die Strahlungsdichte im
Weltraum, der sog. Wert AM 0 = 1353 W/m² = 0,135 Wcm⁻². AM 1
kennzeichnet die Strahlung auf der Erdoberfläche für den Sonnenstand im Zenit. Das AM 2-Spektrum gilt für einen Sonnenwinkel Θ = 60°. AM 4 entspricht dem Sonnenstand in Horizont-
nähe. Für die praktische Anwendung wird mit AM 1,5 = 844
W/m⁻² gearbeitet (Sonne 45° über dem Horizont), bisweilen
auch mit AM 1,5 = 1000 W/m⁻².

Würde man die Leistungsdichte von 1,35 kW/m^2 mit einem r^{-2}-Gesetz vom mittleren Erdbahnradius auf den Sonnenradius umrechnen, so folgt eine Sonnenleistungsdichte von 6,3 kW/cm². Ein schwarzer Körper müßte die Temperatur von 5750 K haben, um die gleiche Leistungsdichte zu erzeugen.

Die tatsächlich auf der Erdoberfläche verfügbare Sonnenstrahlung hängt zusätzlich von Wolken, Breitengrad u.a. ab. An einem mittleren Tag (Wolken, bedeckt, keine direkte Sonneneinstrahlung) liegt die Leistungsdichte deutlich unter 0,13 Wcm^{-2}. Für die Nutzung der Solarenergie ist ferner die mittlere Einstrahlungszeit während des Jahres wichtig. Dafür liegen weltweit Angaben vor. In allen Kontinenten gibt es genügend große Bereiche mit einer mittleren Sonnenstrahlung von mehr als 8 Std. täglich. Damit sollte die prinzipielle Nutzung der Sonnenenergie in der Zukunft möglich sein, wenn Fragen der Wirtschaftlichkeit der Solartechnik besser gelöst sind (s. Abschnitt 3.6), [1.12].

Glühlampe. Eine der technisch wichtigsten künstlichen Strahlungsquellen ist die Glühlampe. Die Strahlung wird durch einen glühenden Wolframfaden erzeugt (T = 2200 - 3500 K). Ihre Eigenschaften reichen nicht ganz an die des idealen schwarzen Strahlers heran. Die Bedeutung der Glühlampe als Strahlungsquelle ist nicht allein durch das breite Emissionsspektrum von Ultraviolett bis Infrarot gegeben (Bild 1.19, lichtemittierende Dioden haben nur ein Spektrum von einigen 10 nm), sondern vor allem durch Einfachheit und Vielseitigkeit der Anwendung.

Die wichtigsten Kennwerte der Glühlampe sind neben Betriebsspannung und Betriebsstrom vor allem der mittlere Lichtstrom (s. Abschn. 1.5) und die Lebensdauer, die stark von der Betriebsspannung abhängt.

Kann man das System Lichtquelle - Strahlungsempfänger als eine Punkt-Kugel-Anordnung auffassen (Abstand wenigstens gleich dem 10fachen Durchmesser der Lichtquelle), so gilt für die Bestrahlungsstärke E

$$E = \frac{P_O}{A_{Det}} = \frac{P_O}{4\pi d^2} = \frac{\varepsilon P_{el}}{4\pi d^2}$$

(P_O Strahlungsleistung, P_{el} elektrische Leistung des Glühfadens, $4\pi d^2$ bestrahlte Detektoroberfläche, $\varepsilon = \left(P_{el}/P_O\right)^{-1} \approx 0,8$ für Vakuumlampen, 0,9 für gasgefüllte Lampen). Beispielsweise ergibt eine Miniaturglühlampe mit $U_{Nenn} = 6$ V, $I_{Nenn} = 0,1$ A (d = 3 cm) die Bestrahlungsstärke.

$$E = \frac{6 \cdot 0,1 \cdot 0,8}{4\pi 3^2} \frac{V \cdot A}{cm^2} = 4,24 \text{ mW/cm}^2.$$

Sie ist im Vergleich zur Sonne sehr gering. Bei den oben genannten Fadentemperaturen wird die meiste Strahlung nach Bild 1.19 im Infraroten emittiert (etwa 90 % der elektrischen Leistung bei Vakuumlampen kleiner Leistung). Auf den sichtbaren Bereich fällt etwa 5 ... 8 % der Gesamtstrahlung. Damit paßt sich die Spektralverteilung einer Glühlampe wohl recht gut an die Empfindlichscharakteristik eines Si-Fotoempfängers an, kaum aber an das Auge.

Für optoelektronische Anwendungen werden Glühlampen aus Gründen langer Lebensdauer meist mit verringerter Spannung betrieben. Das erhöht den Rotanteil des emitterten Lichtes weiter (was vorteilhaft ist, da die meisten Halbleiterstrahlungsdetektoren stark rotempfindlich sind).

Die Modulationsgrenzfrequenz für Wechsellicht (Speisung der Glühlampen mit Wechselspannung) hängt vor allem von der thermischen Trägheit des Glühfadens ab. Sie liegt bei Glühlämpchen meist zwischen 10 und 100 Hz und ist für sehr viele Anwendungen zu gering.

1.3.2 Lumineszenzstrahlung

Lumineszenz umfaßt alle Strahlungsemissionen durch Übergang von einem höherangeregten Zustand W_2 des Systems zu einem

niederwertigeren W_1, bei denen die Anregung <u>nichtthermisch</u>
erfolgt. Die Energiezufuhr erhöht somit nicht den Wärmevor-
rat, sondern z.B. die potentielle Energie von Ladungsträgern,
die dann - ohne Umwandlung in Wärmeschwingungen - als Lumineszenzstrahlung ganz oder teilweise wieder abgegeben wird.
Deshalb gehorcht die Lumineszenz <u>nicht</u> den Strahlungsgeset-
zen, z.B. Gl.(1.59)ff.

Ursachen der Lumineszenz ist stets ein vorangegangener <u>Anre-
gungsprozeß.</u> Damit zerfällt der Lumineszenzprozeß in die <u>Ab-
sorption der Anregungsenergie</u> und den eigentlichen <u>Emissions-
prozeß.</u> Für diesen gilt

$$hc/\lambda = W_2 - W_1, \tag{1.65}$$

wobei W_2, W_1 auch Bestandteile von zwei <u>Energiegruppen</u> sein
können, so daß statt einer Wellenlänge ein <u>Wellenlängenband</u>
beobachtet werden muß. Diese, für verschiedene Materialien
stark unterschiedlichen <u>(schmalen) Lumineszenzspektren</u> sind

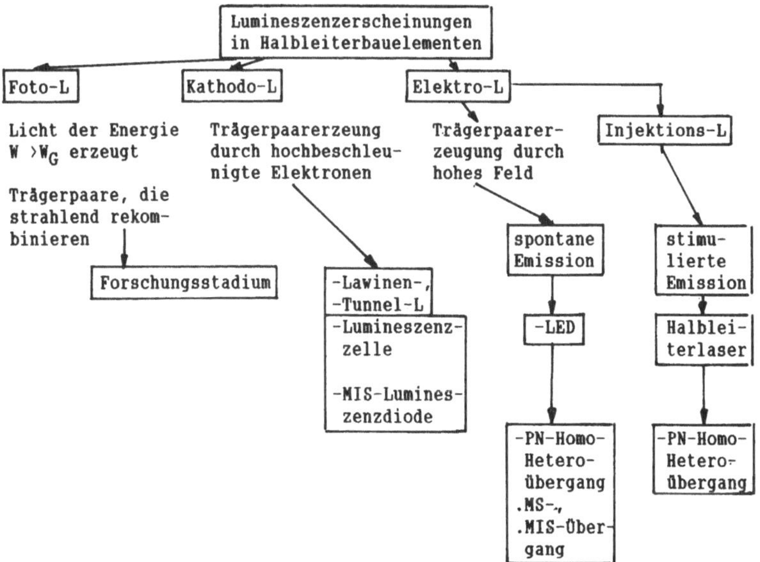

Tafel 1.3 Lumineszenzerscheinungen in Halbleiterbauelementen

ein typischer Unterschied zu dem sehr breiten, kaum material-
spezifischem (ε!) Emissionsspektrum der Temperaturstrahlung.

Sehr übersichtlich können Lumineszenzerscheinungen nach der
Anregungsart oder auch der Entstehungsart der Strahlung, d.
h. der Rückkehr in den Ausgangszustand, eingeteilt werden.

Nach der Anregungsart unterscheidet man (Tafel 1.3)
- Chemi- und Biolumineszenz mit chemischer oder biochemischer
  Anregung,
- Thermolumineszenz, wobei sich durch vorherige Anregung bei
  tiefer Temperatur die Temperatur selbst erhöht (Anwendung
  zur Dosismessung),
- Radiolumineszenz durch anregende radioaktive Strahlung
  (Teilchenbeschuß, z.B. Szintilisationszähler),
- Fotolumineszenz (auch als Strahlungslumineszenz bezeichnet)
  zur Umsetzung von Photonenstrahlung einer Wellenlänge in
  eine andere, z.B. in Bildwandlerröhren. Die einfallende
  hochenergetische Strahlung wird absorbiert, und es entstehen Ladungsträger, die bei der Rekombination die Emissionsstrahlung aussenden. Anwendungen: Leuchtstoffröhren,
  Gaslaser,
- Kathodolumineszenz durch Elektronenstrahlanregung (Energie
  $\geq$ 10 keV). Beim Auftreffen des Elektronenstrahls auf eine
  spezielle Schicht entstehen Lochelektronenpaare, die anschließend strahlend rekombinieren. Ist die auftreffende
  Schicht "phosphoreszierend" - wie bei der Fernsehröhre -,
  so spricht man von Phosphoreszenz. Fluoreszenzschichten
  werden ebenfalls benutzt.
- Elektrolumineszenz, wobei ein elektrisches Feld die
  Anregungsursache ist. Dazu gehören die
  . Anregung durch Injektion von Ladungsträgern über eine
    Sperrschicht als sog. Injektionslumineszenz, die bei
    Halbleitern verbreiteste Art (s. Abschn. 2.1).
  . Stoßionisation bzw. Stoßanregung durch hohe elektrische
    Feldstärken. Bekannt ist dieser Vorgang auch als

Destriau-Effekt. Dabei werden Leuchtstoffe (z.B. ZnS) auf Glasträger und mit transparenten Elektroden versehen großflächig aufgebracht (s. Abschn. 2.2.4).
Für die Optoelektronik wichtig sind vor allem Elektro- und Injektionslumineszenz.

Lumineszenzerscheinungen können außer nach der Anregungsart auch nach den <u>Emissionsprozessen</u> unterschieden werden, z.B. die Emission durch angeregte Atome oder Moleküle in Gasen, durch angeregte freie Ladungsträger (direkte und indirekte Rekombination) und angeregte Störstellen in Festkörpern. Typische Emissionsvorgänge sind dabei (Tafel 1.3).

- die direkte <u>Rekombination</u> als sog. <u>Rekombinationsstrahlung</u> (die meist übliche Form),

- die <u>Fluoreszenz,</u> wobei die angeregten Elektronen mit einem oder mehreren Sprüngen in sehr kurzer Zeit ($< 10^{-8}$ s) in den Grundzustand zurückfallen. Die Anregungsenergie ist dabei im allgemeinen höher als die der abgegebenen Strahlung ($\rightarrow$ Frequenzumsetzer),

- die <u>Phosphoreszenz,</u> wobei die angeregten Elektronen zunächst in einem metastabilen Zustand verweilen und danach in den Grundzustand zurückfallen. Phosphorreszierende Stoffe strahlen deshalb sowohl während der Anregung als auch <u>nach</u> dem Abschalten (Anwendung als nachleuchtende Oszillographenröhren).

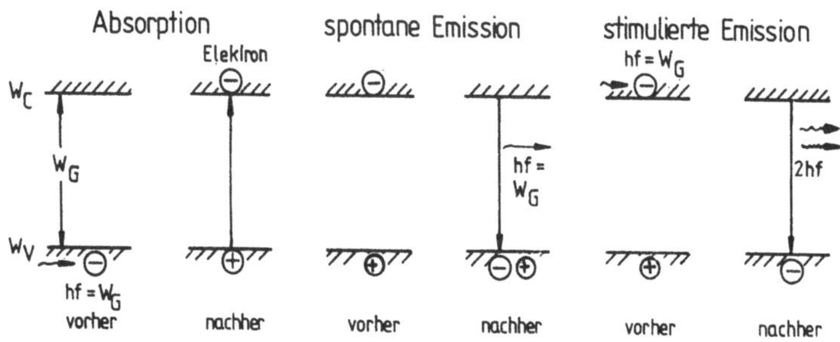

Bild 1.22 Absorption, spontane und stimulierte Emission als grundlegende Übergänge zwischen Valenz- und Leitband

Der angeregte Zustand im Festkörper kann allerdings auch ohne Strahlungsemission abgebaut werden, nämlich als <u>strahlungslose Rekombination</u> bei Anregung von <u>Gitterschwingungen</u> (Phononenemission). Dann bleibt zwar Lumineszenz aus, doch erhöht sich die Probentemperatur.

1.4 Wechselwirkung von elektromagnetischer Strahlung und Festkörper Emission und Absorption

1.4.1 Grundprozesse

Die überwiegende Zahl der optoelektronischen Halbleiterbauelemente nutzt die (sog. optischen) Übergänge von Elektronen zwischen Valenz- und Leitband grundlegend aus, weil dabei Emission oder Absorption elektromagnetischer Strahlung erfolgen kann und somit ein Photon (Lichtteilchen) der Energie

(Gl.(1.65))

$$W_2 - W_1 = hf = h$$

zwischen absorbierendem bzw. emittierendem Stoff und Strahlungsfeld ausgetauscht wird.

Die Übergangswahrscheinlichkeit hängt von der Wechselwirkung der Träger im Leit- und Valenzband mit dem Strahlungsfeld ab. <u>Drei Grundprozesse</u> sind dabei zu unterscheiden (Bild 1.22):

- <u>Absorption:</u> Anregung eines atomaren Systems aus dem Energiezustand W_1 in den höheren $W_2 = W_1 + hf.$: Elektronenübergang vom Valenz- zum Leitband unter Vernichtung eines Photons. Insgesamt wird die einfallende Strahlung absorbiert und Loch-Elektronenpaare im Valenz- und Leitband erzeugt. Dieser Prozeß ist z.B. grundlegend für <u>Fotoempfängerelemente und Solarzellen.</u>
- (Spontaner) Übergang eines atomaren Systems aus einem höheren Energiezustand W_2 in den tieferen $W_1 = W_2 - hf$ unter Aussendung eines Lichtquants, d.h.Elektronenübergänge vom Leit- zum Valenzband zur Wiederherstellung des thermodynamischen Gleichgewichtes im Gefolge einer Störung, kurz als

Rekombination bezeichnet. Diese Übergänge können strahlend
(→ Strahlungsémission, meist bei direkten Halbleitern)
oder nichtstrahlend (bei indirekten Halbleitern) erfolgen.
Bei dieser Emissionsart sind die Phasen und Richtungen der
emittierten Photonen statistisch verteilt, es entsteht inkohärente Strahlung. Derartige spontane Emissionsprozesse
sind Ursache der Lumineszenzerscheinungen (Elektro-, Photo-
und Kathodolumineszenz) in direkten Halbleitern und werden
z.B. in der Lumineszenzdode ausgenutzt.

- Stimulierte oder induzierte Emission: Ein Photon trifft auf
  ein angeregtes Elektron, das dabei vom Leit- ins Valenzband
  übergeht (→ induzierter Elektronenübergang), wobei wieder
  ein Photon erzeugt wird mit derselben Phasenlage und wie
  das anregende Photon: es entsteht eine kohärente Strahlung.
  Induzierte Emission ist somit ein Verstärkungsprozeß, denn
  zu einem ankommenden Photon tritt ein zweites hinzu. Stimulierte Emission bildet die Grundlage der Laserdiode.

Einstein-Koeffizienten, Besetzungsinversion. Das grundlegende
Zusammenspiel der drei obigen Prozesse wurde erstmals von
Einstein (1917) formuliert. Jeder Teilprozeß hat eine Über-
gangswahrscheinlichkeit und hängt von den Teilchenkonzentra-
tionen n_1, n_2 in den Zuständen 1, 2 ab. Dann folgen die
- Absorption mit der Übergangswahrscheinlichkeit B_{12}

$$\frac{dn_2}{dt}\bigg|_{abs} = B_{12}\, n_1\, W_v \;=\; -\frac{dn_1}{dt}\bigg|_{abs}, \tag{1.66a}$$

- spontane Emission mit der Übergangswahrscheinlichkeit A_{12}

$$\frac{dn_2}{dt}\bigg|_{Sp} = -\,A_{21}\, n_2, \tag{1.66b}$$

- stimulierte Emission mit der Übergangswahrscheinlichkeit
  B_{21}

$$\frac{dn_2}{dt}\bigg|_{st} = -\,B_{21}\, n_2\, W_v \;=\; -\frac{dn_1}{dt}\bigg|_{st}. \tag{1.66c}$$

Die Koeffizienten A_{12}, B_{12}, B_{21} sind die <u>Einstein-Koeffizienten</u>, W_ν ist die spektrale Strahlungsdichte des Strahlungsfeldes. Für die Änderung der Besetzungsdichte n_2, n_1 im angeregten bzw. nichtangeregten Zustand gilt, daß sie gleich der Nettosumme von Photonenabsorptionsrate und spontaner und stimulierter Emissionsrate sein muß:

$$\frac{dn_2}{dt} = - \frac{dn_1}{dt} = - A_{21}\, n_2 + B_{12}\, n_1\, W_\nu - B_{21}\, n_2\, W_\nu \qquad (1.67)$$

Im thermodynamischen Gleichgewicht ($dn_2/dt = 0$) folgt daraus für das Besetzungsverhältnis zwischen angeregtem und nichtangeregtem Zustand

$$\boxed{\frac{n_2}{n_1} = \frac{B_{12}\, W_\nu}{A_{21} + B_{21}\, W_\nu}.} \qquad (1.68)$$

Ohne induzierte Emission ($B_{21} = 0$) würde damit n_2/n_1 beliebig mit der Strahlungsdichte wachsen und schließlich $n_2 > n_1$ zutreffen, was über die Boltzmannverteilung

$$\frac{n_2}{n_1} = \frac{g_2}{g_1}\, \exp - \frac{(W_2 - W_1)}{kT} \qquad (1.69)$$

(g_1, g_2 statistische Entartungsgrade der Energieniveaus) eine (physikalisch unsinnige) negative Temperatur zur Folge hätte (s.u.).

Die <u>Strahlungsdichte</u> des Strahlungsfeldes ergibt sich aus Gl. (1.68), (1.69) zu

$$W_\nu = \frac{A_{21}}{B_{21}} \left[\frac{g_1 B_{12}}{g_2 B_{21}}\, \exp \frac{hf}{kT} - 1 \right]^{-1}. \qquad (1.70)$$

Auf der anderen Seite ergibt sich die Strahlungsdichte aus dem Planckschen Strahlungsgesetz zu

$$W_\nu = \frac{8\pi h}{c^3}\, f^3 n^3 \, \frac{1}{\exp hf /kT - 1} \qquad (1.71)$$

n Brechungsindex des Mediums.

Aus der Gleichheit der Strahlungsdichten ergeben sich für die
Einstein-Koeffizienten folgende Bedingungen:

$$g_1 B_{12} = g_2 B_{21}; \quad \frac{A_{21}}{B_{21}} = \frac{8\pi h\ f^3 n^3}{c^3} \qquad \text{Einstein-Beziehungen.} \qquad (1.72)$$

Man erkennt, daß die Übergangswahrscheinlichkeiten von Absorption und stimulierter Emission übereinstimmen. Setzt man
vorerst $g_1 \approx g_2 \rightarrow B_{12} \approx B_{21}$, so ergibt sich für die üblicherweise zutreffende Bedingung $n_2 \ll n_1$:

- <u>spontane Emission</u> ist ohne einwirkendes elektromagnetisches
  Strahlungsfeld möglich, sie übertrifft ohnehin die stimulierte Emission deutlich.
- <u>Induzierte Emission</u> erfordert ein ausreichendes Strahlungsfeld und die Bedingung

$$n_2 > n_1 \cdot g_2/g_1, \quad \text{Besetzungsinversion (1.Laserbedingung)} \qquad (1.73)$$

die sog. <u>Besetzungsinversion</u> (s.u.).

Die Besetzungsinversion $n_2 > n_1$ kann verschiedenartig realisiert werden, z.B.

- durch Nutzung höherer Energiezustände, in die Elektronen
  durch <u>optische Absorption</u> "hochgepumpt" werden, von denen
  aus sie in tiefere (aktive) Zustände zurückfallen,
- durch Auffüllen höherer Zustände im Leitband (W_C) mittels
  eines Stromtransportes, aus den Elektronen in tiefere (W_V)
  zurückfallen.

Die Abschätzung der Koeffizienten B_{12}, B_{21} und A_{21} bildet die
Grundlage der Wechselwirkung zwischen elektromagnetischer
Strahlung und dem Festkörper [1.7], [1.13], [1.14], [2.30],
[2.34].

1.4.2 Absorption und Emission

Durchdringt eine ebene Welle (Intensität I) der Frequenz $f =$
$(W_2 - W_1)/h$ einen absorbierenden homogenen Halbleiter, so
sinkt die Photonenzahl lokal durch Absorption ab, durch sti-

mulierte Emission wächst sie an. Da spontane Emission gleichmäßig in alle Richtungen erfolgt, fällt nur ein geringer Teil
in die Richtung der eintreffenden ebenen Welle und wird deshalb vernachlässigt. Längs des Weges x tritt daher eine Net-
toerlustrate -dN/dt von Photonen (pro Einheitsvolumen) auf

$$- \frac{dN}{dt} = n_1\, W_\nu \cdot B_{12} - n_2 W_\nu \cdot B_{21}$$

oder (mit (Gl.(1.71))

$$- \frac{dN}{dt} = \left(\frac{g_2 - g_1}{g_1} - n_2 \right) W_\nu \cdot B_{21}. \tag{1.74}$$

Diese Beziehung, die die Besetzungsdichte n_1, n_2 der beiden
Energieniveaus enthält, kann mit dem <u>Absorptionskoeffizienten</u>
α (Gl.(1.20)) in Verbindung gebracht werden: Die Leistungsdichte des Strahles ist die pro Einheitsfläche und Zeit
durchtretende Energie, also die Strahlungsdichte multipliziert mit der Lichtgeschwindigkeit im Medium: $I = W_\nu \cdot c/n$
oder für Photonen der Frequenz f, umgeschrieben $I = W_\nu\, c/n$
$= N \cdot hf\, c/n$ (n Brechungsindex). Dann folgt für die Änderung
der Photonendichte in der Welle im Volumen zwischen x und x +
 x (Bild 1.23):

$$-dN(x) = [I(x) - I(x + \Delta x)]\, n/hf_{21}c \approx - dI(x)/dx\, \Delta x n/hf_{21}c$$

oder mit $dt = dx/\alpha \big/ (c/n)$):

$$\frac{dN}{dt} = \frac{dI(x)}{dx}\, \frac{1}{hf_{21}} = - \frac{\alpha I(x)}{hf_{21}} = - \alpha W_\nu \cdot \frac{c}{nhf_{21}}. \tag{1.75}$$

Durch Vergleich von Gl.(1.74), (1.75) folgt schließlich für
die (Netto-)Absorptionskonstante

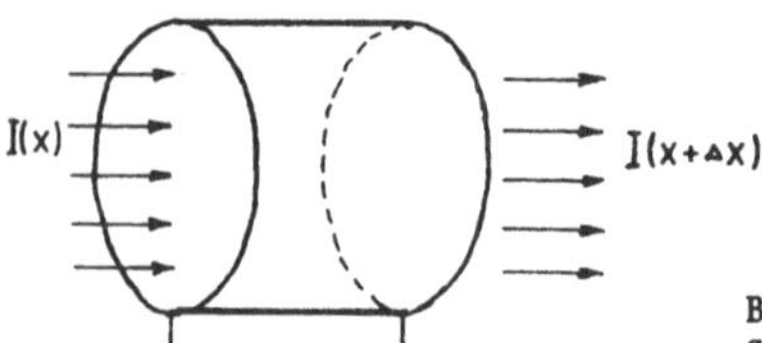

Bild 1.23
Strahlungsintensität, die durch ein
Volumenenelement (Länge x) tritt

$$\alpha = (\frac{g_2}{g_1} n_1 - n_2) \frac{B_{21} h f_{21} n}{c} \qquad (1.76)$$

Absorption   stimulierte Emission

Der (Netto-)Absorptionskoeffizient setzt sich vorzeichenbe-
haftet aus Absorption und stimulierter Emission nach Maßgabe
der Energieniveaubesetzung zusammen.

Im Gleichgewicht $n_2 \ll n_1$ überwiegt die Absorption, dann ist α
der übliche Absorptionskoeffizient (Gl.(1.20)). Durch Energiezufuhr kann aber eine Nichtgleichgewichtseinstellung $n_2 >$
$n_1 \cdot g_2/g_1$ eintreten, und es überwiegt die stimulierte Emission. Dann wird der Absorptionskoeffizient <u>formal negativ</u> und
die Intensität der Welle

$$I(x) = I(0) \exp (gx) \qquad (1.77)$$

<u>wächst</u> nach Maßgabe des Gewinnkoeffizienten $g = - \alpha$: <u>Verstär-</u>
<u>kung einer ebenen Welle durch stimulierte Emission.</u>

Die Bedingung $g > 0$ bedeutet Besetzungsinversion und heißt
<u>erste</u> Laserbedingung (s. Gl.(1.73)).

Der Einstein-Koeffizient B_{21} kann berechnet werden
- aus dem einfachen Bändermodell mit phänomenologischen Annahmen
- oder genauer über eine quantenmechanische Störungsrechnung
  mittels sog. <u>Übergangswahrscheinlichkeiten</u>.

Dementsprechende Überlegungen führen anstelle von Gl.(1.76)
(mit $A_{21} = h^3/\pi^2 \hbar^3 c^3 \cdot (hf)^2 B_{21}$) auf

$$\alpha (hf) = A_{21} \frac{\hbar \lambda^2}{4n^2} \int_{-\infty}^{\infty} D_C(W_2) D_V(W_1) \left[f_V(W_1) - f_C(W_2) \right] dW_1, \qquad (1.78)$$

mit $W_2 = W_1 + hf$.

Solange $f_V(W_1) > f_C(W_2)$ gilt, wird $\alpha > 0$, und es herrscht
Absorption. Dies ist im <u>thermodynamischen Gleichgewicht</u> stets
der Fall, weil dort $(W_1 \rightarrow W_V, W_2 \rightarrow W_C)$ mit

$$f_V(W_1) = (1 + \exp \frac{W_1 - W_{FV}}{kT})^{-1}$$

$$f_C(W_2) = (1 + \exp \frac{W_2 - W_{FC}}{kT})^{-1}$$

$$(1.79)$$

immer $f_V > f_C$ zutrifft (Valenzband stärker besetzt als Leitband). Umgekehrt folgt für $f_V < f_C$ zwangsläufig $\alpha < 0$, also
Verstärkung der einfallenden Welle.

Die Berechnung des Absorptionskoeffizienten gelingt bei direkten Halbleitern sofort, wenn zusätzlich noch eine parabolische Bandstruktur ($W \sim k^2$) angesetzt und das Valenzband
als voll besetzt ($f_V = 1$), das Leitband hingegen als leer ($f_C
= 0$) betrachtet wird. Mit der Zustandsdichte

$$D_{C/V}(W) = 2^{5/2} (2\pi)^{-2} \hbar^{-3} m_{n/p}^{3/2}(W - W_C)^{1/2} \quad (resp. (W_V - W))$$

ergibt sich dann aus Gl.(1.78)

$$\alpha = \frac{A_{21} \lambda^2 (m_n m_p)^{3/2}}{16\pi^3 n^2 \hbar^5} (hf - W_G)^{1/2} = C_d(hf - W_G)^{1/2}. \qquad (1.80)$$

Der Term $(hf - W_G)^{1/2}$ resultiert aus der Abhängigkeit der Zustandsdichte von der Übergangsenergie.

In indirekten Halbleitern muß die Phononenbeteilung einbezogen werden und man erhält (mit der Phonenenergie hf_p)

$$\alpha(f) = C_e (hf - W_G - hf_p)^2. \qquad (1.81)$$

Der Faktor C_e beinhaltet etwa die gleichen physikalischen
Größen wie C_d, ist aber für die üblichen III-V-Halbleiter um
mehrere Größenordnungen kleiner als C_d.

Strahlende Rekombination und Absorption. Da nach Gl.(1.72)ff.
spontane Emission auch ohne einfallende Strahlung möglich
ist, muß eine direkte Beziehung zum erzeugenden Prozeß - der
Rekombination - bestehen, also eine Relation zwischen Rekombinationsrate R und Einstein-Koeffizient A_2. (Gl.(1.66b)).

Die (direkte) Rekombinationsrate R im Halbleiter läßt sich
bestimmen

- aus dem üblichen Modell des Trägerübergangs vom Leit- nach
  dem Valenzband; bei _direkter_ Rekombination ergibt sich

$$R = B \cdot n \cdot p \tag{1.82}$$

mit dem Rekombinationskoeffizienten B (s.u.). Global ist R
somit gegeben durch das Produkt der Elektronendichte in dem
höheren Energiezustand und der Dichte leerer, tieferer Zustände und der Übergangswahrscheinlichkeit B,

- gleichwertig bei strahlender Rekombination aus der emittierten Strahlung, d.h. über deren _Absorption:_

$$R = \int_{-\infty}^{\infty} r_{sp}(\omega)\, d(h\omega).\tag{1.83}$$

Die dabei auftretende spektrale _spontane Emissionsrate_ (=
strahlende Rekombinationsprozesse) $r_{sp}(\omega)\, d(\hbar\omega)$ beträgt

$$r_{sp}(\omega)\, d(\hbar\omega) = A_{21} \int_{-\infty}^{\infty} D_V(W_1)(1 - f_V(W_1))D_C(W_2)\, f_C(W_2)d(\hbar\omega)\tag{1.84}$$

mit $W_1 = W_2 - \hbar\omega$.

Mit Bezug auf die Fermiverteilung (Gl.(1.79)) sowie das Ergebnis (Gl.(1.78)) lautet die Beziehung zwischen dem Absorptionskoeffizient $\alpha(\omega)$ und der Emissionsrate $r_{sp}(\omega)$

$$\boxed{\begin{aligned}
\alpha(\hbar\omega) &= \frac{r_{sp}(\hbar\omega)\hbar\lambda^2}{4\,n^2} \left[\exp\left\{ \frac{\hbar\omega + W_{FV} - W_{FC}}{kT} \right\} - 1 \right] \\[2ex]
&\approx \frac{r_{sp}(\hbar\omega)h\lambda^2}{4n^2} \left[\exp \frac{hf}{kT} - 1 \right].
\end{aligned}\tag{1.85}}$$

Sie geht auf _Roosbroeck_ und _Shockley_ zurück. In der Näherung
wurde mit $W_{FC} \approx W_{FV} \approx W_F$ _schwache Anregung_ ($\approx$ thermodynami-
sches Gleichgewicht) vorausgesetzt.

Umgeschrieben lautet die Rekombinationsrate mit Gl.(1.83), (1.84)

$$R = \int_{-\infty}^{\infty} r_{sp}(\omega)\,d(\hbar\omega) \equiv A_{21} \int_{-\infty}^{\infty} D_C(W_2) f_C(W_2)\,dW_2 \int_{-\infty}^{\infty} D_V(W_1)(1-f_V(W_1))\,dW_1$$

$$\equiv A_{21}\, np \tag{1.86}$$

$$\equiv B\, np.$$

Der Einstein-Koeffizient A_{21} entspricht somit direkt dem Rekombinationskoeffizient B (Gl.(1.82)) und kann somit in üblichen Rekombinationsmodellen verwendet werden, m.a.W. sind Emissionsverhalten und Absorptionseigenschaften eines Halbleiters direkt miteinander verknüpft.

Das Rekombinationsmodell Gl.(1.82) lautet im Falle einer Störung des thermodynamischen Gleichgewichtes ($n = n_0 + \Delta n$, $p = p_0 + \Delta p$) durch die Überschußträgerdichte $\Delta n = \Delta p$):

R = B . n . p = A_{21} $(n_0 + \Delta n)(p_0 + \Delta p))$ =

$$= A_{21}\, n_0 p_0 + A_{21}\,\Delta n((p_0 + n_0 + \Delta n). \tag{1.86}$$

Der erste Anteil rührt vom thermodynamischen Gleichgewicht her, der letzte von der Anregung Δ n. Für den ersten Anteil ergibt sich mit Gl.(1.85)

$$R = A_{21} n^2_i \equiv \int_0^{\infty} r_{sp}(\hbar\omega)\,d(\hbar\omega) = \int_0^{\infty} \frac{8\pi h^2}{c^2 h^3}\,\frac{(\hbar\omega)^2\,\alpha(\hbar\omega)\,d\hbar\omega}{\exp \hbar\omega/kT - 1}. \tag{1.87}$$

Damit drückt sich anschaulich aus, daß nur Träger rekombinieren können, die vorher angeregt wurden: direkter Zusammenhang zwischen Emission und Absorption. Tafel 1.4 enthält die Rekombinationskoeffizienten B einiger typischer Halbleiter für die Optoelektronik.

Grundsätzlich läßt sich die Rekombinationsrate R mit einer Rekombinationslebensdauer τ_r in Beziehung bringen über

$$R = \Delta n/\tau_r.$$

Material	Ge	Si	GaAs	GaP	Al$_x$Ga$_{1-x}$As	SiC	GaSb	InP	InAs
Übergangstyp	i	i	d	i	d, i	i	d	d	d
Grenzwellen-länge λ_G/nm	1880	1130	867	548	867...570	563...413	1700	918	3540
Bandabstand eV (300 K)	0,66	1,12	1,43	2,26	1,43...2,16	2,2...3	0,73	1,35	0,35
B/cm^{-3}s^{-1}	$5,3.10^{-14}$	$1,8.10^{-15}$	5.10^{-10}	$5,4.10^{-14}$	$\approx 10^{-11}$		$2,4.10^{-10}$	$1,26.10^{-9}$	$8,5.10^{-11}$
τ_r/s bei 1.10^{18} cm^{-3}	$1,9.10^{-5}$	$5,6.10^{-4}$	$1,3.10^{-9}$	$1,9\cdot10^{-5}$	$\approx 10^{-7}$		$4,2.10^{-9}$		
Brechungs-index n	4,0	3,45	3,6	3,36	3,1...3,6	2,63	3,9	3,2	3,5

Tafel 1.4 Typische Eigenschaften von Halbleitermaterialien für optoelektronische optoelektronische Bauelemente

τ_r hängt dabei vom Rekombinationsmechanismus und der Anregungsdichte Δn ab. Für kleine Anregung $\Delta n \ll n_0$, p_0 gilt nach Gl.(1.86)

$$\tau_r = [\ A_{21}(n_0 + p_0)\ ]^{-1},$$

für starke ($\Delta n \gg n_0$, p_0) hingegen

$$\tau_r = [\ A_{21}\ \Delta n\ ]^{-1}.$$

Damit ist der Einstein-Koeffizient A_{21} resp. B der direkten Messung zugängig (vgl. Tafel 1.4). Besonders auffällig ist der große Unterschied der Lebensdauer τ_r zwischen direkten und indirekten Halbleitern [1.15], [1.16].

1.4.3 Physikalische Absorptionsmechanismen

Halbleiter zeigen hinsichtlich der Wechselwirkung mit elektromagnetischer Strahlung z.B. gegenüber Gasen einige Besonderheiten:
- unter den verschiedenen Wechselwirkungsmechanismen dominieren die _elektronischen_,
- anstelle diskreter Energieniveaus bei Atomen treten _kontinuierliche Eigenwertspektren_ der elektronisch (über Phononen) angeregten Grundgitter auf, es gibt optische Übergänge zwischen Energiebändern. Dadurch entstehen Absorptionsbänder mit sog. _Kantenstruktur_.
- Bestimmte optische Eigenschaften sind richtungsabhängig (anisotrope optische Eigenschaften).

Die verschiedenen Absorptionsmechanismen [1.7] - [1.11] der Strahlung lassen sich am besten nach der _Energie_ des absorbierten Photons unterteilen (Bild 1.24):
1. _Eigen-, Fundamental- oder Interbandabsorption_ durch Übergang von Elektronen aus dem gebundenen in den freien Zustand, also vom Valenz- ins Leitband. Sie führt zur Anregung von Loch-Elektronenpaaren (innerer Photoeffekt) und ist der wichtigste elektronische Absorptionsvorgang in Halbleitern und Dielektrika.

2. Absorption durch <u>Gitterschwingungen</u> durch Wechselwirkung der Lichtwelle mit dem Gitter. Sie ist typisch für sog. Ionen- und homöopolare Kristalle, wobei sich die Zahl optischer Phononen ändert.

3. Absorption durch <u>freie Ladungsträger</u> (Elektronen im Leit-, Löcher im Valenzband) als Folge der Bewegung der Ladungsträger unter dem Einfluß der Lichtwellen. Die zur Trägerbewegung erforderliche Energie wird der Welle entzogen, so daß sich ihre Intensität schwächt.

4. <u>Störstellenabsorption.</u> Die Energie wird hier durch Träger absorbiert, die an Strukturdefekten (Störstellen, Strukturdefekte der Gitters) gebunden sind. Sie wird entweder beim Übergang des Trägers aus dem Grund- in den angeregten Zustand umgesetzt oder bei der Störstellenionisation ($\rightarrow$ Elektronen ins Leit-, bzw. Löcher ins Valenzband, sog. <u>innerer Störstellenfotoeffekt</u>).

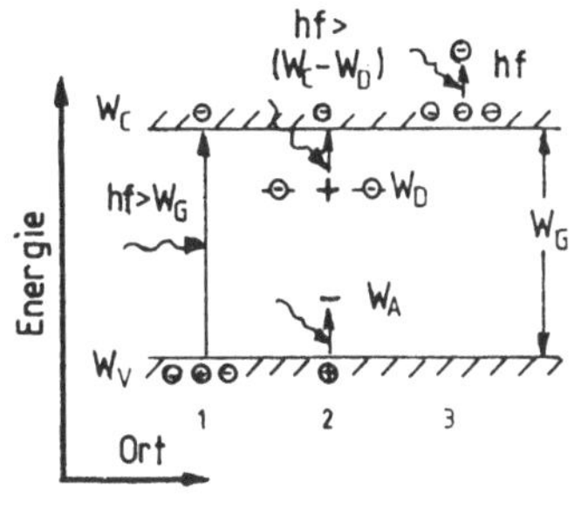

Bild 1.24
Typische Absorptionsmechanismen im Halbleiter
1 Eigenabsorption
2 Störstellenabsorption
3 Absorption durch freie Ladungsträger

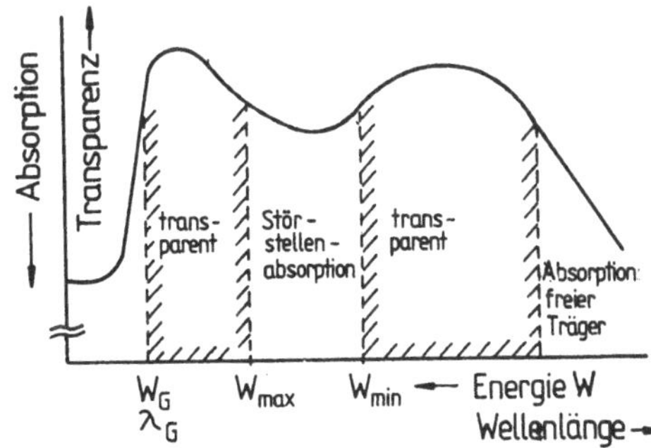

Bild 1.25
Typischer Absorptionsverlauf und Transparenz über der Wellenlänge bzw. der Energie

5. <u>Exzitonenabsorption:</u> Ein Photon erzeugt ein gekoppeltes
   Loch-Elektronenpaar, das <u>Exziton.</u> Im Verlauf $\alpha(\lambda)$ stellen
   sich dadurch scharfe Spitzen bei direkten und flachen
   Stufen bei indirekten Halbleitern ein.

Bild 1.25 zeigt den prinzipiellen Verlauf der Absorptionsmechanismen über der Wellenlänge bzw. der Energie [1.15]-[1.18].

1.4.3.1 Fundamentalabsorption

Die <u>Fundamentalabsorption</u> (oder Eigenabsorption des Grundgit-
ters) erzeugt direkte Trägerübergänge aus dem Valenz- ins
Leitband und schafft damit Loch-Elektronenpaare (Erhöhung der
Leitfähigkeit durch Absorption von Photonen). Der Vorgang
entspricht so genau demjenigen, den die thermische Gitter-
energie bei der Eigenleitung verursacht. Dazu sind Photonen
der Energie

$$h f > W_G \quad \text{bzw.} \quad \lambda < \lambda_G = hc/W_G \qquad (1.88)$$
$$\text{Bedingung für Grundgitter-absorption}$$

erforderlich resp.

$$W_{G/eV} = \frac{1,24}{\lambda_{/\mu m}} \qquad \text{Vakuum.} \qquad (1.89)$$

Ein Photon der Energie 1 eV hat damit die Wellenlänge $\lambda =$
1,24 µm (resp. eine Frequenz von 242 THz). Gl.(1.88) bestimmt
die <u>Grenzwellenlänge</u> λ_G der Fundamentalabsorption.

Hat die einfallende Strahlung die Wellenlänge λ, so gilt
   $\lambda < \lambda_G$ (hf $\geq W_G$) starke Strahlungsabsorption, Halbleiter
   nicht transparent,
   $\lambda > \lambda_G$ (hf $< W_G$) keine Strahlungsabsorption, Halbleiter
   transparent.

Die Entstehung eines Loch-Elektronenpaares durch Absorption
der Mindestenergie W_G heißt <u>innerer Fotoeffekt</u> oder <u>Fotoge-</u>
<u>neration</u>. Sie verursacht eine Änderung der Leitfähigkeit bei

der <u>Fotoleitung</u> (Fotoleiter, Abschn. 3.1) bzw. eine <u>Fotospannung</u> in Sperrschichten (Fotodiode, Abschn. 3.2).

Die Fundamentalabsorption ist der wichtigste (elektronische) Absorptionsprozeß in Halbleitern und Isolatoren. Sie bestimmt (über das Halbleitermaterial)
- Form und Lage der <u>Absorptionskante</u> (und damit den Einsatzbereich) sowie die Wellenlängenabhängigkeit des inneren Fotoeffektes,
- Brechungszahl n (und so auch die Wellenausbreitung),
- das Spektrum der Lumineszenzstrahlung.

Für eine quantitative Analyse der Absorptionskonstante $\alpha(\lambda)$ ist die <u>Übergangswahrscheinlichkeit</u> der Elektronen für die jeweilige Bandstruktur zu bestimmen (= Gesamtheit der erlaubten Elektronen-Energiezustände $W(\vec{k})$ über den Wellenvektor k). Dabei muß man unterscheiden zwischen (Bild 1.26)
- <u>direkten Halbleitern</u>, deren $W(\vec{k})$-Minimum des Leitbandes zum gleichen Ausbreitungs- oder $\vec{k}$-Vektor gehört wie das $W(\vec{k})$-Maximum des Valenzbandes. Unter dieser Bedingung sind <u>direkte optische</u> Übergänge (bei Erhaltung des Kristallimpulses $h\vec{k}$) möglich. Zu dieser Gruppe gehören Materialien wie GaAs, GaN, PbS, InSb, InP u.a.(Tafel 1.4),
- <u>indirekte Halbleiter.</u> Hier liegen W_{Cmin} und W_{Vmax} bei verschiedenen k-Vektoren und ein optischer Übergang ist nur unter <u>Impulsänderung</u> ($\rightarrow$ Phononenmitwirkung) möglich. Es muß gelten:
- für die Energieerhaltung

$$hf_{|Photon} = W_G + W_{ph} \approx W_G \qquad (1.90a)$$

- für die Impulserhaltung

$$\vec{k}_{|Photon} = \vec{k}_{|El} + \vec{k}_{|Phon.} \qquad (1.90b)$$

Phononen repräsentieren die periodischen Gitterschwingungen. Sie können sich mit Schallgeschwindigkeit ($v \approx 10^5$ cm/s) durch das Gitter bewegen. Da die Masse der Gitteratome groß ist, kann ihre Wellenzahl $\vec{k}$ groß sein. Während die Phononenenergie W_{ph} gering ist ($\approx$ 0,01 ... 0,03 eV). Deshalb gilt W_G » W_{ph} und die Phononen werden im W(k)-Diagramm durch nahezu waagerechte Pfeile dargestellt, Photonen dagegen durch senkrechte. Bei der optischen Absorption in indirekten Halbleitern wirken demnach stets Phononen mit, die entweder emittiert oder absorbiert werden. Dann hat die Absorptionskonstante etwa einen Verlauf nach Gl.(1.81). Wegen der erforderlichen Phononenmitwirkung ist der Absorptionskoeffizient immer kleiner als bei direkten Halbleitern und steigt nach Gl.(1.81) auch flacher an (Bild 1.26). Typische indirekte Halbleiter sind Si, Ge und GaP (Tafel 1.4).

Für direkte Halbleiter mit parabolischer Bandstruktur gilt nach Gl.(1.80)

$$\alpha(\omega) = \text{const.} \; a_0/\omega \; (hf - W_G)^{1/2}. \tag{1.91}$$

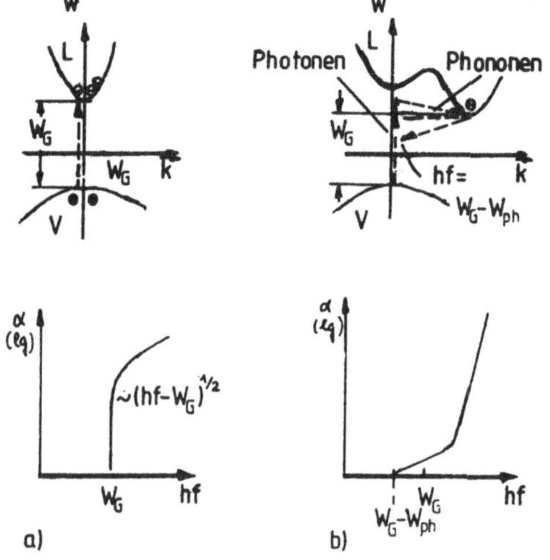

Bild 1.26 Bandstruktur und Absorptionsverhalten von Halbleitern
a) Bandstruktur und Absorptionskonstante eines direkten Halbleiters (z.B. GaAs), Absorptionseinsatz bei W_G
b) Bandstruktur und Absorptionskonstante eines indirekten Halbleiters (z.B. Si). Die Absorption setzt zunächst schwach ein, um später stark zu steigen.

Dieser Verlauf kommt im Bild 1.27 zum Ausdruck. Die Fundamentalabsorption setzt bei der <u>Absorptionskante</u> W_G ein und erreicht Werte von $> 10^4$ cm^{-1}. Sie bildet die Grenze zum kurzwelligen Bereich. Für $W_G > 1,6$ eV liegt die Fundamentalabsorption außerhalb, für $W_G < 1,6$ eV innerhalb des IR-Bereiches. Nach Gl.(1.88) strahlen Ge- und Si-Materialien - davon abgesehen, daß indirekte Bandübergänge vorliegen -, bei den Wellenlängen 1,88 μm bzw. 1,11 μm, also im nahen Infrarot. Deshalb erfordert der sichtbare Bereich Halbleiter mit größeren Bandabständen, wie sie bei einigen A^{III}-B^V- und A^{II}-B^{VI}-Halbleitern vorliegen. Aus technologischen Gründen werden bis jetzt nur A^{III}-B^V-Verbindungen genutzt (binäre, ternäre und quaternäre Verbindungen), etwa Galliumphosphid GaP (W_G = 2,26 eV, indirekt), GaAs (W_G = 1,43 eV, direkt) und Galliumarsenid-Phosphid ($GaAs_{1-x}P_x$ z.B. W_G = 1,91 eV bei x = 0,45) sowie $Al_xGa_{1-x}As$ (x < 0,45), WG = 1,99 eV bei 0,45.

Für <u>indirekte Halbleiter</u> sind durch die Phononenmitwirkung zunächst kleinere α-Werte zu erwarten (Bild 1.26b). Erst später dominieren direkte Übergänge (starker α-Anstieg), weil es in der Bandstruktur noch breitere direkte Übergänge gibt. Daß die Absorption auf der langwelligen Seite bei einigen Materialien nicht nach Null geht, liegt an der Absorption durch freie Träger (s.u.).

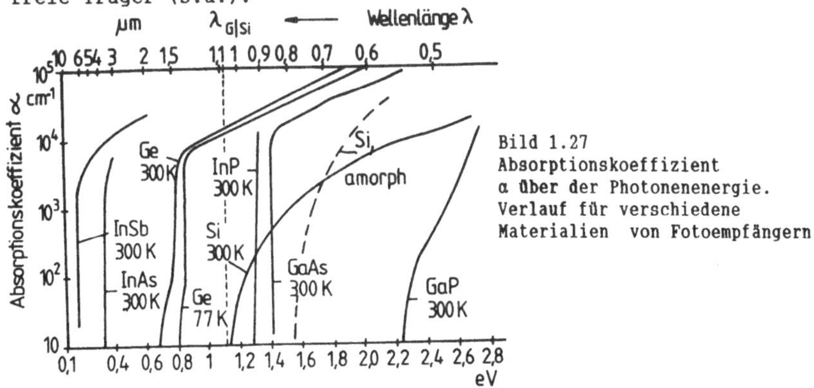

Bild 1.27
Absorptionskoeffizient α über der Photonenenergie. Verlauf für verschiedene Materialien von Fotoempfängern

Die <u>Grenzwellenlänge</u> λ_G hängt von verschiedenen Einflußgrößen ab:

- die Temperaturabhängigkeit der Bandkante (meist $dW_G/dT < 0$, z.B. GaAs: $dW_G/dT \approx - 0,56$ mV/K bei T = 300 K, aber bei einigen Halbleitern auch $dW_G/dT > 0$) verschiebt die Grenzwellenlänge zu größerer Wellenlänge,
- bei höherer Dotierung ($\rightarrow$Entartung) können nur Zustände besetzt werden, die etwas weiter als W_G voneinander entfernt sind. Deshalb nimmt λ_G ab (sog. Burstein-MOSS-Verschiebung). Andererseits kann sich durch hohe Dotierung die sog. <u>Bandkantenverschmierung</u> einstellen, die λ_G wieder etwas erhöht.
- Wegen des starken Einflusses der der Bandbreite W_G muß sich bei <u>Mischkristallen</u> $A_{1-x}B_x$ ($0 \leq x \leq 1$) aus zwei Halbleitern A, B mit verschiedener Grenzwellenlänge die Bandbreite und damit Grenzwellenlänge variieren lassen. Angenähert gilt für W_G

$$W_G\ (x) = W_{GA} + x\ (W_{GB} - W_{GA}). \tag{1.92}$$

Dies ist für den sichtbaren und IR-Bereich technisch ausgenutzt z.B. in $GaAs_{1-x}P_x$ mit veränderlichem Molanteil x (Bild 1.28). Im Bereich $0 \leq x \leq 0,4$ liegt ein direkter Halbleiter vor mit intensiver strahlender Rekombination (Bild 1.28c). Aus der Bandbreite für GaAs ergibt sich nach Gl.(1.89) $\lambda_G =$ 880 nm (Infrarot), für $GaAs_{0,6}P_{0,4}$ mit $W_G = 1,91$ eV, dagegen $\lambda_G = 650$ nm (sichtbares Rot). Beim Molanteil x = 0,45 wird der Halbleiter indirekt. Dann wirken noch Phononen als weitere Partner mit und strahlende Rekombination ist zunächst unwahrscheinlich. Das äußert sich z.B. in einer sinkenden Rekombinationsrate. Auch das stets vorhandene energetisch höher liegende direkte Leitbandminimum kommt für die Rekombination nicht in Frage, weil es erheblich schwächer mit Elektronen besetzt ist als das tieferliegende [1.17], [1.18]. Damit sollten GaP und $GaAs_{1-x}P_x$ ($x \geq 0,45$) für Injektionslumineszenz-Bauelemente ungeeignet sein. Die Verhältnisse lassen sich jedoch durch Einbau geeigneter Störstellen, sog. "isoelektrische Zentren" deutlich verbessern.

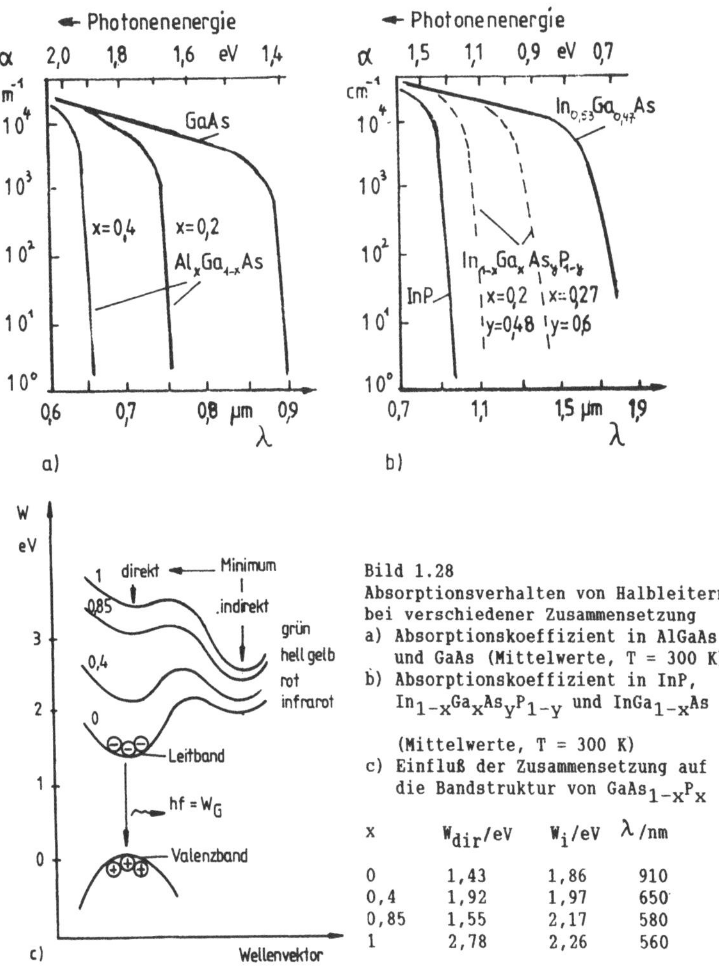

Bild 1.28
Absorptionsverhalten von Halbleitern
bei verschiedener Zusammensetzung
a) Absorptionskoeffizient in AlGaAs
   und GaAs (Mittelwerte, T = 300 K)
b) Absorptionskoeffizient in InP,
   $In_{1-x}Ga_xAs_yP_{1-y}$ und $InGa_{1-x}As$

   (Mittelwerte, T = 300 K)
c) Einfluß der Zusammensetzung auf
   die Bandstruktur von $GaAs_{1-x}P_x$

x	W_{dir}/eV	W_i/eV	λ/nm
0	1,43	1,86	910
0,4	1,92	1,97	650
0,85	1,55	2,17	580
1	2,78	2,26	560

1.4.3.2 Weitere Absorptionsmechanismen

Wie einleitend erwähnt, gibt es außer der Fundamentalabsorption noch weitere Absorptionsmechanismen, von denen die in
optoelektronischen Halbleiterbauelementen typischen kurz erwähnt werden sollen.

<u>Störstellenübergänge. Isoelektrische Zentren.</u> Nach Bild 1.24
sind auch Rekombinationsvorgänge zwischen Bandkanten und
(flachen) Störstellen möglich mit der Energiebilanz

$$h\,f = \begin{cases} W_G - W_A \\ W_G - W_D. \end{cases} \qquad \text{bzw.} \qquad (1.93)$$

Dadurch verbreitert sich das Emissionsspektrum zur niederenergetischen Seite hin.

Isoelektronische Zentren sind Störstellen aus der gleichen
Spalte des Periodensystems wie die des Kristallatoms, die
freie Ladungsträger in komplizierter Weise binden. So läßt
sich z.B. durch Ersatz des Phosphors in Galliumphosphid durch
Stickstoff (GaP:N) eine Emission im grünen Spektralbereich
und durch einen ZnO-Komplex-Zusatz (Zn und O auf benachbarten
Ga- und P-Plätzen) eine Emission im roten Spektralbereich erzielen. Auch Wismut (GaP:Bi) oder der gleichzeitige Ersatz
von Ga durch II-wertiges Zink und von P durch VI-wertigen
Sauerstoff (GaP: Zn, O) erzielt die gleiche Wirkung. In ähn-
licher Weise kann auch $GaAs_{1-x}P_x$ für $x > 0{,}45$ durch Einbau
von Stickstoff zu wirkungsvoller Rekombinationsstrahlung angeregt werden. Bild 1.29 zeigt den Einfluß isoelektrischer
Zentren auf die Emissionseigenschaften von GaP und $GaAs_{1-x}P_x$,
die damit erst zu technisch brauchbaren Materialien für
Lichtemitter wurden [1.18].

<u>Absorption durch freie Ladungsträger. Intrabandabsorption.</u>
Ist die Photonenenergie deutlich kleiner als die Bandbreite
W_G, so kann es zu Übergängen <u>innerhalb</u> eines Bandes, den sog.
<u>Intrabandübergängen</u> kommen. Dabei übernehmen freie Träger in-
nerhalb des Bandes durch Stoß- und Beschleunigungsvorgänge
geringe Energiebeträge aus dem Strahlungsfeld (Wechselwirkung
mit Phononen), so daß die Photonendichte der Strahlungswelle
sinkt und damit Absorption eintritt.

Quantitativ kann die Intrabandabsorption durch ein klassi-
sches Oszillatormodell beschrieben werden (effektive Masse,

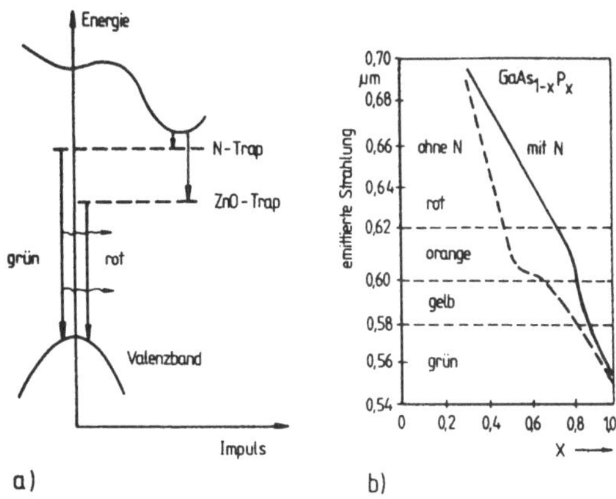

Bild 1.29 Einfluß isoelektronischer Zentren
   a) Bandstruktur von GaP mit N und ZnO als Zentren
   b) Emissionsstrahlung von GaAs$_{1-x}$Px über der Molzusammensetzung

   x mit und ohne Stickstoffzusatz (T = 310 K)

Stoßzeit τ), man erhält für Real- und Imaginärteil die komplexe Dielektrizitätszahl:

$$\varepsilon_1 = n^2 - \bar{x}^2 = \varepsilon_\infty + \frac{\omega_p^2 (\omega_e^2 - \omega^2)}{(\omega_e^2 - \omega^2) + (\omega\tau^{-1})^2} \tag{1.94}$$

$$\varepsilon_2 = 2n\bar{x} = \frac{\omega_p^2 p \omega \tau - 1}{(\omega_e^2 - \omega^2) + (\omega\tau^{-1})^2} \equiv \frac{\lambda n \alpha}{2\pi}$$

$$\omega_p = \sqrt{\frac{n_e q^2}{\varepsilon_o m_n}} \qquad \text{Plasmafrequenz},$$

n_e Elektronenkonzentration, n Brechungsindex, ω_e Oszillatoreigenfrequenz.

Für praktisch freie Ladungsträger gilt $\omega \gg \omega_e$ und bei schwacher Dämpfung ebenso $\omega \gg \tau^{-1}$. Damit tragen freie Träger konzentrationsproportional ($\sim \omega_p^2$!) zu den optischen Konstanten bei. Angenähert gilt $\alpha \sim \lambda^2$ (Gl.(1.94), (1.16)). Die Absorptionskonstante $\alpha(\lambda)$ zeigt für Photonenenergien dicht unterhalb der Bandkante ein Minimum, um dann mit zunehmender Wellenlänge anzusteigen (Bild 1.30). Der Beitrag freier Ladungsträger wächst mit der Wellenlänge und Trägerkonzentration, er ist besonders groß in schmalbandigen Halbleitern und solchen mit großer effektiver Masse. Bei hoher Trägerkonzentration kann die Absorption nach großer Wellenlänge hin so stark sein, daß sich eine typische Absorptionskante, die sog. Plasmakante ausbildet [1.8]-[1.10], [1.20].

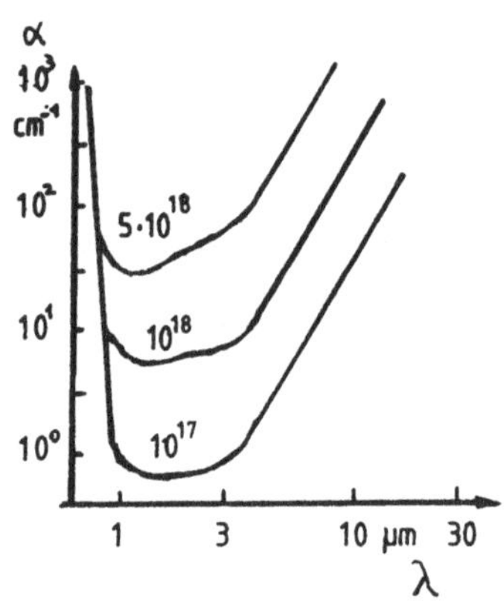

Bild 1.30
Absorptionskoeffizient von n-GaAs
(T ≈ 300 K) für verschiedenen
Elektrokonzentrationen (n/cm^{-3})

1.4.4 Stimulierte Emission

Die bisher durch Absorption entstehende spontane Emission ist ein statistischer Vorgang. Deshalb schwanken Phase und Richtung der ausgesendeten Strahlung ständig, es liegt inkohärente Strahlung vor. Nach der Bilanzgleichung (1.67) tritt aber unter bestimmten Bedingungen neben der spontanen noch die stimulierte Emission auf. Dabei trifft ein erzeugtes Photon auf ein angeregtes Elektron. Dieses geht anschließend unter Aussendung eines Photon (Energie hf) ins Leitband zurück (Bild 1.22). Zum auslösenden Photon tritt somit ein zweites hinzu, seine Emission wurde vom ersten stimuliert oder induziert.. Beide Photonen sind in Phase, und es entsteht eine kohärente Strahlung. Eine genauere Begründung des Vorganges kann nur quantenphysikalisch erfolgen.

Induzierte Emission ist somit ein <u>Verstärkungsprozeß.</u> Treffen beide Photonen erneut auf zwei angeregte Elektronen, so erhöht sich die Photonenzahl durch stimulierte Emission auf vier usw., der Vorgang wächst lawinenartig an. Damit eine <u>(Netto-)Verstärkung</u> erfolgen kann, muß die stimulierte Emission anschaulich größer als die Absorption sein, sich also mehr Elektronen (Dichte n_2) im <u>angeregten</u> Energiezustand $W_2 = W_C$ befinden als Elektronen (Dichte n_1) im tieferen Zustand $W_1 = W_V$. Die (Netto-)Verstärkung verlangt somit nach Gl.(1.73)

$$\boxed{n_2 - n_1 \cdot g_2/g_1 > 0 \quad \text{Besetzungsinversion: Bedingung für stimulierte Emission.}}$$

Anschaulich bedeutet Besetzungsinversion, daß ausreichend viele Träger auf höherem Energieniveau, also in einem "höheren Anregungszustand" vorhanden sind als solche auf geringerem Niveau. Im Normalfall befinden sich jedoch mehr Elektronen auf energetisch tieferen Zuständen (n_1), d.h. es ist $g_2 n_1/g_1 > n_2$. Dann wird eine durch den Halbleiter hindurchgehende Strahlung gedämpft (positiver Absorptionskoeffizient α) [1.13], [2.7], [2.32]-[2.34], [2.36].

Nettoverstärkung, d.h. negativer Absorptionskoeffizient α (Gl.(1.76)), verlangt Besetzungsinversion. Es müssen in einem bestimmten Bereich des Leitbandes mehr Elektronen vorhanden sein als im entsprechenden Gebiet des Valenzbandes. Dies wird durch eine äußere Anregungsleistung (<u>Pumpleistung</u>) erreicht, also über einen <u>Nichtgleichgewichtszustand</u> $n_2 > n_1$ eingestellt. Man spricht in diesem Falle auch von einem <u>aktiven</u> <u>Medium.</u> Es kann auf verschiedene Weise realisiert werden.

Halbleiterphysikalisch ausgedrückt verlangt die Besetzungsinversion Gl.(1.73), daß die <u>Besetzungs-</u> oder <u>Fermiverteilungen</u> $f(W_C)$, $f(W_V)$ (Gl.(1.79)) für Leit- und Valenzband die gleichwertige Bedingung

$$f(W_C) > f(W_V) \tag{1.95}$$

erfüllen müssen (ohne Besetzungsinversion gilt stets $f(W_C) <$ $f(W_V)$). Setzt man in Gl.(1.95) jeweils die Quasifermienergie W_{Fn} und W_{Fp} der Elektronen und Löcher ein, so ergibt sich die gleichwertige, sog. (engere) erste Laserbedingung zu

$$W_{Fn} - W_{Fp} = \Delta W_F = hf > W_C - W_V = W_G. \tag{1.96}$$

Bei der spontanen Emission hing die spontane Rekonbinationsrate R bzw. r_{sp} (Gl.(1.83), (1.84)) vom Produkt $f_C(W_2)(1 - f_V(W_1)) \equiv f(W_C)(1 - f(W_V))$ ab. Ganz analog läßt sich auch eine stimulierte Rate r_{Stim}

$$r_{Stim}(hf) = B_{21}I(hf)[f(W_C)(1 - f(W_V))] - f(W_V)(1 - f(W_C))]\varrho_r(W) \tag{1.97}$$

einführen mit der Spektraldichte $\mathrm{I}(hf)$ und der reduzierten Zustandsdichte

$$\varrho_r(W) = \frac{(2m_n)^{3/2}}{2\pi^2 \hbar^3}(hf - W_G)^{1/2}.$$

Der erste Anteil in Gl.(1.97) stellt die stimulierte Emission dar, der zweite die (stimulierte) Absorption. Drückt man B_{21} durch A_{21} über die Einstein-Beziehungen aus, so kann Gl.(1.67) in der Form

$$r_{Stim} = A_{21}\frac{S(hf)\,c^3\,h}{8\pi\,f^2}(f(W_C) - f(W_V))\cdot \varrho_r(W) \tag{1.98}$$

zusammengefaßt werden. Stimulierte Emission verlangt also übereinstimmend mit Gl.(1.95) $f(W_C) > f(W_V)$. Mit Bezug auf die spontane Emission (r_{sp}, Gl.(1.84)) wird schließlich mit Gl.(1.96)

$$\frac{r_{Stim}(hf)}{r_{sp}(hf)} = \frac{S(hf)\,c^3\,h}{8\pi\,f^2}(1 - \exp\frac{hf - (W_{Fn} - W_{Fp})}{kT}). \tag{1.99}$$

Man erkennt, daß eine positive stimulierte Strahlung ($r_{Stim} >$ 0) nur für $hf < (W_{fn} - W_{FV})$ eintritt und die stimulierte Emission die spontane (r_{sp}) nur dann übertrifft, wenn die eintreffende Photonendichte $S(hf)$ pro Energieintervall $d(hf)$

die Dichte der spontanen Emission $(8\pi f^2/c^3 h)$ übertrifft. Dazu muß ein Teil der erzeugten Strahlung durch einen <u>Rückkopplungsprozeß</u> wieder in den Kreisprozeß eingekoppelt werden. Man sieht gleichzeitig (insbesondere aus der Bilanzgleichung (1.67)), daß die spontane Emission den Anfachungsmechanismus absenkt.

Der typische Anwendungsfall der stimulierten Emission ist der <u>Laser</u> (Abschn. 2.3). Dort wird dieses Prinzip vertiefend aufgegriffen.

<u>Verstärkungskoeffizient g</u> (pro Länge). Nach Gl.(1.20) war der Absorptionskoeffizient $\alpha(\omega)$ durch den relativen Intensitätsverlust einer Strahlung längs der Wegstrecke dz definiert worden. Ganz analog kann der <u>Intensitätsgewinn</u> einer Strahlung längs dz

$$\frac{1}{I(z)} \frac{dI}{dz} = g = -\alpha \qquad (1.100)$$

dann als <u>Verstärkungskoeffizient</u> verstanden werden (Gl.(1. 77)). Der Absorptionskoeffizient α hängt nach Gl.(1.78) im Vorzeichen von der Energiedifferenz $W_C - W_V = hf$ ab und damit von der Differenz für $f(W_C) - f(W_V)$. Es gilt

$$\boxed{\begin{aligned} &\text{Absorption } \alpha \geq 0 \text{ für } f(W_V) > f(W_C)\\[1ex] &\text{Verstärkung } \alpha < 0 \text{ für } f(W_V) < f(W_C). \end{aligned}} \qquad (1.101)$$

Die letzte Bedingung war die Besetzungsinversion Gl.(1.95). Im <u>thermodynamischen Gleichgewicht</u> ergibt sich für $W_C - W_V = W_G = hf$ stets $f(W_V) > f(W_C)$, es liegt immer Absorption vor. Bei Besetzungsinversion, also dem <u>Nichtgleichgewicht</u> gilt Gl.(1.96), und es muß notwendigerweise die Verstärkung zutreffen.

Der Verstärkungskoeffizient g läßt sich für gegebene Bandstrukturen berechnen, man erhält z.B. für eine parabolische Bandstruktur (und direkten Übergängen) [Gl.(1.97)ff.]

$$g(\omega) = -\alpha(\omega) = Bh^2 f \cdot \varrho_r(W) \cdot (f(W_{Fn}) - f(W_{Fp})) \qquad (1.102a)$$

$$\equiv \alpha_0(\omega)(f(W_{Fn}) - f(W_{Fp})),$$

dabei ist $\alpha_0(\omega) \equiv \alpha(\omega)$ der Absorptionskoeffizient nach Gl.
(1.80) und die Bedingung $f(W_{Fn}) > f(W_{Fp})$ gleichwertig mit
Gl.(1.96).

Zweckmäßig wird in Gl.(1.102) die Identität

$$f(W_{Fn}) - f(W_{Fp}) = f(W_{Fn}) \cdot [1 - f(W_{Fp})] \cdot \left[1 - \exp \frac{\overbrace{W_C - W_V}^{hf} - \Delta W_F}{kT}\right]$$
$$(1.102b)$$

beachtet, mit der sich über Gl.(1.99) auch ein Zusammenhang
zwischen induzierter und spontaner Emission herstellen läßt.
Bild 1.31 zeigt den Prinzipverlauf der Bänderbesetzung und
Besetzungswahrscheinlichkeiten, ihre Differenz und den Ver-
stärkerkoeffizienten. Der Verlauf $\alpha_0(\omega) \sim \sqrt{hf - W_G}$ im Bild
(strichpunktiert) ist jeweils mit der Besetzungsdifferenz zu
multiplizieren. Ohne Injektion gelten $f(W_{Fn}) = 0$ und $f(W_{Fp}) =$
1, es herrscht Absorption (getrichelte Kurve). Mit steigender
Injektion (und der Annahme, daß die Fermiverteilung gedanken-
mäßig durch eine Stufenfunktion ersetzt werden kann) bewegen
sich die beiden Quasiferminiveaus in Richtung auf die Bänder
zu, im Bereich $hf > W_{Fn} - W_{Fp}$ herrscht Besetzungsinversion.
Sie nimmt immer mehr zu, so daß schließlich (bei tiefen Temperaturen $T \to 0$) für $f(W_{Fn}) = 1$ und $f(W_{Fp}) = 0$ gilt. In dieser Berechnung stimmt die Verstärkung $g(\omega)$ exakt mit der Ab-
sorptionskurve $\alpha_0(\omega)$ betragsmäßig überein (Kurvenverlauf AB).
Für $hf > W_{Fn} - W_{Fp}$ ergibt sich dann Absorption (Kurve CD).
Bei endlicher Temperatur ist der Verlauf $g(\omega)$ stetig wie dargestellt. Deshalb hat der Gewinn über hf ein Maximum.

Mit steigendem Injektionsstrom bzw. der Trägerdichte wächst
der Gewinn (Bild 1.32), wie Rechnungen und Messungen für
zahlreiche Beispielfälle zeigen. In GaAs beispielsweise setzt
für Dichten $n > 1,5 \cdot 10^{18}$ cm^{-3} Verstärkung ein, wozu gleich-

bedeutend eine Mindeststromdichte erforderlich ist. In Nähe
des Verstärkermaximums hängt Verstärkung direkt von der Trägerdichte ab, angenähert gilt

$$g_p = a(n - n_t).\tag{1.103}$$

Die Größe a heißt <u>differentieller Gewinnkoeffizient</u>

$$a = dg_p/dn\tag{1.104}$$

n_t Transparenzdichte.

Die Einführung des Verstärkungskoeffizienten ist für den Laser zweckmäßger als die Übergangsrate der stimulierten Emission, jedoch hängen beide direkt zusammen.

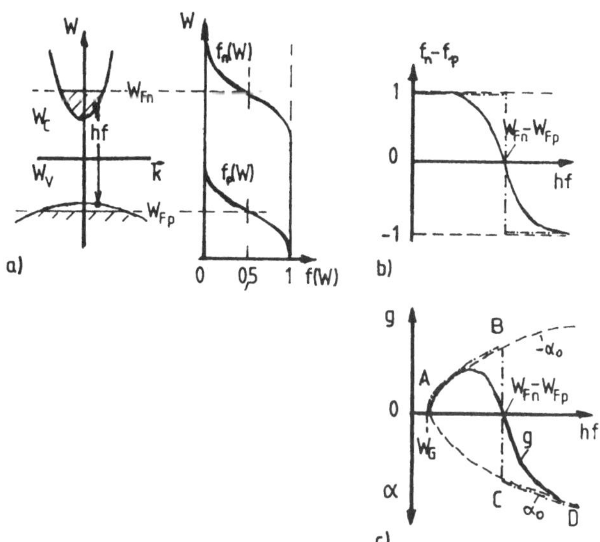

Bild 1.31 Verstärkungs- und Absorptionskoeffizienten über der Photonenenergie hf
  a) Bandbesetzung und Besetzungswahrscheinlichkeiten der Elek-
     tronen (f_n) und Löcher f_p)
  b) Differenz der Besetzungswahrscheinlichkeit
  c) Verlauf des Absorptions- und Verstärkungskoeffizienten
     $g = - \alpha$

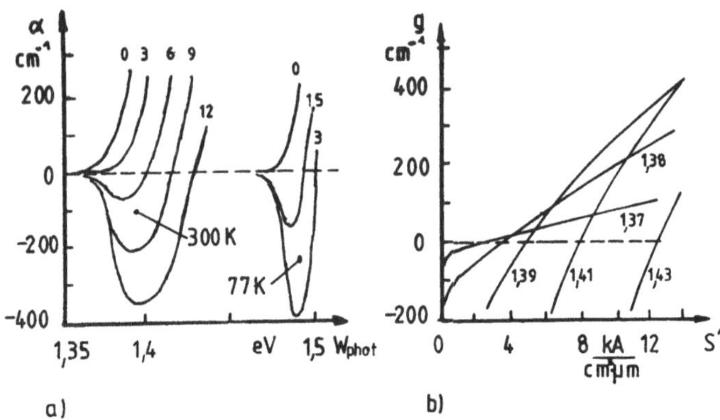

Bild 1.32 Absorptions- bzw. Verstärkungskoeffizient g = - α
a) Über der Photonenenergie W_{phot}. Parameter Stromdichte S'
(kA/cm²µm) pro Streifenbreite (n-GaAs, $N_D = 4 \cdot 10^{17}$ cm⁻³)
b) Über der Stromdichte S' pro Streifenbreite, Parameter Photonenenergie (eV) [a), b) nach F. Stern, J. appl. Phys.
44(1976), 5382]

1.4.5 Die optischen Konstanten

Extinktionskoeffizient $\overline{\varkappa}$ (Gl.(1.14)) bzw. Absorptionskoeffizient α und Brechungsindex n sind die sog. optischen Kon-
stanten eines Materials. Sie werden häufig auch durch eine
komplexe Dielektrizitätszahl $\underline{\varepsilon}$ (Gl.(1.15)) ausgedrückt, wobei
Real- und Imaginärteil über die Kramers-Kronig-Beziehungen
Gl.(1.16) zusammenhängen [1.9],[1.10],[1.19]-[1.21],[1.17].

Die optischen Konstanten bestimmen nicht nur die Wellenausbreitung, sondern vor allem über die Absorption (Abschn.
1.4.3) die Strahlungsumwandlung in fundamentaler Weise. Da
die Absorption bereits im Abschnitt 1.4.3 näher betrachtet
wurde, kommt hier der Brechungsindex zur Sprache.

Üblicherweise betrachtet man den Brechungsindex n als feste
Größe (s. Tafel 1.4). Durch die Kramers-Kronig-Beziehungen
(1.16) wird aber offenbar, daß auch n - wie die Absorption -
von der Wellenlänge und Trägerdichte und bei Mischhalblei-
tern auch von der Zuammensetzung abhängen muß.

Bild 1.33 zeigt die Verläufe für GaAs und InP. Im Bereich hf
< W_G gilt angenähert

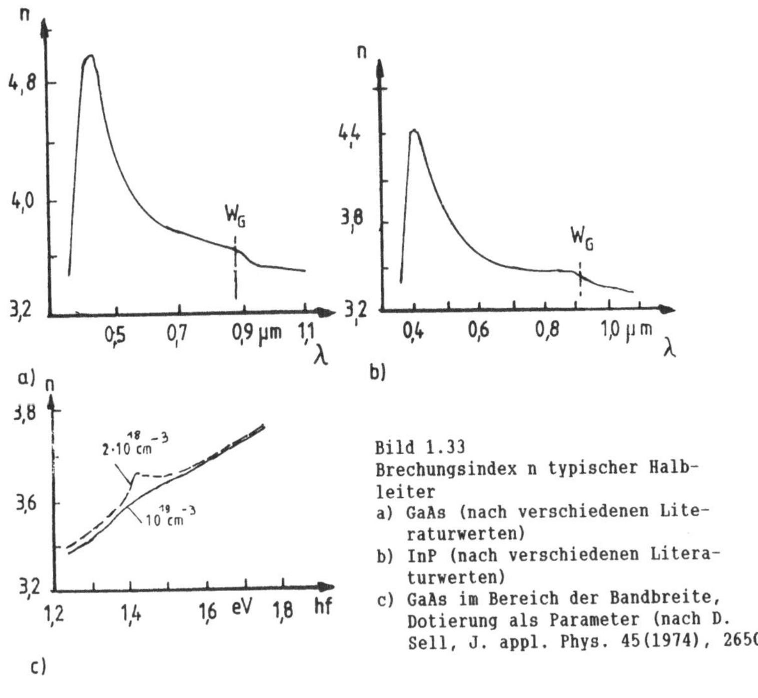

Bild 1.33
Brechungsindex n typischer Halbleiter
a) GaAs (nach verschiedenen Lite-
   raturwerten)
b) InP (nach verschiedenen Litera-
   turwerten)
c) GaAs im Bereich der Bandbreite,
   Dotierung als Parameter (nach D.
   Sell, J. appl. Phys. 45(1974), 2650

$$n^2 = n^2_r + \frac{(n^2_\infty - n_r^2)(hf_O)^2}{(hf_O)^2 - (hf)^2}$$

(Bei GaAs z.B. betragen hf_O = 2,35 eV, n^2_∞ = ε_r = 10,88, n^2_r
= 7,10), m.a.W. fällt n über der Wellenlänge ab).

Der Brechungsindex wird auch durch eingebrachte freie Träger
(Dichte n_e, z.B. Injektion) reduziert. Man erhält nach Gl.(1.
94) für freie Träger $\omega \gg \omega_e$) und geringe Dämpfung ($\tau^{-1} \ll \omega$)

$$n^2 = \varepsilon_\infty - \frac{n_e q2}{m_{eff}\, \varepsilon_O\, \omega^2},$$

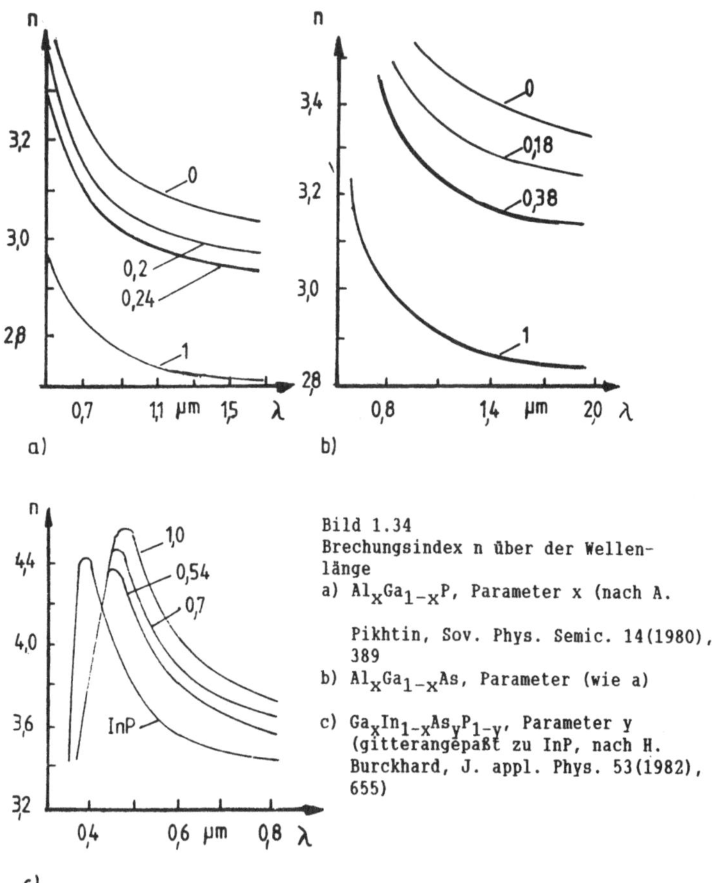

Bild 1.34
Brechungsindex n über der Wellenlänge
a) $Al_xGa_{1-x}P$, Parameter x (nach A.

Pikhtin, Sov. Phys. Semic. 14(1980),
389
b) $Al_xGa_{1-x}As$, Parameter (wie a)

c) $Ga_xIn_{1-x}As_yP_{1-y}$, Parameter y
(gitterangepaßt zu InP, nach H.
Burckhard, J. appl. Phys. 53(1982),
655)

wobei der letzte Term die Indexänderung bewirkt. Sie liegt
bei üblichen Elektronendichten 10^{18} cm^{-3} im unteren Prozent-
bereich [1.19].

Ganz analoge Verhältnisse gelten für ternäre und quaternäre
Halbleitermaterialien (Bild 1.34). Hier kommt noch die Molzusammensetzung als weiterer Parameter hinzu, der realtiv
große Änderungen erlaubt.

1.5 Größen zur Kennzeichnung von Strahlung

Strahlungsquellen erzeugen elektromagnetische Strahlungsfelder. Man benötigt daher Größen, die das Strahlungsfeld, die Strahlungscharakteristik und den Strahlungsempfänger kennzeichnen. Da das menschliche Auge nur einen sehr kleinen Teil der optischen Strahlung, nämlich das Gebiet $\lambda \approx 0,35 \ldots 0,77$ µm, subjektiv bewertet, der verfügbare Strahlungsbereich aber erheblich größer ist, sind zwei Arten von Größen zur Kennzeichnung von Strahlungsfelder erforderlich (Tafel 1.5):

- <u>Strahlungsphysikalische</u> oder <u>radiometrische Größen.</u> Sie basieren auf der Strahlungsleistung, kennzeichnen die <u>physikalischen</u> (objektiven) Eigenschaften der Strahlung, sind im gesamten elektromagnetischen Spektrum gültig und werden durch SI-Einheiten ausgedrückt.

- <u>Lichttechnische</u> oder <u>fotometrische Größen.</u> Sie berücksichtigen nur den sichtbaren Teil des Spektrums, sind der Augenempfindlichkeit angepaßt und werden in der Beleuchtungstechnik verwendet. Um von Zufälligkeiten verschiedener Lichtquellen frei zu sein, liegt ihnen eine Standardlichtquelle zugrunde, deren Lichtstärke I_v als SI-Einheit vereinbart wurde.

1.5.1. Strahlungsphysikalische Größen

Strahlungsquelle, -feld und -empfänger werden durch folgende Größen gekennzeichnet:

a) <u>Strahlungsfeld:</u>

- <u>Strahlungsenergie W.</u> Das ist die als Strahlung ausgesandte, übertragene oder empfangene Energie (im Engl. oft mit Q bezeichnet),

- <u>Strahlungsfluß (Strahlungsleistung)</u> $\Phi_e = P_e$ als die während der Zeit Δt durch eine Fläche ausgesandte, übertragene oder empfangene Strahlungsenergie ΔW. Der Strahlungsfluß beschreibt die gesamte transportierte Leistung des Strahlungsfeldes.

b) Auf die <u>Strahlungsquelle</u> bezogene Größen:

Definition	Strahlungs- physikalische Größe	SI-Ein- heiten	Lichttechnische Größe	SI-Ein- heiten
Energie $\quad$ W	Strahlungsenergie (Radiant Energie) $W_e(Q)$	Ws	Lichtmenge (Luminous energie) W_v	lms
Strahlungsfluß Strahlungsleistung $\phi = \dfrac{dW}{dt}$	Strahlungsleistung Strahlungsfluß (Radiant Power) $\Phi_e = P_e$	W	Lichtstrom Lichtfluß (Luminous flux) Φ_v	lm
Strahlungssender				
ausgesandte Leistung je Flächeneinheit $M = \dfrac{d\phi}{dA}\Big|_{Send}$	spezifische Ausstrahlung (Radiant exitance) M_e	Wm^{-2}	spezifische Lichtausstrahlung (Luminous exitance) M_v	lmm^{-2}
ausgesandte Leistung je Raumwinkeleinheit $I = \dfrac{d\phi}{d\Omega}\Big|_{Send}$	Strahlstärke (Radiant intensity) I_e	Wsr^{-1}	Lichtstärke (Luminous intensity) I_v = cd $1\ lm/sr = cd$	$lmsr^{-1}$
ausgesandte Leistung je Raumwinkel und vom Empfänger sichtbarer Senderfläche $L = \dfrac{dI}{dA\,\cos\varepsilon} = \dfrac{dI}{dA'}\Big|_{Send}$	Strahldichte (Radiance) L_e	W/m^2sr	Leuchtdichte (Luminance) L_v $1\ cd/cm^2 = 1\ sb$	cdm^{-2}
einfallende Leistung je Flächen $E = \dfrac{d\phi}{dA}\Big|_{Empf}$	Bestrahlungsstärke (Radiant Irradiance) E_e	Wm^{-2}	Beleuchtungsstärke (Luminous Incidance) E_v $1\ lm/m^2 = 1\ lx$	lx
aufgetroffene Energie je Flächeneinheit $H = \int E\,dt$	Bestrahlung (Radiant Exposure) H_e	Wsm^{-2}	Belichtung (Light Exposure) H_v $1\ lm\ s/m^2 = 1\ lx\ s$	$lmsm^{-2}$

Tafel 1.5 Strahlungsphysikalische (Indices) und lichttechnische (Index v) Größen. Abkürzung: lm = Lumen, Lx = Lux, cd = Candela, sb = Stilb

- die spezifische Ausstrahlung M als ausgesandte Leistung je Flächeneinheit: Strahlungsfluß einer Fläche bezogen auf eine Flächeneinheit,
- die Strahlungsstärke I als ausgesandte Leistung je Raumwinkel: Strahlungsfluß pro Raumwinkel von einer Quelle endlicher Fläche (Steradiant [sr] ist die Einheit des Raumwinkels Ω = Kugelfläche/Radius^2 oder $d\Omega = dA/r^2$).
- Die Strahldichte L als ausgesandte Leistung pro Raumwinkel und vom Empfänger sichtbarer Senderfläche.
- Zweckmäßig ist noch die Strahlungsausbeute η_e einer Strahlungsquelle als Verhältnis von Strahlungsleistung Φ_e zur elektrischen Leistung P:

$$n_e = \Phi_e/P < 1. \tag{1.105}$$

c) Auf den Strahlungsempfänger bezogene Größen:
- die Bestrahlungsstärke E_e als einfallende Strahlungsleistung je Flächeneinheit,
- die Bestrahlung H_e als aufgenommene Energie je Zeiteinheit oder Integral der Beleuchtungsstärke E_e über die Zeit.

Grundsätzlich können die vorgenannten Größen auch spektral, d.h. auf die Wellenlänge der Frequenz bezogen werden. Dann wird λ bzw. f am Symbolindex ergänzt. So ist beispielsweise die spektrale Strahldichte $L_{e\lambda}$ die Strahldichte dividiert durch die Bandbreite in Wellenlängeneinheiten (μm usw.). Sie hat die Dimension $Wm^{-2}sr^{-1}\mu m^{-1}$ oder bei gegebener Frequenzbandbreite $Wm^{-2}sr^{-1}s^{-1}$.

1.5.2 Lichttechnische Größen

Die lichttechnischen Größen gehen aus den entsprechenden strahlungsphysikalischen durch Einbezug der
spektralen Empfindlichkeit des menschlichen Auges hervor:

$$X_{v\lambda} = K(\lambda) X_e = K_m X_e V(\lambda) \tag{1.106}$$

oder in spektraler Darstellung

$$X_{v\lambda} = K_m \int_{\lambda=350nm}^{\lambda=770\ nm} \frac{dX_{e\lambda}}{d\lambda} V(\lambda)\ d\lambda. \qquad (1.107)$$

Dabei bedeuten

$X_{v\lambda}$ gesuchte lichttechnische Größe für eine bestimmte Wellenlänge

$X_{e\lambda}$ gegebene strahlungsphysikalische Größe für eine bestimmte Wellenlänge

K_m = 680 lm/W <u>fotometrisches Strahlungsäquivalent</u> für Tagessehen[1]

$V(\lambda)$ Hellempfindlichkeitgrad.

Der <u>Hellempfindlichkeitsgrad</u> $V(\lambda)$ (Bild 1.5b) ist durch

$$V_\lambda(\lambda) = \frac{L_e\ \lambda\ max}{L_e} \qquad (1.108)$$

definiert. ($L_e\ \lambda_{max}$: Strahldichte bei einer Wellenlänge mit größter Augenempfindlichkeit λ = 555 nm, gelbgrün). Bei den Wellenlängen λ= 405 nm (violett) und λ= 720 nm (rot) ist V (λ) auf 1 % der Maximalempfindlichkeit gefallen. Das Auge würde also monochromatisches Licht dieser Wellenlänge nur dann als gleich hell empfinden, wenn der Strahlungsfluß 1000 mal größer wäre. Mit Bezug auf Gl.(106) lassen sich die den strahlungstechnischen Größen entsprechenden <u>lichttechnischen</u> definieren (Tafel 1.5). Über Gl.(1.106) und Bild 1.5b folgt der Zusammenhang zwischen Φ_e und Lichtstrom Φ_v, der entsprechenden lichttechnischen Größe, sofort:

Bei der Wellenlänge λ = 556 nm ($V(\lambda)$ = 1) entspricht der Strahlungsleistung von 1 W ein Lichtstrom von 680 lm.

---

[1] Für das Nachtsehen gilt K'_m = 1725 lm/W, auch ist dann anstelle von $V(\lambda) \rightarrow V'(\lambda)$ zu setzen.

Zum Wirkungsgrad η_e (Gl.(1.105)) gehört dann die <u>Lichtausbeute</u>

$$\eta_V = \frac{\text{abgegebener Lichtstrom}}{\text{aufgenommene Leistung}} = \frac{\Phi_V}{P}. \qquad 1.109)$$

Sie beträgt maximal 680 lm/W für λ = 555 nm. Die weiteren lichttechnischen Einheiten enthält Tafel 1.5.

<u>Leuchtdichte</u> L_V

Sonne (Erdoberfläche)	200 000	cdm^{-2}
Glühlampe 220V, 40 W	500 ... 700	"
Schwarzer Strahler bei 2042 K	60	"
(Schmelzpunkt von Platin)		
Tageslicht	0,5 ... 1	"
Mondschein	0,05 ... 0,5	"
Nachthimmel	$< 10^{-10}$	"

<u>Lichtstärke</u> I_V

Glühlampe 220 V, 40 W (100 W)	35 (100)	cd
LED (typisch)	100	mcd

<u>Beleuchtungsstärke</u> E_V

Tageslicht (Sommer, Mittag)	100 000	lx
" (Winter, Mittag)	10 000	lx
Arbeitsplatzbeleuchtung	500 ... 1000	lx
Wohnraumbeleuchtung	100 ... 300	lx
Lesbarkeitsgrenze eines Buches	0,3 ... 3	lx
Vollmond	0,1	lx

Tafel 1.6 Lichttechnische Richtwerte natürlicher und technischer Lichtquellen

Tafel 1.6 veranschaulicht einige Richtwerte der Leuchtdichte, Lichtstärke und Beleuchtungstärke des täglichen Lebens.

2 Halbleiterstrahlungsquellen

Obwohl <u>Temperaturstrahler</u> - wie Sonne, Glühlampe und das
große Feld der breitbandigen Infrarotstrahler - als Strahlungsquelle für viele Anwendungen unverzichtbar sind, zählen
zu den eigentlichen <u>Halbleiterstrahlungsquellen</u> nur bestimmte
Elektrolumineszenzstrahler: Lumineszenzdioden, Anzeigeeinheiten und Laserdioden.

2.1 Lumineszenzdiode

Unter einer Lumineszenzdiode versteht man eine Halbleiterdiode (Homo- oder Heteroübergang), in der bei Betrieb in
Flußrichtung durch <u>Injektionslumineszenz</u> Träger derart angeregt werden, daß sie anschließend strahlend rekombinieren und
so eine inkohärente Strahlung erzeugen. Damit entsteht ein
<u>Selektivstrahler,</u> weil die Emissionswellenlänge λ = hc/W_G
nach Gl.(1.89) vom Bandabstand W_G und damit von den Emis-
sions- und Absorptionseigenschaften des Halbleiters abhängt.

Liegt die erzeugte Strahlung
- im <u>sichtbaren Bereich,</u> dann bezeichnet man die Diode ein-
  schränkend als <u>Leuchtdiode</u> (Light Emitting Diode) oder kurz
  LED,
- im <u>unsichtbaren</u>, meist <u>Infrarot</u>bereich (seltener Ultraviolett), dann heißt die Diode <u>IRED</u> (Infrared Emitting Diode)
  [2.1] - [2.4], [2.7].

Üblicherweise besteht die LED aus einem hochdotierten (N $\approx$
10^{17}... 10^{18} cm^{-3}) Homo- oder Hetero-PN-Übergang, der im
Flußbetrieb Minoritätsträger in die Bahngebiete injiziert.
Sie rekombinieren in der Sperrschicht und den nah angrenzenden Bereichen strahlend, in Heteroübergängen sogar intensiver
als in Homoübergängen (s. Abschn. 2.1.3).

Solche Lumineszenzerscheinungen werden - zwar mit etwas anderem Wirkungsmechanismus - auch in MS- und MIS-Übergängen beobachtet (Abschn. 2.1.5) sowie in PN-Übergängen gekoppelt an Hochfeldvorgänge (Lawinen-, Tunnellumineszenz).

LEDs dienen hauptsächlich zur Erzeugung einer (im Vergleich zu Temperaturstrahlern) <u>schmalbandigen</u> Strahlung im sichtbaren und Infrarotbereich, beispielsweise auch in Optokopplern (Abschn. 4) und Lichtleitersystemen über kleinere Entfernungen (Abschn. 5.3) sowie als Anzeigen, die sog. LED-Arrays (s. Abschn. 2.2). Auch die Laserdiode (Abschn. 2.3) beruht direkt auf dem LED-Konzept.

2.1.1 <u>Wirkprinzip</u>

<u>Homo-PN-Übergang.</u> Im <u>flußgepolten Homo- PN-Übergang</u> aus einem Halbleitermaterial mit hoher Rekombinationsstrahlung (GaP, GaAs-Mischkristalle) entstehen durch <u>Injektion</u>, d.h. Anlegen einer Flußspannung, in unmittelbarer Umgebung der Sperrschicht (im Abstand bis zu einigen Diffusionslängen, L_n, $L_p \approx$ 1 ... 3 µm) viele <u>Überschußträger,</u> die strahlend rekombinieren können (Bild 2.1). Die Minoritätsdichtestörungen an den Sperrschichträndern x_r, x_l betragen nach der Theorie des PN-Überganges

Löcher am N-Gebiet   Elektronen am P-Gebiet

$$p_n(x_l) = \frac{n_i^2}{N_D} \exp \frac{U}{U_T} \qquad n_p(x_r) = \frac{n_i^2}{N_B} \exp \frac{U}{U_T}. \qquad (2.1)$$

Von diesen Randwerten aus fallen die Überschußdichten (bei langem Bahngebiet) exponentiell über dem Ort mit den Diffusionslängen $L_{n,p}$ als charakteristischen Größen ab. Letztere begrenzen die Ausbreitung einer hohen Trägerdichtestörung und damit der intensiven Strahlung.

Nach diesem Modell hat der strahlende PN-Übergang die gleiche I-U-Kennlinie wie ein nichtstrahlender, nämlich

$$I = I_S \ (\exp U/\beta U_T - 1) \qquad (2.2)$$

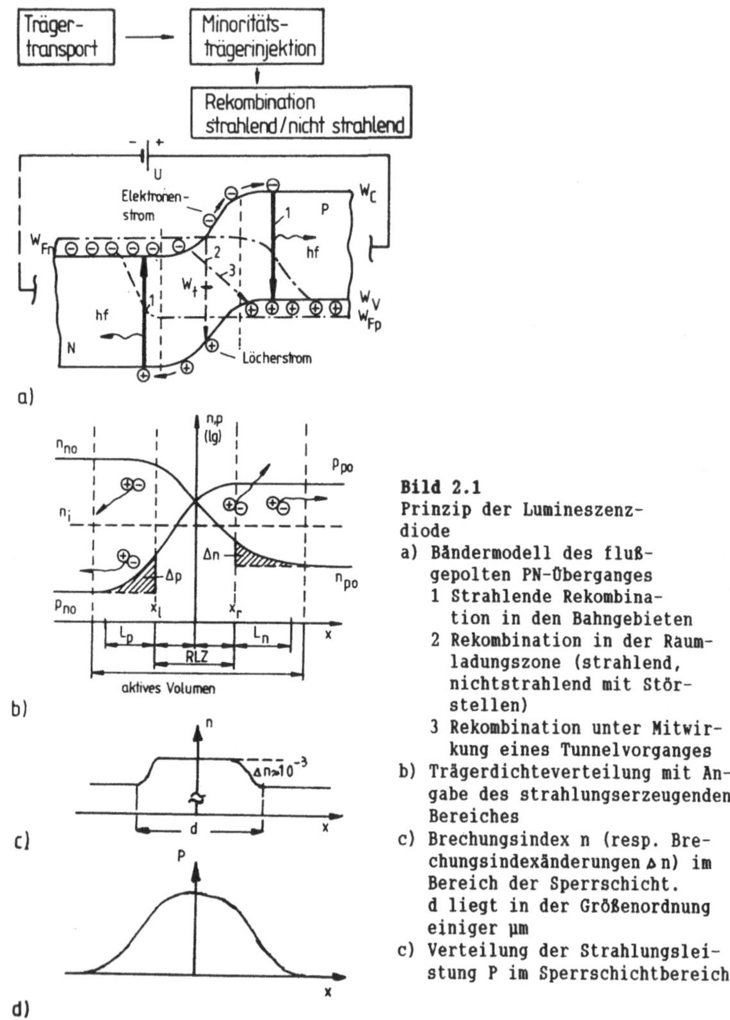

Bild 2.1
Prinzip der Lumineszenz-
diode
a) Bändermodell des fluß-
gepolten PN-Überganges
   1 Strahlende Rekombination in den Bahngebieten
   2 Rekombination in der Raumladungszone (strahlend,
nichtstrahlend mit Stör-
stellen)
   3 Rekombination unter Mitwirkung eines Tunnelvorganges
b) Trägerdichteverteilung mit Angabe des strahlungserzeugenden
Bereiches
c) Brechungsindex n (resp. Brechungsindexänderungen Δn) im
Bereich der Sperrschicht.
d liegt in der Größenordnung
einiger µm
c) Verteilung der Strahlungsleistung P im Sperrschichtbereich

mit dem Sperrstrom I_S. Übliche Flußströme liegen bei einigen
10 mA. Der Faktor ß ($1 \leq ß \leq 2$) hängt vom Rekombinationsort
ab (Bahngebiete und/oder Sperrschicht), auch geht die Injek-
tionsbelastung mit ein.

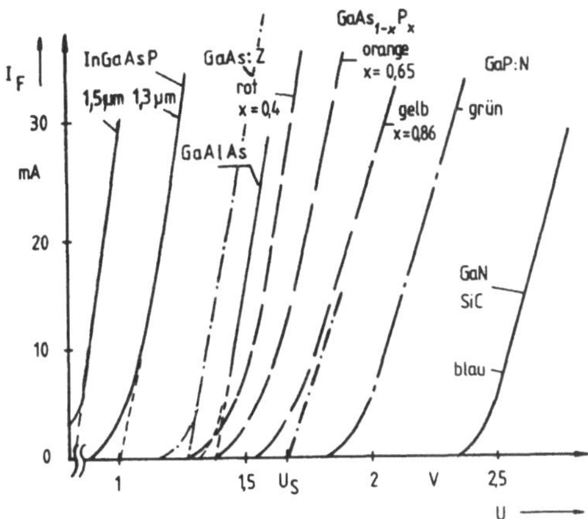

Bild 2.2 Flußkennlinie verschiedener LEDs mit Konstruktion der Schleusenspannung U_S

Für praktische Belange wird die Diodenkennlinie häufig durch
die <u>Schleusenspannung</u> U_F beschrieben

$$I = I_S \left(\exp \frac{U - U_F}{\text{ß} \, U_T} - 1\right). \tag{2.3}$$

Sie hängt vom Halbleitermaterial ab. Da sie nicht größer als
die Diffusionsspannung werden kann und diese maximal durch
W_G/q gegeben ist, wirkt sich das Material direkt auf die
<u>Kennlinienform</u> aus (Bild 2.2) Deshalb haben beispielsweise
grün leuchtende Dioden eine größere Schleusenspannung als rot
leuchtende (2,5 bzw. 1,9 V).

LEDs mit Homo-PN-Übergängen besitzen den Nachteil, daß das
lumineszierende Volumen durch die Diffusionslänge der Minoritätsträger bestimmt wird. Deshalb ist der strahlende Bereich relativ breit. Da die emittierende Strahlung ferner
außerhalb des strahlenden Bereiches wieder absorbieren kann
(sog. <u>Selbstabsorption</u>), muß der PN-Übergang möglichst dicht
unter der Halbleiteroberfläche liegen.

Deutliche elektrische und optische Verbesserungen bringen
<u>Einfach-</u> und <u>Doppel-Hetero-PN-Übergänge</u> (Bild 2.3). Hier ist

schmalbandiges Halbleitermaterial an ein breitbandiges ange-
fügt oder noch besser - wie beim Doppelheteroübergang - als
dünne Zone (schmaler als Diffusionslänge) zwischen zwei
breitbandige Halbleitergebiete eingebaut. Werden dann aus dem
breitbandigeren Bereich Minoritätsträger ins schmalbandige
Gebiet injiziert, so können sie dieses durch die Potential-

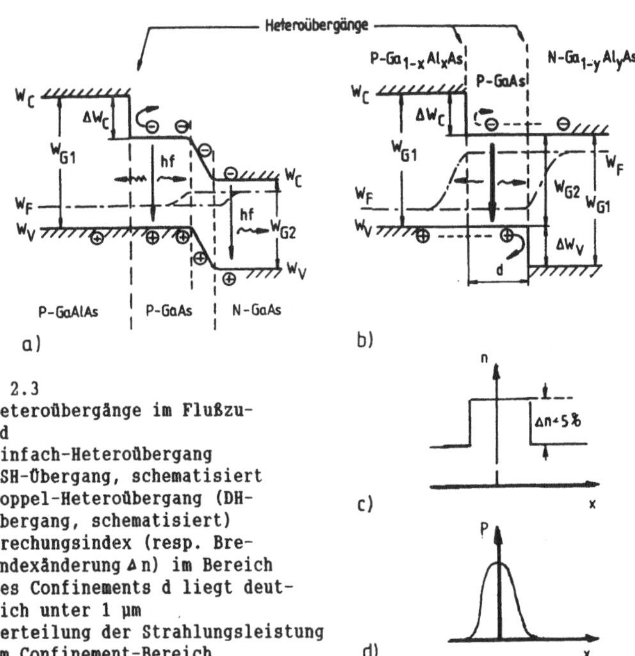

Bild 2.3
PN-Heteroübergänge im Flußzustand
a) Einfach-Heteroübergang
   (SH-Übergang, schematisiert
b) Doppel-Heteroübergang (DH-
   Übergang, schematisiert)
c) Brechungsindex (resp. Bre-
   indexänderung Δn) im Bereich
   des Confinements d liegt deutlich unter 1 μm
d) Verteilung der Strahlungsleistung
   im Confinement-Bereich

barriere praktisch nicht verlassen und rekombinieren strahlend in dieser schmalen Zone. Auf diese Art wird die Strahlungserzeugung auf die schmale Schicht begrenzt, was eine
Reihe von Vorteilen bringt:
- der Injektions- und Strahlungswirkungsgrad steigt,
- die Breitbandbereiche sind nach Gl.(1.89) und Bild 1.27 für
  das erzeugte Licht transparent. Dadurch sinken die Aus-
  trittsverluste.

- In der schmalen aktiven Zone wachsen Brechungsindex und
  Leistungsdichte. Durch diese Brechungsindexerhöhung gelingt
  eine optische Wellenführung, wie sie in Hochleistungs-LEDs
  und Lasern angewendet wird.

Die eben erwähnte elektrische und optische Einengung, das
sog. Confinement, des aktiven Bereiches wird in optischen
Bauelementen zur Wirkungsgraderhöhung und optischer Wellenführung (Integrierte Optik, Abschn. 5.1.2, 5.2) umfassend
eingesetzt als
- elektrische Einengung zur Schaffung von Zonen, in denen injizierte Träger gefangen bleiben (Schaffung von Potentialtöpfen durch Heterostrukturen) und intensiv rekombinieren,
- optische Einengung zur Schaffung von Zonen mit verändertem
  (durchweg höherem) Brechungsindex. Dadurch ist an den Grenzen zum optisch dünneren Medium Totalreflexion möglich, was
  sich z.B. zur Wellenführung in Lichtleitfasern nutzen läßt.
  Dazu reichen schon geringe Änderungen im Brechungsindex
  aus. Solche n-Änderungen lassen sich z.B. bei ternären
  Halbleitern leicht über die Zusammensetzung steuern.

Tafel 2.1 enthält eine Reihe typischer Materialien, aus den
die Mehrzahl der LEDs heute hergestellt wird. Die ausführ-
lichere Diskussion erfolgt im Abschnitt 2.1.3.

2.1.2 Eigenschaften und Kennwerte von LEDs

Eigenschaften. Die wichtigsten ooptisch-elektrischen
Eigenschaften der LED sind - außer dem abgestrahlten Spektrum
- vor allem die Strahlungsleistung Φ_e, der Wirkungsgrad n,
die Quantenausbeute, das Emissionsspektrum und die Strahlstärke I_e im IR-Bereich bzw. für Dioden im sichtbaren Bereich die entsprechenden lichttechnischen Größen (Tafel 2.2).
Dazu kommen noch das Strahlungsdiagramm und ggf. die numerische Apertur. Von den elektrischen Kennwerten spielen -
neben den üblichen statischen Kennwerten von Dioden - lediglich einige dynamische (z.B. Zeitkonstanten) eine Rolle.

Material	Substrat	λ_G/nm	Farbe	Fotometrisches Strahlungsäquivalent lm/W	äußere Quantenausbeute %	Lichtausbeute lm/W
GaP:N	GaP	565	grün	610	0,01...0,8	< 5
GaP:N, N	GaP	590	gelb	600	< 0,1	< 0,5
GaP:Zn, O	GaP	690	rot	20	< 15	0,5...5
$GaAs_{0,6}P_{0,4}$	GaAs	660	rot	75	0,1...0,5	0,1...0,5
$GaAs_{0,35}P_{0,65}$:N	GaP	630	orange	200	< 0,5	0,6...1,5
$GaAs_{0,15}P_{0,85}$:N	GaP	585	gelb	450	< 0,2	0,5...1,5
$Ga_{0,65}Al_{0,35}As$:Zn	GaAs	660	rot	60	1...5	1...10
$In_{0,4}Ga_{0,6}P$	InP	610	orange	300	0,1	0,5
SiC		470	blau	120	0,1	
GaN		440	blau	50	0,1	0,05
ZnS		450	blau	200	0,05	0,01

Tafel 2.1 typische Materialien für LEDs im sichtbaren Bereich

Licht		Infrarotstrahlung	
Kennwert	Einheit		Einheit
Lichtstrom	lm	Strahlungsleistung	W
Lichtstärke	cd	Winkeldichte der Strah-lungsleistung	W/sr
Spezifische Lichtaus-strahlung	lm	Spezifische Strahlungs-leistung	W/m^2
Leuchtdichte (Helligkeit)	cd/m^2	Strahldichte	W/m^2sr
Quantenausbeute (äußere)	%	Quantenausbeute (äußere)	%
energetische Ausbeute	%	energetische Ausbeute	%
relative Lichtausbeute	lm/W		

Tafel 2.2 Strahlungsoptische Kennwerte von LEDs

Die <u>Strahlungsleistung</u> Φ_e oder der Strahlungsfluß stellt die gesamte, von der Diode bei einem bestimmten Durchlaßstrom I_F als Strahlung abgegebene Leistung dar (Bild 2.4). Sie hängt ab von [2.6]

- der (mittleren) <u>Rate der strahlenden Rekombination</u> R_r und dem Volumen, in dem die Strahlung entsteht,
- dem internen <u>Quantenwirkungsgrad</u> η_q,
- dem <u>optischen Wirkungsgrad</u> η_{opt} (nur ein Teil der erzeugten Träger kann die Diode tatsächlich verlassen (s. u.)),
- der mittleren <u>Photonenenergie</u> W_q, die etwa gleich W_G gesetzt werden kann.

Der Zusammenhang zwischen Strahlungsleistung Φ_e und zugeführter elektrischer Leistung (resp. dem Strom I_F) ergibt sich direkt über die strahlende Rekombinationsrate R_r zu

$$\Phi_e = V\ R_r\ W_G\ \eta_{ext}. \tag{2.4}$$

Dabei ist $V = Ad$ das Volumen (A Querschnitt, d Dicke) des Rekombinationsbereiches. Die mittlere Rekombinationsrate R_r erhält man durch Integration der injizierten Trägerdichte $n(x)$ über den Rekombinationsraum

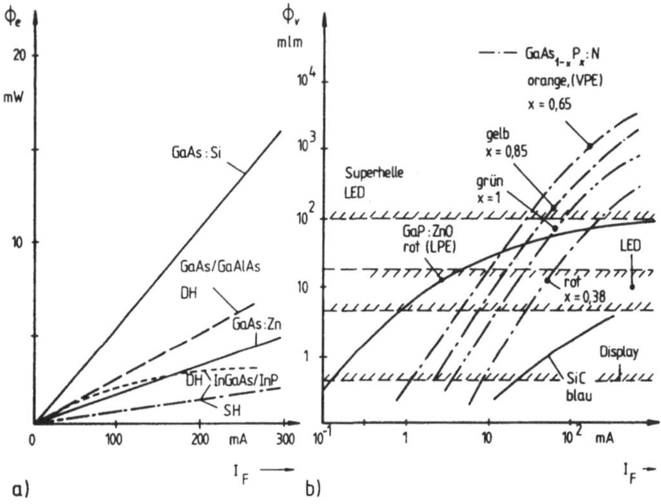

Bild 2.4 Stromabhängigkeit der Strahlungsleistung von LEDs
       a) Strahlungsfluß Φ_e (Impulsbetrieb, DH-Doppel-, SH-Einfach-
          Heteroübergang, T = 300 K)
       b) Lichtstrom bei verschiedenen Halbleitermaterialien (LPE
          Flüssigphasen-, VPE Dampfphasen-Epitaxie)

$$R_r \approx \frac{1}{q\tau} \int_0^d n(x)\,dx = \frac{S_F}{qd} = \frac{I_F}{qdA} \tag{2.5}$$

(τ mittlere Lebensdauer, S_F Flußstromdichte).

Die "Umsatzgüte" zwischen erzeugten Strahlungsquanten und
elektrischen Ladungsträgern, die an der Wechselwirkung zwischen elektromagnetischer Strahlung und Materie beteiligt
sind, wird durch den <u>Quantenwirkungsgrad</u> gekennzeichnet. Er
läßt sich sowohl für Strahlungsdetektoren (Abschn. 3) als
auch <u>Strahlungsquellen</u> (wie hier) definieren:

$$\eta = \frac{\text{Zahl der pro Zeiteinheit erzeugten Photonen}}{\text{Zahl der injizierten Ladungsträger}}. \tag{2.6}$$

Üblicherweise wird zwischen <u>externem</u> (n_{ext}) und <u>internem</u>
Quantenwirkungsgrad n_q unterschieden. Der externe bezieht

sich auf die von der Strahlungsquelle (an ihren optischen
Ausgang) abgegebenen Photonen bezogen auf alle eingangsseitig
eintretenden Ladungsträger, der interne bezieht sich nur auf
die intern erzeugten Photonen bezogen auf die dazu an der
gleichen Stelle vorhandenen Ladungsträger. Es gilt dann

$$\eta_{ext} = \eta_q \, \eta_{opt}. \tag{2.7}$$

Dabei wurde berücksichtigt, daß bei der Auskopplung der intern erzeugten Photonen noch optische Verluste ($\rightarrow$ optischer
Wirkungsgrad η_{opt}, stark von Material und Bauform abhängig)
auftreten.

Der interne <u>Quantenwirkungsgrad</u> η_q

$$\eta_q = \frac{\substack{\text{Zahl der pro Zeit-}\\\text{einheit erzeug-}\\\text{ten Photonen}}}{\substack{\text{Zahl der die Sperr-}\\\text{schicht passieren-}\\\text{den Elektronen}}} = \frac{R_r}{R_r + R_{nr}} = \frac{1/\tau_r}{1/\tau_r + 1/\tau_{nr}} \tag{2.8}$$

hängt direkt von den Rekombinationsraten R bzw. Lebensdauern
τ des strahlenden (r) bzw. nichtstrahlenden (nr) Anteils ab.
Es soll möglichst $\tau_r \ll \tau_{nr}$ gelten. Für direkte Halbleiter
kann theoretisch mit Wirkungsgraden von 90 % gerechnet werden, indirekte liegen deutlich darunter.

Absenkungen des internen Quantenwirkungsgrades entstehen
durch Kristallbaufehler, hohe Dotierungen und Alterungs-
effekte (parasitäre Oberflächenströme, Diffusion von Fremd-
atomen u.a.). Deshalb ist der äußere Quantenwirkungsgrad
typischer LEDs sehr klein (Tafel 2.17).

Zusammengefaßt ergibt sich dann die <u>Strahlungsleistung</u>

$$\Phi_e = \frac{\eta_q \, \eta_{opt} \, W_G I_F}{q} = \underbrace{\eta_q \, \eta_{opt}}_{\eta_{ext}} \cdot \frac{hf \, I_F}{q}. \tag{2.9}$$

Sie ist dem Flußstrom proportional (Bild 2.4). Die Steigung
entspricht dem internen Quantenwirkungsgrad. Nach höheren

Strömen stellt sich eine Sättigungstendenz ein, weil der innere Quantenwirkungsgrad durch Zunahme des nichtstrahlenden Rekombinationsanteiles wächst, auch spielt nichtlineare Rekombination (sog. Auger-Rekombination) bei einigen Materialien (z. B. InGaAsP/InP-Heteroübergänge) eine Rolle.

Einfach-Hetero-LEDs haben im Vergleich zu Doppel-Hetero-Strukturen geringe Strahlungsleistung. Verantwortlich ist dafür das Confinement. Beim Einfachheteroübergang fällt die Minoritätsdichte innerhalb des Rekombinationsbereiches einseitig auf Null. Das drückt sich in einen Geometriefaktor ($\leq$ 1) aus, der dann auf der rechten Seite von Gl.(2.9) noch hinzutritt. Nach Gl.(2.9) hängt die Strahlungsleistung pro Strom nur vom Halbleitermaterial (W_G) und dem Wirkungsgrad im Mittel ab. (Beispiel: I_F = 100 mA, W_G = 2eV $\rightarrow \Phi_e$ = 200 mW oder entsprechend Φ_e/I_F = 2W/A = 1360 lm/A (bei λ = 555 nm). Da die externen Wirkungsgrade jedoch im Bereich einiger Prozent liegen, sind Werte $\Phi_e/I_F \approx$ 10 ml/A ein guter Ansatz.

Für den sichtbaren Bereich tritt anstelle der Strahlungsleistung Φ_e der <u>Lichtstrom</u> Φ_V, der die Augenempfindlichkeit berücksichtigt (Bild 2.4b):

$$\Phi_V = K_{max} \int_{= 350 \text{ nm}}^{770 \text{ nm}} V\,(\lambda)\,\Phi_{e\lambda}\,d\lambda, \quad K_{max} = 680 \text{ lm/W}. \tag{2.10}$$

Für eine GaP-ZnO-Diode mit einem Strahlungsintensitätsmaximum bei 0,69 µm ergibt sich ein Lichtstrommaximum bei 0,65 µm mit einem Wert 15 mlm. Die heute erreichbaren Lichtströme liegen in dieser Größenordnung. Weil

- im Nahbereich (z. B. bloße Erkennung der Anzeige aus kurzer Entfernung) etwa $\Phi_V \approx$ 1 mlm ausreicht
- im Fernbereich (Erkennung aus mehreren Metern möglich) Φ_V ˜ 10 mlm nötig ist und
- bei starkem Umgebungslicht oder großer Entfernung der etwa 10fache Lichtstrom erforderlich wäre, eignen sich LEDs nur für die beiden erstgenannten Zwecke.

Die Strahlungsleistung fällt generell mit steigender Temperatur, weil der Anteil strahlungsloser Rekombination zunimmt. Der Temperaturgang läßt sich etwa wie folgt begründen: Mit steigender Temperatur sinkt der Bandabstand und damit das Maximum der emittierten Strahlung um 0,1 ... 0,3 nm/K nach höheren Wellenlängen. Beim Einsatz als Anzeige verschiebt die Wellenlänge auch die Augenempfindlichkeit, z. B. im Rotbereich (650 nm) um - 4,3 %/nm, im Grünbereich um - 0,85 %/nm. Für den Rotbereich ergibt sich dann eine Intensitätsänderung von z.B.

$$\frac{\Delta I}{\Delta T} = (-4,3 \cdot 0,3 - 1) \ \%/K \approx - 2,3 \ \%/K. \tag{2.11}$$

An realen Strukturen werden häufig größere Änderungen beobachtet.

Streng genommen muß beim externen Quantenwirkungsgrad Gl.(2.7) auch der Injektionsgrad für die Minoritätsträger (η_γ) berücksichtigt, also auf die gesamte elektrische Eingangsleistung bezogen werden:

$$\eta_g = \frac{\text{optische Ausgangsleistung}}{\text{elektrische Eingangsleistung}} = \frac{\Phi_e}{IU} = \eta_\gamma \ \eta_q \ \eta_{opt}. \tag{2.12}$$

Er umschließt
- die Erzeugung von Überschußminoritätsträgern (η_γ , bisher zu 1 gesetzt),
- deren strahlende Rekombination (η_q),
- die Herausführung der erzeugten Strahlung aus dem Kristall (η_{opt}).

Der Wert η_γ ist für die Injektionslumineszenz im PN-Übergang praktisch 1, weil fast der gesamte Strom an der Injektion teilnimmt.

Der optische Wirkungsgrad η_{opt} bleibt im Regelfall immer sehr klein (s.u.). Deshalb liegen die Gesamtwirkungsgrade der LEDs im Bereich von nur einigen Prozent.

<u>Emissionsspektrum.</u> Die Spektralverteilung der emittierten Strahlung hängt stark von Material, Bauform und Betriebsbedingungen ab.

<u>Materialseitig</u> gehen vor allem der Bandabstand W_G bzw. der Abstand der beteiligten Störstellen (→ Lumineszenz-Halbleiter) ein. Die Energieverteilung der bei der Rekombination entstehenden Photonen zeigt etwa eine γ -Statistik mit der Halbwertsbreite √3 kT (durch Störstellen auf etwa 2 kT vergrößert). Damit beträgt die Spektralbreite

$$|\Delta\lambda| = (\lambda^2/hc) \cdot \Delta W_G. \tag{2.13}$$

Mit ΔW_G = 2 kT erreicht man Spektralbreiten $\Delta\lambda$ von 25 ... 40 nm im Bereich 0,8 ... 0,9 µm und 50 ... 100 nm im IR-Bereich (1 ... 1,3 µm) bei Zimmertemperatur. Mit steigender Temperatur wächst die Linienbreite um etwa 0,3 ... 0,5 nm/K zu längeren Wellen (Strom!), ebenso bei steigender Dotierung. Die

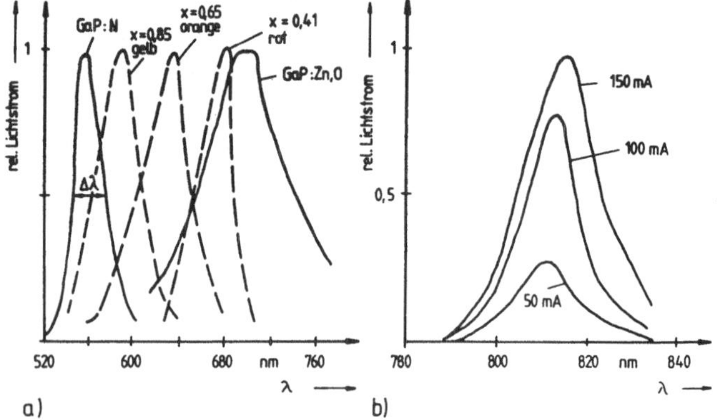

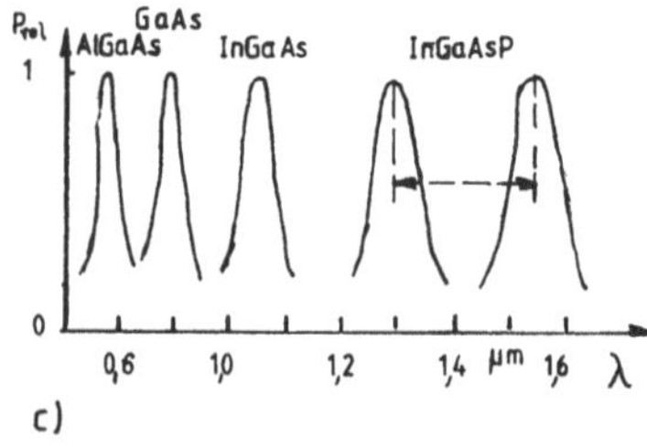

Bild 2.5

Emissionsspektrum verschiedener LEDs bei T = 300 K
a) Materialeinfluß --- GaAs$_{1-x}$P$_x$, —— GaP
b) Einfluß des Diodenstromes
c) Relativleistung P$_{rel}$ und Materialeinfluß im sichtbaren und IR-Bereich

Intensitätsverteilung selbst hat etwa Gauß-Form.

Bild 2.5 zeigt typische Emissionsspektren, ebenso den Strom-
einfluß. Das Spektrum ist aus verschiedenen Grünen nicht
monochromatisch:
- Störstellen im Material "verschmieren" die direkte Übergangsenergie,
- die emittierte Strahlung erfährt im Material Dispersion,
  insbesondere in Homodioden durch wellenlängenabhängige
  Selbstabsorption im kurzwelligen Bereich.

Leuchtwirkungsgrad, Leuchtdichte. Für die Anwendung der LED
als Anzeigeelement interessiert nicht nur die (physikalische)
Strahlungsleistung und damit der externe Quantenwirkungsgrad,
sondern vor allem die "Helligkeit" (Leuchtdichte, Tafel 1.5).
Die Grundlage dafür ist die Strahlstärke I_e bzw. Lichtstärke
I_v.

Die Helligkeit ist eine physiologische Größe, weil sie von
der Augenempfindlichkeitskurve abhängt. Eine Strahlungsquelle
kann nach Bild 1.5 nur dann vom Auge wahrgenommen werden,
wenn sich die Strahlstärke I_e mit der Augenempfindlichkeit V
(λ) überlappt (Bild 2.6). Das Verhältnis von wahrnehmbarem
Lichtfluß und abgestrahlter Leistung heißt Leuchtwirkungsgrad

$$\eta_L = \frac{\int I_v (\lambda) \, K_\lambda \, d\lambda}{\int I_v (\lambda) \, d\lambda}, \qquad (2.14)$$

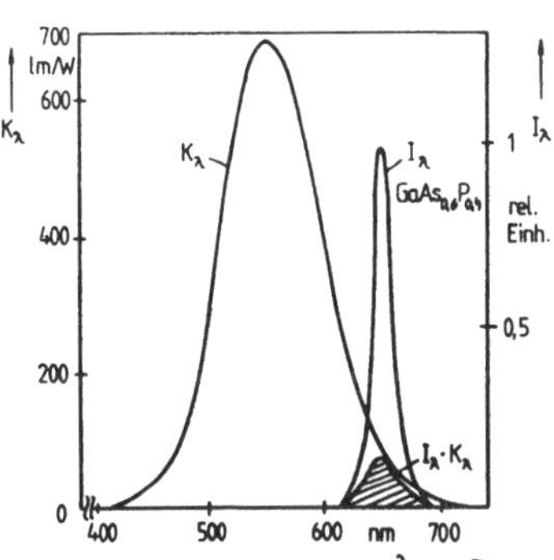

Bild 2.6
Zum Leuchtwirkungsgrad
einer LED

ausgedrückt in lm/W. Anschaulich ist er das in Bild 2.6 dargestellte Verhältnis der von $I_v K_\lambda(\lambda)$ und I_v gebildeten Flächen. Der größte Leuchtwirkungsgrad ergibt sich für monochromatisches Licht (λ = 556 nm) mit 680 lm/W. Weitere Werte sind:

> Standardrot: 60 lm/W (λ = 660 nm), Intensivrot: 135 lm/W (λ = 655 nm)
>
> Gelb: 540 lm/W (λ = 585 nm), Grün: 640 lm/W (λ = 565 nm).

Oft gibt man auch den sog. <u>physiologischen Wirkungsgrad</u>

$$\eta = \eta_L \cdot \eta_{ext}$$

an, der z.B. für eine grüne LED durchaus größer (trotz des kleinen n_{int}) als für eine rote LED (η_{lin} höher) sein kann. Für die IRED ist er folglich null.

<u>Abstrahlcharakteristik.</u> Aus verschiedenen Gründen (Aufbau, Material) strahlt eine LED nicht gleichmäßig in den Raum. Die Winkelabhängigkeit der emittierten Strahlungsleistung wird als <u>Abstrahlcharakteristik</u> bezeichnet und üblicherweise der <u>Öffnungswinkel</u> auf den halben Leistungsabfall bezogen. Deshalb muß die <u>Strahlstärke</u> I_e bzw. <u>Lichtstärke</u> I_v als Strahlungsleistung pro Raumwinkel angegeben werden (Bild 2.7). In Richtung der Diodenachse ist sie am größten.

Bauformbedingt können sehr verschiedenartige Abstrahldiagramme entstehen (Bild 2.7b) Der einfachste Fall ist die Verteilung des sog. <u>Lambert-</u> oder <u>Flächenstrahlers</u> ($I = I_o \cos \alpha$), wie er für planare Dioden in guter Näherung zutrifft. <u>Kantenstrahler</u> (Abschn. 2.1.3) haben diese Verteilung nur in der Ebene parallel zu den Halbleiterschichten, senkrecht dazu eher eine keulenförmige Abstrahlcharakteristik (durch Beugung am Austrittsspalt). Andere Abstrahlcharakteristika ($\rightarrow$ besserer optischer Wirkungsgrad) ergeben sich durch
- unterschiedliche Transparenz der Halbleitermaterialien, etwa mit unterschiedlicher <u>Formgebung</u> (Kugel, Parabelfläche),

- <u>Linsenwirkung</u> des Gehäuses. Bei gleichem Strahlungsfluß Φ_e steigt dann die Strahlstärke I_e (Axialrichtung) mit sinkendem durchstrahlbaren Raumwinkel.

Problematischer wird das Abstrahlproblem, wenn die LED z.B. an ein Medium (z.B. optische Faser) möglichst verlustarm angekoppelt werden soll (Abschn. 5.3).

Für Abschätzungen kann das Strahlungsdiagramm Bild 2.7a oft durch einen <u>Kegel</u> (Öffnungshalbwinkel α) ersetzt werden. Dann beträgt die Lichtstärke (z. B. im sichtbaren Bereich)

$$I_V = \frac{K_\lambda\,\Phi_e}{\Omega'} = \frac{\Phi\lambda}{\Omega'}$$

mit dem Raumwinkel $\Omega' = 2\pi\,(1 - \cos\alpha)$ (Kurve b im Bild 2.7a). Strahlt beispielsweise eine rote Diode mit $\Phi_e = 100\ \mu W$ ($K_\lambda = 4\ lm/W$ bei $\lambda = 690$ nm, $\alpha = 30°$)), so ergibt sich

$$I_V = \frac{100\ \mu W.\ 4\ lm/W}{\pi\,2(1 - \cos 30°)} = 479\ .10^{-6}\ lm,$$

dagegen für eine grün strahlende mit der Strahlungsleistung 1 µW (!)($\lambda = 565$ nm, $K_\lambda = 620\ lm/W$) der Wert $I_V \approx 740\ .10^{-6}$ lm. Das Auge empfindet diese LED trotz erheblich kleinerer Strahlungsleistung als heller.

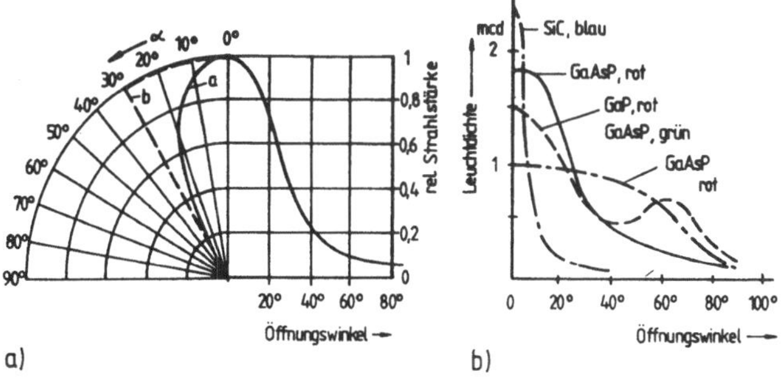

a)   b)

Bild 2.7 Abstrahlverhalten einer LED
       a) Abstrahlcharakteristik mit Angabe des angenäherten Öffnungswinkels, b) Halbseitige Abstrahlcharakteristik verschiedener LEDs

Die Wahrnehmbarkeit der LED hängt auch vom Umgebungslicht ab.
Um sich gegen mittleres Sonnenlicht abzuheben, ist für gelbes
Licht (λ = 556 nm) eine Leuchtdichte $L_v \approx$ 6000 cd/m² erfor-
derlich, für rot (λ = 650 nm) nur 100 cd/m² (vgl. Tafel 1.5,
Unterschied Lichtstärke : Leuchtdichte!) [2.14].

Frequenz- und Modulationsverhalten. Für alle Anwendungen,
bei denen die Strahlung moduliert werden soll, z.B. bei der
optischen Nachrichtentechnik, spielt das Frequenz- und
Schaltverhalten der LED eine wichtige Rolle. Grundsätzlich
wird das dynamische Verhalten von den gleichen Vorgängen bestimmt, die auch im nichtstrahlenden PN-Übergang auftreten:
Diffusionskapazität und Trägerlebensdauer, Sperrschichtkapazität und differentieller Widerstand, Impulseinschalt-, und
Ausschaltverhalten. Deshalb führt die Behandlung des Klein-
signalfrequenzverhaltens mit sinusförmig moduliertem Dioden-
strom auf einen modulierten Anteil der Strahlungsleistung
(Amplitude P_1) in der zu Gl.(2.4) modifizierten Form [2.8],
[2.9]:

$$P_1 = \frac{\eta_g \, W_G \, I_1 \, |\overline{F}\,(\omega_m)|}{q \, \sqrt{1 + (\omega_m \, \tau)^2}} \qquad\qquad (2.15)$$

I_1 ist dabei die Amplitude des Modulationsstromes. Der Faktor
$|\overline{F}\,(\omega_m)| \leq 1$ hängt wesentlich von der Ausdehnung des Strah-
lungsraumes ab (hier unterscheiden sich hauptsächlich DH- und
SH-Dioden), die Wurzelfunktion gibt den charakteristischen
Frequenzgang. Daraus läßt sich für $\omega_m \, \tau$ = 1 eine Modulationsgrenzfrequenz
$$\omega_m = 1/\tau \qquad\qquad (2.16)$$

definieren. Eine hohe Grenzfrequenz verlangt eine möglichst
kleine Zeitkonstante τ, die je nach Diodenausführung und
Schaltung hauptsächlich durch die Minoritätslebensdauer und
die Schaltungszeitkonstante bestimmt wird. Vernachlässigt man
letztere, so haben auf τ die üblichen Diodenstrategien Einfluß: Einbau zusätzlicher (tiefer) Störstellen, Vergrößerung

der Dotierung, Betrieb bei hoher Trägerinjektion, was z.B.
bei sehr effizienten DH- Strukturen durch Confinement der injizierten Träger begünstigt wird. Heute lassen sich Modula-
tionsgrenzfrequenzen um 1 GHz (und darüber) mit Hetero-LEDs
erzielen, für Homoübergänge (GaAs) bewegt sich der Wert zwischen 0,5-1 GHz. In gewissem Umfang kann die Zeitkonstante τ
durch den Injektionsstrom beeinflußt werden [2.10],[2.99,[2.57].

Das Großsignal-Impulsverhaltens der LED läßt sich in erster
Näherung - übereinstimmend mit dem Frequenzverhalten - durch
ein RC-Modell mit eingeprägtem Stromimpuls beschreiben. Dementsprechend steigt die abgestrahlte Leistung exponentiell an
[2.11]:

$$\Phi_e\,(t) = \Phi_{eO}(1 - \exp - t/\tau). \tag{2.17}$$

Die Schaltzeitkonstante τ setzt sich gemäß

$$1/\tau = 1/\tau_{nr} + 1/\tau_r \tag{2.18}$$

aus den Lebensdauern für strahlende (τ_r) und nichtstrahlende
(τ_{nr}) Rekombination zusammen. Grundsätzlich sollte τ möglichst klein und nur durch τ_r bestimmt sein.

Die strahlende Rekombinationslebensdauer ergibt sich nach dem
Modell direkter Rekombination generell zu (Gl.(1.87)ff.)

$$\tau_r = 1/B(n_O + p_O + \Delta n) \tag{2.19}$$

(B Rekombinationskoeffizient, n_O, p_O Gleichgewichtsdichten,
Δn Dichtestörung). Im stationären Fall wird die Überschuß-
dichte Δn durch die Stromdichte S geführt, die die aktive
Zone (Breite d) durchsetzt und dort voll rekombiniert:

$$\Delta n = S\tau_r/\,qd. \tag{2.20}$$

Durch Eliminierung von Δn aus Gl.(2.19) folgt

$$2S\,\tau_r = qd\,[\,(n_O + p_O)^2 - 4S/B\,qd\,]^{1/2} - (n_O + p_O) \tag{2.21}$$

mit den speziellen Fällen:
- <u>Geringe Injektion</u> $\Delta n \ll n_O + p_O$:

$$\tau_r \approx 1/B(n_O + p_O) \approx 1/BN.$$

Hier bestimmt die Dotierung N die strahlende Lebensdauer.
Zunehmende Dotierung verbessert auch den nichtstrahlenden
Rekombinationsanteil und begrenzt so die Grenzfrequenz.
Dieser Fall trifft auf Homodioden zu.
- Große Injektion $\Delta n \gg n_0 + p_0$:

$$\tau_r \approx \sqrt{\frac{qd}{S\,B}} \sim \sqrt{\frac{d}{I}}\,.$$

Jetzt sind hohe Ströme und kleine Breiten der aktiven Zone
günstig. Dies trifft für Doppelheterodioden zu.

Der Rekombinationskoeffizient B ist bei direkten Halbleitern
etwa $10^5 \ldots 10^6$ mal größer als bei indirekten (Tafel 1.4).
Deshalb reichen die Schaltzeitkonstanten τ vom unteren ns-Bereich (Heterostrukturen) bis zu Werten im oberen ns-Bereich.
Für die Schaltungsauslegung ist u.U. noch die dotierungsbe-
dingt hohe Sperrschichtkapazität zu bedenken. Auf das Frequenzverhalten kann verzichtet werden, wenn die LED nur zur
Anzeige dient.

2.1.3 Materialien, Herstellungs- und Bauformen

LEDs werden in weitem Spektralbereich verwendet, daraus erklärt sich die Fülle eingesetzter Materialien (s. Tafel 2.1)
und Bauformen [2.4],[2.12],[1.9],[1.13],[1.17],[1.20].

<u>Materialien.</u> Die <u>Hauptanforderungen</u> an ein Halbleitermaterial
für LEDs sind:
- die Bandbreite abgestimmt auf den Strahlungsbereich,
- der P- und N-Leitungstyp muß verfügbar sein (insbesondere
  hochohmiges Ausgangsmaterial),
- für sichtbares Licht ist $W_G \geq 2$ eV erforderlich. Dabei
  kommt erschwerend hinzu, daß breitbandigere Materialien
  i.a. technologisch schwieriger zu beherrschen sind und auch
  nach Dotierung noch sehr hochohmig bleiben.

Aus der Liste potentieller Halbleitermaterialien kommen in
die engere Wahl (Tafel 2.1):
- GaAs, GaP und die ternären Verbindungen AlGaAs, GaInP,
  $GaAs_{1-x}P_x$ als wichtigste Materialien,
- GaN, AlN und SiC als Kandidaten für den Blaubereich,
- derzeit noch keine II-VI-Komponenten (Versuche mit ZnTe und
  CdTe für Heteroübergänge brachten keine befriedigende Ergebnisse).

Zu den Einzelmaterialien ist zu erwähnen:
- <u>GaAs</u> mit Si dotiert entweder als Donator (Ga-Ersatz) oder
  Akzeptor (As-Ersatz), abhängig von den Herstellungsbedin-
  gungen (GaAs: Si) für den <u>Infrarotbereich</u> (Strahlungsmaximum zwischen 930 ... 1020 nm) mit Emissionsleistungen von
  einigen mW (Impulsleistungen entsprechend höher).
  Meist bildet sich ein komplexes Akzeptorniveau bei $W_A - W_V$
  $= 0,1$ eV, das - zumindest bei Si-Dotierung - den dominanten
  lumineszierenden Übergang bildet. Da die Energiebreite
  kleiner als W_G ist, reicht die Energie der Strahlung nicht
  zur Selbstabsorption aus. So entstehen Übergänge mit hohem
  externen Quantenwirkungsgrad von 10 %.
  Mit Zn diffundierte GaAs LEDs ergeben ein etwas tieferes
  Spektrum, solche mit Si ein höheres (Bild 2.8).
- <u>GaP.</u> In diesem <u>indirekten</u> Material erfolgt die Lichterzeugung durch Zerfall von gebundenen Excitonen an isoelek-
  trischen Zentren (z.B. Stickstoff, ZnO). Je nach Dotierung
  emittieren GaP-Dioden rotes, gelbes oder gelbgrünes Licht
  (s. Tafel 2.1). Bei roten Dioden (N-Dotierung mit Cd oder
  S, P-Dotierung mit Zink und Sauerstoff) ergibt sich ein
  Strahlungsmaximum von 690 nm (20 lm/W). Die Strahlung entsteht durch ein eingefügtes Donator-Akzeptorpaar mit der
  Strahlungsenergie
  $$h f = W_G - (W_D + W_A) + q/4\pi\varepsilon_s r,$$

wobei der letzte Term die Coulomb-Wechselwirkung zwischen
beiden Störstellen (r Abstand) beschreibt. Man erreicht

externe Wirkungsgrade unter 5 % bei relativ hohen Stromdichten ($\approx$ 10 A/cm²), weshalb GaP für rote Dioden seltener
verwendet wird.

Grün und gelb emittierende GaP-Dioden entstehen durch isoelektronische Zentren (begrenzt lokalisierter Potential-
sprung, der Elektronen einfangen kann und durch Anlagerung
von N an P entsteht). Erzielt wird grünes Licht (λ = 570
nm) mit allerdings kleinem internen Wirkungsgrad. Da jedoch
Selbstabsorption ausbleibt, sind externe Wirkungsgrade von
> 1 % und mehr durchaus üblich.

- <u>GaN</u> bietet als direkter Halbleiter mit breiter Bandlücke
  (W_G = 3,5 eV) die Möglichkeit, blaue LEDs herzustellen (üblich Zn-Dotierung). Erhebliche technologische Probleme ver-
  sagten diesem Material jedoch bisher eine breitere Anwendung, ebenso wie dem AlN [2.15].

- <u>SiC</u> bietet mit mehreren seiner Modifikationen (Bandabstand
  um 3 eV) aus technologischen Gründen eine bessere Material-
  grundlage für die Herstellung blau leuchtender Dioden, wie
  sie gegenwärtig von einigen Herstellern angeboten werden
  [2.16].

- Künftige Entwicklungen könnten auf ZnSi-Basis (W_G = 2,7 eV)
  hinzielen, mit dem neuerdings blau leuchtende Dioden realisiert wurden.

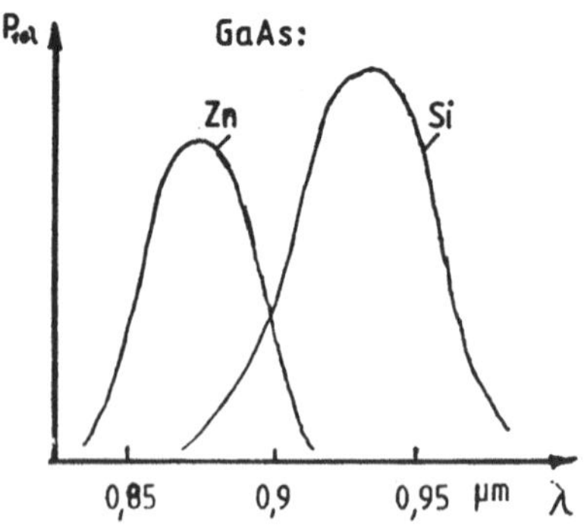

Bild 2.8
Relativleistung P_{rel} über der
Wellenlänge für Zn- und Si-
dotierrte GaAs-LED

Für den Blaubereich kann auch die <u>Aufwärtsmischung</u> einer erzeugten Strahlung geringerer Energie durchgeführt werden. Dazu muß die niederenergetische Strahlung (z.B. IR) durch Multiphotonenabsorption in phosphoreszierenden Manterialien in rote bis blaue Strahlung umgesetzt werden. Derzeit sind die Umsatzwirkungsgrade aber noch sehr gering.

Relativ neu sind Versuche, auch amorphes SiC für LEDs im Sichtbaren zu verwenden. Die LEDs bestehen entweder aus einem Tandem von PIN-Anordnungen oder einem Supergitter (Bild 2.9). Man erhält eine Strahlung im Orangebereich bei niedrigen Strömen, die sich besonders für billige flache Anzeigeflächen eignen dürfte [2.16].

<u>Hetero-LEDs</u> werden fast durchweg unter Verwendung <u>ternärer</u> und <u>quaternärer</u> Mischkristalle aus den binären Komponenten GaAs, GaP, InP, GaSb u. a. aufgebaut. An erster Stelle steht hier die Forderung nach möglichst übereinstimmenden Gitterkonstanten, einem geeigneten Substrat und dem direkten Übergang. Bei diesen Materialien läßt sich die Bandbreite über die Zusammensetzung einstellen und damit Strahlung einer gewünschten Wellenlänge emittieren. So gilt z.B. für die Bandbreite eines Ternärsystems:

$$W_G(A_{1-x}B_xC) = W_G(AC) + [W_G(BC) - W_G(AC)]\,x - bx\,(1-x),$$

wobei x der Mol-Bruchteil von B und b eine empirisch bestimmte Größe ist.

Da binäre Halbleiter stets einen direkten und (wenigstens einen) indirekten Bandabstand haben, kann man daraus Materialien herleiten, die je nach x entwender direkt oder indirekt sein können. Im Beispiel $GaAs_{1-x}P_x$ gilt

$$W_G|\text{direkt} = 1{,}43 + (2{,}75 - 1{,}43)x,$$

$$W_G|\text{indirekt} = 1{,}86 - (2{,}26 - 1{,}86)x.$$

Beide bestimmen für x = 0,467 (genauer Wert x = 0,44, W_G = 1,99 eV) überein (Bild 2.10). Für x < 0,44 ist das Material

direkt, darüber indirekt. Typisch sind Materialeinstellung
mit x = 0,4 (λ = 660 nm, tiefes Rot), x = 0,65 (rot-orange)
und x = 0,85 (leuchtend gelb). Die Stromdichte liegt im Bereich 500 mA/mm². Dieses Material ist aus mehreren Gründen
sehr verbreitet: günstige Herstellungsmöglichkeiten mit dem
VPE-Verfahren auf GaAs-Substrat, gute Strahlungsausbeute und
gute Steuerbarkeit der Strahlungscharakteristik. Standard-
LEDs haben eine Leuchtstärke von 1 ... 10 mcd, "superhelle"
LEDs liegen bei 10 ... 100 mcd und mehr.

Typische im Einsatz befindliche Materialien für LED sind
[2.4], [2.13], [2.14]:
- <u>GaAs/Ga$_{1-x}$Al$_x$As</u> mit

  W_G = (1,42 + 1,25 x) eV

  $0 \le x \le 0,45$

  n = 3,59 - 0,71 x

  als ein sehr lange. und intensiv untersuchtes System. Es
  wird im Bereich $0 \le x \le 0,3$ für Dioden im Wellenlängenbereich 690 ... 860 nm auf GaAs-Substrat mit fast idealem
  inneren Quantenwirkungsgrad eingesetzt. Bild 2.11 zeigt
  Aufbau und Bändermodell. Durch das breitbandige n-Material
  erfolgt Elektroneninjektion mit Wirkungsgrad 1, und es

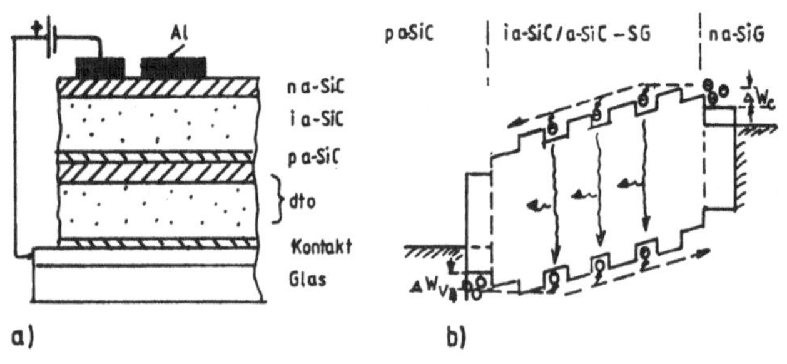

Bild 2.9 LED aus amorphem SiC
        a) Tandem pin-pin-SiC-LED (nach D. Kruangam, Sol. State Conf.
           Tokyo (1986), 683)
        b) Supergitter (SG)-a-SiC-LED

kommt zur Rekombination (Strahlungserzeugung) im P-Gebiet.
Wegen $W_{GP} < W_{GN}$, treten die Photonen mit nur geringen Verlusten durch das N-Gebiet (Funktion als optisches Fenster,
s. Abschn. 3.2.5).

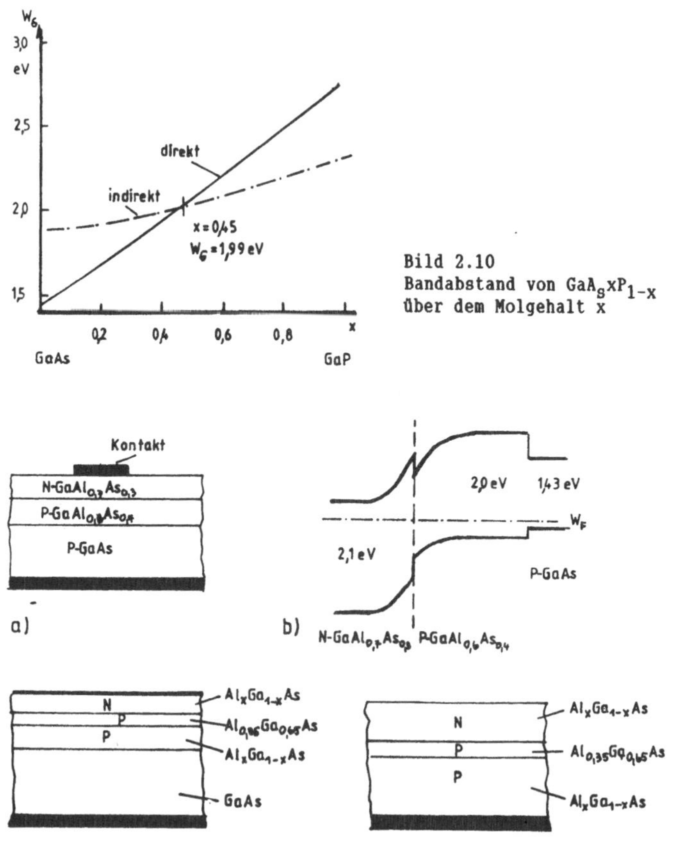

Bild 2.10
Bandabstand von $GaAs_x P_{1-x}$
über dem Molgehalt x

Bild 2.11 GaAlAs-Heterosperrschicht-LED
a) Aufbau, b) Bändermodell, c) Doppelheterostruktur (x > 0,6),
d) Doppelheterostruktur (x > 0,6) mit transparentem Substrat

Die Reabsorption der Strahlung läßt sich weiter senken, wenn auf der Seite mit dem schmalbandigeren Material eine weitere breitbandige Schicht in Form eines Doppelhetero- überganges angebracht wird (Bild 2.11c). Dieser Übergang verhindert, daß die injizierten Elektronen zu weit ins P- Gebiet vordringen können und so die Strahlung zu tief im Halbleiterinnern entsteht.

Ein Nachteil dieser Anordnung ist, daß auch hier noch ein großer Teil der erzeugten Strahlung im GaAs-Substrat absor- biert wird. Dies läßt sich bei fehlendem GaAs-Substrat ver- meiden (Bild 2.11d) : Doppelheterodiode mit transparentem Substrat. Das ist eine LED mit sehr hohem Wirkungsgrad (et- wa das 4fache der GaAsP:N LED), allerdings fertigungsauf- wendig.

- $In_{1-x}Ga_xAs_yP_{1-y}/InP$ mit
  $$W_G = (1,35 - 0,72\,y + 0,12\,y^2)\,eV \qquad 0 \le x \le 0,46; \; 0 \le y \le 1$$
  $$n = 3,4 + 0,26\,y - 0,095\,y^2.$$
  Dieser quaternäre Kristall läßt sich durch die Komponen- tenwahl Ga(x) und As(y) in weitem Bereich an das Substrat- material InP passen. Man erhält einen Strahlungsbereich von etwa 950 ... 1650 nm, der für die Glasfasertechnik interes- sant ist (s. Abschn. 5.1).

- $Ga_{1-x}Al_xAs_ySb_{1-y}/GaSb$ mit
  $$W_G = (0,73 + 0,83x + 1,13\,x^2)\ eV$$

  $$x \le 0,24, \quad x = 11\,y$$

  $$3,18 \le n \le 2,82.$$
  Diese Kombination wird auf dem GaAs-Substrat mit dem Al(x)- und As(y)-Anteil eingestellt, als Substrat kommt GaSb in Frage. Die erzeugte Strahlung liegt im Bereich 1,5 ... 1,8 µm.

Bauformen. Die Bauform muß (neben den üblichen elektrischen Anforderungen) gewährleisten, daß die in der Diode erzeugte Strahlung möglichst verlustlos austritt und dabei eine be- stimmte Abstrahlcharakteristik besitzt.

Das Halbleitergebiet, aus dem die Strahlung erfolgen soll,
liegt grundsätzlich durch die Forderung nach hohem Injek-
tionsverhältnis des Elektronenstromes fest. Durchweg wird die
Planarstruktur mit ebenem PN-Übergng verwendet (Bild 2.12).
Dann hängt der ins P-Gebiet injizierte Elektronenstrom vom
Injektionsverhältnis

$$\eta_n = (1 + \frac{D_p L_n p_n}{D_n L_p n_p})^{-1} = (1 + \frac{\mu_p p_p L_n}{\mu_n n_n L_p})^{-1} \tag{2.22}$$

ab. Für III-V-Halbleiter gilt generell $\mu_n \gg \mu_p$ und die Annahme etwa gleicher Diffusionslängen $L_n \approx L_p$ bedingt für $n_n \approx$
1 zwangsläufig $n_n \gg p_p$, also N^+P-Dioden. Dieser Forderung
entsprechen GaAs und $GaAs_{1-x}P_x$-Dioden. Bei GaP ist die Situa-
tion komplizierter, es werden sowohl N^+P- als auch NP^+-Über-
gänge verwendet.

Hinsichtlich der stets auftretenden Strahlungsabsorption im
Material sind zwei Grundformen üblich:
- Bei stark absorbierendem Material (z.B. $GaAs_{1-x}P_x$ auf GaAs)
  wird der im sichtbaren Bereich emittierende Übergang möglichst nahe an die Oberfläche gebracht (Bild 2.12a). Das
  Licht tritt durch die sehr dünne P-Schicht aus. Diese Bauform herrscht für rote LEDs (direkter Bandübergang) vor.

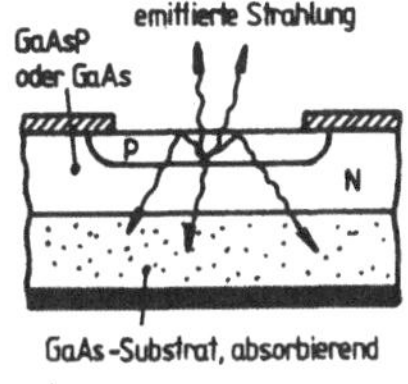

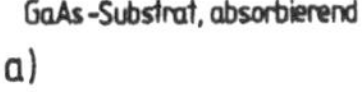

a)

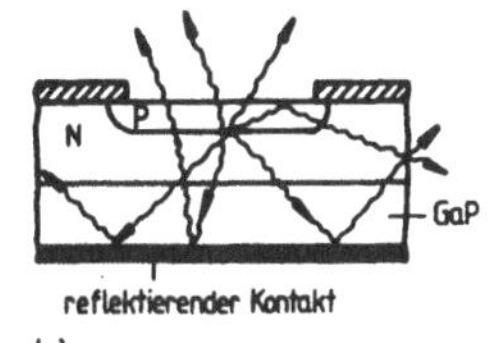

b)

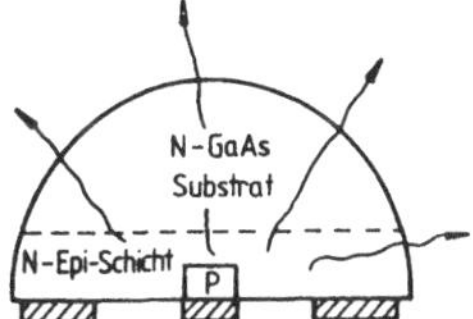

Bild 2.12
Bauformen von LEDs (Planarstruktur)
a) Absorbierendes GaAs-Substrat,
b) Transparentes GaP-Substrat,
c) Domstruktur

- LEDs für die Farben orange, gelb und grün (indirekte Band-
  übergänge im GaAsP) werden auf GaP-Substrat hergestellt.
  Ein Teil der Strahlung tritt direkt aus, ein Teil wird vom
  Rückkontakt refklektiert (Bild 2.12b). Dadurch steigt die
  Lichtausbeute.
  Kaum kommt bei GaAs- Dioden neben der Planar- noch die <u>Dom-
  struktur</u> (Bild 2.12c) zur Anwendung. Hier tritt die Strahlung auf der halbkugelförmig gestalteten N-Rückseite aus.
  So ergibt sich zwar der höchste optische Wirkungsgrad, weil
  das Licht aus dem im Zentrum angebrachte PN-Übergang nahezu
  senkrecht auf die Oberfläche trifft, doch sind die Herstel-
  lungsschwierigkeiten groß.

Heute werden LEDs (zumindest für den Rot-Bereich) neben GaAsP
und GaP zunehmend auf AlGaAs-Basis in Einfach- und Doppelheterostruktur nach Bild 2.11 hergestellt.

Den stärksten Einfluß auf die Bauform hat die Forderung nach
möglichst totalem Austritt, der oft mit hohem Quantenwirkungsgrad erzeugten Strahlung. Dazu müssen die folgenden
Strahlungsverluste klein gehalten werden: <u>Absorption im LED-
Material, Fresnel-Reflexion und Verluste</u> durch <u>Totalrefle-
xion.</u> Jedem Einfluß läßt sich ein entsprechender Wirkungsgrad
(η_a, η_F, η_T) zuordnen, so daß der optische Wirkungsgrad insgesamt

$$\eta_{opt} = \eta_a \, \eta_F \, \eta_T \tag{2.23}$$

beträgt.

Die <u>Absorption</u> kann in den Halbleitergebieten sehr hoch sein,
beispielsweise bis 80 % (GaAs-Substrat). Um sie zu reduzieren, wird der Weg vom Strahlungsort zur Austrittsstelle kurz
gehalten, was zu den schon im Bild 2.12 erwähnten Konstruktionen führte. Der entsprechende Wirkungsgrad beträgt

$$\eta_a = \exp - \alpha x \tag{2.24}$$

(α Absorptionskonstante, x Abstand zur Austrittsstelle).

<u>Fresnelsche Reflexion</u>. Treten Photonen senkrecht aus einem Medium mit dem Brechungsindex n_1 in ein Medium mit dem Index n_2, so erfolgt eine Teilreflexion an der Grenzfläche. Der Verlust heißt Fresnel-Verlust und wird durch den Reflexionsgrad R (Gl.(1.39)) bestimmt:

$$R = \left(\frac{n_2 - n_1}{n_2 + n_1}\right)^2 . \tag{2.25}$$

Wegen der Quadratur ist es gleichgültig, ob das Licht vom optisch dichteren ins dünnere Medium tritt oder umgekehrt. Die Brechungsindices n_1 betragen: GaAs $\approx$ 3,60, GaAsP $\approx$ 3,4, GaP $\approx$ 3,36. Dann wird rd. 30 % der Strahlung an der Übergangsstelle Halbleiter - Luft reflektiert!

Die <u>Transmission</u> T = 1-R oder der <u>Fresnel-Wirkungsgrad</u> η_F = T

$$\eta_F = T = 1 - \left(\frac{n_2 - n_1}{n_2 + n_1}\right)^2 = \frac{4n_1n_2}{(n_2 + n_1)^2} \tag{2.26}$$

beträgt wegen der hohen Brechungsindices nur rd. 70 % (GaAs = 0,68; T_{GaAsP} = 0,7; T_{GaP} = 0,71)! Er läßt sich durch Belegen des Halbleitermaterials mit einer Schicht vom Brechungsindex $n_X = \sqrt{n_1 n_2}$ deutlich vergrößern, im erwähnten Falle also n_X = 1,8... 1,9. Üblich ist Kunststoff ($n_X \approx$ 1,5). Haben die Übergänge Halbleiter - Kunststoff die Transparenz T_1 und Kunststoff - Luft die Transparenz T_2, so ergibt sich als gesamte Transparenz T = $T_1 T_2$,:

$$\eta_F = T = T_1/T_2 = \left(\frac{4 \, n_1 n_X}{(n_1 + n_X)^2}\right) \cdot \frac{4n_X n_2}{(n_X + n_2)^2}, \tag{2.27}$$

im Falle GaAsP (n_X = 1,84) z. B. mit T_1 = 0,911, T_2 = 0,912 insgesam T = 0,83, also eine Verbesserung von rd. 13 %! Diese Kunststoffschicht kann zugleich noch zur Beeinflussung der Abstrahlcharakteristik benutzt werden. Problematisch ist jedoch, daß der Brechungsindex der Halbleitermaterialien generell hoch ist und zudem von der Wellenlänge abhängt. Das verschlechtert die Auskopplung des erzeugten Lichtes.

<u>Totalreflexion.</u> Ein weiterer Verlust entsteht, wenn Licht auf die Halbleiteroberfläche unter einem Winkel größer als der <u>Grenzwinkel</u> der Totalreflexion tritt. Dieser kritische Winkel beträgt (Bild 2.13)

$$\sin \ \alpha_{krit} = \frac{n_2}{n_1}. \tag{2.28}$$

Dazu gehört der Wirkungsgrad $\eta_T = (n_2/n_1)^2$. Mit einem für Halbleiter typischen (mittleren) Brechungsindex $n_1 \approx 3,5$ ergibt sich der sehr kleine kritische Austrittswinkel $\alpha_{krit} \approx 17°$. Alle Strahlung, die unter größerem Winkel auf die Oberfläche trifft, wird total reflektiert! Dann beträgt das Verhältnis der in den Raumwinkel $\Omega_G = 1 - \cos \alpha$ tatsächlich abgestrahlten Leistung bezogen auf die Strahlung in den Halbraum ($\Omega_H = 2$) ingesamt

$$\frac{\Omega_G}{\Omega_H} = \frac{1 - \cos \alpha_{Krit}}{2} = \frac{1}{2} T (1 - \cos \alpha_{Krit}) \approx \frac{T}{4} \sin^2 \alpha_{krit}$$

$$= \frac{1}{4} (\frac{n_2}{n_1})^2 \left[1 - (\frac{n_2 - n_1}{n_1 + n_2})^2 \right]. \tag{2.29}$$

Das ergibt für α_{krit} nur rd. 2 %. Hier liegt die wichtigste Ursache für den schlechten Gesamtwirkungsgrad der LED. Zwei

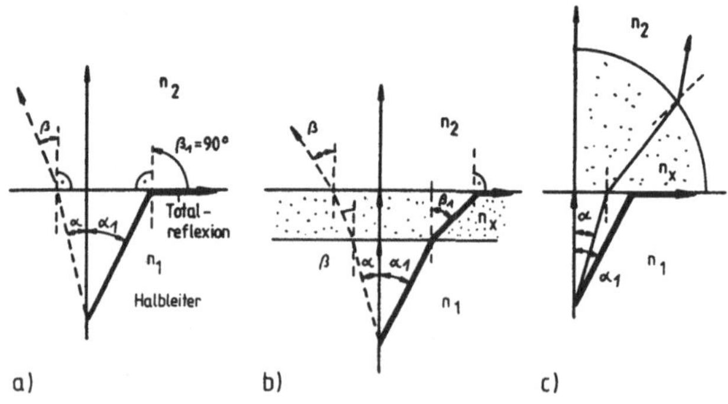

Bild 2.13 Brechungsgesetze an der Halbleiter-Phasengrenze
a) Übergang Halbleiter-Luft, Grenzwinkel der Totalreflexion α_1
b) Übergang Halbleiter-Kunststoffschicht-Luft
c) wie b), jedoch mit Kunststoffhalbkugel

Maßnahmen vermögen abzuhelfen: eine Kunststoffabdeckung sowie die geeignete Formgebung des Kristalls selbst ($\rightarrow$ Burrus-Diode). Wird die Halbleiteroberfläche mit dem schon erwähnten transparenten Epoxidharz ($n_x \approx 1,8$) abgedeckt, so wirkt an der Grenzfläche nur noch der relative Brechungsindex $n = 3,6/1,5 \approx 2,4$. Dadurch vergrößert sich der Austrittswinkel nach Gl. (2.28) auf rd. 25° und der Anteil der auskoppelbaren Leistung erhöht sich auf etwa das Dreifache.

Auch durch geeignete Formgebung des Kristalls kann der Strahlungsaustritt vergrößert werden. Dazu muß sie mit einem Winkel unterhalb der Totalreflexion auftreffen. Bei der <u>Domstruktur</u> (Bild 2.12c) gelangt die Strahlung fast senkrecht auf die Grenzfläche Kristall – Luft. Ist noch Richtwirkung erwünscht, so geht man z.B. zum Ellipsenstrahler über. Auch andere Formen sind bekannt [2.19].

Als <u>Gehäuse</u> kommt durchweg die Kunststoffausführung in großer (Durchmesser 5 mm und mehr)[1], mittlerer (Durchmesser 3 mm)

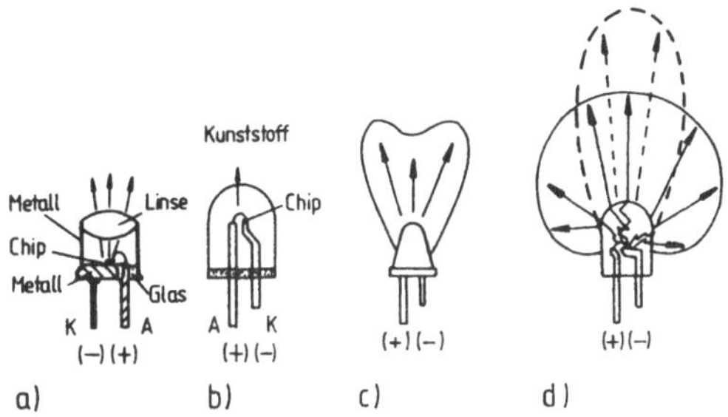

Bild 2.14 Gehäuseformen von LEDs
a) Metallgehäuse, b) Zylindrisches Kunststoffgehäuse. Das Chip kann ohne oder mit Reflektor ausgeführt sein, c) Parabolisch gekrümmtes Kunststoffgehäuse (klar), d) Zylindrisches Kunststoffgehäuse mit Halbkugellinse. Material klar (---) bzw. lichtstreuend (——)

---

[1] Gehäuseformen: Standardgrößen T - 1 und T - 1 3/4. Die Zahl hinter dem T gibt den Lampendurchmesser in Teilen von 1/8 Zoll an.

oder kleiner Bauform (mit möglichst kleiner Abmessung, Sub-
miniatur-, auch Rechteckform) in Frage. Metallgehäuse mit
Linse sind ebenfalls im Einsatz (vor allem bei höheren Leistungen). Kunststoffgehäuse dienen gleichzeitig zur Formung
der Abstrahlcharakteristik (flache Wölbung, parabolische
Krümmung, Halbkugel). Bild 2.14 gibt einige Beispiele. So
sind kugelförmige bis stark gerichtete Abstrahlcharakteri-
stiken mit Öffnungswinkeln zwischen ± 85° und ± 3° möglich.

Hochleistungs-LEDs (Super-LEDS), Hetero -LEDs. Die Nach-
richten- und Displaytechnik hat Interesse an LEDs mit hoher
Strahlungsleistung, wie sie gerade für Heterodioden typisch
ist. Die Bauform hängt hier stark vom Verwendungszweck ab,
z.B. der möglichst guten Einkopplung der Strahlung in eine
Glasfaser. Verbreitet sind dabei (Ober-)flächen- und Kantenemitter [2.3], [2.17], [2.55], [2.56].

Beim Flächenemitter (Bild 2.15a) (auch Burrus-LED genannt)
tritt die Strahlung etwa senkrecht aus dem an der Oberfläche
liegenden PN-Übergang mit dünner P-Schicht aus. Der Metall-
kontakt soll hier sowohl transparent, als auch gut leitend

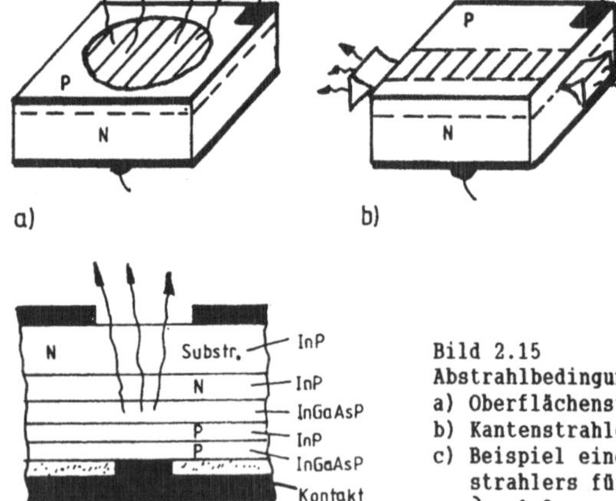

Bild 2.15
Abstrahlbedingungen bei der LED
a) Oberflächenstrahler
b) Kantenstrahler
c) Beispiel eines Oberflächen-
strahlers für den Bereich
$\lambda = 1,3$ µm

sein. Das führt für größere Helligkeiten zu Linien- und Punktanordnungen. Bei $GaAs_{1-x}P_x$ und GaP erfordert die hohe Transparenz des Materials spezielle Techniken, um eine optische Kopplung zwischen den Segmenten zu vermeiden. Diese Bauform hat etwa eine Lambert-Abstrahlcharakteristik der Form $I(\Theta) = I_O \cos \Theta$ (Θ = Normalenwinkel) mit einer Halbwertsöffnung von 120 ° Aufbaumäßig wird auf das GaAs-Substrat eine GaAsP-Übergangsschicht mit veränderlichem x zur Gitteranpassung gebracht, auf der die aktive Schicht (mit festem x) liegt. Die Strahlung dringt durch die obere P-Schicht.

Neben dieser Form wird noch die Kombination
- GaAS/GaAlAs für den Bereich 0,85 ... 0,9 µm
- und InGaAsP/InP auf InP-Substrat für den Bereich 1,3 µm üblich (Bild 2.15c) verwendet. Da InP für 1,3 µm transparent ist, sind die Absorptionsverluste hier klein.

Bei <u>Kantenemitter</u> (ELED, Edge emitting LED, Bild 2.16) dagegen tritt die Strahlung an der Stirnseite des PN-Überganges aus. Dazu muß die Injektion auf einen schmalen Bereich konzentriert sein. Da sich die Leuchtdichte invers zur strahlenden Fläche verhält, entstehen sehr hell strahlende Segmente. Diese, oft als <u>Super-LED</u> (Superluminescent LED, SLD) bezeich-

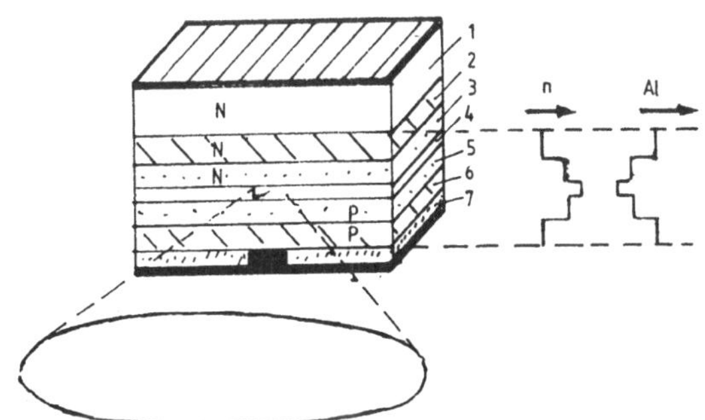

Bild 2.16 Doppelhetero-LED (Kantenstrahler), Schichtfolge: 1 Substrat, 2, 6 optische Führungsschicht, 3, 5 elektrische Führungsschicht (Trägerconfinement), 4 aktive Zone, 7 Isolator. Rechts: Brechungsindexverlauf

nete Diode, gleicht im Aufbau etwa dem Injektionslaser (s.
Abschn. 2.3), nur fehlt die optische Rückkopplung [2.18].

Die Gestaltungsvielfalt der DH-LED äußert sich z.B. in der
Brechzahlabstufung (Bild 2.16): die sehr dünne aktive Zone
($\approx$ 0,05 µm) ist beiderseits von einem elektrischen Confinement umgeben , so daß die Träger in der aktiven Zone verbleiben. Nach außen schließt sich ein optisches Confinement zur
Wellenleitung an.

Tafel 2.3 enthält übersichtsartig einige typische Merkmale
von LEDs, wie sie von einer großen Zahl von Herstellern angeboten werden. Tafel 2.4 zeigt Daten typischer LED-Typen.

Farbe	Wellen-länge nm	Material	Flußspannung (bei I = 10 mA) V	Lichtlei-stung µW	Lichtstärke mcd (45° Öff-nungswinkel)
IR	910	GaAs	1,3 - 1,5	< 500	
rot	660	GaAsP	1,6.-.1,8	< 10	1.-.5
rot	645-660	AlGaAs	1,8.-.2,10	< 1000	< 100
orange	630	AlGaAs	2,0.-.2,2	10.-.80	5.-.25
gelb	585	AlGaAs	2,0.-.2,2	10.-.80	5.-.25
grün	565	GaP	2,2.-.2,4	15.-.100	5.-.25
blau	490	GaP	3.-.5	< 15	1.-.4

Tafel 2.3 Typische Eigenschaften von Leuchtdioden

Typ		SG 12 (Thompson)	SE 336204 (Honeywell)	HFB RED (HP)
Flußstrom	mA	50	100	100
Sperrspannung	V	1,8	1,8	1,7
Optische Leistung	µW	35	25	12
Schaltzeit	ns	5	12	11
Bandbreite	nm	50	55	40
Num. Apertur		0,2	0,21	0,38

Tafel 2.4 Typische Daten von LEDs

2.1.4 Anwendungen. Grundschaltungen

LEDs haben gegenüber Glühlampen mehrere Vorteile:
- geringe Abmessung, hohe Lebensdauer,
- geringe, mit integrierten Schaltungen kompatible Strom-
  Spannungswerte,
- kurze Schaltzeiten,
- fast monochromatische Strahlung, die dem Flußstrom
  proportional ist (Modulationsfähigkeit!),
- Verfügbarkeit des ganzen Farbspektrums bis weit ins
  Infrarote, umschaltbare LEDs für zwei Farben möglich.

Daraus erklärt sich das breite Anwendungsfeld [2.4], [2.20]:
- Signallampen zur Anzeige von Schalt- und Betriebszuständen,
- universeller Strahlungsemitter z. B. für Lichtschranken,
  Optokoppler und vor allem für die optische Nachrichtentechnik,
- zeilenförmige Anordnung mehrerer LEDs (sog.LED-Arrays) als
  Skala zur Analoganzeige von Betriebswerten,
- alphanumerische Displays (Abschn. 2.2.) zur Anzeige von
  Ziffern, Zeichen und Buchstaben z.B. in Taschenrechnern,
  Meßgeräten und vielen Kommunikationsrichtungen,
- gute schmalbandige Strahlungsquellen für die physikalisch-
  chemische Analysetechnik u.a.m.

Nicht zu übersehen ist allerdings die Tatsache, daß LEDs mit
einer mittleren Lichtausbeute um 1 lm/W gegenüber Glühlampen
mit 10 lm/W (Leuchtstoffröhren 50 lm/W) für Großflächenbe-
leuchtungen nicht in Betracht kommen.

Grundschaltungen: LEDs werden aufgrund des temperaturabhän-
gigen Flußstromes stromgespeist betrieben, da konstante Spannung einen Stromanstieg über der Temperatur bedingt und so
zum thermischen Selbstmord führt. Die Stromsteuerung erfolgt
- durch Vorwiderstand (Bild 2.17a) oder besser
- durch Stromeinprägung im Transistorkreis (Bild 2.17b). Der
  Emitterwiderstand besorgt die Stromstabilisierung. Über

R_1/R_2 kann der Kollektorstrom (= Helligkeit) geregelt werden. Vorteilhafter ist es, den Transistor mit einer Referenzspannung U_{Ref} durch LED 1 ($\approx$ 1,5 V bei GaAsP) zu speisen. Der Strom I durch die LED 2 beträgt etwa (U_{Ref} - U_{BE})/R_E mit $U_{BE} \approx$ 0,7 V, wegen gleicher Temperaturgänge von U_{BE} und U_{Ref} weitgehend unabhängig von der Temperatur.

LEDs können auch direkt durch logische Schaltungen angesteuert werden. Für eine TTL-Schaltung mit "Openkollektor"-Ausgang z.B. läßt sich die LED entweder mit logischem L oder H aktivieren (Bild 2.17c). Auch der "Totempole"-Ausgang einer TTL-Grundschaltung eignet sich zur Ansteuerung, allerdings nur mit L-Aktivierung (Bild 2.17d). Nachteilig ist die geringe Versorgungsspannung (5 V) der TTL-Logik, die besonders bei LEDs mit hoher Schleusenspannung (z.B. grün, Bild 2.2) eine schlechte Stromstabilisierung ergibt. Hier schafft eine Logik mit höherer Speisespanung Abhilfe (z.B. CMOS-Logik mit zugeschaltetem Bipolartransistor als Stromtreiber für den hohen Strombedarf).

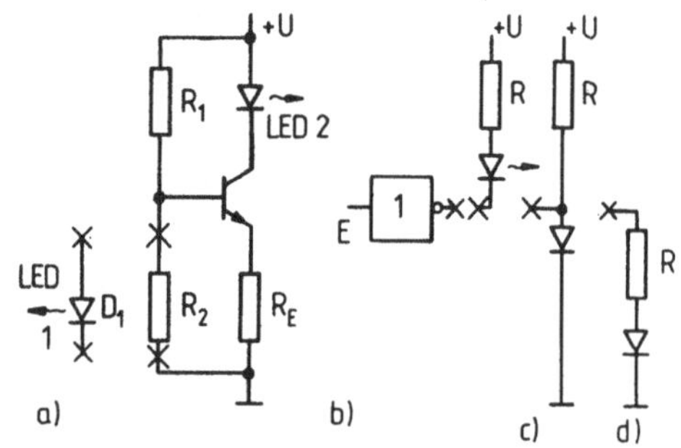

Bild 2.17 Grundschaltung der LED
a) Temperaturkompensierte Stromeinspeisung. Anstelle von R_2 kann zur weiteren Verbesserung des Temperaturverhaltens eine zweite LED eingesetzt werden, b), c) Ansteuerung durch TTL-Logik mit Totem-Pole-Ausgang und Reihenschaltung (Parallelschaltung c) der LED, d) Ansteuerung mit Pull-up-Ausgang. Ansteuerbedingungen:

LED	b)	c)	d)
E: H	ein	aus	ein
L	aus	ein	ein

In der Kombination mit einem geeigneten Strahlungsempfänger
können mit der LED dank ihrer Vorteile eine Fülle von Aufgaben gelöst werden. Dabei kommt sowohl der sichtbare als auch
der IR-Bereich in Frage, im letzten Fall vorteilhaft mit der
sehr preiswerten Kombination GaAs-LED-Si-Empfängerelement:

- <u>Lichtschranke.</u> Die gewünschte Information steckt in der
  Unterbrechung der Strahlung. Lichtschranken werden für
  Gleich- oder Wechsellicht ausgeführt. Im letzten Fall kann
  Fremdlicht (Tageslicht) bequem unterdrückt werden. Eine besondere Form der Lichtschranke sind <u>Lochkarten-</u> und <u>Loch-
  streifenleser.</u> Hierfür wurden komplette Zeilen von LEDs und
  Empfängerelementen entwickelt. Nach diesem Prinzip lassen
  sich leicht kodierte Informationen gewinnen und besonders
  gut Bewegungsabläufe jeglicher Art in elektrische Signale
  umsetzen. Die Fülle der Lichtschrankenanwendungen ist
  enorm, z.B. im PC (Sensoren für Floppy-disk, Winchester-
  laufwerk, optische Tastatur), Fotokopierer, in Robotern,
  zur digitalen Kalibierung, als Meßsensor u.a.m.
- <u>IR-Übertragung.</u> Für die drahtlose Übertragung von Informationen über sehr kurze Entfernungen (einige 10 m) eignet
  sich der Infrarotbereich besonders gut. Erforderlich sind
  nur geringe Sendeleistungen ($\approx$ 100 mW), die von LED-Lei-
  stungsdioden bequem aufgebracht werden. Die Modulationsfrequenz liegt bei einigen 10 kHz. Anwendung findet diese
  Technik z.B. für die drahtlose Stereoübertragung (draht-
  loser Kopfhörer) zur Infrarot-Fernsteuerungen, für Schutz-
  schaltungen u.a., Datenübertragung zwischen Taschenrechner
  und Drucker, zur TV-Fernsteuerung, als optischer Rauchdetektor, im Optokoppler u.a.
- IREDs werden hauptsächlich in Paarung mit Si-Fotodioden
  (resp. Transistoren) in <u>Optoisolatoren, Optokoppler,
  Fasersensoren</u> u.a. eingesetzt.

2.1.5 Weitere Strahlungsquellen

Wenn auch heute bei weitem die dargestellten LED-Formen applikativ dominieren, so gibt es doch für bestimmte Material-
und Anwendungsbereiche Strahlungsquellen, wie die Schottky-
und MIS-Übergänge, die vor allem perspektivische Bedeutung
haben.

Dies trifft z.B. zu, wenn Halbleiter nicht gleichzeitig N-
und P-leitend hergestellt werden können, wie z.B. für GaN und
bestimme A^{II}-B^{VI}-Verbindungen.

2.1.5.1 Schottky-Diode

Die MS-Diode hat unter bestimmten Bedingungen zwischen Elektronenaffinität, Halbleiteraustrittsarbeit und Grenzflächen-
ladungsdichte unter der Metalloberfläche eine Inversionszone
[2.21], [2.22]. Sie verhält sich dann etwa wie ein PN-Übergang: Eine Flußspannung bewirkt eine Verflachung der Bandverbiegung, und es kommt zur Minoritätsinjektion in den Halbleiter. Dort rekombinieren die Träger strahlend. Da gleichzeitig
noch Majoritätsträger zum Metall fließen, sinken der Injek-
tionswirkungsgrad und die Strahlung. Für gute Injektion
stellt sich starke Inversion bei schwach dotiertem Kristall
ein (Bild 2.18). Ist z.B. ein N-Halbleiter nur schwach dotiert, so liegt das Ferminiveau W_F im Volumen weiter vom
Leittband entfernt als das Valenzband an der Oberfläche. Dann
haben die Elektronen eine größere Barriere zu überwinden als
die Löcher. Deshalb fließen weniger Elektronen aus dem Halbleiter zum Metall als Löcher in umgekehrter Richtung, die
dann strahlend rekombinieren. Wichtig ist eine genügend dünne
und damit transparente Metallschicht. Derartige Übergänge mit
Inversionsschicht sind auch für P-Halbleiter möglich.

Verwendet wurde dieses Prinzip für die direkten Halbleiter
ZnS (W_G = 3,66 eV) und ZnSe (W_G = 2,7 eV), deren Bandabstand
eine Emission im blauen Spektralbereich ergibt. Da diese Ma-

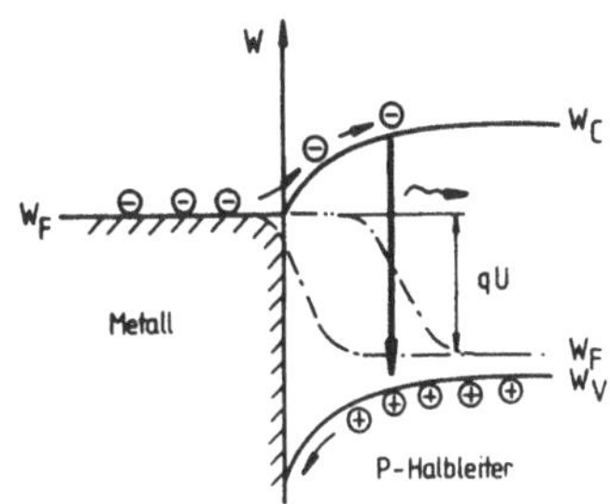

Bild 2.18
Metall-P-Halbleiterübergang
im Flußzustand

terialien nur sehr schwer P-leitend gemacht werden können,
(und damit PN-Übergänge praktisch nicht möglich sind), stellen Schottky- und MOS-Übergang interessante Alternativen dar.
Vom Prinzip her sind sowohl an flußgepolten (mit Zwischen-
schicht) als auch sperrgepolten Übergängen Lumineszenzerscheinungen beobachtet worden (mit unterschiedlichen Ent-
stehungsursachen). Die bis jetzt erreichten Wirkungsgrade
sind allerdings noch zu klein, um technich nutzbar zu sein.

2.1.5.2 MOS-Diode

Im Unterschied zum MOS-Übergang der Schaltkreistechnik, bei
dem der Isolator so dick ist, daß kein Stromfluß möglich ist,
arbeiten strahlende MOS-Übergänge - soweit bis jetzt bekannt
- mit Trägernachfluß durch den Isolator entweder als Semiiso-
lator, durch Tunneleffekt oder durch Anheben der Träger über
die Barriere. Dazu ist eine sehr dünne Isolatorschicht erforderlich.

Der Vorteil der MOS-Struktur gegenüber dem Schottky-Übergang
besteht darin, daß sich die Oberflächeninversionszone durch
die anliegende Spannung steuern läßt. Dann wird die Inversion
durch eine Spannung eingestellt und Träger, die sich an der
Oberfläche anreichern, können ins Halbleiterinnere gelangen.
Dieses Verfahren wurde sowohl bei GaAs als auch GaN-Über-
gängen zur UV-Elektroluminszenz verwendet. Bei sehr dünnem
Isolator ($\approx$ 100 nm) kann der Isolator durchtunnelt werden,

und es erfolgt eine Injektion von Elektronen ins Leitband
eines P-Halbleiter.

Mit Zn-dotiertem GaN als Halbleiter (M-IGaN -NGaN) z.B. wurde
Elektrolumineszenz sowohl bei Fluß- als auch Sperrpolung beobachtet und mit relativ dicker Isolatorschicht. Die Strahlungserzeugung wird - abhängig von der Vorspannung - durch
verschiedene Vorgänge erklärt: Löcherinjektion vom Metall in
das Zn-Band bei kleineren Spannungen oder Feldemission aus
tiefen Zn-Störstellen bei hoher Spannung, um typische zu nennen. Ähnliche Erscheinungen wurden auch an ZnS, ZnO und ZnSe
festgestellt, ebenso an N-GaAs-MOS-Übergängen (Bild 2.19),
sofern das Feld in der Raumladungszone zur Loch-Elektronen-
Paarbildung ausreicht. Die Emission erfolgt durch Rekombination der durch Lawineneffekt erzeugten Minoritätsträger mit
Elektronen, die durch den Isolator vom Metall her tunneln
können [2.23], [2.24].

Generell sind die derzeit erreichten Quantenausbeuten sehr
klein, doch für GaN noch am besten: $\approx$ 0,1 % im Blaubereich
(2,85 eV), bis etwa 1 % im Gelbbereich (W_G = 2,2 eV).

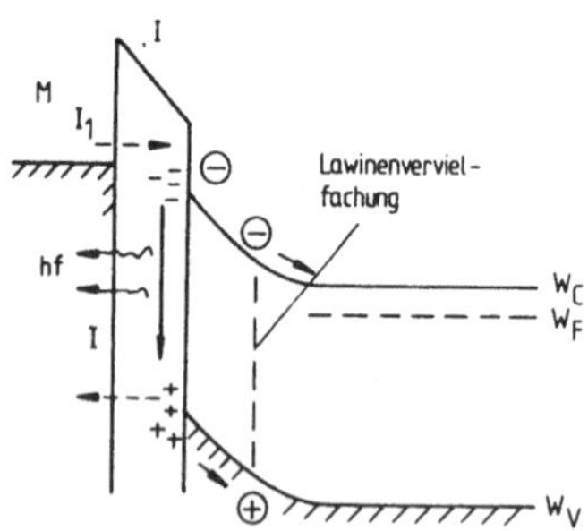

Bild 2.19
Bändermodell eines MOS-Über-
ganges mit Lichtemission

2.2 Anzeigeeinheiten

2.2.1 Übersicht

<u>Elektronische Anzeigeeinheiten</u> oder <u>Displays</u> stellen den
Übergang zwischen einem elektronischen System und dem menschlichen Auge dar. Anstelle der früher üblichen analogen Anzeigen (z.B. Zeigerinstrument) werden heute - dank der digitalen
Signalverarbeitung - immer stärker digitale Anzeigen mit numerischen und alphanumerischen Zeichen eingesetzt. Sie haben
im Vergleich zu Analoganzeigen höhere Genauigkeit und Auflösung, bessere Lesbarkeit, größere mechanische Stabilität,
höhere Schaltgeschwindigkeit, geringeren Leistungsverbrauch
und sind zudem billiger.

Das Gebiet der Anzeigetechnik ist aber erheblich umfangrei-
cher, als es auf den ersten Blick scheinen mag: es umfaßt z.
B. auch Datenterminals, elektromechanische und elektrochemi-
sche Laseranzeigen und natürlich die Fernsehbilddarstellung
mit ganz erheblich größerem Datenfluß und einer entsprechend
größeren Zahl von Bildpunkten pro Flächeneinheit (BE/cm²).
Bestimmte Techniken bleiben deswegen spezifischen Einsatzge-
bieten vorbehalten (Bild 2.20), [2.25], [2.26], [2.27].

Eine elektronische Anzeige enthält folgende Bestandteile
(Bild 2.21):
- das elektronische <u>Anzeigeelement,</u> in dem ein elektrisches
  Signal in ein optisch wahrnehmbares gewandelt wird,
- eine elektronische <u>Ansteuerschaltung</u> bestehend aus einem
  Datenspeicher, einem Zeichengenerator (Logik) und Treiber-
  elementen zur Steuerung einzelner Bildpunkte des Anzeige-
  elementes,
- <u>optische Zusatzeinrichtungen,</u> z.B. Filter, Zusatzlicht-
  quellen usw.

Das elektronische Anzeigeelement besteht aus einzelnen Bildpunkten, die durch ausgewählte Ansteuerung aktiviert werden

und dadurch ihren optischen Zustand ändern. Je nachdem, ob
eine elektronsiche Anzeige Licht aussendet oder nicht,
spricht man von <u>aktiven</u> und <u>passiven</u> Anzeigen. Im letzteren
Fall wird Licht lediglich moduliert.

Typische <u>aktive</u> Anzeigen sind
- <u>Elektronenstrahlröhren,</u> bei dem ein gesteuerter Elektronenstrahl Bildpunkte zum Leuchten anregt.
- <u>Laseranzeigen,</u> bei denen ein Laserstrahl (durch Spiegel
  oder elektro-optisch abgelenkt) auf eine Projektionsfläche
  fällt,
- Anzeigen mit Glühlämpchen,
- lichtemittierende Dioden,
- Eletrolumineszenz- und Vakuumfluoreszenz-Anzeigen,
- elektrochrome und dichroitische Anzeigen,
- elektromechanische Anzeigen.

Eine Anzeige kann nicht unabhängig von ihren Umgebungsbedin-
gungen betrachtet werden. So haben <u>Helligkeit</u> ebenso wie Umgebungslicht, Farbe der Anzeige u.a. Einfluß auf die Lesbarkeit. Bei heller Umgebung (z.B. Sonnenlicht) ist eine aktive
Anzeige schwer zu erkennen, bei Dunkelheit dagegen sehr gut.
Filter (z.B. rot vor LEDs und grün vor Vakuumfluoreszenzan-

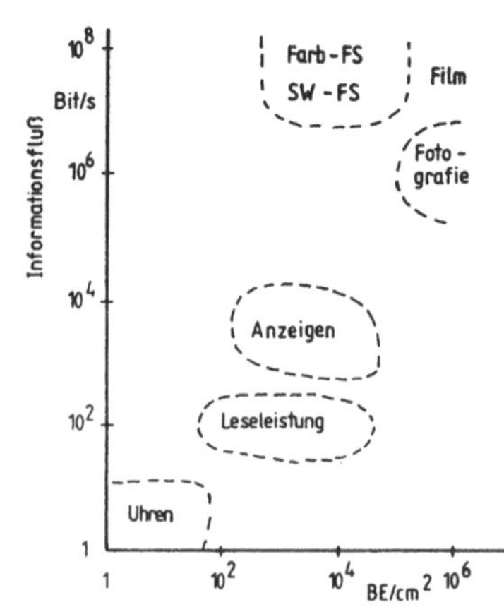

Bild 2.20
Informationsmenge und Zahl
der Bildelemente/cm^2 für
verbreitete Anzeigetechniken

zeigen) bringen eine Verbesserung, weil das Umgebungslicht das Filter doppelt, das Anzeigelicht nur einmal durchläuft (es wird außerdem weniger gedämpft).

Die Wahrnehmbarkeit <u>passiver Anzeigen</u> hängt dagegen weniger von der Umgebung ab, weil man hier nur einfallendes oder reflektiertes Licht moduliert. Durch Hintergrundlichtquellen werden passive Anzeigen zu aktiven, wobei jetzt die Transmission geändert wird. Deshalb sind Anzeigen generell durch eine Reihe typischer Merkmale und Kennwerte gekennzeichnet:
- Die <u>Helligkeit,</u> die vom Umgebungslicht, dem Abstrahlwinkel, der Entfernung und der Augenempfindlichkeit abhängt. Leuchtdichten zwischen 10^3 ... 10^4 cd/m² sind üblich.
- Dem <u>Einblickwinkel</u> als maximalem Abstrahlwinkel, außerhalb dessen die Lichtleistung auf einen bestimmten Wert abgesunken ist. Oft wird die Abstrahlcharakteristik angegeben.
- Das <u>Kontrastverhältnis</u> als Verhältnis von maximaler zu minimaler Helligkeit. Es soll möglichst hoch sein, um gute Lesbarkeit zu gewährleisten. Reflektiertes Umgebungslicht setzt es herab. Als günstiger Wert hat sich 10:1 ... 100:1 erwiesen. Zu hoher Kontrast verursacht Blendwirkung, zu geringer schlechte Lesbarkeit.
- Die <u>Versorgungsgrößen,</u> die für das Zusammenwirken mit dem Steuerschaltkreis wichtig sind.
- <u>Schaltgeschwindigkeit.</u> Die große Trägheit des menschlichen Auges ($\approx$ 100 ms) stellt meist keine hohen Anforderungen. Lediglich bei sequentiell adressierten Anordnungen (z.B. flächenhafter Bildanzeige) muß die Schaltgeschwindigkeit

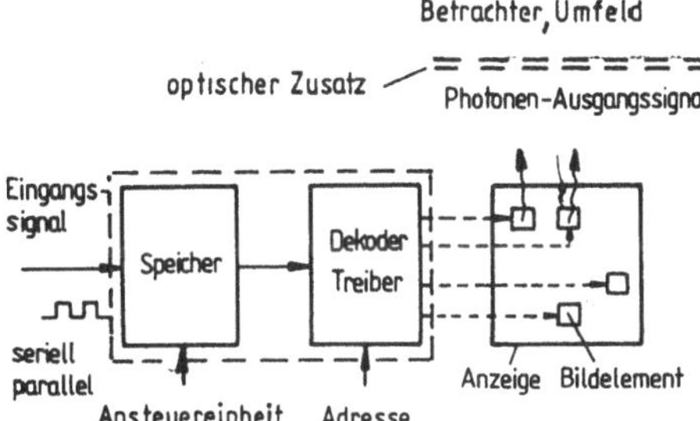

Bild 2.21
Prinzipaufbau einer elektronischen Anzeige

Anzeige Kennwerte	LED	LCD	Plasma	Vakuum-Fluoreszenz	Elektro-lumiszenz	Elektrochromes-zenz (ECD)
Helligkeit cd/m²	$< 10^5$		< 300	< 600	100	
Kontrastverhältnis	10:1	(3-100):1	30:1	$\approx$10:1	< 25:1	(2-10):1
max. Zeichengröße mm	2-20	5-200	10	< 30		unbegrenzt
Betrachtungswinkel	$< 100°$	100°	$< 150°$	90°	$< 150°$	
Spannung V	< 5	2...10	100-200	< 25	< 200	
Leistung pro Zeichen mW	einige	10-2	< 300	< 100	$< 10^{-1}$	
Schaltgeschwin-digkeit μs	0,1	10^5	< 10	$< 10^2$	$< 10^2$	
Bemerkungen:	-Punktmatrix begrenzte Auflösung -hoher Stromverbrauch	-großflächige Matrix, begrenzte Auflösung	-hoher Leistungsbedarf -Auflösung bis 640 x 800 Pixel -großflächige Anzeige	-Punktmatrix-anzeigen leistungsaufwendig	-hoher Steueraufwand -gelbleuchtend flache Matrix-displays verfügbar (260 x 320 mm² mit 512 x 640 Bildpunkten, 100 x 100 cm² mit 10^3 x 10^3 Pixel	Forschungs-stadium
Anwendungen	-Indikator -Symbole	-Symbole -Großflächen-Array(Uhren, Taschenrechner, Laptops)	-Symbole -Großflächen-Anzeige	-Textmatrix -Bildschirm mit < 640 x 400 Pixel	-Flachdisplays als Bildröhrenersatz	

Tafel 2.5 Vergleich wichtiger Anzeigetechniken

erheblich kürzer sein.
- Die <u>Zeichengröße.</u> Legt man als günstigsten Sehwinkel 20'
  ... 24' zugrunde, so ergibt sich bei 1 m Abstand eine
  minimale Zeichengröße von etwa 6 mm.

Tafel 2.5 enthält diese Merkmale für die typische Elektrolumineszenz, LED-, Fluoreszenz- und Flüssigkeitsanzeigen.

Anzeigen bestehen aus einer Menge von Bildpunkten oder Segmenten, die einzeln ansteuerbar sein müssen. Da jeder Bildpunkt zunächst zwei Anschlußelektroden erfordert, würde sich
eine sehr große Anschlußzahl ergeben. Sie läßt sich senken
- durch Zusammenfassen aller jeweils gemeinsamen Elektroden
  (meist als Rückelektroden der Anzeige),
- durch Zusammenfassen mehrerer Bildpunkte zu gleichartigen
  <u>Segmenten</u> (7 ... 16 Segmentanzeigen),
- durch <u>Matrixorganisation</u> der Bildpunkte (bei n · m Bildpunkten in Zeilen und Spalten) und <u>Multiplexansteuerung</u> der
  einzelnen Punkte. Dabei liegt das Ansteuersignal nur einen
  Bruchteil der Periodendauer an jedem Bildpunkt.

Deshalb erfordert jede Symbolanzeige eine <u>Ansteuerschaltung</u>
(Bild 2.21). Sie muß nicht nur die benötigte Treiberleistung
aufbringen, sondern auch noch eine Dekodierung durchführen.
Üblicherweise liegt die anzuzeigende Information im BCD-Code

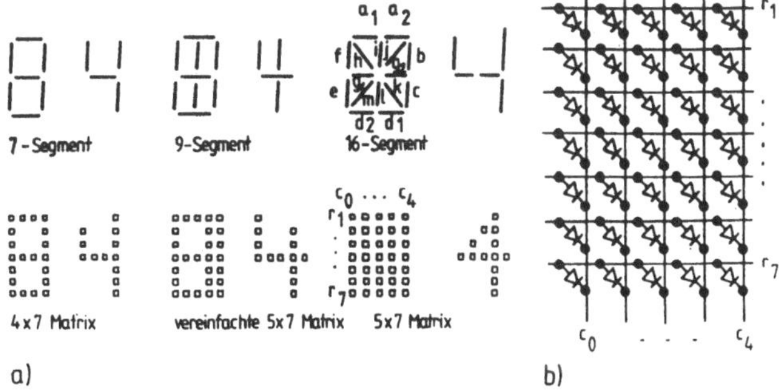

Bild 2.22 Verbreitete Symboldarstellungen
         a) Verschiedene Symbole, b) Matrixartige Verbindung der LEDs
         bei der 5 x 7 Anzeige

vor, das Anzeigeelement arbeitet aber in einem anderen Code
(z.B. 7-Segment-Code u.a.).

2.2.2 Digitale LED-Anzeigen

Die weitaus größte Bedeutung haben LED-Anzeigen in der Technik erlangt. Die einfachste Form ist die <u>Binäranzeige:</u> Eine
über eine <u>Ansteuerschaltung</u> ein-, ausgeschaltete LED) ergibt
eine optische Binäranzeige.

2.2.2.1 Anzeigeelemente

Die größte Bedeutung haben <u>alphanumerische</u> Anzeigen (z.B. zur
Anzeige von Texten und Ziffern aus Informationssystemen
(Rechner,Meßgerät u.a.)). Dazu muß eine <u>Symbolanzeige</u>
(Zahlen, Buchstaben, Symbolzeichen) möglich sein, entweder
durch eine Anzahl von <u>Bildpunkten, Segmenten</u> oder einzelnen
<u>Leuchtelementen.</u>

Bei der Segmentform (Bild 2.22a) sind 7, 9, 14 und 16 Segmente üblich. Mit der 7-Segment-Anzeige können die Ziffern 0 ...
9 und die kleinen (großen) Buchstaben a ... f dargestellt
werden, B und D sind wegen Verwechselung mit 8 und 0 nicht
darstellbar. Die 9-Segment-Anzeige erlaubt die Anzeige der
sedezimalen Zeichen (0 ... 9, A ... F). Mit der 14- und 16-
Segment-Anzeige können alle Ziffern, Alphazeichen und die
meisten Sonderzeichen angezeigt werden.

Bei der Punktanzeige ist vor allem die 7 x 5-Punktmatrix
(Bild 2.22a) die Minimallösung (mit breiter Anwendung). Jeder
der 35 Bildpunkte wird durch ein Rechteck-, einen Kreis oder
ein Quadrat gekennzeichnet. Dies erlaubt eine (nicht immer
gute) Anzeige aller alphanumerischen Zeichen (einschließlich
Sonderzeichen) im ASCII- und EBCDIC-Code. Die matrixförmige
Verbindung der Einzelpunkte ist erforderlich, um die Zahl der
Zuleitungen zu senken (Bild 2.22b).Punktanzeigen erfordern
eine aufwendigere Ansteuerung als Segmentanzeigen (s. u.).

Das hat zur Entwicklung einfacherer Punktraster geführt, z. B. das vereinfachte 5 x 7- und 4 x 7-Raster.

Feiner aufzulösende Zeichen erfordern mehr Bildpunkte, deshalb sind auch Raster 7 x 9, 7 x 11 und 9 x 12 üblich. Die Darstellung von handschriftlichen Zeichen erfordert etwa 30 x 30 Bildpunkte. Es leuchtet ein, daß der Ansteueraufwand bei der Bildpunktanzeige wesentlich größer als für die Segmentanzeige ist.

Nach der <u>Bauform</u> unterschieden gibt es <u>diskrete</u> (Einzelzeichen), <u>hybride</u> (Mehrfachzeichen) und <u>monolithische</u> Anzeigen. Die Einzelzeichenanzeige ist dabei am einfachsten, besteht sie doch nur aus Segmenten oder einem Punktraster. Sie kommt vor allem für die Darstellung großer Zeichen (bis 68 mm) in Betracht.

Bei den <u>monolithischen Displays</u> sind alle Segmente oder Bildpunkte im Halbleiterkristall integriert und einzeln ansteuerbar (Bild 2.23). Die Leuchtfläche ist identisch mit der Fläche des PN-Überganges. Das Substrat - GaAs, auf das z.B. eine $GaAs_{0,6}P_{0,4}$-Epitaxieschicht aufgewachsen ist (rotleuchtende Diode) - kann dabei entweder Anode oder Katode (wie im Bild) sein. Danach richtet sich die Ansteuerschaltung. Solche Anordnungen sind als 7-Segment-Anzeigen weit verbreitet. Ein Element mit n Segmenten benötigt dann bei gemeinsamer Anode oder Katode n + 1 Anschlüsse: die Matrixanordnung mit n Lichtpunkten (Bild 2.22b) benötigt dagegen nur $\sqrt{n}$ externe Anschlüsse, allerdings Zeitmultiplexansteuerung (s.u.).

Aus wirtschaftlichen Gründen (Substratpreis!) werden monolithische Displays meist nur für Zifferngrößen von 1,5 ... 2,5 mm hergestellt. Oft sind mehrere Symbole zu einer mehrstelligen Anzeigeeinheit als Modul vereint. Solche Module lassen sich derzeit nur für die Farben Rot und Grün wirtschaftlich herstellen. Sie kommen vor allem als Instrumentenanzeige zur Anwendung. In elektronischen Uhren und Taschenrechnern bewährten sie sich durch den hohen Stromverbrauch nicht.

Für größere Zeichen (> 2,5 mm) werden wegen des hohen Materialaufwandes (Substrat!) meist nur <u>hybride</u> oder <u>diskrete</u> Anzeigen verwendet. Dabei sind einzelne LED-Elemente (meist Segmentdioden) auf einem Keramik- oder Kunststoffsubstrat - oft in Verbindung mit einem Lichtleit- und Verteilungselement - angeordnet. Bild 2.24 zeigt den Aufbau eines 7-Segment-Displays. Jedes Segment erfordert eine punktförmige LED. Ein aufgesetzter konischer Lichtleiter erweitert die Punktquelle zu einem Leuchtbalken. Dazu eignen sich z.B. Kunststoffquader oder auch Reflektorwannen (wie hier), die mit lichtbrechendem Material ausgegossen werden. Die verfügbare Zifferhöhe beträgt 7 ... 20 mm. Im Mittel erfordert jedes Segment eine Steuerleistung von 10 mW.

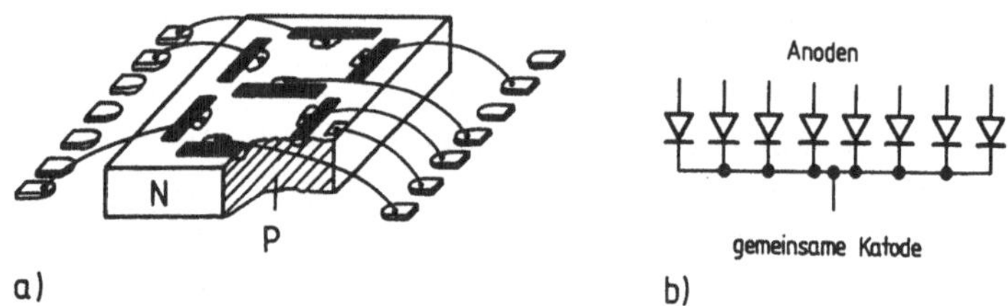

Bild 2.23 Monolithische 7-Segment-LED
         a) Aufbau, b) Ersatzschaltung

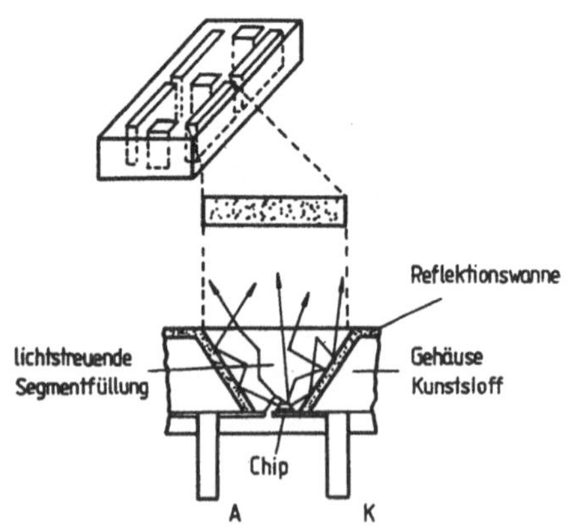

Bild 2.24
7-Segment-Anzeige mit einzelnen Reflektor-Segmentdioden (mit Lichtschacht)

7 x 5-Punktmatrix-Anzeigen lassen sich nach den gleichen Gesichtspunkten monolithisch oder diskret herstellen. Sie werden hauptsächlich in Tischrechnern, elektronischen Kassen sowie als quasianaloge LED-Anzeige (z.B. zum Meßwertvergleich) für Skalen u.a. verwendet.

2.2.2.2 Ansteuerschaltungen

Um z.B. binärkodierte Daten (sog. BCD-Daten) in alphanumerische Zeichen zu überführen, sind außer der Anzeige noch folgende Einrichtungen erforderlich:

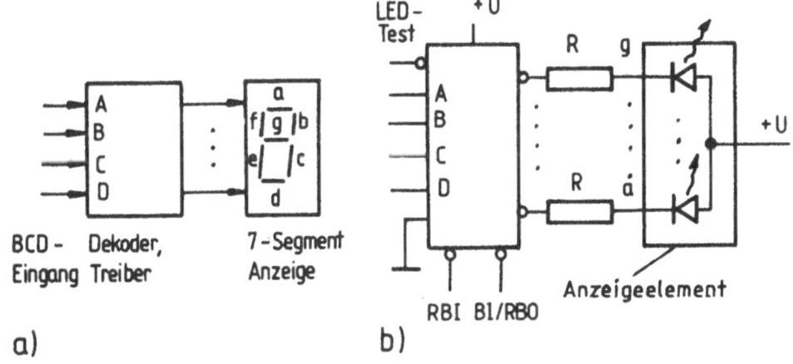

Bild 2.25 Ansteuerschaltung für eine 7-Segment-LED-Anzeige
      a) Prinzip, b) Schaltung

Ziffer	Eingänge						BI/RBO	Segmentausgänge						
Funktion	LT	RBI	D	C	B	A		a	b	c	d	e	f	g
0	H	H	L	C	L	L	H	1	1	1	1	1	1	0
1	H	x	L	L	H	H	H	0	1	1	0	0	0	0
2	H	x	L	L	H	L	H	1	1	0	1	1	0	1
3	H	x	L	L	H	H	H	1	1	1	1	0	0	1
4	H	x	L	H	L	L	H	0	1	1	0	0	1	1
5	H	x	L	H	L	H	H	1	0	1	1	0	1	1
6	H	x	L	H	H	L	H	0	0	1	1	1	1	1
7	H	x	L	H	H	H	H	1	1	1	0	0	0	0
8	H	x	H	L	L	L	H	1	1	1	1	1	1	1
9	H	x	H	L	L	H	H	1	1	1	0	0	1	1
BI	x	x	x	x	x	x	L	0	0	0	0	0	0	0
RBI	H	L	L	L	L	L	L	0	0	0	0	0	0	0
LED-Test	L	x	x	x	x	x	H	1	1	1	1	1	1	1

Tafel 2.6 Funktionstafel für einen BCD-7-Segment-Dekoder (Schaltkreis
      7447 A)

- ein <u>Zwischenspeicher</u> (Pufferregister), um die parallel oder
  seriell ankommenden Daten kurzzeitig zu speichern, etwa bis
  zum Eintreffen der nächsten. Dann bleibt die Anzeige unabhängig von der Taktsteuerung des Systems.
- Eine <u>Dekodierschaltung</u> zur Umsetzung (Dekodierung) etwa des
  BCD-Codes in den Code, mit dem die Anzeige arbeitet (z.B.
  7-Segment-Code, 1 aus 10 Code).
- <u>Treiberstufen,</u> die die Leistung zur direkten Ansteuerung
  der einzelnen Segmente aufbringen.

Heute werden diese Aufgaben von integrierten "Ansteuerschaltungen" übernommen, lediglich für größere Ausgangsleistungen
(z.B. Glühlampen-Projektionseinheit) kommen noch getrennte
Treiber zum Einsatz.

Die <u>Ansteuerung</u> kann <u>statisch</u> (im sog. Parallelbetrieb) oder
<u>zeitmultiplex</u> erfolgen. Im ersten Fall werden alle gewünsch-
ten Bildelemente <u>gleichzeitig</u> angesteuert, beim Zeitmulti-
plexverfahren <u>nacheinander.</u>

Eine übliche Schaltung einer LED-Anzeige mit einem 7-Segment-
Dekoder zeigt Bild 2.25, die Funtionstabelle Tafel 2.6. Das
Segment leuchtet, wenn der entsprechende Ausgang L-Signal besitzt. Für die 7-Segment-Anzeige liegen die Ziffern 0 ... 9
dual kodiert im BCD-Code vor. Zu jeder Ziffer 0 ... 9 gehört
dann ein bestimmtes vierstelliges Digitalsignal. Aus der Zu-
standstafel lassen sich die Zuordnungen zwischen Dezimalzahl,
Digitalinformation und anzusteuernden Anzeigesegmenten ent-
nehmen. Beispielsweise leuchten bei der Ziffer 3 die Segmente
a ... d und g. Die Umsetzung vom BCD-Code in den 7-Segment-
Code, die Steuerung der Treibertransistoren an den 7 Ausgän-
gen zum Display übernimmt der 7-Segment-Dekoder, ein Schaltkreis (z.B. SN 74247 mit sog. offenem Kollektorausgang, SN
7447 A für Displays mit gemeinsamer Anode u. a.). Vorwider-
stände besorgen die Strombegrenzung, sofern sie nicht intern
durch Stromquellenausgang (z.B. National DM 8859) erfolgt.

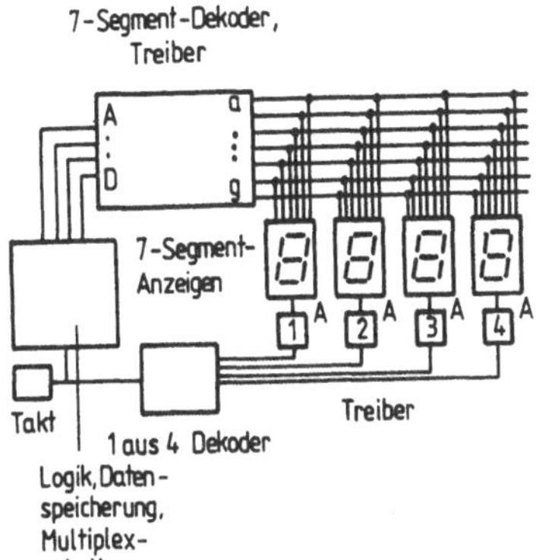

Bild 2.26
Prinzip der Zeitmultiplex-steuerung

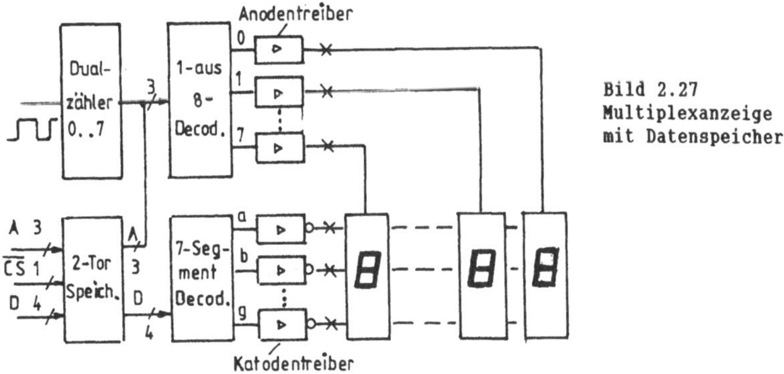

Bild 2.27
Multiplexanzeige
mit Datenspeicher

Typ	An-zeige	Hersteller	Max. Aus-gangs-strom mA	Anode Katode gemeinsam	Hexa-dezi-mal	Daten-spei-cher	Techno logie
74 LS 47	LED	Tex. Instr.	24	A			TTL
74 LS 247	LED	"	24	A			TTL
NE 587	LED	Signetics	< 50	K	x	x	TTL
9370		Fairchild	40	A	x	x	TTL
4511		÷	25	K		x	CMOS
4056	LCD	÷				x	CMOS
4543	LCD	÷				x	CMOS

Tafel 2.7 Beispiele von Dekoderschaltkreisen für Anzeigeeinheiten

Oft will man die Helligkeit der Anzeige elektronisch regeln. Dazu muß die Anzeige nur periodisch ein- und ausgeschaltet und das Tastverhältnis verändert werden. Deshalb haben viele BCD-7-Segment-Dekoder einen Ausblend- oder Blanking-Eingang (BI). Er sperrt alle Treibertransistoren. Ein derartiger Taktbetrieb liegt auch der sog. <u>Multiplexanzeige</u> zugrunde. Durch zwei weitere Steuereingänge können führende Nullen ausgeblendet werden: RBI = L: Anzeige löscht, falls die Ziffer 0 eingegeben wird (RBO geht von H auf L). Gewöhnlich ist der RBO-Ausgang mit dem RBI-Eingang des nächst niederwertigen Dekoders verbunden. Dadurch wird die 0 ausgeblendet, wenn alle höherwertigen Elemente auf 0 stehen.

16-Segmentanzeigen arbeiten nach den gleichen Prinzipien. Eine Reihe von BCD 7/16-Segmentdekodern ist in Tafel 2.7 zusammengestellt.

Mehrstellige Anzeigen würden nach dem eben beschriebenen Verfahren für jede Ziffer einen Dekodierer, Widerstände und viele Verbindungsleitungen erfordern. Durch Ausnutzen der Trägheit des Auges muß die Anzeige nicht unbedingt parallel erfolgen, sondern ist auch seriell möglich. Dazu werden durch taktmäßig gesteuerte <u>Schalter</u> (Multiplexer) nur ausgewählte Segmente eingeschaltet. Erfolgt dies genügend schnell (es reichen Schaltfrequenzen $f \approx 60 \ldots 80$ Hz aus), so empfindet das Auge eine flimmerfreie Gesamtanzeige.[2] Bild 2.26 zeigt eine 4stellige 7-Segment-Anordnung. Im Parallelbetrieb würden die Segmentanoden parallel geschaltet (1 Anodenleitung), weiter wären 4 x 7 Katodenleitungen (sowie Widerstände), also 29 Verbindungsleitungen und 4 Dekoder erforderlich. Im Multiplexbetrieb liegen alle 7 Katodenanschlüsse der betreffenden Segmente parallel. Die Segmentauswahl erfolgt durch 4 "Schalter" (1 aus 4 Dekoder) in den Anodenleitungen. Sie versorgen jeweils nur ein Segment (oder Segmentgruppe) mit Betriebs-

---

[2] Mit langsamen LCD-Anordnungen ist der Multiplexbetrieb deshalb nicht möglich.

spannung. Erforderlich sind nur 4 x 7 Verbindungsleitungen und ein Dekoder. Nach Durchlauf eines Ansteuervorgangs wird wieder das erste Zeichen angewählt. Die zyklische Umschaltung besorgen ein taktgesteuerter Dualzähler (nicht dargestellt) sowie ein 1- aus- 4 Dekodierer. Die Multiplexansteuerung senkt somit den Schaltungsaufwand und den gesamten Leistungsbedarf beträchtlich. Weitere Verbesserungen sind durch Integration von Anzeigeeinheit-, BCD-7-Segment-Dekoder und des 1-aus 4-Dekoders möglich. 16-Segmentanzeigen arbeiten nach den gleichen Konzepten.

Nach diesem Prinzip kann z.B. die Anzeige, gespeist aus einer Mikroprozessor-Parallelschnittstelle, erfolgen, dessen Daten (hier beispielsweise 8stellig) zunächst in einem 2-Tor-Speicher zwischengespeichert werden und jederzeit für die Auslese verfügbar sind (Bild 2.27). Ein Dualzähler aktiviert zyklisch über einen 1- aus 8-Dekoder die Anzeigestelle, ein 7-Segmentdekoder formt das Datensignal D in das jeweilige Anzeigenmuster um. Nachgeschaltete Treiber (Anode, Katode) stellen die erforderliche Leistung bereit. Sie sind als einzelne integrierte Schaltungen (Tafel 2.8) oder, zusammen mit 1- aus 8- und 7-Segmentdekoder, z.T. für Multiplexbetrieb als komplexe integrierte Anzeigeschaltung (einschließlich Datenspeicher) verfügbar (Tafel 2.9). Dabei gibt es Typen sowohl für den parallelen wie auch seriellen Dateneingang, bei dem die Adresse dann wegfallen kann.

Auf die Zwischenspeicherung kann verzichtet werden, wenn man den Multiplexbetrieb direkt durch den Mikroprozessor programmäßig durchführen läßt (4 bit für Stelle, 4 bit für Anzeigesymbol).

<u>Punktanzeigen,</u> z.B. 7 x 5, haben stets matrixförmig verbundene LEDs. Sie lassen sich deshalb nur zeitmultiplex ansteuern, entweder durch zeilen- oder spaltenweise Auswahl und Einschalten der jeweils erforderlichen Kombination von Anzeigepunkten und genügend schnelle zyklische Wiederholung dieses

Vorganges. Bild 2.28 zeigt ein Beispiel. Ein Zähler und ein
1- aus 8-Dekoder wählen jeweils eine Zeile aus. Zeilennummer
und der ASCII-Code des betreffenden Zeichens gehen an den
Zeichengenerator. Das ist ein maskenprogrammierter ROM mit
den gewünschten Zeichen, der festlegt, welche Punkte für die
gewünschte Ansteuerung leuchten sollen.

Sind mehrere Zeichen anzusteuern, so wird die Schaltung rasch
aufwendig. Für sehr komplexe Anzeigesysteme empfiehlt sich
dann der eben angedeutete Mikroprozessoreinsatz.

Typ	Hersteller	Treiber-art	max. Aus-gangsstrom /mA	Anzeige
CA 3250	RCA	A	100	8
CA 3219	"	K	600	4
DS 8867	National	A	14	8
DS 8859	"	K	40	6
SN 75491	Tex. Instr.	A	50	4
SN 75492	"	K	250	6
ULN 2891	Sprague	A	500	8
ULN 2803	"	K	500	8
NE 590	Signetics	K	250	8 (mit 1 aus 8 Dekoder)
L 603	SGS	K	500	8

Tafel 2.8 Leistungstreiber für LED-Anzeigen

Typ	Anzeige	Hersteller	Stellen	Segmente/Stelle	Dateneingang, Bit
ICM 7218	Treiber, LED	Intersil	8	7	8
ICM 7243	"	Intersil	8	16	6
MC 14499	"	Motorola	4	7	1
MM 74C911	"	National	4	7	8
ICM 7211	Treiber, LCD	Intersil	4	7	4
ICM 7233	"	Intersil	4	16	6
ICM 7231	"	Intersil	8	7	6
HD 6102	"	Hitachi	25	8	8
HDSP 2382	LED mit Treiber	HP	4	5x7	1
HDSP 2112	"	HP	8	5x7	8
PD 1165	"	Siemens	1	8x8	8
PD 2816	"	Siemens	8	16	8

Tafel 2.9 Integrierte Anzeigeschaltungen

2.2.3 Flüssigkeitsanzeigen, LCD-Anzeige

Während LEDs Licht <u>erzeugen</u> und deshalb auch aktive Anzeigen
genannt werden, <u>modulieren</u> passive Anzeigen lediglich auffallendes Licht. Deshalb erfordern sie nur eine sehr geringe
Steuerleistung ($\approx$ 10 ... 100 W/cm²). Aus dieser Gruppe haben
<u>Flüssigkeitsanzeigen</u> (LCD, Liquid Crystal Display) die größte
Bedeutung erlangt. Derzeit sind zwei Formen von LCD-Anzeigen
verfügbar [2.26], [2.29]:

- <u>Reflexionsanzeigen,</u> die eine vorderseitige Beleuchtung erfordern (meist Tageslicht, oft noch Hilfslämpchen,
- <u>Transmissionsanzeigen,</u> die Rückseitenbeleuchtung benötigen.

2.2.3.1 Anzeigeelemente

Das Grundelement beider Anzeigen ist die <u>LCD-Zelle</u> gebildet
aus zwei parallelen Glasplatten, die mit leitendem Belag versehen sind und sich im Abstand von etwa 15 µm befinden. Der
Zwischenraum ist mit Flüssigkeitskristallmaterial gefüllt.
Flüssigkristalleigenschaften weisen eine Reihe von organi-
schen Substanzen innerhalb eines bestimmten Temperaturberei-
ches auf. Sie sind im kälteren Zustand kristallin, im heiße-

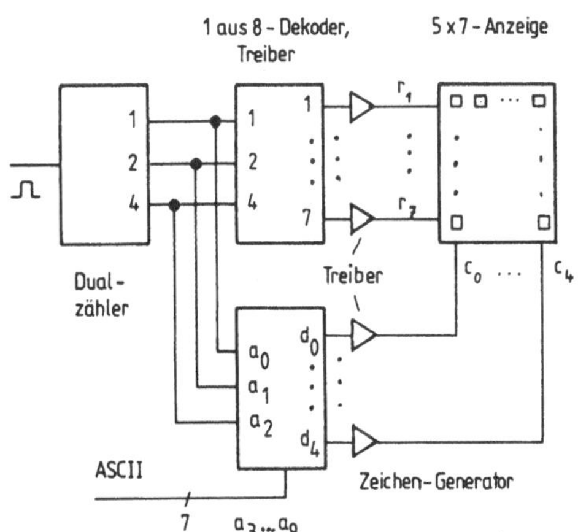

Bild 2.28
Ansteuerschaltung für eine
5 x 7-Matrix-LED-Anzeige

ren flüssig-transparent. Merkmal aller LCDs ist, daß sich die Moleküle im Flüssigzustand in bestimmten Orientierungen relativ zueinander und zur Flüssigkristalloberfläche befinden können. Diese Orientierung kann in drei typischen Formen auftreten: nematisch, cholestrisch und smectisch (mit geringerer Bedeutung).

Bild 2.29 zeigt die beiden ersten Fälle. In der nematischen Ordnung sind die Moleküle alle parallel orientiert und können sich in Parallelrichtung relativ zueinander verschieben. Die cholestrische Ordnung kann man als eine Stapelung von einzelnen nematischen Ebenen auffassen , wobei die Moleküle je benachbarter Ebenen etwas gegeneinander verdreht sind. Ebenen mit gleicher Orientiertung haben einen gewissen Abstand. Es stellt sich Bragg-Reflexion ein, wenn er gleich n ist (n ganz). Dadurch treten Farbeffekte auf und einfallendes weißes Licht kann die Zelle stark gefärbt verlassen. Dieser Effekt ist temperaturabhängig, und so ändert sich die Farbe des reflektierten Lichtes (Prinzip des LCD-Thermometers).

Eine wichtige elektrische Grundeigenschaft von Flüsskristallmaterialien ist die Abhängigkeit der Dielektrizitätszahl vom elektrischen Feld orientiert parallel oder senkrecht zur Molekülachse. Aus energetischen Gründen drehen sich dann die Moleküle in Feldrichtung, wenn - wie meist üblich - $\varepsilon_{\shortparallel} > \varepsilon_{\perp}$ und das Feld einen kristischen Wert E_{kr} deutlich überschreitet (Bild 2.30). Ordnet man nun ein nematisches Material in einer Zelle an (so daß die Molekülorientierungen im feldfreien Fall senkrecht zueinander auf der Platte liegen), so wird ein einfallender polarisierter Lichtstrahl durch die starke optische Anisotropie um 90° gedreht. Bei starkem Feld hingegen ordnen sich die Moleküle in Strahlrichtung und haben keinen Einfluß auf den einfallenden Lichtstrahl.

Für den Betrieb bringt man die Zelle zwischen zwei polarisierenden Ebenen an (Bild 2.31), deren Polarisationsrichtungen mit denen der Zellenoberfläche übereinstimmen. Im Reflexions-

betrieb wird nach der zweiten Polarisationsebene noch ein
Spiegel angebracht. Fällt Licht im spannungslosen Zustand
auf, so wird es am ersten Filter polarisiert, tritt durch die
Zelle, wird erneut reflektiert und durchläuft die Strecke umgekehrt. Ohne Feld reflektiert die Anordnung einfallende
Strahlung und erscheint hell. Mit Feld hingegen wird das einfallende polarisierte Licht in der Zelle nicht gedreht. Es

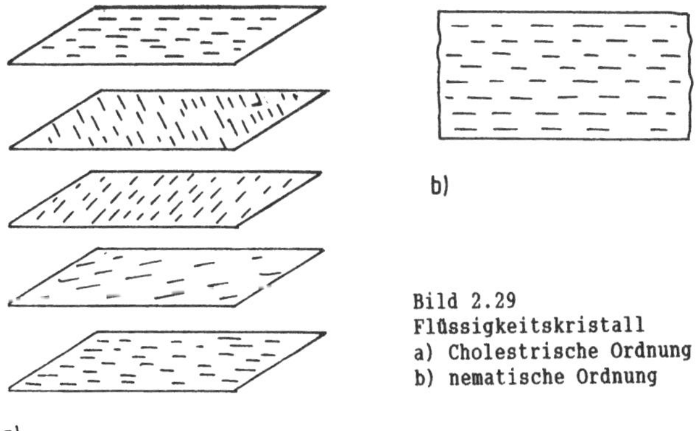

a)

b)

Bild 2.29
Flüssigkeitskristall
a) Cholestrische Ordnung
b) nematische Ordnung

passiert das zweite Filter nicht und so bleibt die Gesamtan-
ordnung schließlich dunkel, da praktisch kein Licht reflektiert wird. Somit ändert die anliegende Zellenspannung den
Reflexionsgrad.

Die Verwendung der Polarisatoren in der nematischen Zelle
reduziert die maximal mögliche Lichtreflexion, auch beschrän-
ken sie den Betrachtungswinkel auf ± 45°. Ein größerer Bild-
kontrast läßt sich durch die sog. Super-Twisted-Nematic-LCDs
erreichen. Sie arbeiten mit einer Drehung der Polarisationsebene um 270° statt 90° (höherer Kontrast) und stehen bereits
für großflächige LCD-Matrixdisplays (640 x 400 Pixel, Compu-
teranzeigen) zur Verfügung.

Heute erreichen Flüssigkeitsanzeigen guten Kontrast bei geringen Betriebsspannungen (2 ... 10 V), geringe Betriebslei-
stung(< 10 µW), ausreichendes Schaltverhalten (Umschaltzeit

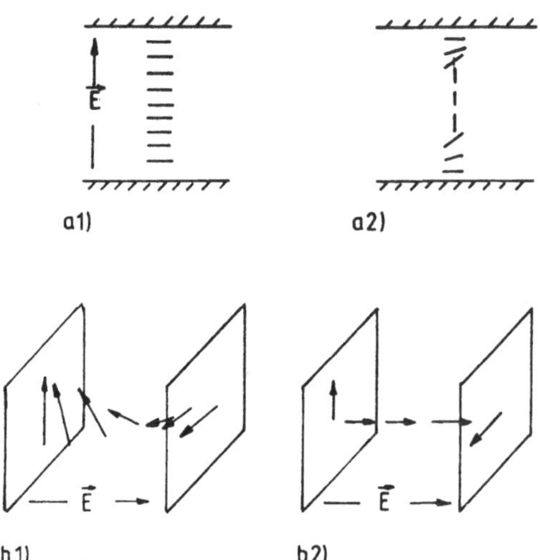

Bild 2.30 Flüssigkristall

    a) Feldeinfluß auf einen anfangs homogen geordneten Flüssigkristall bei kleiner Feldstärke (a1, $E < E_{kr}$). Bei großer Feldstärke (a2, $E \gg E_{kr}$) ordnen sich die Moleküle in Feldrichtung

    b) Molekülordnung in der LCD-Zelle, b1) feldfrei, b2) bei hoher Feldstärke

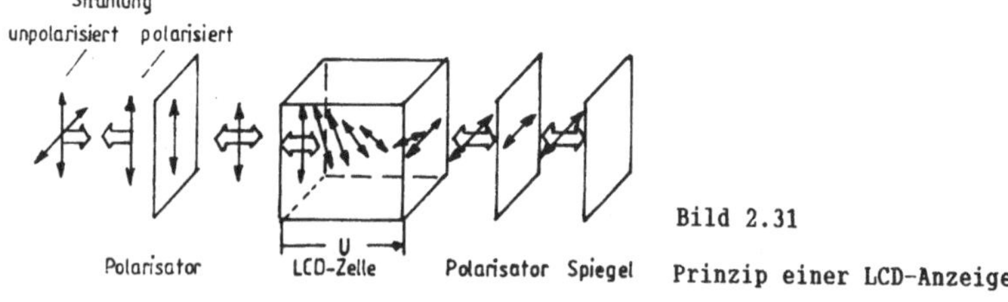

Bild 2.31 Prinzip einer LCD-Anzeige

10^{-2} ... 10^{-1} s) bei allerdings stärkerem Temperaturverhalten (Betriebsbereiche -30 ... 85 °C) und relativ großer Kapazität, bedingt durch den geringen Plattenabstand von etwa 15 µm (dadurch ist u. a. die Multiplexrate noch niedrig). Sie eignen sich besonders für leistungsarme und großflächige Anzeigen.

2.2.3.2 Ansteuerschaltungen

Die Ansteuerung von LCD-Anzeigen unterscheiden sich in mehrerer Hinsicht von LED-Ansteuerschaltungen. Der Betrieb der
LCD-Zelle erfolgt zur Vermeidung von Degrationseffekten
grundsätzlich mit Wechselspannung, die üblicherweise nach dem
Phasenumkehrverfahren (Bild 2.32a) erzeugt wird, d.h. wech-
selseitigem Umschalten der Zelle an einer Gleichspannung. Je
nachdem, ob die Spannung U_1, U_2 gleich- oder gegenphasig
sind, liegt an der Zelle eine Spannung oder nicht. Bild 2.32b
zeigt die Anordnung im Zusammenhang mit der anliegenden Information und einem Inverter zur Erzeugung der Phasenumkehr.
Wird anstelle des Inverters ein EXOR-Gatter verwendet (Bild
c), so kann die Anzeige von einem Steuersignal x_1 abhängig
gemacht werden.

Bei der vorliegenden Ansteuerung werden alle Segmente einer
LCD-Anzeige parallel angesteuert, was etwa für kleine Anzeigen (z.B. Uhren) vom Aufwand her noch vertretbar ist.

Bei größeren LCD-Anzeigegruppen (z.B. Taschenrechner,
Schreibmaschinendisplays u.a.) muß auf minimale Anschlußzahl
geachtet werden und das erfordert Multiplexbetrieb. Er ist
jedoch aus verschiedenen Gründen komplizierter (kapazitive
Ansteuerung auch nicht angesteuerter Punkte, Kontrast durch
Übersteuerung nicht verstärkbar, Einschaltschwellwert der
Zelle stark temperaturabhängig u.a.). Deshalb wird hier mit
drei Spannungswerten im sog. Dreischritt- oder Triplex-Multi-
plexbetrieb gearbeitet: das angesteuerte Segment erhält eine
hohe, die übrigen eine kleine Wechselspannung. Dazu sind die
Elektroden in drei Gruppen unterteilt und jede Anzeigestelle
hat drei Rückelektroden, wobei gleichartige verschiedene
Stellen verbunden sind (Bild 2.33). Durch besondere Formgebung wird erreicht, daß jeder Rückelektrode zwei oder drei
Segmente einer Anzeigestelle gegenüberliegen. Ein komplizier-
tes Steuerimpulsschema spannt eingeschaltete Segmentzellen

deutlich über dem Schwellwert vor, während ausgeschaltete
darunter bleiben.

Zunehmend wird es interessant, LCD-Elemente mit Dünnschicht-
feldeffekttransistor-Matrixanordnungen anzusteuern, die nach
dem gleichen Prinzip wie die DRAMs aufgebaut sind. Die Spei-
cherkapazität jeder Zelle dient dabei zur Verlängerung der
Anzeigen, um ein flimmerfreies Bild zu erhalten. Industriell
kommt dieses Prinzip bereits in Taschenfarbfernsehern zur Anwendung.

2.2.4 Weitere Digitalanzeigen

Außer den weit verbreiteten LED- und LCD-Digitalanzeigen gibt
es noch einige andere Prinzipien wie Vakuumfluoreszenz-,
Plasma-, Elektrolumineszenz- und elektrochrome Anzeigen, die
zwar nicht die Bedeutung der LED- und LCD-Bauelemente erreicht haben, doch für spezielle Anwendungen sehr wohl eine
Rolle spielen.

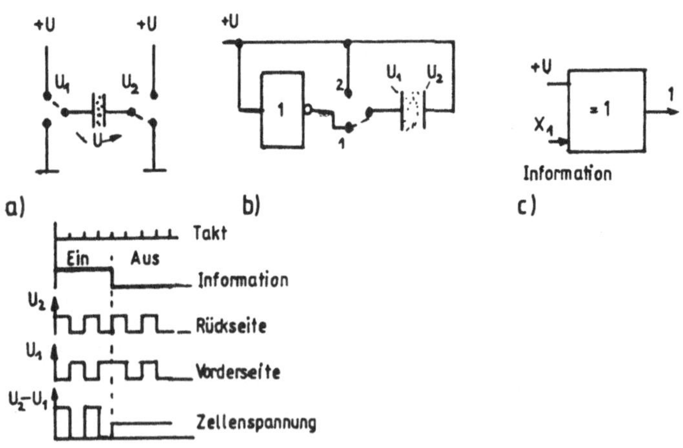

Bild 2.32 LCD-Anzeige
     a) Schaltung zur Wechselspannungsansteuerung
     b) Schaltung zur Wechselspannungserzeugung mit Taktschema
     c) Schaltung mit Abhängigkeit vom Steuersignal x_1 "Information"

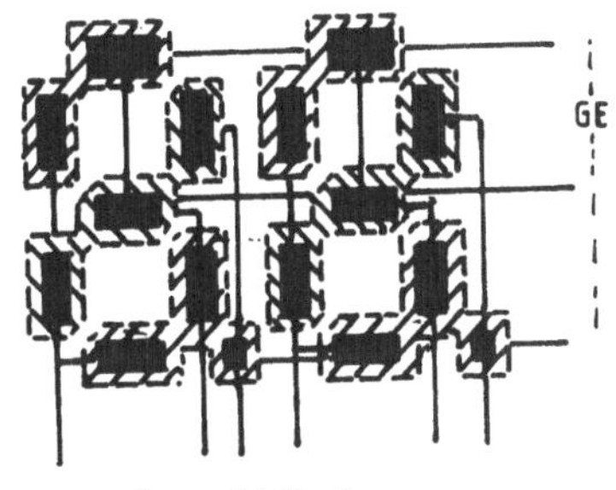

Bild 2.33
Segment- und Rückelektroden einer
LCD-Anordnung für den Dreischritt-
Multiplexbetrieb

2.2.4.1 Vakuumfluoreszenzanzeige

Zu dieser, auch als <u>Fluoreszenzanzeigeröhre</u> oder <u>Digitron</u> be-
zeichneten Gruppe zählen flache Anzeigen, die nach dem Elek-
tronenröhrenprinzip arbeiten, wobei jedoch die Anode mit einem Leuchstoff (ZnO, Prinzip des sog. magischen Auges) be-
schichtet ist. Treffen die von der Katode emittierten Elektronen auf die Anode, so leuchtet diese relativ hell auf. Der
Elektronenstrom kann durch ein zwischengeschaltetes Steuer-
gitter unterbrochen werden (Funktion einer Auswahlelektrode,
z.B. für eine Ziffer oder matrixartig angeordnete Zifferele-
mente). Die Steuerspannung liegt im Bereich einiger Volt, die
Ausgangsspannung zwischen 20 ... 40 V. Derzeit werden diese
Anzeigen hauptsächlich zur Ziffernanzeigen (weniger Symbole)
in Segment- und Punktmatrixform verwendet, z.B. in der Unter-
haltungs- und Haushaltelektronik (Herdanzeigen, Rekorder,
Meßgeräte). Die Aussteuerung erfolgt durchweg über integrierte Schaltungen.

2.2.4.2 Elektrolumineszenzanzeigen

In der Bemühung um kostengünstige, IC-kompatible und großflächige Anzeigeelemente (Bildröhrenersatz!) ist das alte Prinzip (Destriau 1936) der Elektrolumineszenzanzeige wieder
stärker in den Mittelpunkt gerückt. Die Grundidee basiert auf
der Destriauzelle (Bild 2.34): verschiedene polykristalline

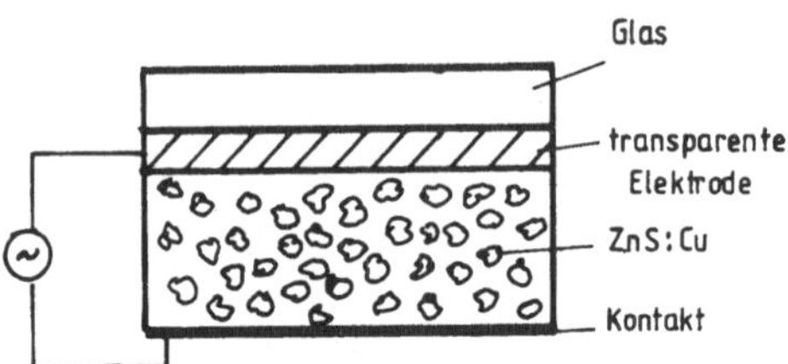

Bild 2.34
Destriau-Zelle

Stoffe (z.B. ZnS, CaS, SrS u.a.) werden bei geeigneter Dotierung durch ein hohes Feld ($E \approx 10^4 \dots 10^6$ V/cm) zum Leuchten angeregt. Ursache sind mehrere, sich überlagernde Vorgänge (Tunnel-, Lawineneffekt unter Vermittlung von Störstellen) und die erzeugte Strahlung steht stets mit dem Bandabstand (ZnS: $W_G \approx 3{,}1$ eV) in enger Beziehung, deshalb läßt sich Strahlung im sichtbaren Bereich erzeugen.

Die Anordnung ist im Prinzip ein Plattenkondensator mit einer transparenten Elektrode auf einem Trägersubstrat, dessen Dielektrikum aus einer Isolatorschicht, einer überliegenden Pulverschicht und einer strukturierten Rückelektrode besteht. Das Feld kann wechselnd (Destriau-Zelle) oder auch gleichförmig (Vecht-Zelle, seltener) sein. Die emittierte Leuchtdichte beträgt einige tausend cd/m² (Ablesen bei Tageslicht möglich), dazu sind allerdings Spannungen von 100 ... 200 V erforderlich (Frequenz 1 ... 10 kHz). Heute werden gelb-orange (Mn-Dotierung!) leuchtende EL-Anzeigen verschiedener Größe (5 x 7 Punktanzeigen, 640 x 400 Matrixelektroden, 128 Zeile x 512 Spalten [Mitteilungstableau für Schreibmaschine], 240 Zeilen x 320 Spalten [Graphikdisplay im Postkartenformat]) u.a.m. angeboten. Die EL-Anzeige ist ein sehr aussichtsreiches Konzept für den Flachbildschirm, obwohl noch eine Reihe von grundlegenden Problemen zu lösen sind (Farbtauglichkeit, Lebensdauer, Ansteuerelektronik u.a.) [2.29].

2.2.4.3 Weitere Anzeigetechniken

Aus der Fülle physikalischer Prinzipien für Anzeigeeffekte
gibt es nur wenige Kandidaten, die sich technisch durchsetzen
könnten. Dazu zählen die ferroelektrischen und elektrochromen
Anzeigen.

Ferroelektrische Anzeigen nutzen die elektro-optischen Eigenschaften (z.B. Doppelbrechung, Absorption, Lichtstreuung)
aus. Typische Materialien sind neben $BaTiO_3$ vor allem die
sog. transparente Keramik (PLZT, Lathan-dotieres Blei-Zirko-
nat-Titanat).

Die Anzeige besteht aus einer dünnen Keramikschicht auf einen
Glasträger mit transparenten Elektroden (meist Indium-Zinn-
Oxid-Schicht). Bei Ansteuerspannungen von einigen 10 V lassen
sich sog. Lichtschalter (Lichtventile) herstellen (auch für
numerische Anzeigen), die Licht entweder durchlassen oder
sperren. Die Elemente haben gegenüber LCDs wesentlich kleinere ($\approx 10^3$ und kleiner) Reaktionszeit und zusätzlich noch ferroelektrischen Speichereffekt. Sie werden heute schon für
Steuerungzwecke (optischer Drucker, Lichtschutzhülle u.a.)
eingesetzt.

Die sog. elektrochromen Anzeigen bestehen aus einem "Plattenkondensator" (Glasplatten mit vorderseitig transparenter
Elektrode, zwischen denen sich eine dünne elektrochrome
Schicht (IrOx, WO_3) und ein Elektrolyt (fest oder pasten-
förmig) befindet. Durch ein angelegtes elektrisches Feld
kommt es zu einer Ladungsträgerinjektion aus dem Elektrolyt
in die elektrochrome Schicht, die sich dadurch verfärbt.

Derartige Anzeigen arbeiten mit kleinen Steuerspannungen (einige Volt), erfordern aber eine sehr sorgfältige Steuerung
(Zusammensetzung!) des Ladungstransportes durch den Elektro-
lyten. Trotz guter optischer Eigenschaften solcher Anzeigen
haben einige Fundamentalprobleme (geringe Schaltzeit von einigen 10 ms (kein Multiplexbetrieb möglich!), begrenzte Le-

bensdauer, komplizierte Steuerschaltung u.a.) noch nicht zu einem Anwendungsdurchbruch geführt.

2.2.5 Quasianaloganzeigen

Quasianaloganzeigen sind gegenüber Digitalanzeigen von Vorteil, wenn <u>Tendenzgänge</u> angezeigt werden sollen. So wird zu-

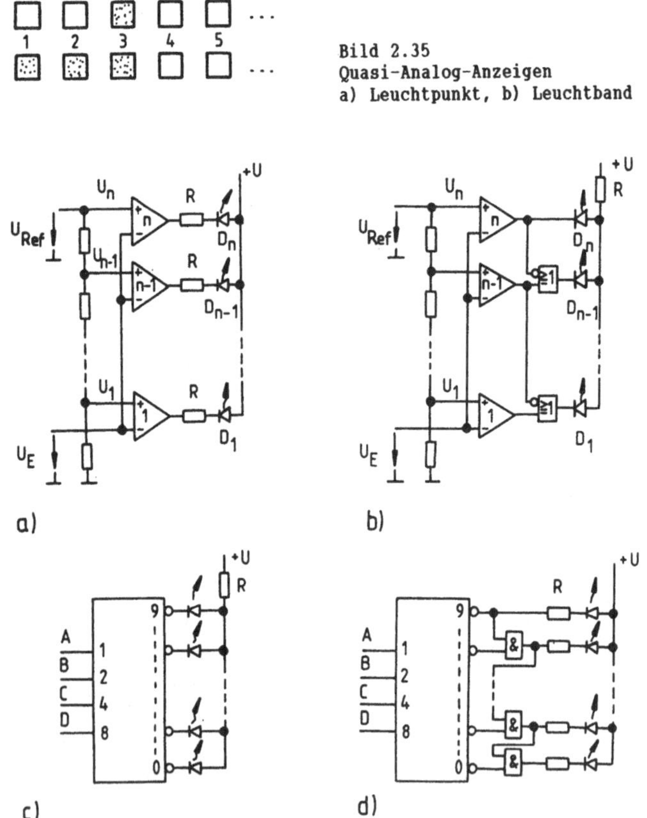

Bild 2.35
Quasi-Analog-Anzeigen
a) Leuchtpunkt, b) Leuchtband

Bild 2.36 Leuchtpunkt-Leuchtband-Ansteuerschaltungen
   a) Analoge Leuchtband-Anzeige, b) Analoge Leuchtpunkt-Anzeige,
   c) Digitale Leuchtpunkt-Anzeige, d) Digitale Leuchtband-Anzeige

nehmend beim Ersatz des elektromechanischen Zeigerinstrumentes durch ein Digitalinstrument noch eine Quasianaloganzeige hinzugefügt, beider sich schnelle Spannungsänderungen viel besser erkennen lassen als mit der Digitalanzeige allein. Zum Einsatz gelangen LED- und LCD-Elemente.

Die einfachste Quasianaloganzeige besteht aus mehreren, in einer Reihe angeordneten LEDs. Je nachdem, ob dabei nur eine, dem jeweiligen Analogwert zugeordnete LED anzeigt oder auch alle "niedrigeren" Elemente mit, spricht man von <u>Leuchtpunkt-</u> oder <u>Leuchtband-Anzeige</u> (Bild 2.35).

Die Ansteuerung kann in beiden Fällen analog oder digital erfolgen. Die <u>Analogansteuerung</u> eines Leuchtbandes geschieht am einfachsten über einen vorgeschalteten parallel arbeitenden Analog-Digital-Wandler (Bild 2.36a). Er vergleicht die anliegende Spannung unterteilt durch einen Widerstandsteiler über eine Komparatorkette mit einer Bezugsspannung. Dann führen alle Komparatoren einen Ausgangsstrom mit Flußpolung der jeweiligen LED, deren Eingangsspannung die Bezugsspannung übertrifft. Eine Leuchtpunktanzeige erfordert noch eine ODER-Verknüpfung zweier Komparatorausgänge vor den LEDs (Bild 2.36b). Ist z.B. $U_E > U_1$, so leuchtet die Diode D_1. alle übrigen Komparatorausgänge nehmen H-Potential an und die angeschlossenen LEDs bleiben dunkel. Überschreitet dagegen U_E die Spannung U_1, so geht der Komparator 1 nach L, D_1 verlöscht und D_2 schaltet ein (die restlichen bleiben dunkel usw.) Derartige Leuchtpunkt-Leuchtband-Steuerschaltungen sind in integrierter Form erhältlich (Tafel 2.10).

Bei <u>digitaler</u> Ansteuerung erfolgt die Adressierung des Leuchtpunktes am besten durch einen 1-aus-n-Dekoder (Bild 2.36c, z.B. Schaltkreis 74 LS42, 4028, 10162 u.a.). Er schaltet die dem Digitalsignal entsprechende LED ein. Eine Leuchtbandsteuerung entsteht, wenn an die Ausgänge UND-Verknüpfungen, wie im Bild 2.36d dargestellt, eingeschaltet werden. Das UND-Gatter wird vom Signal mit gesteuert. Dadurch leuchten ebenfalls alle niedrigwertigeren LEDs.

Typ	Hersteller	Elemente	Punkt	Band
UAA 180	Siemens	12		x
HEF 4754 V	Philips	18	x	x
U 237	Telefunken	5		x
U 1096 B	Telefunken	30	x	
TSC 827	Teledym	101		x
ICL 7182	Intersil	101		x

Tafel 2.10 Leuchtpunkt-/band-Treiberschaltungen. Analoganwendung

2.3 Laserdioden

Für die Anwendung der LED zur optischen Informationsübertragung mit Glasfasern ist die relativ große Emissionsbandbreite von 3 ... 8 % wegen der unvermeidlichen Dispersion nachteilig. Deshalb lag es nahe, hierfür die durch stimulierte Emission im Laser entstehende, sehr schmalbandige Strahlung einzusetzen [2.30]-[2.35], [1.13].

Der Begriff Laser entstand aus den Anfangsbuchstaben von Light-amplification by stimulated emission of radiation: Lichtverstärkung durch stimulierte Emission von Strahlung.

Nach Abschnitt 1.4.1 war dazu Besetzungsinversion, d.h. eine stärkere Besetzung höherenergetischer Zustände als der niederenergetischen notwendig, was eine Anregungsleistung erforderlich macht. Zusätzlich muß die entstehende Strahlung durch ein geeignetes aktives Material geschickt werden, so daß nach Gl.(1.77) eine Verstärkung der erzeugten Strahlung stattfindet. Zur Erhöhung der Verstärkung wird üblicherweise ein Teil der entstandenen Strahlung optisch rückgekoppelt, indem das aktive Material z.B. in einen optischen Resonator gebracht wird.

Das Laserprinzip selbst kann z.B. mit bestimmten Gasentladungen (Gas-Laser, z.B. Neon-, Argon-, CO_2-Laser), in Festkörperkristallen (Rubin-, Neodym-, Glas-Laser) und Lumineszenzdioden verwirklicht werden. Im letzten Fall muß der PN-Übergang einer LED durch zwei senkrechte, planparallele Spie-

gelflächen begrenzt werden (Bild 2.37). In diesem "Resonator"
wird ein Teil des von der LED emittierten Lichtes durch die
Planflächen hin- und herreflektiert, und es bildet sich eine
stehende Welle. Dadurch steigt die Photonendichte, und die
Wahrscheinlichkeit des Zusammenstoßes zwischen einem Photon
und einem Leitungselektron wächst. So kann ein zweites Photon
freigesetzt werden, das mit dem ersten in Phase ist: _stimu-
lierte Emission._ Durch Wiederholung dieses Vorganges schau-
kelt sich die Photonenbildung lawinenartig auf, es tritt ein
Verstärkungseffekt ein. Das so erzeugte Licht ist wegen der
festen Phasenbeziehung der stimulierten Emission _kohärent._ Es
hat eine fast einheitliche Phase und eine sehr kleine Bandbreite (etwa 1 nm), eine gegenüber der LED deutliche Verbesserung. Das Grundprinzp der Laserdiode sind damit die stimulierte Emission und die Bedingungen (Laserbedingungen), unter
denen sie stattfindet.

Halbleiterlaserdioden sind Lumineszenzdioden, in denen durch
induzierte Emission eine Lichtverstärkung stattfindet. Sie
erzeugt in Verbindung mit einem optischen Resonator als Rück-
kopplungselement eine gebündelte monochromatische kohärente
Strahlung. Dabei wird elektrische Energie direkt in Licht gewandelt.

Laserdioden unterscheiden sich durch ihr kohärentes und monochromatisches Licht grundsätzlich von anderen Lichtquellen,
die Licht verschiedener Wellenlänge und Phase aussenden.

2.3.1 Wirkprinzip

In der LED entstand die Strahlung durch Injektionslumineszenz: ein flußgepolter, nicht entartet dotierter PN-Übergang
besorgte die Ladungsträgerinjektion mit anschließender strahlender Rekombination (Bild 2.38a). Im Übergangsbereich ist
der Abstand zwischen den sog. _Quasiferminiveaus_ der Elektronen (W_{Fn}) und Löcher (W_{Fp}) als Maß der im Leit- und Valenz-
banr herrscheinden Elektronen-(Löcher-)dichte durch

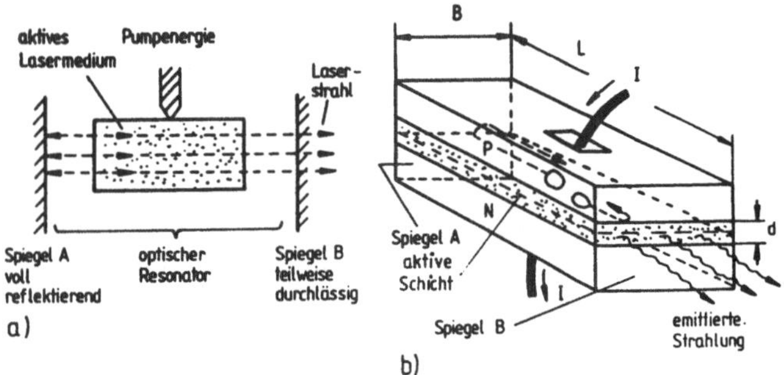

Bild 2.37 Halbleiterlaserdiode
a) Elemente des Laserprinzips, b) Laserdiode mit PN-Übergang
(typische Abmessungen: Länge L ≈ 200 ... 500 μm, Breite B ≈
100 ... 300 μm, Dicke der aktiven Zone d ≈ 0,1 ... 3 μm)

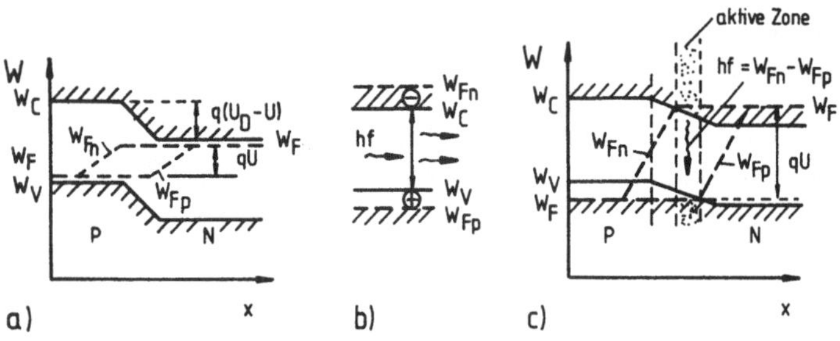

Bild 2.38 PN-Übergang bei Flußpolung
a) Nicht entartet, b) Entartete Bandbesetzung (Besetzungsinversion) mit Elektronen und Löchern bis zu den Quasiferminiveaus W_{Fn}, W_{Fp} mit stimulierter Emission, c) Entarteter PN-

Übergang mit Zone stimulierter Emission

$$qU \lesssim (W_{Fn} - W_{Fp}) \tag{2.30}$$

gegeben. Durch die Nichtentartungsbedingung gilt $W_{Fn} - W_{Fp} <$
W_G. Die Laserdiode erfordert nach Gl.(1.73), (1.96) jedoch
<u>Besetzungsinversion,</u>

$$W_{Fn} - W_{Fp} > W_G \approx Uq \quad \text{erste Laserbedingung, Besetzungsin-}$$
$$\text{version.} \tag{2.31}$$

Sie tritt nur ein, wenn die Quasiferminiveaus der Elektronen (Löcher) im Leit- bzw. Valenzband liegen, m.a.W. der Halbleiter durch hohe Dotierung ($N \approx 10^{19}$ cm^{-3}) <u>entartet</u> ist (Bild 2.38b). Bild 2.38c zeigt das zugehörige Bändermodell im Flußzustand. Es entspricht qualitativ dem der Tunneldiode. Deutlich ist ein "Überlappungsbereich" zu sehen, in dem besetzte Zustände des Leitbandes leeren des Valenzbandes gegenüberstehen. Genau dort liegt Besetzungsinversion vor. Die Breite dieser "aktiven" Zone hängt von der anliegenden Spannung ab. Reicht die Flußspannung noch nicht für die Besetzungsinversion, so entsteht lediglich die von der LED her bekannte spontane Strahlung. Induzierte Emission erfolgt damit erst oberhalb einer bestimmten "<u>Schwellspannung</u>" der Diode bzw. eines zugehörigen "<u>Schwellstromes</u>". Er ist ein wichtiger Kennwert der Laserdiode. Zusammengefaßt:

Photonen, die durch spontane Emission entstehen, werden in Umgebung eines (entarteten) PN-Überganges im Bereich der Besetzungsinversion durch stimulierte Emission vervielfacht.

Bei genauerer Betrachtung entsteht die Laserstrahlung beim Überschreiten des Schwellwertes nicht schlagartig. Es tritt zunächst nur eine <u>Superstrahlung</u> auf mit einem erheblich höheren Wirkungsgrad der Lichterzeugung. Dabei geht der breite Emissionsbereich der LED in eine Anzahl intensiver schmaler Linien über (Bild 2.39). Mit weiter steigender Injektion setzt induzierte Emission kräftig ein und in Verbindung mit einem "optischen Resonator" als selektive Rückkopplung entsteht die sehr schmalbandige Laserstrahlung. Diese Rückkopplung ist Inhalt der zweiten Laserbedingung.

<u>Zweite Laserbedingung: Rückkopplung durch den optischen Resonator.</u> Um die stimulierte Emission weiter aufzubauen, muß die neu entstehende Strahlung von gleicher Frequenz wie die bereits vorhandene sein. Dieses "Sortieren" der spontanen Emission erfolgt mit einem <u>optischen Resonator</u>, dem Fabry-Perot-Resonator (Bild 2.37). Dadurch wird der Laserverstärker zum <u>Laseroszillator</u>.

Der Fabry-Perot-Resonator ist ein planparalleles Spiegelsystem (Abstand L, Bild 2.40), in dem eine einfallende monochromatische Welle mit der komplexen Amplitude E_y (in y-Richtung polarisiert) durch die beiden Spiegel (Amplitudenreflexionsfaktoren r_1, r_2, Amplitudentransmissionsfaktoren t_1, t_2) mehrfach hin- und herreflektiert wird und dabei jeweils teilwiese austritt. Die Überlagerung aller austretenden Teilwellen ergibt als austretende Gesamtwelle (Gl.(1.51)ff.)

$$E_{ty} = t_1 t_2 E_y \exp(-\gamma L) \sum_{m=0}^{\infty} \left[(r_1, r_2)^m \exp(-2m\gamma L) \right]$$

$$= \frac{t_1 t_2 E_y \exp(-\gamma L)}{1 - r_1 r_2 \exp(-2\gamma L)}. \tag{2.33}$$

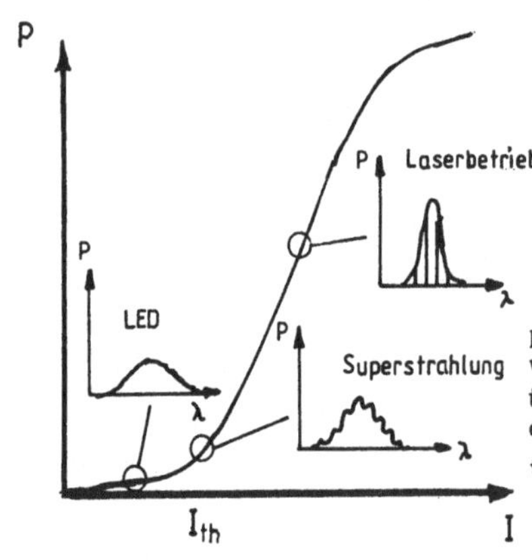

Bild 2.39
Verhalten der Strahlungsleistung über dem Betriebsstrom einer Laserdiode. Im Bereich $I < I_{th}$ erfolgt spontane Emission, für $I \approx I_{th}$ Einsatz der stimulierten Emission (Superstrahlung) und für $I \gg I_{th}$ Laserbetrieb

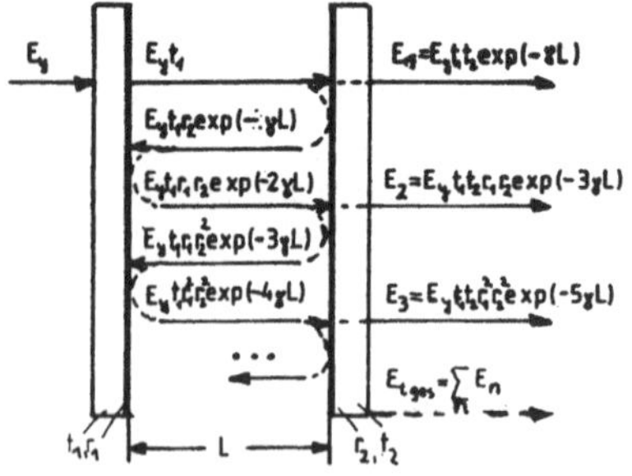

Bild 2.40 Wellenüberlagerung im Fabry-Perot-Resonator

Dabei ist $\gamma = \alpha/2 + j\beta$ die komplexe <u>Ausbreitungskonstante</u> der Welle (Wellenzahl $\beta = 2\pi n/\lambda$).

<u>Selbsterregung</u> oder Laseroszillation herrscht, wenn die austretende Welle E_{ty} (bei endlicher Eingangswelle E_y) über alle Grenzen wächst, also für

$$r_1 r_2 \exp(-2\gamma L) = 1. \qquad \text{Zweite Laserbedingung. Selbsterregung} \qquad (2.34)$$

Sie zerfällt wegen der komplexen Ausbreitungskonstante.

$$\gamma = \frac{\alpha}{2} + j\beta \equiv \frac{2\pi j}{\lambda}(n - \frac{j\alpha\lambda}{4\pi}) \equiv \frac{2\pi j}{\lambda}(n - j\overline{\varkappa})$$

in die <u>Amplitudenbedingung</u> (Schwellbedingung)

$$r_1 r_2 \exp - \alpha L = 1 \qquad (2.35a)$$

und die <u>Phasenbedingung</u> (Resonanzbedingung)

$$\exp(4\pi j\, nL/\lambda) \equiv 1, \quad \text{d.h.} \quad 4\pi nL/\lambda_m = 2m\pi \quad m = 1,\ 2,\ 3. \qquad (2.35b)$$

Die Amplitudenbedingung Gl.(2.35a) erfordert, daß die negative Absorptionskonstante $-\alpha$, d.h. die <u>Nettoverstärkung</u> (die später in die Laserverstärkung sowie innere und Spiegelverluste unterteilt wird), gleich/größer als

$$-\alpha \geq \frac{1}{L}\ln(\frac{1}{r_1 r_2}) \equiv \frac{1}{L}\ln(\frac{1}{\sqrt{R_1 R_2}}) \qquad (2.35c)$$

sein muß, wobei auch statt der Amplituden (r_i) die Leistungsreflexionsfaktoren ($r_i = \sqrt{R_i}$) verwendet werden können (s. Abschn. 1.2.2). Wegen des Frequenzganges von $\alpha(\omega)$ ist diese Bedingung frequenzabhängig (Bild 2.41).

Für typische Resonatorlängen von 300 ... 500 μm und einem GaAs-Resonator (n = 3,6) betragen die Reflexionsfaktoren typischerweise

$$R_1 = R_2 = R = (\frac{n-1}{n+1})^2 = 0,32.$$

Daraus folgt (L = 500 μm) $- \alpha = 22,7$ cm^{-1}.

Oszillation des Lasers setzt ein, wenn die Amplitudenbedingung (2.35a) erfüllt ist, d.h. die Laserverstärkung alle Verluste (Reflexion an den Spiegeln, innere Absorptionsverluste) ausgleicht.

Die Phasenbedingung Gl.(2.35b) gibt die Wellenlängen an, bei denen Laseroszillation eintreffen kann. Der <u>Modenordnungsindex</u> m beträgt

$$m = 2n \, L / \lambda_m, \tag{2.35d}$$

man erhält mit n = 3,6, L = 500 μm und einer Emissionswellenlänge $\lambda_m \approx 900$ nm (GaAs) z.B. m $\approx$ 4000, also einen großen Modenindex (s.u.). Somit beschreibt die zweite Laserbedingung Gl.(2.34) die notwendige Verstärkung des Laserverstärkers, die zur Oszillation erforderlich ist sowie die Wellenlänge der entstehenden Schwingung. Sie wird aus dem Spektrum der spontanen Emission "ausgefiltert", weil nur für sie die Oszillationsbedingung zutrifft.

<u>Wellenleitung.</u> Die im Bereich der Besetzungsinversion entstehende Strahlung tritt auch in die benachbarten Halbleitergebiete über. Da sich dort u.U. die Brechungsindices (konzentrationsabhängig) ändern, entsteht eine <u>optische Eingrenzung</u> (Optical confinement), oft auch als <u>Wellenleiter</u> bezeichnet. Bei Heteroübergängen (s.u.) sorgen die unterschiedlichen Materialien für verschiedene Brechungsindices und damit das Confinement.

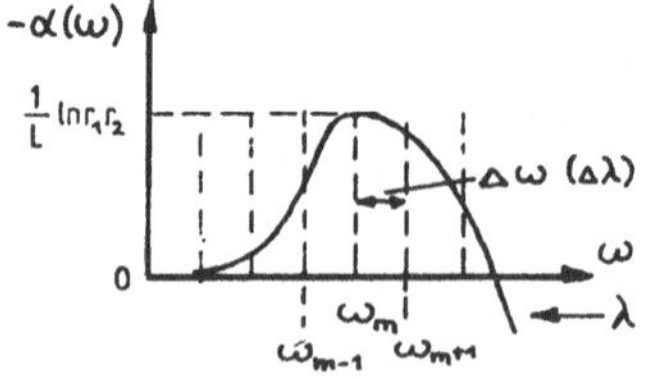

Bild 2.41
Frequenzgang der Verstärkung
$- \alpha(\omega)$. Eingetragen sind die
Resonanzen λ_m des Fabry-Perot-
Resonators

<u>Besonderheiten des Halbleiterlasers.</u> Im Vergleich zu anderen
Lasern hat der Halbleiterlaser folgende Besonderheiten:
- Die erzeugte Strahlung hängt vom Bandabstand des Materials
  ab, bei anderen Lasern werden Übergänge zwischen diskreten
  Energieniveaus ausgenutzt. Deshalb ist die Materialfrage
  von fundamentaler Bedeutung.
- Das Laserprinzip nutzt die sehr effektive Trägerinjektion.
  Dadurch kann Modulation über den Strom bis zu sehr hohen
  Frequenzen erfolgen.
- Die räumliche und spektrale Strahlungscharakteristik hängt
  stark von Gestaltung und Eigenschaften der Sperrschicht,
  des optischen Resonators und des Materials ab.
- Halbleiterlaser sind sehr klein, haben eine sehr schmale
  aktive Zone und arbeiten mit hoher Quantenausbeute. Sie
  lassen sich spektral gut abstimmen und können für einen
  Frequenzbereich bis weit ins Infrarote hergestellt werden.

2.3.2 Eigenschaften realer Laserdioden

Bisher wurde global angenommen, daß alle injizierten Träger
strahlend rekombinieren, keine Absorptionsverluste im Halbleiter auftreten und sich eine stabile Schwingung herausbil-
det. Diese Annahmen treffen auf reale Dioden nur bedingt zu.

Zunächst entstehen schon bei der Strahlungserzeugung Verluste, wie sie für die LED typisch waren und durch den <u>Quanten-
wirkungsgrad</u> n_q beschrieben wurden. Auch innerhalb der aktiven Zone gibt es Strahlungsverluste. Schließlich besteht noch
die Möglichkeit der Anregung anderer Moden mit entsprechenden
Strahlungsverlusten.

2.3.2.1 Bilanzgleichungen

Die statische und dynamische Kennzeichnung des Verhaltens der
Laserdiode (auch im Hinblick auf ihre Anwendungen) wird durch
sog. <u>Bilanzgleichungen</u> gegeben. Sie beschreiben die Wechsel-

wirkung zwischen den angeregten Loch-Elektronenpaaren (makro-
skopisch), der Strahlungsenergie und dem Verhalten der Photonendichte in den Lasermoden im statischen und dynamischen
Zustand [2.54], [2.59], [2.60].

Die <u>Bilanzgleichung der Elektronendichte</u> n im Leitband

$$\frac{dn}{dt} = \frac{S}{qd} - \frac{n}{\tau_{eff}} - B_{12}\, n_{ph} \qquad\qquad (2.36a)$$

$$\equiv \frac{S}{qd} - \frac{n}{\tau_{eff}} - R_{Stim}$$

ergibt sich aus dem Trägerzufluß durch die Injektionsstromdichte S (d Dicke der aktiven Zone) und dem Verschwinden von
Trägern durch <u>spontane</u> strahlende und nichtstrahlende Übergänge ($\tau_{eff} = \tau_r \tau_{nr}/(\tau_r + \tau_{nr})$) (zweiter Term) sowie durch
stimulierte Emission ($\rightarrow R_{Stim}$, letzter Term). Die Zahl dieser Übergänge ist proportional dem Einstein-Koeffizienten
B_{12}, der Trägerdichte n und der spektralen Energiedichte des
Strahlungsfeldes (proportional der Photonenkonzentration n_{ph}:
n_{ph} Photonen pro cm^{-3} haben innerhalb der Frequenzbreite Δf
die Energiedichte $hf \cdot n_{ph}$, also die Spektraldichte $n_{ph} \cdot hf/\Delta f$).

Die <u>Bilanzgleichung der Photonendichte</u> n_{ph} in den Lasermoden
lautet

$$\frac{dn_{ph}}{dt} = -\frac{n_{ph}}{\tau_{ph}} + \frac{n}{\tau_{eff}}\, \gamma + B_{12}\, n_{ph} \cdot n \qquad\qquad (2.37a)$$

$$\frac{dn_{ph}}{dt} = -\frac{n_{ph}}{\tau_{ph}}\left[n\, B_{12}\, \tau_{ph} - 1\right] + \frac{n}{\tau_{eff}} \cdot$$

Die Photonenkonzentration sinkt damit (erste Zeile) durch die
endliche Lebensdauer τ_{ph} der Photonen im Resonator (erster
Term), sie steigt durch spontane strahlende Übergänge (zweiter Term) und durch induzierte Übergänge (letzter Term).
Der Faktor γ beschreibt den Anteil der spontanen strahlenden
Rekombination, der zu Photonen in den zugehörigen Lasermoden
führt (praktisch $\gamma \approx 10^{-4} \ldots 10^{-5}$).

Zur Lösung der beiden Bilanzgleichungen (nichtlinear, Terme n · n_{ph}!) benötigt man - neben der Zeitfunktion der eingeprägten Injektionsstromdichte S - noch die Photonenlebensdauer τ_{ph} und die Rate B_{12} für stimulierte Emission.

Die Photonenlebensdauer (im Resonator) hängt von den Resonatorverlusten (α_i, Reflexionsfaktoren $R_1 = R_2$ (c Lichtgeschwindigkeit, n Brechungsindex) ab :

$$\tau^{-1}_{ph} = [\alpha_i + L^{-1} \ln R^{-1}] \, c/n. \qquad (2.38)$$

Für die Größe B_{12} resp. die Rate der stimulierten Emission läßt sich herleiten (s. Gl.(1.99))

$$B_{12} = 1/\tau_{ph} \, [1 - \exp(hf - \Delta W)/kT]. \qquad (2.39)$$

Für kleine Ströme gilt $B_{12} < 0$ wegen $hf < \Delta W$ und der letzte Term in Gl.(2.36) bedeutet dann physikalisch Absorption (der spontanen Emission proportional). Bei hoher Anregung wird hingegen $hf \rightarrow \Delta W$ ($\rightarrow B_{12} > 0$) und deshalb kann in diesem Fall etwa

$$n \, B_{12} \approx (n - n_t)b \qquad (2.40)$$

mit einer <u>Schwellkonzentration</u> n_t (der sog. <u>Transparenzdichte</u> oder Elektronendichte an der thermodynamischen Laserschwelle $hf = W_{Fn} - W_{Fv}$) gesetzt werden (die Größe b wird später definiert, ebenso Γ). Damit lautet die <u>Photonenbilanz</u> anstelle von Gl.(2.37a) (bei starker Injektion $n \gg n_o$, Elektronengleichgewichtsdichte)

$$\frac{dn_{pn}}{dt} = n_{ph} \left[(n - n_t) \, b \, \Gamma - \frac{1}{\tau_{ph}} \right] + \frac{n \, \gamma \, \Gamma}{\tau_{eff}} \qquad (2.37b)$$

und analog die <u>Elektronenbilanz</u> Gl.(2.36a)

$$\frac{dn}{dt} = \frac{S}{qd} - \frac{n}{\tau_{eff}} - n_{ph} \cdot b(n - n_t). \qquad (2.36b)$$

2.3.2.2 Stationäre Lösungen der Bilanzgleichungen

Im stationären Zustand folgt aus den Bilanzgleichungen (2.36, 2.37) (bei Vernachlässigung der spontanen Emission, $\gamma \approx 10^{-4}$) eine <u>konstante Elektronenschwell- oder Grenzträgerdichte</u> n_{th}

$$n_{th} = \frac{n_{ph}\,[n_t b + t/\tau_{ph}]}{(\gamma/\tau_{eff}) + bn_{ph}} \;\longrightarrow\; n_t + \left.\frac{1}{\tau_{ph}b}\right|_{\gamma \to 0} \qquad (2.41)$$

<u>oberhalb</u> der Laserbetrieb vorliegt. Gegenüber der thermodynamischen Laserbedingung n_t (s. Gl.(2.40)) gilt für den realen Laser $n_{th} > n_t$, weil Verluste im Resonator ($\to \tau_{ph}$, Gl.(2.38a)) auftreten.

Dazu gehört die Photonendichte

$$n_{ph} = \frac{S\tau_{ph}}{qd} - \frac{1}{\tau_{eff}}\left[n_t \cdot \tau_{ph} + \frac{1}{b}\right]. \qquad (2.42)$$

Sie wird positiv (d.h. induzierte Phononenemission setzt ein), wenn die <u>Schwellstromdichte</u> [2.37]-[2.39],[2.45].

$$\boxed{S_{th} = \frac{qd}{\tau_{eff}}\left[n_t + \frac{1}{b\tau_{ph}}\right]} \qquad (2.43)$$

überschritten wird. Diese ist umgekehrt proportional der Lebensdauer τ_{sp} der injizierten Träger und der Dicke d der aktiven Zone.

Mit der Schwellstromdichte S_{th} Gl.(2.43) lautet dann die induzierte Photonendichte n_{ph} Gl.(2.42), (2.41)

$$n_{ph} = \frac{\tau_{ph}}{qd}\left[S - S_{th}\right] \equiv \frac{\tau_{ph}S_{th}}{qd}\left[\frac{S}{S_{th}} - 1\right] = \frac{\tau_{ph}n_{th}}{\tau_{eff}}\left(\frac{S}{S_{th}} - 1\right),$$
$$(2.44)$$

dabei wurde die Schwellstromdichte

$$S_{th} = \frac{n_t qd}{\tau_{eff}} \approx \frac{n_{th}qd}{\tau_{eff}} \qquad (2.45)$$

verwendet, die sich an der Grenze des Laserbeginns ($n_{ph} = 0$)
aus Gl.(2.36b) ergibt.

Bild 2.42 zeigt den prinzipiellen Verlauf der Elektronen- und
Photonendichte über der Injektionsstromdichte, wie er sich
aus den bisherigen Beziehungen ergibt. Die spontane Emission
verschleift dabei die Einsatzschwelle. Anschaulich kann man
die Schwellstromdichte Gl.(2.45) auffassen als Stromdichte
zur Unterhaltung einer Rekombinationsstrahlung mit der Rekombinationsrate $R_r = n_{th}/\tau_{eff}$ in einer Schicht der Dicke d. Im
Bereich des Lasereinsatzes mit noch relativ kleiner Photonenzahl gilt dabei etwa $R_r \approx n\,pB$. Näherungsweise kann der Rekombinationskoeffizient B durch eine reziproke Lebensdauer
ersetzt werden, z.B. im P-Halbleiter (wenn die Strahlung vorwiegend in diesem Bereich entsteht) durch die Elektronenle-
bensdauer $\tau_n = 1/B\,p$. Dann verbleibt

$$S \approx \frac{qn\,d}{\tau_n}. \tag{2.46}$$

Da die Dicke d größenordnungsmäßig kleiner als die Diffusi-
onslänge ist, gilt etwa $d \lesssim L_{Dn} \approx \sqrt{D_n\,\tau_n}$. Daraus ergibt sich
z.B. für GaAs mit $D_n \approx 50$ cm²/s (300 K) und $\tau_n \approx 0,5$ ns sowie
$n \approx 10^{18} \ldots 10^{19}$ cm^{-3} ein Wert von größenordnungsmäßig einigen 10000 A/cm² (!). Derart hohe Stromdichten führen bei Zimmertemperatur normalerweise zur thermischen Zerstörung der
Diode im Dauerstrichbetrieb. Abhilfemaßnahmen sind der Impulsbetrieb, der Betrieb bei tiefen Temperaturen und die

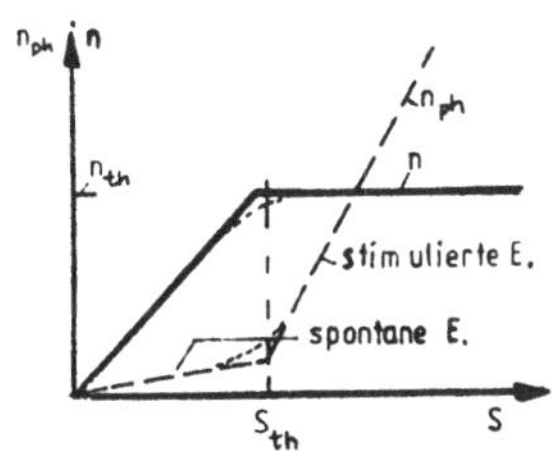

Bild 2.42
Photonen-(n_{ph}) und Elektronendichten (n) über der Stromdichte S

grundsätzliche Senkung von S durch eine möglichst dünne aktive Schicht (→ Heterolaser) [2.36], [2.38].

Nach sehr kleinen Schichtdicken hin steigt die Schwellstromdichte jedoch wieder an (Bild 2.43), weil sich die Lichtwelle
nicht nur in der aktiven Zone ausbreitet, sondern immer tiefer in die Randzone eindringt und damit ein größerer Schwellstrom erforderlich wird.

<u>Schwellverstärkung.</u> Für die Laseroszillationsbedingung Gl.(2.
34)ff. war der gesamte Nettoabsorptionskoeffizient

$$\alpha = \alpha_i - g$$

der Anordnung maßgebend. Er enthält stets die inneren Absorptionsverluste (α_i, dort können auch andere Dämpfungen eingeschlossen werden) und die <u>Verstärkung</u> (Gl.(1.100)ff.). Entsteht nämlich durch "Pumpen" (→ Injektionsstrom) allmählich
die induzierte Emission, so kann dieser Vorgang als "optischer Gewinn" aufgefaßt und durch den Verstärkungskoeffizient
g (pro Länge) beschrieben werden. Er hängt nach Gl.(1.102)
grundsätzlich von der Injektionsdichte und damit dem Strom
ab.

Im Laserbetrieb muß nun (durch den Strom) ein solcher Verstärkungskoeffizient g eingestellt werden, daß er alle Verluste in der aktiven Zone (einschließlich (Gl.(2.35c)) deckt:

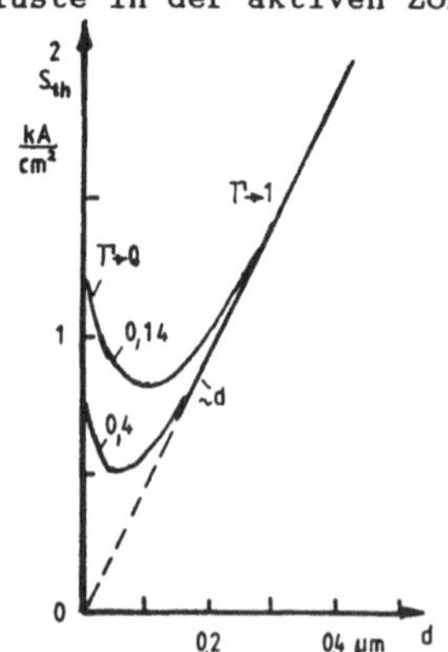

Bild 2.43
Schwellstromdichte S_{th} über der
Schichtdicke d der aktiven Zone.
Parameter Brechungsindexänderung Δn
(GaAlAs-DH-Laser, nach H. Kressel,
J. appl. Phys. 47(1976), 3533)

$$g \geq \alpha_i + 1/L \; \ln 1/\sqrt{R_1 R_2} \qquad\qquad (2.47)$$

Schwellverstärkung für den Laserbetrieb.

Eine in die aktive Zone bei $x = 0$ eintretende Strahlungswelle (Intensität I_0) verstärkt sich nach einem Resonatordurchlauf (Länge L) auf

$$I = I_0 R_1 R_2 \; \exp 2(g - \alpha_i) \; L \qquad\qquad (2.48)$$

(Bild 2.37). Dabei wurde eine innere Dämpfung (α_i) berücksichtigt. Die "Laserschwelle" wird überschritten, sobald die Intensität I nach einem Durchlauf den Eingangswert I_0 erreicht oder übertrifft ($I \geq I_0$). Daraus ergibt sich sofort Gl.(2.47) als gleichwertige Bedingung zu Gl.(2.35a).

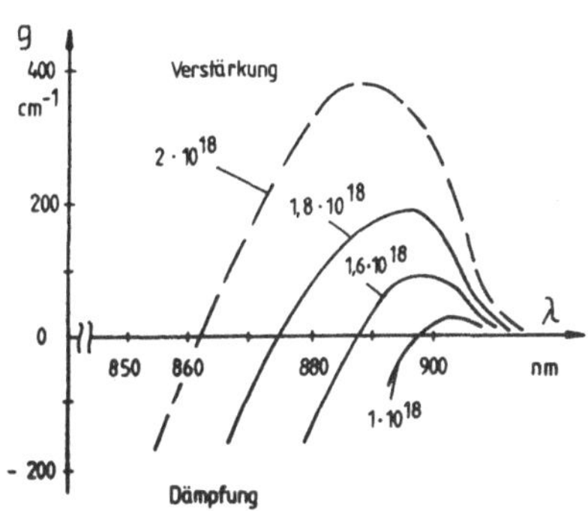

Bild 2.44
Optischer Gewinn g über der Wellenlänge einer GaAs-Laserdiode (Parameter Inversionsdichte n, T = 300 K)

Diode	α_i (cm^{-1})	β (cmA^{-1})	S_{th} (kA cm^{-2})
Homodiode (GaAs)	20	10^{-3}	60
Einfachhetero- (GaAs)	25	$5 \cdot 10^{-3}$	15
Doppelhetero- (GaAs)	20	10^{-2}	1,8
(AlGaAs/GaAs)	30	$6 \cdot 10^{-2}$	0,7

Tafel 2.11 Typische Parameter von Laserdioden

Die Mindestschwellverstärkung nach Gl.(2.47) hängt stark von
Material- und Geometrieparametern (Art der Übergänge, Übergangswahrscheinlichkeit, Bandstruktur, Zustandsdichte), aber
auch der Injektionsdichte ab (nach Gl.(1.103) wächst g in gewissem Bereich dichteproportional). Bild 2.44 zeigt entsprechende Verläufe, die bereits in Bild 1.31 grundsätzlich erklärt wurden. Der Bereich in dem die Ungleichung (2.47) erfüllt ist, heißt auch laseraktiver Bereich [2.36]. Die rechte
Seite ist hauptsächlich bauformspezifisch: Möglichst geringe
innere Dämpfung (α_i) und gut reflektierende Resonatorflächen.

Grundsätzlich kann die Mindestverstärkung nach Gl.(2.47) mit
der zugehörigen Schwellstromdichte S_{th} (Gl.(2.43), (2.45) und
(1.103)) über die Trägerdichte in Zusammenhang gebracht werden, wofür sich schließlich (in guter Näherung)

$$S_{th} = g/\beta = 1/\beta \; [\; \alpha_i - (1/2L) \; \ln \; (R_1 R_2)] \tag{2.49}$$

ergibt. Einige typische Werte enthält Tafel 2.11.

Aus dieser Beziehung lassen sich die wichtigsten Maßnahmen
zur Absenkung der Schwellstromdichte erkennen, nämlich
- Senkung der Absorptionsverluste ($\rightarrow \alpha_i$),
- möglichst geringe Dicke d der aktiven Zone (es ist $\beta \sim 1/d$,
  s. Gl.(2.43)),
- günstige Wahl der Resonatorlänge L und Spiegelreflexion,
  beide sind aber an praktischen Strukturen von geringerem
  Einfluß [2.38].

Vor allem die beiden ersten Maßnahmen führten vom Homosperr-
schicht-Laser zum Doppelhetero-Laser (DH-Laser). Die Aus-
gangsüberlegungen sind dabei
- durch lokale Trägerbegrenzung (carrier-confinement), z.B.
  beiderseitige Potentialwälle, die Strahlung zu lokali-
  sieren, die Trägerdichte zu erhöhen und damit die Strahlungsintensität zu vergrößern,
- durch optische Begrenzung (optical-confinement) das optische Feld durch Unterschiede der Brechungsindices zu kon-
  zentrieren.

Beide Maßnahmen können - abhängig von der Bauform - getrennt oder gemeinsam durchgeführt werden.

<u>Füllfaktor (Confinement-Faktor)</u>.Die im Laser entstehende Lichtwelle erfüllt während der transversalen optischen Führung (senkrecht zum PN-Übergang) nicht nur die aktive Zone, sondern auch die angrenzenden Bereiche. Für die typische Dreischichtstruktur eines Doppelhetero-Lasers mit den unterschiedlichen Brechungsindices n_f, n_s (n_f : Film, n_s Substrat) mit $n_s < n_f$ im Falle GaAlAs-GaAs (Bild 2.45) und mit der Photonendichte $n_{ph}(x)$ ist deshalb nur ein Bruchteil, ausgedrückt durch den <u>Füllfaktor</u> Γ

$$\Gamma = \frac{\int_{-d/2}^{d/2} n_{ph}(x)\,dx}{\int_{-\infty}^{\infty} n_{ph}(x)\,dx} - \frac{\int_{-d/2}^{d/2} |E_y(x)|^2\,dx}{\int_{-\infty}^{\infty} |E_y(x)|^2\,dx} \tag{2.50}$$

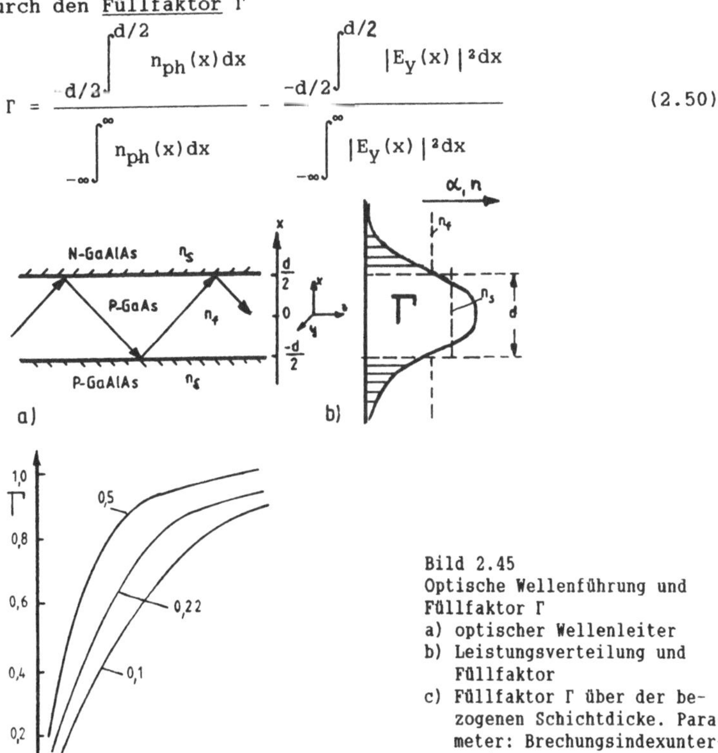

Bild 2.45
Optische Wellenführung und Füllfaktor Γ
a) optischer Wellenleiter
b) Leistungsverteilung und Füllfaktor
c) Füllfaktor Γ über der bezogenen Schichtdicke. Parameter: Brechungsindexunterschied Δ n

in der aktiven Zone vorhanden. Im aktiven Film breitet sich
eine TE-Welle (Komponenten $E_x = E_z = 0$) aus in der Form

$$E_y(x, z, t) = \hat{E}_y(x) \exp j(\omega t - \beta z). \qquad (2.51)$$

Deshalb kann der Füllfaktor auch durch die Feldkomponenten
beschrieben werden.

Die Komponente E_y betragen (entsprechend der Lösung der Wellengleichung s. Abschn. 1.2.1)

- <u>im aktiven Bereich</u>

$$E_y(x) = E_f \cos \varkappa x \qquad\qquad |x| < d/2 \qquad\qquad (2.52a)$$

$$\varkappa = n^2_f\, k^2 - \beta^2 \qquad (k = 2\pi/\lambda); \quad n^2_f\, k^2 = \omega^2 \mu_o \varepsilon_f,$$

- <u>außerhalb</u> des aktiven Bereiches

$$E_y(x) = E_f \cos(\varkappa d/2) \exp - \gamma(|x|-d/2) \approx E_f \exp - \gamma |x| \,_{|d \to 0}$$

$$\gamma^2 = \beta^2 - n^2_s k^2 \qquad |x| > d/2. \qquad\qquad (2.52b)$$

Man zeigt leicht, daß Wellenführung nur für $n_f > n_s$ eintritt.
Mit Gl.(2.52b) ergibt sich dann der Füllfaktor

$$\boxed{\Gamma \approx \frac{E^2_f\, d\, \gamma}{E^2_f} = \gamma\, d. \qquad\qquad (2.53)}$$

Der Faktor γ folgt aus der Theorie der Filmwellenleiter
(Abschn. 5.1.3) für kleine Dicken d zu

$$\gamma = \frac{k^2 d}{2} \sqrt{n^2_f - n^2_s} \qquad\qquad (k = 2\pi/\lambda) \qquad\qquad (2.54)$$

und so der Füllfaktor (angenähert für kleine Dicken)

$$\Gamma \approx 2\pi^2 (d/\lambda)^2 \cdot (n^2_f - n^2_s) \qquad\qquad (2.55)$$

für einen symmetrischen Wellenleiter und die Grundmode. Er
wächst mit der Schichtdicke rasch an. Beispielsweise erhält
man für GaAs ($\lambda_g = 0{,}87\ \mu m$, $n_f \approx 3.6$) und $Al_{0,25}Ga_{0,75}As$ ($n_s
= 3{,}42$) für d = 15 nm den Wert $\Gamma = 7{,}51 \cdot 10^{-3}$, für d = 250
nm hingegen $\Gamma \approx 0{,}75$. Hier liefert die Näherung Gl.(2.55)
bereits ein größeres Ergebnis als die exakte Lösung.

Für Füllfaktoren $\Gamma < 1$ müssen die Bilanzgleichungen modifiziert werden, denn sie gelten unter Annahme ortsunabhängiger Elektronen- und Photonenverteilung. Man kann zeigen, daß die Bilanzgleichung (2.36) der Elektronendichte durch den Füllfaktor nicht beeinflußt wird (weil sie in der aktiven Zone als konstant und außerhalb zu Null angenommen wird), während in der Photonendichtegleichung (2.37) der Faktor Γ (wie dort angegeben) ergänzt werden muß. Dies hat im Ergebnis direkten Einfluß auf die Schwellverstärkung Gl.(2.47):

$$g = \alpha_{in} + \frac{(1 - \Gamma)}{\Gamma} \alpha_{auß} - \frac{\ln \sqrt{R_1 R_2}}{\Gamma L}. \tag{2.56}$$

Dabei wurden die inneren Verluste α_i unterteilt in Verluste α_{in} im Filmleiter (Bild 2.45) und solche außerhalb ($\alpha_{auß}$). Im Verlauf der Schwellstromdichte (Gl.(2.49), Bild 2.43) über der Schichtdicke stellt sich jetzt ein Minimum ein.

2.3.2.3 Strahlungskennlinie. Ausgangsleistung

Die Strahlungsleistung Φ_e der Laserdiode wird über die beiden Spiegel des Resonators nach außen abgegeben. Sie muß gleich der Photonenergie W_{ph} (einer Mode)

$$W_{ph} = n_{ph} h \cdot fV \tag{2.57}$$

im Resonator sein, die der Photonendichte n_{ph} zugeordnet ist. Multipliziert mit dem Resonatorvolumen $V = Lbd$ ergibt sich dann die gesamte Photonenenergie im Resonator. Die Ausgangsstrahlungsleistung Φ_e ist dann durch die Phononenenergie gegeben, die während der Zeit τ^*_{ph}

$$\frac{1}{\tau^*_{ph}} = \frac{c}{nL} \ln \frac{1}{\sqrt{R_1 R_2}} \tag{2.58}$$

über die Spiegelfläche ausgekoppelt wird

$$\Phi_e = \frac{W_{ph}}{\tau^*_{ph}} = \frac{n_{ph} \, hf \cdot V}{\tau^*_{ph}} \equiv \frac{hf \cdot V}{q} \left[I - I_{th} \right] \frac{\tau_{ph}}{\tau^*_{ph}}. \tag{2.59}$$

Die <u>Photonenzeitkonstante</u> τ_{ph} ist dabei durch Gl.(2.38) gegeben.

Über dem Strom I steigt die Strahlungsleistung Φ_e (Bild 2.46) vom Schwellwert aus steil an, die Steigung

$$\frac{d(\Phi_e/hf)}{d(I/q)} = \frac{\tau_{ph}}{\tau^*_{ph}} = \frac{1}{1 - \alpha_i \, L/\ln \sqrt{R_1 R_2}} \equiv \eta_d \qquad (2.60)$$

wird oft auch als <u>differentieller Quantenwirkungsgrad</u> bezeichnet. Er gibt den Anteil der injzierten Träger an, der direkt Strahlung anregt. Dabei ist streng genommen noch zwischen Laserstrahlung und Spontanemission zu unterteilen. Deshalb liegt der Wirkungsgrad für die Laserstrahlung etwas unter dem gesamten (sog. inneren) Wirkungsgrad η_i. Für letztere sind Werte zwischen 60 ... 90 % typisch. Beispielsweise hat eine Laserdiode mit einer Steigung von 0,25 mW/mA bei λ = 1,3 µm einen differentiellen Wirkungsgrad von rd. 50 %.

Die <u>Ausgangsleistung</u> üblicher Laserdioden beträgt im Dauerstrichbetrieb einige 10 mW, im Impulsbetrieb mit Ansteuerströmen von einigen A etwa 10 W und mehr. Dabei zeigt sich mit zunehmender Leistungsbelastung eine Senkung der Lebens-

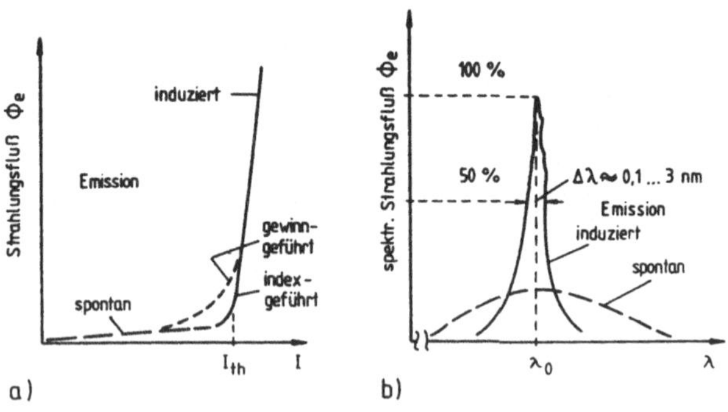

Bild 2.46 Strahlungsleistung Φ_e der Laserdiode

    a) Über den Flußstrom I, b) Spektrale Strahlungsleistung über der Wellenlänge

dauer, die auch mit auf die Beeinträchtigung der Spiegel zurückzuführen ist. Immerhin herrschen in der aktiven Zone Leistungsdichten von einigen MW/cm² (!). Garantierte Lebensdauern von $\approx 10^6$ h im Normalbetrieb sind heute üblich.

Der <u>Konversionswirkungsgrad</u>, als Verhältnis von kohärenter
Strahlungsleistung zu elektrischer Leistung I . U

$$\frac{\Phi_e}{IU} = \eta_i \ (1 - \frac{I_{th}}{I}) \ \frac{hf}{qU} \cdot \frac{1}{1 - \alpha_j \ L/\ln \sqrt{R_1 R_2}} \qquad (2.61)$$

hängt – außer vom internen Wirkungsgrad für $qU \approx hf$ – ausschließlich von den Verlusten ($\alpha_i L$, $R_1 R_2$) ab. Die heute erreichbaren Wirkungsgrade liegen mit einigen 10 % bereits relativ hoch.

Für die Anwendung ist zu beachten, daß die Strahlungskennlinie und der Schwellstrom temperaturabhängig sind (Bild
2.47), angenähert gilt

$$I_{th} \ (T_O + \Delta T) \approx I_{th}(T_O) \exp \frac{\Delta T}{T_O} \qquad (2.62)$$

mit T_O-Werten im Bereich von 120... 180 K (GaAs/GaAlAs) und
60 ... 90 K (InGaAs/InP). Wegen dieses Einflusses auf die
Ausgangsleistung wird die Strahlungsleistung im praktischen
Betrieb durch eine Stromreglerschaltung temperaturunabhängig

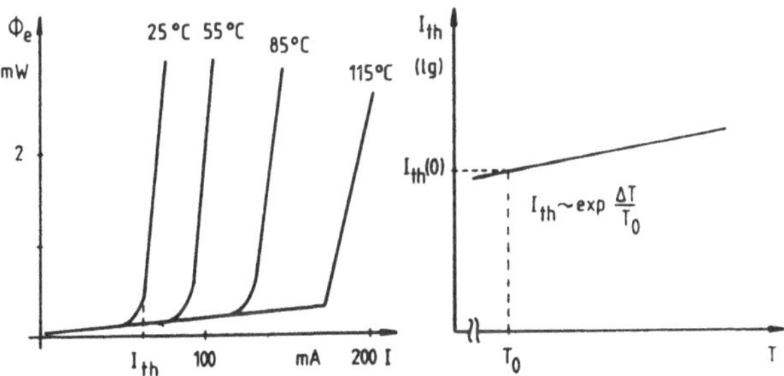

Bild 2.47 Temperatureinfluß auf die Strahlungsleistung Φ_e
      a) Kennlinienfeld
      b) Temperaturgang des Schwellstromes I_{th}

gehalten. Die Schwellströme verfügbarer Laserdioden liegen im Bereich um 100 mA und darunter [2.39], [2.40].

Der lineare Φ_e-I-Zusammenhang hängt von wichtigen Nebenbedingungen ab:

- vernachlässgbare thermische Rückkopplung,
- Betrieb im transversalen Grundmodus, sonst führen die entstandenen weiteren Moden zu Instabilitäten der Lichtemission und der sog. Selbstpulsation der Strahlung bei Gleichstromspeisung.
- Vermeidung der Rückwirkung des abgestrahlten Lichtes, hier können schon Bruchteile eines Promille Instabilitäten auslösen.

Die erste Forderung läßt sich durch Impulsbetrieb immer erreichen, die zweite hängt dagegen sehr von Bauform und Geometrie der Laserdiode ab. Dies ist einleuchtend, weil die gewöhnlich mit entstehenden Nebenmoden und höherharmonischen Strahlungsanteilen (durch Nichtlinearitäten im elektrischen und optischen Verhalten der Diode) sehr stark durch Geometrie und Betriebsbedingungen bestimmt sind, also auch den Resonanzfrequenzen des optischen Resonators.

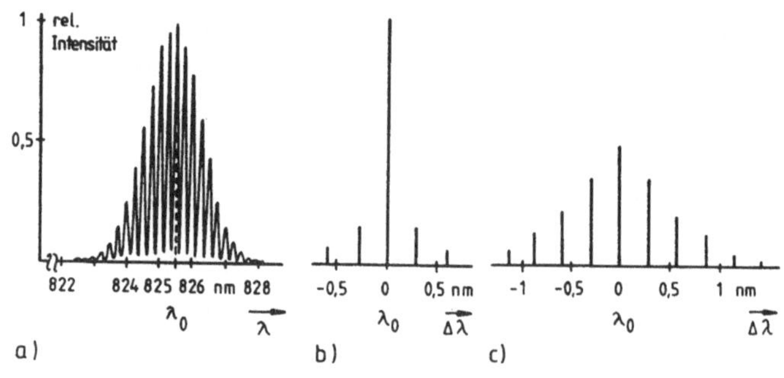

Bild 2.48 Longitudinales Modenspektrum einer Laserdiode
     a) Dicht oberhalb des Schwellstromes
     b) Weit oberhalb des Schwellstromes, indexgeführte Laserdiode
     c) wie b), jedoch gewinngeführte Laserdiode

<u>Ausgangsspektrum.</u> Die ausgehende Strahlung hängt in der
Grundwellenlänge vom Halbleitermaterial, im Spektrum stark
vom optischen Resonator ab: Unterhalb des Schwellstromes verursacht die spontane Emission ein relativ breites Spektrum,
mit Einsatz der stimulierten Emission nimmt die Strahlung
stark zu, und ihr Spektrum wird zunehmend schmaler. Dicht
oberhalb besteht es bei vielen Lasertypen (z.B. beim Streifenlaser) aus einer Reihe von schmalen Emissionslinien mit
etwa konstantem Abstand (Bild 2.48a). Da sich innerhalb des
Resonators eine stehende Welle bildet, d.h. die halbe Wellenlänge ein ganzes Vielfaches der optischen Resonatorlänge L
sein muß (s. Gl.(2.35d)), gilt

$$f_m = \frac{c}{\lambda_m} = \frac{c\,m}{2L\,n}. \qquad (m = 0,\ 1,\ 2\ldots) \qquad (2.63)$$

Bei gegebener Resonatorlänge L und Brechungsindex n sind
prinzipiell viele (m!) diskrete Wellenlängen λ_m möglich! Jede
von ihnen wird als <u>longitudinale</u> oder <u>axiale Mode</u> bezeichnet.
Der Frequenzabstand der einzelnen Moden beträgt $\Delta f = f_m -
f_{m-1} = c/2Ln$, wie aus Bild 2.48 hervorgeht oder ausgedrückt
als Wellenlängenabstand

$$\Delta\lambda = \lambda_m - \lambda_{m+1} = \frac{\lambda^2}{2Ln\,[1 - (\lambda/n)\cdot dn/d\lambda]} \approx \frac{\lambda^2}{2Ln}. \qquad (2.64)$$

Im letzten Fall wurde die Wellenlängenabhängigkeit des Brechungsindexes (Dispersion) vernachlässigt. Als Richtwert des
Wellenlängenabstandes ergibt sich für eine GaAs-Laserdiode (L
$\approx$ 0,5 mm bei λ = 0,85 m) $\Delta\lambda \approx$ 0,2 nm vom Hauptmodus. Anders
ausgedrückt würden rd. m = 4230 halbe Wellenlängen in den 0,5
mm langen Resonator passen!. Wegen $df/d\lambda - c/\lambda^2$ repräsen-
tiert eine Linienbreite von 0,1 nm bei λ = 0,85 µm (f = 352
THz!) eine Frequenzbandbreite $\Delta f \approx$ 41 GHz (!). Diese große
"Bandbreite" der (reinen) Strahlung erklärt ihre Vorzüge für
die Nachrichtenübertragung [2.52], [2.57], [1.13].

Das longitudinale Modenspektrum hängt stark davon ab, ob ein
index- oder gewinngeführter Laser vorliegt (Bild 2.48b). Im
<u>indexgeführten</u> Laser (s. Abschn. 2.3.3.2) ist die Emission
oberhalb des Schwellstromes im wesentlichen longitudinal ein-
modig: die Hauptmode enthält fast die gesamte Strahlungsleistung. Beim <u>gewinngeführten</u> Laser hingegen bleibt die longitudinale Vielmodigkeit erhalten, selbst bei großen Strömen.
Die Ursache liegt im Verlauf des optischen Gewinns g (s. Gl.
(2.47)) über der Wellenlänge und der Lage der optischen Resonanzen (Bild 2.49). Die Schwingbedingung erfordert $g \geq \alpha$,
wenn man unter α die Gesamtdämpfung Gl.(2.47) versteht. So
erregen nur diejenigen longitudinalen Moden, die in Nähe des
Bereiches $g \approx \alpha$ liegen. Für alle übrigen ist $g \approx \alpha$ nicht erfüllt. Im Ergebnis entsteht eine dominierende Mode (Monomode-
Laser) mit praktisch einer Emissionswellenlänge. Obwohl der
Gewinn über der Wellenlänge für beide Lasertypen gleich verläuft, ist die Vielmodigkeit des gewinngeführten Lasers auf
den höheren Anteil der spontanen Emission zurückzuführen.
Dies drückt sich z.B. in einem stärker verschliffenen Φ_e-I-
Kennlinienübergang von spontaner zu stimulierter Emission aus
(Bild 2.46). Dann sind noch longitudinale Moden möglich, die
nicht im Bereich des Gewinnmaximums liegen. Dementsprechend
größer ist auch die Halbwertsbreite der Einhüllenden des
Spektrums (typisch 1 ... 3 nm).

Da die Querschnittsabmessungen der aktiven Zone die gleiche
Größenordnung wie die erzeugte Wellenlänge haben, erlaubt die
diesbezüglich zugrunde liegende Eigenwertgleichung nur bestimmte <u>transversale</u> Wellentypen oder Moden. Streifenlaser
mit geringem Querschnitt arbeiten normalerweise im <u>transver-
salen Grundmodus,</u> Dioden mit breiteren Kontakten auch bei
höheren transversalen Moden.

Zur quantitativen Darstellung des Emissionsspektrums (und
damit auch der gesamten Ausgangsleistung) sind die Bilanzgleichungen (2.36, 2.37) auf den Mehrmodenfall zu erweitern,
d.h. alle photonenabhängigen Größen (Photonendichten n_{phm},

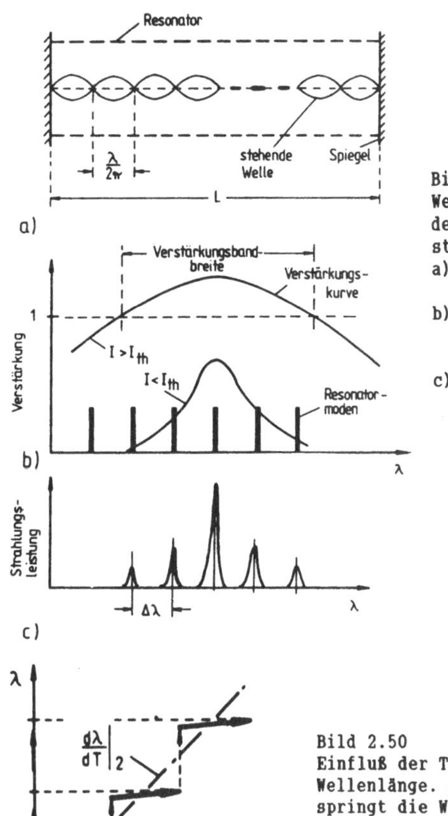

Bild 2.49
Wellenlängenabhängigkeit
der Verstärkung und Ent-
stehung des Laserspektrums
a) Resonator mit stehender
   Welle (Longitudinalmode)
b) Verstärkerkurve mit Reso-
   nanzspektrum der Longitudinalmode,
c) Ausgangsleistung

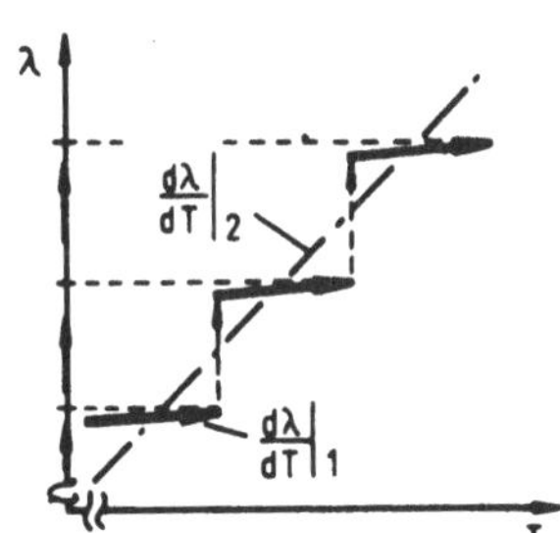

Bild 2.50
Einfluß der Temperatur auf die emittierte
Wellenlänge. An den markierten Stellen
springt die Wellenlänge

optischer Gewinn b_m, Photonenlebensdauer im Resonantor τ_{phm})
für die jeweilige Mode m einzuführen, so daß es m Bilanzgleichungen für die Photonen und in der Elektronendichte-
gleichung (2.36) im letzten Term einen Summenterm (über m)
gibt. Der Verstärkungskoeffizient g_p (Gl.(1.103)) wird dazu
im Maximum wellenlängenabhängig approximiert

$$g_m(\lambda) = g_p - (\lambda_p - \lambda_m) \cdot (d^2 g / d \lambda^2), \qquad (2.65)$$

dabei ist $(d^2g/d\lambda^2)$ ein Maß für die spektrale Breite des Verstärkungsprofils. Mit einem solchen Ansatz lassen sich die Verläufe Bild 2.48 recht gut bestätigen.

Die "Schwerpunkt"wellenlänge des Laserspektrums (bzw. die Emissionswellenlänge des Monomode-Lasers) hängt durch verschiedene Ursachen (Temperaturgang des Bandabstandes, des Brechungsindexes, Änderung der optischen Resonatorlänge u.a. m.) von der Temperatur ab (Bild 2.50). Das kann z.B. zum "Umspringen" der Emissionsfrequenz führen (mode-hopping). Bei geringen Temperaturerhöhungen ändert sich zunächst die Resonanzfrequenz des optischen Resonators durch den Brechungsindex gemäß

$$\left.\frac{d\lambda}{dT}\right|_1 = \frac{\lambda_o}{n}\frac{dn}{dT}. \tag{2.66}$$

Für GaAs ($\lambda = 0,85$ µm) ergibt sich mit $n = 3,5$ und $dn/dT = 4,9 \cdot 10^{-4}$ K^{-1} etwa $d\lambda/dT = 1,2$ nm/K. Dies erklärt die kleine -Änderung im Diagramm. Bei größerer Temperaturänderung ändert der Temperaturgang des Bandabstandes die Gewinnkurve $g(\lambda)$ und damit die emittierte Wellenlänge. Angenähert gilt für diesen Anteil

$$\left.\frac{d\lambda}{dT}\right|_2 \approx \frac{d\lambda}{dW_G}\cdot\frac{dW_G}{dT} \approx \frac{-hc}{W_G^2}\cdot\frac{dW_G}{dT} \tag{2.67}$$

mit etwa 0,2 nm/K (GaAs) bzw. 0,3 ... 0,4 nm/K (InGa, As, P). Diese größere Änderung bewirkt das Umspringen der Strahlung auf die jeweils zum nächstniedrigen m-Wert (Gl.(2.63)) gehörende Resonanzfrequenz.

Schließlich sei noch erwähnt, daß durch die Modulation weitere dynamische Verschiebungen des Spektrums eintreten können. So verbreitert beispielsweise eine Monomodestrahlung im unmodulierten Zustand zu einem Multimodespektrum durch Modulation. Die Hauptursache dafür ist die Abhängigkeit des Gewinns von der Trägerdichte, die sich durch die Intensitätsmodulation ändert.

2.3.2.4 Dynamische Lösungen der Bilanzgleichungen

Ein breites Anwendungsgebiet (optische Nachrichtenübertragung, Meßtechnik) benutzt die Laserdiode im dynamischen Betrieb: Modulation (analog, digital), Einschwingverhalten bei geschaltetem Strom u.a.. So verursacht die (sehr bequeme) Modulation des Injektionsstromes, wie bei der LED, neben Amplitudenänderungen der Ausgangsleistung, auch Frequenz- und Phasenschwankungen der emittierten Strahlung, weil sich das gesamte Emissionsspektrum ändert.

Grundlage des dynamischen Verhaltens sind die Bilanzgleichungen (2.36, 2.37) mit zeitabhängiger Dichte (als semiklassische Näherung, weil eine genauere Betrachtung von den vollen quantenmechanischen Lasergleichungen mit einbezogenen Festkörperwechselwirkungen ausgehen müßte). Dieser Weg ist zu kompliziert; im Falle der Halbleiterlaserdiode genügen die nichtlinearen Bilanzgleichungen für technische Problemstellungen vollauf.

<u>Modulationsverhalten. Kleinsignalnäherung</u>. Die Bilanzgleichungen (2.36, 2.37) für Elektronen- und Photonendichte sind durch die Produkte $n \cdot n_{ph}$ nichtlinear. Bei Beschränkung auf einen sinusförmig modulierten Injektionsstrom (Modulationsfrequenz)

$$S(t) = S + \Delta S e^{j\omega t} \qquad\qquad (\Delta S \ll S) \qquad\qquad (2.68a)$$

und entsprechende Kleinsignalstörungen der Elektronen- und Photonendichte

$$n(t) = n + \Delta n e^{j\omega t} \qquad\qquad (\Delta n \ll n) \qquad\qquad (2.68b)$$

$$n_{ph}(t) = n_{ph} + \Delta n_{ph}\, e^{j\omega t} \qquad\qquad (2.68c)$$

(sowie einer Transformation in den Frequenzbereich, $\Delta n \rightarrow \underline{n}$ usw., $\Delta S \rightarrow \underline{S}$) erhält man für die Änderungsgrößen die <u>linearisierten Bilanzgleichungen</u> ($\Gamma = 1$)

$$j\omega \underline{n}_{ph} = \underline{n}_{ph}\,[(n - n_t)\,b - 1/\tau_{ph}] + n_{ph}\,[\underline{n}b] + \underline{n}\eta/\tau_{eff}$$
$$(2.69a)$$

$$j\omega \underline{n} = \underline{S}/qD - \underline{n}/\tau_{eff} - \underline{n}_{ph}\,b(n - n_t) - n_{ph}b\,\underline{n}. \qquad (2.69b)$$

Sie führen unter der Annahme $n - n_t \approx 1/b\tau_{ph}$ (vernachlässigbare spontante Emission) auf die Lösungen

$$\underline{n} = \frac{1}{qd}\;\frac{j\,\omega\,\underline{S}}{(\omega_r)^2 + j\omega\bar{\gamma} - \omega^2} \qquad (2.70)$$

$$\underline{n}_{ph} = \frac{1}{qd}\;\frac{(\omega_r)^2}{\omega_r^2 + j\omega\bar{\gamma} - \omega^2}$$

mit den Abkürzungen

$$\omega_r^2 = \frac{\beta}{\tau_{ph}\tau_{eff}} + \frac{bn_{ph}}{\tau_{ph}} \approx \frac{bn_{ph}}{\tau_{ph}}\;\Bigg|\;\begin{array}{l}\text{spontane Emission}\\\text{vernachlässigt}\end{array}$$

$$= \left(\frac{S}{S_{th}} - 1\right)\left[\frac{bn_t}{\tau_{eff}} + \frac{1}{\tau_{eff}\tau_{ph}}\right]$$

$$\bar{\gamma} = \frac{1}{\tau_{eff}} + bn_{ph}. \qquad (2.71)$$

Der normierte Frequenzgang der emittierten Lichtleistung

$$F(\omega) = \frac{|\underline{n}_{ph}|}{|\underline{n}_{ph}(0)|} = \frac{\omega_r^2}{\sqrt{(\omega_r - \omega)^2 + (\omega\bar{\gamma})^2}} \qquad (2.72)$$

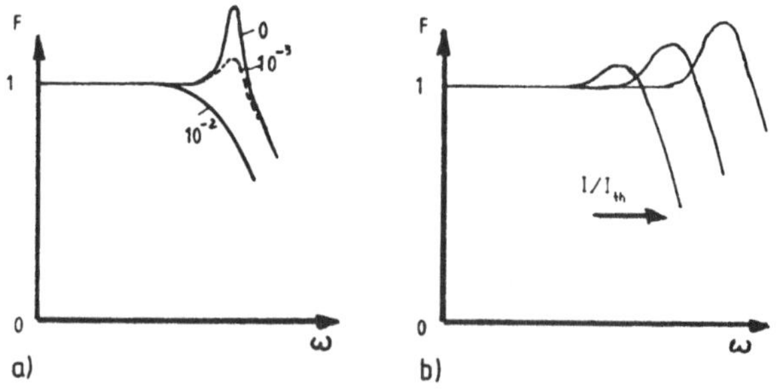

Bild 2.51 Bezogene Strahlungsleistung F
     a) Frequenzgang. Parameter $\gamma\cdot\eta$ (η Quantenwirkungsgrad)
     b) Frequenzgang. Parameter bezogener Strom I/I_{th}

hat über der Modulationsfrequenz ω den im Bild 2.51 dargestellten Verlauf. Resonanzüberhöhung stellt sich ein für

$$\omega_{max} = \sqrt{\omega_r^2 - \frac{\bar{\gamma}^2}{2}} \quad \text{mit} \quad F(\omega_{max}) = \frac{\omega_r^2}{\sqrt{\omega_r^2 - \bar{\gamma}^2/4}} \tag{2.73}$$

$$\approx \sqrt{\left(\frac{S}{S_{th}} - 1\right) \cdot \frac{1}{\tau_{eff}\tau_{ph}}} \approx \sqrt{\frac{\tau_{eff}}{\tau_{ph}}\left(\frac{S}{S_{th}} - 1\right) \cdot \left(\frac{S_{th}}{S}\right)^2}.$$

Die Näherungsbeziehungen gelten dabei für $\bar{\gamma} < \omega_r$, was für
Ströme oberhalb des Schwellwertes I_{th} zutrifft.

Hohe Modulationsfrequenz erfordert nach Gl.(2.71) eine möglichst hohe Resonanzfrequenz ω_r, also kleine Photonenlebensdauer τ_{ph} (kurze Resonatorlänge) und große differentielle
Verstärkung a - b (Gl.(1.104)) sowie eine hohe Photonendichte
n_{ph}. Dadurch steigt nach Gl.(2.71) auch der Faktor $\bar{\gamma}$ (Dämpfung) und die Resonanzüberhöhung ist schwächer ausgeprägt.
Beispielsweise ergibt sich für die Richtwerte τ_{eff} = 1 ns und
τ_{ph} = 1 ps für S/S_{th} = 1,5 die Resonanzfrequenz f_{max} = 3,566
GHz und F = 14,9 gegenüber F = 1 bei tiefen Frequenzen. Die
typischen Resonanzfrequenzen ω_r von Laserdioden liegen um 10
GHz, also deutlich über der Grenzfrequenz der LED, die etwa
durch $\omega_g \approx 1/\tau_{eff}$ gegeben ist.

Für Modulationszwecke eignet sich deshalb der "flache" Bereich unterhalb der Resonanzfrequenz. Soll die Modulation
noch höherfrequent erfolgen, so muß das Laserlicht extern
(durch elektrooptische Verfahren, s. Abschn. 5.2.1) moduliert
werden.

Über dem Strom ergibt sich bei fester Modulationsfrequenz
ebenfalls ein Maximum von F, das mit steigendem Injektionsstrom zu höheren Frequenzen rückt.

Die Bilanzgleichungen (2.36, 2.37) lassen sich grundsätzlich
auf eine nichtlineare DGL zweiter Ordnung überführen, die je
nach den Dämpfungsverhältnissen eine abklingende Schwingung,

den aperiodischen Grenzffall oder aperiodisches Verhalten
zeigen kann. Dies wird durch den verschwindenden Nenner von
Gl.(2.70) im Kleinsignalfall bestimmt. Man erhält Eigen-
schwingungen für

$$j\,\omega_{1/2} = -\,\bar{\gamma}/2 \pm \sqrt{\bar{\gamma}^2/4 - \omega_r^2}\,' \tag{2.74}$$

für $\bar{\gamma}/2\omega_r < 1$ gedämpfte Schwingungen, für $\bar{\gamma}/2\omega_r = 1$ den aperiodischen Grenzfall und für $\bar{\gamma} > 2\omega_r$ aperiodisches Verhalten.
Das macht sich bei <u>Großsignal</u>modulation bemerkbar.

<u>Großsignalmodulation.</u> Bei der digitalen Modulation wird der
Laser von einem Arbeitspunkt unterhalb des Schwellwertes
durch Stromsprung eingeschaltet, m.a.W. liegt hier ein Groß-
signalbetrieb vor. Dies wird durch die (nur numerisch mögliche) Impulslösung der Bilanzgleichungen (2.36, 2.37) beschrieben. Vereinfachte Verhältnisse gelten, wenn der Injektionsstrom zum Zeitpunkt $t = 0$ von $S = 0$ auf einen konstanten Wert $S > S_{th}$ eingeschaltet wird. Bild 2.52 zeigt die
Zeitverläufe der Photonen und Elektronendichte. Zunächst
steigt die Elektronendichte, bis etwa nach einer Verzögerungszeit t_d die Schwellendichte n_{th} Gl.(2.41) erreicht ist
und die Laseremission einsetzen kann. Da während des Verzö-
gerungsvorganges Emissionsprozesse noch keine Rolle spielen,
vereinfacht sich die Elektronenbilanzbeziehung (2.36) auf

$$dn/dt = S/qd - n/\tau_{eff},$$

mit der Lösung

$$n(t) = (S\tau_{eff}/qd)\cdot(1 - \exp -t/\tau_{eff})$$

für den Anfangswert $n(0) = 0$ oder

$$t = \tau_{eff}\,\ln\left[\frac{S}{S - qn(t)d/\tau_{eff}}\right].$$

Die <u>Verzögerungszeit</u> t_d ergibt sich dann mit $n(t_d) = n_{th}$ oder
der Schwellstromdichte S_{th} zu:

$$t_d = \tau_{eff}\,\ln S/(S - S_{th}). \tag{2.75}$$

Wird die Laserdiode mit einer Stromdichte S_0 unterhalb des
Schwellwertes S_{th} vorgespannt, so kann die Verzögerungszeit

$$t_d = \tau_{eff} \ln \frac{S - S_0}{S - S_{th}} \qquad (2.76)$$

stark reduziert werden. Praktische Verzögerungszeiten liegen
im unteren ns-Bereich.

Hat die Elektronenkonzentration den Schwellwert n_{th} erreicht,
so klingt oft noch eine Relaxationsschwingung entsprechend
nach. Gl.(2.74).

Die Photonendichte n_{ph} steigt nach der Verzögerungszeit t_d
ebenfalls stark oszillierend an. Dabei treten sog. <u>Spikes</u> als
Folge der o.a. Relaxationsschwingung auf. Anschaulich kann
man den Vorgang so deuten, daß mit Anstieg der Photonendichte
n_{ph} die Elektronendichte $n(t)$ abzusinken beginnt (Gl.(2.37)),
weshalb die Photonendichte bei $n = n_{th}$ ein Maximum durchläuft. Danach fällt sie wegen $n(t) < n_{th}$ ab. Dieser Vorgang
wiederholt sich periodisch (Gl.(2.74)) mit entsprechender
Dämpfung, bis sich schließlich ein stationärer Wert ein-
stellt.

Diese Spikes können zur <u>Erzeugung ultrakurzer Impulse</u> (Größenordnung 10 ps) verwendet werden, wenn der Laser sofort
nach dem ersten Spike wieder abgeschaltet wird. Umgekehrt
lassen sich diese Schwingungen durch Rückkopplung eines Teils
der erzeugten Strahlung in den Wellenresonator ganz unter-
binden.

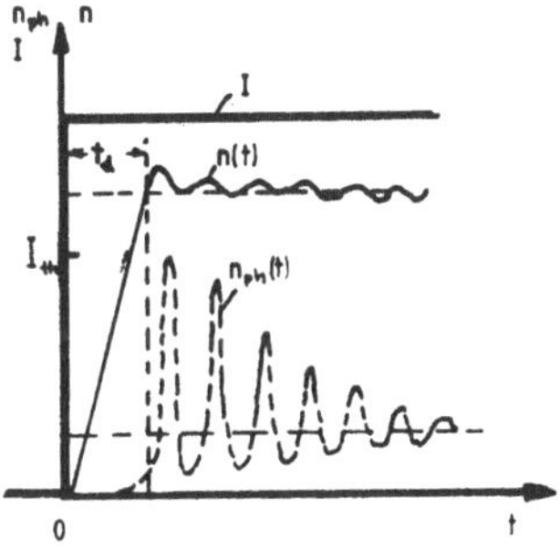

Bild 2.52
Ralaxationsschwingungen der
Elektronen- (n) und Photonendichte
(n_{ph}) beim Einschalten eines Strom-
sprunges $I > I_{th}$

Die gesamte Laserdynamik ist ein stark nichtlineares Problem,
weshalb auch eine Reihe von besonderen Effekten auftritt,
z.B.
- die schon erwähnten Relaxationsschwingungen beim Einschalten, die sich bei Digitalmodulation als sog. <u>Bitmusteref-
  fekt</u> bemerkbar machen,
- unerwünschte Schwingungen durch Selbstpulsation,
- Frequenzverwerfung durch nichtisothermes Verhalten,
- Entstehung neuer Moden durch die Modulation (Stromänderung)
  sowie von Frequenzmodulation hauptsächlich über den konzen-
  trationsabhängigen Brechungsindex.

Diese Vorgänge hängen z.T. stark von der Bauform und dem Material ab.

2.3.3 Bauformen

Die Eigenschaften der Laserdiode werden stark durch Bauform
und die verwendeten Halbleitermaterialien bestimmt, weil sie
gleichzeitig folgende Aufgaben erfüllen muß:
- Führung der Lichtwelle in einem Lichtleiter und Gestaltung
  eines optischen Resonators,
- möglichst vollstände Abstrahlung der erzeugten Leistung,
- Beherrschung der thermischen Probleme zufolge der relativ
  hohen Schwellstromdichten.

Die Entwicklung seit der Erfindung des Halbleiterlasers im
Jahre 1961 war und ist hauptsächlich durch zwei Richtungen
bestimmt:
- durch die Suche nach <u>Halbleitermaterialien</u> für einen möglichst großen Wellenlängenbereich,
  die Senkung der Schwellstromdichte (Gl.(2.49)), insbesondere durch die schon erwähnte <u>lokale Trägerbegrenzung</u>
  (Strahlungslokalisierung durch beiderseitige Potentialwälle) und die <u>optische Begrenzung</u>, also <u>elektrisches</u> und
  <u>optisches Confinement</u>.

2.3.3.1 Materialien

Für Halbleiterlaserdioden eignet sich ein breites Spektrum binärer, tertiärer und quaternärer Halbleitermaterialien (Tafel 2.12 und Bild 2.53). Heute läßt sich der Wellenlängenbereich von etwa 0,5 - 46 µm materialmäßig überstreichen [2.8]:

a) Im sichtbaren und nahen IR-Bereich ($\lambda \leq 0,9$ µm) hauptsächlich durch die von der LED her bekannten A^{III}-B^{V}-Verbindungen, insbesondere GaAs, (GaAl)As, (GaIn)AsP und $AlxGa_{1-x}/As_ySb_{1-y}$, letztere als Heterostrukturen für das getrennte elektrische und optische Confinement bei seitlicher Begrenzung des aktiven Gebietes (gewinn- oder indexgeführte Streifenlaser). Zunehmend wird die Mehrfachquantengrabentechnik ausgenutzt. Derartige Laserdioden kommen als Universallaser breit zum Einsatz. Es wurden Modulationsbandbreiten bis 15 GHz erreicht [2.47].

b) Im Bereich des ersten optischen Fensters ($\lambda \approx 1,3$ bzw. 1,55 µm) durch ternäre und quaternäre Verbindungen auf InAs-, InP- bzw. InSb-Basis (z.B. $In_{1-x}Ga_xAs_yP_{1-y}$ und $Ga_{1-x}Al_xAs_ySb_{1-y}$). Beispielsweise wählt man für $\lambda = 1,3$ µm als typisches System $In_{0,74}Ga_{0,26}As_{0,6}P_{0,4}$ auf einem InP-Substrat und für $\lambda = 1,55$ µm $In_{0,6}Ga_{0,4}As_{0,9}P_{0,1}$. Die Modulationsbandbreiten reichen bis zu 20 GHz.

c) Im zweiten und dritten optischen Fenster ($\lambda \approx 2 \ldots 15$ µm) durch Bleichalkogenid-Mischkristallreihen ($Pb_{1-x}Sn_xTe$, $PbS_{1-x}Se_x$, $Pb_{1-x}Sn_xSe$ u.a.m.). Die Materialzusammensetzung bestimmt dabei grob die Wellenlänge, die Feinabstimmung erfolgt über Strom, Magnetfeld, Druck u.a. Derartige Laserdioden arbeiten wegen der niedrigen Bandbreite bei tiefen Temperaturen (Zusatzkühlung). Neben der Stromanregung kommen hier auch andere Anregungsarten (Elektronenstrahl, optische Strahlung) zum Einsatz. Das Haupteinsatzgebiet dieser Dioden liegt im Bereich der Spektroskopie.

Material	Substrat	Wellenlänge μm
		0,6 0,8 1 1,4 2 3 4
AlGaAs	GaAs	
GaInAsP	InP	
	GaAs	
GaInSbP	InP	
	GaSb	
GaInAsSb	InAs	
	GaSb	
AlGaAsSb	GaSb	
InAsSbP	InAs	
$Pb_xSn_{1-x}Se$		
$Pb_xSn_{1-x}Te$		
$PbS_{1-x}Se_x$		
$Cd_xHg_{1-x}Te$		
		3 5 10 50

Tafel 2.12 Materialien für Halbleiter-Hetero-Laserdioden

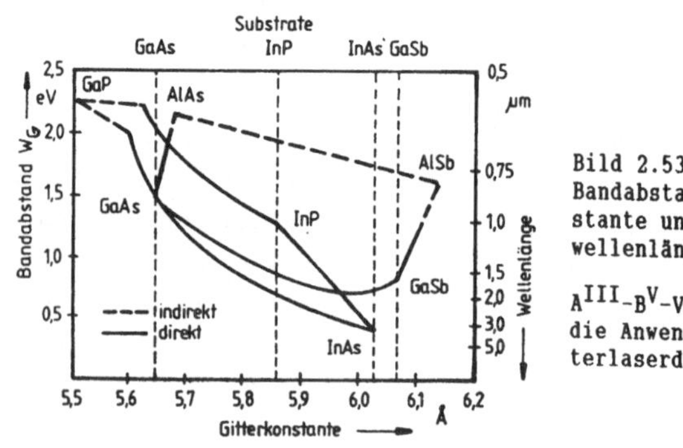

Bild 2.53
Bandabstand, Gitterkonstante und Emissionswellenlänge typischer

A^{III}-B^V-Verbindungen für die Anwendung in Halbleiterlaserdioden

2.3.3.2 Bauformen

Die historisch erste Bauform war die <u>Homosperrschicht-Laser-</u>
<u>diode</u> mit gleichem Halbleitermaterial (GaAs) für die N- und
P-Bereiche zu Beginn der 60er Jahre. Die Grundbauform entspricht dabei optisch dem Fabry-Perot-Interferometer: quader-
förmiges Kristallvolumen des aktiven Bereiches mit zwei planparallelen seitlichen Spiegelflächen (Bild 2.37). Die extrem
hohe Schwellstromdichte ($\approx$ 50 kA/cm² und mehr) erlaubte keinen Dauerbetrieb bei Zimmertemperatur, sondern nur Impulsbetrieb.

Die Fortschritte der Heteroepitaxieschicht führten bald zu
Heteroübergängen und so, von den 70er Jahren an, zur <u>Hetero-</u>
<u>sperrschicht-</u>Laserdiode zunächst als <u>Einfach-,</u> später <u>Doppel-</u>
und <u>Mehrfachheterostruktur</u> mit den schon erwähnten Möglichkeiten des optischen und elektrischen Confinements [2.50].

Die Eigenschaftsverbesserungen mit dem Einfachheteroübergang
(1963) waren ermutigend und hatten sehr schnell die Doppelheterostruktur zur Folge. Die ersten realisierten Doppelhe-
terolaserdioden auf Basis AlGaAs/GaAs wurden nach 1970 vor-
gestellt mit Schwellstromdichten von $\approx$ 1,5 kA/cm² für den
Strahlungsbereich 0,8 ... 0,9 µm in der sog. Streifenstruktur
(s.u.), zunächst nur mit elektrischem Confinement, später als
komplexere Heterostrukturen auch mit optischem Confinement.

Für den Wellenlängenbereich 1,3 ... 1,55 µm kamen später die
Materialsysteme InGaAsP/InP intensiv zur Anwendung mit typischen Schwellstromdichten zwischen 0,6 ... 2 kA/cm².

Forderungen nach extrem hohen Modulationsfrequenzen im oberen
GHz-Bereich (> 10 GHz) führten aus noch zu erwähnenden Gründen zur Abkehr vom Fabry-Perot-Resonator. Es entstanden mit
den sog. <u>periodischen Strukturen</u> mit Rückkopplung durch
Bragg-Reflexion andere Laserformen: DFB (distributed feedback), DBR (distributed Bragg reflection). Dabei erfolgt die
Reflexion entweder <u>in</u> oder <u>außerhalb</u> der elektrischen Anre-

gungsstelle. Fortschritte der Molekularstrahlepitaxie erlaubte die Herstellung immer dünnerer aktiver Schichtzonen bis
hin zu Quantenfilmen (Einfach- und Mehrfachquantenstruktu-
ren), die deutliche Verbesserungen im elektrischen und optischen Confinement in den 80er Jahren brachten und gegenwärtig
mit der Nutzung ein- und nulldimensionaler Strukturen (quantum wire, quantum-dot) Gegenstand intensiver Forschung sind.

Für die Ausbildung stabiler Schwingungsmoden ist die seitliche Einengung der Wellenführung (und des Stromes) in der
Filmebene von grundlegender Bedeutung. Dies führt zum Streifenlaser. Er besitzt eine seitliche Begrenzung, typischerweise durch laterale Variation des Brechungsindexes (Indexführung , index-guiding) oder des Stromverlaufes (Gewinn-
führung, gain-guiding).

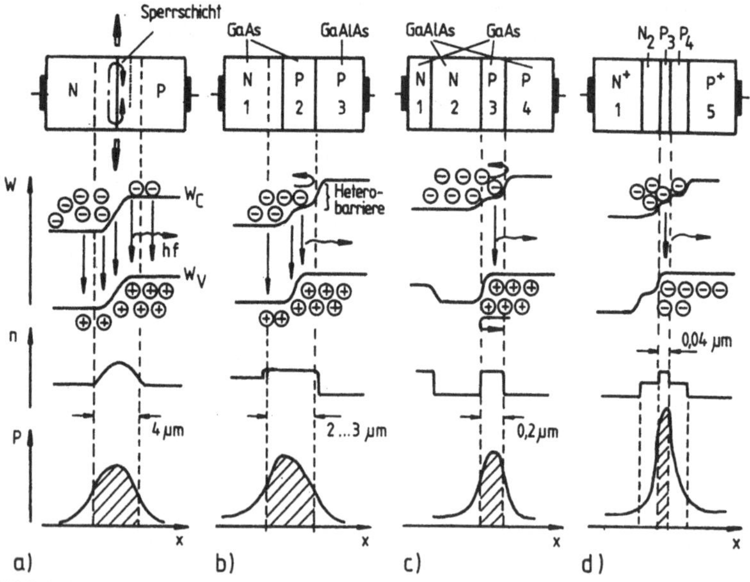

Bild 2.54 Struktur, Bändermodell, lokaler Verlauf des Brechungsindex und
der Strahlungsleistung verschiedener Halbleiterlaserdioden
a) Homodioden-Laser (GaAs)
b) Singleheterostruktur-Laser (SH), (1), (2) GaAs, (3) GaAlAs
c) Doppelheterostruktur-Laser (DH) (1), (3) GaAs, (2), (4) GaAlAs
d) Fünfschicht-DH-Laser (1), (2), (4), (5) GaAlAs, (3) GaAs

Homosperrschichtlaserdiode. Diese klassische, aus entartetem
GaAs oder GaAlAs aufgebaute Halbleiterlaserbauform (Bild 2.
54a) hat einen strahlungserzeugenden Bereich etwa am Ort des
PN-Überganges. Seine Breite hängt stark von der Diffusionslänge der Träger ab. Deshalb tritt der Lasertrahl verhältnis-
mäßig großflächig mit einem Öffnungswinkel von 2 ... 5° und
mehr aus. Die Strahlführung in der aktiven Schicht stellt
sich quasi von selbst ein, da der Brechungsindex von der injizierten Trägerdichte abhängt. Der geometrische Aufbau des
Lasers ist vom Bild 2.37 her bereits bekannt [2.41], [2.58].

Diese heute kaum noch verwendete Laserdiode hat folgende
Nachteile:
- Das große Volumen, in dem die Strahlung erzeugt wird (mit
  z.T. nicht scharfen Begrenzungen), ergibt nur mittlere
  Photonendichte.
- Stehende Wellen im Resonator werden lediglich durch solche
  Photonen angeregt, die zufällig senkrecht auf die Spiegel-
  fläche fallen.
- Das Querschnittsprofil des austretenden Lichtes ist relativ
  groß und nicht scharf begrenzt.

Aus diesen Gründen erfordert diese Laserstruktur eine sehr
hohe Trägerinjektion für die stimulierte Emission. Schwellstromdichten von einigen 10 000 A/cm² bei Zimmertemperatur
sind charakteristisch und erlauben keinen Dauerbetrieb aus
thermischen Gründen.

Selbst Kühlung (meist mit flüssigem Stickstoff, T = 77 K) reduziert die Schwellstromdichte nur um eine Größenordnung, wodurch höchstens ein Impulsbetrieb möglich ist.

Einfach-Heterolaserdiode (Single-Hetero-, SH-Laserdiode).
Eine deutliche Herabsetzung des Schwellstromes brachte der
Übergang zur Einfach-Heterostruktur (Bild 2.54b). Dadurch
konnten sowohl der Strahlungsbereich als auch das Rekombina-
tionsgebiet zumindest einseitig definiert begrenzt werden.

Die Anordnung besteht aus einem GaAs-NP-Übergang, auf den
eine $Ga_xAl_{1-x}As$-Schicht (P^+) mit größerem Bandabstand und
kleinerem Brechungsindex epitaktisch aufgewachsen wird. Sie
bildet eine Barriere für die aus dem N-Gebiet injizierten
Elektronen und begrenzt so die aktive Zone etwa auf die P-
Schicht. Ist ihre Dicke d (1 ... 2 µm) kleiner als die Diffusionslänge, so verbleiben die injizierten Elektronen nur in
dieser Schicht in nahezu gleicher Konzentration, und der
Schwellstrom geht um mehr als eine Größenordnung zurück. Der
kleinere Brechungsindex im GaAlAs bewirkt eine Strahlungsfüh-
rung am Heteroübergang, während sie im N-Gebiet durch den
dichteabhängigen Brechungsindexübergang erfolgt. Bei zu kleiner Schichtdicke d verliert die P-Schicht ihre optischen Füh-
rungseigenschaften und Verluste und Schwellstrom steigen wieder an (Bild 2.43). Der geringere Schwellstrom erlaubte den
Impulsbetrieb dieser Dioden bereits bei Zimmertemperatur.
Auch die Einfach-Heterolaserdiode wird heute kaum noch angewendet.

<u>Doppel-(Mehrfach)-Heterolaserdiode</u> (DH-, MH-Laserdiode). Die-
se heute fast ausschließlich eingesetzte Bauform entstand als
folgerichtige Weiterentwicklung des SH-Lasers. Verwendet wird
eine zweite N-GaAlAs-Schicht zwischen dem N- und P-GaAs-Be-
reich (Bild 2.54c). So gelangt die Strahlung wegen der unterschiedlichen Brechungsindices nicht mehr ins N-Gebiet. Zusätzlich bildet diese Schicht noch eine Barriere für Löcher,
dadurch ist die Strahlungserzeugung auf einen sehr engen Bereich (Breite d) begrenzt, und die Strahlungsdichte wächst
durch die höhere Trägerdichte in kleinerem Volumen stark.
Schichtdicken d bis 0,1 µm sind üblich. Die aktive Mittelschicht wirkt durch die Begrenzung des Brechungsindexes
zusätzlich noch als geometrisch <u>optischer Wellenleiter</u>. Dadurch kann Strahlung, die sonst durch Totalreflexion an der
Grenze der aktiven Zone verlorengehen würde, innerhalb des
Wellenleiters noch stehende Wellen bilden und die Photonen-
erzeugung vergrößern. Dazu muß allerdings nicht nur die zwei-

te Laserbedingung (s. Gl.(2.34)) zutreffen, sondern die Welle
auch noch die Eigenwertgleichung des optischen Wellenleiters
erfüllen (s. Abschn. 5.1.3). Theoretisch sind beliebig kleine
Schichtdicken möglich, denn für den symmetrischen optischen
Wellenleiter existiert keine untere Grenzdicke. Praktisch
hört die Strahlung aber für $d < \lambda/2\pi \sqrt{\Delta\varepsilon}$ auf, sich überwie-
gend im Wellenleiter auszubreiten. Diese Grenze wird maßge-
bend vom Unterschied $\Delta\varepsilon$ der Dielektrizitätskonstanten bestimmt. Für kleinere d steigt die Schwellstromdichte tatsächlich wieder an, weil die optische Führung verlorengeht, die
Absorption der erzeugten Strahlung erneut wächst und damit
auch der Schwellstrom (s. Bild 2.43). Mit $d \approx 0,2$ µm liegt
die Schwellstromdichte unter 1000 A/cm², tief genug für einen
Dauerbetrieb bei Zimmertemperatur [2.40], [2.45].

Mehrfach-Heterostrukturen. Beim DH-Laser erfolgen die optische und Trägerbegrenzung gemeinsam in der schmalbandigen
mittleren P-Schicht. Die Schwellstromdichte läßt sich weiter
senken, wenn Trägerbegrenzung und optische Wellenleitung getrennt werden können, so daß eine sehr dünne Trägerzone eingestellt werden kann. Das ist bei Mehrfachhetero-Laserdioden
möglich, z.B. mit vier und fünf Halbleiterschichten (Bild
2.54d)

Bei der Fünfschichtstruktur z.B. werden die Ladungsträger in
einer extrem dünnen P-GaAs-Schicht $(d < \lambda/2n \approx 0,05$ µm)
zwischen zwei symmetrischen GaAlAs-Schichten konzentriert.
Letztere bilden mit einer Dicke $d \approx 0,5$ µm den optischen Wellenleiter. Er ist wiederum in zwei höher dotierte symmetrische GaAlAs-Schichten eingebettet. Erreicht werden mit solchen Strukturen Schwellstromdichten von 300 ... 600 A/cm².

Seitenbegrenzung der Strahlung. Streifenlaser. Für die Anwendung des Halbleiterlasers zur Lichtleiter- und speziell Glasfasertechnik mit Querschnitten von einigen 10 µm² sind die
üblichen Abmessungen der Sperrschichtvolumina von Standard-
dioden (Sperrschichtdicke $d \approx 0,3 ... 0,5$ µm, Seitenlänge 100

... 300 μm) nicht geeignet. Vielmehr ist eine latere Einschränkung der aktiven Zone auf einen schmalen Streifen erforderlich: Prinzip des <u>Streifenlasers</u> [2.42]. Dies ist eine Bauform mit seitlich begrenzter, schmaler aktiver Zone. Dadurch können folgende Vorteile erwartet werden [2.34]:

- Senkung des Schwellstromes durch kleinere Querschnittsfläche,
- Realisierung erfolgt senkrecht zur Lichtausbreitungsrichtung (Monomoden-Laser).

Die Begrenzung läßt sich auf zwei Arten bewirken (Bild 2.55a, b):

- durch örtlich begrenzte <u>Strominjektion</u> beim <u>gewinngeführten</u> (Gain-guided) Streifenlaser (parallel zum PN-Übergang, aktive Wellenführung),
- durch verschiedene <u>Brechungsindices</u> beim <u>indexgeführten</u> (Index-guided-Laser) Streifenlaser (Bild 2.55c, parallel zum PN-Übergang, passive Wellenführung). Man unterscheidet dabei noch zwischen schwacher und starker Indexführung.

<u>Gewinngeführte Laserdiode.</u> Hier wird die Injektionsfläche durch entsprechende Kontaktgestaltung seitlich begrenzt. Typische Ausführungsformen sind der N-Nut-, Oxidstreifen und

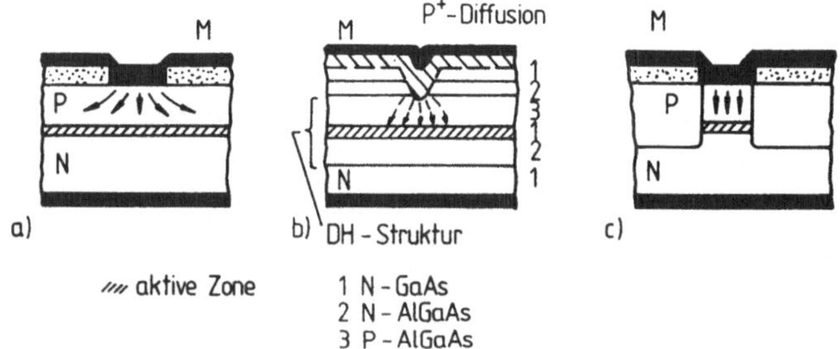

Bild 2.55 Streifenleiterlaser
     a) Gewinngeführte Anordnung durch seitlich begrenzte Strominjektion als Oxidstreifenlaser oder
     b) V-Nut-Laser, c) Indexgeführte Anordnung

früher der Mesalaser. Dazu wird der Kontaktbereich entweder durch eine Zusatzdiffusion nutenförmig oder planar mit kleinem Querschnitt (Oxidstreifen) ausgeführt, so daß in beiden Fällen ein inhomogenes Trägerdichte- und Verstärkungsprofil g(y) entsteht, das mit einem Brechungsprofil n(y) verbunden ist. Im Gebiet größter Verstärkung steigt der Brechungsindex geringfügig: <u>injektionserzeugter Wellenleiter</u>, der die Strahlungswelle führt (aktiver Wellenleiter).

Trotz der einfachen Herstellbarkeit gewinngeführter Laserdioden haben sie einige gravierende Nachteile: hohe Schwellströme ($\approx$ 50 ... 100 mA), die durch laterale Trägerdiffusion bedingt sind und die stromabhängigen und ortsabhängigen Brechungseigenschaften, die zu einer Krümmung der Wellenfront (Ursache für Astigmatismus) führen.

<u>Indexgeführte Laserdioden.</u> Hier wird der wellenführende Bereich durch seitliche Unterschiede der Brechungsindices begrenzt und so die Laseremission seitlich begrenzt. Man unterscheidet genauer zwischen schwach und stark indexgeführten Laserdioden [2.46].

Bei der <u>schwach indexgeführten Bauform</u> erfolgt die Wellenleitung durch einen schmalen Wellenleiter, der von einem <u>ge-</u>

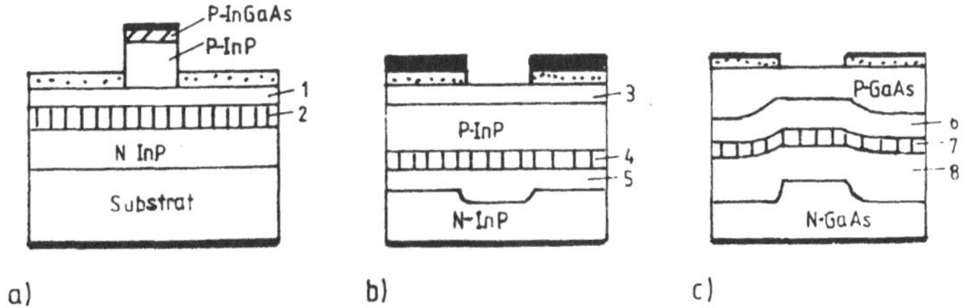

Bild 2.56 Indexgeführte Laserdiode
      a) MCRW-Laser (1 InGaAsP, 1,3 µm, 2 InGaAsP (aktiv, 1,5 µm)
      b) CSP-Laser (3 P-InGaAs, 4 InGaAsP (aktiv, 1,3 µm), 5 InGaAsP
         (1,05 µm))
      c) CDH-Laser (6 P-AlGaAs, 7 AlGaAs aktiv, 8 N-AlGaAs)

ringen lateralen Indexunterschied (etwa unterer Prozentbe-
reich) begrenzt wird entweder durch unterschiedliche Schichtdicken oder Schichtfolgen. Beispielsweise dafür sind

- die MCRW-Struktur (Metal Cladded Ridge Wave Guide-Laser,
  Bild 2.56a). Der stromführende Bereich entsteht durch besondere Ätzung, die Indexführung durch optische Bedingung
  als Folge der elektrischen Anregung. Es werden Schwellströme um 20 mA angegeben [2.48].

- CSP-Struktur (Channeled substrate planar-Laser, Bild 2.
  56b). Hier ist die N-GaAlAs-Schicht über dem Kanal dicker
  als in den Seitenbereichen. Dadurch wird das optische Feld
  außerhalb des Kanals stark gedämpft, über dem Kanal dagegen
  kaum. Eine P-diffundierte Schicht besorgt die seitliche
  Strombegrenzung (Schwellstrom um 50 mA) [2.47].

Bei den stark indexgeführten Bauformen ist das Wellenleiter-
volumen mit einem Material mit deutlich kleinerem Brechungsindex umgeben. Typische Vertreter sind vergrabene Heterolaser

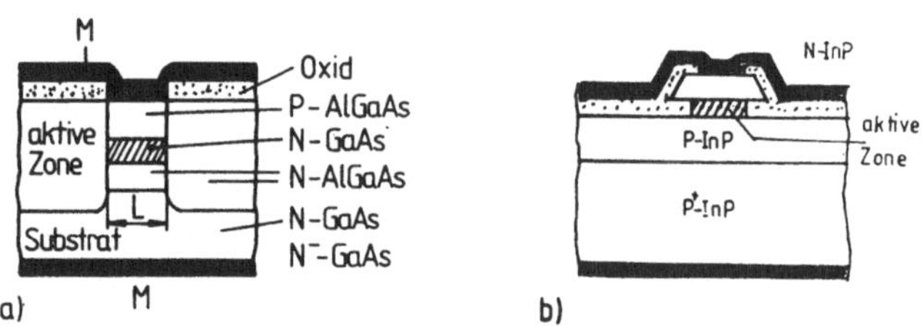

Bild 2.57 Ausführungsformen indexgeführter Laser
        a) BH-Laser (L ≈ 1 ... 2 μm)
        b) Pilzlaser

(Buried-Heterolaserdiode, BHL, Bild 2.57a). Die streifenförm-
ig angeordnete aktive Zone (GaAs) wird völlig von AlGaAs (mit
kleinerem Brechungsindex) umgeben. So ist der optische Wellenleiter gewährleistet. Durch Passivierung der Oberfläche
wird erreicht, daß sich der Injektionsstrom auf dem Wellen-
leiterbereich lokalisiert.

Nach diesem Prinzip der vergrabenen Schichten arbeiten mehre-

re ganz ähnliche Bauformen, auch der sog. <u>Pilzlaser</u> (Bild 2.
57b) bei dem die aktive Schicht seitlich durch SiO_2 begrenzt
ist.

Vergrabene Laser der vorgenannten Art haben gute Wellenführung mit einer praktisch ebenen Wellenfront und niedrigen
Schwellstromdichte (> 1 kA/cm^{-2}), was bei üblicher Bemessung
auf Ströme unter 20 mA führt.

<u>Laser mit verteilter Rückkopplung.</u> Weiterentwicklungen der
Laserbauformen ergaben sich nicht nur durch die Glasfasertechnik, sondern vor allem auch aus der Tendenz zur optischen
Integration von Informationssystemen, wie sie als "Integrierte Optik" verstanden werden (s. Abschn. 5.2.). Hier führte
die Notwendigkeit, Laserdioden direkt in Wellenleiter einzu-
fügen, zum Laser mit <u>verteilter Rückkopplung</u> anstelle des
Fabry-Perot-Resonators [2.49]. Diese emittieren nicht viel-
modig (wie beim Fabry-Perot-Resonator), sondern <u>einmodig,</u>
weil die Rückkopplung frequenzselektiv ausgeführt wird. Zwei
Bauformen sind hier zu erwähnen: der Laser mit <u>integriertem
Stufengitter</u> [sog. Bragg-Reflektor, DBR-(distributed Bragg
reflector) Laser] und der mit <u>verteilter Rückkopplung</u> (DFB,
distributet feedback) [2.51], [2.53].

Beim <u>DBR-Laser</u> (Bild 2.58a) wird <u>außerhalb</u> des üblichen
schwingungsaktiven Gebietes (meist indexgeführt) ein Bragg-
Reflektor angeordnet. Das ist ein optischer Wellenleiter mit
periodischer Störung (dem Bragg-Interferenzgitter), die eine
elektromagnetische Welle reflektiert. Dabei bedingt die Interferenz (abhängig von der Streifengeometrie) entweder Verstärkung oder Löschung. Ist λ_p die Wellenlänge des Wellenleiters, so werden Frequenzen der Wellenlänge $\lambda = (m - 1/2) \lambda_p/2$
(m ganz) durchgelassen, solche für $\lambda = m\lambda_p/2$ reflektiert.

Setzt man den Amplitudenreflexionsfaktor $r(\lambda)$ eines solchen
Gitters frequenzabhängig an, dann lautet die Laserbedingung
Gl.(2.34)

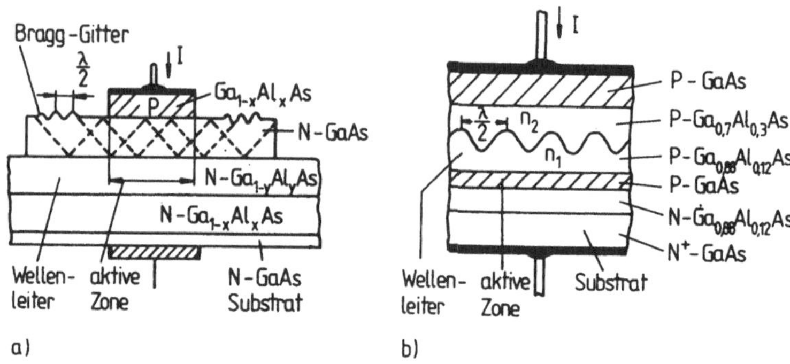

Bild 2.58 Laser mit verteilter Rückkopplung
     a) Verteilte Bragg-Reflexion
     b) Doppel-Heterostrukturlaser mit verteilter Rückkopplung

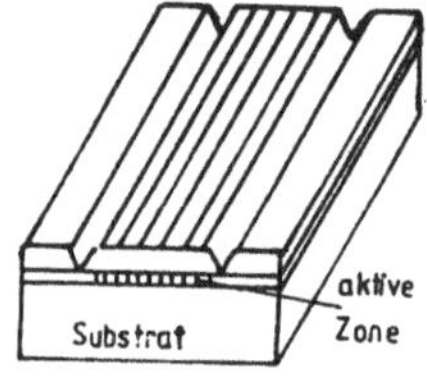

Bild 2.59
Streifenlaserarray, prinzipieller Aufbau

$$r(\lambda)\, r_1 \exp\{(g - \alpha_i)\, L\} \exp\{4\pi j n\, L/\lambda\} = 1. \qquad (2.77)$$

Mit der Phase des Reflexionsfaktors, ausgedrückt durch eine Gitterlänge L^* ($\varphi = 4\pi n L^*/\lambda$), folgt aus Gl.(2.77) entsprechend Gl.(2.35b) die <u>Resonanzbedingung</u>

$$4\pi n/\lambda_m\, (L + L^*) = 2m\pi \qquad (m\ \text{ganz.}) \qquad (2.78)$$

Der Betrag des komplexen Reflexionsfaktors $|r_1(\lambda)|$ hat über λ für $\lambda \approx L^*$ ein deutliches Maximum, deshalb wird eine Mode in Nähe von L^* kräftig bevorzugt und hauptsächlich sie ist für die Anschwingbedingung Gl.(2.35a)(resp. Gl.(2.47)) sinngemäß maßgebend.

Ganz ähnlich arbeitet der Laser mit <u>verteilter Rückkopplung</u> (Bild 2.58b). Hier wird das Bragg-Gitter in das aktive Gebiet

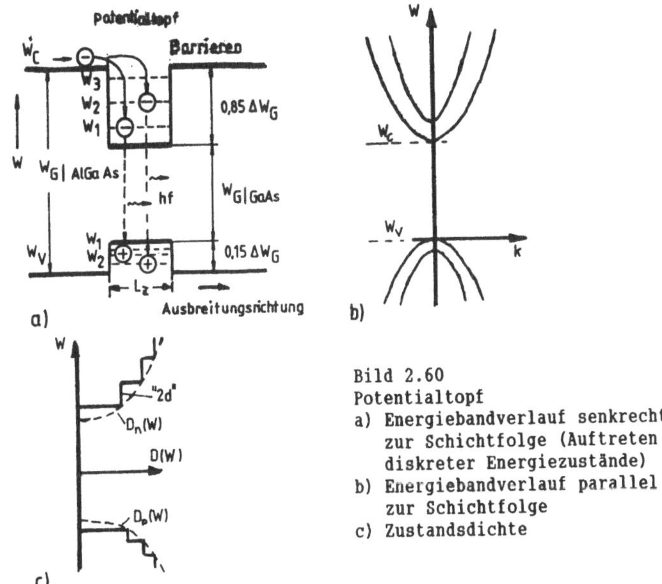

Bild 2.60
Potentialtopf
a) Energiebandverlauf senkrecht
   zur Schichtfolge (Auftreten
   diskreter Energiezustände)
b) Energiebandverlauf parallel
   zur Schichtfolge
c) Zustandsdichte

der Diode eingefügt. Der Brechungsindex ändert sich längs der Wellenleiterstruktur räumlich-periodisch. Dadurch kommt es in Nähe der Gitterwellenlänge zum Energieaustausch der hin- und rücklaufenden Welle, die jeweils noch verstärkt werden. Licht, das so in der Schicht mit dem Index n_1 entsteht, wird immer wieder in diese Schicht reflektiert. Deshalb können Spiegel für den optischen Resonantor beim DFB-Laser entfallen und die Strahlung läßt sich auskoppeln.

Laserdiodenarrays. Zur Erhöhung der Strahlungsleistung werden oft mehrere Laserdioden so angeordnet (Größenordnung 10 ... 20), daß ihre aktive Zonen parallel verlaufen (Bild 2.59). Bei nicht zu großem Streifenabstand D($\approx$ 10 µm) koppeln die Streifen zusätzlich noch lateral. Dadurch sinkt einerseits die Laserschwellstromdichte und im Emissionsverhalten entstehen sog. Supermoden (Feldverteilungen, bei denen sich die Wellen in allen Streifen mit gleicher Phase und Amplitude ausbreiten).

Derartige Laserdiodenarrays erzielen hohe Strahlungsleistungen (bis zu einigen Watt), hohe Strahlungsdichte und Wirkungsgrade. Sie finden Einsatz als optische Pumpen von Festkörperlasern (Nd-YAG), in der Satellitenkommunikation im Weltraum, für Laserstrahldrucker, als Hochenergielichtschranken (und zur Zündung von Leistungsthyristoren durch große optische Impulse), in Energievesorgung von kleinen Systemen über Glasfaser (Explosionsschutz!) u.a.m.

2.3.3.3 Potentialtopflaserdioden

Erhebliche Verbesserung der Lasereigenschaften konnten durch Ausbildung der aktiven Zone als _Quanten-_ oder _Potentialtopf_ erreicht werden: Potentialtopf-(Quantum-Well-)Laserdioden[2.43], [2.44].

Ein _Quantentopf_ (Bild 2.60a) ist eine Doppelheteroanordnung mit einer so dünnen Schicht, daß ihre Dicke deutlich kleiner als die freie Elektronenweglänge resp. die Materiewellenlänge bleibt ($\approx$ 1 ... 20 nm, resp. 3 ... 50 Atomlagen). In diesem Fall treten Quanteneffekte auf, die sich am ausgeprägtesten in der "Dickenabhängigkeit" des "effektiven Bandabstandes" im Quantentopf äußern.

Modellmäßig kann der Sachverhalt vereinfacht als die elementare quantenmechanische Aufgabe des "Elektrons im Potentialkasten" beschrieben werden. Man erhält für dieses Elektron im Potentialkasten als Lösungen der Schrödingergleichung diskrete Energieeigenwerte $W_n(k_z)$ (d.h. besetzbare Zustände), die insbesondere von der Potentialtopfdicke L_z abhängen:

$$W_n(k_z) = \frac{\hbar^2 k_n^2}{2m_n} = \frac{\hbar^2}{2m_n} \left(\frac{n}{L_z}\right)^2 \tag{2.79}$$

(m_n eff. Elektronenmasse, n = 1, 2 ... Quantenzahl).

Der niedrigste Zustand (n = 1) ist größer als die Bandkante W_C des Volumenmaterials.

Die Quantisierung beschränkt sich nur auf eine Dimension (z-Richtung, senkrecht zu den Einzelschichten), in den übrigen Richtungen bleibt die Bewegung unbeeinflußt. Deshalb gilt dort die übliche Abhängigkeit (Bild 2.60b)

$$W(k_\parallel) = \hbar^2/2m_n \cdot k_\parallel^2, \qquad (2.80)$$

und es liegt ein sog. "quasizweidimensionales" Elektronengas vor. Werden auch die verbleibenden Ausbreitungsrichtungen soweit eingeschränkt, daß Orientierungseffekte auftreten, so spricht man von "Quantendrähten" (1d-, nur noch eine freie Richtung) resp. "Quantenpunkten" (0d-, keine freie Raumrichtung), die ebenfalls zunehmend Interesse erfahren. Ganz analog erfolgt auch eine Energiequantisierung der Löcher, so daß die effektive Bandbreite im Quantentopf

$$\boxed{W^{2d}_{Geff} = W_G + \frac{(\hbar\pi n)^2}{2m_n L_2^2} + \frac{(\hbar\pi n)^2}{2m_p L_z^2}} \qquad (2.81)$$

beträgt. Die in Gl.(2.79) auftretende effektive Elektronenmasse m_n ist für die meisten A^{III}-B^{V}-Halbleiter sehr klein, z.B. bei GaAs $m_n \approx 0,067\ m_0$. Deshalb führen realistische Schicktdicken L_z von etwa 10 nm auch bei Raumtemperatur zu starken Quanteneffekten. In diesem Fall liegt die Energie des ersten erlaubten Bandes (n = 1) 56 meV oberhalb von W_C und der Potentialtopf z.B. gegen $Al_xGa_{1-x}As$ liegt bei x = 0,3 etwa 250 meV tiefer als die Leitbandkante (Bild 2.60a).(Im Valenzband beträgt der Unterschied wegen der größeren effektiven Löchermasse etwa 125 meV). Die Tatsache der <u>endlichen</u> Potentialtopftiefe führt dazu, daß die Elektronenwellenfunktion auch etwas in die Barriere eindringt, d.h. dort eine gewisse Aufenthaltswahrscheinlichkeit für ein Elektron existiert (Tunneleffekt!). Im Gefolge der endlichen Potentialtopftiefe liegt der erste Energiezustand nicht bei 556 meV, sondern nur 30 meV oberhalb von W_C.

Eine wichtige Folge der Quantisierung ist die veränderte <u>Zustandsdichte</u> D(W) (Bild 2.60c). Während für den 3d-Bewegungs-

raum $D_n - \sqrt{W - W_C}$ resp. $D_p - \sqrt{W_V - W}$ gilt, und der Verlauf
jeweils bei W_C resp. W_V beginnt, ergibt sich für das 2d-Elektronengas eine <u>Stufenfunktion</u> korrespondierend mit den diskreten Energieeigenwerten. Sie beeinflußt nicht nur das Verhalten der Laserdiode, sondern grundlegend das <u>Absorptionsverhalten</u> (Bild 2.61). Man erhält (grob) einen treppenförmigen Verlauf des Absorptionskoeffizienten, dem in Nähe der Subbandkanten deutliche Absorptionsmaxima überlagert sind. Sie werden auf Exzitonen zurückgeführt. Während Exzitonen im Volumenhalbleiter bei Raumtemperatur selten eine Rolle spielen, weil Elektronen und Löcher über viele Gitterabstände voneinander getrennt sind und die thermische aufgebrochene Bindung schwach ist, liegen im Potentialtopf große Bindungsenergien vor und deshalb können Exzitonen noch bei Zimmertemperatur wirken. Die Folge sind
- stärkere Abhängigkeit der Absorptionskonstante von der Anregung, früher eintretender Sättigung,
- Verschiebung der Absorptionskante zu längerer Wellenlänge durch ein senkrechtes elektrisches Feld wie beim Stark-Effekt jedoch deutlich ausgeprägter ($\rightarrow$ starke Abhängigkeit $\alpha(E)$, Anwendung in Quantentopfmodulatoren, s. Abschn. 5).

Die Anwendung des Quantentopfkonzeptes auf die Laserdiode bringt eine Reihe von <u>Vorteilen:</u>

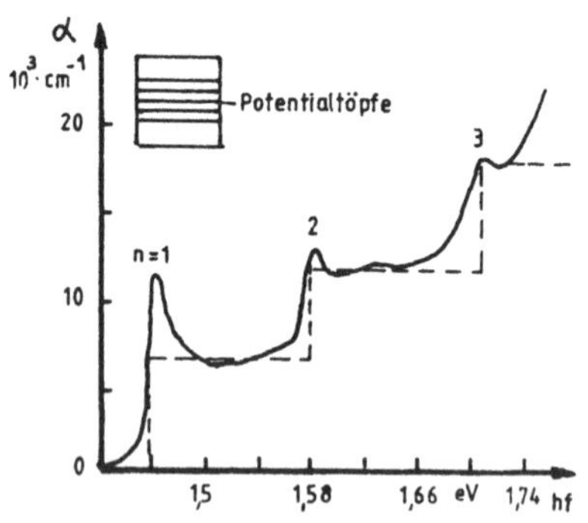

Bild 2.61
Absorptionskonstante α
eines Halbleitermaterials
mit vielen Potentialtöpfen

- Die treppenförmige Zustandsdichte führt zu einer geringeren
  Bandbreite der optischen Verstärkung sowie einer größeren
  optischen Verstärkung im Vergleich zum 3d-Fall. Daher erfordert Besetzungsinversion einen kleineren Schwellstrom
  (Faktor 5 kleiner). Gleichzeitig wächst die Verstärkungs-
  änderung dg/dn mit der Trägerdichte und so der differentielle Quantenwirkungsgrad. Dies verbessert das Modulationsverhalten.
- Die charakteristische Temperatur T_0 (Gl.(2.62)), die ein
  Maß für die Temperaturabhängigkeit des Schwellstromes ist,
  liegt zufolge der treppenförmigen Zustandsdichte deutlich
  höher als bei DH-Laserdioden, besonders in $Ga_xIn_{1-x}P_yAs_{1-y}$
  /InP und $Ga_xIn_{1-x}As/Al_xIn_{1-x}$-Laserdioden für den 1,3 ... 1,5
  µm-Bereich. Werte bis 400 K wurden erzielt.
- QW-Laser arbeiten relativ leicht auf einer Longitudinalmode, deshalb sind sie bis zu sehr hohen Frequenzen direkt
  modulierbar.
- Da der Absorptionskoeffizient der nichtangeregten Bereiche
  des Quantentopfes deutlich niedriger ist als beim konventi-
  onellen Laser, eignen sich QW-Laser wegen der besseren Ent-
  kopplung besonders gut für die monolithische Integration.

Aufbaumäßig bringt die Anwendung nur eines Quantentopfes kaum
Vorteile gegenüber der DH-Laserdiode, weil das optische Confinement nur einer sehr dünnen Schicht zu gering ist. Deshalb
werden durchweg <u>Mehrfach-Quantentopf-Anordnungen</u> mit bis zu
10 Quantentöpfen und GRINSCH-Strukturen eingesetzt.

Beim <u>Multi-QW-Laser</u> (Bild 2.61a) dienen z.B. GaAs als Quantentopf und $Ga_{1-x}Al_xAs$ als Barrieren und Begrenzungsschichten
und zwar mit gesteuertem x-Anteil (resp. y) für die getrennte
elektrische und optische Begrenzung im λ-Bereich um 0,7 µm.
Im langwelligeren Bereich 1,3 ... 1,5 µm bildet InP Barriere
und Begrenzungsschichten und $In_xGa_{1-x}As$ die Quantentöpfe. Auch
die bereits oben erwähnten Materialsysteme werden verwendet.

Erreicht wurden bereits Schwellstromdichten bis herab zu 150
A/cm² und Temperaturen T_0, je nach Material von 100...400 K.

In der GRINSCH-Struktur (Graded-Index Separate Confinement Heterostrukturen, Bild 2.62b) wird nur ein Quantentopf als aktiver Bereich verwendet, der von einem Wellenleiter mit ortsabhängigem linearen oder parabolischen Brechungsindex-verlauf (→Bandabstand) umgeben ist. Durch die Ortsabhängigkeit der Brechzahl n läßt sich das optische Confinement stark erhöhen, so daß schließlich der Schwellstrom stark sinkt. Gerade für diese Lasertypen werden hohe Erwartungen an die Integration gestellt.

2.3.4 Anwendungen

<u>Grundschaltungen.</u> Laserdioden sollen eine möglichst stabile Schwingung mit konstanter Intensität erzeugen (bei einer gewissen Temperaturvariation) und ggf. modulierbar sein. Sie werden deshalb - wie LEDs - stromgespeist betrieben und sind u.U. durch regelbare Kühlung (Peltierelement) vor Überlastung zu schützen.

Die Leistungsstabilisierung einer Allzweckdiode kann mit einer Schaltung Bild 2.63a erfolgen. Von der Diode wird ein Teil der Strahlung über eine pin-Diode rückgewonnen, einer Regelschaltung (OP, T_2) zurückgeführt, die den Stromgenerator T_1 steuert. Soll die Diode strommoduliert werden (Bild 2.63 b), so kann dies durch Überlagerung des eingeprägten Modulationsstromes auf den Gleichstrom I_Q erfolgen. Die Dioden D_1, D_2 dienen der Signalbegrenzung.

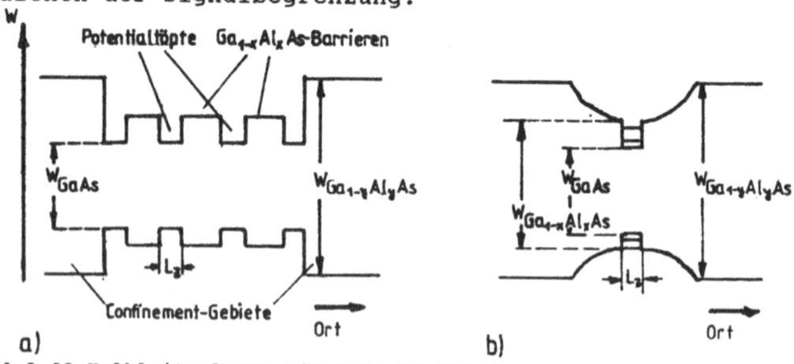

Bild 2.62 Halbleiterlaser mit Potentialtöpfen
      a) Mehrfachpotentialtopflaser
      b) Bändermodell des GRINSCH-Lasers

Für den Betrieb von Glasfaserkabeln fügt man die Laserdiode und die optische Ankopplung zu einem Modul zusammen (Bild 2. 63c). Die Diode strahlt dabei in die Leitung und eine pin-Diode als Teil einer Regelschaltung. Sie schützt die Diode vor thermischer Überlastung, stabilisiert die Ausgangsleistung und erlaubt Modulation.

<u>Anwendungen.</u> Der Halbleiterlaser ist der LED in mehrfacher Hinsicht überlegen:

- Die LED hat eine fast isotrope Strahlungscharakteristik, der Laser strahlt vorzugsweise in eine Raumrichtung (mit einem Öffnungswinkel von wenigen Grad).
- Die von der LED erzeugte Strahlung ist inkohärent, die der Laserdiode kohärent (räumlich und zeitlich).
- Der Halbleiterlaser besitzt eine sehr viel kleinere spektrale Breite als die LED. Dadurch ist die Dispersion bei der Übertragung durch Lichtleiter sehr klein.
- Halbleiterlaser lassen sich gleich bis zu sehr hohen Frequenzen gut modulieren.

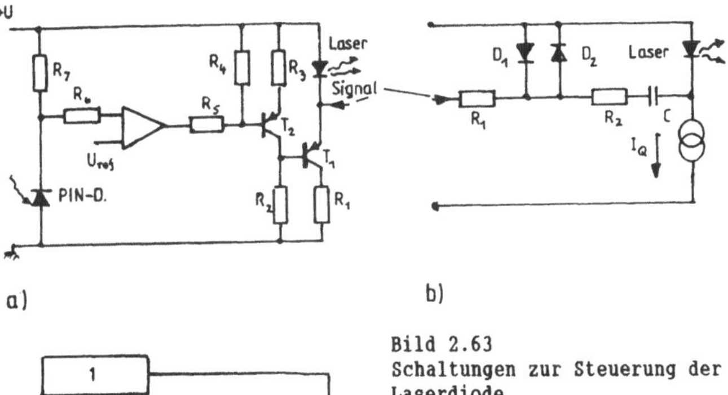

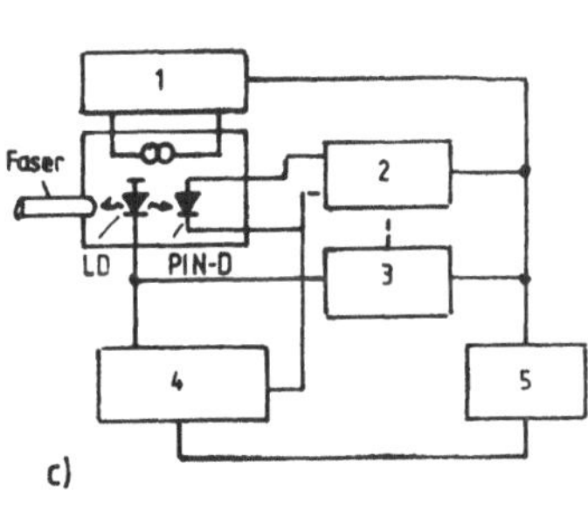

Bild 2.63
Schaltungen zur Steuerung der Laserdiode
a) Regelschaltung zur Konstantstromeinprägung
b) Modulationsbegrenzerzusatz
c) Transmitterschaltung mit Laserdiode (1 Temperatur-, 2 Modulationssteuerung, 3 Modulationsbegrenzer, 4 Stabilisatorschaltung für die mittlere optische Leistung, 5 Stromversorgung)

- Die Energiedichte der Laserstrahlung ist größer als die der
  LED.

Aus diesen Merkmalen erklärt sich die große Einsatzbreite der
Laserdioden:

- Die extrem geringe <u>Linienbreite</u> des Lasers ermöglicht die
  Erzeugung einer sehr frequenzstabilen Strahlung. Sie wird
  in der hochauflösenden Spektroskopie, in der Meßtechnik
  (Definition der Längen- und Zeitstandards, interferometri-
  sche Meßtechnik) sowie zur Entfernungsmessung und Messung
  von Geschwindigkeiten (Doppler-Effekt) benutzt.
- <u>Abtasten</u> von Oberflächen, in die Informationen (z. B. Plat-
  tenspeicher, Abtasten von Bild- und Schallplatten) mit sehr
  hoher Auflösung gespeichert wurden.
- <u>Holographie</u> zur vollen Rekonstruktion von Wellenfeldern,
  weil Intensität und Phase (Fotographie nur Intensität!)
  ausgewertet werden.
- Zunehmendes Interesse erfährt die Anwendung des Lasers auch
  in der optischen Datentechnik, z.B. zur zweidimensionalen
  Fouriertransformation, zur räumlichen Frequenzfilterung,
  zur optischen Datenspeicherung und optischen Korrelation
  (Zeichenerkennung).
- Die räumliche Kohärenz der Laserstrahlung erlaubt eine fast
  ideale Bündelung mit hoher Leistungsdichte auf kleinstem
  Bereich. Bei einer Strahlungsleistung von 10 W (Impulsbe-
  trieb) und einer Strahlfläche von 10 m² beträgt sie 10^{12}
  W/m² (Sonnenlicht etwa 100 W/m²). Anwendung finden solche
  Leistungsdichten bei der Materialbearbeitung: Schweißen,
  Bohren in hartem Material, Trennen, Verdampfen (z.B. Laser-
  abgleich von Widerständen). Auch die Medizin (Laserskal-
  pell) bedient sich des Lasers.
- Die hohe zeitliche Kohärenz macht den Laser unentbehrlich
  als leicht modulierbaren Strahlungssender für die <u>optische</u>
  Nachrichtentechnik sowie für Infrarot-Sichtgeräte.
- Durch geeignete Materialwahl läßt sich der Halbleiterlaser
  auch für das 2. und 3. atmosphärische Fenster (Wellenlän-

genbereich 3 ... 5 μm bzw. 8 ... 14 μm) auslegen und zur
<u>Kontrolle der Luftzusammensetzung</u> (Messung der Transmission
bei charakteristischen Spektrallinien) benutzen.

3 Strahlungsempfänger

<u>Übersicht. Strahlungsempfänger oder Strahlungsdetektoren</u> wandeln auftreffende Strahlungsenergie in elektrische Signale um
(Bild 3.1). Dabei kann es sich um einen auffallenden (modulierten) Laserstrahl, einen anderen optischen Träger oder
auch nur die Wandlung optischer Energie in elektrische wie
bei der Solarzelle handeln [2.4], [3.1] -[3.4], [3.8].

Strahlungsempfänger können ausgelegt sein
- für besonders energiereiche Strahlung (Röntgen-, Kernstrahlung), dann heißen sie <u>Zähler</u> oder
- für energieschwächere Strahlung des optischen Bereiches
  (Bild 1.1).

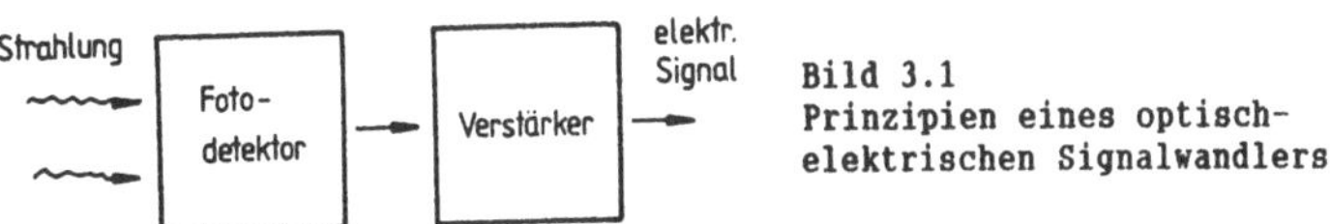

Bild 3.1
Prinzipien eines optisch-
elektrischen Signalwandlers

Die Signalinformation kann im optischen Träger in der Intensität (Amplitude), Phase, Frequenz oder Polarisationsrichtung
enthalten sein. Der Strahlungsempfänger spricht gewöhnlich
auf die <u>Intensität</u> an, zugleich auch der einzig praktische
Weg zum Nachweis inkohärenter Strahlung. Für Frequenz- oder
Phasenmodulation werden andere Detektionsarten, wie die
"Überlagerungsgleichrichtung", optische Mischung, optische
Vorverstärkung und parametrische Aufwärtsumsetzung eingesetzt.

Physikalisch gesehen tritt Strahlung mit der Materie in ganz
unterschiedliche Wechselwirkung: durch Photonen, thermische
Effekte und Wellenwechselwirkungseffekte [3.5]. Dementsprechend gibt es drei Hauptgruppen von Strahlungsdetektoren:

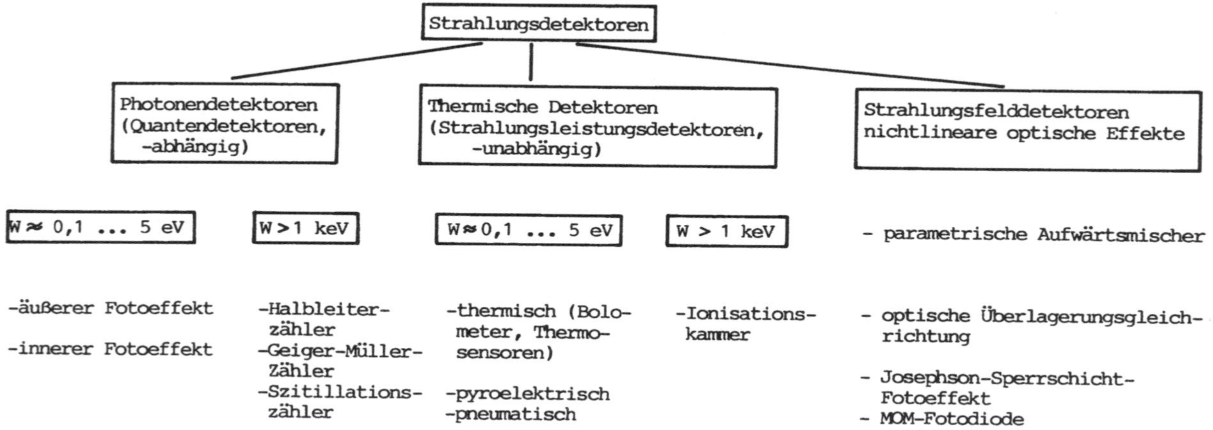

Strahlungsdetektoren

Photonendetektoren (Quantendetektoren, -abhängig)	Thermische Detektoren (Strahlungsleistungsdetektoren, -unabhängig)	Strahlungsfelddetektoren nichtlineare optische Effekte
$W \approx 0{,}1 \ldots 5$ eV $W > 1$ keV	$W \approx 0{,}1 \ldots 5$ eV $W > 1$ keV	- parametrische Aufwärtsmischer
-äußerer Fotoeffekt -Halbleiter-zähler	-thermisch (Bolo-meter, Thermo-sensoren) -Ionisations-kammer	- optische Überlagerungsgleich-richtung
-innerer Fotoeffekt -Geiger-Müller-Zähler		- Josephson-Sperrschicht-Fotoeffekt
-Szitillations-zähler	-pyroelektrisch -pneumatisch	- MOM-Fotodiode

Tafel 3.1 Strahlungsdetektoren

<u>Photonen-</u>, <u>thermische</u> und <u>Strahlungsfelddetektoren</u>(Tafel 3.1)
[3.7]:

1. Im <u>Photonendetektor</u> wechselwirken Photonen direkt mit den
Elektronen des Materials durch Strahlungsabsorption und Anregung von energetischen Übergängen. Das elektrische Ausgangssignal resultiert dann aus der Änderung der Elektronenenergie, der Trägerdichte u.a.m. Photonendetektoren sprechen dabei auf die <u>Rate der absorbierten Quanten</u> (integrierter Quantenfluß über die Detektorfläche) an. Die Absorption hängt von
der einfallenden Energie ab, deshalb arbeiten sie <u>wellenlän-</u>
<u>genabhängig</u> innerhalb eines eng begrenzten Wellenbereiches.
Hauptsächlich werden Detektoren für folgende Bereiche entwik-
kelt: 0,1...0,4 µm UV, 0,4...0,7 µm sichtbar, 0,7...1,5 µm
nahes IR, 1,5...30 µm mittleres IR und > 30 µm fernes IR sowie Submillimeterwellen (Bild 1.2). Dabei geht stets das Material in die Detektoreigenschaften ein.

2. <u>Thermische Detektoren.</u> Hier erhöht die Strahlungsabsorption die <u>Temperatur</u> des Materials, die ihrerseits wieder bestimmte Materialeigenschaften ändert. Diese werden elektrisch
registriert. Das Signal ist der Rate der <u>absorbierten Energie</u>
(integrierter Energiefluß über die Detektorfläche, Strahlungsleistung, Strahlungsleistungsempfänger) proportional.
Solche Detektoren arbeiten weniger stark wellenlängenabhängig, ein wichtiger Unterschied zu Photonendetektoren. Da das
Signal der thermischen Detektoren der Energieflußdichte proportional ist, werden Strahlungsanteile unterschiedlicher
Frequenzen vermischt, was z.B. beim optischen Heterodynemp-
fang ausgenutzt wird [3.6].

3. <u>Strahlungsfelddetektoren</u> nutzen die Wechselwirkung zwischen elektrischem Feld und Material aus, was zu inneren Zu-
standsänderungen führt. Sie hängen nicht von thermischen Effekten oder Trägeränderungen ab. Ein Beispiel ist die parametrische Aufwärtsmischung in nichtlinearen optischen Materialien.

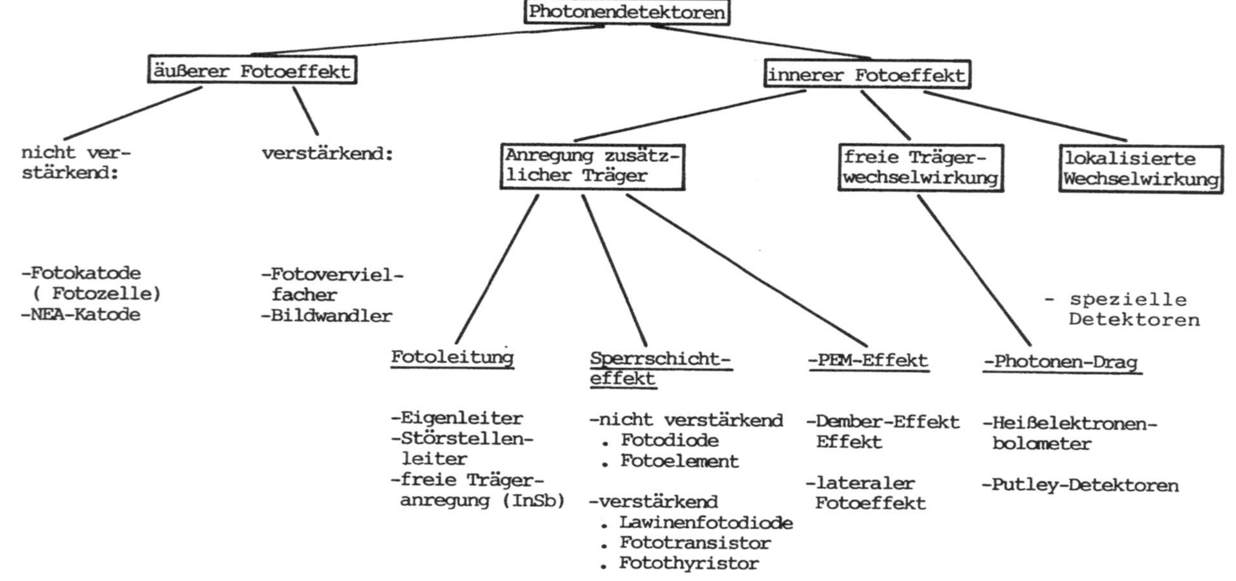

Tafel 3.2 Übersicht der Photonendetektoren

Neben den gewöhnlichen Detektoren gibt es noch Einrichtungen
zur Aufnahme ganzer Bilder, d.h. räumlich verteilter optischer Informationen. Im ersten Fall ist das Ausgangssignal
ein Mittelwert über die gesamte lichtempfindliche Fläche; im
letzteren wird die räumliche Änderung abgefragt. Sie arbeiten
größtenteils nach den gleichen physikalischen Grundprinzipien, haben aber zusätzlich noch eine Ausleseeinrichtung. Man
spricht hier von Detektorarrays, die ein- oder zweidimensio-
nal angelegt sein können.

Die größte technische Bedeutung haben Photonendetektoren. Ta-
fel 3.2 gibt eine Übersicht ihrer wichtigsten physikalischen
Grundprinzipien und Effekte. Thermische Detektoren werden im
Abschnitt 3.4.1 behandelt.

Kennwerte und Eigenschaften von Detektoren. Zur Kennzeichnung
und zum Vergleich unterschiedlicher Strahlungsempfänger dienen typische Kennwerte (Tafel 3.3), [3.7]:
- die (spektrale) Empfindlichkeit (Responsivity) R kennzeichnet die (elektrische) Ausgangsgröße S (Strom, Spannung) bezogen auf die einfallende Strahlungsleistung P_e spektral:

$$R(\lambda) = S(\lambda)/P_e(\lambda) = S(\lambda)/\Phi_{e\lambda} \qquad (3.1)$$

(Einheiten z.B. V/W oder A/W). Üblicherweise bezieht sich R
auf monochromatische Strahlung oder auf die Strahlung eines
auf der Temperatur T_B befindlichen schwarzen Körpers (sog.
Schwarzkörperempfindlichkeit) $R(T_B)$.
Während die Empfindlichkeit für Infrarotdetektoren dimen-
sionsmäßig die Bezugsleistung enthält, gibt man für den
sichtbaren Bereich R z.B. in A/Lumen an.

Zu den signalbezogenen Kenngrößen gehören weiter:
- die Grenzwellenlänge λ_G (definiert durch einen Abfall der
  Empfindlichkeit $R(\lambda)$ auf die Hälfte gegenüber einem Bezugs-
  wert,

- die <u>Zeitkonstante</u> τ der Empfindlichkeit R (z.B. ermittelt
  aus einer Impulsmessung oder dem Frequenzgang von $R(\omega)$) oder
  die zugeordnete <u>Signalbandbreite</u> als Richtwert für die Modulationsfrequenz, die ein Strahlungsempfänger noch verbessern kann.

- die <u>Rauschäquivalenzleistung</u> NEP bzw. spezifische <u>Nachweis-
  empfindlichkeit</u> D* oder <u>Detektivität</u> zur Kennzeichnung des
  Rauschens. Wenn auch die genauere Darlegung für die beiden
  <u>rauschbezogenen Größen</u> erst im Abschnitt 3.7.2 erfolgen
  wird, so sei vorab vermerkt, daß

Empfindlichkeit $\mathcal{R}^{*}_{\lambda} = \dfrac{S}{\phi_{e\lambda}}$	$= \dfrac{I_{ph}}{\phi_{e,\lambda}} = \dfrac{q\lambda\eta}{hc}$	Stromempfind-lichkeit
Quantenausbeute	$\eta = \dfrac{I_{ph}}{q\phi}$	ϕ Photonenfluß
Ansprechzeit τ	$\tau \sim 1/f$	Δf Bandbreite
Nachweisvermögen D*	$D^* \sim 1/NEP$	NEP kleinste nachweisbare Strahlungs-leistung
Verstärkung G	$G = \dfrac{I_a}{I_{ph}}$	I_a Ausgangs-strom

Tafel 3.3 Typische Kennwerte von Fotodetektoren

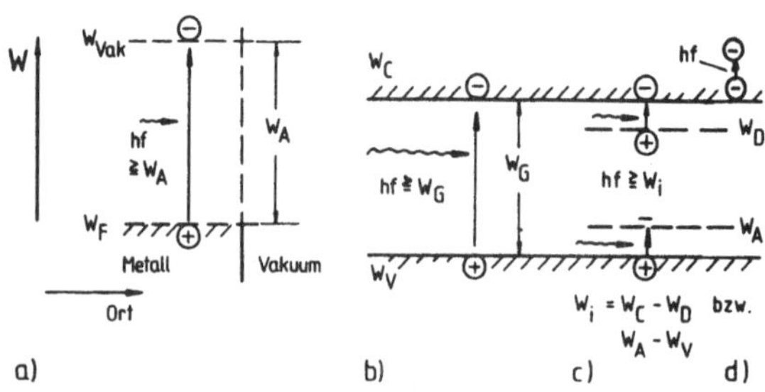

Bild 3.2 Fotoeffekt
    a) Äußerer Fotoeffekt am Metall
    b) innerer Fotoeffekt in Halbleitern (intrinsisch)
    c) wie b), jedoch extrinsisch unter Vermittlung von Störstellen
    d) Intrabandfotoeffekt

. die Rauschäquivalenzleistung NEP diejenige Strahlungsleistung ist, die ein Ausgangssignal des Detektors erzeugt, das dem Detektorrauschen entspricht,

. die spezifische Nachweisempfindlichleit D* ein Maß für das Nachweisvermögen ist.

- <u>Applikative</u> und <u>Materialangaben</u> (z.B. Empfängerfläche, elektrische Parameter, Material u. a.) zur weiteren Kennzeichnung des Strahlungsempfängers.

<u>Photonendetektoren.</u> Photonendetektoren haben heute die größte Bedeutung als Empfänger für sichtbare und IR-Strahlung. Sie basieren auf der Wechselwirkung einfallender Photonen mit Elektronen im Festkörper. Nach dem Wirkprinzip können unterschieden werden (Bild 3.2), [3.5]:

- <u>Äußerer Fotoeffekt</u> (formuliert 1905 von Einstein, auch <u>Fotoemission</u> genannt): Emission von Elektronen aus der Oberfläche eines Festkörpers ins Vakuum durch auffallende Photonen. Dazu muß ihre Energie die Austrittsarbeit W_A des Festkörpers überwinden:

$$hf \geq W_A + mv^2/2. \tag{3.2}$$

Der Term $mv^2/2$ beschreibt die kinetische Energie der freigesetzten Elektronen. Hauptanwendungen des äußeren Fotoeffektes sind die Fotokatoden in Vakuumröhren, Fotovervielfachern oder Bildwandlern (s. Abschn. 3.4.2.).

- <u>Innerer Fotoeffekt.</u> In den Festkörper einfallende Strahlung wird absorbiert, dabei entstehen quasifreie Ladungsträger (Elektronen oder Löcher). Sie verlassen ihn im Gegensatz zum äußeren Fotoeffekt <u>nicht.</u>

- Fotoeffekte durch Änderung der <u>Energieverteilung</u> (freie Trägerwechselwirkung) der Träger innerhalb eines Bandes (praktisch Elektronen im Leitband, wobei die Intrabandfotoleitung der wichtigste Prozeß ist).

Für Fotodetektoren sind insbesondere die beiden letztgenannten Effekte wichtig (Tafel 3.3).

Der innere Fotoeffekt umfaßt (Bild 3.2) die Erhöhung der Zahl
freier Ladungsträger durch Absorption von Photonen, die Elektronen aus gebundenen Energiezuständen freisetzen. Nach der
Art der beteiligten elektronischen Energiezustände gibt es

- die <u>Eigen-</u>, <u>Interband-</u> oder <u>intrinsische</u> Fotoleitung, wobei
  Elektronen aus dem Valenz- ins Leitband unter Aufnahme der
  Bandbreitenenergie W_G gehoben werden. Es entsteht eine
  Elektronen-Löcherfotoleitung. Werden die erzeugten Ladungsträgerpaare dabei durch das elektrische Feld einer Sperrschicht räumlich getrennt, so spricht man von <u>Fotosperr-</u>
  <u>schichteffekt</u> (s. Abschn. 3.2).
- <u>Störstellen-</u> oder <u>extrinsische</u> Fotoleitung. Dabei werden
  Elektronen aus gebundenen Zuständen eingebauter Störstellen
  durch Photonenabsorption ins Halbleiterband gehoben.Unter
  Magnetfeldeinfluß führt der innere Fotoeffekt zum PEM-
  (fotoelektromagnetischen) Effekt.

Die Fotoeffekte durch Änderung der Energieverteilung von <u>be-</u>
<u>reits erzeugten</u> Ladungsträgern umfassen:
- die <u>Intraband-Fotoleitung</u>: Durch optische Anregung bereits
  vorhandener freier Ladungsträger im Leitband erhöht sich
  ihre mittlere kinetische Energie ($\rightarrow$ heiße Elektronen). Dabei ändert sich in der Leitfähigkeit nicht die Trägerdichte, sondern die <u>Beweglichkeit.</u>
- Die <u>Barrieren-Fotoleitung</u> in polykristallinen Fotoleitern.
  Sie entsteht durch die strahlungsbedingte Leitfähigkeits-
  erhöhungen an Korngrenzen.

Die letztgenannten Effekte werden in einer Reihe spezieller
Fotodetektoren (Heißelektronen-Bolometer, Putley-Detektoren,
Photonen-Drag-Detektoren u.a.) verwendet.

Die größte technische Bedeutung hat der innere Fotoeffekt als
Grundlage der Fotoleitung (Abschnitt 3.1) und Sperrschicht-
Fotodetektoren (Abschnitt 3.2 ff.)

Sowohl beim äußeren wie inneren Fotoeffekt ist eine <u>Mindest-</u>
<u>energie</u> W_g

$$\lambda_g = hc/W_g \qquad (3.3)$$

(s. Gl. 1.1b) erforderlich, um ein gebundenes Elektron frei
zu machen. Deshalb gibt es eine Grenzwellenlänge λ_g zum langwelligen Bereich hin (die jedoch bei der Absorption durch
freie Ladungsträger fehlt!). Da ein Quanteneffekt vorliegt,
ist die Dichte der erzeugten freien Elektronen der Photonendichte (und nicht der Strahlenenergie) proportional. Deshalb
arbeiten Photonendetektoren nicht so breitbandig wie thermische Detektoren, aber i.a. empfindlicher. Zum kurzwelligen
Ende hin fallen die auf die Strahlungsleistung bezogenen Größen (R_I, R_U, D usw.) ab. Die Grenzenergie W_g muß nach dem IR-
Bereich zu abnehmen, weshalb dann auch thermische Übergänge
zunehmen. Zur Vermeidung sind solche Detektoren gekühlt zu
betreiben.

3.1 Fotoleiter

Der Fotoleiter oder Fotowiderstand ist ein linienhafter
sperrschichtloser Halbleiterwiderstand (Volumen oder Film-
form) mit zwei ohmschen Kontakten an den Enden, dessen Widerstand $R(\Phi)$ sich durch Absorption des auffallenden Lichtes
(innerer Fotoeffekt) ändert. Die Widerstandsänderung wird im

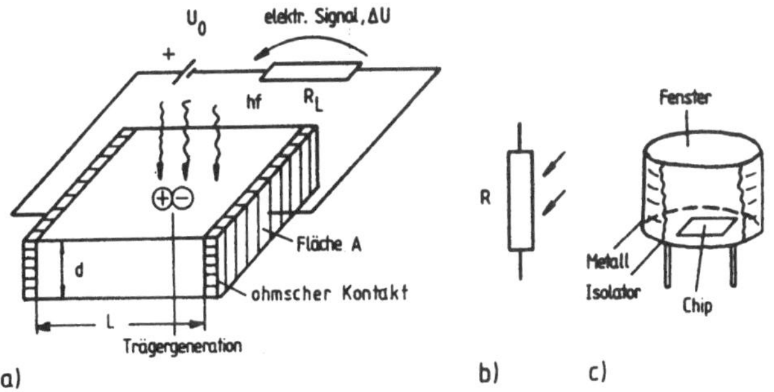

Bild 3.3 Fotoleiter
a) Wirkprinzip und Aufbau, b) Schaltbild, c) Bauform

geschlossenen Stromkreis (mit Hilfsquelle) als eine Strom-
oder Spannungsänderung registriert (Bild 3.3). Zur Anwendung
kommt sowohl die Eigen-, Störstellen- als auch Intrabandfotoleitung.

3.1.1 Wirkprinzip und Eigenschaften

Der Widerstand eines Fotoleiters (Bild 3.3) ist gegeben durch
seine geometrische Abmessung und die Leitfähigkeit $\varkappa$ des
Halbleitermaterials:

$$\varkappa = q \ (n\mu_n + p\mu_p).$$

Durch Lichteinfall steigt die Leitfähigkeit nach bisherigem
infolge dominierter
- Erhöhung der Trägerdichten (hauptsächlich für Fotoleiter
  aus einkristallinen Halbleitermaterialien),
- Zunahme der effektiven Beweglichkeit bei polykristallinen,
  amorphen und bestimmten einkristallinen Halbleitern (s.u.)
  [3.10].

Der eigenleitende Fotoleiter erfordert zur Bildung eines
Elektronen-Loch-Paares ein Photon, dessen Energie mindestens
gleich der Bandbreite W_G ist (s. Gl.(3.3), Bild 3.2b):

$$hc/\lambda \geq W_G, \ \text{bzw.} \ \lambda_G = hc/W_G.$$

Nur für Wellenlängen $\lambda < \lambda_G$ wird die einfallende Strahlung
absorbiert, tritt also die Widerstandsänderung ein. Darüber
fällt die spektrale Empfindlichkeit stark ab. Eigenleitende
Fotoleiter haben relativ große Absorptionskoeffizienten, besonderes bei direkten Halbleitermaterialien (und relativ großer Trägerlebensdauer). Deshalb sind die Eindringtiefen groß,
und es genügen dünne Fotoleiterschichten z.B. auf Schichten
mit nichtleitenden Substraten. Beispielsweise führen Absorptionskoeffizienten von 10^4 cm^{-1} zu Schichtdicken von einigen
µm, in denen nahezu die gesamte Elektronen-Lochpaarbildung
erfolgt.

Unter der Annahme, daß die Strahlung gleichmäßig auf die Fläche des Fotoleiters fällt, keine Oberflächenrekombination erfolgt, die Volumenrekombination proportional der Dichte der
Überschußträger Δn, Δp ist und diese klein gegen die Gleichgewichtsdichten bleibt, beträgt die Leitwertänderung ΔG

$$\Delta G = Aq\,(\mu_n\,\Delta n + \mu_p\,\Delta p)/L = qN\,(\mu_n\tau_n + \mu_p\tau_p)/L^2 \qquad (3.4)$$

(N Zahl der Elektronen-Loch-Paare, $\Delta n = N\tau_n/V$, $\Delta p = N\tau_p/V$.)

Durch die optisch erzeugten Loch-Elektronenpaare steigt die
Trägerkonzentration (Δn, Δp) und deswegen die Rekombinationsrate. Im Gleichgewicht gilt

$$N/V = \Delta n/\tau_n = \Delta p/\tau_p.$$

Liegt am Fotoleiter die Spannung $U = E \cdot L$ (homogenes Feld E)
(Bild 3.3), so verursacht die Leitwertänderung G die Stromänderung

$$\Delta I = U\,\Delta G = \frac{EL}{L^2}\,\underbrace{(\mu_n\tau_n + \mu_p\tau_p)}_{\mu\tau}\,qN = EL\,\overline{\mu\tau}\,q\,\underbrace{\eta_q P_e}_{I_{ph}}/hf. \qquad (3.5)$$

Dabei wurde die Zahl N erzeugter Loch-Elektronenpaare durch
einen "primären" <u>Fotostrom</u> I_{ph} ersetzt. Er ergibt sich aus
der einfallenden Strahlungsenergie $qP_e\eta_q$ (nach Maßgabe des
Quantenwirkungsgrades η_q) dividiert durch die Photonenenergie
hf. Der Quantenwirkungsgrad hängt dabei von der Oberflächenreflexion R, dem Absorptionskoeffizienten $\alpha(y)$ und der
Schichtdicke d ab

$$\boxed{\eta = (1 - R)\left[\,1 - \exp \int_0^d \alpha(y)\,dy\right]. \qquad (3.6)}$$

Der Quotient der Ströme ΔI und I_{ph} heißt <u>Verstärkung "G"</u>,
eine wichtige Kenngröße des Fotoleiters. Sie gibt an, wie-
viele Elektronen pro primär erzeugtem Loch-Elektronenpaar
durch den Fotoleiter fließen:

$$\boxed{"G" = \frac{\Delta I}{I_{ph}} = \frac{E\overline{\mu\tau}}{L} = \frac{\overline{\tau}}{t_r} \equiv \overline{\tau\mu}\cdot U/L^2. \qquad (3.7)}$$

Dabei wurde die "gemittelte Trägerlaufzeit" $t_r = L/v_d$ (von einem Kontakt zum anderen mit der Driftgeschwindigkeit $v_d = E\mu$ verwendet.

Die Verstärkung "G" des Fotoleiters kann größer oder kleiner als eins sein. Der wünschenswerte erste Fall verlangt eine mittlere Trägerlebensdauer, größer als die mittlere Driftzeit zwischen den Kontakten oder hohe Beweglichkeit und kleinen Elektrodenabstand. Die Trägerlebensdauer $\bar{\tau}$ kann bis zur Rekombinationslebensdauer erhöht werden (z.B. Haftstelleneinbau), allerdings auf Kosten der Dynamik.

Für hohe Feldstärken ($E \geq 2$ kV/cm) tritt Sättigung der Driftgeschwindigkeit ein (s.u.), dann gilt

$$\text{"G"} = \bar{\tau}\, v_s/L. \tag{3.8}$$

Begrenzt wird die maximale Verstärkung "G" einmal durch Raumladungseffekte ($t_{rmin} \approx \tau_{Rel} = \varepsilon/\varkappa$, Relaxationszeit) oder durch die Trägerlaufzeit zufolge der Sättigungsdriftgeschwindigkeit $t_{rmin} = L/v_s$ mit $v_s \approx 10^7$ cm/s. So lassen sich z.B. in CdS-Fotowiderständen "G"-Werte bis 10^5 erzielen. Tafel 3.4 enthält einige typische Werte der Verstärkung "G" und Ansprechzeit für verschiedene Bauelemente.

Die <u>Stromempfindlichkeit</u> Gl.(3.1) ergibt sich mit Gl.(3.5), (3.6) aus dem Signalstrom

$$R_I = \frac{\Delta I}{P_e} = \frac{q\eta_q\text{"G"}}{hf} = \frac{\lambda q\; \eta_q\text{"G"}}{hc} . \tag{3.9a}$$

Pro absorbiertem Photon fließen somit $\eta_q \cdot \bar{\tau}/t_r$ Elektronen durch den Fotowiderstand, so daß der Faktor $\text{"G"} = \bar{\tau}/t_r$ berechtigt als innere Fotostromverstärkung verstanden werden kann.

Man erhält beispielsweise für idealen Quantenwirkungsgrad $\eta_q = 1$ mit $\lambda = 800$ nm und "G" = 1 die Stromempfindlichkeit $R_I = 0{,}64$ A/W. Der Faktor $1/hf$ tritt in Gl.(3.7a) auf, weil die Empfindlichzekeit R_I auf die Strahlungsleistung P_e bezogen wird, die Signalgröße - hier der Strom - dagegen der Photonenflußdichte proportional ist. Deshalb sinkt R_I über λ (Bild 3.4) zu kürzeren Wellen hin ab. Damit verhalten sich Quantendetektoren (im Gegensatz zu thermischen Detektoren!) bezüglich R_I materialabhängig selektiv, wie bereits erwähnt.

Die __Spannungsempfindlichkeit__ R_U (bei Anpassung mit Vorwiderstand)

	Verstärkung "G"	Ansprechzeit/s
Fotoleiter	$1 - 10^6$	$10^{-2} - 10^{-8}$
Sperrschichtfotodetektoren		
PN- "	1	$10^{-8} - 10^{-10}$
PIN- "	1	$10^{-8} - 10^{-10}$
MS- "	1	10^{-12}
Hetero- "	1	10^{-12}
MIS- "	1	10^{-8}
Lawinenfotodioden	$<10^3$	$10^{-8} - 10^{-10}$
Fototransistor	$<10^3$	$10^{-6} - 10^{-8}$
Fotothyristor	$<10^2$	10^{-6}

Tafel 3.4 Beispiele von Verstärkung und Ansprechzeiten typischer Fotodetektoren

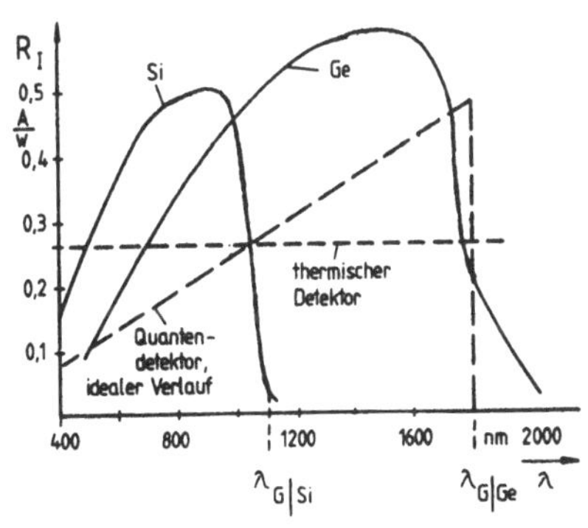

Bild 3.4
Empfindlichkeit von Si- und Ge-Fotoleitern über der Wellenlänge (eingetragen: Verlauf eines idealen Quantenempfängers sowie des thermischen Detektors bei konstantem Fluß pro Wellenlänge)

$$R_U = \frac{\Delta U}{P_e} = \frac{\Delta U}{\Delta I} \cdot \frac{\Delta I}{P_e} = R \cdot R_I = \frac{\eta_q}{hfAd} \cdot \frac{\tau \cdot U}{n_o \cdot 4} \tag{3.9b}$$

(n_0 Gleichgewichtskonzentration)

ist der Stromempfindlichkeit proportional. Legt man für den Fotoleiter die Bemessungsformel des linienhaften Leiters zugrunde, so verlangt hohe Spannungsempfindlichkeit
- geringes Leitervolumen, besonders kleine Dicke d,
- geringe Dunkelleitfähigkeit $\tau_0 \sim n_0$,
- über die Verstärkung "G" eine große Trägerlebensdauer.

<u>Betrieb in der Schaltung. Frequenzgang.</u> Der Fotoleiter wird üblicherweise in der Grundschaltung Bild 3.3a betrieben in Reihe zum Lastwiderstand R_L und zur Spannungsquelle. Ändert sich der Fotoleiter gegenüber dem Dunkelwiderstand R durch Bestrahlung um ΔR, so beträgt die Signalspannung

$$\Delta U = \frac{R_L \, \Delta R}{(R_L + R - \Delta R)(R_L + \Delta R)} \tag{3.9c}$$

Sie wird für $R_L = R \sqrt{1 - \Delta R/R}$ maximal.

Bestrahlt man den Fotoleiter mit moduliertem Licht (Frequenz ω), fällt also die Leistung
$$P_e(t) = P_0 + \underline{P}_1 \exp j\omega t$$

auf, so ergibt sich der komplexe Fotostrom $\underline{I}_{ph}$

$$\underline{I}_{ph} = \frac{q\eta_q P_0 \, "G"}{hf} + \frac{\underline{P}_1 q\eta_q}{hf} \frac{"G"}{1 + j\omega\tau} \cdot \exp j\omega t. \tag{3.10}$$

$$\text{Gleichanteil} \qquad \text{Modulationsanteil}$$

Dieses Verhalten wird durch die Ersatzschaltung Bild 3.5 interpretiert, entweder mit frequenzabhängiger oder -unabhängiger Einströmung und parallelgeschaltetem Kondensator C, abhängig von der mittleren Lebensdauer τ. G = 1/R stellt den <u>Dunkelleitwert</u> dar. Die Zeitkonstante τ variiert - materialabhängig - in weitem Bereich von ms für Fotoleiter auf CdS-

und CdSe-Basis im sichtbaren Bereich bis in den µs- und ns-
Bereich mit zunehmender Wellenlänge. Günstiger verhalten sich
diesbezüglich Störstellenfotoleiter.

Bei der <u>Störstellenfotoleitung</u> erfolgt die Fotoanregung zwischen der nächstliegenden Bandkante (meist Leitband) und
einem Störniveau im Band, wobei die Grenzwellenlänge durch
die Störstellenenergie W_i (Bild 3.2) gegeben ist. Die Fotoleitung ist somit ein reiner Majoritätseffekt. Nutzung der
Störstellenfotoleitung setzt voraus, daß die Störstellen noch
nicht thermisch ionisiert sind (→tiefe Temperaturen erforderlich, nachteilig). Eine Reihe typischer Störstellen für Si
wurden in Tafel 3.5 zusammengestellt. Die Detektoren arbeiten
ausschließlich im IR-Bereich.

Die Verstärkung des Fotoleiters ergibt sich nach den gleichen
Überlegungen wie bei der Eigenfotoleitung (Gl.(3.6)), nur ist
statt der Lebensdauer $\bar{\tau}$ die Lebensdauer τ_s einzusetzen, mit
der die freien Ladungsträger mit Störstellen rekombinieren.

Ein Merkmal der Störstellenfotoleitung sind die kleineren
Absorptionskoeffizienten, die dickere aktive Schichten erfordern. Deshalb kann im Wirkungsgrad Gl.(3.6) $\alpha d \ll 1$ gesetzt
werden, und man erhält z.B. für die Spannungsempfindlichkeit
R_U (Gl.(3.9b))

$$R_U = \frac{(1 - R)\ \alpha\ \tau\ U}{hf\ A\ n_O\ 4}.$$

$$(3.11)$$

Die Dunkelkonzentration n_0 muß (wie erwähnt) so klein als
möglich bleiben. Das erfordert geringe thermische Anregung
der Trägerkonzentration, m.a.W. niedrige Arbeitstemperatur.
Empirisch gilt

$$kT \leq \Delta W_i/20 \quad (T < 700/\lambda_g,\ T/K,\ \lambda_g/\mu m).$$

Die <u>Intrabandfotoleitung</u> (Bild 3.2) beruht auf der Erhöhung
der Elektronenenergie (→Erhöhung der Temperatur des Elek-

tronengases) im Leitband durch optische Strahlung, es wird
also in der Leitfähigkeit die Beweglichkeit verändert.

<u>Modulationsdotiere Fotoleiter.</u> Eine hohe Verstärkung "G" des
Fotoleiters erforderte nach Gl.(3.4) hohe Beweglichkeit. Hier
bieten sich neuerdings die schon erwähnten zweidimensionalen
Elektronensysteme (→ Quantungssysteme) mit modulationsdo-
tiertem Bandabstand an (Bild 3.6). In einem planaren Heteroübergang mit breitem N- und schmalem P-Gebiet entsteht am NP-
Übergang (wie beim Hetero-MESFET) ein extrem dünner, leiten-
der Kanal mit zweidimensionalem Elektronengas. Die einfallende Strahlung wird praktisch voll im schmalbandigen P-Gebiet
absorbiert und die Trägerpaare im Raumladungsfeld getrennt,
so daß sich die Leitfähigkeit des 2d-Gases erhöht. Da die
Streuung im Kanal weitgehend fehlt, steigt die Beweglichkeit
stark an (bis 10^6 cm²/Vs). Rekombination fehlt völlig (→ sehr

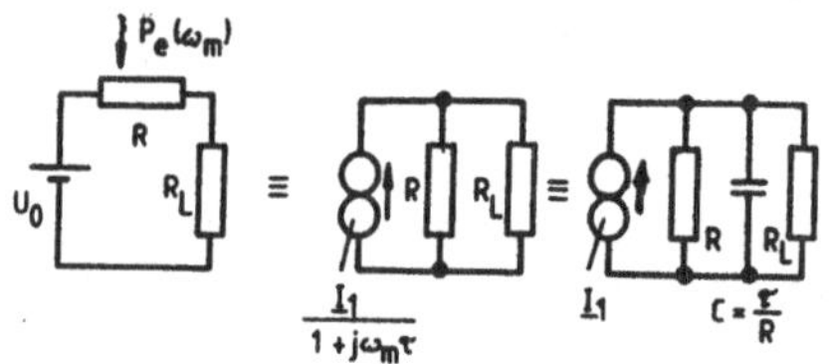

Bild 3.5
Ersatzschaltung des Foto-
leiters mit modulierter
Strahlung

Si-Dotand	W_G eV	$\lambda_g/\mu m$	Störstel- lentyp
Zn	0,31	4,0	A
Ti	0,26	4,8	A
In	0,16	7,8	A
B, Bi	0,069	18,0	D
Ga	0,065	19	A
Al	0,057	21,0	A
As	0,049	25,6	D
B	0,045	27,6	A
Sb	0,039	31,8	D

Tafel 3.5 Einfluß der Dotierung auf Si-Störstellendetektoren

hohe Elektonenlebensdauer). So erreicht man sehr hohe Verstärkungen "G".

Für eine InGaAs-Ausführung ($Ga_{0,47}In_{0,53}As/Al_{0,48}In_{0,52}As$) werden Verstärkungen um 20 bei Quantenausbeuten bis 300 % und Anstiegszeiten um 15 ps gemessen, was extrem schnelle Fotoleiter im Spektralbereich von 0,6 ... 1,65 µm ermöglicht. Der besondere Vorteil solcher Strukturen ist die Kompatibilität mit modulationsdotierten Feldeffekttransistoren für integrierte optische Schaltungen.

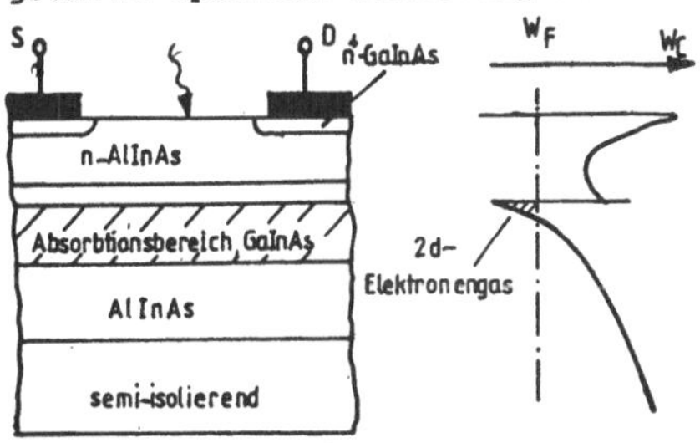

Bild **3.6**
Modulationsdotierter Fotoleitungsdetektor. Aufbau **und** Verlauf des Leitbandbandes W_C

Halb-leiter	Wellenlängen-bereich µm	λ_{max} µm	Betriebs-temperatur K	D^*_{max} $cmHz^{1/2}W^{-1}$	Ansprech-zeit µs
ZnS	0,34 – 0,4	0,38	300	3.10^{14}	10^{-1}
CdS	0,45 – 0,67	0,60	300	$1,5.10^{11}$	10^{-2}
CdSe	0,72 – 0,83	0,80	300	2.10^{12}	10^{-3}
Si:Au	0,50 – 1,1	1,0	300	5.10^{12}	0,1
Si:Zn	0,50 – 1,1	1,0	300	3.10^{12}	0,1
PbS	0,5 – 3,5 (5)	2,5 (2,8)	300 (77)	2.10^{11}	500
PbSe	0,5 – 5 (7,5)	3,8 (5)	300 (77)	10^{10}	10
InSb	1 – 7,3	6,8 (5,3)	300 (77)	8.10^{8}	0,1
InAs	1 – 3,8	3,3	300	3.10^{8}	0,5
Ge:Au	1 – 10,6	5	77	10^{10}	0,1
Ge:Cu	0,5 – 31	20	4,2	10^{-3}	0,01
Hg/CdTe	1 – 25	4 – 21	77	2.10^{10}	0,1

Tafel 3.6 Daten von Fotoleitungsdetektoren

3.1.2 Bauformen, Materialien, Anwendungen

Aufbaumäßig bestehen Fotoleiter entweder aus einem polykristallinen Halbleiterfilm auf isoliertem Träger oder einem
einkristallinen Halbleiterplättchen mit kammförmig ineinander
verschachtelten Goldelektroden (Bild 3.3). Dadurch wird der
gesamte Widerstandsstreifen in parallelgeschaltete kurze
Segmente unterteilt (→Senkung der Laufzeit). Insbesondere
aus Bild 3.4 geht hervor, daß der Fotoleiter bei einer bestimmten Wellenlänge höchste Empfindlichkeit besitzt, m.a.W.
müssen Fotoleiter für eine applikativ vorgegebene Grenzwellenlänge ausgewählt werden. Als Materialien kommen dabei in
Frage (Tafeln 3.5, 3.6), [3.11]:

- Im <u>sichtbaren Bereich</u> meist Cadmiumsulfid (CdS), auch Cad-
  miumselenid (CdSe), entweder aufgedampft oder durch Sinter-
  verfahren in Schichtdicken von 10 ... 30 µm aufgebracht.
  Derartige Anordnungen sind einfach in der Handhabung, haben
  große Empfindlichkeit (Verstärkungsfaktoren "G" $\approx 10^3$ ...
  10^4), aber nur eine kleine spektrale Bandbreite (intrin-
  sische Fotoleiter) bei sehr großer Zeitkonstante (50 ms).
- Im <u>IR-Bereich</u> Bleisulfid (PbS), Indiumantimonid (InSb) und
  Quecksilber-Cadmium-Tellurid ($Hg_xCd_{1-x}Te$) sowie Störstellenfotoleiter mit den Wirtsgittern Si und Ge.
  PbS-Detektoren sind Dünnfilmelemente mit Schichtdicken um 1
  µm, wobei das Material durch Aufdampfen und Sedimentation
  auf ein Glas- oder Quarzsubstrat gelangt. Ihre spektrale
  Empfindlichkeit reicht vom Sichtbaren bis 2 ... 3,5 µm Wellenlänge und überstreicht damit z.B. auch die 2,7 µm Linien
  von H_2O und CO_2 in heißen Kohlenwasserstoffabgasen (z.B.
  Abgase von Düsentriebwerken, Kfz-Motoren). Die Detektivität
  liegt bei etwa $5 \cdot 10^{10}$ cm $\sqrt{Hz}$ W^{-1} (bei Wellenlängen maximaler Empfindlichkeit, 800 Hz Modulation), die Widerstände
  zwischen 100 ... 1 MΩ. Nachteilig ist die relativ große
  Zeitkonstante um 100 µs.
- <u>InSb-Fotoleiter</u> nutzen ebenfalls polykristalline Kristalle,
  die aus den getrennt dargestellten Ausgangssubstanzen bei

rd. 750 °C zusammengeschmolzen werden. Ihr Spektralbereich reicht bis 5,6 µm (gekühlt) bzw. 7,5 µm (ungekühlt) mit einem Maximum bei 3,5 µm. Aus Gründen niedrigen Rauschens (s. Abschn. 3.5) werden sie meist gekühlt (77 K) betrieben mit Detektivitäten von $\approx$ 2 10^8 cm $\sqrt{Hz}$ W^{-1} bzw. 10^{10}... 10^{11} cm $\sqrt{Hz}$ W^{-1}. In beiden Fällen unterscheiden sich die Empfindlichkeiten stark: 10^4 V/W bzw. 0,5 V/W (ungekühlt). Die Zeitkonstanten liegen im µs-Bereich.

- <u>$Hg_{1-x}Cd_xTe$-Fotoleiter</u> sind lückenlos mischbare ternäre Verbindungshalbleiter, deren Bandbreite stark von x abhängt. Da die Bandbreite bis auf Null gebracht werden kann ($\rightarrow$ metallische Eigenschaften), kann das Empfindlichkeitsmaximum stark ($\approx$ 0,8 ... 30 µm) verschoben werden. Die Zeitkonstanten liegen bei einigen 100 ns.

- <u>Störstellenfotoleiter</u> mit Si und Ge als Wirtsgitter, die durch übliche flache Dotierungen einen weiten Grenzlängenbereich überstreichen (bis $\lambda_g \approx$ 100 µm). Nachteilig ist die erforderliche sehr tiefe Betriebstemperatur (T = 4,2 K).

<u>Anwendung.</u> Fotoleiter behaupten durch ihren einfachen Aufbau und die einfache Schaltungstechnik seit langem ein breites Anwendungsfeld. Spielt ihre große Trägheit im sichtbaren Bereich keine Rolle, so lassen sie sich in vielen Signal-, Kontroll- und Steuerschaltungen einsetzen. Dort kommen ihre <u>Vorteile,</u> wie

- hohe Empfindlichkeit bei niedriger Beleuchungsstärke (vergleichbar mit Fotovervielfachern),
- einfache Schaltungstechnik (z. B. Relais direkt steuerbar),
- einfacher Aufbau, gute Eignung für Infrarotanwendungen, (zumal die dafür eingesetzten Materialien schlecht zu PN-Übergängen verarbeitet werden können)

voll zur Geltung. Nachteilig sind neben der hohen Ansprechzeit das schmale Spektralverhalten und der große Temperaturkoeffizient.

<u>IR-Fotoleiter</u> und <u>Bildsensoren</u> (Abschn. 3.7) finden sich in
der IR-Fotografie (Nachtfotografie), im wissenschaftlichen
Gerätebau (IR-Spektroskopie, Wetterbeobachtung über Satelli-
ten, optische Pyrometer), der Infrarottemperaturmessung, In-
frarotmeßtechnik sowie der Sicherheits- und Militärtechnik
(ferngesteuerte Flugkörper, Zielverfolgung u.a.). Die meisten
IR-Strahler emittieren bis zu Wellenlängen um 10 µm (10 µm
entspricht dem Emissionsmaximum eines Temperaturstrahlers bei
300 K, Bild 1.19). So können Gegenstände durch ihr "Eigen-
leuchten" erkannt werden. Da Strahlung im Bereich von 8 ...
14 µm durch die Atmosphäre wenig gedämpft wird (sog. drittes
atmosphärisches Fenster), eignet sich diese Strahlung sowohl
zur Nachtwahrnehmung mit IR-Sichtgeräten als auch zur direkten optischen Übertragung. Der zweite interessante Bereich
zwischen 4 ... 8 µm enthält die Absorptionslinien wichtiger
luftverschmutzender Stoffe (Stickstoff, Schwefel, Kohlendio-
xide), deren Konzentration auf diese Weise bestimmt werden
kann.

3.2 Fotodiode

Die wichtigsten Fotodektoren sind Fotodioden. Sie haben ein
sehr breites Einsatzfeld und erlangten zusätzliche Bedeutung
als Detektoren in optischen Nachrichtensystemen für große
Entfernungen und hohe Übertragungsraten. Speziell dafür sind
folgende Eigenschaften wichtig:
- Arbeitswellenlängenbereich,
- Fotoempfindlichkeit,
- Zeitverhalten und
- Eigenrauschen.

Als bevorzugte Wellenlängenbereiche gelten für den Universal-
einsatz der sichtbarn Bereich, für die Nachrichtenübertragung
die Bereiche 0,8 ... 0,9 µm sowie 1,3 ... 1,55 µm und für
allgemeine Infrarotaufgaben der Bereich ab 1 µm.

Von allen Fotodiodenstrukturen hat die bipolare Fotodiode
(Homo-PN-Übergang) hauptsächlich aus Fertigungsgründen auch
heute noch die größte Bedeutung (allerdings mit der Tendenz,
immer stärker durch Heterodioden ersetzt zu werden).

3.2.1 Fotodiode mit PN-Übergang

Die Fotodiode ist ein PN-, PIN-, MS- oder MOS-Übergang, in
dem durch Strahlungseinfall ausreichender Energie mittels des
Fotosperrschichteffektes eine Wandlung optische Energie →
elektrisches Signal erfolgt. Dabei werden die optisch erzeugten Loch-Elektronen-Paare (→innere Fotogeneration) durch das
lokale elektrische Feld der Raumladungszone räumlich getrennt, so daß eine Fotospannung (Quellenspannung) bzw. ein
Fotostrom (Quellenstrom bzw. eine Sperrstromerhöhung) an den
Diodenklemmen auftritt.

3.2.1.1 Wirkprinzip

PN-Fotodioden unterscheiden sich aufbaumäßig von gewöhnlichen
PN-Dioden im Prinzip nur dadurch, daß Licht von einer Seite
her in die Umgebung des PN-Überganges eindringen kann [3.12],
[3.14], (Bild 3.7). Durch Photonenabsorption (→ Generationsrate G) entstehen in der Raumladungszone und ihrer Umgebung
(im Einzugsbereich der Diffusionslänge) Loch-Elektronen-Paare
(Eindringtiefe der Strahlung wellenlängenabhängig). Das Raumladungsfeld trennt diese Trägerpaare: Elektronen fließen zur
N-, Löcher zur P-Seite, und es entsteht im äußeren (kurzge-
schlossenen) Kreis ein Kurzschlußfotostrom I_{ph} aus:. Er besteht aus:
- Loch-Elektronen-Paaren, die innerhalb der Raumladungszone
  (Breite W_s) generieren und sich als Driftstrom mit kürze-
  ster Laufzeit durch die Raumladungszone bewegen.
- Loch-Elektronen-Paaren, die innerhalb einiger Diffusionslängen L_n, L_p in den Bahngebieten erzeugt werden. Sie fließen als Diffusionsstrom mit der Lebensdauer τ als charak-
  teristischer Zeitkonstante zur Raumladungszone hin. Deshalb

rekombinieren weit außerhalb dieses Bereiches erzeugte Minoritätsträger und tragen praktisch nicht zum Fotostrom bei. Besonders hoch ist die Rekombination an der Halbleiteroberfläche.

Für hohe Quantenausbeute muß möglichst die gesamte Strahlung in der Feldzone absorbiert werden (Sperrschicht breit und oberflächennah).

Insbesondere in der Feldzone haben die erzeugten Trägerpaare (praktisch) keine Rekombinationsmöglichkeit (von Sperrschichtkombination abgesehen). Deshalb ist die innere Quantenausbeute $\lessgtr 1$, weil alle erzeugten Träger zum Fotostrom beitragen.

Der <u>Fotostrom</u> I_{ph} setzt sich deshalb aus dem in der Sperrschicht gebildeten Anteil (sog. Driftfotostrom) und jenem zusammen, der durch die Diffusion aus den Bahngebieten (Diffusionsfotostrom) stammt.

Der erste Teil ergibt sich aus der Tatsache, daß die einfallende optische Strahlungsleistung Φ_e, die Φ_e/hf Photonen pro

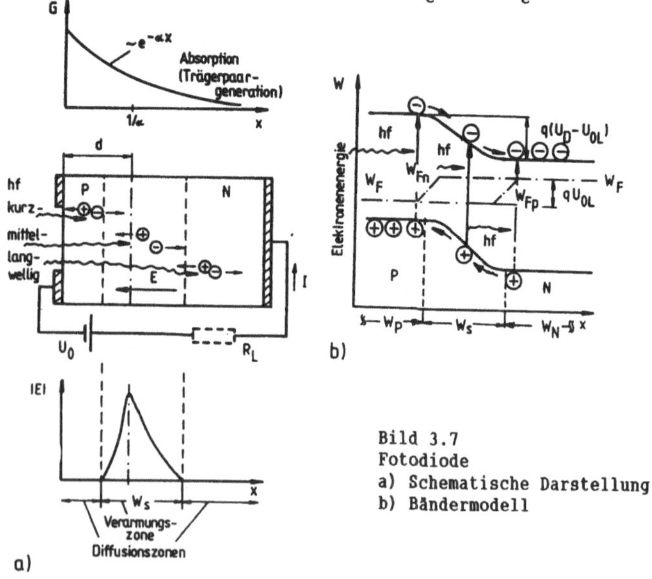

Bild 3.7
Fotodiode
a) Schematische Darstellung
b) Bändermodell

Sekunde führt, durch Absorption im Halbleiter lokal absinkt
(Bild 3.7a) und diese Abnahme gleich der Generationsrate $G(x)$
ist

$$G(x) = - d/dx \, (\Phi_e(x)/hf) = \eta_q \, (\Phi_e/hf) \cdot (1 - R) \, \exp - \alpha x, \tag{3.12}$$

wobei

$$\Phi_e(x) = \eta_q \cdot \Phi_e(1 - R) \, \exp - \alpha x.$$

Durch $G(x)$ ergeben sich lokal verschieden generierte Träger.
Dabei ist berücksichtigt, daß vom auftreffenden Quantenfluß
ein Teil an der Oberfläche reflektiert wird ($\rightarrow$ Reflexionsfaktor R) und überhaupt nur Generation nach Maßgabe eines inneren Quantenwirkungsgrades $\eta_q (\leq 1)$ stattfindet. Die Absorptionskonstante wird ortsunabhängig angesetzt.

Vernachlässigt man die Dicke des P-Gebietes, so ergibt sich
der <u>Driftfotostrom</u> I_{phdr} (bei vereinfachend konstant ange-
setztem Feld in der Sperrschicht) aus (A-Fläche)

$$I_{phdr} = - qA\int_0^{W_S} G(x)dx = - qAn_q \, \frac{\Phi_e(1 - R)}{hf}(1 - e^{-\alpha W}S). \tag{3.13}$$

(Bei Berücksichtigung der Dicke W_p des P-Gebietes ist diese
Beziehung noch mit einem Faktor $\exp - \alpha W_p$ zu multiplizieren.)

Im quasineutralen N-Bahngebiet (feldfrei angenommen), wo die
optisch generierten Löcher zur Sperrschicht hin diffundieren
und so zum Fotostrom I_{phdiff} beitragen, ist von der Diffusionsgleichung für den Löcherdichteüberschuß $\Delta p_n(x) = p_n(x -$
p_{no} (p_{no} Gleichgewichtsschichten) auszugehen, ergänzt um die
Generationsrate $G(x)$:

$$\frac{d^2\Delta p_n}{dx^2} - \frac{\Delta p_n}{D_p\tau_p} + \frac{G(x)}{D_p} = 0 \tag{3.14}$$

(D_p Diffusionskonstante, τ_p Löcherlebensdauer). Kennt man die
Lösung $\Delta p_n(x)$, so beträgt der Diffusionsstrom (üblicherweise
am rechten Sperrschichtrand bestimmt)

$$I_D = - qD_pA \left.\frac{d\,p_n}{dx}\right|_{\substack{\text{Sperrschicht-}\\\text{rand}}} \equiv \frac{An_qq\Phi_e(1-R)}{hf}\left(\frac{\alpha W_S\,e^{-\alpha W_S}}{1+\alpha L_p}\right) + I_0(e^{U/U_T}-1) \tag{3.15}$$

$$\equiv I_{phdiff} + I_0(e^{U/U_T}-1).$$

Dabei wurden für die Lösung von Gl.(3.13) die üblichen Randwerte (Boltzmann-Bedingung am Sperrschichtrand, total rekombinierender Kontakt rechts angesetzt).

Zusammengefaßt stellen dann

$$\boxed{I = I_0\,(e^{U/U_T}-1) - I_{ph}(\Phi_e) = I_D(U) - I_{ph}} \tag{3.16}$$

mit dem Fotostrom

$$\boxed{I_{ph} = q\eta_q\cdot\frac{\Phi_e(1-R)}{hf}\left[1 - \frac{e^{-\alpha W_S}}{1+\alpha L_p}\right]} \tag{3.17a}$$

und der (externen) Quantenausbeute

$$\boxed{\eta = \frac{I_{ph}/q}{\Phi_e/hf} = \eta_q(1-R)\cdot\left[1 - \frac{e^{-\alpha W_S}}{1+\alpha L_p}\right]} \tag{3.17b}$$

die Grundeigenschaften der Fotodiode dar.

Der Fotostrom I_{ph} hängt über den Absorptionskoeffizienten von Wellenlänge und Material (auch L_p, hier $L_p \ll W_p$ vorausgesetzt) ab. Unterschiedliche Anforderungen führen zu verschiedenen Bauformen. Angestrebt werden hohe Quantenwirkungsgrade η durch

- geringe Oberflächenreflexion ($R = 0$) durch Beschichtung der Einstrahlfläche mit einer Antireflexschicht (dünne SiO_2- oder Si_3N_4-Schicht der Dicke $\lambda/4n$ mit einem Brechungsindex $n \approx \sqrt{n_{Luft}n_{Halbleiter}}$),
- oberflächennahe Lage des PN-Überganges ($\alpha W_p \ll 1$, s. Gl.(3. 13)),
- breite Sperrschicht ($\alpha W_S \gg 1$), so daß $\exp - \alpha W_S \approx 0$. Dadurch wächst allerdings die Trägerlaufzeit durch die Schicht und das Frequenzverhalten verschlechtert sich, so

daß ein Kompromiß der Form $\alpha W_S \approx 1$ erforderlich ist (s. Gl.
(3.24). Werte von η_q über 80 % sind durchaus erreichbar.

3.2.1.2 Kennlinie. Eigenschaften der Fotodiode

Die Fotodiodenkennlinie (3.16) besteht aus einer gewöhnlichen
Diodenkennlinie mit dem <u>Sättigungs-</u> oder <u>Dunkelstrom</u> I_0 (stark
temperaturabhängig) und dem strahlungsbestimmten Fotostrom
I_{ph} Gl.(3.17a) als Quellenstrom (Kurzschlußstrom!). Sie
stellt so bezüglich I_{ph} ein aktives, nichtlineares Zweipol-
element dar (Bild 3.8).

Der Fotostrom ist der einfallenden Strahlungsleistung Φ_e
(oder Beleuchtungsstärke E , s. Abschn. 1.5) proportional.

Im <u>Leerlauf,</u> also für I = 0 (mit waagerechtem Ferminiveau,
Bild 3.7b) lädt sich die P-Seite durch die erzeugten Löcher
positiv, die N-Seite durch die Elektronen negativ auf. Dadurch reduziert sich die Diffusionsspannung U_D um eine <u>Leer-</u>

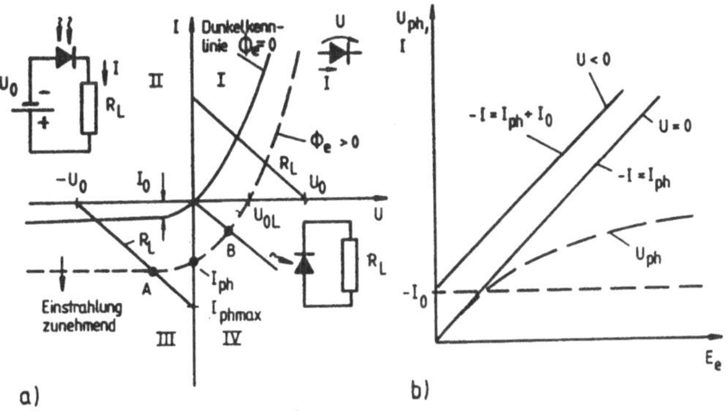

Bild 3.8 Kennlinie und Betriebsarten
    a) Fotodiode (Arbeitspunkt A Bereich III), Fotozelle (Bereich
    IV, Verbraucherzählpfeilrichtung, mit Leerlaufspannung U_{0L}
    und Kurzschlußfotostrom I_{ph}), Fotosensor (Bereich I)

    b) Zusamenhang Leerlaufspannung U_{ph} bzw. Kurzschlußstrom I_{ph}
    und Beleuchtungsstärke E

lauffotospannung U_{OL}. Aus dem Bild geht hervor, daß sie stets kleiner als die Diffusionsspannung und damit auch kleiner als W_G/q sein muß: <u>Breitbandige Halbleiter haben die größere Fotospannung.</u>

Im <u>Stromkreis</u> kann die Fotodiode betrieben werden:
a) <u>Mit Vorspannung</u> U_0

- als <u>Fotosensor</u> (lichtgesteuerter Widerstand) im <u>Durchlaß-bereich</u> (I. Kennlinienquadrant). Dann ist die Ausgangs-spannung dem Logarithmus der einfallenden Lichtstärke proportional (s.u.),

- als <u>Fotostromgenerator</u> oder <u>Fotodiode</u> (im engeren Sinn) im <u>Sperrbereich</u> (III. Kennlinienquadrant). Jetzt ist der Strom der absorbierten Strahlung proportional.
In beiden Fällen liegt das Zusammenwirken eines aktiven (linearen) Zweipols (U_0) mit einem zweiten, ebenfalls akti-ven (I_{ph}) <u>nichtlinearen</u> Zweipol vor (sog. nichtlinearer Verbraucher mit Gegenspannung). Bild 3.9 zeigt die entspre-chende Ersatzschaltung, wie sie den U-I-Relationen im ersten Quadranten entspricht.

b) <u>Ohne Vorspannung</u> (im IV. Kennlinienquadrant) als <u>Foto-quelle,</u> <u>Fotoelement</u> oder <u>Solarzelle</u> (s. Abschn. 3.6). Hier arbeitet der nichtlineare aktive Zweipol auf den linearen Verbraucherzweipol R_L. Nach Gl.(3.16) beträgt die <u>Leerlauf-fotospannung</u> (I = 0)

$$U_{OL} = U_{ph} = U_T \ln \left(\frac{I_{ph}}{I_O} + 1\right) \approx U_T \ln \frac{I_{ph}}{I_O}, \qquad (3.18)$$

sie ist dem Logarithmus der einfallenden Strahlung in weitem Bereich proportional.

Im <u>Fotodiodenbetrieb</u> (U_0 und so U < 0) beträgt der Dioden-strom

$$I \approx -I_O - I_{ph}(\Phi_e) \approx - I_{ph}(\Phi_e).$$

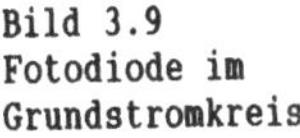

Bild 3.9
Fotodiode im
Grundstromkreis

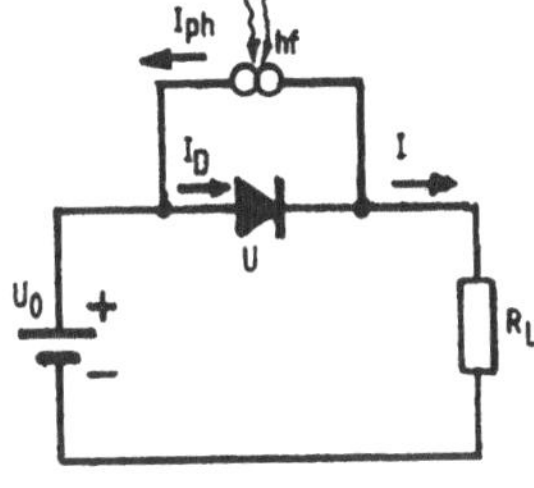

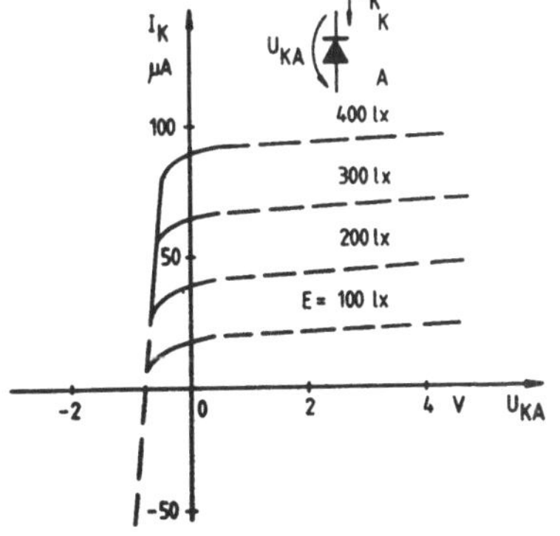

Bild 3.10
Kennlinienfeld einer Ge-Foto-
diode mit der Beleuchtungsstärke
E als Parameter

<u>Die Diode arbeitet als Stromquelle</u> und der eingeprägte Foto-
strom I_{phmax} verursacht am Lastwiderstand $R_L = U_0/I_{phmax}$ eine
Spannungsänderung, die bis zur Batteriespannung U_0 reichen
kann und über mehrere Zehnerpotenzen der Beleuchtungsstärke E
proportional ist (Bild 3.8b).

In den Kenndatenlättern wird deshalb auch die Beleuchtungsstärke E als Parameter angegeben (Bild 3.10). (Man beachte
die Richtungsvertauschung I_K, U_{KA} gegenüber Bild 3.8).

Eine weitere wichtige Eigenschaft für die Anwendung ist die
<u>spektrale Empfindlichkeit</u> (Abhängigkeit des Fotostromes von
der Wellenlänge des eingestrahlten Lichtes). Sie beträgt (Gl.
(3.17a))

$$R_I(\lambda) = \frac{dI_{ph}}{d\Phi_{e\lambda}} = \frac{q\lambda}{hc}\eta \rightarrow \frac{q\lambda}{hc}\eta_q, \qquad (3.19)$$

ist also das Verhältnis von Fotostrom I_{ph} (u.U. flächenbezo-
gen) und der auf die Diode auftreffenden Strahlungsleistung

$\Phi_{e,\lambda}$ (angegeben in A/W, s. Gl.(3.9a)). Den Höchstwert von $R_{I\lambda}$ (λ) hat die Fotodiode als nichtverstärkender Fotoempfänger (Verstärkung "G" = 1) bei einer Quantenausbeute $\eta_q = 1$ mit $q\lambda$ /hc, weil N auftreffende Photonen der Energie N·hc/λ pro Zeit insgesamt N Ladungsträger (pro Zeit) erzeugen (Bild 3.4). Für $\eta_q = 1$ hängen R_I und λ etwa linear zusammen bis $\lambda \approx 1,1$ µm für Si. Oberhalb der Absorptionskante λ_G werden keine Ladungsträger mehr erzeugt (Bild 3.11).

In der <u>realen Diode</u> hängt R_I nach Gl.(3.17a) u.a. von der wellenlängenabhängigen Absorptionskonstanten α ab. Dadurch ergeben sich kleinere Werte, aber mit gleichem Tendenzverlauf:

<u>Mit sinkender Wellenlänge verlagert sich die Fotogeneration von der Sperrschicht weg immer näher an die Halbleiteroberfläche.</u> Dadurch sinkt mit kleinen α-Werten die Empfindlichkeit vor allem durch Oberflächenrekombination. Weil die Energie für $\lambda > \lambda_G$ zur Anregung nicht mehr ausreicht, muß sich im Zwischenbereich ein Maximum der Empfindlichkeit einstellen. Deshalb ergeben sich Verläufe, die denen von Bild 3.4. weitgehend entsprechen.

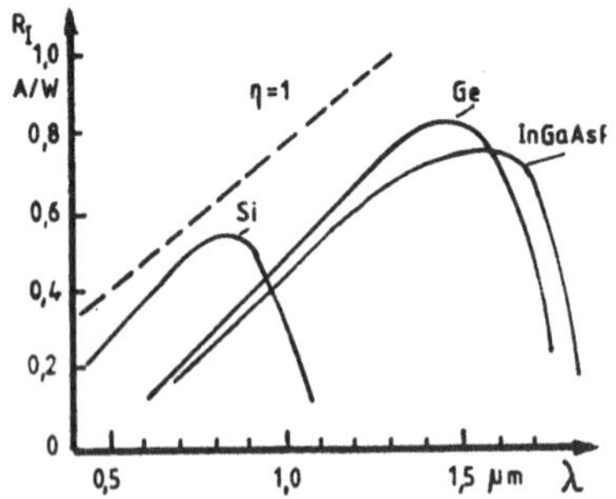

Bild 3.11
Empfindlichkeit von Fotodioden über der Wellenlänge λ
(... ideale Fotodiode)

Oft wird die spektrale Empfindlichkeit statt auf $\Phi_{e\lambda}$ auf die Bestrahlungsstärke E_e [A/Wcm²] oder die Beleuchtungsstärke E_v [A/lx] bezogen (s. Tafel 1.5). Dann sind Angaben über die Spektralverteilung der ankommenden Strahlung erforderlich.

Halbleiter	Si-PN	Ge-PN
Wellenlängen-bereich µm	0,4...1,15	0,6 ...1,65
max. Empfindlichkeit A/W (bei /µm)	0,2...0,4	0,5
Quantenwirkungsgrad %	60...80	50
aktive Fläche cm²	$10^{-2}...10^{-1}$	$10^{-3}...10^{-1}$
Dunkelstrom nA	< 10	< 50
Kapazität pF	< 10	< 5
Ansprechzeit ns	2	0,1

Tafel 3.7 Typische Eigenschaften von PN-Fotodioden

Höhere Stromempfindlichkeiten ergeben sich
- in sog. "verstärkenden" Fotodioden durch Nutzung des Lawi-neneffektes (APD) und von Quanteneffekten in Supergittern,
- durch Ausnutzung der Stromverstärkung im Fototransistor (Abschn. 3.3.1).

Tafel 3.7 enthält Richtwerte von Fotodioden. Gegenüber dem Fotoleiter (Tafel 3.6) fällt die geringere Empfindlichkeit der Fotodiode auf. Kennt man ihre Empfindlichkeit, so läßt sich der Fotostrom I_{ph} bei einfallender Strahlungsleistung Φ_e sofort angeben:

$$I_{ph} = R_I (\lambda) \, \Phi_e \quad \text{bzw.} \quad I_{ph} = R_I(\lambda) \, E_e \, A \qquad (3.20)$$

(A strahlungsempfindliche Fläche). Für Si kann bei der übli-cherweise verwendeten GaAs-Strahlunsquelle mit etwa $R_I(\lambda) \approx$ 0,5 A/W gerechnet werden. Eine GaAs-LED der Strahlstärke $I_e \approx$ 10 mW/sr würde dann in einer im Abstand r = 2 m befindlichen Si-Fotodiode der strahlungsempfindlichen Fläche A ≈ 1 mm² die Strahlungsleistung

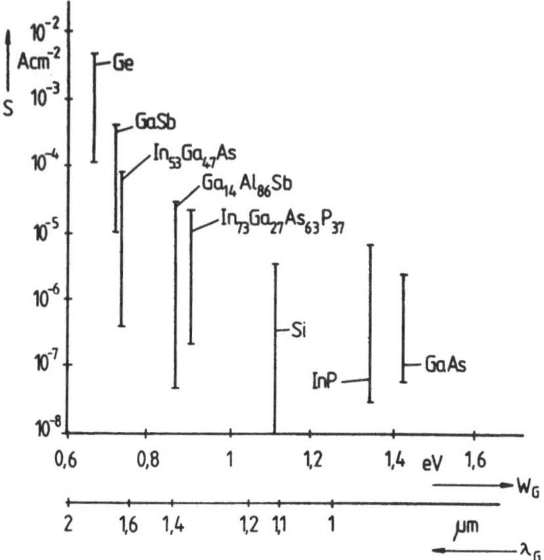

Bild 3.12 Dunkelstromdichte von PN-Übergängen aus verschiedenen Halbleitermaterialien (T = 300 K)

$$\Phi_e \approx A\, I_e/r^2 \approx 2,5 \text{ nW}$$

anbieten, die den Signalstrom $I_{ph} \approx 1,25$ nA erzeugt.

Bei sehr schwachen Eingangssignalen begrenzt der Dunkelstrom
I_0 (Gl.(3.16)) die Empfindlichkeit. Richtwerte der Dunkelstromdichte (bei Zimmertemperatur) enthält Bild 3.12. Man erkennt deutlich die Zunahme mit sinkender Bandbreite, wie sie
aus der Kennlinientheorie des PN-Überganges hervorgeht.

Physikalische Ursachen des Dunkelstromes sind jene, die den
"Sättigungsstrom" des üblichen PN-Überganges bestimmen:
- thermische Generationsströme aus den Bahngebieten in Sperr-
schichtnähe und der Raumladungszone,
- Tunnelströme durch die Sperrschicht (bei höheren Sperrspannungen),
- Oberflächenleckströme.

Alle Anteile sind proportional der Sperrschichtfläche und hängen stark von der Temperatur ab.

3.2.1.3 Dynamische Eigenschaften

Fotodioden eignen sich gut als Detektoren für rasch zeitveränderliche Strahlung (Impulse, moduliertes Signal). Dementsprechend werden ihre Eigenschaften durch die (diodenüblichen) Schaltzeiten oder eine Modulationsgrenzfrequenz gekennzeichnet. In beiden Fällen sind die gleichen physikalischen Ursachen maßgebend [3.12], [3.16], [3.17]:
- die Trägerlaufzeit vom Generationsort im Bahngebiet zur Sperrschichtgrenze (meist durch Diffusion, in Sonderfällen feldunterstützt) mit der charakteristischen Zeitkonstanten τ_1,
- die Trägerlaufzeit durch die Raumladungszone (Feldvorgang, in guter Näherung mit Grenzgeschwindigkeit), charakteristische Zeitkonstante τ_2,
- Zeitkonstante durch Umladen der Sperrschichtkapazität c_s in Verbindung mit dem Lastwiderstand der äußeren Schaltung, Zeitkonstante τ_3.

Der erste Vorgang verläuft - ähnlich wie die Diffusion im Basisraum des Bipolartransistors - mit der charakteristischen Diffusionszeitkonstante (W Dicke des Bahngebietes)

$$\tau_1 = W^2/2D \tag{3.21}$$

(bzw. kleiner, wenn Feldunterstützung durch ein Driftfeld vorliegt). Für Si ($D_{n,p} \approx 2 \ldots 10 \; cm^2/s$) ergibt sich bei schmalem Bahngebiet (W « 1 µm) eine Diffuionszeitkonstante von einigen 10 ps, für Bahngebiete im µm-Bereich hingegen von einigen ns.

Der zweite Anteil kann in guter Näherung zu

$$\tau_2 \approx W_S/v_S \tag{3.22a}$$

angegeben werden (Sperrschichtbreite spannungsabhängig!). Mit der Grenzgeschwindigkeit $v_S \approx v_{dmax} \approx 10^6 \ldots 10^7 \; cm/s$ liegt τ_S im Bereich von eingen 10 ps (W_S « 1 µm).

Der zweite Anteil kann in guter Näherung zu

$$\tau_2 \approx W_S / v_S \tag{3.22a}$$

angegeben werden (Sperrschichtbreite spannungsabhängig!). Mit der Grenzgeschwindigkeit $v_S \approx v_{dmax} \approx 10^6 \ldots 10^7$ cm/s liegt τ_S im Bereich von eingen 10 ps ($W_S \ll 1$ µm).

Der dritte Anteil τ_3

$$\tau_3 \approx c_S R_L, \tag{3.22b}$$

der aus der einfachen Ersatzschaltung Bild 3.13 hervorgeht (Bahnwiderstand R_S vernachlässigt), dominiert meist.

Fällt eine (sinusförmig) modulierte Strahlung (Modulationsfrequenz ω) auf, so entsteht neben dem "Gleichfotostrom I_{ph}" eine "Wechselstromkomponente" $\underline{I}_{ph}(\omega)$, die sich – analog zum Kleinsignalverhalten des PN-Überganges – von der in den Frequenzbereich transformierten Diffusionsgleichung (s. Gl.(3.14)) ausgehend, bestimmen läßt. Es fließt ein komplexer Fotostrom von der gleichen Form Gl.(3.10) wie beim Fotoleiter, nur mit dem externen Quantenwirkungsgrad Gl.(3.17b), dessen Wechselanteil in der Form

$$\underline{I}_{ph} = \frac{\underline{I}_{ph}(0)}{1 + j\omega\tau} \tag{3.23}$$

geschrieben werden kann mit $\tau \approx \tau_1 + \tau_2 + \tau_3 \approx \tau_3 \approx c_S(R_L + R_S)$. Die Ersatzschaltung (Bild 3.13) entspricht Bild 3.5 mit Lastwiderstand R_L. Bei einer Sperrschichtkapazität $c_S \leq 10$ pF (typisch, für schnelle Fotodioden um 1 pF) ergeben sich bei kleinem Lastwiderstand (Größenordnung 50 ... 100 Ω) Zeitkonstanten im ns-Bereich (allerdings auf Kosten der Signalhöhe). Insbesondere ist mit geeignet ausgelegten Dioden noch eine Demodulation bis zu Frequenzen um 1 GHz möglich. Die Forderung nach kleiner Sperrschichtkapazität läßt sich z.B. durch eine breite Sperrschicht erfüllen, wie sie die PIN-Diode besitzt (s.u.). Bei ausreichend kleiner schaltungsgebundener Schaltzeitkonstante τ_3 nach Gl.(3.22b) wirken Diffusion und

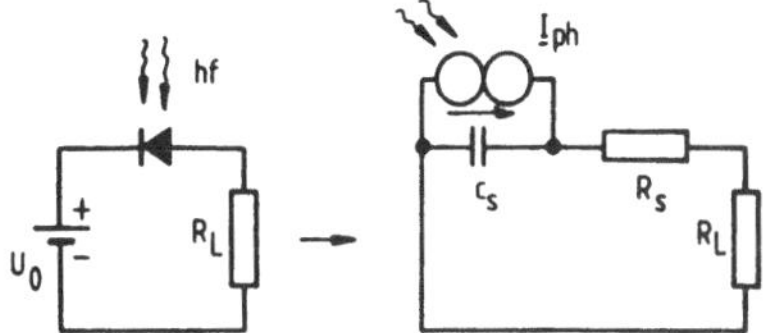

Bild 3.13
Ersatzschaltung der
Fotodiode
(Bahnwiderstand R_S)

Laufzeit frequenzbegrenzend. Das führt auf eine <u>Bemessungs-richtlinie:</u> Zur merklichen Strahlungsabsorption sollte immer eine Wegstrecke $x_0 \approx 1/\alpha$ verfügbar sein, was auf zwei Wegen möglich ist:

a) <u>Bahnlänge</u> W_P des P-Gebietes gleich Eindringtiefe $1/\alpha$ der Strahlung ($W_P = 1/\alpha$). Dann werden dort die meisten Photonen absorbiert (63 %) und maximal die Hälfte der erzeugten Mino-ritätsträger (Elektronen) diffundiert relativ langsam zur Sperrschicht nach Maßgabe der Zeitkonstanten τ_1 Gl.(3.21). Analoges würde für die Fotogeneration im N-Gebiet gelten. Da für den Vorgang die (kleinere) Diffusionskonstante $D_p < D_n$ maßgebend ist, sollte die Strahlung in die P-Seite einfallen.

b) <u>Sperrschichtbreite</u> W_S etwa gleich der Eindringtiefe $1/\alpha$. Jetzt erfolgt die Fotogeneration hauptsächlich in der Sperr-schicht und Träger werden sofort als Feldstrom mit einer we-sentlich kleineren Zeitkonstante abgezogen.

Der Kompromiß zielt üblicherweise auf

$$W_S + W_P \approx 1/\alpha. \tag{3.24}$$

Dabei sollte aus Gründen des Schaltungeinflusses (Gl.(3.22)) die Breite der Raumladungszone möglichst groß sein.

Im Vergleich zum Fotoleiter liegt die Grenzfrequenz der Foto-diode erheblich höher. Sie eignet sich deshalb gut zur Verar-beitung schneller Signale, bedarf aber für die Anwendung in der optischen Nachrichtentechnik noch einiger Verbesserungen (s.u.).

Wird die Fotodiode hingegen als <u>Fotoelement</u> mit merklichem Strom durch den PN-Übergang betrieben (s. Bild 3.8), so

wächst die Kapazität durch den hinzutretenden Diffusionsan-
teil an und senkt die Grenzfrequenz beträchtlich.

3.2.1.4 Materialeinfluß

Das <u>elektrische Verhalten</u> der Fotodiode hängt entscheidend
von der Absorptionskonstante α des Halbleitermaterials (Bild
1.27 und 3.14, für den <u>Infrarotbereich</u>) ab. Sie bestimmt den
Quantenwirkungsgrad (indirekt) über den Fotostrom (Bauform,
materialabhängig). Der Einfluß der Absorptionskonstanten auf
die Empfindlichkeit wurde bereits im Anschluß an Gl.(3.17)
diskutiert.

Liegt der Generationsbereich nicht im Einzugsgebiet der Raumladungszone, so trägt er nicht zum Fotostrom bei. Deshalb hat
der Quantenwirkungsgrad (Bild 3.14b) über der Wellenlänge ein
typisches Maximum. Im Bild ist noch die Empfindlichkeit R_I
als Parameterkurve eingetragen.

Man erkennt:

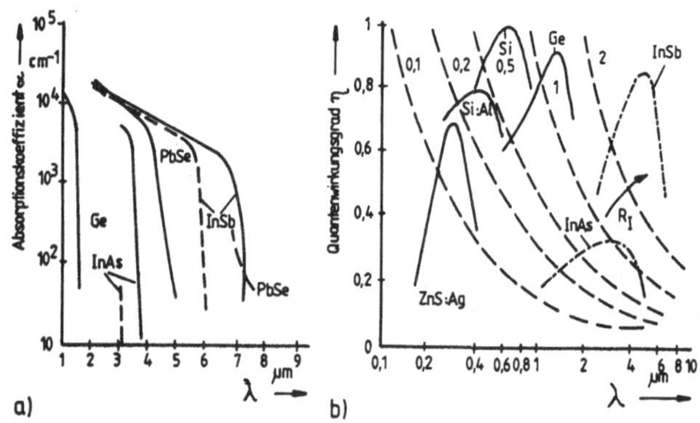

Bild 3.14 Absorptionskonstante und Quantenwirkungsgrad über der Wellenlänge
   a) Absorptionskonstante von Materialien im Infrarotgebiet
   b) Quantenwirkungsgrad η und Empfindlichkeit (A/W ---) ver-
      schiedener Fotodioden —— 300 K, -.-.- 77 K

- im <u>Ultraviolett-Bereich</u> sind die Metall-Halbleiterübergänge (Si:Al, ZnS:Ag) relativ günstig (s. Abschn. 3.2.3),
- Si- und GaAs-Dioden (ebenso GaAsSb- und InGaAs-Dioden) eignen sich für den <u>sichtbaren</u> und nahen <u>Infrarot-Bereich</u> (λ = 0,85 ... 0,9 µm)
- <u>Ge-Dioden</u> eignen sich für den <u>nahen IR-Bereich</u> ($\lambda \leq 1,6$ µm) mit guter Anpassung an das Glühlampenlicht. Es sind einfache Strukturen, jedoch mit hohem Dunkelstrom und starkem Rauschen. Durch Dotierung mit speziellen Störstellen läßt sich die Grenzwellenlänge weit ins Infrarot (bis 40 µm und mehr) verschieben. Auch ternäre (z.B. GaInAs) und quaternäre A^{III}-B^{V}-Verbindungen sind weit verbreitet (Tafel 3.8).
- Für das <u>ferne Infrarot</u> eignen sich Materialien wie InAs (bis 3,5 µm) und InSb bis 5,6 µm) u.a.
- Zum Empfang der 10,6 µm-Strahlung des CO_2-Lasers sowie thermischer Strahlung bis 15 µm werden PbSnTe, PbSnSe und CdHgTe als Diodenmaterialien benutzt.

Material	λ/µm	Vorteil	Nachteil
Ge	< 1,8	einfache Herstellung	Rauschen und Dunkelstrom groß
Si	< 1,1	einfache Herstellung, integrationsfähig	
InGaAs(P)	1,0...1,6	geringer Dunkelstrom transparentes Substrat kleine Ansprechzeit hoher Wirkungsgrad integrationsfähig	starkes Rauschen
InGaAlAs	0,85...1,6	geringer Dunkelstrom integrationsfähig	Laborphase
GaAlAsSb	0,75...1,9	geringes Rauschen	Laborphase
HgCdTe	0,8...14	geringes Rauschen kleine Ansprechzeit	Laborphase

Tafel 3.8 Materialsysteme für Dioden im nahen IR-Bereich

3.2.2 PIN-Fotodioden

Vor allem die Entwicklung der Lasertechnik und Informationsübertragung über Glasfaserkabel trieb die Entwicklung von Fotodetektoren mit möglichst hoher Grenzfrequenz und Empfindlichkeit voran. Dies führte zu den Konzepten der PIN-, der
Lawinen-, Metall-Halbleiter- und überhaupt der Heterodioden,
um die wichtigsten zu nennen, denn die bisher betrachtete
(gewöhnliche) Fotodiode ist durch ihre Trägheit für solche
Aufgaben nicht besonders gut geeignet.

Die einander unterstützenden Forderungen für hohe Grenzfrequenz, nämlich
- Wirksamkeit des konstanten Sperrschichtfeldes über eine
  größere Wegstrecke zur beschleunigten Trägertrennung,
- geringe Sperrschichtkapazität durch breite Sperrschicht,
- große Sperrschichtbreite zur Erzielung einer hohen Drift-
  grenzfrequenz (beispielsweise bedingt eine Grenzfrequenz
  von f_g = 10 GHz mit $v_s \approx 10^7$ cm/s eine Mindestbreite $W_S \approx 4$
  µm!)

führen direkt auf das Konzept der PIN-Fotodiode (Bild 3.15).
Sie arbeitet wie die PN-Fotodiode nur mit dem Unterschied,
daß durch eine breite eigenleitende Mittelschicht der Haupt-
teil der Ladungsträgergeneration dort erfolgt. Dazu muß jedoch das dem Strahlungseinfall zugekehrte Halbleitergebiet
möglichst dünn sein.

Ein Merkmal der PIN-Fotodiode ist das konstante Feld im I-
Gebiet. Da aber bei der Behandlung der PN-Diode bereits in
der Sperrschicht konstantes Feld (vereinfachend) angenommen
wurde, können von dort der Fotostrom I_{ph}, der externe Quantenwirkungsgrad (Gl.(3.17)) sowie die Stromempfindlichkeit R_I
(Gl.(3.19)) übernommen werden. Auch die im Anschluß daran
aufgestellten Bemessungsrichtlinien gelten voll.

Unterschiede ergeben sich jedoch zum PN-Übergang durch die i.
a. breite I-Zone und die nicht mehr vernachlässigbare Trägerlaufzeit.

Fällt beispielsweise ein kurzer Lichtimpuls $\Phi_e\delta(t)$ (Impulsfunktion) auf und ist die Absorption in der I-Schicht sehr stark (genauer $\alpha W_i \gg 1$), so erfolgt die Trägergeneration hauptsächlich in einer schmalen Zone am Anfang des I-Gebietes (Bild 3.16a). Die Löcher wandern ins angrenzende P-Gebiet,

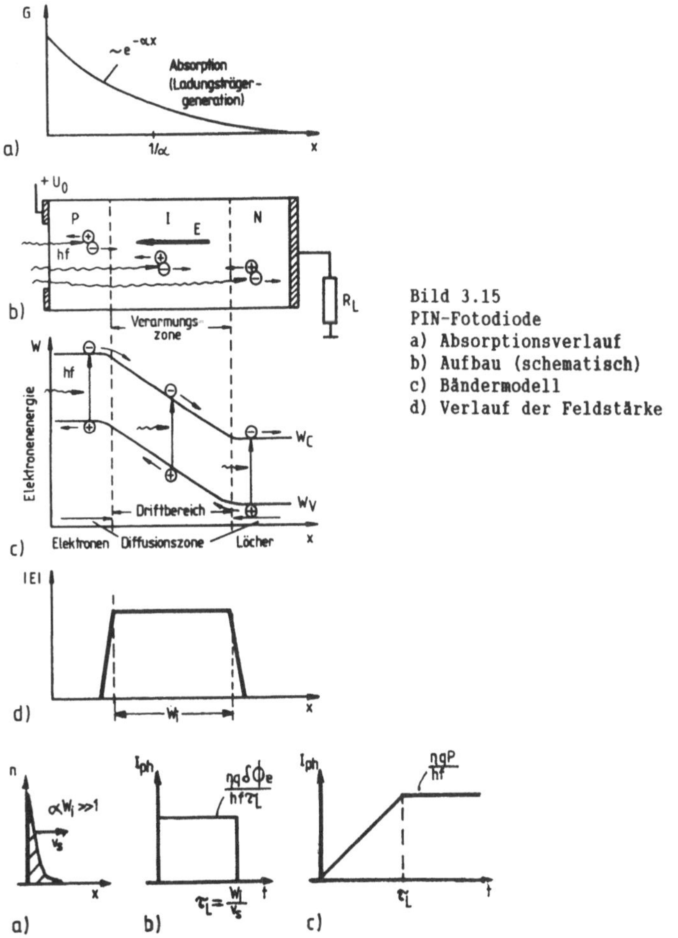

Bild 3.15
PIN-Fotodiode
a) Absorptionsverlauf
b) Aufbau (schematisch)
c) Bändermodell
d) Verlauf der Feldstärke

Bild 3.16 Wirkung eines Lichtimpulses auf eine PIN-Fotodiode
  a) Anfangsverteilung der Elektronen direkt nach Anregung
  b) Impulsantwort des Fotostromes
  c) Fotostrom bei sprungförmiger Anregung

die Elektronen durch die I-Schicht mit der Laufzeit $\tau_L = W_i/v_s$ zum N-Gebiet. Dabei wird im Außenkreis ein zunächst zeitproportional ansteigender Strom $i_{ph}(t)$ influenziert, bis der stationäre Fotostrom $I_{ph} = n_q q \Phi_e/hf$ erreicht ist, wenn das Elektron nach der Zeit τ_L das N-Gebiet erreicht hat.

Grundsätzlich läßt sich dieser Vorgang auch im Frequenzbereich (Kleinsignaltheorie) ermitteln [3.17], [3.12], [3.19]. Der Fotowechselstrom beträgt dann

$$\underline{I}_{ph\sim} = \frac{q\,\underline{P}_{1\sim}}{hf}\,\underline{F}(\Theta). \tag{3.25}$$

Es herrscht Proportionalität zum einfallenden Wechsellicht. Der _Frequenzgang_ ist im Faktor

$$\underline{F}(\Theta) = \frac{1 - e^{-j\Theta}}{j\Theta}\,, \qquad \Theta = \frac{\omega W_i}{v_s}. \tag{3.26}$$

enthalten (verschwindende Dicke d_p angenommen). Daraus leitet sich als _Grenzfrequenz_ für den $1/\sqrt{2}$-Abfall von $|\underline{F}|$ ab:

$$f_g \approx 0{,}45\, v_s/W_i = 0{,}45/\tau_2 \tag{3.27}$$

übereinstimmend mit der Erkenntnis, daß die Grenzfrequenz der Diode hauptsächlich durch die Laufzeit der Ladungsträger in der I-Schicht festliegt (s. Gl.(3.22b)).

Wird die Schaltung (s. Bild 3.13) einbezogen, so ergibt sich als Zeitkonstante überschlagsmäßig (Gl.(3.23)ff.)

$$\tau = \tau_2 + c_s R_L = \frac{W_i}{v_s} + \frac{\varepsilon_H A}{W_i}\,R_L. \tag{3.28}$$

Eine kleine Zeitkonstante erfordert dann wegen des gegenläufigen Einflusses der Mittelzone:

$$W_{min} = \sqrt{v_s\,\varepsilon_H\,A\,R_L}, \tag{3.29}$$

z.B. für Si: $\varepsilon_H = 11{,}7\,\varepsilon_0$, $v_s = 10^7$ cm/s, $A = 10^{-4}$ cm², $R_L = 50\,\Omega$, $W = 2{,}2\,\mu m \rightarrow \tau = 44$ ps. Zusätzlich kann noch mit $W = 1/\alpha$ die Optimierung für die Strahlungswellenlänge durchgeführt werden. Tafel 3.9 enthält einige Kennwerte von PIN-Fotodioden. Sie lassen die guten dynamischen Eigenschaften erkennen. Darauf beruht ihr breiter Einsatz in der Nachrichtenübertragung.

Bauformen. PIN-Fotodioden werden mit den gleichen Materialien wie PN-Fotodioden ausgeführt, also neben Ge,Si, den binären

Halbleiter, Bauform	Wellenlängen-bereich µm	max. Empfind-lichkeit A/W (bei λ/µm)	Ansprech-zeit ns	Typ, Hersteller
Si-PIN	0,4 - 1,1	0,6 (0,9)	0,2	BPX 65 Siemens
Si-PIN	0,3 - 1,1	0,15 (0,8)	0,1	PD 10 Opto-Electronics
Si-APD	0,4 - 1,1	0,75 (0,9)	2	C 30904 E RCA
Si-APD	0,5 - 1	0,5 (0,8)	0,2	BPW 28 AEG
Ge-PIN	0,5 - 1,8	0,15 (1,5)	0,1	PD 20 Opto-Electronics
Ge-APD	0,5 - 1,8	0,6 (1,3)	0,2	GA-1 Opto-Electronics
InGaAs-PIN	1,3	0,35 (1,3)	1	GAL-231 Plessey

Tafel 3.9 Daten von Fotodioden

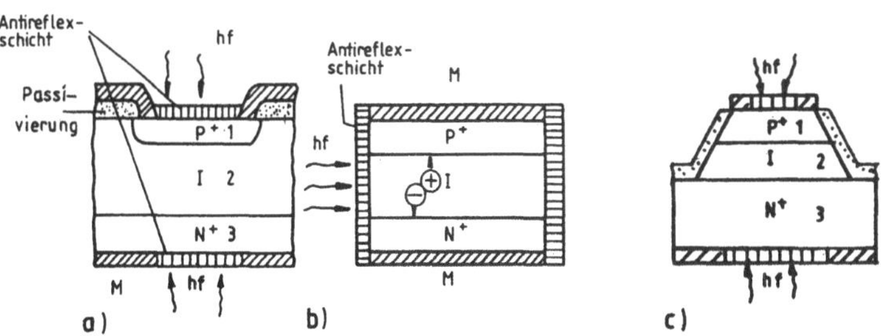

Bild 3.17 Aufbau von PIN-Fotodioden
    a) Grundstruktur mit Vorder- und Rückeinstrahlung (1: InGaAs, 2: N-InGaAs, 3: InP)
    b) dto, seitliche Einstrahlung
    c) Mesabauform, sonst wie a)

III-V-Halbleitern vor allem ternäre und quaternäre Verbindungen für den IR-Bereich. Ein sehr verbreitetes Material für den Wellenlängenbereich 1,3 ... 1,55 µm sind dabei InGaAs-InP-Dioden in Planar- und Mesabauform (Bild 3.17). Als eigenleitendes Gebiet dient InGaAs, es liegt direkt an der Halbleiteroberfläche. Das InP-Substrat mit größerer Bandbreite erlaubt neben der Vordereinstrahlung auch eine sehr·effiziente Rückeinstrahlung (Fenstereffekt).

Die Breite der I-Schicht wird als Kompromiß zwischen Quantenwirkungsgrad und dynamischem Verhalten wellenlängenabhängig optimiert [3.20]. Mit solchen Strukturen wurden schon Grenzfrequenzen bis 50 GHz erreicht. Sollen gute Quantenausbeute und dynamische Eigenschaften erzielt werden, so kann das Licht auch seitlich in eine relativ dünne I-Zone eingestrahlt werden. Dies entkoppelt das Absorptionsverhalten in Richtung des Strahlungseinfalles und den Driftvorgang senkrecht dazu weitgehend. Solche Strukturen sind z.B. für integrierte optische Strukturen interessant. Eine andere häufig benutzte Bauform ist die Mesadiode (Bild 3.17c).

3.2.3 Schottky-Fotodioden

Sehr effizient kann der Sperrschichtfotoeffekt in Schottkydioden (durchweg mit N-Si oder N-GaAs und Verarmungskontaktmetall) ausgenutzt werden. Dabei entsteht im thermischen Gleichgewicht eine Potentialbarriere zwischen Metall und N-Halbleiter. Einfallendes Licht erzeugt einen Fotostrom I_{ph} durch zwei Vorgänge [3.28]-[3.30], [3.21]:

- <u>Äußerer Fotoeffekt</u> als Fotoanregung über die Schottkybarriere (Bild 3.18a). Hat die einfallende Strahlung eine Energie $hf_1 \geq W_{Bn}$ größer als die Schottkybarriere W_{Bn} aber noch kleiner als die Bandbreite W_G, d.h. $W_G \geq hf_1 > W_{Bn}$, so werden Elektronen aus dem Metall in den Halbleiter emittiert. Sie erhöhen den Sättigungsstrom (Fotostrom, Fotospannung). Darauf basiert z. B. die Bestimmung der Schottkybarriere.

- <u>Innerer Fotoeffekt</u> durch Anregung über die Bandlücke W_G.
  Dies trifft für $hf_2 \geq W_G$ zu. Damit liegen etwa Eigenschaften wie beim PN-Übergang vor.
- Schließlich ist bei sehr hoher Sperrspannung zusätzlich Lawinenvervielfachung möglich (s. Abschn. 3.2.4).

Schottky-Fotodioden werden im IR-, sichtbaren und besonders UV-Bereich eingesetzt. Im letzteren Fall ist die Eindringtiefe der Strahlung so klein (< 0,1 µm), daß bei Ge- und Si-PN-Übergängen die Absorption bereits im Oberflächenbereich erfolgt. Man bringt deshalb eine dünne (10 ... 100 nm) transparente Goldschicht (mit Antireflexüberzug) als Schottkyelektrode auf dem N-Si an und erreicht so einen hohen Quantenwirkungsgrad. Auch Rückseitenbestrahlung wird benutzt. Die Höhe der Schottkybarriere kann durch eine zusätzlich implantierte Halbleiterschicht direkt an der Halbleiteroberfläche in gewissen Grenzen "eingestellt" werden [3.29].

Nach diesem Konzept arbeiten hauptsächlich Si- und GaAs-Schottky-Fotodioden, sowohl für den UV-Bereich als auch das IR-Gebiet.
Erfolgsaussichten bieten auch <u>Silicid-Schottkydioden</u> (mit P-Si) für das IR-Gebiet. Die Strahlungsabsorption erfolgt im Silicid (durch dessen Materialzusammensetzung die Grenzwel-

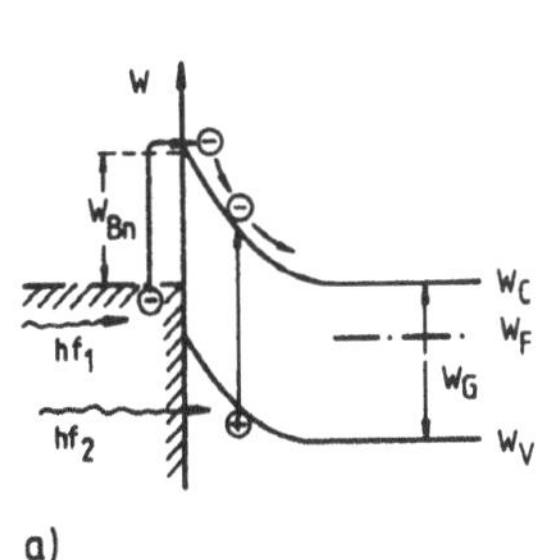

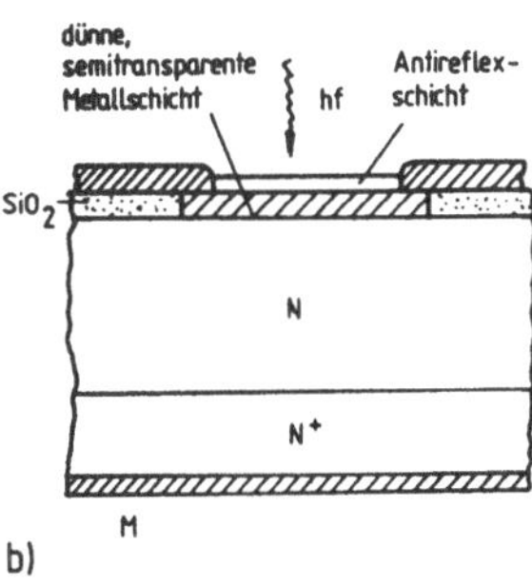

Bild 3.18 Schottky-Fotodiode
     a) Bändermodell, angeregte Elektronen gelangen aus dem Metall in den Halbleiter, $hf_2 > W_G$ Band-Bandanregung, Loch-Elektronen-Paarbildung
     b) Aufbau,

lenlänge steuerbar ist), anschließend erfolgt eine Löcher-
emission ins P-Si. Derartige Strukturen sind aussichtsreiche
Kandidaten für IR-Matrixsensoren.

Schottky-Fotodioden werden aus zwei Gründen benutzt:
- eine Reihe von Halbleitern lassen sich nur für einen Lei-
  tungstyp gut dotieren, so daß die Herstellung von PN-Übergängen ausscheidet,
- die extrem guten dynamischen Eigenschaften im großen Wellenlängenbereich (z.B. GaAs von 50 ... 1000 (!) µm). Grenzfrequenzen um 25 GHz werden standardmäßig erreicht, mit
  sorgfältiger Bemessung bis 150 GHz bei guten Wirkungsgraden.

Der Schottkydiode artverwandt ist die <u>MSM-</u> oder <u>Mott-Barrie-
ren-Fotodiode</u> (Bild 3.19). Eine dünne N-GaAS-Schicht auf iso-
lierendem Substrat trägt zwei Kontakte (davon mindestens
einer sperrend) in so geringem Abstand, daß das Gebiet dazwi-
schen schon bei kleinen anliegenden Spannungen verarmt. Dann
werden optisch erzeugte Träger in dieser Schicht sofort getrennt, und es entsteht ein sehr guter Fotodetektor mit gün-
stigen dynamischen Eigenschaften und der einfach herstellbar
ist. Erreicht werden Grenzfrequenzen bis 50 GHz. Die Struktur
eignet sich besonders für optische integrierte Schaltungen
(s. Abschn. 5.2.2.2)[3.30].

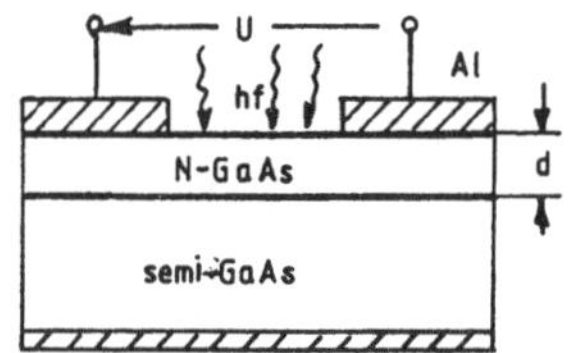

Bild 3.19
Fotodiode mit
Mott-Barriere

3.2.4 Lawinen-Fotodiode

Bei den bisher betrachteten Fotodioden war die Zahl der
optisch erzeugten Ladungsträger durch den Strahlungseinfall
bestimmt, eine <u>innere Verstärkung</u> des Fotostromes erfolgte

nicht. Diese wünschenswerte Verstärkung findet in der <u>Lawi-
nenfotodiode</u> (sowie im Fototransistor und Thyristor) statt.
Eine solche innere Verstärkung läßt sich jedoch erreichen
durch

- durch Nutzung der <u>Lawinenvervielfachung</u> in der Lawinen-
  Fotodiode,
- Kombination einer Fotodiode mit einem injektionsgesteuerten
  Stromverstärkungsmechanismus, wie beim Fototransistor und -
  thyristor [3.15], [3.17].

Die Lawinen-Fotodiode (Avalanche photodiode, APD) ist eine
Fotodiode (auf Homo- oder Hetereo-PN-, PIN-, P^+P^-N- oder MS-
Basis), in der durch Strahlungsabsorption erzeugte Loch-Elek-
tronenpaare mittels Lawineneffekt in der Sperrschicht neue
Ladungsträger erzeugen und so eine Verstärkung des Foto-
stromes I_{ph} um einen Multiplikationsfaktor M stattfindet:

$$I_{ph} = M \cdot I_{ph}|M = 1.$$

Der Lawineneffekt setzt hohe Feldstärken ($E \approx 10^5$ V/cm), also
hohe Sperrspannungen voraus.

Zum Verständnis dieses Prinzips werden zuerst die Träger-
ionisation und Multiplikation betrachtet [3.13], [3.15].

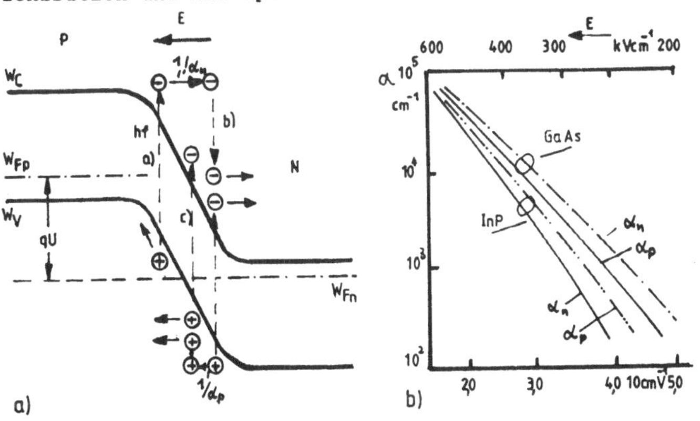

Bild 3.20 Lawinenmultiplikation im sperrgepolten PN-Übergang
        a) Bändermodell
        b) Feldabhängigkeit der Ionisierungskoeffizienten von GaAs und
           InP

Ionisationskoeffizienten, Multiplikationsfaktor

Fällt Strahlung einen sperrgepolten PN-Übergang (mit hoher
Feldstärke, Bild 3.20), so werden die Träger des so z.B. bei
(a) gebildeten Trägerpaares beschleunigt. Während das Loch unmittelbar ins P-Gebiet abfließt, bewegt sich das Elektron zur
N-Seite hin, gewinnt dabei kinetische Energie, die ausreichen
möge, um nach der Strecke $1/\alpha_n$, den (rez.) Ionisierungskoeffizienten (der Elektronen)

$$\alpha_n = dn/dx \cdot 1/n \tag{3.30}$$

bei (b) ein neues Trägerpaar durch Stoßionisation zu erzeugen.
Das dabei entstehende Loch kann bei der Bewegung zum P-Gebiet
nach der Strecke $1/\alpha_p$ wieder (bei (c) stoßionisieren, wenn es
ausreichende kinetische Energie erreicht hat. Nach den Ioni-
sierungslängen α_n^{-1}, α_p^{-1} erfolgt somit im Mittel eine Stoßionisation.

Die Ionisierungskoeffizienten α_n, α_p hängen vom Material und
der Feldstärke ab:

$$\alpha_{n,\,p} = \alpha_{n,\,p\infty} \exp - E_{n,\,p}/E, \tag{3.31}$$

Halbleiter	$\alpha_{n\infty}$	$\alpha_{p\infty}$	E_n	E_p
	cm^{-1}	cm^{-1}	V/cm	V/cm
Si	$3,8\cdot10^6$	$2,3\cdot10^7$	$1,8\cdot10^6$	$2,2\cdot10^6$
Ge	$1,6\cdot10^7$	$1\cdot10^6$	$1,6\cdot10^6$	$1,3\cdot10^6$
GaAs	$1,2\cdot10^7$	$3,6\cdot10^8$	$2,3\cdot10^6$	$2,9\cdot10^6$
InAs	$1\cdot10^5$	$4,7\cdot10^5$	$1,6\cdot10^5$	$8,8\cdot10^4$
GaSb	$3,2\cdot10^6$	$3\cdot10^8$	$3,6\cdot10^5$	$5,5\cdot10^6$
InGaAs (Richtwert)	10^9	$1,3\cdot10^8$	$3,6\cdot10^6$	$2,7\cdot10^6$
$In_{0,53}Ga_{0,47}As$	$7,2\cdot10^7$	$1\cdot10^8$	$2\cdot10^6$	$2,2\cdot10^6$
GaAsSb	$1,5\cdot10^5$	$1,1\cdot10^5$	$6,4\cdot10^5$	$7,2\cdot10^5$

Tafel 3.10 Ionisationsraten einiger Halbleitermaterialien nach
Gl.(3.31); verschiedene Quellen

wobei meist (Ausnahme InP) $\alpha_n > \alpha_p$ gilt. Die Bezugswerte $\alpha_{n,p\infty}$, $E_{n,p}$ können wohl modelliert werden, meist begnügt man sich mit experimenteller Bestimmung (Tafel 3.10).

Die Ionisierungskoeffizienten sind besonders in Hochfeldgebieten groß, weshalb eine effiziente Vervielfachung entsprechende Feldstärken voraussetzt.

Auf den Strom wirkt die Stoßionisation über die <u>Generationsrate</u>

$$G_{n,p} = \alpha_n n v_n + \alpha_p p v_p \qquad (3.32)$$

(v Trägergeschwindigkeit), die jetzt in den Kontinuitätsgleichungen der Elektronen und Löcher berücksichtigt werden muß. Setzt man zeitlich konstante Geschwindigkeiten v_n, v_p an, so lauten die Kontinuitätsgleichungen

$$1/q \cdot \partial S_n/\partial x + \alpha_n n v_n + \alpha_p p_v p + G(x) = 0 \qquad (3.33a)$$

$$- 1/q \cdot \partial S_p/\partial x + \alpha_n n v_n + \alpha_p p_v p + G(x) = 0. \qquad (3.33b)$$

Dabei ist in G(x) die thermische und primäre optische Generation berücksichtigt und die Lawinenvervielfachung in den ausgeschriebenen Anteilen. Läßt man als Stromfluß nur Drift zu mit $S_n = - q v_n n$, $S_p = - q v_p p$ (mit der Stromflußrichtung in negativer x-Richtung) und bedenkt die lokale Stromkonstanz S $= S_n(x) + S_p(x) = $ const., so ergeben sich die <u>Kontinuitätsgleichungen</u>

$$\partial S_n/\partial x = (\alpha_n - \alpha_p) S_n - qG + \alpha_p S \qquad (3.34a)$$

$$\partial S_p/\partial x = (\alpha_n - \alpha_p) S_p + qG - \alpha_n S. \qquad (3.34b)$$

Für die Lösung $S_n(x)$, $S_p(x)$ dieser gekoppelten DGL trifft man üblicherweise die Annahme stromunabhängiger Ionisationskoeffizienten (was nicht ganz stimmt) sowie die Randwerte, daß
- am linken Sperrschichtrand x = 0 die Elektronensättigungsstromdichte

$$S_n(0) = - S_{ns}, \qquad (3.35a)$$

-258-

- am rechten Sperrschichtrand die Löchersättigungsstromdichte S_{ps}

$$S_p(W) = - S_{ps} \tag{3.35b}$$

herrschen. Dann lautet die Elektronenstromdichte

$$S_n(x) = \frac{\int_0^x (-qG + \alpha_p S)\, \exp\left(-\int_0^{x'} (\alpha_n - \alpha_p)\,dx''\right) - S_{ns}}{\exp\left(-\int_0^{x'} (\alpha_n - \alpha_p)\,dx'\right)} \tag{3.36}$$

und der Gesamtstrom

$$- S = \frac{S_{ns} + S_{ps}\,\exp\left(-\int_0^W (\alpha_n - \alpha_p)\,dx'\right) + \int_0^W \left(qG\,\exp\left(-\int_0^{x'} (\alpha_n - \alpha_p)\,dx''\right)\right)dx'}{1 - \int_0^W \alpha_n\,\exp\left(-\int_0^{x'} (\alpha_n - \alpha_p)\,dx''\right)dx'} \tag{3.37}$$

mit $S_n(W) = S + S_{ps}$.

Die <u>Multiplikationsfaktoren</u> für Löcher (M_p) und Elektronen (M_n) ergeben sich aus der Überlegung,

- daß der bei $x = W$ eintreffende Löcherstrom S_{ps} an der Stelle $x = 0$ verstärkt auftritt

$$S_p(0) = - M_p S_p(W) \tag{3.38a}$$

- und der bei $x = 0$ startende Elektronenstrom S_{ns} bei $x = W$ verstärkt ankommt

$$S_n(W) = - M_n S_n(0). \tag{3.38b}$$

Vernachlässigt man thermische Generation und Primärpaarbildung ($G = 0$), so erfolgt

- für den Verstärkungsfaktor M_p ($S_{ns} = 0$, $S_{ps} \neq 0$) bei alleiniger Löcherinjektion aus Gl.(3.37)

$$\boxed{M_p = - \left.\frac{S}{S_{ps}}\right| = \frac{1}{1 - \int_0^W \left[\alpha_p\,\exp\left(\int_{x'}^W (\alpha_n - \alpha_p)\,dx''\right)\right]dx'}} \tag{3.39a}$$

- und analog für M_n bei alleiniger Elektroneninjektion an der Stelle x = 0 ($S_{ns} \neq 0$, $S_{ps} = 0$)

$$M_n = - \left.\frac{S}{S_{ns}}\right| = \frac{1}{1 - \int_0^W \left[\alpha_n \exp\left(-\int_0^{x'} (\alpha_n - \alpha_p)\,dx''\right)\right]dx'} . \qquad (3.39b)$$

Kann die Primär- und thermische Generation nicht vernachlässigt werden, so betragen der Primärstrom nach Gl.(3.37)

$$- S_{pr} = S_{ps} + S_{ns} + q \int_0^W G(x)\,dx \qquad (3.40)$$

und der Vervielfachungsfaktor (Gl.(3.39))

$$M = S/S_{pr}. \qquad (3.41)$$

Die Multiplikationsfaktoren sind wegen der komplizierten Ortsabhängigkeit $\alpha_n(s)$, $\alpha_p(x)$ [Feld, Stromdichte] nicht analytisch darstellbar, lediglich bei konstanten α_n, α_p (E = const. wie in der PIN-Diode). In allen Fällen gilt aber, daß mit steigendem Feld α_n, α_p wachsen und schließlich für

$$M_n, \ M_p \to \infty$$

<u>Lawinendurchbruch</u> erfolgt.

<u>Sonderfälle</u> ergeben sich (bei festen α_n, α_p) für
a) $\alpha_n \neq \alpha_p \neq 0$ mit $k \doteq \alpha_p/\alpha_n \neq 0$, <u>verschiedene</u>
   Ionsisationskoeffizienten

$$M_p = \frac{(k - 1)\exp \alpha_p W(1 - 1/k)}{k - \exp \alpha_n W(1 - k)}; \ M_n = \frac{(1 - k)\exp \alpha_n W(1 - k)}{1 - k \exp \alpha_n W(1 - k)},$$
$$(3.42a)$$

b) <u>gleiche Koeffizienten</u> $\alpha_n = \alpha_p = \alpha$
   $$M_n = M_p = 1/(1 - \alpha W) \qquad (3.42b)$$

mit dem <u>Durchbruch</u> bei

$$\alpha W = 1. \qquad (3.42c)$$

Jedes injizierte Teilchen erzeugt während des Durchtritts durch die Sperrschicht ein Trägerpaar.

c) <u>Reine Elektroneninjektion</u> ($\alpha_n \neq 0$, $\alpha_p \neq 0$) mit

$$M_n = \exp \alpha_n W, \quad M_p = 1. \tag{3.42d}$$

Der Elektronenstrom wächst räumlich exponentiell an, es gibt <u>keinen</u> Lawinendurchbruch für endliche Werte von $\alpha_n W$ (analog gilt für $\alpha_n = 0$).

Bild 3.21 veranschaulicht die Lawinenmultiplikation für diese Fälle.

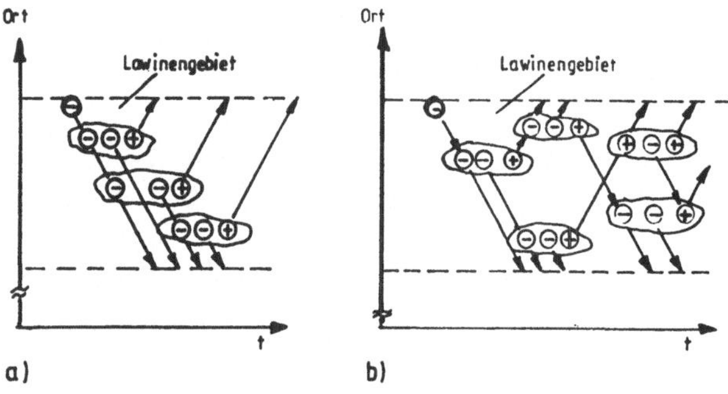

Bild 3.21 Lawinenmultiplikation im Ort-Zeitdiagramm der Lawinenzone bei Elektroneninjektion
a) nur Elektronenvervielfachung $\alpha_p = 0$, $\alpha_n \neq 0$

b) Elektronen- und Löchervervielfachung $\alpha_n \neq 0$, $\alpha_p \neq 0$

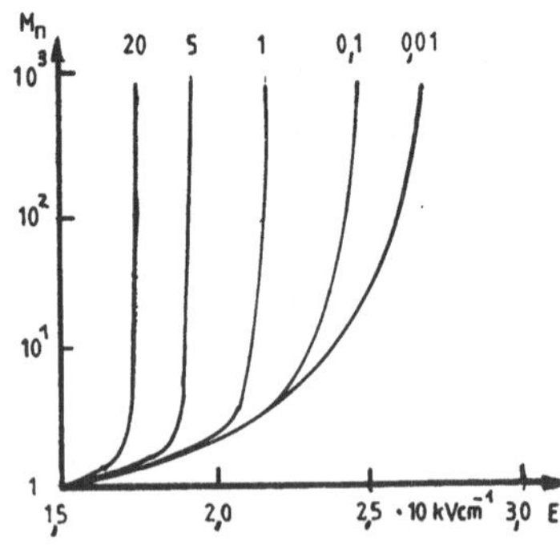

Bild 3.22
Mutiplikationskoeffizient M_n über der Feldstärke E.
Parameter $k = \alpha_p/\alpha_n$ (Si)

Im Verlauf M(E) und damit für die Diodenkonstruktion spielen die Ionisationskoeffizienten α_n, α_p resp. der Faktor $k = \alpha_p/\alpha_n$ eine entscheidende Rolle . Bild 3.22 zeigt diesen Ver-lauf. Zwei Grundtendenzen sind erkennbar:

- Für $k \gg 1$, d.h. $\alpha_p \gg \alpha_n$ stellen sich hohe Verstärkungen bereits für kleine Feldstärken ein, wobei dM/dE sehr groß wird und damit die Diodenverstärkung stark von Feldänderungen abhängt.

- Für $k \ll 1$ liegt der beste Verlauf vor, weil die Verstärkung zwar bei gleicher Feldstärke geringer ist, aber weniger stark auf Änderungen anspricht. Auch kann hier (s.o.) kein Durchbruch auftreten. Bemessungsrichtlinien für APD sind somit Verhältnisse $\alpha_n/\alpha_p \gg 1$, was durch verschiedene Maßnahmen erreicht wird. Der Quotient α_n/α_p beträgt für Si, Ge und InP etwa 50, 0,5 und 0,4.

Diodenkonzept. Für den Diodenaufbau bestehen zwei Grundkonzepte [3.24], [3.26]:

- Absorptions- und Generationszone gemeinsam, wie z.B. bei PN- und PIN-Fotodioden. Solche Dioden werden selten verwendet, da sie schwierig zu bemessen sind.

- Getrennte Absorptions- und Generationszone, wie etwa in der verbreiteten $P^+P^-PN^+$-Anordnung.

In einer solchen Struktur (Bild 3.23) fällt die Strahlung durch eine dünne GaAs-P^+-Schicht in die P^--Schicht, wo sie bei richtiger Bemessung weitgehend absorbiert wird. Es entstehen Trägerpaare, wobei die nach rechts driftenden Elektronen in der P-Schicht vervielfachen. Im Falle GaAs gilt $\alpha_n > \alpha_p$, wie gewünscht. Für eine Löcherinjektion und Vervielfachung muß ein Material mit $\alpha_p > \alpha_n$ gewählt werden, z.B. InP (Bild rechts 3.23).

Die Stromempfindlichkeit der Lawinenfotodiode ergibt sich wegen der Erhöhung des Fotostromes auf MI_{ph} für eine bestimmte Grundstruktur aus der dafür geltenden Empfindlichkeit multipliziert mit M, also z.B. für eine PIN-Diode (s. Gl.(3.17b))

$$R_I \approx M \, \eta_q (1 - R) \, (q\lambda/hc) \cdot (1 - e^{-\alpha W}). \tag{3.43}$$

Der Multiplikationsfaktor hängt vom inneren Feld und damit auch von der (Sperr-)spannung ab. Da der genaue Zusammenhang nicht geschlossen darstellbar ist, wird empirisch angesetzt (z.B. bei $\alpha_n = \alpha_p$)

$$M_n = M_p = \frac{1}{1 - (U/U_{BR})^n}, \tag{3.44}$$

dabei liegt eine Spannungsabhängigkeit $\alpha = bU^n$ des Ionisierungskoeffizienten zugrunde (Faktor $n \approx 2 \ldots 10$).

<u>Hochfrequenzverhalten.</u> Das dynamische Verhalten der Lawinendiode z.B. für sinusförmig moduliertes oder impulsförmiges Signal hängt von verschiedenen Einflußgrößen ab [3.17],[3.25]:

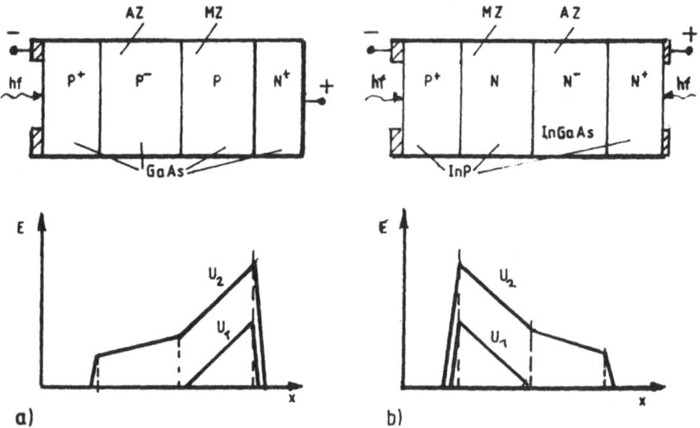

Bild 3.23 Lawinenfotodiode
  a) Aufbau und Feldverlauf für zwei Spannungen $U_1 < U_{BR}$, $U_2 \approx U_{BR}$ (U_{BR} Durchbruchspannung) für Elektroneninjektion (GaAs, $\alpha_n > \alpha_p$). AZ: Absorptionszone, MZ: Multiplikationszone

  b) wie a), jedoch für Löcherinjektion (InP, $\alpha_p > \alpha_n$)

- der <u>Trägerlaufzeit</u> durch den fotogenerierten und verviel-
fachenden Bereich,
- der <u>Lawinenaufbauzeit</u>,
- <u>äußeren Elementen</u> (Bahn- und Kreiswiderstände, Kapazi-
täten),
- ggf. Trapeffekten an Grenzschichten, besonders bei Hetero-
Fotodioden.

Der erste Faktor ist durch die Trägerlaufzeit der Absorptionszone gegeben; er stimmt z.B. bei der PIN-Struktur mit
dem dort angegebenen Wert überein, wenn der bestimmende Beitrag durch die Sekundärträger gegeben ist. Der Einfluß steigt
bei getrennten Absorptions- und Vervielfachungszonen, weil
der Driftweg wächst. So beträgt diese Breite bei Si-Dioden
für das 0,5 µm-Band einige 10 µm und wird zum begrenzenden
Faktor. Für InGaAs/InP-Dioden des 1,3 ... 1,55 µm Bereiches
liegt die Dicke bei etwa 3 µm und der Laufzeitanteil ist
nicht kritisch, so daß sich 10 GHz und mehr erreichen lassen.

Die <u>Lawinenaufbauzeit</u> hängt einerseits von der Stoßzeit
(Energieübertragung) ab (vernachlässigbar), andererseits von
den beteiligten Trägern und ihren Ionisationskoeffizienten.
Ein Trägerpaar wird nach der Zeit $\tau = (\alpha_p v)^{-1}$ z.B. durch ein
primäres Loch erzeugt. Die entsprechende Gleichung für das
Zeitverhalten der Gesamtstromdichte ergibt sich dann mit Gl.
(3.33)(bei räumlicher Mittelung über die Sperrschicht) zu

$$\partial S/\partial t + S/M_n\tau_n = S_n(0)/\tau_n \qquad (3.45a)$$

mit

$$\tau_n = \frac{1}{v_n + v_p} \left[\int_0^W \exp\{- \int_0^x (\alpha_n - \alpha_p)dx''\}dx' \right] \approx \left. \frac{\alpha}{2v} \right|_{\alpha \approx 1/W_S} \qquad (3.45b)$$

und der Lösung bei einem Stromsprung von 0 auf $S_n(0)$:

$$S(t) = M_n S_n(0) [1 - \exp - t/M_n\tau_n]. \qquad (3.46)$$

Der Gesamtstrom wächst damit als Reaktion auf einen Eingangs-
stromsprung $MS_n(0)$ nach Maßgabe einer Zeitkonstanten $\tau' = M_n\tau_n$
mit M_n nach Gl.(3.39b).

Die effektive Zeitkonstante τ' hängt über M_n insbesondere von den Ionisierungskoeffizienten α_n, α_p ab (s.u.).

Für eine Kleinsignallösung (Sinusmodulationssignal) ergibt sich

$$\frac{\underline{S}(\omega)}{\underline{S}_n(0)} = \underline{M}(\omega) = \frac{M_n}{1 + j\omega\tau_n M_n} \tag{3.47}$$

mit dem <u>Verstärkungs-Bandbreiteprodukt</u>

$$\boxed{M(\omega)\cdot\omega\big|_{3dB} = 1/2\pi\tau_n. \tag{3.48}}$$

Genauere Rechnungen, in die auch (der hier vernachlässigte) Verschiebungsstrom durch die Vervielfachungszone einzubeziehen ist, lassen sich in der Form

$$\tau_n = N(\alpha_n/\alpha_p)\cdot\tau_2 \tag{3.49}$$

mit $\tau_L = W/v$ darstellen. Die Funktion $N(\alpha_n/\alpha_p)$ liegt zwischen 0,3 ... 2, wenn das Verhältnis α_n/α_p (oder α_p/α_n, je nach kleinerem Wert) zwischen 1 ... 10^{-3} schwankt. Das Verstärkungs-Bandbreiteprodukt beträgt z.B. für $k \approx 10^{-3}$, $N = 2$:

$$M_n\,\omega/_{3dB} = (1/2\pi k)\cdot v_n/W, \tag{3.50}$$

es ist groß, wenn also $k = \alpha_p/\alpha_n$ und τ_L bei Elektroneninjektion klein sind sowie Träger mit dem größeren Ionisationskoeffizienten in die Lawinenzone injiziert werden. Damit hat der Lawinenprozeß beträchtlichen Einfluß auf das Zeitverhalten.

Für die Begrenzung des dynamischen Verhaltens durch äußere Elemente (RC-Zeitkonstante) schließlich läßt sich ebenfalls herleiten

$$\underline{M}(\omega) = M(0)/(1 + j\omega\tau') \tag{3.51}$$

mit $\tau' = RC$.

Die Sperrschichtkapazitäten (einschließlich Kapazität) liegen zwischen 0,1 ... 1 pF, die Widerstände im Bereich von einigen

Ω, so daß man hier durchaus Grenzfrequenzen von 50 ... 100 GHz erhält.

Bauformen. Lawinendioden arbeiten wegen der gewünschten hohen Vervielfachung mit hoher Sperrspannung. Deshalb muß der Randdurchbruch vom PN-Übergang vermieden werden, was sich in der Bauform ausdrückt, z.B. in einem <u>Schutzring</u> (Bild 3.24) bei PN- und PIN-Übergängen in Planar- und Mesabauform. Er besorgt eine Feldhomogenisierung an den Rändern. Nach diesem Prinzip gibt es viele Si-APDs für den Bereich 0,85 µm, ebenso Ge-Strukturen (bis 1,5 µm).

Günstigere Eigenschaften hinsichtlich Verstärkung, Durchbruchfestigkeit und dynamischem Verhalten weist die <u>Durch-</u>

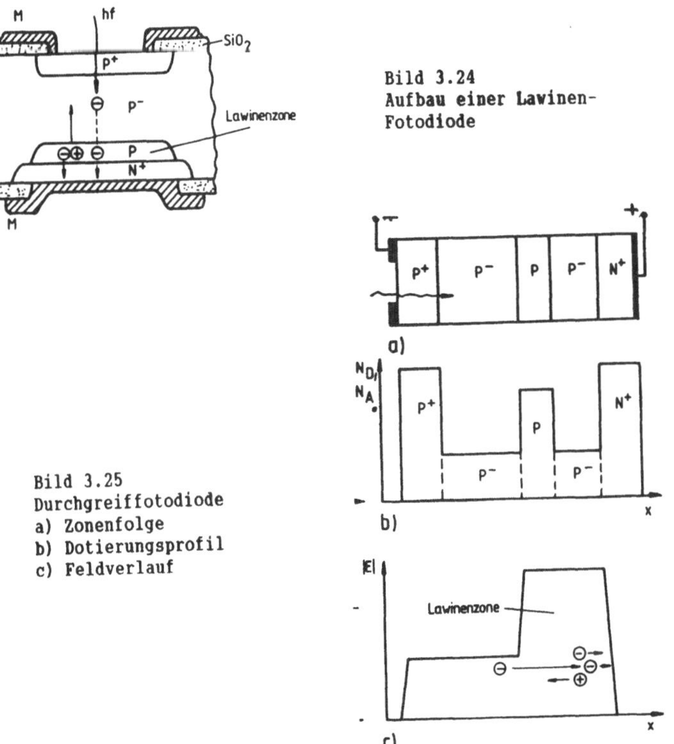

Bild 3.24
Aufbau einer Lawinen-
Fotodiode

Bild 3.25
Durchgreiffotodiode
a) Zonenfolge
b) Dotierungsprofil
c) Feldverlauf

<u>greifdiode</u> (Reach-through-Avalanche Photo-Diode RAPD) auf
(Bild 3.25), etwa von der Form $P^+P^-PP^-P^+$. Hier erstreckt sich
das Avalanchefeld - wie bei einer PIN-Diode - auf einen
schmalen P-Hochfeldbereich, während die anschließene P^--Zone
als Absorptions- und Driftgebiet fungiert. Generations- und
Absorptionszone sind hier getrennt. Si z.B. erfordert für $\lambda \approx$
0,85 µm durch den Absorptionskoeffizient beim PN-Übergang
eine Breite von 25 ... 50 µm für hohen Quantenwirkungsgrad,
d.h. eine Arbeitsspannung von 300 ... 500 V. Durch das RAPD-
Konzept sinkt diese Spannung auf etwa 100 ... 150V, wobei die
knappe Hälfte auf die Lawinenzone entfällt. Diese Idee wird
auch für Ge-Dioden verwendet ($P^+PN^-N^+$-Konzept für den 1,5 µm
Bereich)[3.27].

Während der Bereich bis 0,85 µm mit Si- (und Ge-)APDs gut abgedeckt wird, kommen für den Bereich 1,3 ... 1,55 µm hauptsächlich III-V-Halbleiter und für den längerwelligen Bereich
die schon erwähnten Materialsysteme HgCdTe, PbSnTe in Frage,
fast durchweg als <u>Heterodioden</u> (mit getrennter Lawinen-Ab-
sorptionszone) oder <u>Dioden mit Übergittern</u>. Seltener verwendet werden <u>Schottky-Lawinendioden.</u>

Lawinenfotodioden sind wegen ihrer hohen Empfindlichkeit und
großen Bandbreite hauptsächlich als Empfänger für die optische Nachrichtentechnik interessant. Daraus leitet sich die
intensive Entwicklung ab, die sie derzeit erfahren (Tafel 3.
9), [2.12], [3.14].

3.2.5 Fotodioden mit Heterostrukturen

Der Einsatz von Materialien mit verschiedenen Bandbreiten für
Fotodioden bietet eine Reihe neuer Möglichkeiten
- Ausnutzung des Fenstereffektes,
- bequeme Trennung von Lawinen- und Fotogenerationszone bei
  Lawinendioden,

- bessere Strukturoptimierung durch Ausnutzung von Unter-
  schieden in den Ionisationskoeffizienten α_n, α_p bei Tren-
  nung von Lawinen- und Absorptionszone,
- Verwendung von Breitbandemittern in Fototransistoren,
- Ausnutzung von Quanteneffekten, wenn zwei (oder mehrere)
  Heteroübergänge in sehr geringem Abstand angebracht werden.
  Gerade dieses eröffnet völlig neue Möglichkeiten [3.33].

Dabei besteht hauptsächlich Interesse an sog. <u>gitterangepaß-
ten</u> Heterostrukturen (nahezu gleiche Gitterkonstanten für die
Materialien), wie sie für die Systeme Ge/GaAs, AlGaAS/GaAs,
die ternären Systeme $In_{0,49}Ga_{0,51}P/GaAs$ und $In_{0,53}Ga_{0,47}As/$ InP
und die quaternären Systeme InGaAsP auf binären Substra-ten
InP oder GaAS im Einsatz sind.

3.2.5.1 Fenstereffekt

Fällt Strahlung auf eine Heterostruktur mit breitem (W_{Gb}) und
schmalem (W_{Gs}) Bandabstand (Bild 3.26, hier von links), so
erfolgt die Absorption im schmalbandiegen Halbleiter mit der
Grenzwellenlänge

$$\lambda_{grs} = hc/W_{Gs}.$$

Das breite Halbleitrgebiet wirkt durchlässig, d.h. als
<u>Fenster</u> für

$$\lambda > \lambda_{grb} = hc/W_{Gb} \tag{3.52a}$$

und bei ausreichender Dicke, also hinreichender Absorption
als <u>Absorptionsfilter</u> für

$$\lambda < \lambda_{grb}. \tag{3.52b}$$

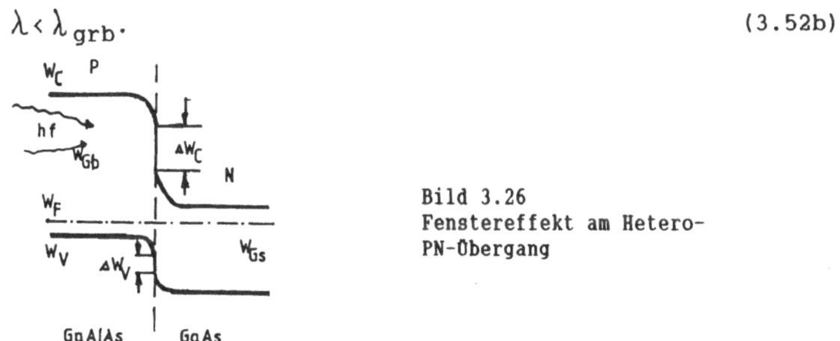

Bild 3.26
Fenstereffekt am Hetero-
PN-Übergang

Die <u>spektrale Bandbreite</u> beträgt dann

$$\lambda_{grs} - \lambda_{grb}. \tag{3.52c}$$

Solche <u>Fenster-</u> und <u>Filtereffekte</u> werden in vielen Heterostrukturen mit Erfolg verwendet.

3.2.5.2 Hetero-Lawinenfotodioden

Aus Abschnitt 3.2.4 ging hervor, daß die Ionisationsparameter α_n, α_p eine ausschlaggebende Rolle für die Gestaltung und Eigenschaften der Lawinenfotodiode sind.Dabei war $\alpha_n \gg \alpha_p$ anzustreben. Gerade für den Wellenlängenbereich 1 ... 1,6 µm (die relativ schmalbandige Materialien erfordern) und mittlere Dotierungen bereitet die Realisierung bisheriger Diodenkonzepte große Schwierigkeiten. Hier haben sich Heterodioden als sehr vorteilhaft erwiesen und zwar
- mit separater Lawinen- und Absorptionszone und
- andere Konzepte mit lokal veränderlicher Bandbreite, Vielfachheterosysteme und eine Kombination zwischen beiden.

3.2.5.2.1 Hetero-Lawinenfotodioden mit getrennter Lawinen- und Absorptionszone

<u>Hetero-Lawinenfotodiode.</u> Bei schmalbandigeren Halbleitern und schon mittleren Dotierungen scheitert die Verwendung üblicher PN-Übergänge für Fotodioden an den zu hohen Dunkelströmen, vor allem bei größeren Sperrspannungen. Hier schafft die Trennung von Lawinen- und Absorptionszone durch einen Heteroübergang (Separate Absorption and Multiplication Avalanche Photo-Diode, SAM-APD) Abhilfe (Bild 3.27), wie sie bereits im Bild 3.23 angegeben wurde: Eine schmale Zone mit breitbandigem Halbleiter (InP) und hoher Feldstärke besorgt die Lawinenvervielfachung. Daran schließt sich ein schmalbandiges Gebiet ($In_{1-x}Ga_xAs$, $x = 0{,}47$) mit niedriger Feldstärke an, in dem die einfallende Strahlung absorbiert wird (Absorptions- und Driftzone). Die gebildeten Löcher gelangen in das N-InP-Gebiet und werden dort vervielfacht, während die Elektronen

direkt zum N^+-InP-Gebiet laufen (es beträgt in InP $\alpha_p/\alpha_n \approx 2$). Mit solchen Konzepten wurden Verstärkungsbandbreiten von 70 GHz erreicht.

Ein Problem stellt dabei die Valenzbanddiskontinuität am N-InP-N-InGaAS-Übergang dar, die als "Löcherspeicher" wirkt und die dynamischen Diodeneigenschaften verschlechtert. Abhilfe schafft entweder eine Graduierung des Bandabstandes oder die Einschaltung eines Supergitters.

<u>APD mit veränderlichem Bandabstand.</u> In vielen Halbleitermaterialien (InP, $AL_xGa_{1-x}As$, x bis 0,45) stimmen die Ionisationskoeffizienten α_n, α_p etwa überein. Da α exponentiell mit dem Bandabstand sinkt, liegt es nahe, durch eine <u>örtlich veränderlichen Bandabstand</u> (Band gap grading) den Unterschied zwischen α_n und α_p zu vergrößern. Dazu wird (Bild 3.28) der

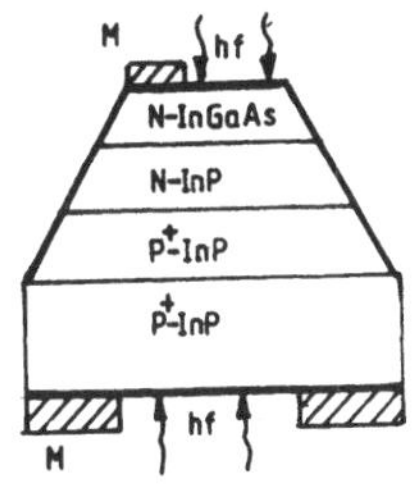

Bild 3.27
Mesa-Lawinenfotodiode

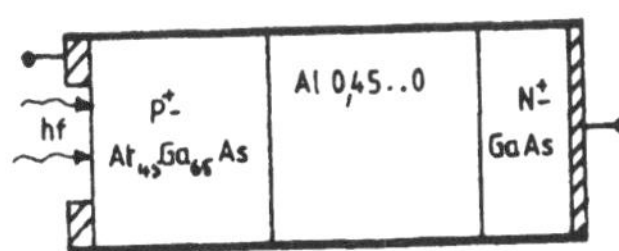

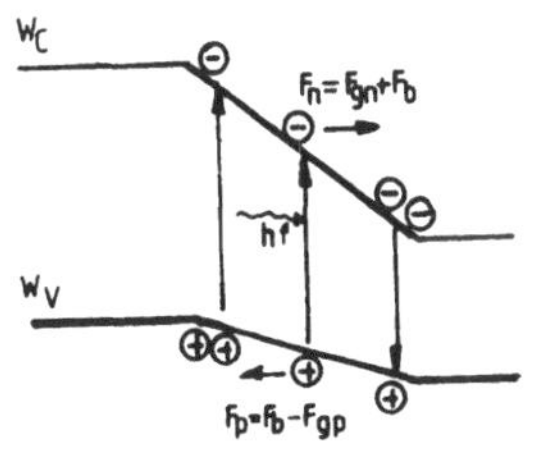

Bild 3.28
Lawinenfotodiode, deren Lawinenbereich einen ortsveränderlichen Bandabstand hat. Es entstehen Kräfte F_{gn}, F_{gp} auf die Träger. Ein

anliegendes Feld erzeugt eine Kraft F_b auf die Träger

PN-Übergang von einem breitbandigen Material aus nach rechts im Molgehalt Al(x) verändert auf x = 0 (GaAs). Im Gefolge steht (auch im äußerlich stromlosen Zustand) ein inneres Driftfeld, das beide Träger zur schmalbandigeren Seite treibt. Mit Sperrfeld (E_b) bedeutet dies für Elektronen eine Beschleunigung nach rechts durch ein hohes Feld, während sich das Feld für die nach links laufenden Löcher effektiv verkleinert. Diese unterschiedlichen Feldstärken für Elektronen und Löcher verbessern das Verhältnis α_n/α_p (Werte bis 10 wurden erreicht). Derartige Verbesserungen konnten auch für andere Materialsysteme nachgewiesen werden. Durch Einsatz von Schottkykontakten läßt sich der Arbeitsbereich bis zum UV erweitern.

APD mit Supergittern. Das Prinzip, Multiplikations- und Absorptionszone zu trennen und solche Folgen mehrfach hintereinander anzuordnen, wird im sog. Super- oder Übergitter umgesetzt. Das ist eine periodische Folge von sehr dünnen Halbleiterschichten entweder aus Halbleitern verschiedener Bandbreite (sog. Heterosupergitter) oder gleicher Bandbreite mit verschiedener Dotierung (sog. Dotierungsübergitter). Beide haben interessante elektrooptische Eigenschaften, wie z.B. die Vergrößerung des Verhältnisses α_n/α_p, verändertes Asorptionsverhalten u.a.m.

Die Vergrößerung des α_n/α_p-Verhältnisses durch ein Heterosupergitter läßt sich am besten am Heteroübergang (Bild 3.29) verstehen. Strahlung – absorbiert im Material mit W_{G1} – erzeugt Trägerpaare, von denen die Löcher zur P^+-Seite (unverstärkt) driften. Strahlung, die im breitbandigeren Material W_{G2} absorbiert wird, erzeugt Trägerpaare, von denen die Elektronen nach rechts driften und als heiße Träger dort neue Trägerpaare erzeugen. So vergrößert sich α_n, während α_p bleibt. Für ein typisches System GaAlAs-GaAs beträgt der Leitbandkantenunterschied $W_C \approx 0,48$ eV, der im Valenzband $\Delta W_V \approx 0,09$ eV. Fügt man mehrere solcher Schichten hintereinander (praktisch deutlich über 10, Bild 3.29b) zu einem Supergitter, und fügt dieses in einen PN-Übergang ein, so kann $\alpha_n > \alpha_p$ erreicht werden.

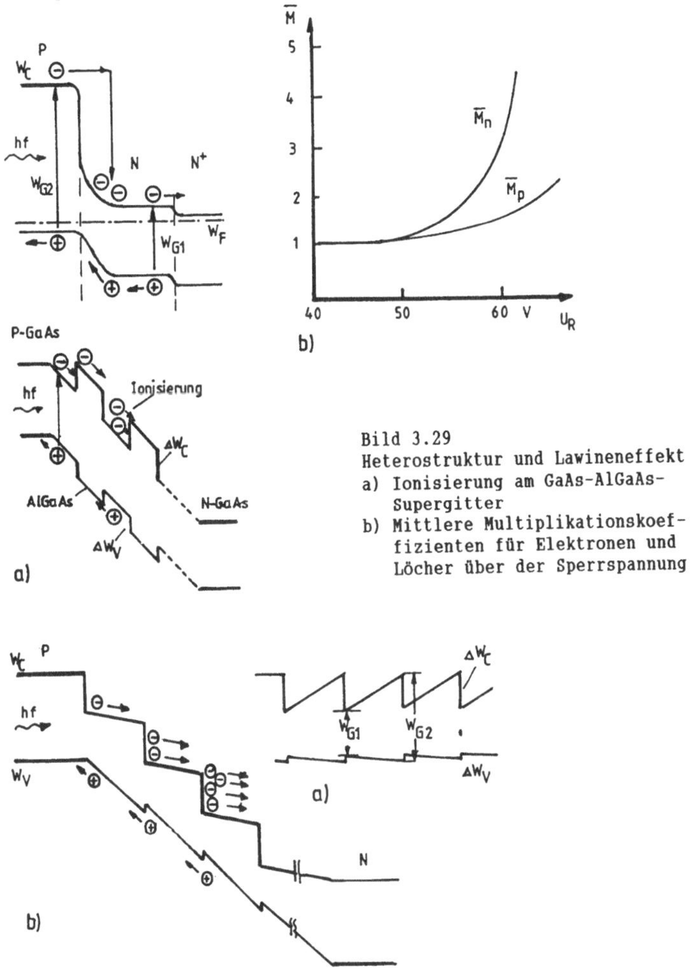

Bild 3.29
Heterostruktur und Lawineneffekt
a) Ionisierung am GaAs-AlGaAs-Supergitter
b) Mittlere Multiplikationskoeffizienten für Elektronen und Löcher über der Sperrspannung

Bild 3.30 Sägezahnförmiges Supergitter
a) Bändermodell (ohne Vorspannung) mit periodischer Bandabstandsänderung
b) wie a), jedoch im PN-Übergang mit Sperrvorspannung

<u>Halbleiter-Fotovervielfacher.</u> Gestaltet man die Supergitter-
struktur <u>sägezahnförmig</u> (periodische Folgen von Strukturen
nach Bild 3.28), wobei die Bandbreite periodisch zum N-Gebiet
ansteigt (Bild 3.30), so läßt sich Fotovervielfachung schaffen. Bei Sperrspannung entstehen optisch generierte Trägerpaare, die bei Übergang über die Kante jeweils neue Elektronen schaffen (für die Löcher gilt dies nicht). Bei m Stufen
beträgt die Vervielfachung 2^m, ähnlich zum Konzept des Foto-
vervielfachers.

3.2.6 Weitere Fotodetektoren

Die bisher behandelten Fotodetektoren werden umfangreich eingesetzt. Darüber hinaus gibt es Anordnungen, die diese Einsatzbreite zwar nicht erlangten, doch für Spezialzwecke sehr
nützlich sind, wie die folgenden Beispiele zeigen mögen.

<u>MOS-Fotodetektor.</u> Grundsätzlich entsteht auch in der Raumla-
dungszone eines MOS-Kondensators bei Strahlungseinfall der
innere Fotoeffekt (Bild 3.31). Deshalb hängt die C-U-Kennli-
nie von der Strahlung ab: die HF-Kapazität wächst mit der
Strahlung. Es stellt sich eine Fotospannung

$$U_{ph} = \eta(\lambda) E(\lambda) \, \lambda/hc \cdot (q\Psi_s/n\varepsilon)^{1/2} \, . \, 1/\omega \tag{3.53}$$

(Ψ_s Oberflächenpotential, n Elektronendichte, η äußerer Quantenwirkungsgrad, ω Modulationsfrequenz).

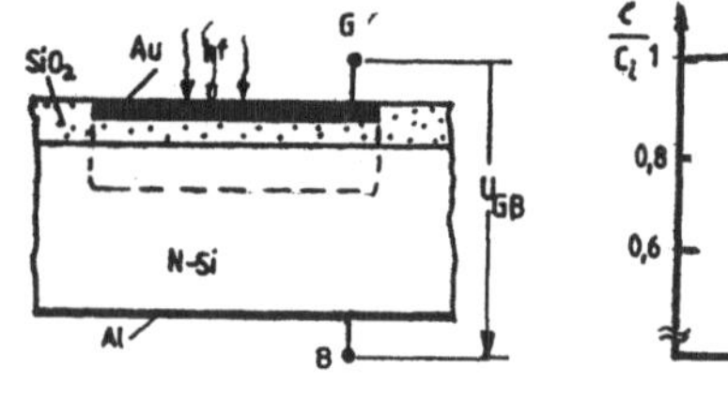

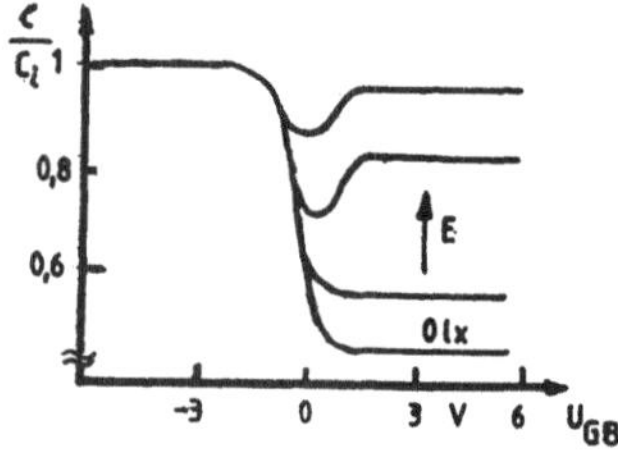

Bild 3.31 MOS-Fotodetektor
     a) Aufbau der MOS-Kapazität
     b) Änderung der HF-Kapazität mit der Beleuchtungsstärke

MOS-Fotodetektoren haben große Spannungsempfindlichkeit (typisch $S_U \approx 10^5$ Vcm²/W) und besitzen geringes Rauschen. Im Aufbau entsprechen sie voll üblichen MOS-Kondensatoren mit transparenter (dünner) Goldelektrode. Sie finden Anwendung weniger als diskrete MOS-Fotokapazität, sondern vielmehr als Solarzelle (Abschn. 3.6), MOS-Fototransistor und für Bildaufnahmeeinheiten nach dem Ladungstransferprinzip [3.28], [3.34], [3.45],[3.46],[3.48].
Eine gewisse Ähnlichkeit hat die <u>Inversionsschicht-Fotodiode</u> (Bild 3.32). Läßt man die Gateelektrode der MOS-Kapazität weg und bringt an den Oberflächen z.B. eines P-Substrates einen N^+-Ring an, so entsteht bei Strahlungseinfall direkt an der Oberfläche eine Inversionszone durch optische Generation (der Inversionskanal kann auch z.B. durch Isolatorladungen voreingestellt werden, was zu einer PN-Diode führt). Da bei dieser Struktur die sonst stets vorhandene Deckschicht (Metall oder feldfreies Halbleitergebiet) fehlt, entfällt die für den PN-Übergang typische Vorabsorption und man erhält einen Fotodetektor mit sehr guter UV-Empfindlichkeit und hohem Gesamtwirkungsgrad.

<u>Positionsempfindliche Fotodioden.</u> Bisher galt durch die homogen angesetzte Strahlungseinfallfläche stets <u>Längenunabhängigkeit</u> des inneren Fotoeffektes der Fotodiode oder Fotoleiters. Wird jedoch die Strahlungseinfallfläche nur teilweise, z.B. punktförmig (kleiner Lichtfleck, Laserstrahl) beleuchtet und soll die <u>Lage</u> dieses Punktes festgestellt werden, so spricht man von einer <u>Positionsfotodiode</u> (PSD, positionsensitiver Detektor). Dafür ist eine Vielzahl von Prinzipien entwickelt worden, für optoelektronische Halbleiterbauelemente

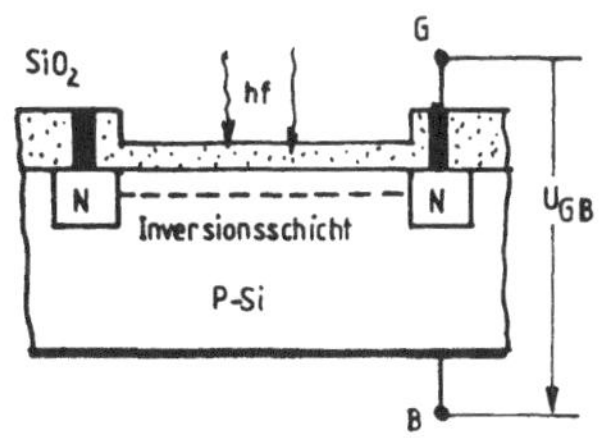

Bild 3.32
Inversionsschicht-
Fotodiode

gehören dazu hauptsächlich

- die <u>Bildsensoren</u> auf Ladungstransferbasis (Abschn. 3.7),
- die <u>Flächenunterteilung</u> der Einstrahlfläche, z.B. einer
  Fotodiode (Differenz-, Vierquadrantenmethoden),
- die Nutzung des <u>lateralen</u> Fotoeffektes mit nichtunterteil-
  ter Einstrahlfläche.

Wird eine Sperrschicht (PN-, Schottky-, MØS-Übergang) punkt-
förmig beleuchtet, so führt die lokale Trägergeneration zur
seitlichen Ausdiffusion der Träger (Bild 3.33), und es entsteht neben dem inneren, <u>vertikalen</u> Fotoeffekt zusätzlich ein
<u>lateraler</u> mit lateraler Potentialverteilung $\varphi(x, y)$ je für
Löcher und Elektronen. Ist die Fotodiode gesperrt und sind
$\varphi(0)$ und $\varphi(L)$ die Potentiale der Kontakte bei $x = 0$ und L, so
fließt durch den lateralen Fotoeffekt ein <u>Lateralstrom,</u> der
z.B. bei $x = 0$ beträgt:

$$I_x(0) = I_{ph} (1 - x_a/L) \cdot d_p \, \mathcal{T}_p [\, \varphi(L) - \varphi(0)\,] \qquad (3.54)$$

Der Schwerpunkt x_a der Strahlungsverteilung in x-Richtung
lautet

$$x_a = \frac{\int x_0 \, S_{ph}(x_0, y_0) \, dx_0 dy_0}{\int S_{ph}(x_0, y_0) \, dx_0 dy_0} \equiv \frac{\div}{I_{ph}} \qquad (3.55)$$

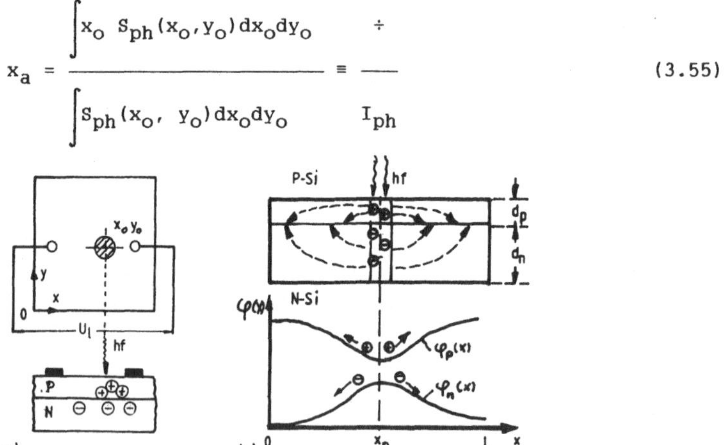

Bild 3.33 Lateraler Fotoeffekt
      a) Anordnung mit lateralem Fotoeffekt
      b) laterale Potentialverteilung

I_{ph} ist der Fotostrom bestimmt durch Fotostromdichte S_{ph} am Ort x_0, y_0 integriert über die Fleckfläche.

Eine analoge Beziehung ergibt sich in der N-Schicht in y-Richtung ($\rightarrow I_y(0)$, $I_y(L)$, x_b). Da $I_x(0)$ linear von x_a abhängt (($\varphi(L) - \varphi(0)$ Festwert), ist eine genaue Lagebestimmung des Fleckes durch Auswertung von $I_x(0)$, $I_x(L)$, $I_y(0)$ und $I_y(L)$ möglich. Sie erfolgt durch Summen- und Differenzbildung sowie Division der vier Eingangssignale (in Bild 3.34 für eine Dimension dargestellt), woraus sich die genaue Lage ergibt. In dieser Form hängt das Ausgangssignal nicht von Leistungsschwankungen der Einstrahlung ab.

Positionsempfindliche Sensoren dieser Art heißen <u>Vollflächenfotodioden.</u> Sie haben eine relativ große Fläche (typisch 10 x 10 mm) und werden häufig eingesetzt.

Eine andere Möglichkeit bietet die geometrische <u>Unterteilung</u> der Diode (2 Flächen: Differenzfotodiode, 4 Flächen Quadrantenfotodiode, rechteck- oder kreisförmig (u.U. Kreissegmente)) durch inaktive Trennstege (Bild 3.35). Auffallende Strahlung erzeugt einen Kurzschlußfotostrom, der der jeweils bestrahlten Fläche proportional ist: $I_{ph} - A(x)$

$$A_{1/2}(x) = b(a-d/2 \mp x). \tag{3.56}$$

Kennt man I_{ph1} und I_{ph2}, so ergibt sich durch Auswertung wie oben die Lage x

$$\frac{I_{ph2} - I_{ph1}}{I_{ph2} + I_{ph1}} = \frac{2x}{a-d}. \tag{3.57}$$

Derartige Positionsfotodioden finden sehr breite Anwendung in der Meß-, Reglungs- und Steuerungstechnik.

<u>Integrierte Fotodetektoren.</u> Unter diesem weit gefaßten Begriff versteht man entweder mehrere Fotodetektoren im gleichen Substrat, z.B. zur Lageerkennung oder die Verbindung von Fotodetektor und Folgeverstärker, etwa als Lichtimpulsver-

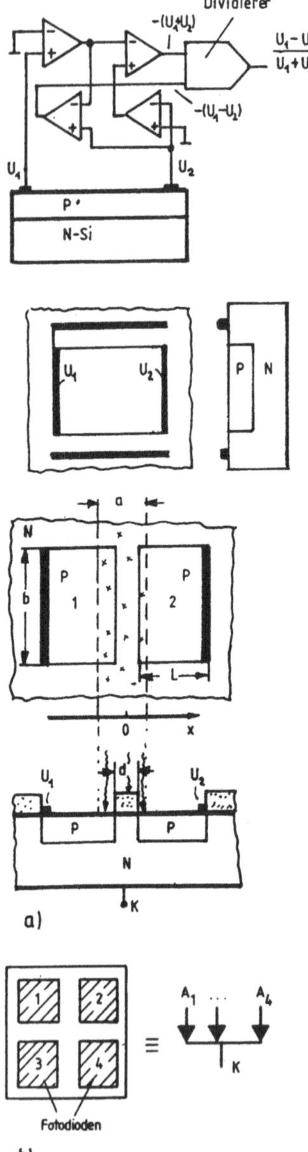

Bild 3.34
Lagefotodetektor
Anordnung mit Fotodiode
und Auswerteschaltung

Bild 3.35
Positionsempfindliche Fotodiode
a) Differenzfotodiode
b) Quadrantenfotodiode

stärker, Sensorelement u.a.m. Solche Anordnungen können optimal ausgelegt werden. Sie sind derzeit hauptsächlich für die
monolithische Integration auf Si verbreitet. Beispiele dafür
sind die Integration von positionsabhängigen Differenz-Foto-
dioden mit dem jeweiligen Vorverstärker, die komplette Integration eines Positionssensors mit allen Summier-, Differenz-
und Diffusionsgliedern u.a.m.

<u>Teilchenzähler.</u> Prinzipiell arbeiten die vorgenannten Detek-
toren auch, wenn anstelle des Lichtes energiereichere Strahlung, z.B. Röntgen- oder Teilchenstrahlung auftritt (s. Tafel
3.1). Dabei müssen natürlich die Bemessungen wegen der anderen Absorptionsverhältnisse geändert werden. Derartige Dioden
heißen <u>Teilchenzähler</u> oder <u>Kernstrahlungsdetektoren</u>. Sie finden vor allem in der Strahlungsmeßtechnik Anwendung.

3.2.7 Schaltungstechnik

Fotodioden können in der Grundschaltung betrieben werden als
- <u>Stromgenerator</u> (Bereich nA ... µA) mit sehr kleinem Lastwiderstand oder als
- <u>Spannungsgenerator</u> mit sehr großem Lastwiderstand (Größenordnung: MΩ).

In beiden Fällen ist eine Nachverstärkung erforderlich, im
ersten Fall durch einen <u>Transimpedanzverstärker</u> (mit möglichst kleinem Eingangswiderstand), der den Eingangsstrom in
eine Ausgangsspannung wandelt. Im zweiten Fall wird eine
<u>Spannungsverstärkung</u> mit extrem hohem Eingangswiderstand be-
nötigt, zweckmäßig durch eine FET-Eingangsstufe realisiert.
Bild 3.36 zeigt die entsprechendenden Schaltungen. Im einfachsten Fall (Bild 3.36a) wird die Diode an den Eingang
eines Transistors geschaltet, der bei Beleuchtung umschaltet.
In Schaltung 3.36b liegt eine Spannungsverstärkung vor mit
der Ausgangsspannung - RI_{ph}. Nachteilig ist die Verschiebung
des Arbeitspunktes bei veränderlichem Fotostrom. Dies ver-
meidet Schaltung c). Der Verstärker arbeitet als Transimpe-

danzverstärker mit dem Eingangswiderstand $Z_e \approx R/v_D \approx 0$ und der Ausgangsspanung

$$U_A = -\, I_{ph}R + U_0. \tag{3.58}$$

Die Schaltung d) wirkt ähnlich, nur gilt hier

$$U_A = (I_{ph} + I_o)\, R_1. \tag{3.59}$$

In beiden Fällen sind Ausgangsspannung und Fotostrom und damit Beleuchtungsstärke E (Tafel 1.5) proportional. Einen logarithmischen Zusammenhang ergibt Schaltung e):

$$U_A = (1 + \frac{R_2}{R_1})\ U_T \ln (1 + \frac{I_{ph}}{I_o}). \tag{3.60}$$

Besondere Aufmerksamkeit verdient in solchen Eingangsstufen das Rauschen, auf das im Abschnitt 3.5 eingegangen wird.

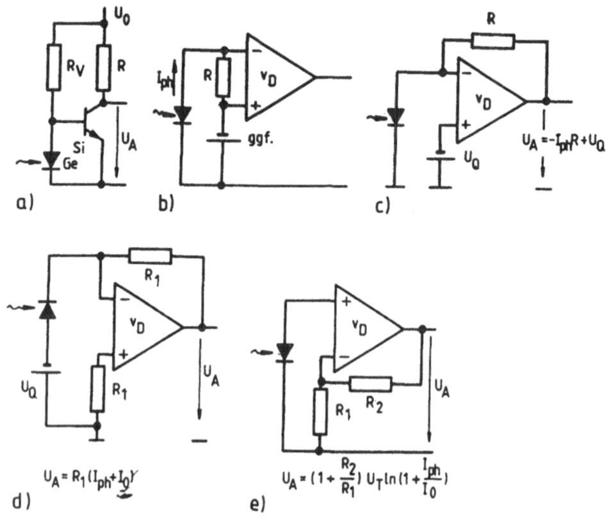

Bild 3.36 Betriebsschaltungen von Fotodioden
      a) Einfache Anordnung mit Fototransistor-Spannungsverstärker,
      b) Schaltung mit Operationsverstärker
      c) Schaltung mit Transimpedanzverstärker
      d) wie c), jedoch Einfluß der Quellenspannung U_Q unterdrückt
      e) Logarithmischer Verstärker

3.3 Fototransistoren, Fotothyristoren

Der Fotosperrschichteffekt tritt grundsätzlich auch in Bauelementen auf, die Sperrschichten z.B. als Steuerstrukturen
enthalten oder deren Funktionsweise auf der Wechselwirkung
mehrerer Sperrschichten beruht, wie beim Bipolartransistor,
dem Thyristor und der Familie der Feldeffekttransistoren. Man
spricht dann von entsprechenden Fotobauelementen, z.B. Fototransistoren, z.B. Fototransistoren, Fotothyristoren u.a.
[3.36]-[3.38].

3.3.1 Fotobipolartransistor

Beim Fotobipolartransistor - oder schlechthin dem Fototransistor - wird das Prinzip der PN-Fotodiode mit der hohen
Stromverstärkung des in Emitterschaltung betriebenen Bipolartransistors kombiniert.

Dazu ist der üblicherweise sperrgepolte Basis-Kollektor-Über-
gang (NPN-Transistor) großflächig als Fotodiode ausgeführt
(Bild 3.37). Die einfallende Strahlung erzeugt Loch-Elek-

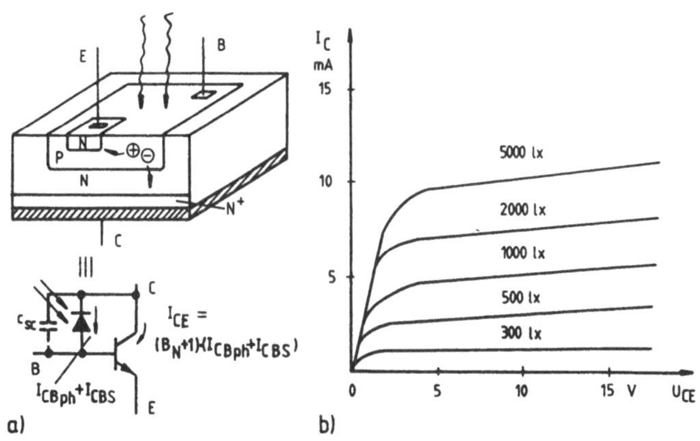

Bild 3.37 Fototransistor
    a) Aufbau, Schaltsymbol und Ersatzschaltung
    b) Kennlinienfeld (offene Basis), Beleuchtungsstärke E Para-
       meter

tronen-Paare, von denen die Löcher in die Basis und von dort über den flußgepolten Emitterübergang zum Emitter gelangen. Dadurch steigt die Emitter-Basis-Flußspannung etwas und damit der Emitter- bzw. Kollektorstrom. Deshalb setzt sich der Kollektor-Basisstrom I_{CB} aus dem Dunkelstrom I_{CBS} und einem erzeugten Fotostrom I_{CBph} zusamen (A_C bestrahlte Kollektor-Basisfläche)

$$I_{CB} = I_{CBS} + I_{CBph} \equiv I_{CBS} + I_{ph}$$
$$= I_{CBS} + q\ A_C\ \eta(\lambda) \cdot E(\lambda) \cdot . \lambda/hc. \tag{3.61}$$

Ersatzschaltmäßig (Bild 3.37) kann die Fotodiodenwirkung durch eine Fotostromquelle I_{CBph} parallel zum Kollektor-Basis-Übergang interpretiert werden, durch den der Dunkelstrom I_{CBS} fließt. Da der Basisanschluß üblicherweise leerläuft ($I_B = 0$) oder z.T. sogar weggelassen wird, gilt

$$\boxed{I_C = (B_N + 1)(I_{ph} + I_{CBO}), \tag{3.62}}$$

weil der Kollektordunkelstrom I_{CBS} in guter Näherung mit dem Reststrom I_{CBO} übereinstimmt.

Der Vorteil des Fototransistors liegt in dem um die Stromverstärkung B_N (Emitterschaltung $B_N \gg 1$) vergrößerten Fotostrom, allerdings wächst der Dunkelstrom I_{CBO} im gleichen Maße.

Fototransistoren haben somit eine deutlich größere Verstärkung als Fotodiode, doch ist die I-E-Kennlinie wegen der Stromabhängigkeit der Stromverstärkung $B_N(I)$ weniger linear. In dynamischere Hinsicht sind sie schlechter (s.u.).

Bei gegebener bestrahlter Fläche A_C und Beleuchtungsstärke E kann somit nur das Produkt $\eta(\lambda)(1 + B_N)$ angegeben werden, das sich allerdings durch Rausch- und Empfindlichkeitsmessungen nach Quantenwirkungsgrad und Stromverstärkung bestimmen läßt.

Das Ausgangskennlinienfeld (Bild 3.37b) unterscheidet sich qualitativ nicht von dem des normalen Transistors. Als Para-

meter wird lediglich die Beleuchtungsstärke E aufgetragen, da
der Basisstrom I_B nicht bestimmt werden kann.

Fototransistoren werden bezüglich der <u>Stromempfindlichkeit</u> R_I
nicht wellenlängenspezifisch, sondern nach dem sog. <u>Hellstrom</u>
$I_{C(H)}$ bei Bestrahlung mit Normlichtart A (Wolframfadenlampe
der Farbtemperatur 2856 K bei der Beleuchtungsstärke E_v =
1000 lx) klassifiziert:

$$I_{C(H)} = \int_{\lambda_1}^{\lambda_2} I_{CBp}(\lambda)d\lambda = q\ A_C(1 + B_N) \cdot \int_{\lambda_1}^{\lambda_2} n(\lambda)E_\lambda(\lambda)d\lambda. \quad (3.63)$$

Dabei ist $E_\lambda(\lambda)$ die Bestrahlungsstärke je Wellenlänge (W/cm²)
bei Normlichtart A-Beleuchtung und λ_1, λ_2 sind die unteren
(oberen) Grenzwellenlängen des Fototransistors. Einen typischen Verlauf der Spektralverteilung zeigt Bild 3.38. Er ist
weitgehend unabhängig von B_N und damit der Helligkeitsklasse.
Die Stromempfindlichkeit R_I selbst beträgt

$$R_I = \frac{dI_{C(H)}}{dE} = B_N\ (I)\ \frac{dI_{ph}}{dE}\Bigg|_{Fotodiode}. \quad (3.64)$$

Die maximale Empfindlichkeit liegt etwa im Maximum der Stromverstärkung B_N (Bereich 1 ... 10 mA,, bei E $\approx$ 0,5 ... 5 klx).
Sie läßt sich durch den sog. <u>Integralbetrieb</u> (s. Abschn. 3.7.
2) weiter steigern: Während einer Integrationszeit entlädt
der Fotostrom die Kollektorsperrschichtkapazität. Anschließend wird diese Kapazität aus der Batteriespannung wieder

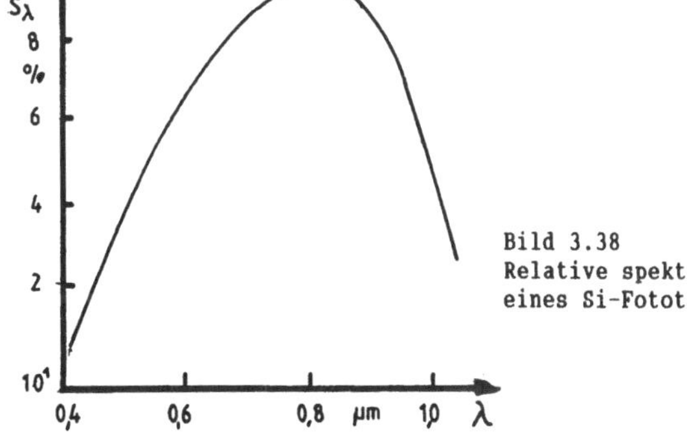

Bild 3.38
Relative spektrale Empfindlichkeit S_λ
eines Si-Fototransistors

aufgeladen. Die dabei am Lastwiderstand entstehende Spannung
ist dem Fotostrom und der Integrationszeit proportional. Damit können auch Exemplarschwankungen der Stromverstärkung B_N
reduziert werden.

Eine Besonderheit des Fototransistors liegt in der Verwendung
des Basisanschlusses. Ob er beschaltet oder überhaupt weggelassen wird, hängt von der jeweiligen Aufgabe ab. Fototransistoren ohne herausgeführten Basisanschluß heißen auch <u>Foto-
duodioden,</u> besonders dann, wenn sie symmetrisch aufgebaut
sind. Sie können als Gegeneinanderschaltung zweier Fotodioden
verstanden und deshalb mit Wechselspannung betrieben werden
(Anwendung z B. in Lochkartenlesern). Durch externe Beschal-
tung des Basisanschlusses läßt sich das dynamische Verhalten
verbessern, allerdings auf Kosten der Empfindlichkeit [L].

<u>Dynamische Eigenschaften.</u> Mit der Ersatzschaltung Bild 3.39
können die dynamischen Eigenschaften diskutiert werden. Die
Fotodiode liefert den "Basisstrom", der den "Kollektor" steuert. Bei Kurzschluß am Ausgang ($R_L = 0$) ist die relativ niedrige (10 ... einige 100 kHz) Grenzfrequenz f_e der Emitter-
stromverstärkung $\beta_n \approx B_N$ maßgebend, mit Lastwiderstand R_L ($\rightarrow$
Spannungsverstärkung $v_u \neq 0$) zusätzlich die durch den Miller-
Effekt vergrößerte Kollektorsperrschichtkapazität. Sie tritt
als Kapazität

$$c'_{be} = (1 + v_u)\, c_{cb} \tag{3.65}$$

zwischen Basis und Emitter auf und senkt die Grenzfrequenz f_e
weiter. Man erhält damit

$$f_e = \frac{1}{2\pi\, B_N\, [(c_e + c_{bc}) \cdot U_T/I_C + R_L c_{bc}]}, \tag{3.66}$$

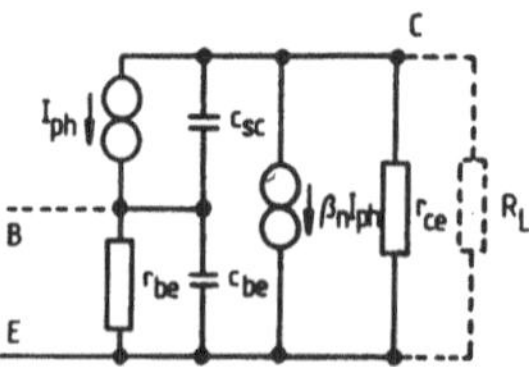

Bild 3.39
Dynamische Ersatzschaltung des
Fototransistors

dabei ist c_e die Emitter-Basiskapazität bestehend aus Diffusions- und Sperrschichtanteil. Deshalb stimmen die Frequenzeigenschaften etwa mit der einer stromgesteuerten Emitterschaltung überein. Das <u>Verstärkungs-Bandbreiteprodukt</u> (definiert für den Frequenzbereich $f \gg f_e$) ergibt sich wegen

$$|h_{21e}(f)| \ f = f_e \ B_N \equiv f_T = f_1, \qquad (3.67)$$

aus dem Abfall der Stromverstärkung $|h_{21e}|$ im Frequenzbereich $f \gg f_e$ und stimmt mit der entsprechenden Transitfrequenz f_T überein. Da die Kapazitäten wegen der großen Kollektor-Basisfläche zwangsläufig groß sind und hohe Stromverstärkung B_N gewünscht wird, haben Fototransistoren sehr kleine f_e-Grenzfrequenzen (Größenordnung einige 10 kHz, mit entsprechend großen Schaltzeiten!).

Das Frequenzverhalten kann verbessert werden durch
- Betrieb mit kleinem Lastwiderstand,
- einen Zusatzwiderstand R_{BE} zwischen Emitter und Basis (Übergang zur Spannungssteuerung, allerdings auf Kosten der Empfindlichkeit [L]),
- Aufbau einer <u>Kaskodeschaltung,</u> bestehend aus Fototransistor und einem nachgeschalteten Transistor (Wegfall des Miller-Effektes),
- Kombination von diskreter Fotodiode mit nachgeschaltetem (kleinflächigen) Transistor.

Trotz dieser Maßnahmen kommt der Fototransistor in seiner klassischen Form als Detektor in optischen Nachrichtenübertragungssystemen (wegen der sehr kleinen Grenzfrequenz) nicht in Frage. Vorteilhaft ist er vielmehr dort, wo hohe Stromansprechempfindlichkeit erforderlich ist: z.B. als Sensor in Lichtleistungsmeßgeräten für Laser, als Fotometer u.a. Er eignet sich gut als Empfänger im Optoisolator, weil er ein hohes Stromübertragungsverhältnis (50 % und mehr) im Vergleich zu weniger als 1 % bei Verwendung von Fotodioden liefert. Vorteilhaft ist er auch bei der Integration mit anderen Elementen. So entsteht mit einem zweiten Transistor der <u>Foto-</u>

<u>darlington-Transistor</u> mit einer Stromverstärkung von einigen 1000 (Bild 3.40). Dadurch verbessert sich die Empfindlichkeit beträchtlich, allerdings auf Kosten des Frequenzverhaltens.

Bis heute wurden in großem Umfange nur Ge- und Si-Fototransistoren eingesetzt, besonders letztere für den sichtbaren und sehr nahen IR-Bereich. Andere Wellenlängenbereiche verlangen <u>Heterofototransistoren</u>. Hier ist die Entwicklung stark im Fluß [3.33], [3.37], [3.38], zumal sich mit solchen Elementen auch das Frequenzverhalten grundlegend verbessern läßt. Aussichtsreiche Lösungen mit gutem Frequenzverhalten sind

- Heterofototransistoren mit Heterokollektor (InGaAs/InP). Durch Rückseitenbestrahlung (unkritische Basisbreite) können bei kleinen Abmessungen Schaltzeiten um 100 ps erreicht werden.
- Schottky-Kollektor- und Darlington-Heterofototransistoren [3.35] und
- der Hetero-Lawinen-Fototransistor [3.36].

Ein anderes erfolgreiches Konzept für schnelle, hochverstärkte Fotoempfänger besteht in der Verwendung von PIN-Dioden und nachgeschaltetem FET-Transistor (s. Abschn. 5.2.2).

<u>Grundschaltungen.</u> Bild 3.41 zeigt den Fototransistor im Grundstromkreis: Emitter- und Kollektorschaltung (Bild a, b) mit dem Nachteil der Belastung durch die Kollektorsperrschichtkapazität. Bei zusätzlich herausgeführtem Basisanschluß kann das Schalt- und Frequenzverhalten durch den Zusatzwiderstand R_{BE} verbessert werden. Zusammenschaltungen von Fototransistor und Operationsverstärker sind ebenfalls möglich. Ein Nachteil des Fototransistors, die geringe Grenz-

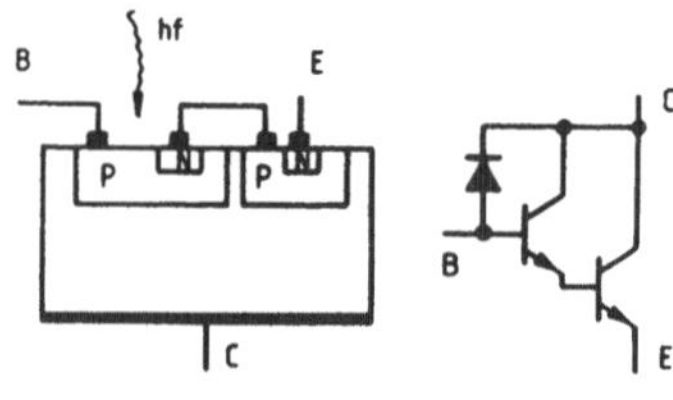

Bild 3.40
Fotodarlington-Transistor

frequenz f_e, kann z.T. durch Nachschalten einer Basisstufe T_2 (Bild 3.41c) zu einer Kaskodestufe gemildert werden. Zusätzlich wird die Miller-Kapazität von T_1 reduziert.

Schwierigkeiten bereitet oft - wie beim Bipolartransistor - der Temperaturgang des Sättigungsstromes. Er läßt sich durch eine Differenzschaltung mit einem zweiten, nicht beleuchteten Fototransistor T_2 (Bild 3.41d) oder einer üblichen Temperaturstabilisierungsschaltung reduzieren, falls der Basisanschluß zugängig ist. Auf die Betriebsmöglichkeit des Fototransistors im Integralmodus (Abschn. 3.7.2) wurde bereits verwiesen.

3.3.2 Fotofeldeffekttransistoren

Sowohl der Sperrschicht- als auch MOS-Feldeffekttransistor haben durch den Sperrschichtfotoeffekt lichtempfindliche Eigenschaften, die zum Fotofeldeffekttransistor führten.

Beim <u>Sperrschichtfotofeldeffekttransistor</u> (Bild 3.42a, z.B. N-Kanal-Typ) ist die Gate-Kanal-Diode als Fotodiode ausgelegt. Auffallendes Licht erzeugt dann in Nähe des Gate-PN-Überganges Überschußträgerpaare, wie in der Fotodiode und so einen Gate-Fotostrom I_{ph}, der über dem Gatwiderstand R_G eine Gatespannungsänderung $\Delta U_{GS} = R_G I_{ph}$ hervorruft. Im Ausgangs-

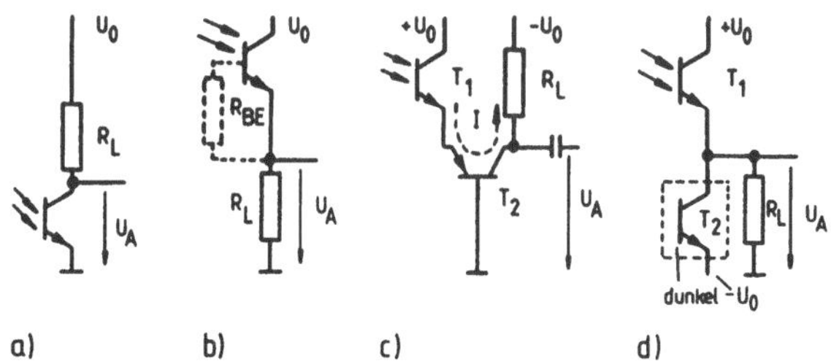

Bild 3.41 Fototransistorschaltungen
    a) Lastwiderstand im Kollektor- bzw.
    b) Emitterzweig. R_{BE} verbessert Schaltzeitverhalten
    c) Schaltung für hohe Grenzfrequenz
    d) Schaltung zur Temperaturkompensation

kreis ändert sich dann der Drainstrom um (Bild 3.42b) [3.41]

$$\Delta I_D = S\, \Delta U_{GS} = S\, R_G\, I_{ph}. \tag{3.68}$$

Damit ergibt sich die Stromempfindlichkeit

$$R_I = \frac{dI_D}{dE_v} = S R_G \frac{dI_{ph}}{dE_v}. \tag{3.69}$$

Sie entspricht größenordnungsmäßig der des Fototransistors und wird insbesondere durch die Transistorsteilheit S bestimmt.

Ausgangssignal und Beleuchtungsstärke hängen etwa quadratisch zusammen. Da der Feldeffekttransistor sehr kleine Eingangsströme hat, kann R_G sehr groß gewählt werden (Bereich einige 10 MΩ). So lassen sich sehr kleine Fotoströme rauscharm messen. Der Dunkelstrom liegt im Bereich von nA, der Hellstrom bei einigen 10 mA. Außer im Transistorbetrieb kann die Struktur als <u>Fotodiode</u> oder <u>Fotoleiter</u> (Bild 3.42c1, c2) betrieben werden. Dann spielt die Fotoleitung des Kanals die stärkere Rolle und ergibt größere Empfindlichkeit.

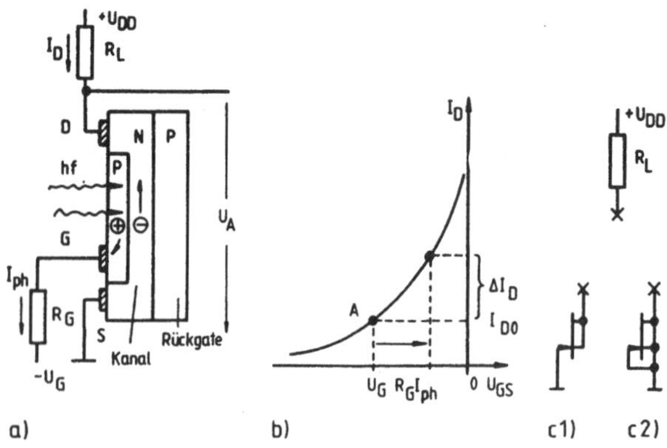

Bild 3.42 Fotofeldeffekttransistor (N-Kanal)
　　　　a) Wirkprinzip und Grundschaltung
　　　　b) Steuerkennlinie
　　　　c) Fotofeldeffelttransistor im Fotodioden- (c1) oder Foto-
　　　　　 leiterbetrieb (c2)

Zum Foto-FET eignen sich nicht nur Sperrschichtfeldeffekt-transistoren, sondern auch <u>Schottky-Gate-Feldeffekttransisto-ren</u>, besonders in GaAs- und InP-Ausführung (gelegentlich auch als OPFET bezeichnet). Auf Grund ihrer sehr kleinen Ansprech-zeit ($\approx$ 200 ps) werden sie als mögliche Empfängerelemente für die optische Nachrichtenübertragung angesehen, ohne jedoch bis jetzt überzeugt zu haben [3.42], [3.44], [3.49], [3.47].

Als Fotodetektor kann prinzipiell auch der <u>MOS-Feldeffekt-transistor</u> dienen. Der innere Fotoeffekt ändert dabei sowohl die Kanalleitfähigkeit als auch die Sperrschichtbreite unter dem Kanal und damit die Schwellspannung. Besonders intensiv wird der Effekt, wenn zusätzliche, bei Raumtemperatur nur teilweise ionisierte Störstellen (z.B. Gold, aber auch In und Ga) im Halbleiter eingebaut sind. Sie werden durch Lichtein-fall vollständig ionisiert und tragen zur Fotospannung bei. Solche Strukturen eignen sich besonders für den Infrarotbe-reich. Bild 3.43 zeigt einen derartigen IR-MOSFET. Das P-Sub-strat enthält neben flachen Störstellen (B) noch tiefere Zen-tren, z.B. Indium ($\Delta W = 0{,}16$ eV von W_V). Im Betrieb mit nega-tiver Gatespannung ($\rightarrow$Kanalanreicherung) sind die Indiumzu-stände mit Löchern beladen, also neutral. Fällt langwellige Strahlung ($\lambda = 2 \ldots 7$ µm) ein, so erfolgt Ionisierung. Da-durch ändert sich die Nettoladungsdichte der Verarmungszone und so die Schwellspannung um

$$\Delta U_{T0} \sim (\sqrt{N_A + N_{ion}} - \sqrt{N_A}) .$$

Das hat eine entsprechende Stromänderung zur Folge. Durch Wahl anderer tiefer Zentren kann der FET an den jeweiligen Wellenlängenbereich optimal angepaßt werden.

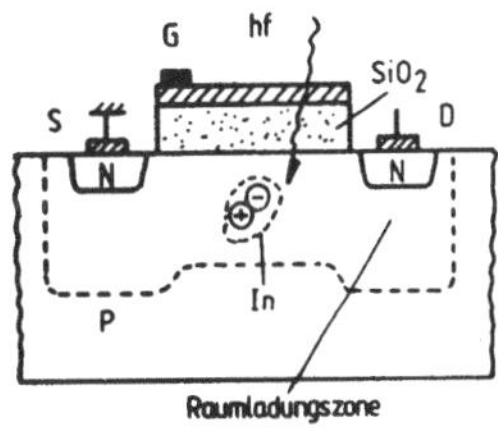

Bild 3.43
Foto-MOS-Feldeffekttransistor

Bei tiefen Temperaturen ist die Fotoionisation der Störstellen besonders intensiv, und es wurden an solchen Strukturen Empfindlichkeiten bis 10^6 A/W gemessen [3.45], [3.46].

3.3.3 Fotothyristor

Fotothyristoren sind rückwärts sperrende Thyristortrioden (oder Tetroden), die im Vorwärtsblockierzustand durch Lichteinstrahlung unter Nutzung des Sperrschichtfotoeffektes gezündet werden.

Das Funktionsprinzip und Vorwärtsblockierkennlinienfeld des Fotothyristors entspricht völlig dem normalen Thyristor, doch wird anstelle des Zündstromes jetzt die Beleuchungsstärke E als Parameter eingetragen.

Bild 3.44 zeigt Aufbau und Ersatzschaltung. Die auftreffende Strahlung erhöht die Trägerdichte hauptsächlich in den beiden Mittelgebieten und leitet dadurch die Zündung ein. Der im Bild angedeutete Fototransistor veranschaulicht das Zündprinzip: Der Fotostrom von T_2 vergrößert den Kollektorstrom I_{C2}, dieser rückwirkend I_{B2} usw. [3.39], bis die innere Stromrück-

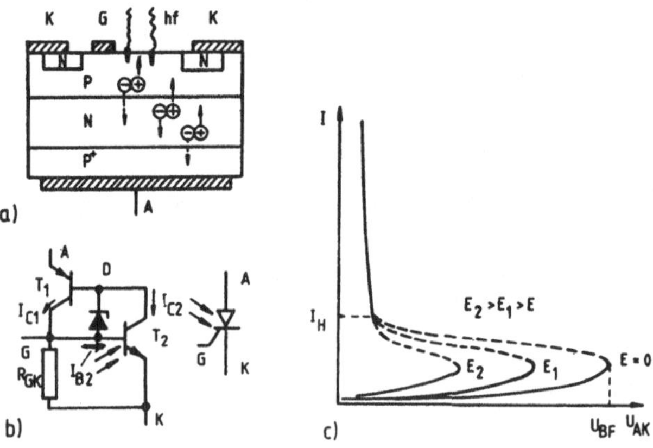

Bild 3.44 Fotothyristor
    a) Prinzip der Lichtzündung
    b) Ersatzschaltung mit zwei Transistoren, Schaltzeichen
    c) mit der Beleuchtungsstärke als Parameter

kopplung der Thyristorersatzschaltung T_1, T_2 zum Durchbruch führt. Der Widerstand R_{GK} - meist integriert ausgeführt - beeinflußt die erforderliche Zündbeleuchtungsstärke.

In der Kennlinie sinkt die Zündspannung U_{BF} mit steigender Beleuchtungsstärke. Nach der optischen Zündung (auch bei Wegnahme des optischen Signals) bleibt der Thyristor eingeschaltet. Erst wenn der Haltestrom I_H unterschritten wird (Unterbrechen des Stromes z.B. durch elektrischen Löschimpuls), schaltet der Thyristor ab.

Voraussetzung für die optische Zündung ist eine gewisse Mindestdauer des Lichteinfalles von einigen 10 µs (Bereich klx). Fotothyristoren nach diesem Prinzip sind aufgrund der geringen optisch erzeugbaren Zündstromdichten zunächst auf Kleinleistungsstrukturen beschränkt, die aber Leistungsthyristoren ansteuern können. In letzter Zeit gelang es, durch besondere Konstruktionen auch optisch zündbare Leistungsthyristoren herzustellen mit 10 mW Zündlichtleistung und weniger. Dann reicht eine LED oder Laserdiode aus, deren Strahlung über ein Lichtleiterkabel zugeleitet wird. Damit entfallen die teueren Hochspannungszündübertrager. Auch der Optokoppler (Abschnitt 4.) kann diese Aufgabe übernehmen.

Bauelement	Wirkprinzip
Bolometer	elektrische Widerstandsänderung
Pyroelektrische Detektoren	Polarisationsänderung
Thermische Katode	Emission aus einer oxidbedeckten Katode
Golayzelle	Thermische Ausdehnung eines Gases
Absorptionskanten-Bildkonverter	Absorptionsverlauf
Flüssigkristallelemente	Änderung der optischen Eigenschaften
Thermoelemente	Thermospannung zwischen verschiedenen Materialien (Seebeckeffekt)

Tafel 3.11 Thermische Detektoren

Das optische Zündprinzip wurde in den letzten Jahren zu einem
festen Konzept in der Leistungselektronik und auch auf andere
Leistungsschalter, z.B. den TRIAC (Fototriac) erstreckt.

3.4 Weitere Fotoempfänger

In Tafel 3.2 sind neben den bisher behandelten technisch dominierenden Fotodetektoren noch einige andere Prinzipien erwähnt, die weitaus geringere Bedeutung haben, aber doch kurz
erläutert werden sollen (Tafel 3.11).

3.4.1 Spezielle Fotodetektoren

Zur Gruppe der Fotoleiter zählt das <u>fotoelektromagnetische
Element</u> (PEM-Detektor): Photonen genügend kurzer Wellenlänge
erzeugen in einem homogenen Halbleiter (Bild 3.45) unter dem
Einfluß eines transversalen Magnetfeldes Loch-Elektronen-
Paare, die durch die Lorentz-Kraft getrennt werden. Ursache
ist die mit der Tiefe exponentiell abnehmende Absorption der
Strahlung, wodurch die Mehrzahl der Trägerpaare an der Oberfläche erzeugt wird und so ein Diffusionsstrom zum Halblei-
terinneern einsetzt. Dabei erfolgt die Trägertrennung und an
den Probenenden entsteht eine Fotospannung. Der Effekt tritt
besonders intensiv an InSb auf. Damit lassen sich Fotodetektoren im Wellenlängenbereich bis zu 7 µm herstellen. Die geringe Empfindlichkeit begrenzt allerdings die Anwendung.

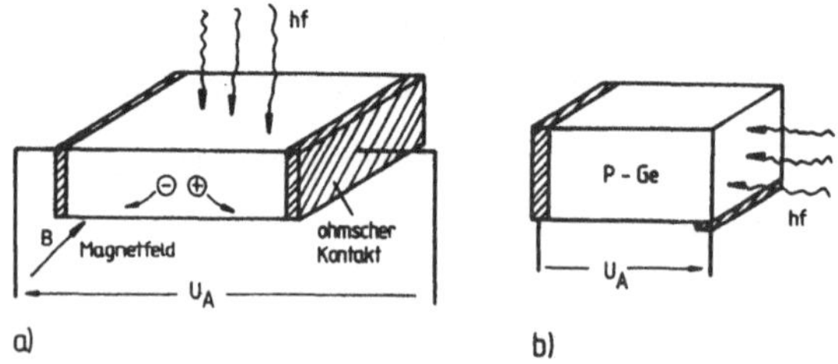

Bild 3.45 Spezielle Fotodetektoren
      a) Fotoelektromagnetischer Effekt (PEM-Detektor)
      b) Photon-Drag-Detektor

Nutzung in der physikalischen Meßtechnik fand der <u>Dember-Effekt:</u> Fällt genügend kurzwellige Strahlung auf einen dicken Halbleiter, so werden an der Oberfläche Loch-Elektronen-Paare generiert, und es entsteht dort eine größere Trägerkonzentration als im Halbleiterinnern. Dadurch diffundieren die Träger ins Halbleiterinnere und erzeugen bei verschiedenen Diffusionskonstanten ein inneres elektrisches Feld und damit eine Spannung zwischen Front- und Rückseite.

Zur Gruppe der Fotodetektoren, bei denen die einfallende Strahlung die <u>Energieverteilung</u> der Ladungsträger ändert (sog. Detektoren mit gestörter Verteilungsfunktion), gehören mehrere Wirkprinzipien, von denen <u>Photon-Drag-</u> und <u>Putley-</u> Detektoren die für Sonderanwendungen wichtigsten sind.

<u>Photon-Drag-Detektor.</u> Photonen besitzen außer ihrer Energie auch einen Impuls, den sie bei der Absorption im Halbleitor auf freie Ladungsträger übertragen. Dadurch verschiebt ein auf den Halbleiter auftreffender Photonenstrom die freien Ladungsträger in Richtung des Poyntingschen Vektors, und es entsteht ein longitudinales elektrisches Feld (Bild 3.45b): Photonen-Druck-Detektor. Derartige Anordnungen wurden bisher zum Nachweis kurzer, intensiver CO_2-Laserimpulse (λ = 10,6 µm) verwendet, weil gerade dieses Prinzip geeignet ist, große Leistungen ohne Materialzerstörung zu absorbieren. Als besonderer Vorteil wird die Zeitkonstante nur durch die Strahlungslaufzeit begrenzt, auch entfällt die Versorgungsspannung.

Verwendet werden meist P-Ge-Proben, doch kommt auch GaAs zum Einsatz ($\lambda \approx$ 1,06 ... 1,3 µm). Die Nachweis- und Spannungsempfindlichkeit ist gering, typische Werte liegen bei $R_U \approx$ 10^{-6} V/W bei einer Fläche A = 0,1 cm². Solche Detektoren werden z.B. als Durchstrahlungsdetektoren eingesetzt, um den Strahlungsfluß weiter verwenden zu können.

<u>Putley-Detektor.</u> Dieser, auch als <u>Heißelektronenbolometer</u> bezeichnete Detektor beruht auf der Änderung der Ladungsträgerbeweglichkeit durch Erhöhung der mittleren Trägerenergie und damit der mittleren Temperatur bei der Intrabandabsorption ($\lambda > \lambda_G$). Deswegen werden diese Detektoren oft auch zu den thermischen Empfängern gezählt. Im Ergebnis erhält man durch die Strahlung eine quadratische Abweichung vom Ohmschen Gesetz

$$S = \varkappa(1 + \beta E^2)E,$$

die ausgewertet wird. Der Detektor arbeitet hauptsächlich im fernen IR- und Submillimeterwellenbereich, wo geeignete andere (Quanten-) Detektoren versagen. Die Empfindlichkeit R_U ist direkt durch die Abweichung vom Ohmschen Gesetz gegeben:

$$R_U = \beta U_B / \varkappa\, V$$

(U_B Betriebsspannung, V Volumen). Übliche Halbleitermaterialien sind InSb und GaAs, die bei $\lambda = 10$ µm ein $R_U \approx 20$ V/W bei Anstiegszeiten von einigen 100 ps ergeben.

Die Absorption der fernen IR-Strahlung hebt die Elektronen in höhere Energiezustände des Leitbandes, dadurch entsteht die Beweglichkeits- bwz. Leitfähigkeitsänderung. Der Effekt kann durch ein externes Magnetfeld in der Wellenlänge abgestimmt werden: Prinzip des <u>Zyklotronresonanzdetektors</u>. Das Magnetfeld quantisiert die besetzbaren Energiezustände im Leit- und Valenzband und sorgt so für eine selektive Empfindlichkeit bei der Zyklotronresonanzfrequenz $\omega_C = qB/m_n$.

<u>Thermische Detektoren.</u> Eine größere Gruppe Strahlungsdetektoren nutzt Effekte aus, die auf Veränderung von Materialeigenschaften durch <u>Temperaturerhöhung</u> zufolge der auftreffenden Strahlung beruhten. Sie arbeiten im Unterschied zu den bisher kennengelernten Quantendetektoren (s. Bild 3.4) <u>wellenunabhängig.</u> Das entstehende Fotosignal hängt dann nur von der Strahlungsleistung, nicht der spektralen Zusammensetzung ab. Erwärmung und Abkühlung einer Probe erfolgen durch die größeren thermischen Zeitkonstanten relativ langsam. Deshalb haben thermische Detektoren ein schlechteres Zeitverhalten

als die meisten Quantendetektoren.

Thermische Detektoren werden meist im IR-Bereich verwendet,
dort sind <u>Bolometer</u> und <u>pyroelektrischer</u> Effekt die verbrei-
testen Wirkprinzipien.

Das <u>Bolometer</u> ist im Prinzip ein Leiter (von gleichem Aufbau
wie der Fotoleiter, s. Bild 3.3) mit möglichst großem Temperaturkoeffizient. Der auf den Leiter auftreffende modulierte
(z.B. sinusförmige) Strahlungsfluß $\Delta\Phi_e$ erzeugt eine Temperaturänderung

$$\Delta T\ (t)\ =\ \frac{\Delta\Phi_e\ R_{th}}{\sqrt{1\ +\ (\omega\tau_{th})^2}} \qquad\qquad (3.70)$$

nach Maßgabe des Absorptionskoeffizienten α, des thermischen
Widerstandes R_{th} und einer thermischen Zeitkonstanten τ_{th}
(möglichst klein, $\rightarrow$ kleine Wärmekapazität $\rightarrow$ geringes Leitervolumen (z.B. Dünnfilm). Hat der Leiter den (elektrischen)
Widerstand R und den Temperaturkoeffizienten c, so ergibt
sich die Spannungsänderung (Arbeitsgleichstrom I)

$$\Delta U = I \ . \ R \ . \ c\Delta T$$

und damit die <u>Stromempfindlichkeit</u>

$$R_I\ =\ \frac{\alpha I\ R\ c\ R_{th}}{\sqrt{1\ +\ (\omega\tau_{th})^2}}. \qquad\qquad (3.71)$$

Üblicherweise wird das Bolometer in <u>Dünnschichttechnik</u> mit
großem Materialspektrum ausgeführt: Halbleiter (Si, Ge), Me-
talloxide (Ni-, Mg-, Co-Oxid) u.a. supraleitende Stoffe (besonders Halbleiter). Für spezielle Anwendungen werden Bolometer bei extrem tiefen Temperaturen betrieben, wobei sie
dann sehr hohe Empfindlichkeiten erreichen, beispielsweise
mit Ge-Bolometern eine Detektivität rd. 10^{12} cm√Hz im Wellenlängenbereich 3 ... 2000 µm (!).

<u>Pyroelektrische Detektoren</u> nutzen die Tatsache, daß pyroelek-
trische Materialien [z.B. ferroelektrische Kristalle wie TGS
(triglicine sulfate), PLZT (lanthanum doped lead zirconate
titanate), Strontium-Barium-Niobat (SBN), $LiNbO_3$, Polymer-

filme, Polyvinylfilme u.a.] bei rascher Temperaturänderung
durch Polarisationsänderung ein elektrisches Feld erzeugen,
das weiter verstärkt wird. Dazu dient das Material als Dielektrikum eines Kondensators, und es entsteht durch die
Strahlung ein der Temperatur proportionaler Fotostrom. Aufgebaut sind pyroelektrische Detektoren wie Kondensatoren mit
einseitig transparenter Elektrode.

Eine durch die Strahlung erzeugte Temperaturänderung ΔT (s.
Gl.(3.70)) erzeugt die Spannungsänderung

$$\Delta U = \frac{\omega p\, A \Delta T\, R}{\sqrt{1 + (\omega \tau_E)^2}}. \tag{3.72}$$

Dabei sind A die Detektorfläche, R der Widerstand des Detektors, τ_E seine elektrische Zeitkonstante und p der pyroelektrische Koeffizient (Richtwert: $p \approx 10^{-8} \ldots 10^{-9}$ Ascm^{-2}K^{-1}).

Da sowohl elektrische τ_E (aufgrund der hohen ε-Werte, 30 ...
400!) und thermische Zeitkonstante τ_{th} (Gl.(3.70)) sehr groß
sind, gilt üblicherweise $\omega \tau \gg 1$ und man erhält als <u>Spannungs-
empfindlichkeit</u>

$$R_U = \frac{\eta\, p\, A\, R_{th}}{\omega \tau_{th}\, C} \tag{3.73}$$

(C Kapazität).

Angewendet werden pyroelektrische Detektoren z.B. in Alarman-
lagen, als Rauchdetektor, Spektrameter, zur Infrarotbildtech-
nik u.a.m.

Das Spektrum thermischer Detektoren ist aufgrund der vielfältigen Temperatureffekte sehr groß, da sehr viele Materialeigenschaften und Effekte mehr oder weniger von der Temperatur
abhängen.

3.4.2 Halbleiterfotokatoden

Obwohl optoelektronische Halbleiterbauelemente heute eine
marktbeherrschende Stellung innerhalb der optoelektronischen
Bauelemente haben, gibt es dennoch verschiedene optoelektronische Vakuumbauelemente, wie Anzeige- und Aufnahmeröhren,
Bildverstärker, Fotovervielfacher und Fotozellen, auf die für
spezielle Anwendungen nicht verzichtet werden kann. Sie arbeiten alle mit einer Katode. Konventionell ist dies ein auf
hohe Temperatur gebrachtes Metall, aus dem Elektronen austreten, sofern ihre Energie größer als die <u>Austrittsarbeit</u> $W_M =
W_0 - W_F$ (Abstand zwischen Ferminiveauund Vakuumkante) ist
(Bild 3.46). Prinzipiell gelingt dieser Austritt auch, wenn
Strahlung ausreichender Energie

$$hf/_{min} \geq W_M \qquad\qquad (3.74)$$

auffällt (<u>äußerer fotoelektrischer</u> Effekt, Tafel 3.2). Die
Austrittsarbeit von Metallen ist relativ hoch ($\approx 4 \ldots 5$ eV)
und für fotoelektrische Zwecke nur im sichtbaren oder ultravioletten Bereich verwendbar, also gerade dort, wo ungleich
weniger Halbleitermaterialien und -prinzipien verfügbar sind
als für den IR-Bereich. Aus <u>Halbleitern</u> treten Elektronen
aus, wenn ihre Energie zur Überwindung der <u>Austrittsarbeit</u>
ausreicht. Da hier das Ferminiveau üblicherweise im verbotenen Band liegt, Elektronen aber im Leitband vorhanden sind,

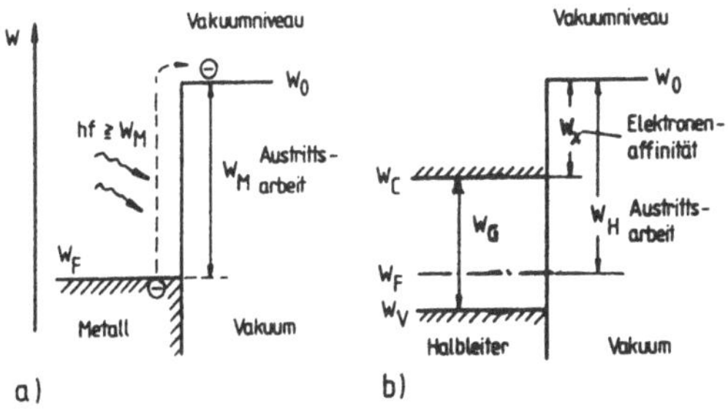

Bild 3.46 Elektronenaustritt aus Metall- und Halbleiteroberflächen
   a) Metall-Vakuum-Übergang (reine Metalloberfläche)
   b) Halbleiter-Vakuum-Übergang

führt man besser die <u>Elektronenaffinität</u> W_χ (Bild 3.46)

$$W_\chi = W_O - W_C \tag{3.75}$$

als Differenz zwischen Vakuumniveau und Leitbandkante ein,
eine für Halbleiter typische Materialgröße (dotierungsunab-
hängig!). In einem P-Halbleiter, dessen Bändermodell bis zum
Vakuum horizontal verlaufen möge, müßten die Elektronen die
Energie $W_G + W$ erhalten, um aus dem Valenzband austreten zu
können.

Die <u>Austrittsarbeit</u> $W_H = W_\chi + W_C - W_F$ eines Halbleiters kann
durch die Dotierung verändert werden. Dann ist es unter bestimmten Bedingungen möglich, daß die Energie der einfallenden Strahlung zum Elektronenaustritt ausreicht: <u>Prinzip der</u>
<u>Fotokatode</u> (Bild 3.47).

Wird das Bändermodell eines P-Halbleiters durch eine oberflächennahe Dotierung (z. B. Cäsium in GaAs oder GaP) <u>abgesenkt</u>
(Bild 3.47a), so <u>sinkt effektiv die Austrittsarbeit</u> W_H. Dabei
hängt es von der Bandverbiegung ab (Art und Menge der Störstellen), ob die "effektive Elektronenaffinität $W_{\chi eff}$" noch
positiv bleibt oder <u>negativ</u> wird (Bild b): im letzten Fall
können Elektronen, die im Halbleiter (durch optische Anregung) entstehen, den Halbleiter ohne weiteres verlassen. Diese Fotokatode mit <u>negativer Elektronenaffinität</u> (NEA-Fotoka-
tode, <u>Fotoemitter</u>) ist - wie leicht erklärbar - nur mit P-
Halbleitern möglich. Sie entsteht technisch durch eine dünne

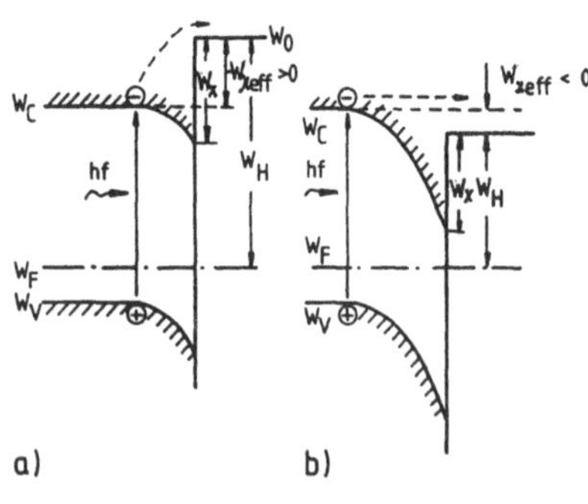

Bild 3.47
Fotokatode mit negativer
Elektronenaffinität (NEA-
Fotokatode)
a) Bändermodell eines P-Halbleiters mit positiver Elektronenaffinität $W_{\chi eff}$

b) wie a), jedoch negativer
Elektronenaffinität $W_{\chi eff}$

Cs- oder O-Schicht auf der Oberfläche von P-GaAs (auch InP, InAsP u.a.). Da diese Dotierung das Ferminiveau an der Halbleiteroberfläche bei etwa 2/3 des Bandabstandes (gemessen von der Valenzbandkante) "festklemmt", wird das Prinzip der negativen Elektronenaffinität mit abnehmendem Bandabstand immer schwieriger realisierbar [3.50], [3.51].

Der Quantenwirkungsgrad solcher Fotoemitter ist, zumindest für GaAs, im UV- und sichtbaren Bereich relativ hoch (10 ... 100 %), nach der Grenzwellenlänge zu fällt er stark ab.

Anwendung finden derartige Fotoemitter vor allem in:
- <u>Fotozellen</u> mit einer fotoempfindlichen Katode und einer gegenüberliegenden Anode im Vakuum.
  <u>Fotovervielfachern.</u> Zur Empfindlichkeitssteigerung einer Fotozelle werden in den Vakuumraum weitere Elektroden so angebracht (und vorgespannt), daß die aus der Fotokatode austretenden Elektronen zunächst die erste Elektrode (sog. Dynode) treffen, dort Sekundärelektroden erzeugen, dann zur zweiten gelangen usw. Eine Anordnung kann bis zu 4 Vervielfacherelektroden haben. So ist eine sehr breitbandige Verstärkung bis 10^4 ... 10^8 möglich. Fotovervielfacher werden zur optischen Meßtechnik, Bildabtastung u.a. eingesetzt.
- <u>Bildverstärkerröhren.</u> Das sind Bauelemente, die ein auffallendes schwaches Lichtsignal derart verstärken, daß der Aufnahmebereich mittels eines Bildschirmes direkt durch das Auge oder eine Kamera betrachtet werden kann. Mit Verstärkungen bis 10^5 lassen sich dann noch nachts Szenen gut erkennen. Im Prinzip fällt das Bild auf eine Halbleiterkatode und erzeugt die entsprechende Fotoelektronenverteilung. Diese wird beschleunigt, vervielfacht und auf einem Leuchtschirm angezeigt. Bildverstärker haben breite Anwendung vor allem im Verkehrs-, Sicherheits- und Militärbereich.

Für Fotoemitter gibt es zahlreiche Forschungsaktivitäten, z. B. zur Ausdehnung des Emissionsbereiches über $\lambda \approx 1\ \mu m$ hinaus, etwa durch Nutzung der Feldemission, durch Elektronen-Transfereffekte, durch Einbezug von Heterostrukturen u.a.

3.5 Rauschverhalten von Strahlungsempfängern

Einem Strahlungsdetektor wird stets ein Verstärker nachge-
schaltet, darauf können Filter, Demodulatoren u.a.m. folgen.
Die Einsatzfähigkeit dieser Anordnung hängt stark von der
Empfindlichkeit und letztlich dem Rauschen ab. Es hat mehrere
Ursachen:
- Rauschen des einfallenden Signals (das z.B. bereits einem
  Lasersignal aufgeprägt ist),
- Hintergrundrauschen des Mediums, aus dem das Strahlungs-
  signal kommt (z.B. die Umgebungstemperatur),
- Rauschquellen im Strahlungsdetektor (Detektorrauschen),
- Rauschquellen des nachfolgenden Verstärkers.

Das Rauschverhalten wird unabhängig vom Strahlungsdetektor
durch rauschbezogene Kenngrößen charakterisiert, nämlich
- die äquivalente Rauschleistung (NEP) und
- die spezifische Nachweisempfindlichkeit D(s. Abschn. 3.5.2)
  [2.12], [3.1],[3.4], [3.14], [3.23], [3.52]-[3.54].

3.5.1 Rauschquellen in Strahlungsempfängern

Unabhängig von den eigenen Rauschquellen wirken auf einen
Strahlungsdetektor von außen ein
- das Rauschen, das bereits dem Signal durch die stets vorhandene Photonstatistik überlagert ist (sog. Signalrau-
  schen) und
- das sog. Hintergrundrauschen des Mediums (z.B. Umgebungstemperatur) aus dem die Strahlung kommt.

Die physikalische Ursache beider Rauschvorgänge sind Quantenrauschen und thermisches Rauschen, ausgedrückt durch die
spektrale Leistungsdichte (Bild 3.48)

$$W(f) = hf + hf\,[\,\exp hf/kT - 1]^{-1} \qquad (3.76a)$$

(f Frequenz der optischen Strahlung). Das Quantenrauschen
(erster Anteil) entsteht durch die Quantisierung der elektromagnetischen Strahlung, das thermische Rauschen (zweiter
Teil) ergibt sich aus dem Planckschen Strahlungsgesetz durch

Anwendung der Photonenstatistik auf die Strahlung des schwarzen Körpers.

Im Wellenlängenbereich $\lambda \leq 10$ µm überwiegt das Quantenrauschen, für hf $\approx$ kT hingegen wird aus Gl.(3.76a) mit exp x $\approx$ 1 + x

$$W(f) = hf + kT \approx kT. \tag{3.76b}$$

Weit im Infraroten ($\lambda \geq 10$ µm) dominiert das frequenzunabhängige <u>thermische Rauschen</u> (sog. weißes Rauschen).

In der Nachrichtentechnik gilt (bei üblichen Frequenzen und Temperaturen) stets f « kT, selbst bei hf = 0,1 kT erhält man mit T = 290 K eine obere Frequenzgrenze f = 600 GHz, bis zu der noch mit thermisch dominierendem Rauschen gerechnet werden kann (Fehler < 5 %).

Die <u>Rauschleistung</u> P_r, die auf den Strahlungsempfänger einwirkt, ergibt sich aus Gl.(3.76a) durch Integration über die Bandbreite B:

$$P_r = \int_B W(f) \, df,$$

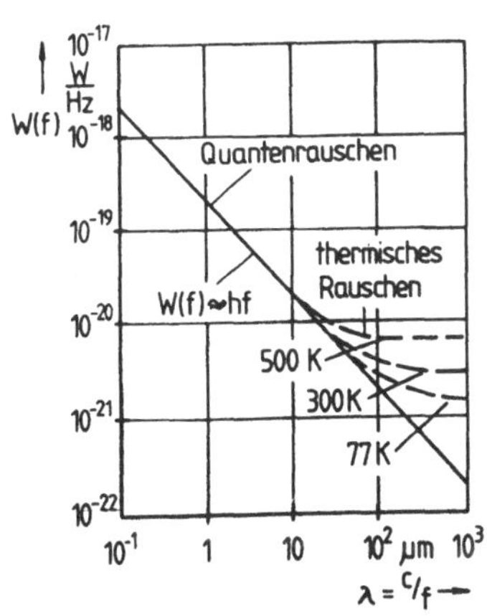

Bild 3.48
Spektrale Leistungsdichte W(f) des Quanten- und thermischen Rauschens. Parameter Strahlungstemperatur

sie beträgt für das <u>Quantenrauschen</u>[1]

$$P_{rq} = hf\,B \tag{3.77}$$

(der bei einem Signal/Rauschverhältnis 1 auch die minimale Signalleistung entsprechen würde). Es ist ein Richtwert für das <u>Signalrauschen.</u>

Für die <u>thermische Rauschleistung</u> P_{rth} ergibt sich aus Gl. (3.76a)

$$P_{rth} = \int_{B} hf\,[\exp hf/kT - 1]^{-1}\,df \approx kTB\Big|_{hf \ll kT}. \tag{3.78}$$

Besonders Strahlungsempfänger im IR-Bereich empfangen unabhängig vom Signal dieses durch die Umgebung (Temperatur T) bedingte <u>Hintergrundrauschen,</u> das die untere Rauschleistung angibt (und die kleinste erkennbare Signalleistung bestimmt). Man spricht vom <u>hintergrundbegrenzten IR-Fotodetektor</u> (Background Limited Infrared Photodetector, BLIB). In diesem Fall kann das Eigenrauschen des Strahlungsdetektors gegenüber dem durch die Hintergrundstrahlungsleistung (T = 300 K) erzeugten Photonenstrom vernachlässigt.

Man erkennt:
Optische Empfänger erfordern für einen gewünschten Signal-Rauschabstand erheblich größere Signalleistungen als im Hochfrequenzbereich, wo nur das thermische Rauschen maßgebend ist!

Dem Quanten- und thermischen Rauschen als <u>untere physikalische Rauschgrenze</u> überlagern sich in optischen Übertragungssystemen als weitere Rauschquellen:
- das Rauschen des <u>Sendelementes.</u> Es ist bereits im ankommenden Signal enthalten. Dazu tragen beispielsweise Amplituden- und Frequenzschwankungen bei. Sie erzeugen durch die

---

[1] Hierbei ist bei genauer Berücksichtigung der Photonenstatistik und Unschärferelation noch ein Zahlenwert 2 ... 4 beizufügen, auf den hier nicht weiter Bezug genommen wird.

frequenzabhängigen Übertragungseigenschaften der Leitung
das sog. Modenrauschen.
-Zusatzrauschen, z.B. herrührend von einer Glasfaserstrecke
  durch Inhomogenitäten des Lichtleiters (→Modenrauschen)
  und seine frequenzabhängige Übertragungseigenschaften (Mo-
  denverteilungsrauschen).
-Zusatzrauschen des Fotodetektors und seines Folgeverstärkers.

Vor allem das letztgenannte interessiert in diesem Abschnitt.
Dabei geht die Art des empfangenen Signals ein:
- unmodulierte Strahlung (Gleichlichtnachweisempfänger),
- modulierte Strahlung (frequenzselektiver Nachweis),
- Impulse (breitbandiger Nachweis).

Rauschquellen von Strahlungsempfängern. In Strahlungsempfängern treten hauptsächlich thermisches Rauschen, Generations-
Rekombinations- und Schrotrauschen als wichtigste elektronische Rauschquellen auf, bei Lawinendioden zusätzlich noch La-
winenrauschen.

Ursache des thermischen Rauschens ist die statistische Trä-
gerbewegung im thermodynamischen Gleichgewicht (ohne äußere
Spannung). Ausgehend von der (verfügbaren) thermischen
Rauschleistung $P_{rth} = kT\Delta f$ (im Frequenzband $\Delta f \equiv B$) ergibt
sich dann als mittleres Rauschstromquadrat eines Widerstandes
R (Temperatur T)

$$\overline{i^2_{rth}} = 4kT\Delta f/R \qquad\qquad (3.79a)$$

mit der oberen Gültigkeitsgrenze bei $hf \approx kT$ im IR-Bereich
(s. Gl.(3.76b)). Thermisches Rauschen wird vor allem durch
Bahnwiderstände von Strahlungsempfängern verursacht.

Das Generations-Rekombinationsrauschen ist - wie das Schrot-
rauschen - ein Nichtgleichgewichtsrauschen (nur bei äußerer
Spannung). Es entsteht durch die Statistik der Generations-
Rekombinationsprozesse und führt zu Trägerdichte- und damit
Leitfähigkeitsschwankungen insbesondere bei Fotoleitern.

Das zugehörige mittlere Rauschstromquadrat beträgt

$$\overline{i^2}_{rg} = (2q"G") \frac{G\Delta f}{1 + (\omega\tau_g)^2}. \tag{3.79b}$$

Dabei ist "G" der Gewinn (s. Gl.(3.7)), τ_g die Zeitkonstante des Generationsprozesses von Größenordnung der Trägerlebensdauer.

Die (thermische) Generationsrate G beträgt
- bei intrinsischem Fotoleiter (Volumen V)

$$G = \frac{V}{\tau_g} \frac{n_0 p_0}{(n_0 + p_0)} \approx \frac{n_0 V}{2\tau_g}, \tag{3.80a}$$

- bei extrinsischem Fotoleiter (n-Halbleiter n_0, Störstellenkonzentration N_D)

$$G = \frac{V}{\tau_g} \frac{n_0(N_D - n_0)}{(2N_D - n_0)}. \tag{3.80b}$$

<u>Schrotrauschen</u> entsteht durch die statistische Ladungsträgerbewegung (gebunden an den Gleichsättigungsstrom I) beim Durchgang durch eine Raumladungszone und die damit verursachten Schwankungen des Influenzstromes. Man erhält das mittlere Rauschstromquadrat

$$\overline{i^2}_{rs} = 2qI\Delta f. \tag{3.80c}$$

Schrotrauschen ist insbesondere an Sättigungsströme in PN- und Schottky-Übergängen gebunden.

Der wichtigste Strahlungsdetektor ist die Fotodiode. Auf sie wirken nach Bild 3.49 Signal- und Rauschleistungen ein. Neben der Signalleistung $P_S(t)$ mit Gleich-(P_0) und Wechselanteil (P_s, Rauschanteil des Signals künftig vernachlässigt) tritt noch die erwähnte <u>Hintergrundstrahlung</u> P_b (Background) auf. Diese Leistungen erzeugen im Fotodetektor die Gleichströme I_0 und I_b sowie den Wechselstrom i_s als Folge des Wandlungseffektes. Darüber hinaus fließt stets noch ein Dunkelstrom I_d

(z. B. der Sperrstrom der Diode). Der gesamte Diodengleich-
strom $I = I_0 + I_b + I_d$ erzeugt dann den <u>Schrotrauschstrom</u>

$$\overline{i^2}_{rs} = 2q \, (I_d + I_b + I_0) \, \Delta f. \tag{3.81}$$

Bei Detektoren mit innerer Verstärkung wird der Fotostrom zusätzlich verstärkt, dabei wächst gleichzeitig das Rauschen.

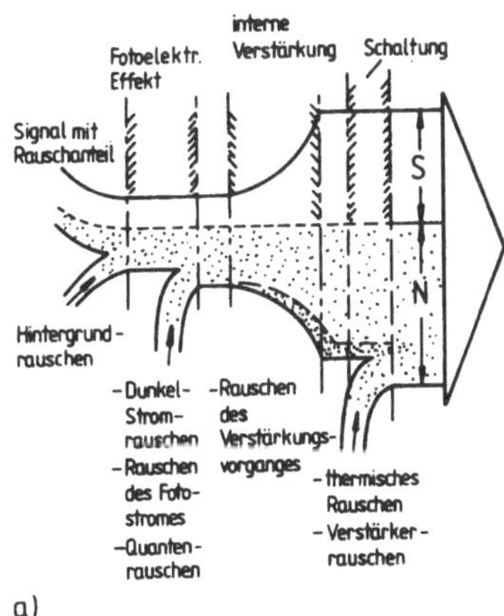

Bild 3.49
Rauschquellen im Foto-
empfänger
a) Anschauliche Verteilung
   von Signal- und Rauschleistungen
b) Signal- und Rauschkompo-
   nenten im Fotoempfänger

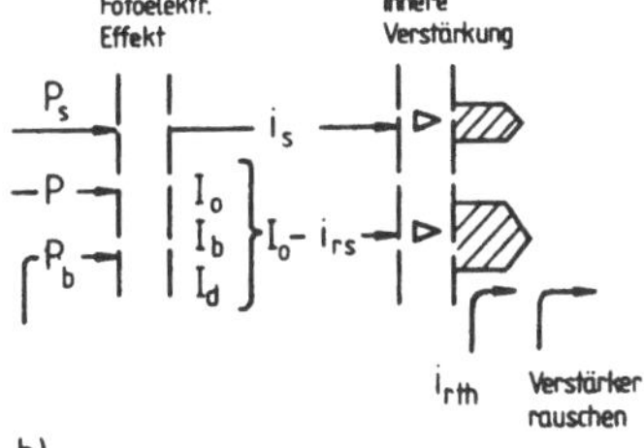

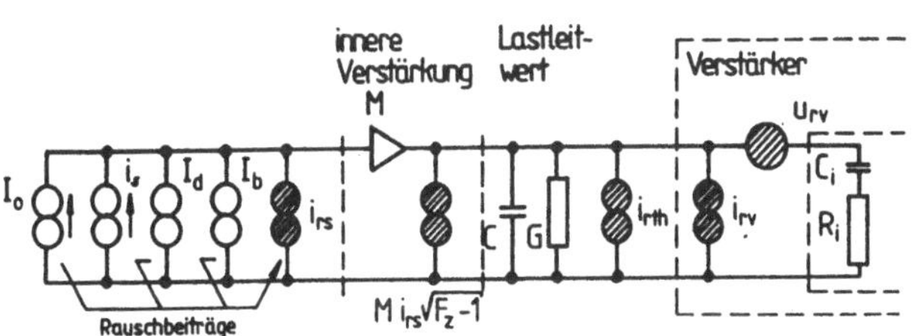

Bild 3.50 Rauschersatzschaltung eines optischen Empfängers mit innerer
         Verstärkung

Die den Detektor umgebende Schaltung trägt durch das thermische Rauschen der ohmschen Widerstände sowie das Eigenrauschen des Folgeverstärkers bei. Letzteres wird durch die (korrelierten) Rauschquellen u_{rv}, i_{rv} ausgedrückt.

Bild 3.50 zeigt die Grundschaltung des optischen Empfängers. Die einfallende modulierte Strahlungsleistung $P_S(t) = P_0 + P_s \cos \omega t$ erzeugt den Fotostrom $i(t) = I_0 + I_s \cos \omega t$ mit

$$I_0 = \frac{\eta_q q}{hf} \cdot P_0, \quad I_s = \frac{\eta_q q}{hf} P_s. \tag{3.82}$$

Am Lastwiderstand $R \doteq 1/G$ entstehen dann
- die <u>Signalleistung</u> S
$$S = 1/2 \ I_s^2 R = 1/2 \ (\eta_q/hf)^2 P_s^2 \ R, \tag{3.83}$$

- die <u>Rauschleistung</u> N durch den Schrotrauschstrom i_{rs}, der dem Gleichstrom I zugeordnet ist
$$N = \overline{i_{rs}^2} \ R = 2q \ I \Delta fR \quad \text{mit } I = I_0 + I_b + I_d. \tag{3.84}$$

Je nach den Stromanteilen ergeben sich drei Grenzfälle:

a) <u>Schrotrauschen des Fotostromes überwiegt.</u> Bei vernachlässigbarem Hintergrund- und Dunkelstrom ($I_0 \gg I_d$, I_b) stellt sich bei 100 % modulierter Strahlung ($P_0 = P_s$) als Signal-Rauschverhältnis ein:

$$\frac{S}{N} = \frac{1}{2} \left(\frac{q \eta_q}{hf}\right)^2 \frac{P_s^2 \ R}{2qI_0 \ \Delta fR} = \frac{\eta_q \ P_0}{4hf\Delta f} \tag{3.85a}$$

bzw. als <u>minimale Signalleistung</u>

$$\boxed{P_{smin} = \frac{4hf \ \Delta f}{\eta_q} \cdot \frac{S}{N} \sim \frac{S}{N}} \tag{3.85b}$$

bei gefordertem Signal- zu Rausch-Verhältnis und gegebenem Quantenwirkungsgrad η_q. Sie beträgt für $S/N = 1$ sowie $\eta_q = 1$ das Vierfache der absoluten Quantenrauschleistung $hf\Delta f$ (s. Gl.(3.77))!

b) <u>Schrotrauschen des Hintergrund- und/oder Dunkelstroms
überwiegt.</u> Für I_d, $I_b \gg I_0$ gilt

$$\frac{S}{N} = \frac{1}{2} \frac{\left(\frac{q\eta_q}{hf}\right)^2 \cdot P_s^2}{2q\,\Delta f(I_d + I_b)} \qquad \text{bzw.} \qquad (3.86a)$$

$$\boxed{P_{min} = \frac{2hf}{\eta q} \sqrt{\frac{S}{N} \frac{\Delta f}{q} (I_d + I_b)} \sim \sqrt{\frac{S}{N} \Delta f}.} \qquad (3.86b)$$

c) <u>Thermisches Rauschen des Lastleitwertes überwiegt.</u> Zur
Rauschleistung N trägt auch das thermische Rauschen $N = 4\,kT\Delta f$
des Lastleitwertes G bei. Dominiert dieses gegen die bisherigen Rauschquellen, so ergibt sich als Signal/Rauschverhältnis

$$\frac{S}{N} = \frac{1}{2} \left(\frac{q\eta_q}{hf}\right)^2 \frac{P_s^2 R}{4\,kT\Delta f} \qquad (3.87a)$$

bzw. als minimale Signalleistung ($\eta_q = 1$)

$$\boxed{P_{smin} = \frac{hf}{q} \sqrt{\frac{8\,kT\Delta f}{R} \frac{S}{N} \cdot \frac{}{}} \sim \sqrt{\frac{S}{N} \Delta f}.} \qquad (3.87b)$$

Der Lastwiderstand $R = 1/G$ sollte möglichst groß sein ($\rightarrow$
Hochimpedanzempfänger) und $G \ll 2\pi\Delta fC$ geltem. weil die Emp-
fangsbandbreite Δf durch die Empfängerkapazität C bestimmt
wird.

Beispielsweise ergibt sich für $\lambda = 1$ µm eine Bandbreite $B =$
1 GHz und Diodenkapazität C = 1 pF ($B = 2\pi\,fC$ gesetzt) bei T
= 300 k und S/N = 1 eine minimal erkennbare Leistung von P_{smin}
= 5,95 µW. Hat der nachfolgende Verstärker Eigenrauschen, so
ist dies durch seine Rauschzahl F (Ersatz von G durch GF) zu
berücksichtigen.

Fotodetektoren mit <u>innerer Verstärkung,</u> wie die Lawinendiode,
haben außer dem verstärkten Fotostrom auch einen größeren
Schrotrauschstrom. Anstelle von Gl.(3.81) gilt dann

$$\overline{i^2_{rs}} = 2q\,(I_d + I_b + I_0)\,\Delta f \cdot M^2. \qquad (3.88)$$

Das mittlere Schwankungsquadrat $\overline{M^2}$ hängt vom
Multiplikationsfaktor M (s. Gl.(3.39) ab

$$\overline{M^2} \approx F_z(M)\ M^2. \tag{3.89}$$

Er kann, abhängig von der Spannung und Diodenkonstruktion,
bis zu 10 betragen. Der Faktor F_z beschreibt die Erhöhung des
Schrotrauschens durch den statistischen Vervielfachungsvor-
gang. In guter Näherung gilt bei Elektroneninjektion

$$F_z \approx M\ [1-(1-k)(M-1)^2/M^2] \approx kM + 2(1-k)\big|_{M \gg 1} \tag{3.90}$$

$$k \approx \alpha_p/\alpha_n$$

bzw. bei Löcherinjektion $k = \alpha_n/\alpha_p$. Die k-Werte liegen über
die Ionisationskoeffizienten α der Löcher und Elektronen für
die wichtigsten Halbleiter vor (Si: $k \approx 0{,}02 \ldots 0{,}04$; Ge: k
$\approx 0{,}8 \ldots 2$; GaAs: $k \approx 4 \ldots 6$; InGaAsP: $k \approx 0{,}2 \ldots 0{,}5$;
GaAlAsSb: $k \approx 2 \ldots 20$). Damit das Schrotrauschen möglichst
klein wird ($\rightarrow$ kleines k), ist die Diode stets so zu gestal-
ten, daß die Träger mit der größeren Ionisierungsrate in den
Lawinenbereich injiziert werden.

Weitere Rauschquellen des Fotodetektors sind:
- thermisches Rauschen, soweit es aus Bahnwiderständen und
  dem Lastwiderstand stammt mit dem Rauschstrom ($\overline{i^2}_{rth} =$
  $4\ kTG\Delta f$),
- eventuell Generations-Rekombinationsrauschen.

Mit Gl.(3.88 ff.) ergibt sich die in Bild 3.50 dargestellte
Rauschersatzschaltung und so das spektrale <u>Signal-Rauschver-
hältnis</u> (bei 100 % Signalmodulation)

$$\boxed{\ \frac{S}{N} = \dfrac{\dfrac{1}{2}\left(\dfrac{\eta_q q}{hf}\ P_s\right)^2 M^2}{[2q\ (I_o + I_d + I_b)\ F_z(M)\ M^2 + 4kTFG]\,\Delta f}.\ } \tag{3.91}$$

Es hängt u.a. von der Frequenz, dem Rauschen der Diode (I_o),
des Dunkelstromes (I_d), des Hintergrundes (I_b) und der
Rauschzahl F des Folgeverstärkers ab, in die die Rauschquel-

len i_{rv}, u_{rv} in üblicher Weise eingehen, ebenso wie sein Eingangsleitwert $Y = G + j\omega C$. Für eine gegebene Leistung P_S des einfallenden Signals ergibt sich dann aus Gl.(3.51) der Signal-Rauschabstand oder umgekehrt bei gegebenem S/N-Verhältnis die erforderliche Mindestsignalleistung, um dieses S/N-Verhältnis zu erzielen. Üblicherweise wird das Verstärkerrauschen vernachlässigt (F = 1), so daß dann nur noch das thermische Leitwertrauschen 4 kTGΔf beiträgt.

Für den <u>nichtverstärkenden</u> Fotoempfänger gelten M = 1, F_Z = 1. Generell wächst das S/N-Verhältnis mit fallendem Dunkel- und Hintergrundstrom sowie thermischem Widerstandsrauschen. Bei Rauschanpassung wird das S/N-Verhältnis minimal.

Aus Gl.(3.91) lassen sich ableiten:
- der Störabstand bei gegebener Fotoempfängeranordnung und
- die Auslegung der Schaltung für einen geforderten Störabstand.

Bei der Lawinendiode tritt in Gl.(3.91) der Faktor M » 1 hinzu. für einen bestimmten Wert von M wird das S/N-Verhältnis bei gegebener Signalleistung maximal. Der zugehörige Lawinenfaktor ergibt sich etwa aus der Gleichheit beider Terme im Nenner von Gl. (3.91). Anschaulich ist dann die innere Verstärkung gerade so groß, daß das am Lastwiderstand auftretende Diodenrauschen dem des an diese Stelle transformierten Folgeverstärkers entspricht.

Sehr oft wird das S/N-Verhältnis nicht vom Rauschen des Fotostromes, sondern vom Hintergrund- und Dunkelrauschen bestimmt, besonders im Infrarotbereich. Für das Hintergrundrauschen ist die auftreffende Strahlungsleistung unterhalb der Grenzwellenlänge λ_G des Fotodetektors wesentlich (oberhalb von λ_G erzeugt die Strahlung keinen Fotostrom). Ihr Maximum liegt nach dem Planckschen Gesetz (s. Bild 1.19) im Infraroten. Deshalb steigt der Hintergrundstrom mit wachsender Grenzwellenlänge des Detektors.

Der Dunkelstrom I_d hängt als typischer Sperrstrom hauptsächlich vom Bandabstand des Halbleitermaterials ab. Er steigt mit sinkendem Bandabstand. Dies läßt sich praktisch gut bestätigen (Bild 3.12). Deshalb sind Detektoren mit hoher Grenzwellenlänge rauschmäßig meist durch Dunkel- und/oder Hintergrundstrom begrenzt. Um beide Anteile zu senken, wird der Detektor gekühlt und die Streustrahlung durch optische Filter und Einengung des Aufnahmewinkels gesenkt. Ziel ist dabei, beide Rauschanteile unter das Schrotrauschen des Fotostromes zu senken. In diesem (fast idealen) Fall ist die minimale Signalleistung durch Gl.(3.85b)) gegeben.

3.5.2 Empfindlichkeit. Detektivität

<u>Empfindlichkeit, NEP-Wert. Detektivität.</u> Die Empfindlichkeitsgrenze einer optischen Empfangseinrichtung ist erreicht, wenn am Ausgang des Empfängers die Summe aller Rauschleistungen (thermisches, Quanten-, Dunkelstrom-, Schrotrauschen u.a.) gleich der Signalleistung ist. Deshalb versteht man unter der <u>äquivalenten Rauschleistung</u> (Noise-Equivalent-Power, NEP) diejenige effektive Wechselleistung einer 100 %ig modulierten Strahlungsleistung, die ein Signal-Rauschverhältnis von eins ergibt:

$$NEP = \frac{P_{smin}(S/N = 1)}{\sqrt{2}} \, . \tag{3.92}$$

Bei gegebener Modulationsfrequenz f wird der NEP-Wert durch die dominierenden Rauschquellen bestimmt (der Faktor $\sqrt{2}$ ist meßtechnisch begründet). Da die äquivalente Rauschleistung auch von der Spektralbandbreite Δf abhängt (z.B. Gl.(3.84)), wird die Angabe bisweilen auf die Bandbreite Δf bezogen.

Oft gibt man anstelle des NEP-Wertes auch die <u>Nachweisgrenze</u> D (Detektivität) an

$$D = 1/NEP \tag{3.93}$$

als Kehrwert der äquivalenten Rauschleistung. Sie hängt u.a. von der Bandbreite Δf des Detektors und seiner Oberfläche A ab, weil Schrot- und Generationsrauschen von $\sqrt{A}$ bestimmt werden. Deshalb erlaubt D keinen eindeutigen Vergleich verschiedener Detektoren. Man geht dann besser zur

<u>bezogenen Nachweisgrenze</u> D* über

$$D^* \;=\; D \;\sqrt{\Delta f}\; \sqrt{A} \qquad\qquad cm\; Hz^{1/2}/W. \tag{3.94}$$

Der Vergleich verschiedener Detektoren über die Detektivität D* ist nur vorteilhaft, wenn
- NEP $\sim \sqrt{\Delta f}$ (das gilt nicht bei überwiegendem Schrotrauschen),
- der Detektor eine konstante Bestrahlungsstärke(= Leistungsdichte) empfängt, so daß NEP $\sim \sqrt{A}$. Dies trifft z.B. auf den hintergrundbegrenzten IR-Empfänger zu.

Bild 3.51a zeigt die D-Werte einiger Detektoren. Im Vergleich zur Quantengrenze (D = 2 $\sqrt{2}$ hf)$^{-1}$ liegen die Detektivitäten deutlich niedriger. Für hintergrundrauschbegrenzte IR-Detektoren wird D* verwendet (Bild 3.51b) Man erkennt
- die durch Hintergrundrauschen gesetzte Grenze (gestrichelt),
- die λ -Abhängigkeit der Photonendetektoren,
- den nicht vorhandenen λ-Einfluß für thermische Detektoren.

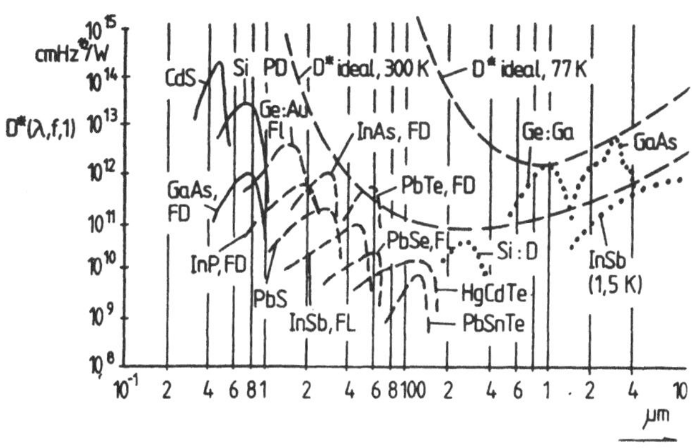

Bild 3.51 Detektivität D* über der Wellenlänge (Fotoleiter FL, Fotodiode FD). Die Idealkurve D* gilt für Schrotrauschen des Hintergrundfotostromes (Blickwinkel 180°) nach [3.1]—— 300 K , --- 77 K, ... 4,2 K

Heute gibt es nahezu im ganzen Wellenlängenbereich bis ins
IR-Gebiet Detektoren, die schon gut an die Quantengrenze her-
anreichen. Dies wird besonders deutlich, wenn man NEP-Werte
bezogen auf das Quantenrauschen $hf\Delta f$ für verschiedene Detektoren und Empfangsarten aufträgt (Bild 3.52). Es gibt praktisch im gesamten Wellenlängenbereich Strahlungsempfangsein-
richtungen und Verfahren, die sich der absoluten Grenze
sichtbar nähern.

3.5.3 Betriebsarten von Strahlungsempfängern

Strahlungsempfänger werden entweder für <u>Direktempfang</u> vorgesehen, oder es findet das <u>Überlagerungsprinzip</u> Anwendung:
<u>Heterodynempfang,</u> das optische Analogon zum Rundfunkempfangs-
prinzip.

Bei <u>Direktempfang</u> - wie er bisher durchweg stets angenommen
wurde, fällt die modulierte Strahlungsleistung direkt auf den
Strahlungsempfänger, wird demoduliert ($\rightarrow$ Strahlungsempfänger
als Strahlungsdetektor) und nachverstärkt (Bild 3.53). Um
verzerrungsfrei zu arbeiten, muß dazu die Strahlungsleistung
(linear) moduliert sein (Modulationsfrequenz , Gl.(3.82))

$$P(t) = P_O + P_s \cos\omega t.$$

Dann stellt sich der Empfängerstrom

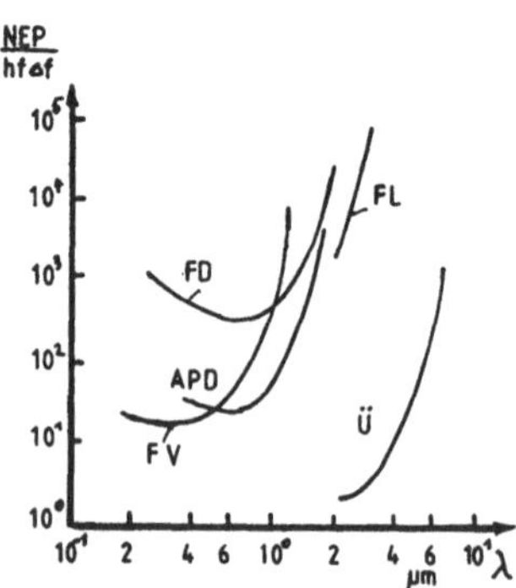

Bild 3.52
Rauschverhalten typischer Fotodetektoren (Richtwerte)
FD: Fotodiode, FL: Fotoleiter,
APD: Lawinenfotodiode, FV: Fotovervielfacher, Ü: Überlagerungs-
empfänger

$$I(t) = I_O + \hat{I}_s \cos \omega t \text{ mit}$$
$$I_O = q\eta_q P_O/hf; \quad I_s = q\eta_q P_s/hf \text{ ein.}$$

Eine gewünschte große Signalleistung erfordert großen Lastwiderstand R, der begrenzt ist
- durch die höchstzulässige Betriebsspannung des Strahlungsempfängers,
- die RC-Zeitkonstante.

Ein Nachteil des an sich sehr einfachen Direktempfanges ist
das relativ schlechte Signal/Rauschverhalten nach Gl.(3.91).
Abhilfe schafft hier der Überlagerungsempfang.

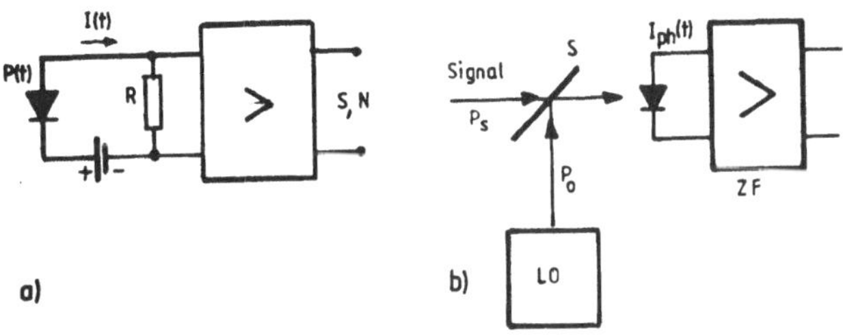

Bild 3.53 Empfängerschaltungen
        a) Direktempfang
        b) Überlagerungsempfang, S: halbdurchlässiger Spiegel, LO:
           Lokalisator, ZF: ZF-Verstärker

Beim <u>Überlagerungsempfang</u> (Bild 3.53b) wird das einfallende
<u>optische Signal</u> (mit der <u>Feldstärke</u>welle $\hat{E}_s \cos \omega_s t$) mit ei-
nem lokalen <u>Oszillatorsignal</u> (Feldstärkewelle $\hat{E}_O \cos \omega_O t$)
über einen halbdurchlässigen Spiegel auf den Strahlungsemp-
fänger gebracht, dessen Ausgangs<u>leistung</u> dem Quadrat der Ge-
samtfeldstärke

$$E(t) = \hat{E}_s \cos \omega_s t + \hat{E}_O \cos \omega_O t$$

proportional ist $P - E^2(x)$

$$- \hat{E}^2_s \cos^2 \omega_s t + \hat{E}^2_O \cos^2 \omega_O t + E_s E_O \cos(\omega_s - \omega_O)t$$
$$+ \hat{E}_s \hat{E}_O \cos(\omega_s + \omega_O)t. \tag{3.95}$$

Die optischen Wellenlängen $\lambda_s \approx \lambda_O$ liegen im Bereich von 1 µm
(und mehr), so daß der Strahlungsempfänger dynamisch erheb-

lich empfindlicher ist für die <u>sehr tiefe</u> Frequenz $\omega_s - \omega_0$, während die Frequenzterme ω_s, ω_0 im Mittel die Leistungen $P_s \sim \hat{E}^2_s/2$, $P_0 \sim \hat{E}^2_0/2$ erzeugen. Somit entsteht im Empfänger ein Fotostrom

$$I_{ph}(t) = (q\eta_q/hf)\,[P_s + P_0 + 2\sqrt{P_sP_0}\,\cos(\omega_s - \omega_0)t] \qquad (3.96)$$

$$= I_{ph}(0) + I_{phzf},$$

der im zweiten Anteil einen Zwischenfrequenzanteil $(\omega_s - \omega_0)$ enthält. Üblicherweise wird die Oszillatorleistung P_0 groß gegen P_s gewählt, so daß zum Schrotrauschen des Gleichstroms $(\sim I_{ph}(0)$ hauptsächlich die Oszillatorleistung beiträgt

$$\overline{i^2_r} = 2qI\Delta f = 2q\Delta f\left[q\,\frac{\eta_q}{hf}\right](P_s + P_0) \approx \frac{2q^2\Delta f}{hf}\,\eta_q P_0. \qquad (3.97)$$

Das Signal/Rauschverhältnis am Widerstand R beträgt

$$\boxed{\frac{S}{N} = \frac{I^2_{phzF)}R}{2\,\overline{i_r^2}\,R} = \frac{\eta_q P_s}{hf\Delta f}.} \qquad (3.98)$$

Für $S/N = 1$ ist die <u>minimale</u> Signalleistung

$$\boxed{P_{smin} = (hf/\eta_q)\cdot\Delta f} \qquad (3.99)$$

durch die Quantengrenze gegeben.

Der Überlagerungsempfang erlaubt bei ausreichender Oszillatorleistung die Quantengrenze des Empfängers zu erreichen (Begrenzung nur noch durch das Quantenrauschen). Beispielsweise beträgt diese Minimalleistung bei $\lambda = 1\,\mu m$, $\Delta f = 1\,Hz$ und $\eta_q = 1 \rightarrow P_{smin} = 2\cdot10^{-19}\,W$. Dies ist genau die von einem Photon der Energie hf pro Sekunde $\Delta t = 1/\Delta f$ umgesetzte Leistung.

Die Vorteile des Überlagerungsempfanges sind an einige Bedingungen gebunden:
- Signal- und Oszillatorwelle müssen <u>kohärent</u> und die Frequenzen hochstabil sein (was Nachregelschaltungen im Oszillator erfordert). Deshalb ist dieses Detektionsverfahren

nur im Zusammenhang mit dem Lasereinsatz anwendbar.
- Über der Oberfläche des Strahlungsempfängers muß eine räumlich konstante Phase des Strahlungsfeldes vorliegen. Deshalb hat ein solcher Empfänger Richtcharakteristik.

3.6 Solarzelle

Ohne Vorspannung arbeitet die Fotodiode als <u>Fotoelement</u> mit
direkter Umwandlung der Strahlungsenergie in elektrische.
Speziell optimiert für das Sonnenspektrum heißt sie Solarzelle.

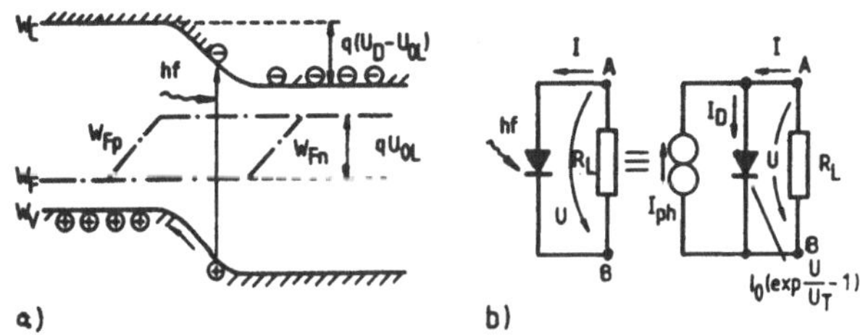

Bild 3.54 Beleuchteter PN-Übergang als Solarzelle
     a) Bändermodell, Entstehung der Leerlaufspannung
     b) Ersatzschaltung der Solarzelle (Verbraucherzählpfeilrichtung)

3.6.1 PN-Solarzelle

3.6.1.1 Kennliniengleichung. Grundeigenschaften

<u>Solarzelle als aktiver Zweipol. Grundstromkreis.</u> Fällt Son-
nenstrahlung auf eine Fotodiode (s. Bild 3.7), so tragen nur
Photonen der Energie $hf \geq W_G$ zum inneren Fotoeffekt bei, der
Überschuß $hf - W_G$ erwärmt die Zelle. Die entstehenden Loch-
Elektronen-Paare werden durch das Feld der <u>Diffusionsspannung</u>
U_D im PN-Übergang getrennt und senken diese Spannung um U_{OL},
die an den Klemmen meßbare <u>Leerlaufspannung</u> des Fotoelementes
(Bild 3.54a). Sie ist anschaulich <u>stets kleiner</u> als U_D und
damit W_G/q (PN-Übergang mit Quellenspannung U_{OL} = aktiver
Zweipol) [3.55] - [3.57]. Im <u>äußeren Kurzschluß</u> verursacht
der innere Fotoeffekt den Fotostrom I_{ph} als <u>Kurzschlußstrom</u>

I_k, und es gilt für die <u>Verbraucherzählpfeilrichtung</u> die I-U-Relation (s. Gl.(3.16))

$$I = I_0 \ (\exp U/U_T - 1) - I_{ph}. \tag{3.100}$$

Entsprechend der Haupteigenschaft, Strahlungsenergie direkt in elektrische Energie zu wandeln, wirkt die Solarzelle als <u>aktiver Zweipol</u>, beschrieben durch die <u>Erzeugerpfeilrichtung</u> (s. Bild 3.55)

$$I = I_{ph} - I_D = I_{ph} - I_0 (\exp \frac{U + IR_S}{U_T} - 1) - \frac{U + R_S I}{R_P}. \tag{3.101}$$

(Dabei wurden noch Bahnwiderstände ergänzt (R_P, R_S, die im Idealfall entfallen, $R_S = 0$, $R_P \rightarrow \infty$))

Die Solarzelle ist ein aktiver, nichtlinearer Zweipol dargestellt durch den Quellenstrom = Fotostrom und einer Halbleiterdiode als nichtlinearem Innenleitwert. Mit der Bestrahlungsstärke E als Parameter ergibt sich dann die im Bild 3.56 dargestellte Kennlinienschar. Man erkennt die Proportionalität zwischen Beleuchungsstärke und Fotostrom.

Beim Zusammenwirken mit dem passiven Zweipol (Lastwiderstand R_L) ergibt sich der <u>Arbeitspunkt</u> als Schnitt der Widerstands-

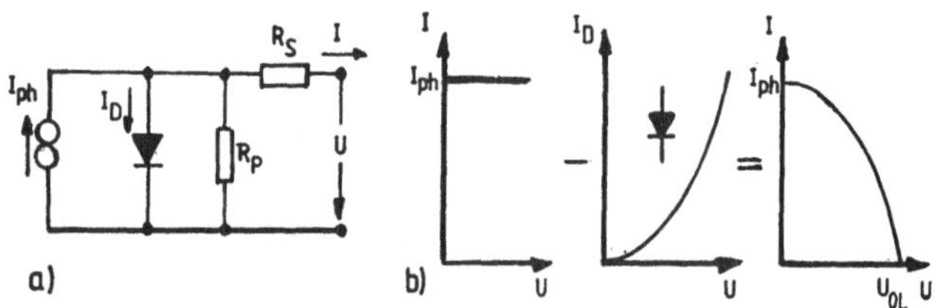

Bild 3.55 Solarzelle als aktiver Zweipol
    a) Ersatzschaltung (ergänzt um die Bahnwiderstände R_P, R_S)
    b) Zustandekommen der Zweipolkennlinie

geraden mit der Kennlinie des aktiven Zweipols. Die <u>abgegebene Leistung</u>

$$P = U\,I = U(I_{ph} - I_D) = I^2 R_L \tag{3.102}$$

hängt vom Lastwiderstand R_L ab. Sie erreicht für die Spannung U_m (aus $dP/dU = 0$)

$$\frac{I_{ph}}{I_o} + 1 = \exp\left(\frac{U_m}{U_T}\right)\left(1 + \frac{U_m}{U_T}\right)$$

ein <u>Maximum</u> (schraffierte Fläche im Bild 3.56)

$$P_{max} = I_m U_m = (I_{ph} + I_o)\,\frac{U_m^2}{U_T + U_m} \cdot \tag{3.103}$$

bei fester Einstrahlung, wozu der Widerstand

$$R_{opt} = U_m/I_m \tag{3.104}$$

gehört: <u>Leistungsanpassung</u> (Tangente an die UI-Kennlinie der Solarzelle gleich der Steigung der Linien konstanter Leistung). Die maximal entnehmbare Leistung hängt stark von der Kennlinienform zwischen Kurzschlußstrom und Leerlaufspannung ab, sie ist gleich dem größten Flächeninhalt des von der Kennlinie eingeschlossenen Recktecks. Das Verhältnis von P_{max} zum Produkt $U_{OL}I_{ph}$ heißt <u>Füllfaktor</u> (FF) (Bild 3.56a)

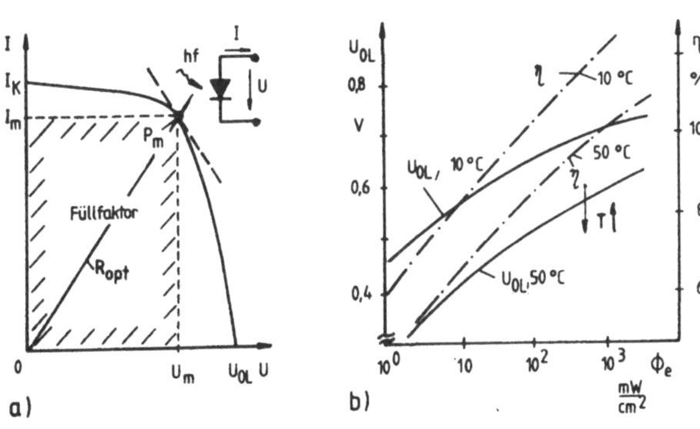

Bild 3.56 Solarzellen bei Lichteinfall
 a) Strom-Spannungs-Kennlinien (Erzeugerzählpfeilrichtung)
 b) Leerlaufspannung U_{OL} und Wirkungsgrad n über der Strahlungsleistung Φ_e (Parameter Umgebungstemperatur)

$$FF = \frac{U_m I_m}{U_{OL} I_{ph}} \approx \frac{x - \ln(x + 0{,}72)}{1 + x} \quad ; \quad x = \frac{U_{OL}}{n U_T}. \qquad (3.105)$$

$$n \approx 1 \ldots 2$$

Er beträgt etwa 0,87, beim linearen aktiven Zweipol 0,25 (Nachweis!). Die Näherung rechts gilt recht gut.

Die Leerlaufspannung U_{OL} liegt in der Größenordnung von 0,8 V, sie sinkt - wie die Diffusionsspannung - mit steigender Temperatur (Bild 3.56b).

Als <u>Umsatzwirkungsgrad</u> η versteht man üblicherweise das Verhältnis der maximal abgebbaren elektrischen Leistung P_m zur eingestrahlten Leistung P_e

$$\eta = \frac{P_m}{P_e} = \frac{I_m U_m}{P_e} = \frac{I_{ph} \, U_{OL} \, FF}{P_e}. \qquad (3.106)$$

Er ist dem Füllfaktor proportional, beträgt für heutige Si-Solarzellen bei rd. 10 % (Bild 3.56b) und hängt von der einfallenden Strahlung ab.

Die zentrale Größe der Solarzelle ist der Fotostrom I_{ph}, er hängt nach Gl.(3.15) größenordnungsmäßig

$$I_{ph} \approx qAG(W_S + L_n + L_p) \sim qA(1 - R)\Phi_e \eta_q (1 - e^{-\alpha W_S})$$

von der Generationsrate und den angrenzenden Einzugsgebiete (L_n, L_p) ab. In der realen Solarzelle ist die Generationsrate jedoch nicht uniform, zusätzlich hängt sie vom Sonnenspektrum (Bild 1.21) und der Reflexionsverhältnisse an der Zellenoberfläche ab. Die Spektralverteilung des Sonnenlichtes beträgt bei der Frequenz f

$$\frac{dI_{ph}(f)}{df} = \frac{d}{df}(\eta_q (f) \frac{P_e(f)}{W_o}) = \frac{d}{df} (\eta_q(f)N(f)Aq) \qquad (3.107)$$

mit (W_o = hf/q, der Energie des einfallenden Photons, P_e = N· Ahf der einfallenden Strahlungsleistung, N Zahl der Photonen der Energie hf, A Fläche). Im gesamten Spektralbereich ergibt sich dann die absorbierte Strahlung

$$\frac{I_{ph}(f)}{A} = q \int_{hf=W_G}^{\infty} \eta_q(f) \left(\frac{dN(f)}{df}\right) df, \qquad (3.108)$$

m.a.W. ist eine (grafische) Integration des Sonnenspektrums für einen bestimmten AM-Wert durchzuführen [3.58], [3.59].

Nimmt man an, daß alle auftreffenden Photonen mit Energien hf $\geq W_G = 1,12$ eV (Si) absorbiert werden, so ergibt sich

$$S_{ph} \begin{cases} = 54 \text{ mA/cm}^2 \text{ bei AM 0} \\ = 44 \text{ mA/cm}^2 \text{ bei AM 1,5 (Einstrahlleistung P = mW/cm}^2 \\ \approx 30 \ldots 35 \text{ mA/cm}^2 \text{ bei AM 1,5, reale Diode.} \end{cases}$$

Der <u>Wirkungsgrad</u> η wird über Absorptionsgrad und Sonnenspektrum auch durch das Halbleitermaterial mitbestimmt (Bild 3. 57a). Für die wichtigsten Halbleiter liegt er theoretisch unter 25 % mit flachem Maximum, das Si und GaAs als besonders geeignete Materialien ausweist. Eine maximale Fotostromdichte $S_{ph} = 45$ mA/cm^2 (AM 1,5) und eine Leerlaufspannung $U_{OL} = 0,8$ V führt auf den theoretischen Wirkungsgrad der Si-Solarzelle von $\eta \approx 30$ %.

Der <u>ausnutzbare Anteil</u> absorbierter Strahlung steigt mit abnehmendem Bandabstand, dabei sinkt jedoch die Leerlaufspannung. So erklärt sich das Maximum bei $W_G \approx 1,4$ eV. Er fällt mit wachsender Temperatur, ein Grundproblem gerade bei Solarzellen.

Nach Bild 3.57 wächst der Wirkungsgrad mit der Einstrahlung. Immerhin konnte an realen Si-Solarzellen ein Wirkungsgrad von 27 % bei einer Strahlungsleistung von 10 W/cm^2 ($\approx$ 100 Sonnen) erzielt werden. Derartige Einstrahlleistungen verlangen <u>Konzentratoren</u> (sog. Konzentratorzellen mit Spiegeln oder Linsensystemen).

Der Wirkungsgrad der <u>realen Solarzelle</u> hängt noch von weiteren Faktoren ab:

a) <u>Optische Einflüsse:</u>

- <u>Unvollständige Absorption,</u> da Photonen mit Energien $W < W_G$ nicht zum Fotostrom beitragen, sondern nur zur Erwärmung der Zelle. Dadurch sinkt der Wirkungsgrad wegen der temperaturbedingt fallenden Leerlaufspannung U_{OL}.

- <u>Unvollständige Nutzung</u> der Photonenenergie. Die Überschußenergie $W_{ph} > W_G$ erwärmt das Gitter. Diese Verluste lassen sich durch einen <u>Rückseitenreflektor</u> (Metallschicht auf Si-Scheibe, s.u.) mildern.

- <u>Reflexionsverluste</u> an der Solarzzellenoberfläche. Für die unterschiedlichen Brechungsindices n_1, n_2, der beiden Schichten gilt ($n = n_1/n_2$)

$$R = \frac{(n - 1)^2 + (\lambda \alpha/4\pi)^2}{(n + 1)^2 + (\lambda \alpha/4\pi)^2} \approx \left. \frac{(n - 1)^2}{(n + 1)^2}\right|_{Si}$$

er wird für $n_0 = \sqrt{n_1 n_2}$ minimal (für Si/Luft beträgt $n = n_1/n_2$ = 3,5). Zusätzlich kommen Antireflexionsschichten zur Anwendung. Dadurch kann der Verlust auf etwa 5 % gesenkt werden.

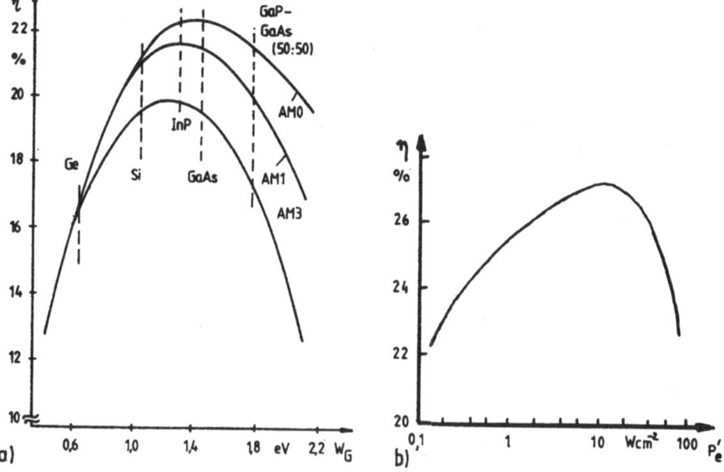

Bild 3.57 Solarzelle
  a) Wirkungsgrad (theoretisch) über der Bandbreite W_G für verschiedene AM-Werte
  b) Wirkungsgrad über der eingestellten Leistungsdichte P'_e (texturierte Si-Zelle)

b) <u>Elektrische Einflüsse:</u>
- <u>Serienwiderstand,</u> der den Kurzschlußstrom herabsetzt (s.
  Gl.(3.101)).
- <u>Füllfaktor.</u> Er verbessert sich (leicht) mit steigendem
  Bandabstand und sinkt mit steigendem Serienwiderstand.
- <u>Leerlaufspannung.</u> Sie ist proportional zu W_G. Da umgekehrt
  die Zahl neu erzeugter Loch-Elektronen-Paare mit steigender
  Bandbreite sinkt, gibt es bei einem bestimmten Wert W_G ein
  Optimum der Leerlaufspannung. Es liegt bei etwa $W_G \approx 1,4$ eV
  bei AM 1,5.
- <u>Rekombination</u> erzeugter Träger. Ein Teil der erzeugten La-
  dungsträgerpaare rekombiniert wieder in der Sperrschicht.
  Grob gilt etwa folgende Relation in Übereinstimmung mit dem
  Wirkungsgrad (vgl. Bild 3.56 und 3.57):
  . absorbierte, umgesetzte Strahlung ≈ 30 %
  . Verlust durch Reflexion und Strahlung, die nur die Zelle
    erwärmt ≈ 25 %
  . Rest: innere Rekombination, Spannungsfaktor, Serienwider-
    stand u.a.

Diese grundsätzlichen Gesichtspunkte haben zu einer Reihe von
Grundstrukturen, Bauformen und Materialien geführt.

3.6.1.2 Bauformen. Materialeinfluß

Am verbreitetsten sind Si-PN-Solarzellen entweder der Form
P^+N oder N^+P, da einseitig hochdotierte Übergänge höhere
Leerlaufspannungen besitzen (Bild 3.58). Eine N^+P-Solarzelle
besteht z.B aus einem 100 ... 200 µm dicken P-dotierten Wafer
(1 ... 10 Ωm) von 30 ... 70 mm Durchmesser mit einer etwa 0,2
µm tiefen N-Schicht. So liegt der N^+P-Übergang nahe an der
Oberfläche. Metallische Kontakte (Flächenkontakt auf der
Rückseite) und Fingerkontakte an der Oberfläche sowie eine
Antireflexschicht sorgen für niedrige Zuleitungswiderstände
und einen sehr kleinen Reflexionsfaktor (praktisch < 5 %),
zumindest bei einer Wellenlänge (λ/4-Schicht!). Mit zusätz-

licher Oberflächenstrukturierung kann die Reflexion weitgehend unabhängig von λ gehalten werden.

Üblich sind Si-Solarzellen mit Leerlaufspannungen $U_{OL} \approx 0,5$ ... 0,78 V und Fotostromdichten von 30 ... 40 mA/cm² bei AM 1 bei einem (praktischen) Umsatzwirkungsgrad von 10 ... 15 %, Spitzenwerte bis 25 % (bei Anwendung von Rückseitenkonzentration).Eine wichtige konstruktive Aufgabe ist es, diese Richtwerte durch besondere Bauformen zu erhöhen [3.57], [3.59].

<u>Kammstrukturen.</u> Die im Bild 3.58 dargestellte Kammstruktur entstand aus der Überlegung, den Reihenwiderstand möglichst klein zu halten. Bezieht man ihn in die Kennliniengleichung mit ein (s. Gl.(3.101)), so führen bereits kleine Serienwiderstaände zu starkem Leistungsabfall (Bild 3.59). Dies ist der tiefere Grund der Kontaktfingergeometrie.

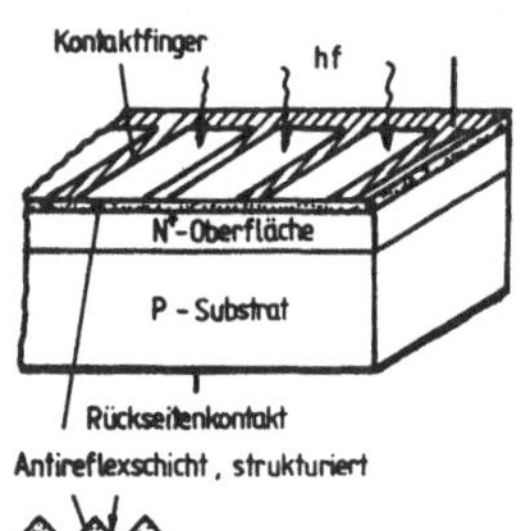

Bild 3.58
Schematischer Aufbau einer PN-Si-Solarzelle mit Antireflexionsschicht und strukturierter Oberfläche

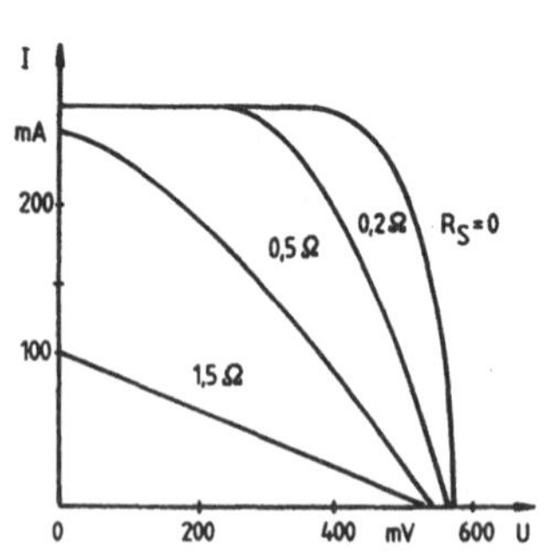

Bild 3.59
Strom-Spannungs-Kennlinie einer Si-Solarzelle mit unterschiedlichen Serienwiderständen (R_S Parameter)

In realen Solarzellen liegt der Serienwiderstand wesentlich
unter 1 Ω, weil außer dem Kontaktwiderstand noch die relativ
dünne (d < 0,2 μm) N-Schicht an der Oberfläche vergrößernd
beiträgt (Bild 3.58). Daß diese Schicht zur Senkung von R_S
nicht dicker gewählt werden kann, liegt im Absorptionsverhalten begründet: Die Generationsrate $G \sim e^{-\alpha x}$ fällt exponentiell der Eindringtiefe ab. Deshalb muß der PN^+-Übergang
möglichst an der Oberfläche liegen. Dies erfordert einen Kompromiß. Der Parallelwiderstand R_P zum PN-Übergang Bild 3.55),
der hauptsächlich von Oberflächenleckströmen herrührt, kann
meist vernachlässigt werden.

Maßnahmen zur Steigerung des Wirkungsgrades. Dem Bemühen, den
Umsatzwirkungsgrad der Solarzelle zu erhöhen, liegen vor allem wirtschaftliche Erwägungen zugrunde. Im Verlaufe der Zeit
wurden dazu vielfältige Lösungen entwickelt. Als Beispiele
seien erwähnt:

- Herabsetzung der Oberflächenreflexion durch **Texturierung**
  (ähnlich Bild 3.58). Auffallendes Licht wird nicht reflektiert, sondern auf andere Texturen umgelenkt. Möglich ist
  diese Maßnahme durch anisotrope Ätzung [3.60].

- **Rückfeld an der Unterseite** (Back-surface-field, BSF). Wird
  der Rückkontakt nicht als PM-, sondern PP^+M-Kontakt ausge-
  bildet (Bild 3.60), so hindert die entstehende Potential-
  schwelle die Rekombination am Kontakt. Damit verbessert
  sich das Spektralverhalten bei geringer Phononenenergie und
  die Leerlaufspannung steigt [3.61].

- Das Verhalten im **ultravioletten Bereich** läßt sich verbessern, wenn die Oberflächenzone sehr schmal und die Minoritätslebensdauer dort (durch geringe Dotierung) möglichst
  hoch gemacht wird (sog. "Violett-Solarzelle") [3.62].

- Verzicht auf vorderseitige Kontakte (bessere Flächenausnut-
  zung!) durch Anbringen aller Kontakte auf der Rückseite:
  Solarzellen (PCSC, Point Contact Solar Cell) hauptsächlich
  für Konzentratorzellen.

- **Emitterpassivierung** der Zellen (Passivated Emitter Solar
  Cells, PESC) mit extrem kleinen Vorderkontakten, texturier-

ter Oberflächenbeschichtung, Rückfeld und weiteren Optimie-
rungsmaßnahmen, mit denen immerhin Wirkungsgrade von 24 %
(Si) erreicht wurden.

- <u>Integrierte Reihen-Parallelschaltung von Solarzellen.</u> Durch
  eine Reihenschaltung vieler, V-förmig ausgelegter PN-Übergänge (mittels der vom V-MOS-Transistor übernommenen V-Gru-
  ben-Ätztechnik) kann vor allem der reflektierte Strahlungs-
  anteil noch mit zur Umsetzung genutzt werden. In solhen
  Strukturen werden etwa 90 % der auftreffenden Photonen umgesetzt und Wirkungsgrade von über 20 % erreicht [3.63].

<u>Materialfragen.</u> Obwohl Si mit W_G = 1,1 eV nicht den optimalen
Energieabstand $\approx$ 1,4 eV (Bild 3.57) besitzt, kommt es aus
wirtschaftlichen Gründen verbreitet zum Einsatz. Hohe Ferti-
gungskosten erzwingen einen derzeitigen Preis um etwa 5 DM/W
für Solarzellen, ab etwa < 1 DM/W wäre ein Einsatz wirtschaftlich denkbar. Verheißungsvolle Alternativlösungen liegen in der Anwendung von polykristallinem Si auf Glassubstrat
oder überhaupt anderen billigen Halbleitermaterialien. Heterostrukturen haben durch Ausnutzung des Fenstereffektes (s.
Abschn. 3.2.5) zwar konzeptionelle Vorteile (z.B. AlGaAs/
GaAs-Konzentratorzelle $\eta \approx$ 26 %, Tandem-Zelle bis $\eta \approx$ 30 %),

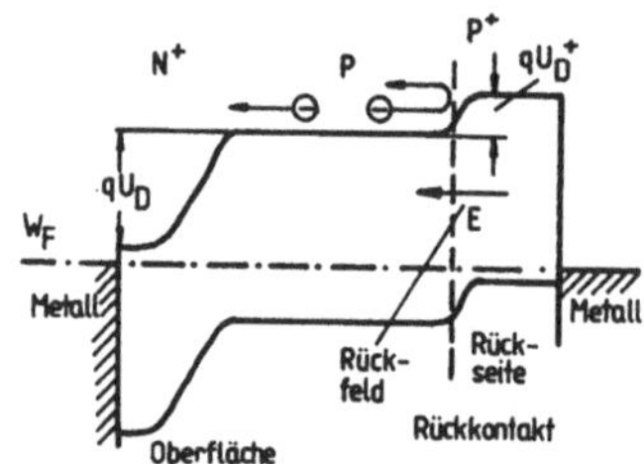

Bild 3.60
Bändermodell der N$^+$P$^+$-Solar-
zelle mit Rückfeld

scheiden aus Kostengründen derzeit noch aus. Versuche mit
Cu_2S/CdS und CdS/CuInSe-Heterosolarzellen wurden ebenfalls
breit durchgeführt, doch steht den niedrigen Materialkosten
bisher noch der geringe Wirkungsgrad entgegen [3.64], [3.68],
[3.69].

Hohe Wirkungsgrade sind nur ein Entwicklungsziel für Solarzellen, ein zweites ist die Senkung der Herstellungskosten. Hier bieten sich mehrere Wege an:
- Konzept der Dünnschichtsolarzelle auf Basis von CdS, CuInSe,
- verbesserte Herstellungsmethoden für Si speziell für Solarzellen (z.B. Dendrith-Ziehen, kantendefiniertes Ziehen u.a.),
- Einsatz von polykristallinem und besonders amorphem Si.

Vom letzten Weg verspricht man sich durch eine Reihe von Faktoren sehr viel:
- a:Si hat im sichtbaren Bereich einen hohen Absorptionskoeffizienten ($> 10^5$ cm^{-1}), so daß nur sehr dünne Filme (d $\approx$ 1000 ... 3000 A) erforderlich sind.
- Die Bandbreite $W_G \approx 1{,}7$ eV liegt im Bereich günstiger Wirkungsgrade,
- leichte Dosierbarkeit, niedrige Abscheidetemperaturen ($\approx$ 250 °C, so daß sich große Flächen bedecken lassen.

Amorphes Si unterscheidet sich vom Einkristall-Si elektrisch in mancherlei Hinsicht:
- im verbotenen Band existiert eine relativ hohe Zustandsdichte, die Ladungsträger einfängt ($\rightarrow$ anderer Transportmechanismus, geringe Beweglichkeiten, $\mu_n \approx 0$ ... 20 cm²/Vs, $\mu_p \approx 1$ ... 10 cm²/Vs), deshalb versagt das bisherige Modell des PN-Überganges.
- Das übliche Modell der Injektion in Bahngebiete gilt nicht. Es werden deshalb a:Si-Solarzellen gewöhnlich als PIN-Struktur, bestehend aus zwei dünnen ($\approx$ 10 nm) dotierten a:Si-Schichten und einem dicken ($\approx$ 500 nm) eigenleitenden I-a:Si-Mittelgebiet, aufgebaut. Man erreicht so Leerlaufspannungen um 1 V, Fotostromdichten bis 20 mA/cm² und Wirkungsgrade bis 12 % (kommerziell) deutlich unter Einkristall-Si-Zellen.

3.6.2 Weitere Strukturen

Neben der Verwendung des PN-Überganges als Solarzelle fehlte es nicht an Versuchen, auch andere Grundstrukturen zur Umsetzung der Solarenergie zu verwenden:

<u>Schottky-Solarzelle.</u> Bei der Schottky-Fotodiode (Abschn. 3.2.3) konnte Trägererzeugung durch Emission und Absorption in der Raumladungszone erfolgen.Ist die Metallelektrode so dünn, daß genügend Licht hindurchtreten kann, so läßt sich dieser Übergang auch als Solarzelle verwendet (Bild 3.61). Der Hauptbeitrag der Trägergeneration entsteht dabei in der Raumladungszone und im Neutralbereich. Die Kennlinie der MS-Solarzelle entspricht der einer üblichen PN-Solarzelle (Verbraucherzählpfeilrichtung)

$$I = I_S (e^{\frac{U}{nU_T}} - 1) - I_{ph}, \qquad (3.109)$$

lediglich mit anderem physikalischen Inhalt des Sättigungsstromes:

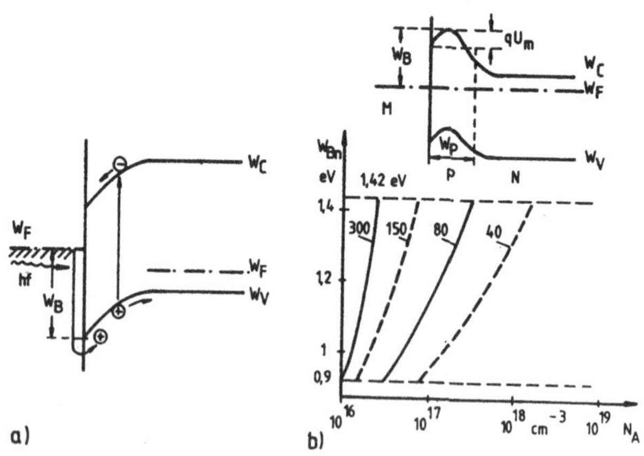

Bild 3.61 Schottky-Solarzelle
    a) Bändermodell bei Beleuchtung
    b) Barrierenhöhe einer Schottky-Solarzelle (Au-GaAs) mit P-Zwischenschicht unterschiedlicher Dicke

$$I_S = AA^{**} \; T^2 \; \exp \frac{-W_B}{U_T q}$$

AA^{**} effektive Richardson-Konstante, W_B Schottkybarriere.
Damit kann der Wirkungsgrad grundsätzlich für ein gegebenes
Material berechnet werden. Er wächst zunächst mit der Barrie-
renhöhe, bis jeweils $W_{BN} \approx W_G$ erreicht ist. Werte von 25 %
sind möglich und liegen damit in der Größenordnung des PN-
Überganges. Angestrebt wird eine hohe Barriere W_B für N-Halbleiter und eine kleine für P-Materialien. Vom Schottkyüber-
gang ist bekannt, daß die maximale Barriere etwa 2/3 W_G bei
vielen Materialien beträgt. Durch eine dünne, entgegengesetzt
dotierte Halbleiterschicht an der Oberfläche kann diese Barriere "gesteuert" werden. Nach Bild 3.61b beträgt sie für
einen MP^+N-Übergang

$$W_B = q\Phi_m - qW_\chi + qU_m \tag{3.110a}$$

mit

$$U_m = \frac{q}{2\varepsilon N_A} \; (N_A W_P - N_D W_N)^2 \; \text{für} \; (N_A W_P \gg N_D W_N). \tag{3.110b}$$

Durch unterschiedliche Breite der P-Zone kann z.B. die Bandbreite von GaAs mit einer Si-Struktur erreicht werden. Eine
ähnliche Wirkung - wenn auch durch andere Behandlung - wird
beim AL-N-Si-Übergang unter Wärmebehandlung ($T \approx 580$ °C) beobachtet. Hier bildet sich durch Rekristallisation eine sehr
dünne P^+-Schicht unter dem Metall, die die Barriere von 0,68
eV auf 0,9 eV verschiebt [3.66], [3.67].

Die Vorteile solcher Schottky-Barrieren sind mehrfacher Art:
- Herstellung durch Niedrigtemperaturprozeß möglich,
- Anwendung auf Poly-Silizium- und Dünnfilmsysteme möglich,
- gutes Spektralverhalten und hohe Stromausbeute, weil die an
  der Halbleiteroberfläche liegende Raumladungszone den Einfluß von Lebensdauer und Rekombinationsgeschwindigkeit reduziert.

An GaAs-Schottky-Solarzellen wurden Wirkungsgrade bis 10 % erreicht und es ist durchaus denkbar, daß diese Werte künftig noch steigen können [3.65].

<u>MOS-Solarzellen.</u> Liegt zwischen Metall und Halbleiter eine sehr dünne Isolierschicht ($d_i \approx 20$ A), die durchtunnelt werden kann, so wird die Anordnung als MOS-Solarzelle bezeichnet. Die Leerlaufspannung einer derartigen Zelle hängt von der Barrierenhöhe und Isolatordicke ab:

$$U_{OL} = U_T \left[\ln \left(\frac{I_{ph}}{A^{**}T^2}\right) + \frac{\Phi_B}{U_T} + kd_i \right] \, , \tag{3.111}$$

der Fotostrom sinkt mit steigender Dicke d_i. Man erzielt Spannungen in der Größenordnung von 0,5 V.

MOS-Solarzellen erreichen heute Wirkungsgrade um 15 %. Sie werden wegen ihres einfachen Aufbaus als attraktive Solarelemente angesehen, die in verschiedenen Versionen ausgeführt werden können (auch für polykristalline Materialien) und eine gute Blauempfindlichkeit haben [3.70] - [3.72].

Die Solartechnik hat während der letzten 20 Jahre erheblich an Bedeutung gewonnen. Die Sonne wirkt ständig mit einer Leistung von $\approx$ 180000 TW (!) auf die Erde ein, was etwa dem 10^4-fachen des weltweiten Energiebedarfs entspricht. Immerhin rechnet man in Deutschland mit einer mittleren Bestrahlungsstärke von etwa 110 W/m² im Jahresmittel (Sahara $\approx$ 270 W/m²), so daß selbst bei einem Umwandlungswirkungsgrad von 10 % noch Ansätze für technische Nutzung gesehen werden. Dank einer Reihe von Vorteilen (keine Schadstoffe, keine rotierenden Teile, einfacher Aufbau) kommt der fotovoltaischen Energiewandlung deshalb beträchtliche Bedeutung zu und die Entwicklungsanstrengungen sind weltweit erheblich. Für Spanungen im Bereich bis 10 Volt, wie sie durch Reihenschaltung mehrerer Solarzellen (sog. Solarmodule, Solarbatterien) gewonnen werden und kleine bis mittlere Leistungen (< 1 kW), bieten sich breite Einsatzfelder (transportable Geräte, Signalanlagen,

Gemeinschaftanlagen, Notstromversorgungen, Kleinkraftanlagen
u.a.m.) an. Ob die Solarenergie für die Energiebedarfsdeckung
im Weltmaßstab in überschaubarer Zeit eine größere Rolle
spielen wird, hängt von zahlreichen Faktoren ab. Solarver-
suchskraftwerke befinden sich in einigen Ländern in der For-
schungserprobung.

3.7 Bildaufnahmeeinheiten, integrierte Fotosensoren

Der einzelne Fotodetektor wandelt nur die auf seine Fläche
fallende Strahlung _integral_ in ein elektrisches Signal. Die
Aufnahme ganzer Bilder (optischer Muster) erfordert aber
- die _Umwandlung örtlich verteilter_ Helligkeitsschwankungen
  auf der Empfängeroberfläche in ein örtlich verteiltes "_La-
  dungsbild_" und seine zeitweilige Speicherung durch zellen-
  artige Auflösung der Aufnahmefläche,
- die _Abtastung_ des Ladungsbildes von außen. Dazu werden die
  einzelnen Zellen zeitlich nacheinander abgefragt (Scanning)
  und im äußeren Stromkreis entsteht ein elektrisches Signal,
  das der Ladungsmenge der betreffenden Zelle proportional
  ist.

Anordnungen, die diese Aufgaben mit Halbleiterfotoempfängern
durchführen, heißen _Halbleiterbildaufnahmeeinheiten, integrierte Fotosensoren_ oder _Fotoarrays._ Sie basieren auf verschiedenen Wirkprinzipien (s.u.).

Ausleseverfahren. Das Ladungsbild entsteht stets in einem
strukturierten oder nichtstrukturierten Halbleiter. Ausgelesen wird entweder
- mit dem _Elektronenstrahl_ (Kameraröhre mit Diodenmatrix,
  Vidikonprinzip) oder
- _integriert elektronisch_ bei den sog. _selbstauslesenden_
  Festkörperbildsensoren. Die heute verbreitetste Ausleseform
  ist das _Ladungstransfer-_ oder _CCD-Prinzip:_ Übertragung der
  strahlungserzeugten Signalladung in die Speicherzelle eines
  CCD-Schieberegisters (Zeilenauslese) oder einer Kombination
  von ihnen (Matrixauslese).

Eine verbreitete Anfangslösung der ersten Gruppe war das
Vidikon: Das aufzulösende Bild fällt auf einen dünnen Fotoleiter, der mit einem Elektronenstrahl abgerastert wird. Der
Strahl wirkt wie ein trägheitsloser elektronischer Schalter;
das Signal wird für jeden Bildpunkt während der Abtastdauer
gespeichert. Einen deutlichen Fortschritt brachte die Erset-
zung des flächenhaften Fotoleiters durch einen flächenhaften
PN-Übergang (Plumbikon), dem später das Si-Dioden-Target mit
vielen Einzeldioden (Diodenmosaik) folgte.

Die nächste entscheidende Verbesserung war die matrixartige
Anordnung einzelner Fotodetektoren mit elektronische Abfrage
der Bildpunkte. Detektorelemente sind dabei Fotodioden und -
transistoren sowie Ladungstransfer- (CTD, Charge transfer
devices) und Ladungsinjektionselemente (CID, Charge imaging
devices) in verschiedenen Ausführungen. Sie stehen heute generell als sog. Fotoarrays, und speziell als lineare bzw.
Zeilenaufnehmer und Matrix- oder Flächenaufnehmer mit integrierter Ausleseelektronik zur Verfügung.

Die typischen Kenngrößen von Halbleiterbildaufnahmeeinheiten
umfassen zusätzlich zu den bisherigen Kennwerten von (Einzel-
)Halbleiterstrahlungsempfängern
- die Zahl der Einzelempfangselemente (einschließlich ihrer
  Größe),
- Aufgaben über die erreichbare laterale Auflösung (gekenn-
  zeichnet durch die sog. Modulationsübertragungsfunktion),
- Aufgaben über die gegenseitige Beeinflussung benachbarter
  Einzelelemente, das sog. Übersprechen (Lichtfleckvergrö-
  ßerung, Blooming).

3.7.1 Bildaufnahmeröhre mit Fotodiodenmatrix

Die Bildaufnahmeröhre mit Fotodiodenmatrix besteht aus einem
Elektronenstrahlsystem nebst Fokussier- und Ablenkeinheit,
dessen Elektronenstrahl auf die strukturierte Seite einer Fotodiodenmatrix fällt (bis zu 100 x 1000 Si-Fotodioden direkt

unter der SiO_2-Schutzschicht, darüber hochohmige Widerstands-
schicht (Bild 3.62)). Im Dunkelzustand werden die einzelnen
PN-Übergänge durch einen Elektronenstrahl periodisch abgetastet und dabei aufgeladen (Katode geerdet). Dabei fließt nur
Dunkelstrom.

Das aufzulösende Bild fällt auf die Rückseite und erzeugt
Trägerpaare im Substrat, von denen die Löcher zum P-Gebiet
diffundieren. So entlädt sich der einzelne PN-Übergang teilweise. Diese Ladung wird durch den Elektronenstrahl beim Abtasten wieder zugeführt. Dabei entsteht im Kreis ein Strom-
stoß und insgesamt eine Signalfolge, die den räumlich-zeit-
lichen Informationsinhalt der einzelnen PN-Übergänge und damit das Bild entlädt. Die Empfindlichkeit als Verhältnis von
Signalstrom und einfallender Lichtleistung ist im sichtbaren
und nahen Infrarotbereich bei Siliziumtargets sehr hoch, sie
liegt bei mehreren 100 nA/µW (Bestrahlstärke 1 lx). Die Spei-
cherzeit t_s der in der Einzeldiode gespeicherten Ladung Q_S
hängt vom Dunkelstrom I_D ab: $t_s = Q_S/I_D$. Sie soll groß gegen
die Bildabtastzeit (üblich 1/30 s) sein. Um auch hohe Be-
leuchtungsstärken verarbeiten zu können, muß die Ladung Q_S
und damit auch die Sperrspannung entsprechend groß sein. Die
Bildaufnahme nach diesem Prinzip war ein entscheidender Zwi-
schenschritt auf dem Wege zum Bildsensor auf reiner Festkör-
perbasis.

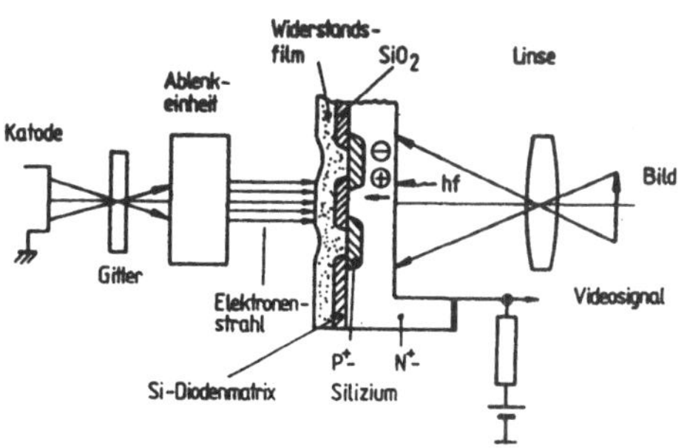

Bild 3.62 Prinzip der Bildaufnahmeröhre mit Si-Diodenmatrix

3.7.2 Integrierte Festkörperbildsensoren

Die heute breit eingesetzten Bildsensoren sind reine Festkör-
perlösungen, denn auch das Auslesen der linien- oder flächenhaften Detektoranordnung (X-Y-Matrix) erfolgt durch (meist
integrierte) Halbleiterbauelemente. Wichtige Etappen dieser
seit etwa drei Jahrzehnten intensiv betriebenen Entwicklung
waren:
- der Scanistor (ein Fotodiodenarray, zunächst ohne Ladungs-
  speicherung arbeitend),
- die Erkenntnis, daß Fotodioden oder -transistoren als Ma-
  trixelemente im Ladungsspeichermodus arbeiten müssen,
- das Ladungstransferprinzip (CTD, Charge Transfer Device) in
  verschiedenen Formen mit einer Ladungsverschiebung und
  -speicherung der optisch erzeugten Ladung parallel zur
  Halbleiteroberfläche,
- das Ladungsinjektionsprinzip (CID, Charge Injection
  Device).

Ladungsspeicherprinzip. Heute werden vor allem die letztgenannten Prinzipien breit angewendet. Dabei erfolgt die Strah-
lungsumsetzung gewöhnlich durch den Fotosperrschichteffekt,
sowohl in PN-, als auch MOS-Übergängen unter genereller Nutzung des Ladungsspeicherprinzips. In der Fotodiode hängt die
Fotoladung direkt von der Photonenabsorption ab. Da im Bildsensor jede Zelle abgetastet wird, trägt jede einzelne der N
Sensoren nur mit dem N-ten Teil der Abtastperiode zum Stromfluß bei. Dadurch sinkt sein "Quantenwirkungsgrad" auf n/N.
Günstiger werden die Verhältnisse, wenn das Signal im Detektor zwischen den Abtastzeiten gespeichert wird. Im Abtast-
zeitpunkt steht dann das Zeitintegral der Ladung zur Verfügung. Erst dieses Prinzip ermöglichte überhaupt hochauf-
lösende Bildsensoren mit kleiner Sensorfläche und großer Empfindlichkeit. Die heutigen Bildsensoren nutzen durchweg dieses Prinzip. Sie unterscheiden sich hauptsächlich durch die
Aufnahmezelle und den Transport der Information von der Zelle
nach außen.

Das Ladungsspeicherprinzip erfordert

- einen <u>Ladungsspeicher</u> (Sperrschichtkapazität des Fotodetektors),
- einen <u>Stromgenerator,</u> dessen Strom der einfallenden Beleuchtungsstärke proportional ist (Fotodiode, Foto-MOS-Kondensator),
- einen elektronischen <u>Schalter</u> (Diode, Transistor).

Die Idee besteht darin, den Ladungsspeicher (Bild 3.63) durch
eine Vorspannung U_Q kurzzeitig auf eine Spannung aufzuladen,
ihn anschließend mit offenem Schalter S durch den Stromgenerator (Fotostrom $I_{ph} \sim qA_n P_e$, P_e = Strahlungsleistung) be-
leuchtungsabhängig verschieden stark zu entladen und anschließend diese Ladung durch kurzzeitiges Anlegen der Vorspannung wieder zuzuführen. Der Ladestrom ist dabei ein Maß
für die integral eingefallene Strahlung. War die Fotodiode
auf die Anfangsspannung U_Q geladen und ist der Fotostrom I_{ph}
(vereinfacht) konstant, so gilt bei vernachlässigtem Dunkelstrom

$$- \int_{U_Q}^{U} C(U)\, dU = I_{ph}\, t_{ent}$$

und mit dem Verlauf $C(U) = k\, U^{-m}$ nach Integration

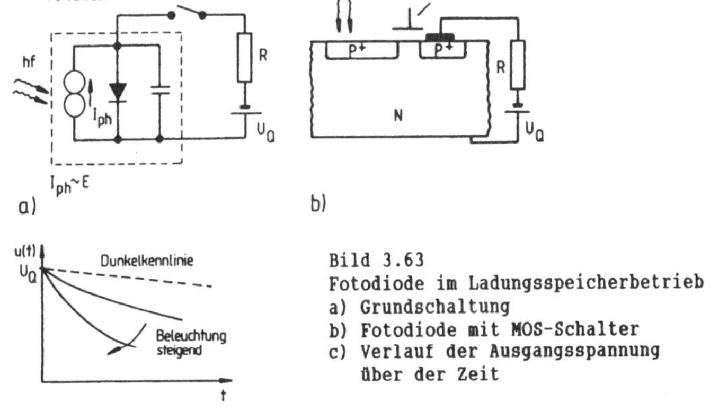

Bild 3.63
Fotodiode im Ladungsspeicherbetrieb
a) Grundschaltung
b) Fotodiode mit MOS-Schalter
c) Verlauf der Ausgangsspannung
   über der Zeit

$$\frac{u(t)}{U_Q} = \left[1 - (1 - m)\frac{t_{ent}}{T} \right]^{1/1-m}, \qquad T = C\ (U_Q)U_Q/I_{ph}. \qquad (3.112)$$

Dieser Verlauf ist qualitativ im Bild 3.63 eingetragen. Die umgesetzte Ladung wird während einer viel kürzeren Aufladezeit (Schalter geschlossen) durch einen Aufladestromstoß wieder zugeführt. Bild 3.64 zeigt die zugehörige Anordnung bestehend aus dem Foto-PN-Übergang und einem MOS-Feldeffekttransistor als Schalter sowie der zugehörigen Signalfolge.

Diese Grundschaltung kann auch mit einem Diodenschalter aufgebaut werden (Bild 3.65): Bei negativer Eingangsspannung ist die Schalterdiode zunächst flußgepolt, und die Fotodiode sperrt (Aufladevorgang). Während der Integrationssphase sind beide Dioden sperrgepolt. Diese Doppeldiodenanordnung läßt

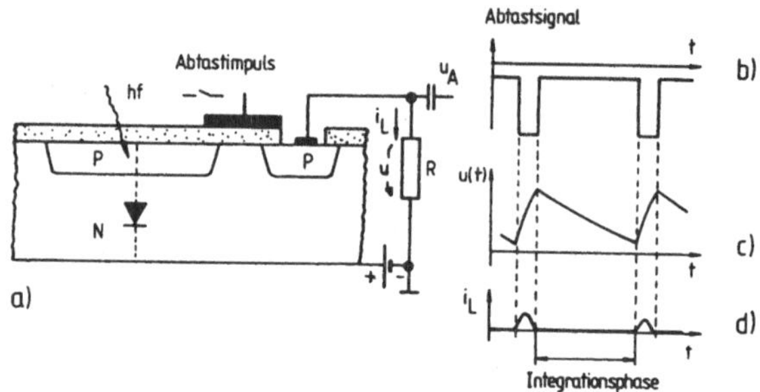

Bild 3.64 MOS-Fotosensor
        a) Anordnung, b) - d) Signalfolge, b) Abtastsignal,
        c) Spannung an der Fotodiode, d) Videoausgangsstrom

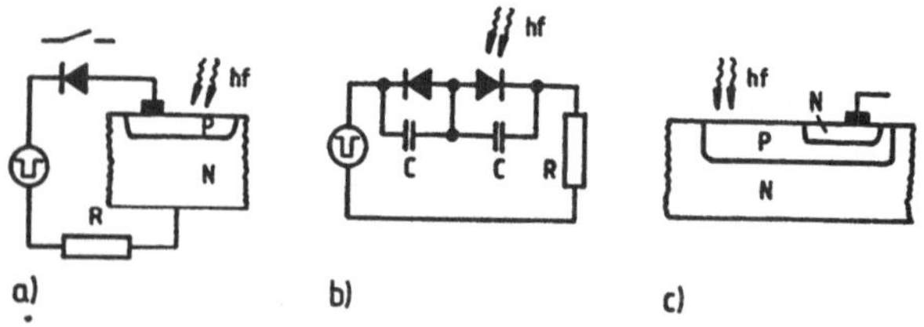

Bild 3.65 Ladungsspeicherbetrieb
        a) mit Diodenschalter
        b) Ersatzschaltung
        c) Ersatz der Anordnung durch Fototransistor

sich problemlos durch einen Fototransistor mit offener Basis
ersetzen; die Kollektorkapazität übernimmt dabei die Ladungs-
speicherung.

Die Fotodiode kann auch als <u>Foto-MOS-Kondensator</u> (s. Abschn.
3.2.6) mit transparenter Elektrode ausgelegt sein. Ladungs-
generation und -kollektion entsprechen dabei weitgehend den
bekannten Vorgängen.

Das <u>Auslesen</u> ist auf sehr unterschiedliche Art möglich:
- <u>Verschiebung</u> der Ladung parallel zur Oberfläche, was zur
  <u>Ladungstransferstruktur</u> führt.
- <u>Injektion</u> der erzeugten und in der Inversionsschicht gespeicherten Ladung ins Volumen (Substrat), also <u>"senkrechte"</u> Ladungsverschiebung. Im Substrat rekombinieren die
  injizierten Träger und geben einen Beitrag zum Rekombina-
  tionsstrom: <u>Ladungsinjektionselement</u> (Charge Injection
  Device, CID). Ein solcher <u>CID-Sensor</u> (Bild 3.66a) besteht
  aus einer Kombination von MOS-Kondensator und Diode, die in
  dieser Form zum sog. <u>Eimerkettensensor</u> (Bucket rigade
  device, BBD) führte. Weil bei dieser Konzeption zwei gegen-
  läufige Forderungen zu erfüllen sind: eine lange Zeit zum
  Aufbau der Inversionsschicht (um auch schwache Beleuchtung
  erkennen zu können) sowie die entgegengesetzte Forderung
  nach schneller Rekombination, um die sog. "Bildverschmie-
  rung" zu verhindern, wird der CID-Sensor besser mit einer
  Epitaxieschicht ausgeführt (Bild 3.66b).

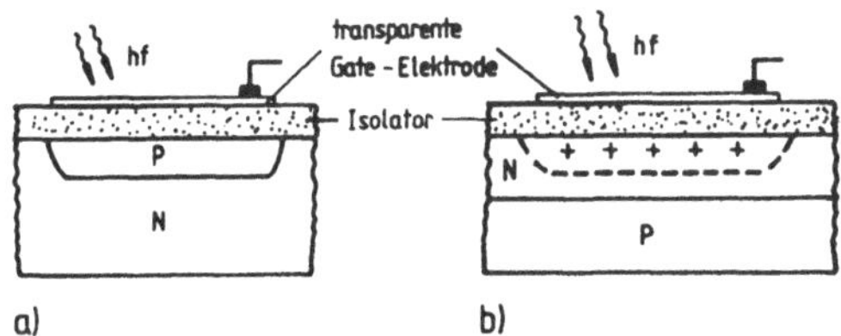

Bild 3.66 Ladungsinjektionsstruktur
          a) Prinzip
          b) verbesserte Form mit Epitaxieschicht

<u>Adressierung.</u> Zur flächenhaften Auflösung von Vorgängen sind mehrere, im Ladungsspeichermodus betriebene Fotosensorzellen entweder als

- <u>lineares</u> Fotosensorarray bzw. als sog. <u>Zeile</u> oder als
- <u>zweidimensionales</u>, matrixartiges Fotosensorarray

anzuordnen. Die einzelnen Zellen müssen in fester Reihenfolge abgefragt werden: <u>Auflösung in ein zeitserielles Signal</u>, aus dem später wieder das Bild aufgebaut wird.

<u>Fotosensorzeile.</u> In einer Sensorzeile sind die einzelnen Fotosensoren linienhaft angeordnet. Die Abfrage erfolgt durch ein selbstabtastendes Adressnetzwerk, meist Ringzähler oder Adressdekoder. Bild 3.67 zeigt eine solche Zeile mit integriertem Schieberegister (analog, digital): Es schaltet die einzelnen Fotosensoren über Transistorschalter der Reihe nach an den Videoausgang, wobei jede Zelle periodisch mit der Speicherladung entsprechend der anliegenden Spannung aufgeladen wird. Zwischen den Abfragezyklen (Integrationsphase) erfolgt die Entladung der Speicherkapazitäten nach Maßgabe des jeweiligen Fotostroms. Beim Abtasten der Zelle entsteht durch die wieder zugeführte Ladung auf der Videoleitung ein Stromimpuls, bei n Zellen also ein n-facher Impulszug, wobei die Höhe des Einzelimpulses der jeweiligen Beleuchtungsstärke proportional ist.

Lineare Sensoren mit 2000 Einzelelementen (und mehr) werden heute von mehreren Herstellern angeboten (hauptsächlich nach

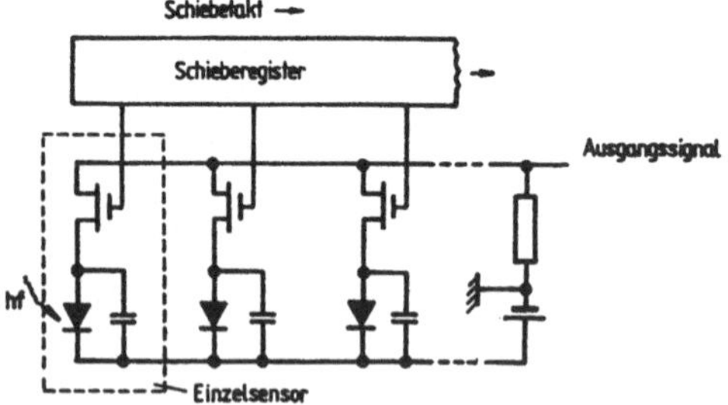

Bild 3.67 Selbstauslesende Zeile von MOS-Transistoren

dem Ladungstransferprinzip). Die Empfindlichkeit reicht bis herab zu wenigen lx. Sie finden hauptsächlich Anwendung
- in der Meßtechnik zur Wegabtastung,
- in Eingabeeinheiten für Datenverarbeitungsgeräte,
- bei der Bildabtastung mit Wiedergabe auf einem Bildschirm u.a.m.

Soll mit einem Zeilensensor ein Bild abgetastet werden, so muß dieser (oder die Vorlage) auf <u>mechanischem Wege</u> senkrecht zur Zeilenrichtung über das Bild bewegt werden, oder es erfolgt eine Relativbewegung zwischen Sensor und Bild durch einen rotierenden Spiegel. Dabei werden die einzelnen Bildzeilen der Reihe nach abgetastet.

<u>Flächenhafte Sensoren.</u> Aus verschiedenen Gründen ist eine flächenhafte Anordnung von Fotosensoren der eben erwähnten mechanischen Lösung zur Bildaufnahme überlegen. Dazu müssen die Einzelsensoren entweder in Gruppen oder einzeln "adressierbar" sein. Bezüglich der Organisation besteht hierbei Ähnlichkeit zu den Halbleiterspeichern: <u>Wort-</u> und <u>Bit-Organisation:</u>
- Bei der (verbreiteten) <u>Wort-Organisation</u> mit Parallel- oder Serienausgang (Bild 3.68) wird das Ausgangssignal Zeile für Zeile durch Steuerung eines Reihen- oder Auswahlregisters ausgelesen. Jede Zelle hat einen zugehörigen Schalter. Bei angeschalteter Zelle ist die Bildinformation jeweils im zugehörigen Zeilenbus verfügbar. Das Auslesen erfolgt sequen-

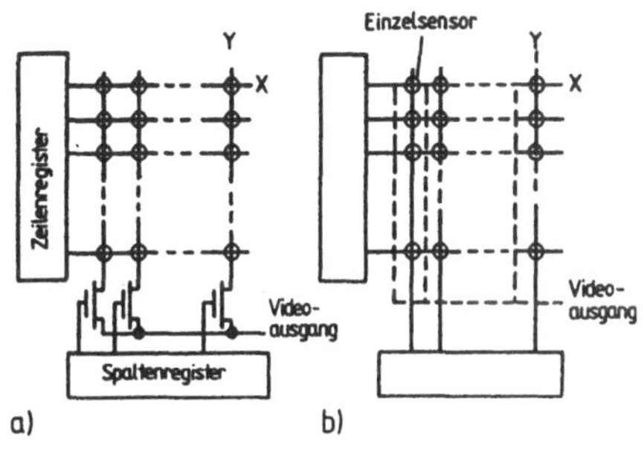

Bild 3.68
Zweidimensionales selbstauslesendes Fotoarray
a) wortorganisiert
b) bitorganisiert

tiell durch Ladungsteilung zwischen der Zeile und einer gemeinsamen Lastkapazität. Dieses Organisationsprinzip kann auch für andere Sensorzellen eingesetzt werden, es kommt hauptsächlich für großflächige Zellen zum Einsatz.

- Bei der <u>Bit-Organisation</u> erfolgt die Adressierung der Einzelzelle durch Koinzidenz zwischen Zeilen- und Spaltensignal mittels eines Doppelschalters (Bild 3.69a), nämlich den Emitterübergang des Fototransistors und einen zweiten reihengeschalteten Feldeffekttransistor. Das Ausgangsvideosignal wird vom gemeinsamen Substrat abgenommen. Auch eine Dioden- (Bild 3.69b) oder MOS-Diodenlösung (Bild 3.69c, s. u.) ist möglich.

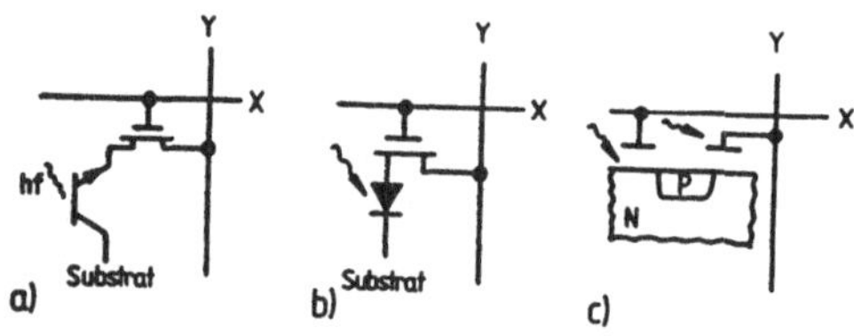

Bild 3.69 Einzelsensoren bitorganisierter Arrays
      a) Fototransistor
      b) MOS-Fotodiode
      c) mit zwei MOS-Kondensatoren

Flächensensoren mit den relativ großen bipolaren Fototransistorzellen sind flächenaufwendig, kommerzielle Produkte enthalten etwa bis zu 400 x 500 Elemente. Den Durchbruch brachte die Anwendung der weniger flächenaufwendigen <u>MOS-Fotodiode</u> insbesondere im CID- und CCD-Prinzip.

3.7.3 Ladungsinjektionssensoren

Ladungsinjektionszellen (Bild 3.66) eignen sich ebenso für zeilen- und matrixartige Sensoranordnungen. Speziell für die XY-Adressierung wurde die <u>CID-Doppelzelle</u> entwickelt (Bild 3. 70).

Der Ladungsinjektionssensor besteht aus einem impulsmäßig vorgespannten, unbeleuchteten MOS-Kondensator (Bild 3.70a).

Dabei bildet sich zunächst unter der Gateelektrode ein Ver-
armungsgebiet. Der Substratstrom ist hauptsächlich Verschiebungsstrom während der Spannungsänderung. Strahlungseinfall
erzeugt Minoritätsträger, die in der Potentialmulde gesammelt
und der oberflächennahen Inversionsschicht bei anliegender
Gatespannung gespeichert werden. Bei Entfernung der Spannung
wird diese Speicherladung ins Substrat injiziert (Name!).
Dort rekombiniert sie oder wird von einer ladungssammelnden
Struktur eingefangen. Während der Injektion entsteht ein entsprechender Substratimpulsstrom, der die Beleuchtungsinforma-
tion enthält.

Im Bild 3.70b ff. sind zwei MOS-Kondensatoren über ein ge-
meinsames P^+-Gebiet so verkoppelt, daß die Speicherladung von
einer Seite auf die andere verschoben werden kann. Bei gleichen Gatespannungen sammeln sich die fotooptisch generierten
Träger unter den Gateelektroden. Geht die Gatespannung U_X gegen Null, so verschiebt sich die Ladung unter die andere

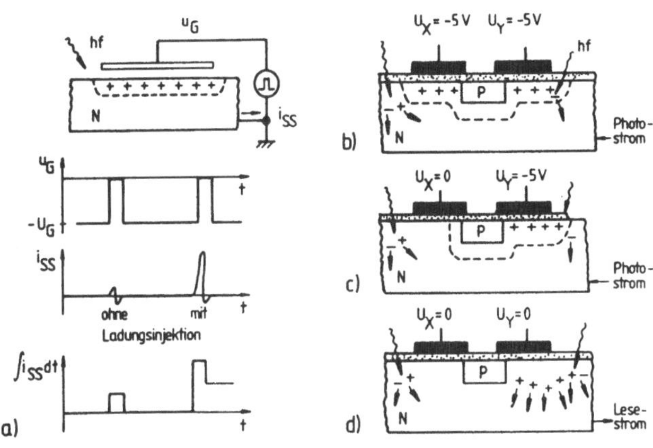

Bild 3.70 Ladungsinjektionsbetrieb
         a) MOS-Kondensator im Ladungsinjektionsbetrieb
         b) - d) XY-adresssierbarer MOS-Sensor mit Speicher-
            ladung im Integrations- (b), Lesebereitschafts- (c)
            und Injektionszustand (d)

Elektrode (U_Y) (Sammelwirkung!), die Zelle befindet sich in Lesebereitschaft. Verschwindet schließlich noch U_Y, so erfolgt die Injektion der Ladung ins Substrat.

Ladungsinjektionssensoren fanden ideenreiche Weiterentwicklungen; ein Beispiel ist die Zelle mit <u>vergrabenem Kollektor</u> Bild 3.71). Sie besteht im Prinzip aus einem lichtempfindlichen MOS-Kondensator und einem nachgeschalteten Bipolartransistor, dessen vergrabener Kollektor zusammen mit der Gateelektrode zur Zellenauswahl dient. Bei Lichteinfall füllen sich die Potentialmulden unter den MOS-Kondensatoren mit Minoritätsträgern. Durch Reduktion der Gatespannung werden sie in Richtung der P^+-Kollektoren "injiziert" und erzeugen über den Kollektoranschluß ein Signal.

Ladungsinjektionssensoren haben im allgemeinen eine größere Ausgangskapazität als CCD-Elemente und damit eine kleinere Empfindlichkeit, auch bezüglich des Rauschens sind sie meist ungünstiger. Dennoch werden sie mit 500 x 500 Bildelementen und mehr von verschiedenen Herstellern angeboten.

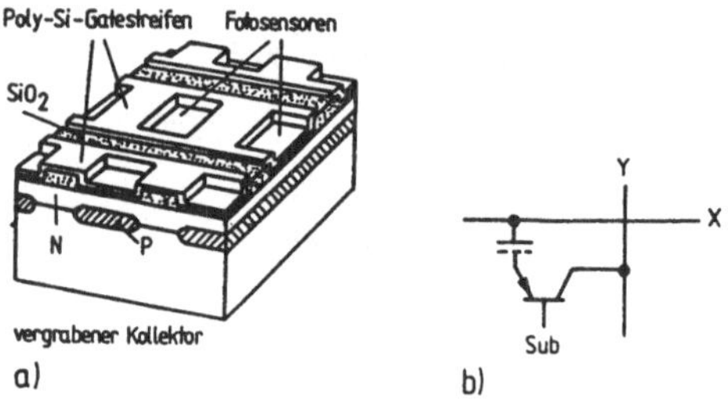

Bild 3.71 Bildwandlermatrix mit Ladungsinjektionselementen
      a) Aufbau
      b) Ersatzschaltung

3.7.4 Ladungstransfersensoren

Ladungstransferelemente bestehen aus dicht benachbarten MOS-Kondensatoren. Wie bei den CID-Elementen wird durch eine Gatespannung unter der Gateelektrode ein Verarmungsbereich geschaffen, der als Speicher für die dort durch Lichteinfall erzeugten Minoritätsträger dient. Im Unterschied zum CID-Element gelangt diese Speicherladung aber anschließend nicht ins Substrat, sondern in die Potentialmulde einer Nachbarkapazität. Erfolgt dies taktmäßig längs einer ganzen Kondensatorkette, so kann schließlich am Ausgang ein zeitserielles Signal mit den jeweiligen Inhalten der Einzelkondensatoren entnommen werden.

Bei den Ladungstransfer- oder CCD-Zeilensensoren gibt es zwei Grundarten:

- Oberflächenladungstransfersensoren (Surface-CCD), bei denen der Ladungstransport an der Grenzfläche SiO_2-Si stattfindet. Die erzeugte Minoritätsladung befindet sich in der Potentialmulde des MOS-Kondensators direkt an der Grenzfläche Halbleiter - Isolator in Wechselwirkung mit Grenzflächenzuständen, die einige Träger einfangen. Dadurch treten Ladungsverluste auf, typisch etwa 10^{-4} pro Transferschritt.
- Volumen-CCDs (BCCD, buried channel-CD), bei denen der Ladungstransport im Halbleiterinneren erfolgt. Dazu wird in den oberflächennahen Substratbereich eine etwa 1 µm dicke Schicht entgegengesetzten Leitungstyps eingebracht, der sog. vergrabene Kanal. In seinem tieferliegenden Teil erfolgt etwa der Ladungstransport ohne Wechselwirkung mit Grenzflächenzuständen. Eine spezielle Variante davon ist das P^2CCD (Profiled peristaltic CCD) mit besonders guten Übertragungseigenschaften.

Bild 3.72 zeigt beide Anordnungen. Der einzelne MOS-Kondensator (Bild 3.72a) stellt bei geeigneter Gatespannung einen "Potentialtopf" dar, in dem Minoritätsträger eine bestimmte Zeit gespeichert werden können. Diese Ladung stammt z.B. aus der Loch-Elektron-Generation als Folge der Lichtabsorption. Durch Anlegen einer Spannung an den Nachbarkondensator entsteht dort ein (tieferer) Potentialtopf, in den die Minoritätsträgerladung übergeht. Bei taktmäßiger Versorgung aufeinanderfolgender Kondensatoren (2-, 3-, 4-Phasen-Takt-System)

wird so der der Beleuchtung proportionale Inhalt eines jeden
MOS-Kondensators weitergeschoben. Am Kettenende erfolgt das
Auslesen im einfachsten Fall durch einen gesperrten PN-Über-
gang. Verbesserte Ausleseverfahren arbeiten mit einem Reset-
Transistor, mit Floating-Diffusions- und Floating-Gate-Ver-
stärkern.

In der CCD-Zelle wird gewöhnlich ein Teil der Ladungsträger
in Grenzflächenzuständen gebunden. Auch ist es möglich, daß
ein Teil der Ladung die Nachbarzelle wegen der relativ langsamen Eigenbewegung (Diffusion, Drift) innerhalb des Taktes
nicht erreicht. So treten Übertragungsverluste auf. Zumindest
der grenzflächenbedingte Anteil läßt sich durch Verlagerung
des Trägertransportes von der Grenzfläche weg ins Halbleiterinnere reduzieren, wie dies beim BCCD-Prinzip der Fall ist
(Bild 3.72b). Die dünne kontrapolare Epitaxieschicht erzeugt
unter der Halbleiteroberfläche ein Potentialminimum, in dem
sich die Träger sammeln und das zugleich als Transportkanal
zum Nachbarelement dient.

Solche BCCD-Anordnungen haben neben besseren Übertragungseigenschaften auch günstigeres Rauschverhalten, weil der grenzflächenbedingte Rauschanteil entfällt. Da Ladungstransfer-

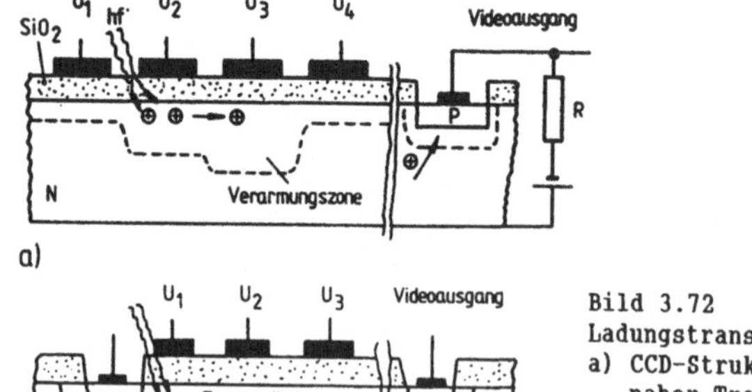

Bild 3.72
Ladungstransferstruktur
a) CCD-Struktur. Oberflächen-
   naher Transport
   $(/U_1/\langle/U_2/\langle/U_3/)$

b) BCCD-Struktur. Transport
   tiefer im Halbleiter

strukturen durch das Taktprinzip auf Schalter verzichten,
fehlt auch das schalterbedingte Zusatzrauschen, ein Vorteil
gegenüber Dioden-Arrays mit Schaltern.

Die <u>Lichteinstrahlung</u> in die CCD-Struktur kann sowohl von der
Vorder- als auch Rückseite erfolgen. Im ersten Fall sind
transparente Elektroden erforderlich, wobei größere Refle-
xions- und Absorptionsverluste entstehen. Rückseitenbestrahlung erfordert ein sehr dünnes Substrat (20 ... 30 µm). Bei
dieser Form ist das Auflösevermögen - begrenzt durch die Diffusion der erzeugten Träger zur Grenzfläche - zwangsläufig
geringer als bei der Frontbestrahlung.

<u>Lineare Sensoren.</u> Zeilenartige CCD-Sensoren können sehr ver-
schieden aufgebaut sein, doch gibt es zwei Grundtypen:
- direkte <u>Bestrahlung in ein CCD-Schieberegister,</u> also eine
  übliche CCD-Zeile. Diese Form ist wenig verbreitet, da das
  Ladungspaket beim Transport z.B. durch die weitere Einstrahlung beeinträchtigt wird.
- <u>Trennung von CCD-Fotosensorelement und Schieberegister.</u>
  Diese können entweder auf einer oder beiden Seiten der
  Sensorelemente angebracht sein, im letzten Fall ergibt sich
  eine höhere Auflösung. Bild 3.73 zeigt die einseitige Anordnung. Die Schieberegisterteile sind lichtundurchlässig
  abgedeckt. Der (linke) fotoempfindliche Teil besteht aus
  drei transparenten Taktelektroden (z.B. Poly-Si). Sie sind
  über die Spannungen U'_1... U'_3 so vorgespannt, daß sich die
  generierten Träger in der mittleren Mulde sammeln. Durch
  Änderung der Spannungen wird diese Ladung der jeweiligen
  Schieberegisterzelle zugeführt, durch die Taktspannungen U_1
  ... U_3 weitertransportiert und schließlich ausgelesen. <u>Ka-</u>
  <u>nalstopper</u> entkoppeln die einzelnen Gebiete, um zu verhindern, daß an einer Stelle erzeugte Ladungsträger ungewollt
  in einen Nachbarbereich gelangen.

<u>Flächensensoren.</u> Die flächenhafte Bildaufnahme verlangt ent-
weder Sensorzeilen und mechanische Lösungen oder CCD-Matri-

zen. Dabei haben sich für die Anordnung von Fotosensorflächen und Abtastelektronik drei Organisationsformen herausgebildet:

- <u>Bildtransfer.</u> Die Anordnung (Bild 3.74a) besteht aus zwei benachbarten CCD-Flächen, der <u>Bildaufnahme-</u> und der licht-geschützten <u>Speicherfläche</u> sowie dem <u>Ausgangsregister.</u> Während der Lichtintegrationsphase werden im Bildaufnahmeteil Träger dem Bildmuster entsprechend erzeugt, anschließend in die Speicherfläche übertragen und während der nächsten Integrationsphase seriell ausgelesen. Nachteilig an diesem sehr einfachen Organisationsprinzip ist der hohe Flächenbedarf.

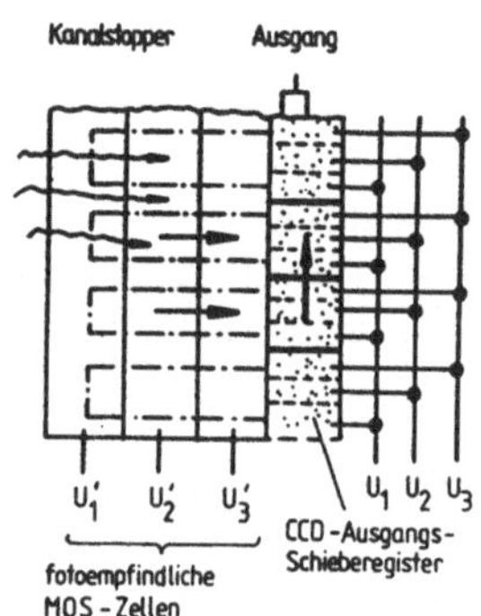

Bild 3.73
Fotoempfindliche MOS-Sensorzeile
mit einseitig angefügtem
CCD-Schieberegister

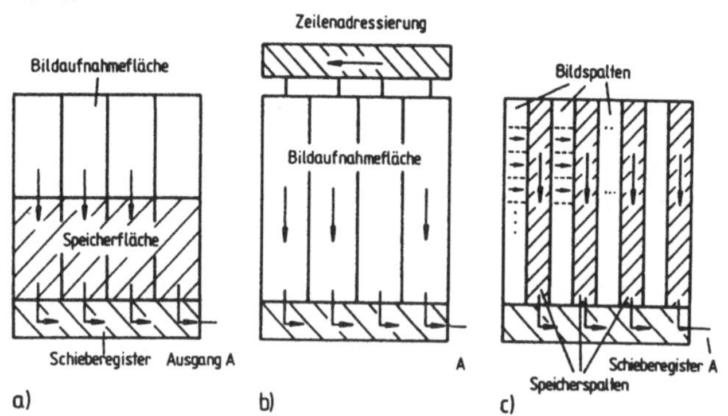

Bild 3.74 Organisationsformen für Bildaufnahmesensoren
a) Bildtransfer
b) Zeilentransfer
c) Zwischenzeilentransfer

- <u>Zeilentransfer</u> mit einer <u>Bildaufnahmefläche,</u> einem <u>Aus-</u>
  <u>gangsregister</u> und einem <u>Abtastgenerator</u> zur Zeilenadres-
  sierung. Ausgelesen wird Zeile für Zeile (Bild 3.74b).
- <u>Zwischenzeilentransfer</u> mit abwechselnd verteilten Bild- und
  Speicherzellen (Bild 3.74c), also eine erweiterte Version
  des linearen Sensors. Die Ladungsträger gelangen jeweils
  direkt vom Sensorteil ins benachbarte (lichtgeschützte)
  Speicher-Lese-Schieberegister, ein Ausgangsregister fragt
  die einzelnen Zeilen ab. Der Platzbedarf ist gering. Im Gegensatz zu den beiden vorgenannten Verfahren sind "Ver-
  schmierungseffekte" bei diesem Prinzip ausgeschlossen, weil
  die Träger direkt vom Fotosensor ins benachbarte Register
  ohne weiteren Lichtzutritt gelangen.

Flächensensoren, die nach diesen Prinzipien arbeiten, überdecken heute im Strahlungsbereich sowohl das sichtbare Spektrum mit Si als Grundmaterial als auch den Infrarotbereich.
Dort sind zwei Lösungstypen möglich:
- <u>Hybride IRCCDs</u>, bestehend aus üblichen IR-empfindlichen
  Sensorelementen, die mit Si-CCD-Schieberegistern verbunden
  sind. Das CCD-Register übernimmt nur die Signalverarbeitung.
- <u>Monolithisch integrierte IRCCDs</u>. Sie verwenden Störstellen-
  halbleiter und Substratmaterialien mit kleinem Bandabstand
  (InAs, InSb, GaSb, $Hg_{1-x}Cd_xTe$, PbTe u.a.). Zur Verbesserung
  der Empfindlichkeit arbeiten sie bei tiefen Temperaturen.

Seit einiger Zeit finden auch CCDs mit Schottky-Gates (s.
Abschn. 3.2.3) auf GaAs/GaAlAs- und GaSb/GaAlAsSb-Halbleiter-
basis sowohl für den sichtbaren als auch Infrarotbereich Anwendung. Die Strahlungsabsorption erfolgt dabei in einer dünnen oberflächennahen P-Schicht. Die erzeugten Elektronen gelangen dann über einen Heteroübergang in einen breitbandigen
N-Halbleiter und dort in den Bereich einer Schottkybarriere.
Die Vorteile solcher Anordnungen liegen hauptsächlich im
hohen Quantenwirkungsgrad und dem Wegfall der strahlungsempfindlichen Isolatorschicht der MOS-Anordnung.

Eine andere Lösung bieten <u>Metallsilizid-Schottkybarrieren,</u>
mit denen sich der Arbeitsbereich bis etwa 4,6 µm mit Si-Sub-
straten erweitern läßt.

Flächenhafte CCD- und CID-Sensoren werden heute von mehreren
Herstellern mit bis zu 800 x 800 Bildelementen und mehr ange-
boten, die Größe des Bildelementes beträgt $(8 \ldots 25)^2$ µm².
Für die PAL-Fernsehnorm benötigt man 580 x 400 Sensorelemente
(Bildpunkte). Die Bildflächen liegen zwischen $\approx$ 10 x 12 mm²
bei "1" objektiven bis 4,2 x 5,6 mm² für das Super-8-Format.
Für Farbkameras werden vor die einzelnen Zellen Filterarrays
(Rot,Grün, Blau) diodenartig eingefügt, wobei der Grünkanal
wegen der größeren Augenempfindlichkeit bevorzugt wird. Die
Anwendung erstreckt sich auf Videosysteme, auf die indu-
strielle Prozeßautomatisierung, Robotersteuerung, den Teleko-
pierbereich, Klarschriftlesern, in der Meßtechnik u.a.m.

Breite Anwendung finden Bildaufnahmeeinheiten in der <u>Infra-
rottechnik</u> hauptsächlich im Bereich mit guter atmosphärischer
Transmission im mittleren Infrarot $\lambda \approx$ 3 ... 5 µm und fernen
Infrarot $\lambda \approx$ 8 ... 16 µm. Aufgabe eines IR-Bildaufnehmers ist
es, das von einem Objekt ausgehende "Wärmebild" zu erfassen,
und zwar hauptsächlich im Bereich der Zimmertemperatur $T \approx$
300 K (dort eignet sich der Bereich $\lambda \approx$ 8 ... 16 µm besser),
während für den Bereich 600 ... 800 K das Gebiet $\lambda \approx$ 3 ... 5
µm besser geeignet ist, weil dort das Strahlungsmaximum auftritt (s. Bild 1.19). Damit liegen die zu verwendenden Halbleitermaterialien (und zwangsläufig der Temperaturbereich)
fest (Tafel 3.12):

Die Aufbauprinzipien von IR-Bildaufnahmeeinheiten stimmen mit
denen der gewöhnlichen Bildsensoren überein:
- <u>Vidikonprinzip</u> (s. Abschn. 3.7.1) mit Fotoleiter- und Foto-
  diodentargets (nur mit Si-Diode), auch werden jetzt <u>pyro-
  elektrische</u> Targests (s. Abschn. 3.4.1)verwendet (sog.
  Pyrikon).

	$\lambda_g/\mu m$	T_{max}/K	Prinzip
Intrabandabsorption			
Si:Ga	18	< 30	Foto-
Si:In	7,5	< 77	leiter
Si:As	25	< 4,2	
Fundamentalabsorption (geringe Bandbreite)			
InSb	6,8		Fotoleiter,
PbS	3	< 77	Sperrschicht-
$Hg_{1-x}Cd_xTe$	einstellbar		detektor
$Pb_xSn_{1-x}Te$	"		
PtSi/Si	5,6		Sperrschicht-(MS-Detektor)

Tafel 3.12 Materialien für IR-Bildaufnahmeeinheiten.

- <u>CCD-Ausleseprinzip,</u> wobei als Sensorelemente in Frage kommen.

a) Si-Schottky-Dioden und Si-Fotoleitungssensoren (Grundla-ge: Intrabandabsorption).

b) Fotosensoren aus anderen Materialien (s. Tafel 3.12), wobei aber für schmalbandige Halbleiter (trotz Kühlung) die Dunkelströme i.a. recht hoch sind, so daß z.B. MOS-Aufnahmeeinheiten (in CCD-Zellen) problematisch werden.

c) Pyroelektrische Sensoren (z.B. aus $LiNbO_3$, $LiTaO_3$ u.a.). In den letzten beiden Fällen ist eine monolithische Integration nicht möglich und man muß zu Hybridtechniken übergehen.

Ein Hauptproblem der IR-Bildaufnahme stellt das Rauschen dar. Für Strahlungsempfänger im sichtbaren Bereich bildete das <u>Quantenrauschen</u> die untere Grenze (bei geeigneter Bemessung) (s. Bild 3.48), für IR-Empfänger ist dies jedoch das thermische Rauschen, insbesondere des Hintergrundes. Hier sind aber in den letzten Jahren (besonders durch neuere Signalverarbeitungsprinzipien) deutliche Fortschritte gemacht worden.

Das Anwendungsgebiet der IR-Bildaufnahme ist sehr groß: es reicht von der Medizin über die Materialprüfung und -bearbeitung, die Meßtechnik (Infrarotspetroskopie), die Fernerkennung, Produktionskontrolle, die Überwachungstechnik und vieles andere mehr in viele Bereichen des täglichen Lebens, der Wirtschaft und der Technik.

4 Optokoppler

Häufig besteht die Forderung nach einer Signalübertragung zwischen getrennten, auf verschiedenem Potential liegenden Kreisen. Solche Situationen ergeben sich durch Störspannungen in Erdschleifen räumlich ausgedehnter Meßsysteme oder beim Schutz vor hochspannungsführenden Stromkreisen in der Anlagen- und Medizintechnik. Auch die Unterdrückung von Gleichtaktstörungen kann galvanische Trennung erfordern. Besorgte diese Aufgabe früher der Transformator, so werden heute wirtschaftlicher Optokoppler in der Analog- und Digitaltechnik eingesetzt.

Ein _Optokoppler_ oder _Optoisolator_ besteht je aus einem Strahlungssender (Glühlampe, meist aber Lumineszenzdiode) und einem strahlungsmäßig angepaßten Strahlungsempfänger (Fotodiode, Fototransistor, Fotodarlington-Transistor, Fotothyristor, Fotofeldeffekttransistor oder -Triac), die beide _optisch_ durch Glas, einen Lichtleiter oder Luft, also _nicht galvanisch_ "gekoppelt" sind [4.1], [4.2].

Zusätzlich können ausgangsseitig noch Verstärker, logische Schaltungen, Strombegrenzer und andere Anordnungen mit dem strahlungsempfindlichen Ausgangselement verbunden sein.

Bild 4.1 zeigt das Grundprinzip des Optokopplers und sein typisches Übertragungsverhalten. Fließt ein Flußstrom I_E durch den Strahlungssender, so tritt der nach Maßgabe eines Emissionswirkungsgrades η_e ausgehende Fotofluß Φ_e durch die Übertragungsstrecke (mit Verlusten), gelangt zum Fotodetektor, erzeugt dort einen Fotostrom I_{ph} und dieser - nach eventueller Verstärkung – den Ausgangsstrom I_A.

Aus Bild 4.1 lassen sich bereits einige Vorteile des Optokopplers erkennen:

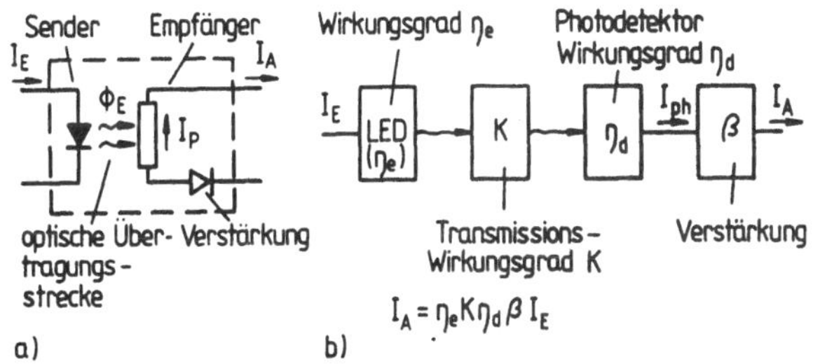

Bild 4.1 Optokoppler
    a) Anordnung. Die optische Übertragungsstrecke übernimmt zu-
       gleich die Potentialtrennung zwischen Eingangs- und Ausgangs-
       strom
    b) Zusammenhang zwischen Eingangs- und Ausgangsstrom

- das Signal wird rückkopplungsfrei in nur einer Richtung
  übertragen,
- die Übertragungsbandbreite ist viel größer als die eines
  Übertragers,
- im Schalterbetrieb als sog. "optoelektronisches Relais"
  entfallen z.B. Prellerscheinungen und Kontaktabnutzung.

Die Kombinationsmöglichkeiten der Bestandteile eines Optokopplers lassen eine gewisse Vielfalt von Bau- und Ausführungsformen vermuten, doch gibt es bezüglich der _optischen_
Kopplung nur zwei Hauptgruppen:
- _Geschlossene Koppler:_ Der optische Übertragungsweg kann extern nicht beeinflußt werden, und die Modulation erfolgt
  nur über den Strahlungssender.
- _Offene Koppler:_ Die Modulation ist sowohl über den Strahlungssender als auch den optischen Übertragungsweg möglich.

Es sei zunächst die erste Gruppe betrachtet.

4.1 Wirkprinzip und Eigenschaften

Der Strahlungssender des Optokopplers besteht durchweg aus einer GaAs-LED, die im Infraroten ($\lambda \approx 0{,}9$ µm) strahlt. Das Empfängerelement wird der Emissionscharakteristik angepaßt (meist Si-Element). Tafel 4.1 enthält eine Zusammenstellung verbreiteter Sender-Empfänger-Kombinationen. Bild 4.2 zeigt den Aufbau typischer Optokoppler. In der sog. <u>Sandwich-Bauweise</u> (Bild a) ist die Basis des Fototransistors mit einer etwa 0,2 mm starken Glasschicht abgedeckt. Auf ihrer Oberseite trägt sie eine metallische Leiterbahn mit aufgebondeter LED. Einfacher ist die Montage von Sender- und Empfängerelement auf getrennten Trägern (Bild b). Kunststoff zwischen beiden besorgt die optische Kopplung. Die Anordnungen c) und d) sind sog. <u>offene Koppler,</u> bei denen sich der Strahlungsweg extern beeinflussen läßt.

<u>Kennwerte.</u> Bild 4.3 zeigt die Ersatzschaltung eines Optokopplers mit Ausgangsfotodiode und nachgeschaltetem Transistor. Damit lassen sich seine wichtigsten <u>Kennwerte,</u> wie Stromüber-

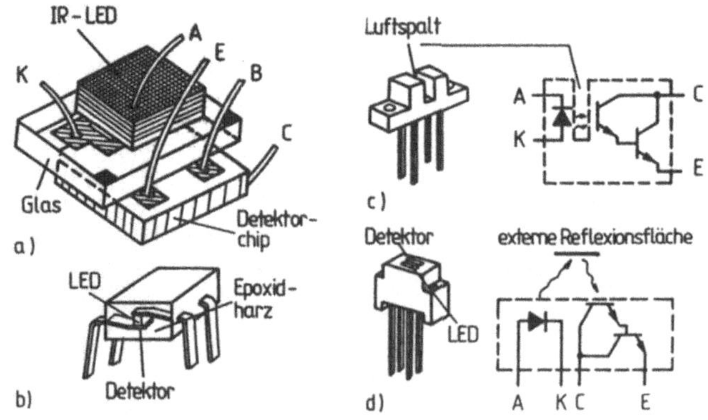

Bild 4.2 Aufbauprinzipien von Optokopplern
    a) Mit infrarotdurchlässiger Glasschicht
    b) Epoxidharzkoppler im DIP-Gehäuse
    c) Luftspalt im optischen Übertragungsweg
    d) Kopplung durch äußere reflektierende Fläche

Kennwerte \ Typ	Lampe	Fotoleiter	Foto-diode [3]	Foto-transistor	LED-Fotothyristor [4],[5]	Foto-triac	Fotodiode + Transistor-verstärker	Fotodiode + Verstärker + Gatter	Fotofeld-effekttransistor
Stromübertragungsverhältnis [1]	$100\,\Omega/V$ $10\,k\Omega/V$	$\approx 10\,k\Omega/A$	< 2 %	< 100 % < 500 %[2]	10 mA [6]	10 mA	< 400 %	< 500 %	< 50 %
Datenrate (MHz)	10^{-5}	10^{-4}	<10 [7]	<0,5 < 0,05 [2]	0,1 ... 1	<1	< 30	30	1
Isolationsspannung (kV)	0,5 ... 2	dto	50	<10	<20	<20	< 5	<5	<5

Bemerkungen: 1) Bei Fotoleitern als spannungsbezogene bzw. strombezogene
Widerstandsänderung $\Delta R/\Delta U$ ($\Delta R/\Delta I$) üblich
2) Fotodarlingtontransistor
3) Sonderform mit 2 antiparallelen LEDs
4) Sonderform LED-Fototriac
5) Sonderform mit Doppel-LED und zwei Thyristoren
6) Triggerstrom
7) in Sonderfällen höher

Tafel 4.1 Übersicht wichtiger Optokoppler

tragungsverhältnis, Übertragungskennlinie, dynamische Eigenschaften, Isolationsspannung und Gleichtaktunterdrückung er-
läutern [4.4]:

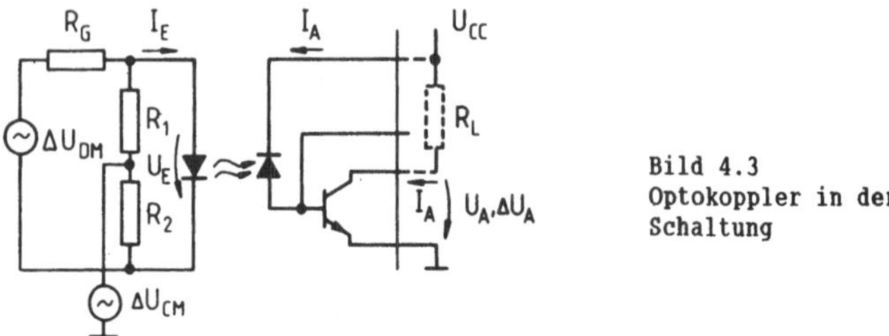

Bild 4.3
Optokoppler in der
Schaltung

1. Das <u>Stromübertragungsverhältnis</u> (current-transfer ratio,
CTR), oft auch <u>Wirkungsgrad</u> oder <u>Kopplungsfaktor</u> benannt, ist
das Verhältnis von Ausgangsstrom I_A zu Eingangsstrom I_E:

$$CRT = \frac{I_A}{I_E},\qquad(4.1)$$

typischerweise in % (z.B. I_A/I_E = 50 %) angegeben, meist bei
I_E = 10 mA. Es hängt nach Bild 4.1 von der Lichtausbeute der
Strahlungsquelle, den Verlusten im Übertragungsmedium, der
Empfindlichkeit des Fotodetektors und einer möglichen Nachverstärkung ab.

2. Die <u>Übertragungskennlinie</u> ist die Abhängigkeit des Aus-
gangsfotostromes vom Eingangsstrom. Näherungsweise gilt:

$$I_0 = K\,(I_E/I_{E0})^n\qquad(4.2)$$

I_0 Ausgangsstrom (Fotostrom) des Optokopplers

I_E Eingangsstrom des Optokopplers

K   Ausgangsstrom bei $I_{E0} = I_E$

I_{E0} Eingangsstrom, bei dem K gemessen wird

n   Linearitätsfaktor.

Sowohl Stromübertragungsverhältnis als auch Übertragungsver-
hältnis beschreiben die Übertragung bei größeren Signalen.
Optokoppler mit Fotodioden haben einen relativ kleinen CTR-
Wert. Er läßt sich durch einen Fototransistor oder Darling-

ton-Transistor erheblich verbessern (Tafel 4.1). Störend ist die oft beobachtete starke Abnahme des CTR-Wertes bis auf 50 %, die hauptsächlich vom <u>Alterungsverhalten</u> der LED bestimmt wird. Der TK des CTR-Wertes beträgt einige %/K (typisch: neg. TK der LED ($\approx$ - 0,5 %/K), positiver TK der Fotodiode $\approx$ 1 ... 2 %/K). Das Stromverhältnis ist stark nichtlinear (Bild 4. 4a), meist um so mehr, je größer der CTR-Wert selbst ist. Koppler mit Diodenausgang haben die besten Lineareigenschaften, solche mit Darlingtonausgang die schlechtesten. Deswegen erfordert die Übertragung analoger Signale entweder eine genaue Arbeitspunkteinstellung oder überhaupt andere schaltungstechnische Maßnahmen (s. Abschn. 4.2.).

3. <u>Grenzfrequenz, Datenrate oder Schaltzeit</u> kennzeichnen das dynamische Verhalten des Optokopplers. Sie hängt stark vom Fotodetektor ab. Die Grenzfrequenz der Spannungsverstärkung $\Delta U_A / \Delta U_{DM}$ (Bild 4.3), bestimmt durch die 3dB-Bandbreite, liegt - abhängig vom Strahlungsempfänger - in der Größenordnung von 10 MHz bei Fotodioden. Die Grenzfrequenz des Detektors sinkt mit wachsender Sperrschichtkapazität und steigendem Verstär-

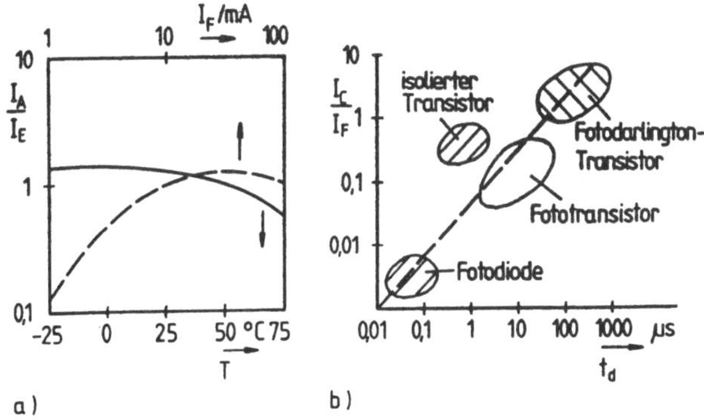

Bild 4.4 Übertragungseigenschaften des Optokopplers
    a) Stromübertragungsverhältnis über Flußstrom und Temperatur
       (Fototransistorendstufe)
    b) Zusammenhang zwischen Stromübertragungsverhältnis und Anstiegszeit für typische Fotoempfänger

kungsfaktor. Deshalb ist die obere Grenzfrequenz f_{max} umgekehrt proportional zur Stromübertragung (s. Tafel 4.1).
Schaltzeitangaben sind besonders für Optokoppler mit Fotothyristoren oder Foto-Triacs üblich, weil diese Elemente nur
für Schalterzwecke sowie zur Ansteuerung von Leistungshalb-
leitern benutzt werden.

4. Die <u>Gleichtaktunterdrückung</u> - ausgedrückt durch das CMRR -
Verhältnis (Common mode rejection ratio) -

$$CMRR = \frac{\Delta I_C / \Delta U_{DM}}{\Delta I_C / \Delta U_{CM}} \qquad (4.3)$$

kennzeichnet die Unterdrückung eines Eingangs-Gleichtaktsi-
gnals nach dem Ausgang hin. Übliche Werte betragen mehr als
70 dB bei 1 kHz. Ein entsprechendes Maß läßt sich auch für
Digitalanwendungen definieren.

5. Die <u>Isolationsspannung</u> zwischen Eingangs- und Ausgangskreis beträgt üblicherweise 1,5 ... 5 kV (VDE-Prüfzeichen für
10 kV), in Sonderfällen mehr (s. Tafel 4.1). Der Isolations-
widerstand zwischen beiden Kreisen hängt vom Aufbau ab. Er
beträgt für Glas, Faserlichtleiter, Epoxidharz u.a. bis zu
100 GΩ.

Die Kombination der Sender- und Empfängerelemente wird wesentlich von den Spektralempfindlichkeiten, der gewünschten
Datenrate und dem Stromübertragungsverhältnis bestimmt. Tafel
4.1 zeigt die wichtigsten Kombinationen. Sehr günstig ist die
Paarung GaAs-Sender (LED)-Si-Empfänger, weil sich dann die
bei etwa $\lambda = 0,9$ µm liegenden Strahlungs- und Empfindlich-
keitsmaxima gut überdecken. Kaum noch benutzt werden Optokoppler mit <u>Glühlampen</u> und <u>Fotoleitern.</u> Sie sind zwar billig
und empfindlich, aber sehr träge. Gelegentlich kommen sie
noch in Reglerschaltungen und Steuerungssystemen zur Anwendung.

Die weit verbreiteten <u>LED-Diodenkoppler</u> haben Stromübertragungsverhältnisse von wenigen Prozent, bedingt durch die ge-

ringe Empfindlichkeit der Empfängerdiode. Bei einem Eingangsstrom I_E = 10 mA ergeben sich Ausgangsfotoströme von einigen
10 µA. Als Senderelemente kommen - wie auch in den folgenden
Kopplern - alle LEDs und IREDs in Frage, z.B. für hohe Übertragungsbandbreiten GaAs- und GaAsP-Dioden, für höhere Über-
tragungsleistungen GaAs-, Si-Dioden u.a. Vorteilhaft sind die
guten Frequenzeigenschaften der Empfangsdioden, die bis zu
einigen 10 MHz und mehr erreichen können. Um den Gleich-
richtereffekt durch die LED auszuschalten (Wechselstrombe-
trieb), werden mitunter zwei LEDs antiparallel geschaltet
(Tafel 4.1). Das Stromübertragungsverhältnis ist durch den
nichtlinearen Zusammenhang zwischen Durchlaßstrom und Lichtstrom bei kleinen Flußströmen stark nichtlinear (Bild 4.4a),
es sinkt auch nach hohen Temperaturen ab. Das äußert sich z.
B. in der Schaltzeit t_d (Bild 4.4b).

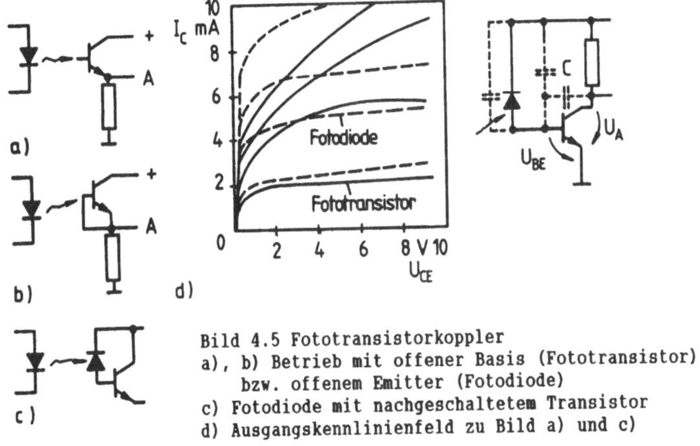

Bild 4.5 Fototransistorkoppler
a), b) Betrieb mit offener Basis (Fototransistor)
        bzw. offenem Emitter (Fotodiode)
c) Fotodiode mit nachgeschaltetem Transistor
d) Ausgangskennlinienfeld zu Bild a) und c)

Für Differenzoptokoppler (s. Abschn. 4.2) wird die LED mit
zwei symmetrischen Fotodioden vereint, so daß sich günstige
Regelschaltungen aufbauen lassen.

Eine spezielle Form des LED-Diodenkopplers heißt Iso-Gate.
Hierbei sind ausgangsseitig mehrere reihengeschaltete Fotodioden (im Fotozellenmodus betrieben) angeordnet, die eine

hohe Ausgangsspannung von 6 V und mehr liefern. Mit ihr läßt
sich ein MOS-Leistungs-FET direkt ansteuern. Solche Iso-Gate-
MOS-Relais werden als direktes Interface z.B. zwischen Mikroprozessor und anzusteuernden Leistungsbauelementen eingesetzt.

Fototransistorkoppler sind ebenfalls sehr verbreitet. Sie haben Stromübertragungsverhältnisse von einigen 10 % (mit Foto-
darlington-Transistoren von deutlich über 100 %) bei allerdings schlechterem Frequenzverhalten. Bild 4.5 zeigt den Aufbau und die Übertragungskennlinie. Optokoppler mit Fototransistor werden mit oder ohne herausgeführtem Basisanschluß angeboten. Im ersten Fall kann der Fototransistor wahlweise als
Fotodiode oder im Transistorbetrieb arbeiten (Bild 4.5a, b).
Im letzten Fall kann der Fototransistor auch in den Rückkopp-
lungskreis einer äußeren Schaltung einbezogen werden.

Die Nichtlinearität ist mit einem Fototransistor größer als
mit dem Fotodiodenempfänger, weil zusätzlich noch die Nichtlinearität des Kollektorstromes hinzutritt. Dies zeigt sich
deutlich in der Ausgangskennlinie (Bild 4.5d). Deshalb hat
sich eine Kombination aus Fotodiode mit nachgeschaltetem
Transistor als Empfängerelement eingebürgert, die relativ
gute Linearität aufweist (Bild 4.5c). Oft sind alle Verbin-
dungspunkte einzeln zugängig, so daß der Transistor univer-
sell in die Ausgangsschaltung eingefügt werden kann. Eine
höhere Empfindlichkeit bringt der Einsatz des Fotodarlington-
Transistors (Tafel 4.1), allerdings verbunden mit schlech-
teren dynamischen Eigenschaften. Seltener eingesetzt werden
in Optokopplern Fotofeldeffekttransistoren (sog. Opto-EFTs).
Sie dienen als isolierte variable Widerstände oder Analog-
schalter. Opto-FETs (sog. birektionale FETs) werden als
BOSFETs bezeichnet. Sie arbeiten als Schalter in Wechsel-
stromkreisen.

Fotothyristor-Optokoppler werden für reine Schalteranwen-
dungen benutzt. Dazu schaltet die LED einen Fotothyristor

kleiner Leistung (vgl. Abschn. 3.4.), der wieder einen Lei-
stungsthyristor steuert. Hier ist nicht mehr das Stromübertragungsverhältnis interessant, sondern der Eingangsstrom,
bei dem der Thyristor einschaltet.

Als Opto-Triacs bezeichnet man Optokoppler, die einen Triac
(für Wechselstromanwendungen) optisch schalten. Dabei werden
häufig noch Hilfsschaltungen mit integriert, die ein Schalten
im Nulldurchgang erlauben.

Integrierte Optokoppler. Bei den bisherigen Optokopplern waren Sender- und Empfängerelement als eigenständige Bauelemente über eine Glas- oder Kunststoffschicht miteinander verbunden: Optokoppler aus Einzelbauelementen vereint in einem Ge-
häuse. Von einem integrierten Optokoppler spricht man, wenn
- sich Sender- und Empfängerelement im gleichen Halbleiter-
  substrat befinden oder
- ein Optokoppler gleichzeitig noch eine integrierte Schaltung (z.B. Operationsverstärker oder Digitalschaltung) hinter dem Empfängerelement enthält. Solche Anordnungen werden
  für verschiedenartigste Einsatzgebiete zunehmend interessanter.

Ein Beispiel für die erstgenannte Gruppe ist der sog. Opto-
transistor (Bild 4.6a): Eine GaAs-LED wirkt gleichzeitig als

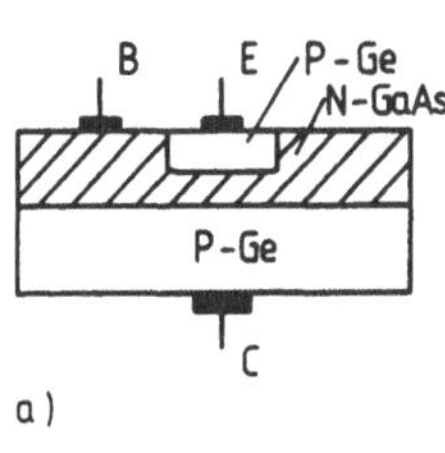

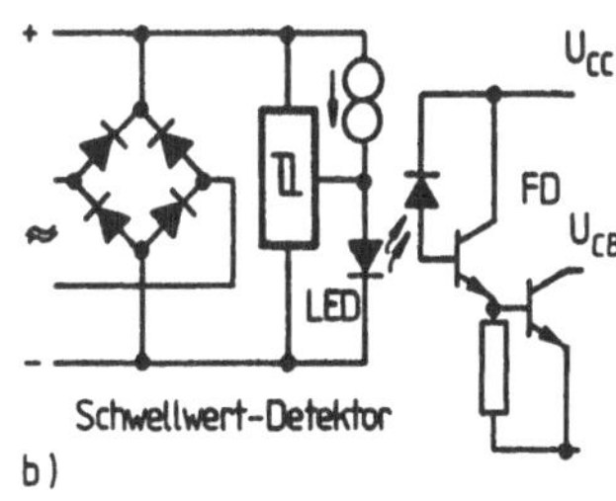

Bild 4.6 Integrierte Optokoppler
        a) Dioden-Transistoranordnung (Optotransistor)
        b) mit eingefügten Schaltungsteilen, die auch integriert sein
           können (HC PL 3700)

Emitter-Basis-Übergang eines Bipolartransistors. Die davon ausgehende Strahlung gelangt durch den GaAs-Halbleiter in eine N-GaAs-P-Ge-Hetero-Fotodiode (Kollektor-Basis-Übergang). Diese Anordnung zeichnet sich durch eine besonders kurze Signallaufzeit zwischen "Emitter" und "Kollektor" aus.

Bild 4.6b zeigt ein Beispiel eines Optokopplers mit einem integrierten Schwellwertdetektor zur Schwellwerterkennung eines durch einen Brückengleichrichter gleichgerichteten Signals, das anschließend einem Optokoppler zugeführt wird. So läßt sich ein logisches Signal potentialfrei übertragen.

<u>Optokoppler (Optokoppler-Strahlschranke).</u> Bei den bisher beschriebenen Anordnungen kann der Strahlungsfluß im Optokoppler von außen her nicht unterbrochen werden. Für viele Anwendungen (z.B. optische Abtastung, Winkel-, Längenkodierung) ist dies aber wünschenswert. Das ermöglichen die schon erwähnten <u>offenen Optokoppler</u> (Bild 4.2c, d). Hier kann die optische Verbindung zwischen Sender und Empfänger entweder unterbrochen (sog. <u>Gabelkoppler</u>) oder über ein reflektierendes Meßobjekt (<u>Drehspiegel-, Reflexkoppler</u>) überhaupt erst möglich werden. Der Empfänger enthält meist eine zusätzliche integrierte Schaltung (Verstärker, Schwellwertschalter) zur Signalformung. Gabelkoppler entsprechen in ihren Eigenschaften weitgehend denen des geschlossenen Kopplers. Störend kann jedoch einfallendes Nebenlicht sein, das den Arbeitspunkt des Fototransistors beeinflußt. Bei den Reflexkopplern hängt die Übertragungscharakteristik stark von der abzutastenden Oberfläche ab.

Offene Koppler werden vielseitig angewendet, z.B. als Geber zur vollelektronischen Zündung in Kraftfahrzeugen oder bei verschiedenartigsten Steuervorgängen, vor allem im Maschinenbau, der Feinmechanik sowie Meß-, Steuer- und Reglungstechnik.

Optokoppler bieten zahlreiche Hersteller (Siemens, AEG-Telefunken, Motorola, Hewlett-Packard, TRW u.a.) in großer Breite an. Tafel 4.2 gibt einige Beispiele.

Typ	Hersteller		Koppel-faktor,	Daten-rate, f_g	Schalt-zeiten
CNY 17	Siemens	GaAs-LED, Si-Fo-totransistor	40-320 %	250 kHz	$t_e <$ 3 µs $t_a <$ 3 µs
SFH 620	Siemens	Antiparallele GaAs-LEDs, Si-Fototransistoren	100-320 %	"	
IL 30	Siemens	GaAs-LED, Foto-darlington	I_T = 0,3 mA	$\dfrac{dU}{dt} = \dfrac{10\ kV}{µs}$	
IL 140	Siemens	GaAs-LED Si-Fototriac	I_{FT} = 2mA		
IL 252	Siemens	antiparallele LEDs	100%		
HCPL-220	HP	Log. Gate am Aus-gang			$t >$ 3 µs
6N 139	HP	Fotodarlington	500 %	0,1 Mb/s	
6N 135	HP	Transistorausgang	$<$ 10 %	1 Mb/s	
HCPL-2300	HP	schneller Koppler	$<$ 1600 %	5 Mb/s	
6N 137	HP	opt. gekoppeltes logisches Gate	$<$ 700 %	10 Mb/s	
HCPL-4200	HP	opt. gekoppelter 20 mA-Schleifen-transemitter	TTL/CMOS	20 kBd	
TIL 112	Mot	Si-Fototrans.	2 %		$<$ 2 µs
MOC 8021	Mot	Si-Fotodar-lington	1000 %		$<$ 15 µs
MOC 3007	Mot	Fotothyristor	$I_T <$ 40 mA	$\dfrac{dU}{dT} = \dfrac{500\ V}{µs}$	

Tafel 4.2 Beispiele von Optokopplern

4.2 Grundschaltungen

<u>Grundschaltungen.</u> Bild 4.7 zeigt eine Reihe von Grundschaltungen für den Betrieb von Optokopplern mit Fototransistor. Am einfachsten ist die Kollektorspannungsauskopplung (Bild 4.7a, b) mit dem schon erwähnten relativ langsamen Übergangsverhalten bei Impulssteuerung. Etwas günstiger arbeitet die Emitterspannungsauskopplung (Bild 4.5a). Die Stromauskopplung (Bild 4.7b) mit nachgeschaltetem Operationsverstärker ist besonders günstig. Der Fototransistor liegt im Eingangskreis eines über R_2 gegengekoppelten Operationsverstärkers (I-U-Wandler). Am Eingang herrscht durch das Prinzip der virtuellen Masse praktisch Kurzschluß. Dadurch arbeitet der Fototransistor mit fester Kollektorspannung und die Übergangszeiten werden hauptsächlich vom Operationsverstärker bestimmt. Die Stromauskopplung läßt sich auch durch eine andere Ausgangsstromquelle besorgen, z.B. einen in Basisschaltung betriebenen Transistor (Bild 4.7c). Auch hier bleibt die Kollektorspannung des Fototransistors etwa konstant, was sein dynamisches Verhalten verbessert. Bild 4.7d, e) zeigt Schaltungen, in denen dem Fototransistor ein Schmitt-Trigger nachgeschaltet ist. Dadurch verbessern sich die Flankensteilheit und der Störabstand des Ausgangssignals.

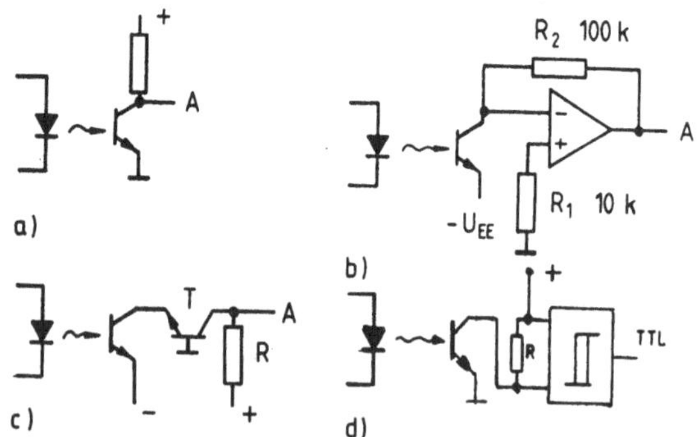

Bild 4.7 Grundschaltungen des Optokopplers mit Fototransistorausgang
    a) Kollektorausgang
    b) Stromausgang mit nachfolgendem Operationsverstärker
    c) Ausgang mit nachfolgender Basisschaltung (Stromauskoppler)

<u>Dynamisch</u> wird das Verhalten des Optokopplers hauptsächlich vom Strahlungsempfänger bestimmt, da die Schaltzeiten der LED im ns-Bereich liegen. Beim Koppler mit Fototransistor z.B. begrenzt dessen Kollektor-Sperrschichtkapazität (Bild 4.8a) die dynamischen Eigenschaften durch den Miller-Effekt sehr nachteilig. Die (aus optischen Gründen) große Kollektor-Basis-Fläche bedingt eine große Kapazität c_{cb}. Für ihre Umladung steht nur der Fotostrom zur Verfügung, weshalb dieser Vorgang z.B. bei Ausgangsspannungsänderungen recht träge verlaufen kann ($\rightarrow$ große Umladezeit). Anders ausgedrückt hängt die Eingangskapazität c_e durch den Miller-Effekt von der Betriebsspannungsverstärkung v_u ($v_u = -\Delta U_A/\Delta U_E$) ab und ist relativ groß. Hat der Transistor die Steilheit S ($\gtrsim I_E/U_T$), so beträgt die Spannungsverstärkung $v_u \approx$ S.R und so die Eingangskapazität

$$c_e \approx \text{S. R } c_{cb}.$$

Da der Transistor eingangsseitig den Emitterleitwert $g_{be} \approx 1/r_d B_N$ besitzt (B_N Stromverstärkung in Emitterschaltung, $r_d = U_T/I_E$ Diffusionswiderstand), hängt die Zeitkonstante

$$\tau = c_e/g_e = \text{S. R } c_{cb} \cdot B_N\, r_d \approx B_N\, R\, c_{cb}$$

des aus Eingangskapazität und -leitwert gebildeten Kreises u. a. vom Lastwiderstand R ab und kann sehr erheblich werden. Sie bestimmt den Zeitverlauf des Ausgangsstromes, wenn der Optokoppler mit einem Eingangsrechteckstrom eingeschaltet wird, also ein rechteckförmiger Lichtblitz auf den Fototran-

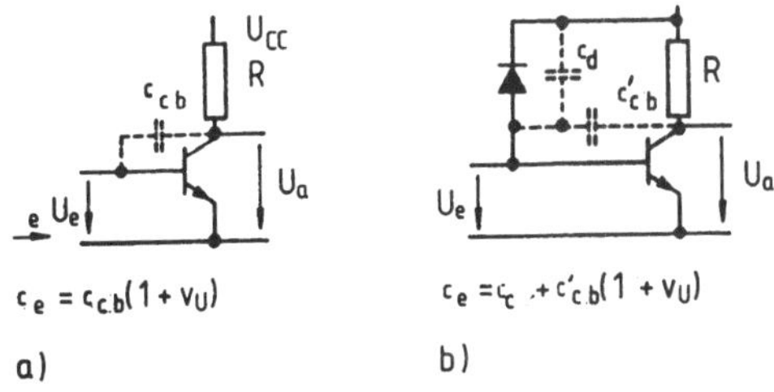

Bild 4.8 Einfluß der Miller-Kapazität
   a) Koppler mit Fototransistor
   b) Kombination Fotodiode/Transistor

sistor fällt.

Die Anordnung mit Fotodiode und nachgeschaltetem Transistor
(Bild 4.8b) ist dagegen günstiger, da der Transistor jetzt
eine kleinere Kollektorkapazität haben kann mit geringerem
Einfluß auf die Eingangskapazität. Die Kapazität c_d der Fotodiode unterliegt nicht dem Miller-Effekt. Deshalb wird der
Fototransistor meist mit fast konstanter Spannung U_{CB} betrieben (geringer Lastwiderstand), also die Stromauskopplung bevorzugt.

Schaltungstechnisch dient der Optokoppler zur Übertragung
analoger und digitaler Signale. Bild 4.9a zeigt eine Anordnung zur Übertragung analoger Signale. Besondere Lineari-
tätsprobleme bereitet dabei die nichtlineare Übertragungskennlinie. Linearitätsfehler von einigen Prozent stellen
praktisch schon die Einsatzgrenzen der angegebenen Schaltung
dar, zumal auch ihre Temperaturstabilität nicht besonders
groß ist. Als LED-Treiber arbeitet eine übliche Emitterstufe.
Der Ausgangsverstärker ist über R_4 ... R_7 stark gegengekop-
pelt. Günstiger bezüglich der Linearität arbeiten Koppler mit
Fotofeldeffekttransistoren, weil diese zusätzlich symmetrisch
sind. Sie lassen sich sehr gut als optisch steuerbare Widerstände hoher Linearität verwenden, wie z.B. im Bild 4.9b zur
Verstärkungssteuerung einer OP-Stufe (ebensogut als Analog-
schalter). Höhere Anforderungen an die Linearität können auch
durch andere Maßnahmen erfüllt werden:
- Kompensation der Übertragungsnichtlinearität und Verbesserung der Temperaturstabilität, oft einhergehend mit einer
  Aussteuerungsbegrenzung. Beispiele dafür sind die Servo und
  Differenz-Optokopplerschaltungen.
- Modulationsverfahren, die weitgehend unabhängig von Nichtlinearitäten und Temperatureinflüssen des Optokopplers arbeiten.

Die Übertragung digitaler Signale ist dagegen meist weniger
aufwendig. Bei der Datenübertragung zwischen Schaltungen auf

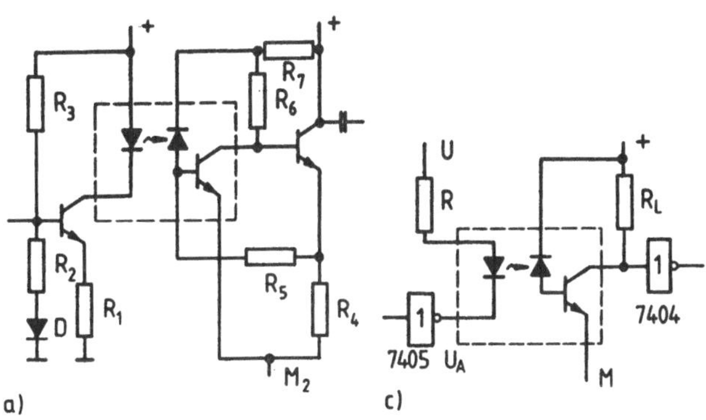

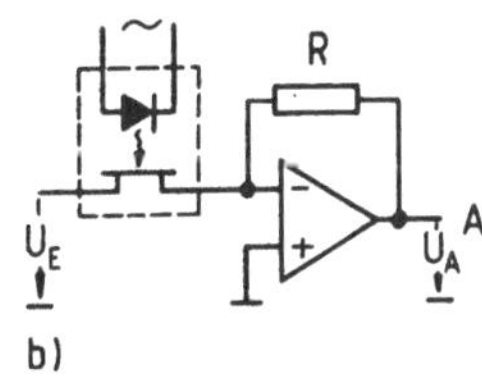

Bild 4.9
Optokoppler in der Schaltung
a) Einfacher Wechselspannungs-
   trennverstärker
b) Verstärkerstufe mit Optokoppler
   als variabler Widerstand
c) Anordnung zur Kopplung von Digital-
   kreisen

verschiedenem Potential und zur Vermeidung von Störeinkopp-
lungen ist eine galvanische Trennung mittels zwischengeschal-
teter Optokoppler unerläßlich. Bild 4.9c zeigt ein Beispiel.
Das ausgangsseitige Gatter treibt den Optokoppler, dessen
Ausgang eine andere Masse besitzt und z.B. ein Folgegatter
treibt.

Servo- und Differenz-Optokoppler. Bessere Linearität im Über-
tragungsverhältnis wird beim sog. Servooptokoppler (Bild 4.
10a) dadurch erreicht, daß einem üblichen Optokoppler - dem
Meßkoppler - ein Operationsverstärker und diesem ein zweiter
(identischer) Referenzoptokoppler nachgeschaltet ist. Sein
Ausgangsstrom I_2 wird durch den Operationsverstärker so aus-
geregelt, daß sich die Fotoströme von Meß- und Referenzkopp-
ler kompensieren und die Eingangsdifferenzspannung des Opera-
tionsverstärkers verschwindet. Dann gilt $I_1 = I_2$.

Die Übertragungsfunktion der Gesamtschaltung ergibt sich als
Quotient der beiden Stromübertragungsverhältnisse $Ü_1 = I_1/I_E$

und $\mathring{U}_2 = I_2/I_A$ zu $I_A/I_E = \mathring{U}_1/\mathring{U}_2$. Wenn beide Koppler gleiche Nichtlinearitäten haben, bleibt der Übertragungsfaktor konstant. So sind Linearitätsabweichungen von wenigen Prozent ohne große Probleme realisierbar. Wegen der Proportionalität $I_A \quad I_E$ wird die Schaltung auch als Trennverstärker zur Strommessung verwendet, da sich der Ausgangsstrom I_A leicht über R messen läßt. Ein solcher <u>Strom-Strom-Koppler</u> kann auch in einen <u>Spannungs-Spannungs-Koppler</u> umgeformt werden.

Beim <u>Differenzoptokoppler</u> (Bild 4.10b) steuert ein Operationsverstärker V_1 zwei möglichst identische Optokoppler. Beide Empfangsdioden sollen symmetrisch von den LEDs bestrahlt werden, um Linearitätsfehler klein zu halten. D_1 schließt die (optische) Gegenkopplungsschleife von V_1 so, daß dessen Eingangsdifferenzspannung gegen Null geht (virtueller Kurzschluß). D_2 steuert den Operationsverstärker V_2. Sind D_1 und D_2 symmetrisch an die LEDs angekoppelt, so fließt aus Symmetriegründen durch D_2 der gleiche Strom wie durch D_1, es ist folglich $I_1 = I_2$. Letzterer wird durch den als I-U-Wandler arbeitenden zweiten Operationsverstärker in eine Ausgangsspannung U_A, also die Differenz der Eingangsspannungen, umgewandelt. Mit idealen Operationsverstärkern ergibt sich so als Ausgangsspannung

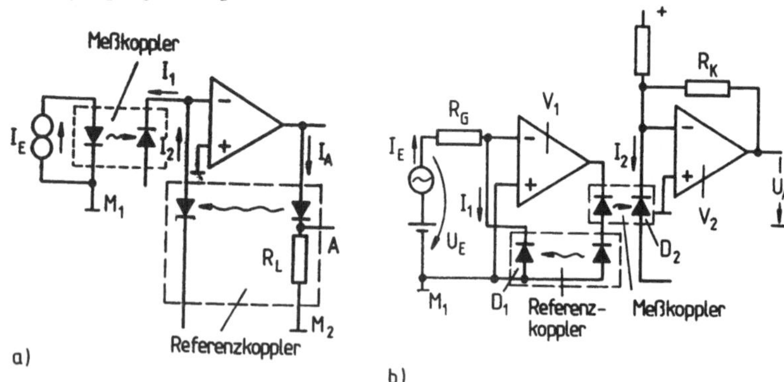

Bild 4.10 Analogübertragung mit
         Optokopplern
         a) Servooptokoppler
         b) Differenzoptokoppler

$$U_A = I_2 R_K = I_1 R_K = I_E R_K = U_E \, R_K/R_G.$$

Die Übertragungsfunktion ist so unabhängig von der Kennlinie der LEDs und Fotodioden (sofern letztere gleich sind).

Kristisch an dieser Schaltung bleibt die Symmetrieforderung beider Optokoppler. Wohl bieten Doppelkoppler (eine LED, zwei Fotodioden) eine gewissen Symmetriegewähr, doch machen sich i.a. weitere Korrekturmaßnahmen erforderlich.

Durch (nicht gezeichnete) zusätzliche Stromquellen kann ein Diodenvorstrom zur Verbesserung der Linearität eingestellt werden. Dieser so erzeugte künstliche "Offset" ermöglicht dann auch einen bipolaren Betrieb der Schaltung. Sie hat einen geringen Linearitätsfehler ($\leq 0{,}1$ %) und einen kleinen Temperaturgang. Ihre Grenzfrequenz ist hauptsächlich durch die der OPs gegeben.

Differenzoptokopplerschaltungen verwendet man verbreitet als sog. <u>Opto-</u>, <u>Trenn-</u> oder <u>Isolationsverstärker</u> zur Messung erdfreier Gleichspannungen.

<u>Modulationsverstärker mit Optokopplern.</u> Reichen die Linearität oder der Temperaturgang der erwähnten Schaltungen nicht

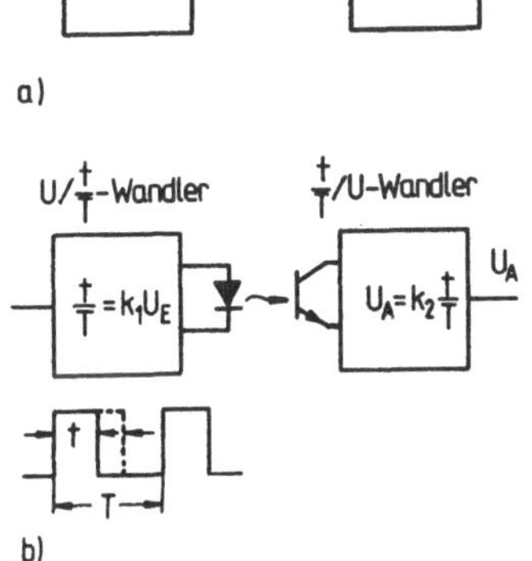

Bild 4.11
Modulationsverstärker mit Optokoppler
a) Verwendung von U/f- und f/U-Wandlern
b) Verwendung einer pulsbreitenmodulierten Impulsfolge

aus, so empfiehlt sich die Anwendung des <u>Modulationsprinzips.</u>
Dadurch werden Nichtlinearität und Temperaturverhalten der
Optokoppler aus der Übertragungsfunktion weitgehend elimi-
niert. Bild 4.11a zeigt das Grundprinzip einer solchen Anordnung. Die analoge Eingangsspannung wird zunächst in eine fre-
quenzproportionale Impulsfolge gewandelt, dem Optokoppler
aufgeprägt - der jetzt als Schalter arbeitet - und in einem
nachgeschalteten f/U-Wandler wieder in das Analogsignal rück-
geformt. Der Eingangswandler erzeugt ausgangsseitig ein Im-
pulssignal der Frequenz $f = k_1 U_E$, der dem Optokoppler folgende f/U-Wandler die Ausgangsspannung $U_A = k_2 f = k_1 k_2 U_E$.
Hier hängt die Linearität der Übertragung von den beiden
Wandlern ab, nicht vom Optokoppler. Diese Vorteile werden jedoch mit größerem Schaltungsaufwand erkauft. Besonders günstig lassen sich solche U/f-Umsetzer mit integrierten Schaltungen (z.B. RCA 4153) aufbauen, die sowohl die U/f- als auch
f/U-Wandlung besorgen.

Das analoge Eingangssignal kann auch durch eine Spannung-
Tastverhältniswandlung in eine Impulsfolge geformt werden
(Bild 4.11b). Das Tastverhältnis t/T ist der Eingangsspannung
streng proportional. Wieder arbeitet der Koppler als Schalter. Solange seine Einschalt- und Ausschaltzeiten klein gegen
die kürzeste Tastzeit sind, ist auch dessen elektrisches Ausgangssignal der Eingangsspannung proportional. Durch eine
einfache Mittelwertbildung - z.B. mit einem Tiefpaß - gilt U
$= U_E\, t/T = K(t/T)$, d.h. die Ausgangsspannung ist dem Tastverhältnis und damit der Eingangsspannung U_E streng proportional.

Derartige Schaltungsprinzipien können noch weiter verfeinert
werden und erlauben mit steigendem Schaltungsaufwand eine
sehr präzise Analogwertübertragung. Eine weitere Möglichkeit
besteht in der Abtastung der analogen Eingangsspannung und
einem Umsatz in ein Digitalsignal durch einen AD-Wandler.
Dieses Digitalsignal wird mit einem Optokoppler übertragen
und erst dann durch einen DA-Wandler wieder in ein Analogsignal rückgeführt.

4.3 Anwendungen

Die Vorteile des Optokopplers sind augenscheinlich:
- Hervorragende elektrische Isolation zwischen Eingangs- und
  Ausgangskreis bis in den Hochspannungsbereich. Damit ent-
  fallen Hochspannungstransformatoren zur Verkopplung zweier
  Stromkreise (z.B. für die Thyristorzündung).
- Geringe Koppelkapazitäten ($\leq$ 1 pF),
- kein Einfluß elektromagnetischer Störfelder auf den Photo-
  nenfluß (ungeladene Teilchen!),
- rückwirkungsfreie Signalübertragung. Änderungen im Aus-
  gangskreis wirken nicht auf den Eingang zurück.
- Anwendung zur analogen und digitalen Datenübertragung (nach
  Maßgabe der Geschwindigkeit) möglich.

Dementsprechend vielseitig sind die Anwendungen: Zur poten-
tialmäßigen Trennung zweier Stromkreise sowie zur gegenseiti-
gen Anpassung von Meßkreisen, Logiknetzen und Analogschal-
tungen. Aus Bild 4.10 beispielsweise wird deutlich, wie zwei
Stromkreise durch Optokoppler leicht auf verschiedene Masse-
potentiale zu bringen sind. Bild 4.9c kann als ein Beispiel
der Verbindung von logischen Schaltungen angesehen werden.
Dargestellt sind die Ausgangsstufe eines Gatters, der Opto-
isolator und die Eingangsstufe eines Folgegatters. Liegt der
Ausgang U_A ($\approx$ 0,2 V) auf niedrigem Potential, so wird die LED
über R stromgespeist. Im umgekehrten Fall leuchtet die Diode
nicht, und es sperrt ebenso der Fotoempfänger.

Ein weiteres Beispiel ist der Ersatz eines Transformators und
Gleichrichters z.B. zur Stromversorgung einer logischen
Schaltung aus der Netzspannung durch einen Optokoppler (vgl.
4.6b). Die Netzspannung speist über einen Vorwiderstand den
Brückengleichrichter und dieser die LED. Der Fotoempfänger
arbeitet im Fotoelementbetrieb, wobei mehrere zur Spannungs-
erhöhung in Reihe geschaltet sind. Eine anschließende externe
Siebung (Kondensator zwischen U_{CC} und Masse sowie Vorwiderstand zwischen U_{CC} und U_{CB}) ergibt die Gleichspannung. Mit

dieser Zusatzbeschaltung kann direkt eine nachfolgende Logik gesteuert bzw. betrieben werden. Derartige Schaltungen werden auch als "AD/DC to Logic"-Optokoppler bezeichnet.

In der Datenübertragung sind sog. <u>Stromschnittstellen</u> (TTY-, 20 mA-Schnittstelle) mit der Signalzuordnung $1 \stackrel{\wedge}{=} 20$ mA, $0 \stackrel{\wedge}{=} 0$ mA mit Potentialtrennung weit verbreitet (Bild 4.12). Bei Kopplung von Sender und Empfänger werden zwei Stromschleifen geschlossen (aktive Seite: mit Stromquelle, passive ohne) und ein Strom von 20 mA eingeprägt (hergeleitet aus der internen Versorgung, z.B. 12 V). Der Strom kann auf der Sender- oder Empfängerseite eingeprägt werden. Potentialtrennung ist durch die Optokoppler gewährleistet. Solche Schnittstellen übertragen - abhängig von der verfügbaren Betriebsspannung - noch Signale mit 9600 bit/s bei Leitungslängen bis 1000 m.

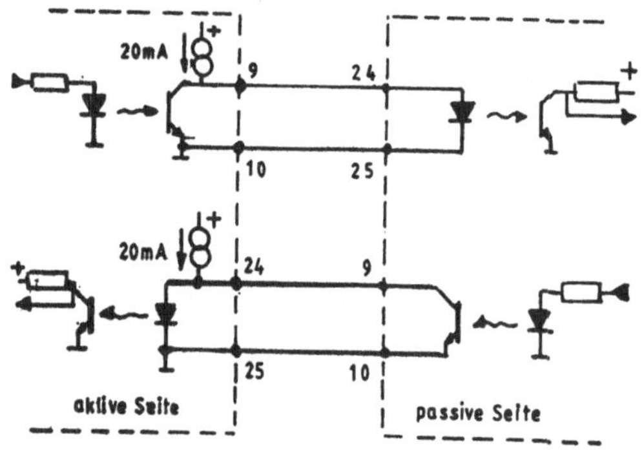

Bild 4.12 Stromschnittstelle
Vollduplexverbindung mit Optokopplern (die Zahlen geben die Stiftnummern des 25poligen Cannon-Steckers von DIN 66021 an)

- Fertigungs- und Verarbeitungsmaschinen als I/O-Module und Halbleiterrelais zur Ansteuerung von Geräten der Leistungselektronik,
- der Elektronik selbst z.B. zur Realisierung optisch gekoppelter Schaltungen mit fallender Kennlinie [4.3].

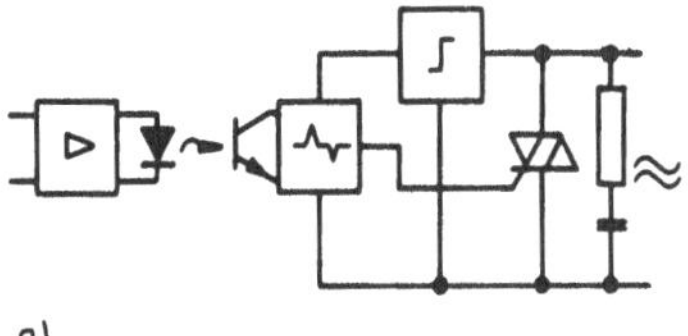

a)

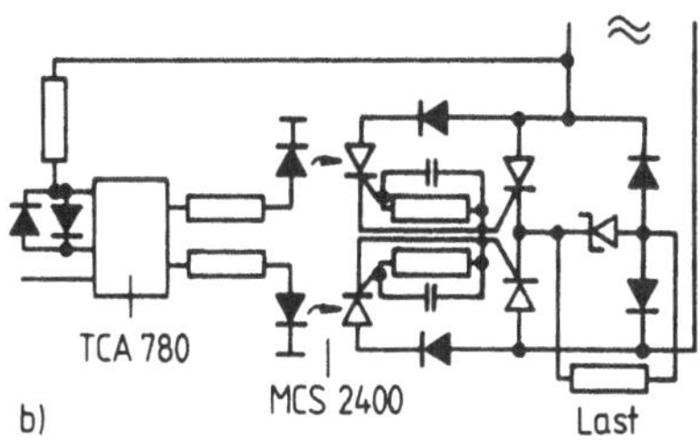

b)

TCA 780

MCS 2400

Last

Bild 4.13

Anwendung von Optokopp-
lern in der Leistungs-
elektronik
a) Optogekoppeltes Halb-
   leiterrelais
b) Phasenanschnitt-
   steuerung mit halbge-
   steuerter Brücke und
   Optokoppler

In der Leistungselektronik werden Optokoppler hauptsächlich
als optogekoppelte <u>Halbleiterrelais</u> und als Ersatz von Im-
pulsübertragern zur Ansteuerung der Leistungshalbleiter eingesetzt. Bild 4.13a zeigt den Aufbau eines solchen "Relais",
gebildet aus einem Eingangs-(Anpaß-)verstärker, dem Optokoppler, einem Ausgangstrigger (Nullspannungsschalter) und dem
Lastschalter (Triac oder antiparallel geschalteten Thyristor
mit interner RC-Schutzbeschaltung). Ganz analog läßt sich der
Optokoppler (mit Fotothyristoren) in einer Phasenanschnitt-
steuerung verwenden (Bild 4.13b). Eine netzsynchrone Impuls-
steuerschaltung mit dem Ansteuer-IC (TCA 780) speist die beiden Optokoppler und deren Ausgänge wieder die Thyristoren
einer Halbbrückenschaltung.

Optokoppler haben eine große Einsatzbreite erreicht, z.B. in
- der Kommunikationstechnik (schnelle Datenübertragung, Auskopplung am Mikrorechner, Videokoppler, Telefonnebenstel-
  lenendgeräte zur Steuerung der Klingel),
- der Datenverarbeitung und Büromaschinentechnik,
- Haushaltgeräten, Lichtorgeln, Video-Kassenrekordern u.a.m.,

- Fertigungs- und Verarbeitungsmaschinen als I/O-Module und
  Halbleiterrelais zur Ansteuerung von Geräten der Leistungselektronik,
- der Elektronik selbst z.B. zur Realisierung optisch gekoppelter Schaltungen mit fallender Kennlinie [4.3].

5 Optische Übertragungssysteme

<u>Übersicht.</u> Seit Jahrzehnten erfolgt die Informationsüber-
mittlung durch modulierte elektromagnetische Wellen über
Drahtleitungen, Koaxialkabel, Hohlleiter oder den freien Raum
im Frequenzbereich von einigen Hz bis zu einigen GHz (entsprechend einem Wellenlängenbereich von einigen 100 Metern
bis in den mm-Bereich). Dabei weiß man, daß die Übertragungsrate (z.B.gemessen in Bit/s bei Digitalmodulation) direkt von
der maximal benutzbaren Trägerfrequenz abhängt. Sie steigert
sich deshalb beim Übergang zum GHz-Bereich etwa um den Faktor
300000. Diese Erkenntnis trieb die Entwicklung der <u>optischen</u>
<u>Nachrichtenübertragungssysteme</u> und ihrer <u>Schlüsselkomponen-</u>
<u>ten</u>, die <u>optischen Verbindungsglieder</u>, die <u>Lichtwellenleiter,</u>
<u>Koppler, Modulationseinrichtungen</u> (u.a.) stark voran. So
überdeckt beispielsweise ein Glasfasersystem im Wellenlängenbereich λ = 0,75 ... 1,5 µm einen Frequenzbereich von 2 ...4
. 10^{14} Hz, besitzt also die Bandbreite B = 2 . 10^{14} Hz. In
einem solchen Band kann eine enorme Informationsmenge übertragen werden, z.B. 2 . 10^{6} (!) Fernsehsignale von je 100
Mbit/s.

Die wichtigsten <u>Vorteile</u> der optischen Übertragungstechnik
(insbesondere mit Lichtwellenleitern) wurden eingangs bereits
erwähnt:
- hohe Signalbandbreite (bis in den GHz-Bereich),
- geringe Verluste, die erst in großen Abständen Signalrege-
  neration erfordern,
- Unempfindlichkeit gegen elektromagnetische Störungen, Wegfall von Erdungsproblemen,

- Ersatz von Kupferleitungen durch Glas mit deutlich kleine-
  rem Materialeinsatz bei gleichen Übertragungseigenschaften,
- Sicherheit gegen Abhören,
- Erhöhung der Übertragungskapazität durch Wahl von verschie-
  denen optischen Wellenlängen für den Signalträger (sog.
  Wellenlängenmultiplex-Verfahren).

Grundsätzlich besteht ein optisches Nachrichtensystem aus
- einem <u>Strahlungssender</u> (Signalquelle, optische Strahlungsquelle, elektrischer und optischer Modulator),
- der <u>Übertragungsstrecke</u> und
- einem <u>Strahlungsempfänger</u> (Strahlungsempfänger, elektronische Signalumformung).

Bild 5.1a zeigt den prinzipiellen Aufbau eines optischen
Übertragungssystems. Das analoge oder digitale Signal wird
über eine Signalaufbereitung (z. B. Änderung der Amplitude,
Frequenz oder Signalform bei digitalen Signalen) einem elek-

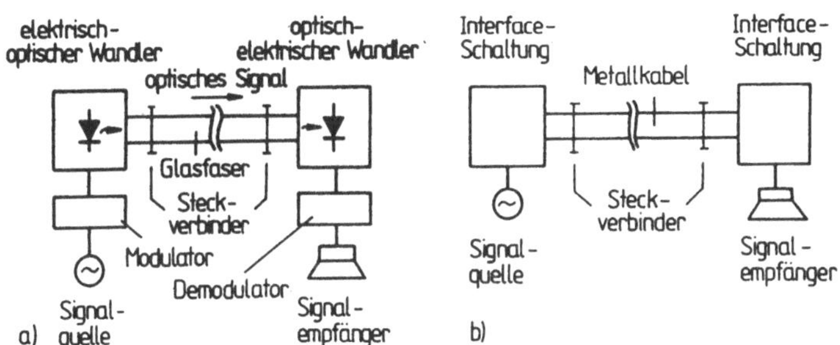

Bild 5.1 Prinzip von Übertragungssystemen
         a) Optisches Übertragungssystem
         b) Herkömmliches drahtgebundenes System

trisch-optischen Wandler (LED, Laserdiode) zugeführt. Dabei
verursacht der modulierte Diodenstrom Intensitätsschwankungen
der Strahlung. Durch eine "optische Ankopplung" gelangt diese
in den optischen Übertragungsweg. Am Empfangsort wird sie
durch einen Fotodetektor wieder in Stromschwankungen umgewandelt und nach einer Signalaufbereitung an den Empfänger abgegeben.

Von der rein elektrischen Übertragungsanordnung (Bild 5.1b)
unterscheidet sich das optische System durch die Umsetzung
elektrisch - optisch - elektrisch, wie sie vom Optokoppler
her bekannt ist. Sollen Signale über sehr große Entfernungen

Generation	1.	2.		3.
Wellenlängen- bereich	0,83-0,93 µm	1,25-1,35 µm		1,5-1,65 µm
Strahlungs- quelle	GaAlAs-LD, LED	InGaAs-LD, LED		
Glasfaserart	Multimode	Multi- mode	Mono- mode	Monomode
Strahlungs- empfänger	Si-GaAs-PD, APD, PIN	InGaAs-, Ge-,		HgCdTe-PD, APD, PC
Halbleiter- materialien	GaAlAs/GaAs Si	GaInAsP/InP (Ge)		GaInAsP/InP (Ge) GaAsSb/InP
Dämpfung (dB/km)	< 5	< 2		< 1
Dispersion $[\text{ps(nmkm)}^{-1}]$	< 80	≈ 0		≈ 0 ... 20
Bandbreite Gbit/skm	1	1	100	200

Tafel 5.1 Typische Eigenschaften von Glasfaserübertragungssystemen

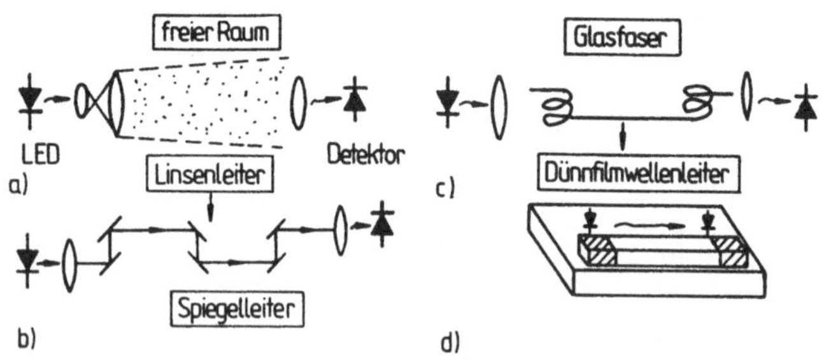

Bild 5.2 Beispiele optischer Übertragungssysteme
    a) Anordnung mit Linsen zur Strahlungsbündelung
    b) Anordnung mit Linsen und Spiegeln
    c) Anordnung mit Glasfaserkabel
    d) Integrierte Optik: Auslegung der Übertragungs-
       strecke als Dünnfilmwellenleiter

übertragen werden, so müssen wegen der unvermeidlichen Verluste der optischen Übertragungsstrecke in bestimmten Abständen "Relaisstationen", sog. "Repeater" eingefügt werden. Dort wird das optische Signal in ein elektrisches gewandelt, verstärkt, eventuell neu geformt und wieder optisch rückgewandelt.

Für die <u>Arbeitswellenlänge</u> spielen Systemanforderungen, verfügbare Komponenten und Wirtschaftlichkeit die Hauptrolle. Derzeit werden sie durch die Emissionswellenlänge verfügbarer Strahlungsquellen und die Übertragungseigenschaften der Lichtwellenleiter bestimmt: λ = 0,85 ... 0,9 µm, 1,3µm und 1,5 µm (Tafel 5.1).

Das in Bild 5.1 dargestellte optische Nachrichtensystem hat
- einige historische (beispielhaft ausgewählte), rein optische Vorläufer, die z. B. älter als die elektrische Übertragung sind (Tafel 5.2)
- heute unterschliedliche technische Ausführungsformen. Sie unterscheiden sich hauptsächlich durch das optische Übertragungsmedium sowie den Abstand zwischen Sender und Empfänger: Lichtschranke, Optokoppler, Glasfaserübertragung und sog. integrierte optische Schaltungen (kurz integrierte Optik, s. Abschn. 5.2).

Bild 5.2 zeigt einige typische elektrisch-optische Übertragungssysteme, die sich vor allem durch das Übertragungsmedium unterscheiden:
- nicht materialgebundende Übertragung im freien Raum (verbesserbar durch Linsen- und Spiegeleinsatz),
- materialgebundende Übertragung durch <u>Lichtleiter</u> für diffuse Strahlung z.B. aus Kunststoff und für gerichtete als sog. <u>"Glasfaserkabel"</u> und <u>Dünnfilmwellenleiter</u> [2.12], [3.14], [5.1]-[5.3].

Im freien Raum reicht die diffuse Strahlung einer LED im Infraroten (mit Emissionsleistungen um 10 mW im Dauerbetrieb, 1

	Optische Systeme		Elektrooptische Systeme				
System	Rauchsignal Flaggen Flügeltelegraf	Blinklicht	Lichtschranke	Infrarot-übertragung	Optokoppler	Glasfaser-übertragung	Integrierte Optik
Strahlungs-quelle	Sonne	Lampe	Glühlampe	IR-LED	LED	LED, Laser	Laser (LED)
Modulation	vereinbarte Zeichen	vereinbarte Lichtunter-brechung	Intensitäts-steuerung, Strahlab-lenkung/unter-brechung durch Spiegel/Refle-xion	.direkte In-tensität, .elektrische Modulation	.Intensitäts-steuerung über Strom, .Unterbrechungs-steuerung optisch	elektrische Intensitäts-steuerung	.elektrische Intensitäts-steuerung, .Steuerung passiver komponenten
Über-tragungs-strecke	Atmosphäre		Atmosphäre	Atmosphäre	.Atmosphäre .opt. Medium im Gehäuse .Lichtleiter	Glasfaser-kabel	.Lichtwellen-leiter auf Substrat .Substrat
Übertra-gungslänge	km-Bereich	einige 100 m...km	m-Bereich	m...km-Be-reich	mm-Bereich	einige 10 km	μm...-Bereich
Übertra-gungskapa-zität	einige 10 Zeichen/s		bis 100 Zei-chen/s	$10^3...10^5$ Zeichen/s	10^6 Zeichen/s		10^3 Mbit/s
Empfänger	Auge		.Fotoleiter .Fotodiode .Fototransistor	Fotodioden	.PN-Fotodiode .Fototransistor .Fotothyristor		.APN, PIN-Fotodiode .Fotodiode .Heterofotodioden

Tafel 5.2 Systeme der optischen Nachrichtentechnik

W gepulst) zur Überbrückung kurzer Entfernungen aus (Fernsteuerung von Fernsehgeräten, Spielzeugen, Kamerasteuerung u. a.m.). Über große Entfernungen hat diese Übertragungsart - wenn nicht kohärente Strahlung (Laser) benutzt wird - den Nachteil der starken Streuung sowie des Einflusses atmosphärischer Störungen. Das ist von Lichtschranken und Entfernungsmessern bekannt. Die Überbrückung größerer Entfernungen mit relativ kleinen Sendeleistungen wurde erst durch die Glasfasertechnik möglich. Dabei unterscheidet man zweckmäßig
- Übertragung über kurze, mittlere und große Entfernungen.
- Anwendungen in der integrierten Optik, Optoelektronik und in der Sensortechnik (s. Abschn. 5.3).

Ein Beispiel für die Integration von Optik und Optoelektronik ist z.B. ein optoelektronischer Wandler für den bidirektionalen Betrieb (Bild 5.3). Er arbeitet mit zwei Wellenlängen. Das einlaufende Signal (λ_1) wird von der Glasfaser über Wellenleiter und einem "Duplexer" dem Detektor zugleitet, das erzeugte (λ_2) gelangt über Wellenleiter und Duplexer auf die Glasfaser. Der Duplexer hat somit die Aufgabe einer "Wellenlängenweiche". Die erforderlichen Wellenleiter sind in Dünnfilmtechnik ausgeführt.

Die folgenden Abschnitte beziehen sich deshalb vorwiegend auf die Komponenten optischer Übertragungssysteme und die Systemeigenschaften.

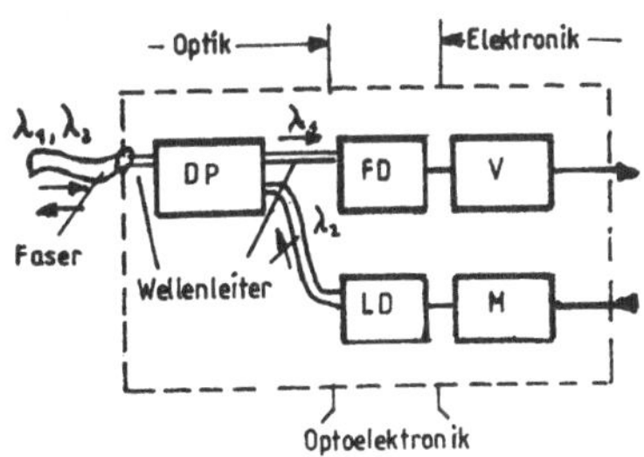

Bild 5.3 Optoelektronischer Wandler für bidirektionalen Betrieb

5.1 Übertragungsstrecken optischer Systeme. Lichtwellenleiter

Wie erwähnt, werden die freie Atmosphäre und vor allen der Lichtwellenleiter als Übertragungsstrecke eingesetzt.

5.1.1 Freie (atmosphärische) Übertragungsstrecke

Der freie Raum als Übertragungsstrecke dient zur ausgesprochenen Kurzstreckenübertragung vorwiegend im nahen Infrarot mit LEDs als diffuser und Laserdioden als gerichteter Strahlungsquelle.

Maßgebend für das Übertragungsverhalten ist in erster Linie die Durchlässigkeit der Atmosphäre über der Wellenlänge und die selektive Absorption:
- permanente Luftbestandteile (Wasserdampf, CO_2, Ozon, CH_4),
- verunreinigende Gase (CO, NO_2, SO_2),
- Streuung durch Staubpartikel

in Umgebung bestimmter Wellenlängen (0,94 µm, 1,13 µm, 1,38 µm, 1,9 µm, 2,7 µm, 4,3 µm, 6 µm usw.). Zwischen den Absorptionsminima liegen die sog. atmosphärischen Fenster (Gebiete hoher Transmission), die durch die Absorptionsbänder von H_2O und CO_2 getrennt sind (Bild 5.4). Selbst eine Laserdiode mit angenommen gaußförmiger Intensitätsverteilung I(r):

$$I(r) = I_0 \exp{-r^2/r_0^2} \tag{5.1}$$

(r_0 Flächenradius der Strahlungsfläche) hat nur begrenzte Einsatzfähigkeit. Der Divergenzwinkel (Winkel der Aufweitung)

$$\Delta\Theta = \lambda/2\,r \tag{5.2}$$

hängt von der Wellenlänge ab und beträgt für λ = 0,85 µm (10,6 µm) und r_0 = 1 mm etwa $\Delta\Theta$ = 0,0075° (bzw. 0,01°). Nach einer Entfernung von 1 km beträgt der Strahldurchmesser 13,5 cm bzw. 1,7 m. Im Vakuum könnte ein derartig kleiner Winkel über größere Entfernungen gehalten werden, nicht aber in der Atmosphäre.

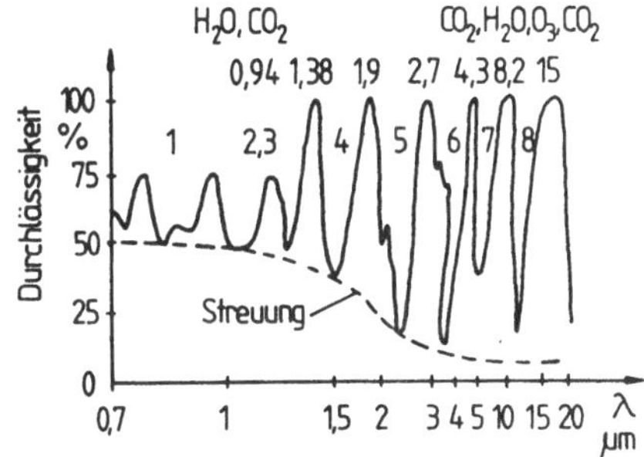

Bild 5.4 Durchlässigkeitsverluste in der
Atmosphäre über der Wellenlänge.
Zahlen geben die sog. atmosphärischen
Fenster an.

Für die diffuse Strahlung der LED sind die Verhältnisse noch ungünstiger. Deshalb wird dieses Übertragungsmedium fast durchweg zur Ultrakurzstreckenübertragung (wenige Meter) verwendet auf Basis von GaAs-LED und Si-Strahlungsempfängern (Diode, Transistoren) im Bereich $\lambda \approx 0,9$ µm.

Durch die breiten <u>Strahlungscharakteristika</u> der LED und des Strahlungsempfängers (mit üblichen Kunststofflinsen) liegt die überbrückbare Entfernung nur bei einigen Metern. Abhilfe schaffen

- die Erhöhung der Senderstrahlstärke (höhere Strahlleistung durch Impulsbetrieb, Einengung des Abstrahlwinkels, Parallelschalten mehrerer Sendedioden),
- Bündelung der Senderstrahlung mit optischen Mitteln (Linsen, Reflektoren),
- Verbeserung am Empfangsort: Kopplung mehrerer Strahlungsempfänger mit Sammellinsen.

Mit diesen Maßnahmen lassen sich durchaus Entfernungen von einigen 10 ... 100 m überbrücken.

Typische Anwendungen solcher Systeme sind
- drahtlose Tonübertragung über kurze Strecken (Infrarot-Tonübertragung),

- Infrarotsteuerung von unterschiedlichsten Geräten und
  Anlagen,
- Kurzstreckenübertragungssysteme (z.B. Verbindung zwischen
  Tastatur, Mouse und Rechner oder zum Drucker, Fernbedie-
  nungssysteme),
- Sicherungssysteme.

Die <u>Infrarottonübertragung</u> (aus einem TV-Empfänger zum Kopfhörer, Dolmetscheranlagen u.a.) arbeitet durchweg mit der
Frequenzmodulation eines Trägers (Größenordnung 100 kHz), um
den vollen NF-Bereich ($\approx$ 20 kHz) zu übertragen. Mit mehreren
Trägerfrequenzen lassen sich nach diesem Prinzip auch Konfe-
renzanlagen aufbauen.

Die Infrarotfernsteuerung verwendet durchweg Impulsmodulation
(einfache Impuls-, Pulscode-Mehrfachkanalsteuerung), die insbesondere große Störsicherheit aufweist.

5.1.2 Lichtwellenleitersysteme

Die größte Bedeutung für die optische Nachrichtentechnik ha-
ben <u>Lichtwellenleiter,</u> auch <u>Lichtleiter</u> oder <u>optische Wellen-
leiter</u> genannt [5.1]-[5.7], [5.10], [5.12], [5.18].

Lichtwellenleiter sind optische <u>dielektrische,</u> dämpfungsarme
Leiter mit Rechteck- oder Kreisquerschnitt, die elektromagnetische Wellenfelder in Längsrichtung dadurch fortleiten, daß
der <u>Wellenleiterkern</u> einen größeren Brechungsindex n_k als der
<u>Wellenleitermantel</u> n_m besitzt (metallische Wellenleiter
scheiden für den fraglichen Frequenzbereich wegen zu hoher
Verluste aus).

Die Interpretation der Wellenausbreitung ist deshalb möglich
- durch die <u>Strahlenoptik</u> (geometrische Optik, s. Abschn. 1.
  2.4) mittels der Totalreflexion am optisch dünneren Medium
  (Wellenleitermantel),
- durch die Beschreibung mittels der <u>Maxwellschen Gleichungen.</u>

Typische Bau- und Ausführungsformen der Lichtwellenleiter
sind

- die Dünnfilm- oder Schichtwellenleiter mit Rechteckquer-
  schnitt (ebene Wellenleiter z.B. für Modulatoren, Filter,
  Koppler, Verzweiger u.a.),
- die zylinderfömrigen (faserförmigen) Wellenleiter aus Glas
  oder Kunststoff: Glas-, Kunststoffaserwellenleiter.

Zu den wichtigsten Übertragungseigenschaften der Lichtwellenleiter zählen
- das Brechungszahlprofil und der Akzeptanzwinkel,
- Dämpfung und Dispersionsverhalten (Bandbreite),
- Abmessungen und damit Ankopplung an die Sender- und Empfängerelemente,
- Verbindungs- und Verzweigungsmöglichkeiten.

Zunächst werden die mehr phänomenologischen Eigenschaften der
Glasfaser-Wellenleiter zusammengestellt (optische Gesichtspunkte), später die Welleneigenschaften (Schichtleiter) ergänzt.

**5.1.2.1 Wirkprinzip und Eigenschaften von Glasfaserwellen-
         leitern**

Wirkprinzip. Je nach dem Winkel, unter den Strahlen von einer
Punktquelle auf einen Lichtwellenleiter mit unterschiedlichem
Brechungsindex auftreffen, gibt es verschiedene Wellenarten:
- Kern- oder geführte Wellen im Zentrum, die den Kernbereich
  nicht verlassen und sich daher als Signalträger eignen.
- Mantelwellen im Bereich mit geringeren Brechungsindex, die
  sich in diskreter Zahl bilden,
- sog. Raum- oder Strahlungswellen, die in den Außenraum
  strahlen (Bild 5.5).

Die letztgenannten beiden Gruppen lassen sich bei der Anregung von Kernwellen zwar nicht vermeiden, doch entziehen sie
dem Feld Energie und tragen deshalb nicht zur Übertragung
bei.

-378-

Für die Kernwellen kann daher ein Modell des Lichtleiters mit
unterschiedlichen Brechungsindizes im Mantel und Kernbereich
zugrundegelegt werden.

Fällt ein Lichtstrahl aus einem optisch dichteren Medium (n_k
> n_m, Bild 5.5) auf ein dünneres, so wird der gebrochene
Strahl stärker von der Senkrechten weggelenkt. Für einen kri-
tischen Winkel α_{krit} (Brewster-Winkel) trat <u>Totalreflexion</u>
(Spiegelwirkung) ein (s. Gl.(1.41)):

$$\sin \alpha_{krit} = n_m/n_k.$$

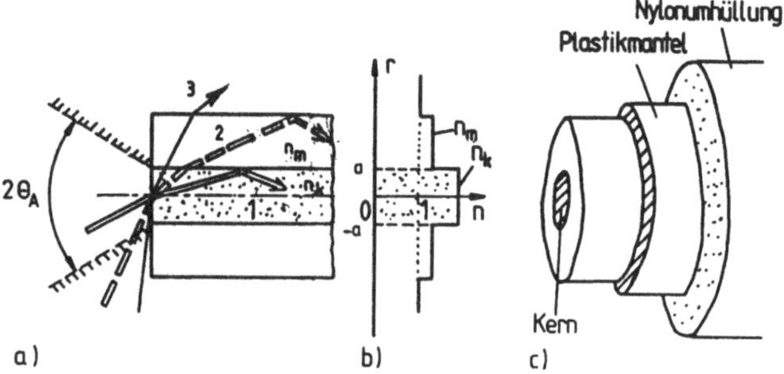

Bild 5.5 Prinzip des Glasfaserleiters
     a) Strahlengang
     b) Radialer Verlauf der Brechungsindices
     c) Aufbau

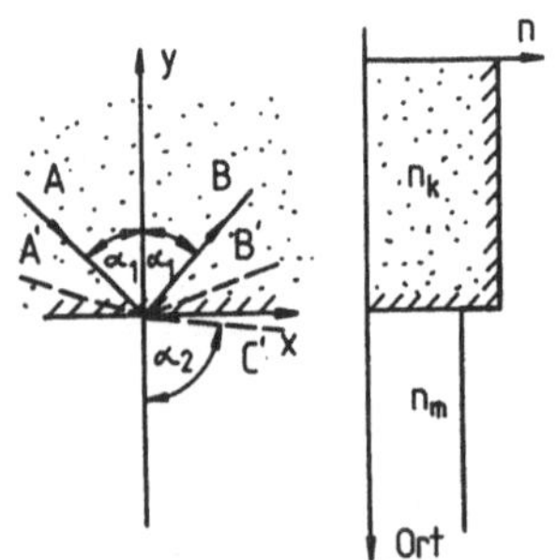

Bild 5.6 Brechung und Reflexion eines Lichtstrahles. Brechung und Total-
     reflexion (n_k > n_m)

Dieser Sachverhalt wird in der Glasfaserleitung grundlegend ausgenutzt. Sie besteht im Prinzip aus koaxialen ineinander gebetteten Glaszylindern mit verschiedenen Brechungsindices n_m, n_k. Der innere Zylinder ist dabei optisch dichter (Brechungsindex n_k). Sein Durchmesser beträgt einige 10 μm, der des Mantels etwa 100 μm (Bild 5.5b). Ein Lichtstrahl im optisch dichteren Medium wird dann zwischen den Grenzflächen hin und her reflektiert und breitet sich so zickzackförmig aus. Aus mechanischen Gründen sind noch weitere Umhüllungen angebracht und meist mehrere Glasfaserleitungen zu einem "optischen Kabel" zusammengefaßt.

Aus Bild 5.5 geht hervor, daß wegen der Totalreflexion nicht jedes, auf den Glasfaserquerschnitt aus einem Medium mit dem Brechungsindex n_0 (Luft $n_0 = 1$) auffallende Licht fortgepflanzt werden kann. Es werden vielmehr nur Lichtstrahlen, die unter einem Winkel Θ kleiner als der sog. <u>Akzeptanzwinkel</u> Θ_A

$$\Theta_A = \text{arc sin} \ \frac{1}{n_0} \ \sqrt{n^2{}_k - n^2{}_m} \tag{5.3}$$

einfallen, fortgeleitet. Die Größe

$$\boxed{A_N = n_0 \ \sin \Theta_A} \tag{5.4}$$

heißt die <u>numerische Apertur</u> A_N der Glasfaser. Je größer dieser "Öffnungswinkel" ist (Bild 5.5a), umso mehr Lichtleistung kann eingekoppelt werden (das Quadrat der numerischen Apertur ist der einkoppelbaren Strahlungsleistung proportional). Die numerische Apertur typischer Stufenleiter (s.u.) beträgt beim Eintritt aus Luft (n_0) und einem Unterschied der beiden Brechungsindizes von etwa 1 % und weniger), wie er praktisch auftritt, rd. 20 %. Daher sind bei der Einkopplung der Strahlungsleistung bereits deutliche Kopplungsverluste typisch.

<u>Brechungsindexprofil.</u> Die Übertragungseigenschaften eines Lichtwellenleiters hängen stark vom lokalen Verlauf des Brechungsindex im wellenführenden Querschnitt ab, kurz dem

<u>Brechungsindexprofil.</u> Zwei Grundtypen werden derzeit verwendet: <u>Stufenindex-</u> und <u>Gradientenindexprofil,</u> die auf die schon erwähnten drei Grundtypen zylindrischer Lichtwellenleiter führen.

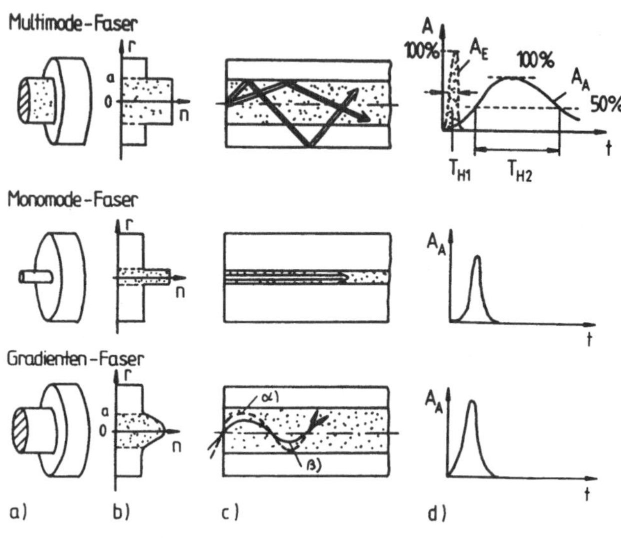

Bild 5.7
Lichtwellenleiter mit verschiedenen Übertragungsverhältnissen
a) Aufbau, b) Brechzahlprofil, c) Strahlungsausbreitung, cα) achsenferner Modus mit großer Ausbreitungsgeschwindigkeit (n klein). cß) achsennaher Modus mit kleiner Ausbreitungsgeschwindigkeit (n groß), d) Verlauf des Ausgangssignals bei jeweils gleichem Eingangsimpuls

Typ. Eigenschaften	$d_K/\mu m$	$d_M/\mu m$	n_k	n_m	Akzeptanzwinkel	Bemerkungen
Multimode-Faser	30-100[1]	100-150[1]	1.527	1,517	10°-18°	starke Impuls verbreitung B.L<100 MHzkm
Monomode-Faser	3-10	100-200	1,471	1,457	6°-9°	formtreue Impulsübertragung BL»10 GHzkm
			n_{min}	n_{max}		
Gradienten-Faser	40-100	100-200	1,54	1,562		geringe Impulsverbreitung BL≈1 GHzkm

Multimoden-Lichtwellenleiter mit Stufenindexprofil. Beim
Stufenprofilleiter ändert sich der Brechungsindex zwischen
Kern und Mantel stufenartig und ist über den Kernquerschnitt
konstant (Bild 5.7)a). Sie waren historisch die zuerst herge-
stellten mit Kerndurchmessern von 50 ... 80 µm und Außen-
durchmessern von 100 ... 150 µm (heute typisch, Anfangswerte
noch höher). Eine wichtige Größe der Stufenindexfaser ist
neben der numerischen Apertur die bezogene Frequenz V oder der
Faserparameter

$$V = (2\pi a/\lambda) \sqrt{n^2_k - n^2_m} \qquad\qquad (5.5)$$

(λ Volumenwellenlänge). V gibt die Gesamtzahl der möglichen
Moden des elektromagnetischen Feldes an. Bei großen Kern-
radien a wird V sehr groß, und es entstehen angenähert

$$M \approx 1/2 \sqrt{V} \qquad\qquad (5.6)$$

Moden oder Eigenwellen. Beispielsweise ergibt sich für n_k =
1,52, n_m = 1,5 und A_N = 0,245. Für einen Kernradius a = 50 µm
und λ = 1 µm beträgt der Faserparameter V = 77,16 bzw. die
Modenzahl N = 2,97 . 10^3. Die Glasfaserleitung überträgt alle
Lichtwellen innerhalb des Akzeptanzwinkels. Abhängig von Fa-
serabmessung und Wellenlänge gibt es dabei eine bestimmte
Zahl von Ausbreitungswegen, die Moden. Jede Ausbreitungsmode
hat eine Laufzeit, die der Ausbreitungslänge proportional
ist. Deshalb ist eine Laufzeit- oder Modendispersion zu erwarten. Sie bewirkt, daß z.B. ein Eingangsimpuls A_E am Ausgang A_A stark verbreitert ankommt. Augenfällig begrenzt die
Modendispersion die Übertragungsbandbreite der Glasfaserleitung (auf etwa 30 MHz/pro km Leitungslänge). Sie kann aus der
Halbwertzeit ermittelt werden.

Wegen der Herausbildung mehrerer Moden wird die Anordnung als
Multimodenfaser bezeichnet. Das ist ein Hauptnachteil der
Stufenindexfaser mit großem Kerndurchmesser. Der große Kerndurchmesser ist jedoch von Vorteil für die bequeme Lichtein-
kopplung mit einfachen LEDs (zusätzlich geringe Toleranzpro-
bleme).

Grundsätzlich sollte A_N groß sein, um die Einkopplung zu verbessern, aber damit steigt die Multimodenneigung.

Zur Verringerung der Dispersion bieten sich zwei Wege an:
- Übergang zum sog. <u>Monomode-Stufenindexleiter.</u> Durch Verringerung des <u>Innendurchmessers</u> auf einige wenige Wellenlängen ($d \lesssim 5\ \mu m$), genauer auf a $\approx \lambda$ oder einen Faserparameter

$$V < 2{,}405 \qquad\qquad (5.7)$$

resp. die Grenzwellenlänge

$$\lambda > (2\pi a/2{,}405)\ \sqrt{n^2_k\ n^2_m} \qquad \text{einmodig} \qquad (5.8)$$
$$\lambda < (2\pi a/2{,}405)\ \sqrt{n^2_k\ n^2_m} \qquad \text{mehrmodig}$$

wird dafür gesorgt, daß sich nur noch eine <u>axiale</u> symmetrische Feldverteilung ausbreiten kann: <u>Monomodefaser</u>. Damit entfällt die Laufzeitdispersion, allerdings auf Kosten einer schwierigeren Herstellung. Deutlich wird diese Verbesserung im Ausgangssignal bei jeweils gleichem Eingangsimpuls sichtbar. In Monomodefasern lassen sich deshalb sehr hohe Übertragungsbandbreiten (über 1000 GHz bei 1 km Leitungslänge) erzielen. Der Faserparameter V wird in Monomodefasern üblicherweise im Bereich $1{,}4 < V < 2{,}4$ gewählt, da die Welle bei zu kleinem V zu weit in den Mantel eindringt. Dies führt als Kompromiß zur numerischen Apertur auf Kerndurchmesser $2a \leq 10\ \mu m$.

- Einsatz des sog. <u>Gradientenindexprofils</u> (<u>Mehrmodenlichtwellenleiter mit Gradientenindexprofil</u>, Bild 5.7). Hier sinkt der Brechungsindex von der Fasermitte aus über dem Radius ab

$$n(r) = n_k(0) \left[1 - 2 \Delta \left(\frac{r}{a}\right)^x \right]^{1/2} \qquad 0 \leq r \leq a \qquad (5.9)$$
$$= n_k(0)(1 - 2\Delta)^{1/2} \qquad\qquad r > a$$

x Parameter für Profilform, Δ dimensionslose Konstante $\approx (n_k - n_m)/n_k$.

Für x = 2 ergibt sich das sog. <u>parabolische</u> Indexprofil.
Dann haben Lichtstrahlen, die unter einem Winkel Θ zur Faserachse eingekoppelt werden, zwar ebenfalls einen längeren Weg, doch breiten sie sich im optisch dünneren Medium schneller aus.

Die numerische Apertur hängt jetzt vom Ort ab, für parabolisches Profil gilt

$$A_N = n_k(0)\ 2\Delta[1 - (r/a)^2]. \tag{5.10}$$

	$\lambda/\mu m$	Multimode (Stufenindex)	Multimode (Gradientenindex)	Monomode
Kerndurch-messer/μm	0,85 1,3 1,55	30 ... 80		≈ 5 ≈ 10 ≈ 50
Außendurch-messer/μm		80 ... 150		10 ... 130
rel. Unter-schied im Brechungs-index % $\dfrac{n_K - n_M}{n_K}$		1 ... 2		$\approx 0,25$
Dämpfung dB/km	0,85 1,3 1,5	2 0,5 0,2	2 ... 4	0,2 ... 1
Dispersion		10 ... 20	0,2 ... 5	≈ 60 bei $\lambda = 0,85\ \mu$m 0,075 (bei $\lambda =1,5\ \mu$m)
Bandbreite BL		<100 MHzkm	< 1 GHzkm	< 10 GHzkm
Übertragungs-		<33 Mbit/s	<5 Gbit/s	<10 Gbit/s
Repeaterab-stand /km 1)		2...3 LED, PD 20...30 LED, APD 10 LD, PD	8 LED, PD 10 LED APD 20...30 LD, APD	20...100 LD, APD

Tafel 5.3 Eigenschaften von Glasfaserleitern (Richtwerte)
    1) Quelle und Empfänger jeweils als Zusatzangaben

Die Anzahl ausbreitungsfähiger Moden M beträgt etwa M $\approx$ $V^2/4$ mit

$$V = \frac{2\pi\ a\ A_N}{\lambda} \qquad\qquad (5.11)$$

mit der Grenze V $\approx$ $\pm$ 3,518 für Monomoden und Parabolprofil.

Gradientenindexfasern zeichnen sich insbesondere durch kleine Dispersion aus. Sie arbeiten, je nach Geometrie (Kerndurchmesser) im Multimode- oder Monomode-Betrieb, die Bandbreite ist relativ groß. Tafel 5.3 enthält einige Richtwerte von Glasfaserleitern.

5.1.2.2 Übertragungseigenschaften

Die Übertragungseigenschaften der Lichtwellenleiter werden durch <u>Dämpfung</u> und <u>Dispersion</u> bestimmt.

<u>Dämpfung.</u> Von größter Bedeutung für eine wirtschaftliche Informationsübertragung sind die Übertragungsverluste in der Glasfaserleitung, bestimmen sie doch den Repeaterabstand und damit Aufwand und Kosten. <u>Übertragungsverluste</u> entstehen hauptsächlich durch drei Ursachen (Tafel 5.4):
- <u>Absorption</u> in der Glasfaser,
- <u>Streuung</u> an Inhomogenitäten, im Brechungsindex (sog. Rayleigh-Streuung) und an der Kerngeometrie,
- <u>Strahlungsverluste</u> z.B. durch Krümmungen.

Dazu kommen für das Gesamtsystem noch die <u>Kopplungsverluste</u> (Ein-, Auskopplung) sowie Verluste durch <u>Steckverbindungen.</u>

Die Verluste werden durch die <u>Dämpfungskonstante</u>

$$\alpha(\lambda) = -\ (1/L)\cdot\ln\ P(\lambda,L)/P_0(\lambda) \qquad\qquad (5.12)$$

ausgedrückt (P_0: einfallende Strahlungsleistung bei x = 0, P(λ, L) Strahlungsleistung am Ort L). Dominant wird Dämpfung durch <u>Absorptions-</u> und <u>Streuungsverluste</u> (Bild 5.8a) bestimmt. Sie hängen stark von der Wellenlänge ab und haben mehrere typische Ursachen:

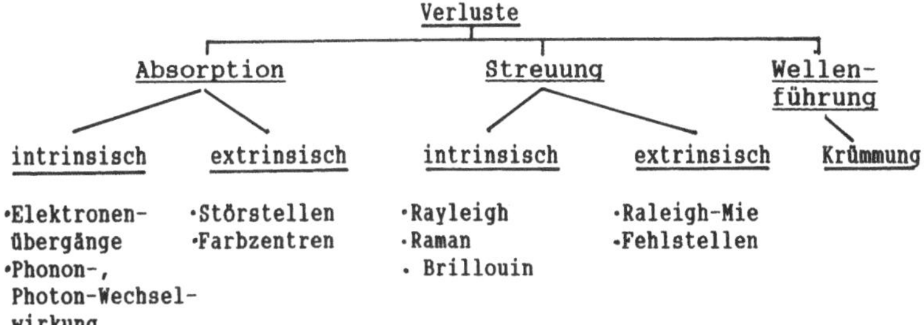

Tafel 5.4 Übersicht der Verluste in der Glasfaser

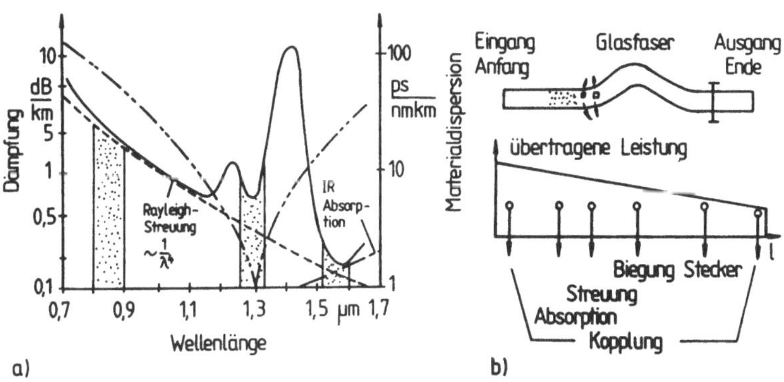

Bild 5.8 Übertragungsverluste und Materialdispersion einer Glasfaserleitung
a) Übertragungsverluste, b) Dämpfungsverlauf und Materialdispersion

Im Bereich λ > 1,5 µm treten hauptsächlich Verluste durch
schwingende Moleküle (sog. Multiphononenabsorption) sowie
Verunreinigungen durch Metall- oder OH-Ionen auf. Um sie
klein zu halten, müssen Schwermetalle (Fe,Cu, Mn, Cr, Co) auf
den Anteil von 10^{-9} und OH-Medien auf 10^{-6} des Grundmate-
rials, üblicherweise Silicatglas, herabgedrückt werden. Das
war nur mit Herstellungsverfahren der Halbleitertechnik möglich. So sank die Dämpfung von Werten um 10^4 dB/km um 1960
auf heutige Werte um 0,2 ... 1 dB/km. Die Absorptionsverluste
sind derzeit erheblich kleiner als die von Koaxialkabeln
gleicher Bandbreite.

Bei Wellenlängen unter 0,8 µm machen sich Verluste durch
Lichtstreuung (sog. Rayleigh-Streuung) bemerkbar (Abhängig-

keit $\sim\lambda^{-4}$). Ursache dafür sind kleinste Inhomogenitäten im Material (Kristallite, Blasen), die zu Veränderungen des Brechungsindexes in mikroskopisch kleinen Bereichen führen. Solche Inhomogenitäten frieren während des Ziehvorganges beim Erstarren der Glasschmelze ein. Während sich Absorptionsverluste weitgehend durch den Faserherstellungsprozeß steuern lassen, hängen die Streuverluste nur vom Fasermaterial ab und bilden die untere Grenze der Dämpfung.

Bild 5.8a zeigt den spektralen Dämpfungs- und Materialdispersionsverlauf einer Multimode-Gradientenfaser mit drei <u>Transmissionsfenstern:</u> 1,1 µm, 1,3 µm und 1,5 ... 1,6 µm. Die zugehörigen minimalen Dämpfungen liegen bei $\approx$ 1 dB/km, 0,7 dB/km und 0,2 dB/km. Im Bild wurden auch jene Bereiche markiert, für die Sende- und Empfangsbauelemente existieren. Die meisten liegen im Bereich $\lambda \approx$ 0,8 ... 0,9 µm. Im Bereich um $\lambda \approx$ 1,3 µm kann die Materialdispersion (s.u.) für eine bestimmte Frequenz zu Null gemacht werden, was minimale Impulsverbreiterung ergibt. Bei der Wellenlänge $\lambda \approx$ 1,55 µm liegt das absolute Dämpfungsminimum. Dieser Bereich ist für die moderne Übertragungstechnik von größter Bedeutung, weil der Repeaterabstand etwa 5mal größer als im Bereich $\lambda \approx$ 0,85 µm bei gleicher Sendeleistung gewählt werden kann. Daraus erklären sich die Aktivitäten für die Entwicklung entsprechender Sende- und Empfangselemente.

Zusammen mit der durch die Emissionslänge $\lambda \approx$ 0,9 µm von GaAs-LEDs und Laserdioden (am Anfang der Lichtleitertechnik) bedingten Strahlung führten diese drei Transmissionsfenster auf drei Generationen faseroptischer Systeme (Tafeln 5.1 und 5.3).

Es fehlt deshalb nicht an Versuchen, auch Fasern für den ferneren IR-Bereich ($\lambda \approx$ 2 ... 10 µm) unter Einschluß von Halogeniden, Chalcogeniden und Schwermetalloxiden zu entwickeln. Dort werden Dämpfungen von 10^{-4} db/km erwartet, speziell im Wellenlängenbereich 2 ...6 µm, weil die Phononenab-

sorption im fernen Infrarot verschwindet. Dazu muß das Dämp-
fungsmaximum im IR zu höheren Wellenlängen verschoben werde,
z.B. durch Einbau schwerer Moleküle. Als mögliche Materialien
kommen einkristalline und polykristalline Substanzen, besonders aber Gläser in Frage. Favorisiert sind dabei die Chalco-
genide TlBr, ZCl, KCl mit Dämpfungswerten bis 10^{-4} dB/km (Er-
wartung), ZrF_4 und oxidische Gläser (GeO_2) mit 10^{-2} dB/km.
Eine Dämpfung von 0,01 dB/km würde Repeaterabstände von 500
km und mehr erlauben, wie sie z.B. Unterwasserverbindungen
erfordern. Wenn auch derzeit dabei noch enorme Probleme zu
lösen sind, so sollte nicht vergessen werden, daß auch die
Entwicklung von Quarzgläsern auf Silikatbasis für $\lambda \approx 0,85$ µm
zu Ende der 60er Jahre vor ähnlichen Problemen stand.

Strahlungsverluste entstehen hauptsächlich durch Geometrie-
änderungen des Glasfaserleiters, etwa durch starke Biegung.
Dadurch sinkt der Kernradius geringfügig und so auch die Zahl
der geführten Moden. Dann koppelt die Leistung, die an nicht
mehr geführte Moden gebunden ist, aus der Faser, und die
Dämpfung steigt.

Im Vergleich zum Koaxialkabel zeigt die Dämpfung des Glasfaserleiters einige typische Unterschiede: Beim Koaxialkabel
steigt die Dämpfung durch den Skin-Effekt mit der Wurzel aus
der Frequenz ($\alpha \sim l \cdot \sqrt{f}$, also vierfache Grenzfrequenz bei hal-
ber Kabellänge); die frequenzunabhängige Grunddämpfung ist
meist vernachlässigbar. Beim Glasfaserleiter kann die frequenzunabhängige Dämpfung nicht vernachlässigt werden, nach
hohen Frequenzen steigt die Dämpfung proportional $(L \cdot f)^2$.

Kunststofflichtleiter. Das Lichtleiterprinzip ist keines-
falls auf die Glasfaser beschränkt, mit Erfolg werden auch
Kunststofflichtleiter entwickelt. Sie sind erheblich billiger, eignen sich aber wegen der höheren Dämpfung (≈ 10 dB/km
und mehr) nur für Kurzstreckenübertragungen, z.B. in der
Computer- und Steuerungstechnik.

<u>Übertragungsbandbreite. Dispersion.</u> Als Übertragungsband-
breite B versteht man die Frequenz, für die der Betrag der
Übertragungsfunktion eines Lichtwellenleiters auf einen Vor-
gabewert, meist den halben Wert des Wertes bei der Frequenz 0
abgefallen ist. Sie hängt in guter Näherung reziprok von der
Länge L ab, deshalb gilt für einen bestimmten Glasfasertyp
für das <u>Bandbreite-Entfernungsprodukt</u>

$$B \cdot L = \text{const.} \tag{5.13}$$

So entsteht bei kurzer Leiterlänge große Bandbreite und umgekehrt (anderes als bei der elektrischen Leistung). Das BL-
Produkt wird häufig als Gütemerkmal einer Leitung angegeben.

Die Übertragungsbandbreite hängt direkt von der <u>Dispersion</u>
ab. Unter <u>Dispersion</u> (s. Abschn. 1.2.1) versteht man die
Streuung der <u>Gruppenlaufzeit</u> eines Lichtwellenleiters, also
alle Ursachen, die zu einer <u>Signalverzerrung</u> (Verbreiterung)
eines übertragenen Impulses führen. Die Impulsleistung in
einer Mehrmodenfaser verteilt sich auf die einzelnen Moden.
Da sie unterschiedliche Laufzeit haben, überlagern sich die
verzögerten Beiträge am Leitungsende, und der Impuls scheint
verbreitert.

Dispersion kann verschiedene Ursachen haben, z.B.
- <u>Materialdispersion M:</u> Dispersion zufolge der Wellenlängenabhängigkeit der Brechzahl eines Stoffes. Sie beträgt
  $$M_M(\lambda) = - (\lambda/c) \cdot d^2n/d\lambda^2, \tag{5.14a}$$

- <u>Wellenleiterdispersion:</u> Dispersion, die bei wellenlängenun-
  abhängigen Materialparametern die Abhängigkeit der Gruppen-
  laufzeit einer einzelnen Mode von den Abmessungen des
  Lichtwellenleiters und der Wellenlänge beschreibt
  $$M_W(\lambda) = \frac{1}{2\pi c} \, V^2 \frac{d^2\beta}{dV^2}. \tag{5.14b}$$

Beide Anteile faßt man zur <u>chromatischen</u> oder <u>intramodalen</u>
Dispersion zusammen:

$$M = \frac{d\tau_L}{Ld\lambda} = M_W + M_M. \tag{5.15}$$

- <u>Modendispersion:</u> Dispersion, die durch Überlagerung von Moden verschiedener Laufzeit (bei gleicher Wellenlänge) entstehen. Sie tritt nur bei Multimodenfasern auf.
- <u>Profildispersion:</u> Dispersion, die durch Wellenlängenabhängigkeit des Brechungszahlprofils (z.B. bei Gradientenfasern) entsteht.

Zur Erklärung der chromatischen Dispersion möge von der Wellenlängenabhängigkeit der Laufzeit $\tau_L(\lambda)$ ausgegangen werden. Da die Strahlungsquelle nie monochromatisch strahlt, sondern einen schmalen Wellenbereich $\Delta\lambda$ (Spektralbreite) umfaßt, haben die spektralen Anteile unterschiedliche Laufzeiten. Dann ist die Impulsbreite Δt_E am Faserende (Leitungslänge L) größer als die Impulsbreite Δt_A am Faseranfang, und es gilt

$$\Delta t^2_E = \Delta t^2_A + \Delta\tau^2 \tag{5.16a}$$

mit

$$\Delta\tau^2 = [L\Delta\lambda M(\lambda)]^2 + 1/2\ [L(\Delta\lambda/\lambda)^2\ (d(\lambda^2 M(\lambda)/d\lambda]^2 \tag{5.16b}$$

$M(\lambda)$ ist der <u>chromatische Dispersionskoeffizient.</u> Gibt es im Verlaufe $M(\lambda)$ eine <u>Nullstelle</u> (bei $\lambda = \lambda_0$, die sog. <u>Dispersionsnullstelle),</u> so wird $\Delta\tau$ und damit die Impulsverzerrung minimal.

Die <u>physikalischen Ursachen</u> der Abhängigkeit $\tau_L(\lambda)$ sind Material- und Wellendispersion.

Die Materialdispersion ist durch die Wellenlängenabhängigkeit des Brechungsindex $n(\lambda)$ über die Gruppengeschwindigkeit gegeben

$$\tau_L(\lambda) = L/v_{gr} = (L/c) \cdot n(\lambda). \tag{5.17}$$

Bild 5.9 zeigt den Verlauf des Dispersionskoeffizienten M (Gl.(5.14a)). Er hat typischerweise eine Nullstelle (die sich z.B. durch GeO_2-Zusatz zu höheren λ-Werten verschiebt).

Die <u>Wellenleiterdispersion</u> entsteht, weil der größere Teil der Energie im Kern, der geringere im Mantel verläuft und sich durch die unterschiedlichen Brechungsindices n_k, n_m die Energieverteilung längs der Leitung ändert. Deshalb ergibt ein "effektiver Brechungsindex" ebenfalls einen Beitrag $\tau_L(\lambda)$ entsteht. Dieser Teil ist stets negativ, so daß die Nullstelle der chromatischen Dispersion erhalten bleibt und sich nur zu höheren λ verschiebt (Bild 5.10).

Die chromatische Dispersion $d\tau_L/d\lambda$ verschwindet (in guter Näherung) im Wendepunkt der Brechungsindexkurve $n(\lambda)$: Nullstelle der Materialdispersion (reines SiO_2 $\lambda_0 \approx 1,27$ µm). Dies ist der Punkt kleinster (theoretisch nicht vorhandener) Impulsverzerrungen.

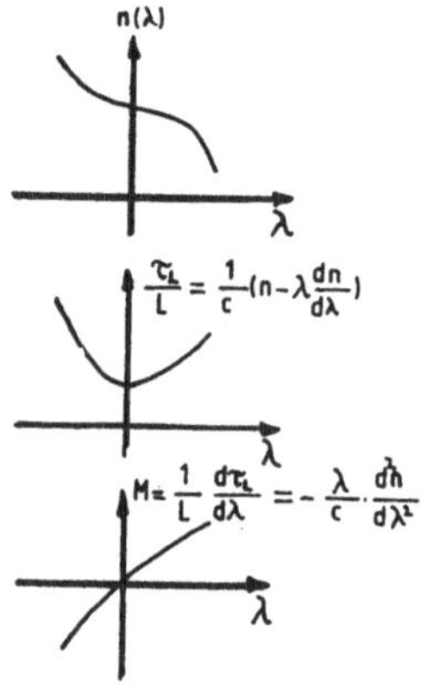

Bild 5.9
Beziehungen zwischen Brechungsindex und Materialdispersion M über der Wellenlänge

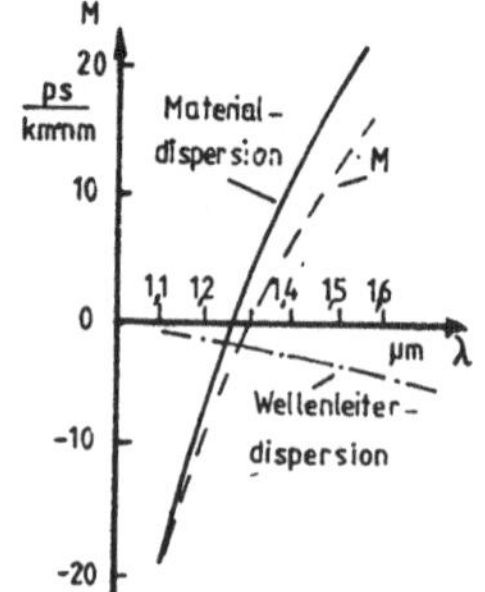

Bild 5.10
Dispersion in einer Monomodefaser

Durch Berücksichtigung der Wellenleiterdispersion (Fasergeometrie) läßt er sich heute durch geeignete Wahl von Kern- und Mantelmaterial im Bereich $\lambda \approx 1,3 \dots 1,6$ µm einstellen, insbesondere zum Punkt $\lambda = 1,55$ µm mit kleinster Faserdämpfung (sog. dispersionsverschobener Monomoden-Lichtwellen). Die Strahlungsquelle sollte in diesem Punkt möglichst kleine Linienbreite $\Delta\lambda$ aufweisen (Laser $\Delta\lambda \approx 1$ nm, LED $\Delta\lambda \approx 50$ nm). Deshalb ist die LED für die Weitverkehr-Glasfasertechnik nicht verwendbar.

Die experimentell Bewertung des Dispersionsverhaltens erfolgt über die <u>Halbwertsdauer</u> T_{H1} eines gesendeten (T_{H1}) und empfangenen (T_{H2}) Impulses (Bild 5.7). Die Differenz

$$\Delta t = T_{H2} - T_{H1} \tag{5.18}$$

heißt die <u>Impulsverbreitung.</u> Daraus ergibt sich als Richtwert für die Übertragungsbandbreite B

$$B \approx \frac{1}{2} \cdot \frac{1}{\Delta t} \qquad BL \approx \frac{1}{2} \cdot \frac{L}{\Delta t}. \tag{5.19}$$

Beispielsweise ergibt $\Delta t/L = 15$ ns/km ein Bandbreite-Entfernungsprodukt $BL \approx 30$ MHzkm.

5.1.3 Schichtwellenleiter

Auf dem bereits im Glasfaserleiter verwendeten Prinzip, eine optische Welle im Dielektrikum durch Totalreflexion zu führen, basieren auch die dielektrische <u>Schicht-</u> oder <u>planaren</u> <u>Wellenleiter.</u> Sie spielen in unterschiedlichsten optoelektronischen Bauelementen und Einrichtungen eine Rolle: in der Laserdiode, im Modulator und allem als Wellenleiter selbst zur Verbindung optoelektronischer Elemente insbesondere in der <u>integrierten Optik.</u> Bild 5.11 zeigt Beispiele solcher Filmleiter, bestehend aus Substrat- und Deckschichtgebieten und dem eigentlichen Wellenleiter. Die Schichten unterscheiden sich vor allem durch die Brechzahlen [5.2], [5.3], [5.5], [5.7], [5.10].

Modellmäßig (Bild 5.12) werde der planare Wellenleiter (Brechungsindex n_f) von einer Deckschicht (Brechungsindex n_c) und Substrat (Brechungsindex n_s) bedeckt (Außenraum Luft, $n = 1$, es gelte $n_f > n_s \geq n_c$). Je nach dem Einfallswinkel hat die Welle im Wellenleiter einen unterschiedlichen Winkel Θ. Folgende Fälle sind möglich:

- Für <u>kleine</u> Einfallswinkel ($\Theta < \Theta_s$, Θ_c) gelangt die Welle aus dem Substrat (nach Brechung an beiden Grenzflächen) in die Deckschicht, und es liegt eine <u>Raumwelle</u> oder <u>Strahlungsmode</u> vor.

- Für <u>größeren</u> Einfallwinkel ($\Theta_c < \Theta < \Theta_s$) tritt an der Grenze zur Deckschicht Totalreflexion ein. Die Welle wird ins Substrat reflektiert: <u>Substratwelle, Substratstrahlungsmode.</u>

- Erreicht Θ schließlich auch den <u>Grenzwinkel</u> der Totalreflexion zwischen Film und Substrat, so erfolgt <u>Totalreflexion</u>

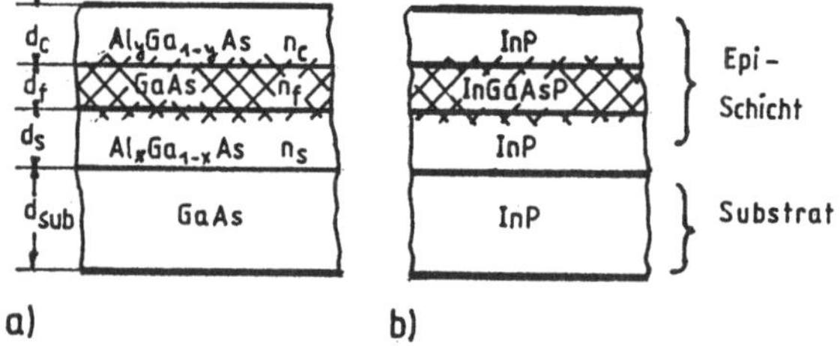

Bild 5.11 Epitaktische Filmwellenleiter
     a) Unsymmetrische Form, falls $x = y$ ($d_c \approx 1,5 - 3\ \mu m$, $d_f <$ 0,5 μm, $d_s \approx d_c$, $d_{Sub} \approx 150-300\ \mu m$)
     b) wie a), jedoch symmetrische Form

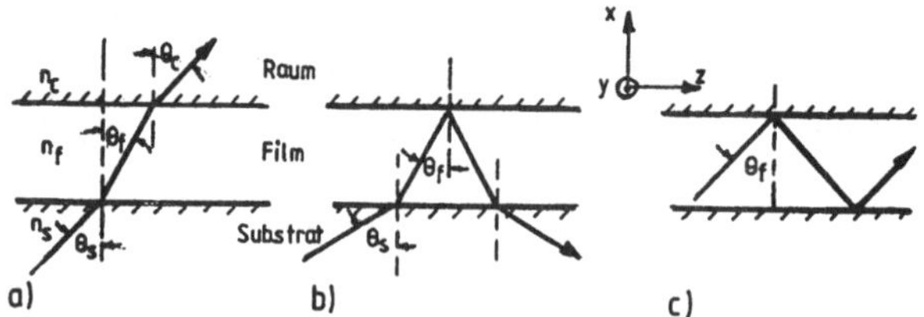

Bild 5.12 Unterschiedliche Wellenarten im planaren Wellenleiter
     a) Raumwelle, b) Substratwelle, c) Filmwelle

an beiden Grenzflächen mit $\Theta > \Theta_s$, Θ_c und die Welle wird zickzackförmig im Wellenleiter geführt: _Filmwelle._ Es gilt wegen $\Theta > \Theta_s$, Θ_c

$$\sin \Theta \geq n_s/n_f \geq n_c/n_f. \tag{5.20}$$

Dabei entstehen in der Deckschicht und im Substrat quergedämpfte, exponentiell abfallende Wellen (ohne Materialdämpfung erfolgt die Führung verlustfrei).

Raum- und Substratwellen stören, weil der Energietransport auch außerhalb des Filmbereiches erfolgt. Sie bilden ein _Kontinuum_ von Wellen, da sich in den jeweiligen Winkelbereichen von Θ viele Wellenmoden bilden können. Dagegen haben Filmwellen (Bereich $\Theta > \Theta_s$, Θ_c) nur eine _endliche Zahl von diskreten Moden._

Für die folgenden Betrachtungen werden eindimensionale Verhältnisse (mit den Koordinatensystem Bild 5.12) angesetzt. Der Wellenvektor der sich ausbreitenden Welle liegt in der xz-Ebene (vgl. Abschn. 1).

Eigenwertgleichung. Die zickzackförmige Führung der Filmwelle kann man als Überlagerung zweier ebener Wellen (Frequenz ω, Wellenvektor $\vec{kn_f}$ in Richtung der Wellennormalen) auffassen. Die Wellennormalen folgen dem Zickzackweg. Deshalb ändert sich das Wellenfeld gemäß

$$\exp - j\, kn_f\, (\pm\, x \cos \Theta \pm z \sin \Theta) \tag{5.21}$$

und die Ausbreitungskonstante in z-Richtung (z-Komponente des Wellenvektors $\vec{kn_f}$) lautet

$$ß = \omega/v_{ph} = kn_f \sin \Theta \equiv kn_{eff} \tag{5.22}$$

mit $n_{eff} = n_f \sin \Theta$, dem _effektiven Brechungsindex._

Mit Gl.(5.20) gilt dann für die Wellenzahl $ß$ die Beschränkung

$$kn_s \leq ß \leq kn_f \ \text{oder} \ n_s \leq n_{eff} \leq n_f. \tag{5.23}$$

Nicht alle Winkel Θ in Gl.(5.20) sind erlaubt, vielmehr treffen nur jene zu, für die sich die ebene Welle nach zwei To-

talreflexionen wiederholt. Deshalb darf die Gesamtphasenver-
schiebung längs des Weges nur ein ganzes Vielfaches von 2π
betragen (wobei bei den Reflexionen die Phasensprünge $2\Phi_C$,
$2\Phi_S$ auftreten). Man erhält

$$2kn_fd \cdot \cos \Theta - 2\Phi_C - 2\Phi_S = 2\pi m \qquad m = 0, 1, 2 \qquad (5.24)$$

Transversale Resonanzbedingung

m heißt üblicherweise <u>Mode</u> der Welle. Sie ist genauer eine
Lösung der Feldgleichungen unter gegebenen Randbedingungen ($\rightarrow$
Eigenwelle) mit einer von der Ausbreitungsrichtung unabhängi-
gen transversalen Feldverteilung.

Gl.(5.24) heißt die <u>charakteristische</u> oder <u>Eigenwertbedingung</u>
der Filmwellen. Für Winkel, die Gl.(5.24) nicht erfüllen, erfolgt keine Filmwellenführung. Die Winkel Φ_C, Φ_S hängen von
der Polarisation und dem Einfallswinkel ab.

Die Lösung der Eigenwertgleichung erfolgt am besten gra-
phisch, in dem $kn_fd \cos \Theta - \pi m$ und $\Phi_C + \Phi_S$ über Θ aufgetragen
werden. Die Schnittpunkte beider Kurven ergeben die gesuchte
Lösung Θ_m (Bild 5.13). Sie bestimmen dann auch die zugehörige
Ausbreitungskonstante

$$\beta_m = kn_f \sin \Theta_m,$$

wobei gleichzeitig Gl.(5.23) erfüllt wird.

Die Zahl möglicher Moden m, für die Lösungen existieren, ist
begrenzt und hängt von der Schichtdicke d ab. Für sehr dünne

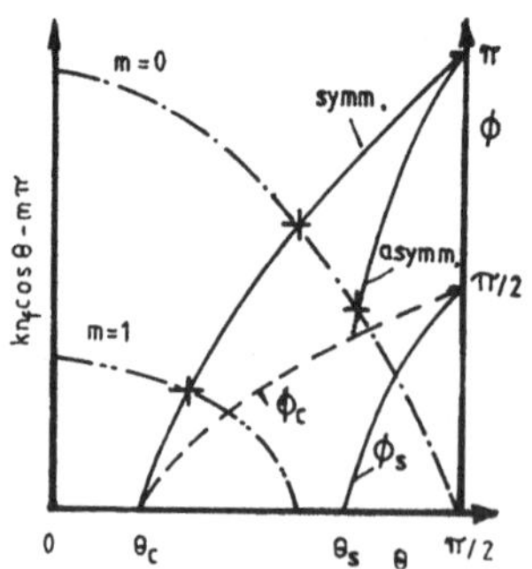

Bild 5.13
Charakteristische Gleichung für
Filmwellen (grafische Lösung)
(symmetrischer Wellenleiter,
$\Theta_S = \Theta_C$, $\Phi = 2\Theta_S$, asymmetrischer
Wellenleiter, $\Phi = \Theta_S + \Theta_C$)

Filme ist diese Zahl klein, weil nur wenige Winkel die Bedingung $\Theta > \Theta_c$ erfüllen.

Grundsätzlich läßt sich aus der Eigenwertgleichung (5.24) auch die <u>Schichtdicke</u> d_{min} festlegen, die zur Filmwellenführung erforderlich ist:

$$d_{min} = \frac{\lambda \left[\text{arc tan} \left[q\sqrt{(n^2_s - n^2_c)/(n^2_f - n^2_s)} \right] + m\pi \right]}{2\pi \sqrt{n^2_f - n^2_s}} \tag{5.25}$$

$$q = 1 \text{ TE-}, \quad q = (n_f/n_c)^2 \text{ TM-Welle.}$$

Gleichfalls gibt es für jede Mode eine <u>Grenzwellenlänge</u> λ_{gr}, die nicht überschritten werden darf, damit die zugehörige Eigenwelle noch ausbreitungsfähig ist. Sie beträgt

$$\lambda_{gr} = \frac{2\pi d \sqrt{(n^2_f - n^2_s)}}{m\pi + \text{arc tan} \left[\frac{q\sqrt{(n^2_s - n^2_c)}}{\sqrt{n^2_f - n^2_s}} \right]} . \tag{5.26}$$

Für Luft als obere Deckschicht ($n_c = 1$) und geringe Dichteunterschiede n_f, n_c wird aus Gl.(5.25) näherungsweise

$$d_{min} \geq \frac{\lambda \cdot m}{2[n^2_f - n^2_s]^{1/2}} . \tag{5.27}$$

Dies führt z.B. für AlGaAs-Schichten auf GaAS ($n_f = 3{,}6$, $n_s = 3{,}385$) bei $\lambda = 0{,}9$ µm auf Minimaldicken von einigen $0{,}1$ µm. Die Deckschicht selbst muß dick genug sein, damit die quergedämpfte Welle genügend abklingen kann (Schichtdicke 1 ... 3 µm).

Für allgemeinere Lösungen der Eigenwertgleichung (5.24) sind die drei <u>normierten</u> Parameter zweckmäßig

- die <u>normierte Frequenz</u>

$$V = kd \sqrt{n^2_f - n^2_s} \tag{5.28a}$$

- der <u>Phasenparameter</u> B

$$B = \frac{n^2_{eff} - n^2_s}{n^2_f - n^2_s} \qquad n_{eff} = \beta_m/k, \qquad (5.28b)$$

- die <u>Asymmetrieparameter</u> α für TE- und TM-Wellen

$$\alpha_{TE} = \frac{n^2_s - n^2_c}{n^2_f - n^2_s} \qquad\qquad \alpha_{TM} = \frac{n^4_f}{n^4_c} \cdot \frac{n^2_s - n^2_c}{n^2_f - n^2_s} \qquad (5.28c)$$

für symmetrische Wellenleiter gilt $n_s = n_c \rightarrow \alpha = 0$).

Dann lautet die <u>Eigenwertgleichung</u> anstelle von Gl.(5.24)

$$\boxed{V\sqrt{1 - B} = m\pi + \arctan\sqrt{B/(1 - B)} + \arctan\sqrt{(B + \alpha)(1 - B)}}$$
$$(5.29)$$

Die Lösungen liegen graphisch vor (Bild 5.14) und stellen das sog. <u>normierte ω-β-Diagramm</u> dar. Zu gegebenem V- und α-Werten (Geometrie, Struktur) kann dann B($\rightarrow n_{eff}$) gefunden werden.

Der Parameter B enthält in $n_{eff} = \beta_m/k \sim \omega\sqrt{\varepsilon\mu_0}$ die Frequenz.

Deshalb ergibt sich aus der Forderung B = 0 ($\rightarrow n_{eff} = n_s$) die <u>Grenzfrequenz</u> der betreffenden Mode, unterhalb der sie nicht ausbreitungsfähig ist. In Nähe dieser Grenzfrequenz liegt der Ausbreitungswinkel Θ nahe am Grenzwinkel der Totalreflexion

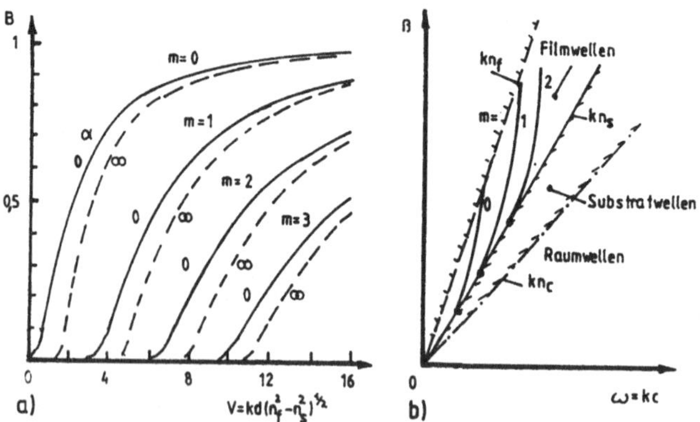

Bild 5.14 ω-β-Diagramm von TE-Wellen im planaren dielektrischen Wellenleiter
a) normierte Form (nach Kogelnik, H.; Appl.Opt. 13(1974), 1857)
b) entnormierte Form mit Angabe der Grenzfrequenzen

(Film, Substrat) und die Ausbreitung wird stark vom Substrat
mitbestimmt. Umgekehrt nähert sich B nach oben dem Wert 1
($n_{eff} = n_f$), m.a.W. Θ dem Grenzwinkel $\pi/2$ und die Filmwelle
schwächt im Substrat und der Deckschicht stark ab.

Die <u>Grenzfrequenz</u> der m-ten Mode ergibt sich aus Gl.(5.29) zu

$$V_m = V_o + \pi m = \text{arc tan } \sqrt{\alpha} + \pi\, m. \tag{5.30}$$

Der symmetrische Wellenleiter ($\alpha = 0$) hat keine Grenzfrequenz
für die Grundmode m = 0. Üblicherweise gilt $V_m \gg V_o$ und dann
beträgt die Zahl m ausbreitungsfähiger TE-Wellen

$$m = V_m/\pi = (2d/\lambda)\, \sqrt{n^2_f - n^2_s} \tag{5.31}$$

(daraus folgt direkt Gl.(5.27)). Grundsätzlich läßt sich das
B-V-Diagramm (Bild 5.14a) auch in entnormierter Form als β-ω
-Diagramm auftragen (Bild 5.14b). Das Gebiet möglicher Filmwellen wird zum Substrat hin abgegrenzt durch die Grenzfrequenz und nach links durch die Gerade n_fk (wegen $\omega \to \infty$, Phasenkonstante einer ebenen Welle im Medium n_f). Tafel 5.5 enthält einige typische Brechungsindices von Halbleiter-Schicht-
wellenleitern.

<u>Feldverteilung.</u> Die bisherigen Betrachtungen basierten auf
der sog. "Strahlennäherung" und geben keinen Aufschluß über
die elektromagnetischen Feldverhältnisse inner- und außerhalb
des Wellenleiters. Dazu müssen vielmehr die Maxwellschen
Gleichungen gelöst werden. Grundlage ist die Helmholz-Glei-
chung Gl.(1.7), die unter entsprechenden Randwerten (s.u.) zu
lösen ist.

Für <u>TE-Moden</u> existiert nur die E_y-Komponente ($E_x = E_z = H_y = 0$) und man erhält die Eigenwertgleichung

$$\partial^2 E_y/\partial x^2 - (\beta^2 - n^2 k^2) E_y = 0 \tag{5.32a}$$

$$\text{und } H_x = -\beta/E_y/\omega\mu_o; \qquad H_z = (j/\omega\mu_o)\,.\partial E_y/\partial x \tag{5.32b}$$

<u>TM-Wellen</u> mit $E_y = H_x = H_z = 0$ führen analog auf

$$\partial^2 H_y/\partial x^2 - (\beta^2 - n^2 k^2)\, H_y = 0 \tag{5.33a}$$

$$E_x = \beta H_y/\omega\varepsilon_o n^2; \quad E_z = -(j/\omega\varepsilon_o n^2)\,.\,\partial H_y/\partial x. \tag{5.33b}$$

Leiter	n_s	n_f	n_c	α_{TE}	α_{TM}
GaAs/GaAlAs DH-Laser	3,55	3,6	3,55		
Glas	1,515	1,62	1	3,9	27,1
LiNbO$_3$	2,214	2,215	1	881	21,2

Tafel 5.5 Brechungsindices von Halbleiterschichtwellenleitern

Die Welle breitet sich in z-Richtung mit dem Phasenfaktor exp - jßz aus. In x-Richtung hingegen bilden sich stehende Wellen (Bild 5.15), deren Verlauf jeweils vom Gebiet abhängt:

- <u>Deckschicht:</u> sinusförmig mit $ß_c$ stehende oder mit α_c abklingende Wellen (Substrat-, Filmwellen)

$$n^2_c k^2 - ß^2 = \begin{cases} ß^2_c & |n_c k| > |ß| \\ - \alpha^2_c & |n_c k| < |ß|, \end{cases} \tag{5.34}$$

- <u>Filmschicht:</u> stehende Wellen

$$n^2_f k^2 - ß^2 = ß^2_f \tag{5.35}$$

- <u>Substratschicht:</u> stehende und abklingende Wellen

$$(n_s k)^2 - ß^2 = \begin{cases} ß^2 & |n_s k| > |ß| \\ - \alpha^2_c & |n_s k| < |ß|. \end{cases} \tag{5.36}$$

Dabei klingen die Filmwellen im Substrat- und Deckbereich stets exponentiell ab. Die Lösungen der Feldkomponente E_y lauten dann

$$E_y = \begin{cases} E_s \, \exp \alpha_s x \, \exp - jß_z & \text{Substrat } x < 0 \\ E_f \, [\cos (ß_f x - \Phi_s)] \cdot \exp - jß_z & \text{Film } 0 < x < d \\ E_c \, \exp - \alpha_c (x - d) \cdot \exp - jß_z & \text{Deckschicht } d < x \end{cases} \tag{5.37b}$$

(Φ_s: Phasenwinkel an der Film-Substratgrenzfläche). Die Randbedingungen erfordern Stetigkeit von E_y und $H_z \sim \partial E_y / \partial_y$ bei x = 0 und x = d. Man erhält mit diesen Bedingungen

- bei x = 0:

$$\boxed{\begin{aligned} E^2_s \, (n^2_f - n^2_s) &= E^2_f (n^2_f - n^2_{eff}) \\ \tan \Phi_s &= \alpha_s / ß_f \end{aligned}} \tag{5.38}$$

- bei x = d:

$$E^2_C(n^2_f - n^2_C) = E^2_f(n^2_f - n^2_{eff}) \tag{5.39}$$

$$\tan \Phi_C = \alpha_C/\beta_f = \tan(\beta_f d - \Phi_S).$$

In dieser letzten Beziehung ist die Eigenwertgleichung (5.24) des Strahlenmodells über die Periodizitätsbedingung der tan-Funktion direkt enthalten. Bild 5.15 zeigt die grundsätzlichen Feldverteilungen im symmetrischen Filmleiter.

Für gerade m hat E_y ein Maximum in Filmmitte, für ungerade verschwindet dort das Feld.

Aus der Feldverteilung läßt sich die von einer Mode im Wellenleiter (Streifenbreite b) geführte (mittlere) Leistung P direkt ermitteln. Der <u>Poynting-Vektor</u> (z-Komponente) führt auf

$$P = -2b \int_{-\infty}^{\infty} E_y H^*_x \, dy = \frac{2\beta b}{\omega \mu_O} \int_{-\infty}^{\infty} |E_y|^2 \, dx \tag{5.40}$$

$$= n_{eff} \, b(d + \frac{1}{\alpha_C} + \frac{1}{\alpha_S}) \sqrt{\frac{\varepsilon_O}{\mu_O}} \, E^2_f \equiv E_f \, H_f \cdot b(d + \frac{1}{\alpha_C} + \frac{1}{\alpha_S}).$$

$$= E_f H_f b \, d_{eff}.$$

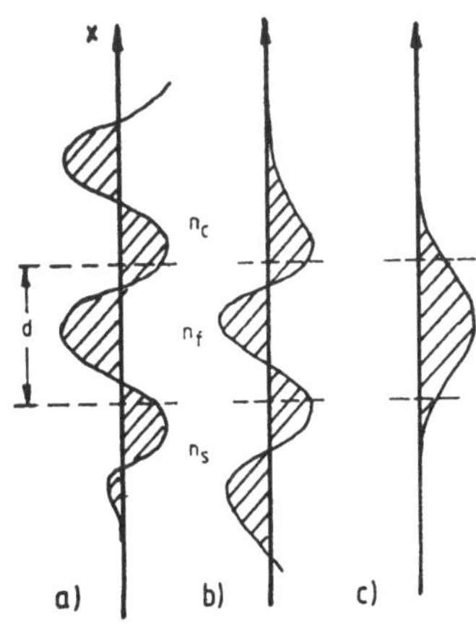

Bild 5.15
Feldverteilung in einer Filmwelle
a) Raumwelle
b) Substratwelle
c) Filmwelle

Bild 5.16 zeigt einige Intensitätsverteilungen. Im Grundmode
m = 0 tritt zwar die höchste Intensität in Filmmitte auf,
doch wird stets eine gewisse Leistung <u>außerhalb</u> des Wellenleiters geführt (was sich durch die <u>Dickenzunahme</u> auf $d_{eff} =$
$d + 1/\alpha_c + 1/\alpha_s$ anschaulich ausdrückt). Im dünnen Film wird
der Anteil größer. Dieser Sachverhalt wurde bei der Laserdiode im <u>Confinement-Faktor</u> Γ (Gl.(2.50)) berücksichtigt:

$$\Gamma = \frac{P_{Film}}{P_{ges}} = \frac{\int_0^d |E_y|^2 \, dx}{\int_{-\infty}^{\infty} |E_y|^2 \, dx} \tag{5.41}$$

(verstanden als Bruchteil der Gesamtleistung, die im Film geführt wird). Mit E_y nach Gl.(5.37) läßt sich Γ bestimmen.
Vielfach genügt dabei die bereits bei der Laserdiode angege-
bene Näherung (s.Gl.(2.50)).

5.1.4 Rechteckwellenleiter

Der bisher betrachtete Filmleiter ohne seitliche Begrenzung
ist für die praktische Wellenführung ungeeignet. Erst der
Übergang zum <u>rechteckförmigen Film-</u> oder <u>Streifenleiter</u>
schafft einen einsetzbaren Wellenleiter (Bild 5.17). Da jetzt
auch seitlich ein Dielektrikum vorliegt, entsteht auch dort
Totalreflexion, also Zick-Zack-Wellenleitung, und es bilden
sich Moden aus. Deshalb muß die Phasenbedingung Gl.(5.24)
verallgemeinert werden, um die in y-Richtung sich ebenfalls

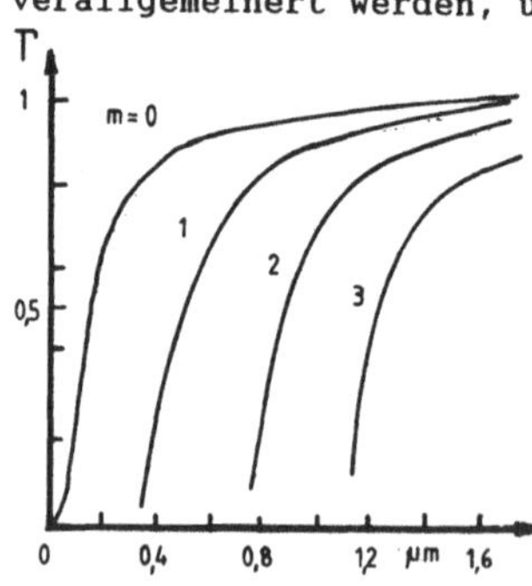

Bild 5.16
Füllfaktor eines planaren Filmleiters
über der Filmleiterdicke (symmetrischer
Wellenleiter $n_c = 3{,}38$, $n_f = 3{,}6$, $\lambda = 0{,}9 \ \mu m$)

bildende stehende Welle zu berücksichtigen. Da die Welle
schräg zur z-Richtung läuft (also eine z-Feldkomponente auftritt) geht die bisher reine TE-Welle zwangsläufig in eine
"gemischte", eine sog. HE_{mp}-Welle des Rechteckstreifenleiters
(m-Mode der ursprünglichen TE-Welle (in x-Richtung), p-Mode
in y-Richtung) über. Ganz entsprechend führen bisherige TM-
Wellen auf EH_{mp}-Wellen.

Bild 5.18 zeigt einige Feldverteilungen solcher Wellen tiefer
Ordnung. Typischerweise sind die Brechungsindexunterschiede
zwischen Rechteckleiter und Umgebung gering, was zu sehr
kleinem Winkel zwischen z-Achse und der Wellenausbreitungs-
richtung führt. Deshalb überwiegt
- die Feldkomponente E_y in <u>HE-Wellen</u>:

$$|E_y| \gg |E_x|, \ |E_z|, \ \text{d.h.} \ |k_y| \ll |k_x|, \ |k_z|$$

$$|H_x| \gg |H_y|, \ |H_z| \tag{5.42a}$$

- die Feldkomponente H_y in <u>EH-Wellen</u>:

$$|E_x| \gg |E_y|, \ |E_z|$$

$$|H_y| \gg |H_x|, \ |H_z|. \tag{5.42b}$$

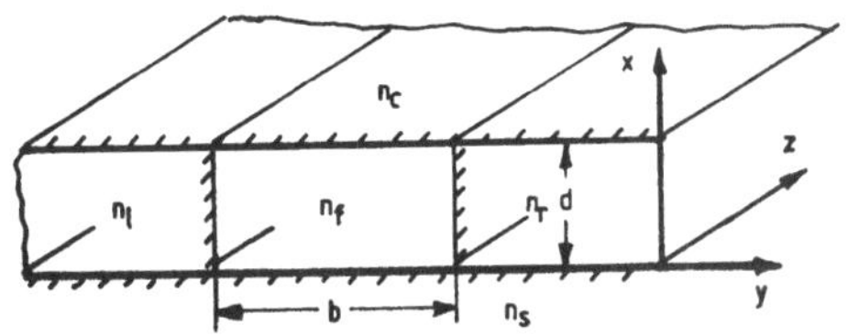

Bild 5.17
Übergang vom Filmleiter
zum Streifenleiter

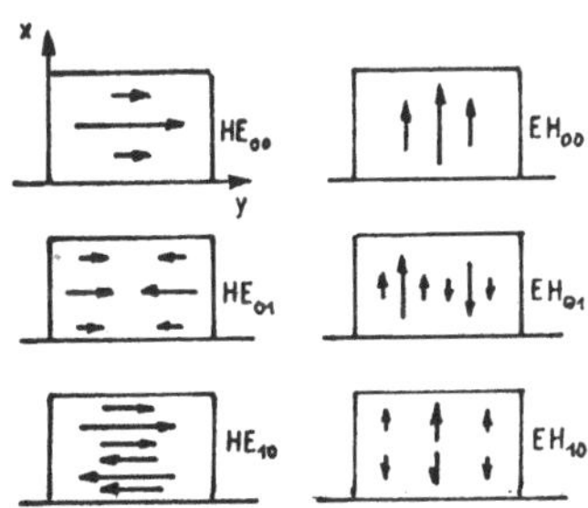

Bild 5.18
Transversale elektrische Feldverteilung der HE_{mp} und EH_{mp}-Moden
nieriger Ordnung im dielektrischen
Filmleiter

Exakte Lösungen der Feldverteilung in 2d-Wellenleitern erfordern i.a. umfangreiche Rechnungen. Es hat sich deshalb als sehr brauchbares Näherungsverfahren die sog. _effektive Indexmethoden_ eingebürgert. Man zerlegt dabei den 2d-Rechteckleiter (Bild 5.19) in zwei senkrecht aufeinander stehende planare Wellenleiter.

Zunächst wird der effektive Brechungsindex n_{eff} für den ersten planaren Leiter aus der Universalkurve ermittelt (Bild 5.14) Im nächsten Schritt bestimmt man V'B'eines planaren Wellenleiters der Dicke b mit dem soeben gewonnenen Dielektrikum n_{eff}. Dies führt mit der Universalkurve Bild 5.14 auf n'_{eff}. Hat beispielsweise der Wellenleiter den Brechungsindex n_0 und die Umgebung den Index n ($n_1 = n_2 = n_3 = n_4 = n$), so erhält man für eine TE-Welle im ersten Schritt

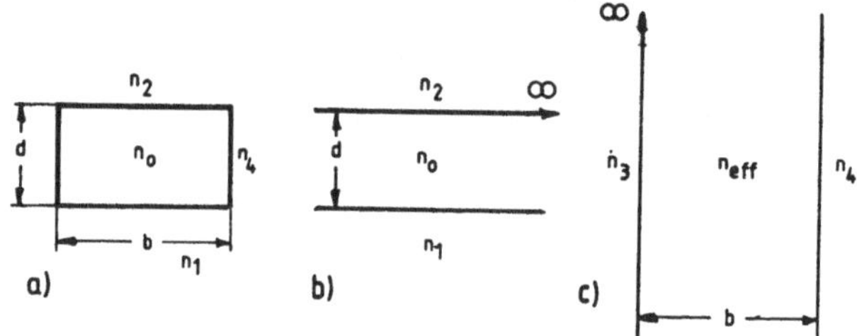

Bild 5.19 Rechteckfilmwellenleiter
   a) Vergrabener Wellenleiter
   b) Planarer Filmwellenleiter, der aus a) für b $\to\infty$ hervorgeht
   c) Gleichwertiger eindimensionaler Wellenleiter durch Einführung der effektiven Brechungszahl n_{eff}, hervorgehend aus b)

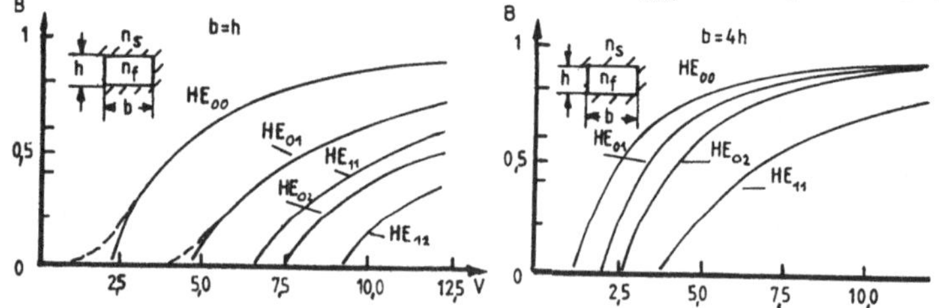

Bild 5.20 Normierter Phasenparameter B üder dem Frequenzparameter V eines total versenkten Wellenleiters bei verschiedenem b/h-Verhältnis (nach Goell, J. Bell. Syst. Tech. J. 48(1969), 2133) $n_{eff} = n_0 = n_f$, $n = n_s$)

$$V = k_O d \sqrt{n^2_O - n^2} \tag{5.43a}$$

$$B = \frac{n^2_{eff} - n^2}{n^2_O - n^2}. \tag{5.43b}$$

Aus Bild 5.14 bestimmt man B ($\rightarrow n_{eff}$), (n, n_0, k, d gegeben).
Die Werte V'B' der Struktur Bild 5.19c lauten

$$V' = k_O b(n^2_{eff} - n^2)^{1/2} = V \sqrt{B'}. \quad (b/d) \tag{5.44a}$$

$$B' = \frac{n^2_{eff} - n^2}{n^2_{eff} - n^2}. \tag{5.44b}$$

Jetzt wird B' (n'$_{eff}$) bestimmt. Zusammengeführt folgt

$$n'^2_{eff} = n^2 + BB'(n^2_O - n^2) \tag{5.45a}$$

$$\boxed{n_{eff} \approx n + BB'\Delta n, \quad \Delta n = n_O - n} \tag{5.45b}$$

(für TM-Wellen gilt das Verfahren analog).

Auf diese Weise können für die unterschiedlichen Wellentypen
V'B'-Kurven für bestimmte Leiterabmessungen gewonnen werden
(Bild 5.20).

Auch im Rechteckwellenleiter wird die Welle nicht ausschließlich im Leiter, sondern z.T. auch im Außenbereich geführt.
Dies läßt sich durch eine effektive Breite b_{eff} und Höhe d_{eff}
berücksichtigen

$$\boxed{\begin{aligned} d_{eff} &= d + 1/\alpha_c + 1/\alpha_s \\ b_{eff} &= b + 1/\alpha_r + 1/\alpha_e. \end{aligned}} \tag{5.46}$$

Die Leistungsbeziehung Gl.(5.40) muß dann mit entsprechend
geänderten Abmessungen benutzt werden..

<u>Praktische Wellenleiter.</u> Realisierte dielektrische Wellenlei-
ter (Bild 5.21) bestehen z.B.
- aus GaInAsP-Schichten auf InP oder
- einer GaAs-Schicht, die von AlGaAs eingeschlossen ist.

Der Brechungsindexunterschied Δn zwischen den Materialien
liegt in der Größenordnung $10^{-3} \ldots 10^{-2}$ (Tafel 5.4). Zur

seitlichen Begrenzung sind verschiedene Gestaltungsformen entwickelt worden (Bild 5.21), z.B. aufliegende, bündig versenkte, vergrabene Wellenleiter, die sich mit unterschiedlichen halbleitertechnischen Verfahren realisieren lassen (Bild 5.21a, b, c). Da Filmwellen auch durch Filmdickenänderungen gebrochen und reflektiert werden, lassen sich auch Höhenprofile zur Wellenführung verwenden. Eine erste Anwendung ist der Rippenwellenleiter (Bild 5.21d), bei dem der effektive Brechungsindex im Zentrum größer als im übrigen Filmbereich ist. Schließlich führen auch außerhalb des eigentlichen Wellenleiters angebrachte Metallstreifen (Bild 5.21e) zur Wellenleitung. Unterhalb der Elektrode sinkt der Brechungsindex (was ebenso durch eine Störstellenimplantation erreichbar ist).

Materialmäßig sind <u>Si-Wellenleiter</u> wegen der Kompatibilität zur Schaltkreistechnik von besonderem Interesse. Die unterschiedlichen Brechungsindexforderungen zwischen Wellenleiter und Umgebung führen auf folgende, praktisch ausgeführte Rippenwellenstrukturen

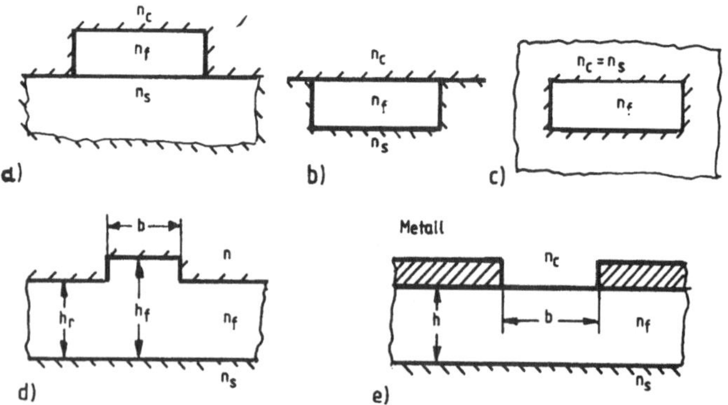

Bild 5.21 Verschiedene Streifenleiterformen
 a) Rechteckstreifenleiter
 b) bündig versenkter Streifenleiter
 c) voll versenkter Streifenleiter
 d) Rippenwellenleiter
 e) Wellenleiter mit metallischen Laststreifen
 Beispiel: n_f = InGaAsP, n_c, n_s InP

- n/n^+- resp. pp^+-Anordnung (epitaktisch hergestellt), Dämpfung 5 ... 10 dB/cm,
- Si-Rippenleiter auf Isolatorunterlage (z.B. Saphir $n \approx$
  1,75, SiO_2 $n \approx$ 1,48), Dämpfung $\approx$ 1 dB/cm.

Auch andere Materialien kommen für Rechteckwellenleiter in
Frage, insbesondere Glas, $LiNbO_3$ und Granate (YIG/GGG)(Tafel
5.4).

5.1.5 Zylindrische Wellenleiter. Glasfaserkabel

Auf Glasfaserkabel trifft der Typ des <u>zylindrischen Wellenleiters zu.</u> Auch hier bilden sich - analog zum planaren Wellenleiter - abhängig vom Einfallswinkel der Strahlung auf die
Faserstirn <u>Raum-, Mantel-</u> und <u>Kernwellen</u> aus, wobei vor allem
letztere als Signalträger in Betracht kommen.

Die im Abschnitt 5.1.2 noch offengelassene <u>Feldverteilung</u> in
einer Glasfaser (Anordnung Bild 5.22) ergibt sich als <u>Lösung
der Wellengleichung</u> (1.7) für diese Geometrie. Nimmt man geringe Brechungsindexunterschiede ($n_k \approx n_m$) an, so hat die
Kernwelle nur einen geringen Einfallswinkel , und es bildet
sich annähernd eine ebene Welle in z-Richtung mit fast transversalen Feldern aus.

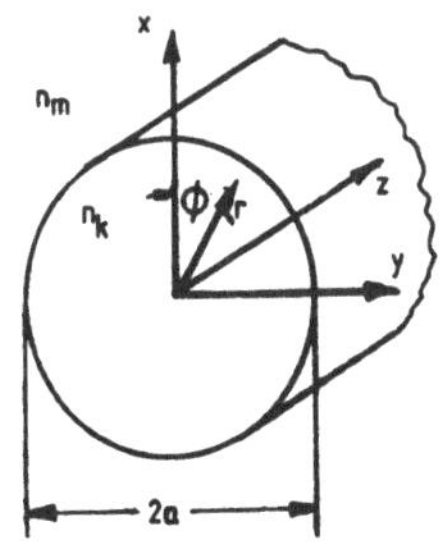

Bild 5.22
Kern-Mantel-Fasermodell

Die Lösung lautet

$$E_x = \begin{cases} E_1 J_1 (U \cdot r/a) \cos 1\, \Phi \exp - j\beta z & \text{Kern} & (5.47a) \\ E_2 K_1 (V \cdot r/a) \cos 1\Phi \exp - j\beta z & \text{Mantel.} & (5.47b) \end{cases}$$

Die Abkürzungen bedeuten dabei

J_1 Zylinderfunktion erster Art (Besselfunktion Ordnung 1)

K_1 modifizierte Hankelfunktion Ordnung 1

$U^2 = a^2(k^2_k - ß^2), \quad V^2 = a^2(ß^2 - k^2_m)$

$k_m = 2\pi_n m/\lambda; \quad k_k = 2\pi_n k/\lambda$ Stoffwellenzahlen, $ß$ Phasenkonstante für axiale Ausbreitung.

Aus diesen Lösungen Gl.(5.47) ergeben sich die restlichen Feldkomponenten. Setzt man einheitliche Polarisation des Transversalfeldes über den ganzen Querschnitt in x-Richtung voraus, so bedingt dies

- die <u>transversale magnetische Feldkomponente</u>

$$H_y = \begin{cases} E_x/Z_1 & \text{Kern} \\ E_x/Z_2 & \text{Mantel} \end{cases} \qquad Z_i = \sqrt{\mu/\varepsilon_i} \qquad (5.48)$$

- die <u>axialen Feldkomponenten</u>

$$H_z = \begin{cases} \dfrac{-j}{k_k Z_1}\dfrac{\partial E_x}{\partial y} \\[2ex] \dfrac{-j}{k_m Z_2}\dfrac{\partial E_x}{\partial y} \end{cases} \qquad E_z = \begin{cases} \dfrac{-jk_k}{Z_1}\dfrac{\partial H_y}{\partial x} & \text{Kern} \\[2ex] \dfrac{-jk_m}{Z_2}\dfrac{\partial H_y}{\partial x} & \text{Mantel.} \end{cases} \qquad (5.49)$$

Wie bei der ebenen Welle stehen die transversalen H- und E-Komponenten senkrecht aufeinander nach Maßgaben des Wellenwiderstandes.

Die Stetigkeitsforderungen der Feldkomponenten E_z, H_z und E_ϕ, H_ϕ an der Grenzfläche r = a führen auf die Bedingung

$$u \frac{J_{1-1}(u)}{J_1(u)} = -v \frac{K_{1-1}(v)}{K_1(v)} \qquad (5.50)$$

als <u>Eigenwertgleichung</u> für polarisierte Kernwellen im Falle $n_k \approx n_k$. Wie bei Filmwellen läßt sich ein universeller Zusammenhang zwischen relativem Phasenmaß B (Gl.(5.47))

$$B = \frac{ß^2 - k^2_m}{k^2(n^2_k - n^2_m)} = 1 - \frac{u^2}{V^2} \qquad (5.51a)$$

und der normierten Frequenz V

$$V = (2q\pi/\lambda) \cdot (n^2_K - n^2_m)^{1/2} = (2\pi a/\lambda) \cdot A_N = \sqrt{u^2 + v^2} \quad (5.51b)$$

darstellen (A_N numerische Apertur, Bild 5.23). Für einen Vor-
gabewert V wird zunächst v aus Gl.(5.50) und (5.51b) elimi-
niert (numerisch) und u und V in Gl.(5.51a) verwendet.

Die <u>Modezahl</u> ergibt sich etwa aus

$$N \approx (1/2 \; V^2) \cdot g/(g+2) \quad\quad (5.52)$$

g Profilexponent

Bild 5.24 zeigt einige Verläufe für verschiedene Umfangsord-
nung 1 und radiale Ordnung m. Für kleines v existiert nur
eine Kernwelle mit 1 = 0 und m = 1 (entsprechend der planaren

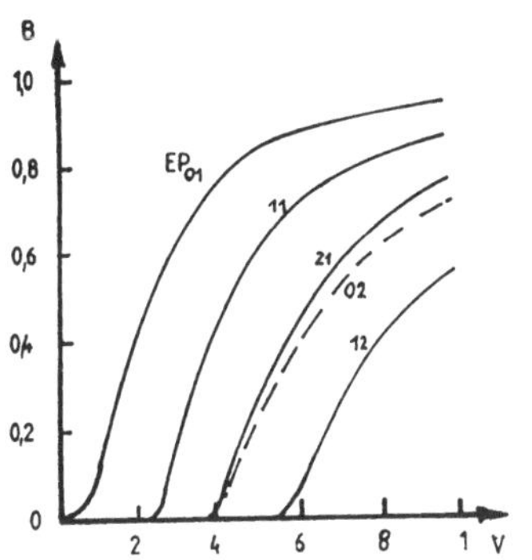

Bild 5.23
Relatives Phasenmaß von Kernwellen
von Kern-Mantelfasern

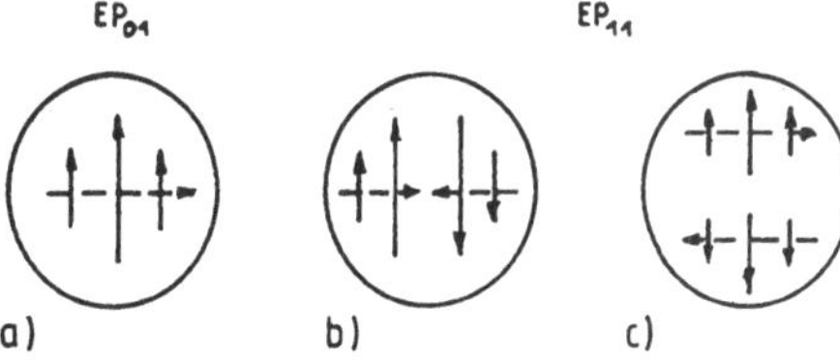

Bild 5.24 Transversales Feld von EP_{01}- (a) und EP_{11}-Wellen (b, c)

HE_{00}- und EH_{00}-Wellen). Hier bezeichnet man diesen Typ mit <u>EP</u>
(<u>E</u>inheitlich <u>P</u>olarisiert EP_{01}). Ist V > 2,405 (erste Nullstelle von $J_0(u)$), so existiert noch die EP_{11}-Welle usw.

Mit diesen Grundzügen sollte ein einführendes Bild der Wellenausbreitung in Glasfaserleitern vermittelt werden. Für genauere Anforderungen (z.B. Einbezug des Gradientenprofils, der Dämpfung, Laufzeitabschätzungen u.a.) wurden die Probleme rasch aufwendig. Hier sei auf die spezielle Literatur verwiesen.

5.2 Komponenten optischer Systeme. Integrierte optische Schaltungen

Optische Übertragungseinrichtungen erfordern - analog zu elektrischen -

- Strahlungsquellen und Detektoren nebst Modulationseinrichtungen,
- Repeater (durchweg auf elektronischer Basis, da ein einsatzreifes optisches Verstärkerelement noch nicht verfügbar ist),
- Verbindungsstücke,
- Schaltungskomponenten, die Lichtwellen verzweigen, verkoppeln, umschalten, dämpfen sowie spektral filtern. Mehrere Funktionen können dabei vereint sein.

Diese "optischen Schaltungskomponenten" bieten sich auf Grund der sehr kleinen Lichtwellenlänge zur Miniaturisierung an, weil sie ohnehin aus Stabilitätsgründen auf einem mechanischen Träger - dem Substrat - aufgebracht sein müssen. Optische Wellenleiter stellen dann die "Verbindungsleitungen" (anstelle der Glasfaserkabel) dar. Für diese Form der Schaltungstechnik mit optischen passiven Komponenten (Streifen- oder Filmleitern) hat sich der Begriff "integrierte Optik" eingebürgert. Sind zusätzlich noch Sender- und/oder Empfängerelemente eingefügt, so bezeichnet man derartige Anordnungen als "integrierte Optoelektronik". Dieser stark in Entwicklung begriffene Zweig der Nachrichtentechnik wird heute als eine wesentliche technische Grundlage für künftige Informationssysteme angesehen [5.11]-[5.14], [5.25].

5.2.1 Komponenten optischer Systeme

Die wichtigsten Komponenten integrierter optischer Systeme
sind neben den Verbindungs- und Übergangselementen Koppler,
Verzweigungen, Modulatoren, Isolatoren und Abschwächer.

5.2.1.1 Koppler

<u>Koppler</u> oder <u>Richtkoppler</u> bestehen aus zwei Wellenleitern,
die längs einer Strecke L eng benachbart sind und so einen
Energieaustausch zwischen beiden erlauben.

Sie können aus diskreten Strukturen, faseroptisch oder integriert optisch aufgebaut sein.

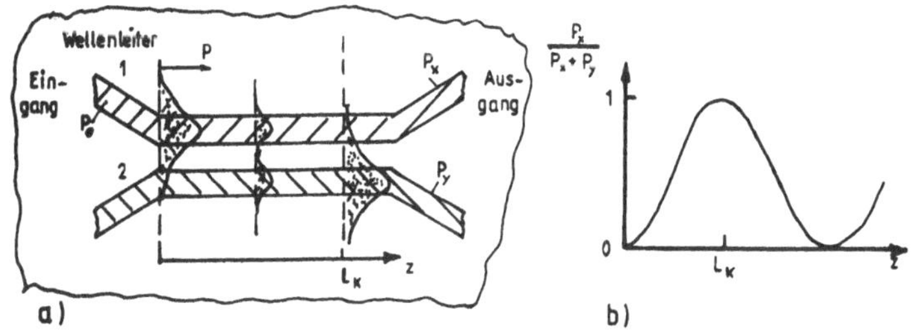

Bild 5.25 Integrierter optischer symmetrischer Richtkoppler
    a) Anordnung (Draufsicht)
    b) Koppelcharakteristik der Anordnung mit der Transferlänge L_K

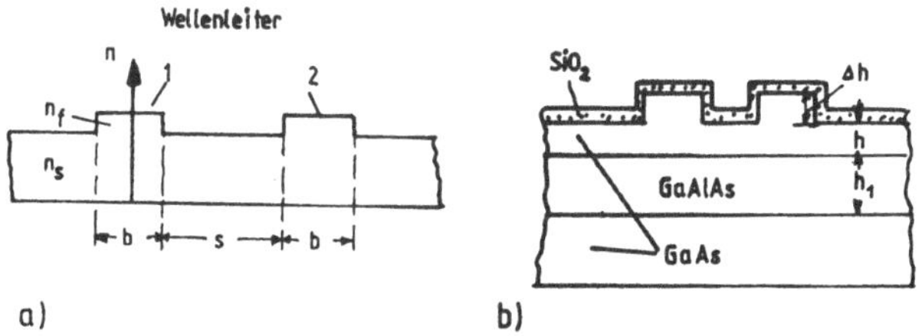

Bild 5.26 Richtkoppler mit Rippenwellenleiter
    a) Schematischer Aufbau
    b) Beispiel einer Ausführungsform (Richtwerte $b \approx 2 \ldots 6$ µm,
       $s \approx 2 \ldots 6$ µm, $h \approx 0,5 \ldots 1$ µm, $h \leq 0,1$ µm, $h_1 \approx 10$ µm)

Grundlage des Kopplers ist die Tatsache, daß das im Wellenleiter geführte Feld im Außenraum exponentiell abklingt (s.
Bild 5.15). Wird in diesem Bereich ein zweiter Wellenleiter
räumlich eng angekoppelt, so tritt die Welle in diesen nach
einer <u>Transferlänge</u> $L_K = \pi/2K$ (K Kopppelkonstante) über, vorausgesetzt, die Phasengeschwindigkeiten beider Leiter stimmen
überein. Der Koppelfaktor K hängt von der Wellenlänge, dem
Abstand und der Leiterbemessung ab.

Bild 5.25 zeigt die Energietransferverhältnisse. Die im Wellenleiter 1 eingekoppelte Energie P_0 geht allmählich auf Leiter 2 über, mit zunehmender Ausbreitung wieder auf den Leiter
1 zurück u.s.w. Dieser periodische Energieaustausch erfolgt
bis zum Kopplerende. Man erkennt deutlich die Bedeutung der
Transferlänge L_K. Der Koppelfaktor beträgt etwa (Bild 5.26)

$$K(\lambda) \approx \frac{2\sqrt{2}\,\sqrt{n_f - n_s}}{b_{eff}\,\sqrt{n_f}}\, \exp\left\{ -\frac{2\pi}{\lambda}\left(s + \frac{b}{2}\right)\sqrt{2n_f(n_f - n_s)} \right\}. \tag{5.53}$$

Er klingt wegen der exponentiell abfallenden Felder rasch ab
und liegt für Halbleitersysteme in der Größenordnung von $K \approx$
$0,1 \ldots 5 \; cm^{-1}$.

Koppler werden <u>symmetrisch</u> genannt, wenn die beiden Wellenleiter optisch und geometrisch gleich sind. In anderen Fällen
spricht man von <u>asymmetrischen</u> Kopplern. Auch hier erfolgt
der Energieaustausch periodisch, allerdings mit der Perioden-
länge

$$L = \pi \cdot \sqrt{(K^2(\lambda) + \delta^2(\lambda))^{-1/2}} \equiv 2\,L_K, \tag{5.54a}$$

mit der Koppelkonstante $K(\lambda)$ Gl.(5.53) und dem Asymmetriemaß

$$2\,\delta = \beta_1 - \beta_2 \tag{5.54b}$$

(Ausbreitungskonstante der Wellen 1, 2).

Koppler lassen sich nicht nur mit Streifenleitern nach Bild
5.26 ausführen, sondern auch in Glasfasertechnik. Beim sog.
<u>Oberflächenkoppler</u> (auch Diffusionstypkoppler, Bild 5.27a)

erfolgt die Auskopplung längs einer Strecke, in der beide
Glasfasern innigen Kontakt haben und das quergedämpfte Feld
koppeln kann. Im _Stirnflächenkoppler_ (einfachstes Beispiel T-
Koppler, Bild 5.27b) sind die Lichtleiter stumpf aneinander
gefügt und besorgen so die gewünschte Verzweigung. Beim
Strahlteilerprinzip wird die durchgehende Faser getrennt,
unter 45° geschliffen und eine der ausgeprägten Flächen eine
dielektrische Schicht als lichtdurchlässiges Signal betracht.
Auf sie stoßen die ein- bzw. auskoppelnden Fasern (Bild 5.
27c).

Richtkoppler finden vielfältige Anwendung, z.B. als Wellen-
längenfilter, zur Leistungsteilung, also Modulator, Schalter
u.a. Sie sind wichtige Elemente für die optische Signalver-
zweigung oder -sammlung, die eine Kombination von optischen
Übertragungsverfahren mit den Vorteilen von Bussystemen, wie
sie aus der Nachrichten-, Meß- und Regeltechnik bekannt sind,
ermöglichen.

Die Wellenlängenabhängigkeit des Kopplungsfaktor Gl. (5.53)
$K(\lambda)$ läßt sich als _Filter_ ausnutzen. Dazu ist allerdings eine
gewisse Asymmetrie der beiden Wellenleiter zweckmäßig.

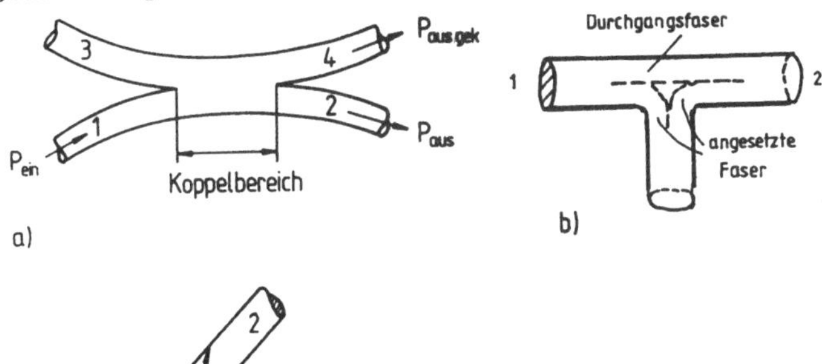

Bild 5.27 Optische Koppler
     a) Oberflächenkoppler mit verschmolzenem Kernbereich
     b) T-Koppler
     c) Sternkoppler

Aus dem Leistungsverlauf über der Länge geht hervor, daß der
Richtkoppler auch als Leistungsteiler arbeiten kann. Wird als
Koppellänge L_K nur $L_K/2$, gewählt, so verteilt sich die in
einem Leiter eingespeiste Eingangsleistung P_0 gleichmäßig auf
beide Ausgangsarme. Aus der periodischen Schwankung der über-
koppelten Leistung (Bild 5.25) ist leicht einzusehen, daß
Richtkoppler auch als Durch- und Umschalter (Überkreuzvertei-
lung der Leistungen) arbeiten können. Weitere Anwendungsmöglichkeiten ergeben sich, wenn der Kopplungsgrad z.B. durch
elektrische oder magnetische Felder steuerbar gemacht wird.
Je nach Steuerart kann dann die eben erwähnte Leistungsverteilung (einschließlich Umschalter) z.B. elektrisch stetig
oder sprunghaft geändert werden. Eine sehr einfache Möglichkeit dazu bildet der lineare elektrooptische Effekt (s.
Abschn. 5.2.1.2) über die Feldabhängigkeit der Brechzahl. Man
hat über den Wellenleiter lediglich isolierte Feldelektroden
aufzubringen (Bild 5.28) zwischen denen eine Spannung liegt.
Die Halbleitervariante mit Rippelwellenleiter ist leicht aus-
zuführen.
Gesteuerte Koppler erlauben interessante Anwendungen z.B. als
abstimmbares Filter, Modulator, Umschalter u.a.m.

5.2.1.2 Modulatoren

Eine fundamentale Aufgabe der Nachrichtentechnik ist die Modulation eines Signalträgers. Dies ist in optoelektronischen
Systemen das sich im freien Raum oder Lichtwellenleitern aus-
breitende Licht. Je nach der Übertragungslänge werden als
Strahlungsquelle entweder LEDs mit inkohärenter Strahlung
oder Laserdioden mit kohärenter Strahlung (für größere Entfernungen) verwendet.

Die kohärente Schwingung einer Laserdiode läßt sich - wie
eine elektrische Schwingung - in ihren drei Bestimmungsstük-
ken Amplitude, Frequenz und Phase modulieren: Amplituden-,
Frequenz- und Phasenmodulation (AM, FM, PM). Dazu kommt noch
bei optischen Systemen die Polarisationsmodulation. Lichtwel-

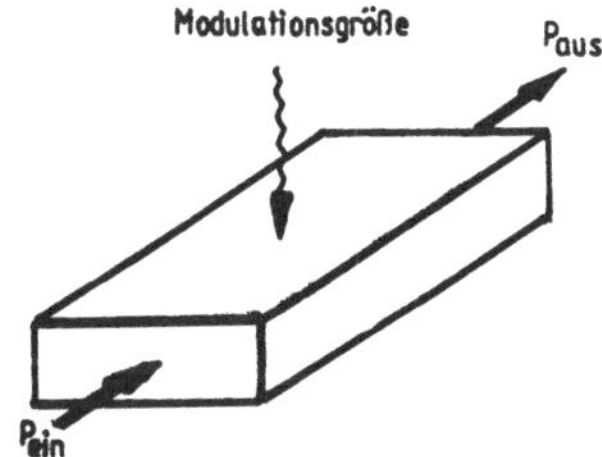

Bild 5.28
Verwendung eines steuerbaren
Richtkopplers als Modulator

len lassen sich stets in verschieden polarisierte Teilwellen
zerlegen mit unterschiedlichem Ausbreitungsverhalten in dop-
pelbrechenden Materialien (→Phasendifferenz beim Durchlauf).

Vor allem Frequenz-, Phasen- und Polarisationsmodulation setzen hohe zeitliche Konstanz der Frequenz, Phase und Polarisation voraus, wie sie selbst in Lasersystemen nur aufwendig
einzuhalten ist. Deshalb hat die sehr bequem durchführbare
Intensitätsmodulation (→direkte Modulation der optischen
Leistung ~ Amplitudenquadrat) des Trägers sehr große Bedeutung [5.6].

Nach dem Ort, an dem die Modulation stattfindet, unterscheidet man:
- direkte Modulation der Strahlungsquelle, üblicherweise
  durch Modulation des Arbeitspunktes über dem Injektionsstrom der LED und Laserdiode (s. Abschn. 5.3),
- externe oder indirekte Modulation: ein zusätzlicher Modulator ist entweder in den optischen Resonator des Lasers oder
  den Lichtstrahl eingeführt.

Die Modulatorsteuerung erfolgt entweder elektrisch (meist)
oder auch optisch, was zunehmend interessanter wird. Die
elektrische Steuerung wird stets durch eine entsprechende
obere Grenzfrequenz limitiert, die bei optischer Steuerung
bedeutend höher liegt.

Das klassische Beispiel der indirekten Modulation ist die periodische Unterbrechung eines Lichststrahles durch eine ro-
tierende Scheibe.

Moderne Modulatoren basieren auf verschiedenen elektrophysikalischen Effekten und Mechanismen. Ihnen ist gemeinsam, daß Absorptionskoeffizienten und/oder Brechungszahlen durch das Modulationssignal verändert werden. Oft sind diese Effekte nichtlinear und bieten so zusätzliche Möglichkeiten zur Harmonischenerzeugung, zur Frequenztransformation, zu parametrischen Effekte u. a.

Gewöhnlich <u>nicht</u> zur Modulation zählt man Rückwirkungen innerhalb eines optoelektronischen Bauelementes, die ebenfalls steuernd wirken können, wie beispielsweise die Brechzahländerung durch Trägerdichteerhöhung, die durch Strahlungerzeugung im Bauelement selbst erfolgt.

Tafel 5.6 gibt eine grobe Übersicht der Modulationsmethoden.

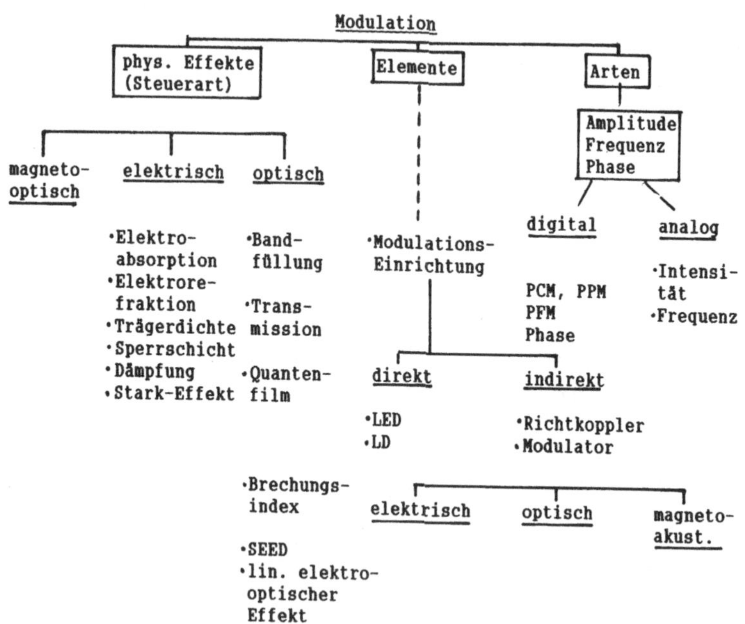

Tafel 5.6 Übersicht der Modulationsmethoden

5.2.1.2.1 Elektrophysikalische Effekte und ihre Anwendung in Modulatoren

Ein Modulator besteht aus einem "optischen Leiterabschnitt" (Bild 5.29), in dem die austretende Strahlung gegenüber der eintretenden Strahlung durch eine einwirkende Steuergröße (elektrisch, optisch, akustisch, magnetisch) in mindestens einem ihrer Bestimmungsstücke (s.o.) durch Nutzung verschiedener elektrophysikalischer Effekte gesteuert wird. Die wichtigsten Mechanismen sind der elektrooptische Effekt, Elektroabsorption, Trägerkonzentrationseffekt sowie akustooptische und magnetooptische Effekte [5.22]-[5.24].

<u>Elektrooptischer Effekt</u> (Pockels-Effekt). Unter dem elektrooptischen Effekt versteht man die Brechungszahländerung (Dielektrizitätszahländerung!) eines Kristalls durch ein einwirkendes elektrisches Feld. Ursache ist die Anisotropie vieler Dielektrika, d.h. die Abhängigkeit der Polarisation von der Richtung des anliegendes Feldes. Dann gilt zwischen Verschiebungsflußdichte $\vec{D}$ und Feldstärke $\vec{E}$ des Lichtes

$$\vec{D} = \varepsilon_0 \overleftrightarrow{\varepsilon}\, \vec{E} \tag{5.55}$$

mit dem Tensor $\overleftrightarrow{\varepsilon}$ der Dielektrizitätszahl. Durch Hauptachsentransformation ($\to$ Achsen x, y, z) lassen sich die Relationen

$$\varepsilon_{xx} = n^2{}_x, \quad \varepsilon_{yy} = n^2{}_y, \quad \varepsilon_{zz} = n^2{}_z \tag{5.56}$$

mit den Brechungsindices n gewinnen. Dabei gilt unter gewissen Voraussetzungen der sog. <u>Indexellipsoid</u>

$$\frac{x^2}{n^2{}_x} - \frac{y^2}{n^2{}_y} - \frac{z^2}{n^2{}_z} + \left(\begin{matrix} x \\ y \\ z \end{matrix}\right)\cdot(\overleftrightarrow{R}_1\vec{E} + \overleftrightarrow{R}_2\vec{E}^2 + \overleftrightarrow{R}_i\vec{E}^i{}_i)\cdot\left(\begin{matrix} x \\ y \\ z \end{matrix}\right) = 1 \tag{5.57}$$

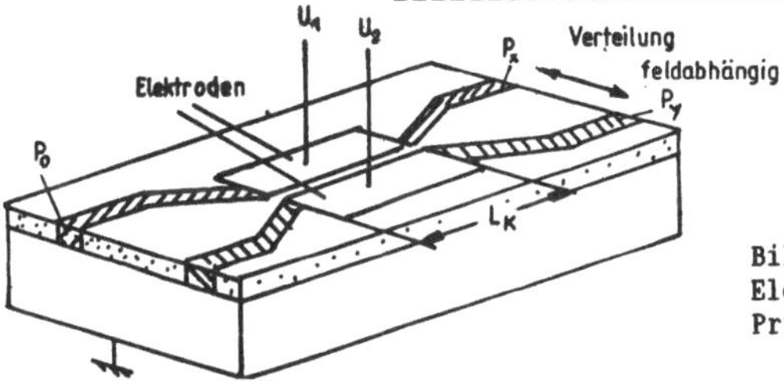

Bild 5.29
Elektrooptischer Modulator
Prinzipaufbau

(Hauptachsen n_x, n_y, n_z des Indexellipsoids).

Im <u>feldfreien Fall</u> E = 0 verschwindet der unterstrichene
Term. Durch ein externes Feld verschiebt sich die Elektronen-
verteilung um die Kristallgitteratome und die Brechungsver-
hältnisse variieren: Änderung der räumlichen Lage,Form und/
oder Größe des Indexellipsoids, was sich im unterstrichenen
Term der Gl.(5.57) ausdrückt. Die Größen $\vec{\vec{R}}_1$, $\vec{\vec{R}}_2$ ... $\vec{\vec{R}}_i$ sind
elektrooptische <u>Tensoren</u>. Die Brechungsindexänderungen betra-
gen etwa

$$\Delta n \sim \vec{\vec{R}}_1 \vec{E} + \vec{\vec{R}}_2 \vec{E}^2_x + \dots.$$

Deshalb wird unterteilt in den

- <u>linearen</u> elektrooptischen oder <u>Pockels-Effekt</u> (nur $\vec{\vec{R}}_1$ wir-
  kend) und den
- <u>quadratischen</u> elektrooptischen oder <u>Kerreffekt</u> ($\vec{\vec{R}}_2$ wir-
  kend).

Der Kerr-Effekt spielt in heutigen Halbleitermodulatoren nur
eine untergeordnete Rolle.

Für den linearen elektrooptischen Effekt beträgt die Brechungsindexänderung genauer

$$\Delta \left|\frac{1}{n^2}\right|_i = \sum_j r_{ij} E_i. \tag{5.58a}$$

Die r_{ij} sind die sog. <u>elektrooptischen Koeffizienten</u> oder
<u>Pockels-Konstanten</u> (i = 1, 2, 3 ... 6, j = x, y, z). Diese 6
x 3 elektrooptische Matrix mit ihren r_{ij}-Elementen wird oft
als <u>elektrooptischer Tensor</u> bezeichnet. Aus Gl.(5.58a) geht
angenähert hervor

$$(\Delta n)_i = - (n^3/2) \sum_j r_{ij} E_i. \tag{5.58b}$$

Die <u>nichtverschwindenden</u> elektrooptischen Koeffizienten betragen z.B. bei typischen Modulatormaterialien (Einheit 10^{-12}
m/V)

$$LiNbO_3 = r_{13} = r_{23} = 8,6; \quad r_{33} = 30,8; \quad r_{22} = 3,4; \quad r_{12} = r_{61}$$
$$= -3,4; \quad r_{42} = r_{51} = 28$$
$$(n_x = n_y = 2,286; \quad n_z = 2,200)$$
$$GaAs: \quad r_{41} = r_{52} = r_{63} = 1,0 \quad (\lambda = 1 \ \mu m)$$
$$(n_x = n_y = 3,34)$$
$$InGaAsP: \quad r_{41} = r_{52} = r_{63} = -1,4 \quad (\lambda = 1,3 \ \mu m).$$

Insbesondere für Kristalle mit <u>Zinkblendestruktur</u> (GaAs, InP)
ergibt sich aus Symmetriebedingungen

$$r_{41} = r_{52} = r_{63}. \tag{5.58c}$$

Für Si und Ge <u>verschwindet</u> der elektrooptische Effekt wegen
der Inversionssymmetrie des Diamantgitters.

Der Modulator (Bild 5.30) besteht dann aus einem (kurzen)
Materialgebiet (Länge L) mit elektrooptischen Eigenschaften
und Feldelektroden, die seitlich oder an den Ein-/Austritts-
flächen angebracht sind, so daß ein transversales oder longitudinales elektrisches Feld entsteht (sog. Pockelszelle).

Die Brechungsindexänderung bewirkt eine Änderung der <u>Phasen-
differenz</u> der Welle zwischen Aus- und Eingang um (E = U/L
resp. U/d):

$$\Delta\Phi = (2\pi/\lambda) \cdot L \, \Delta n = (2\pi L/\lambda) \cdot n^3_o r_{41} E \tag{5.59}$$

Prinzip der <u>Phasenmodulation.</u> Sie kann zur Modulation des Polarisationszustandes oder auch der Intensität verwendet werden. Voraussetzung für ihre Anwendbarkeit ist eine polari-

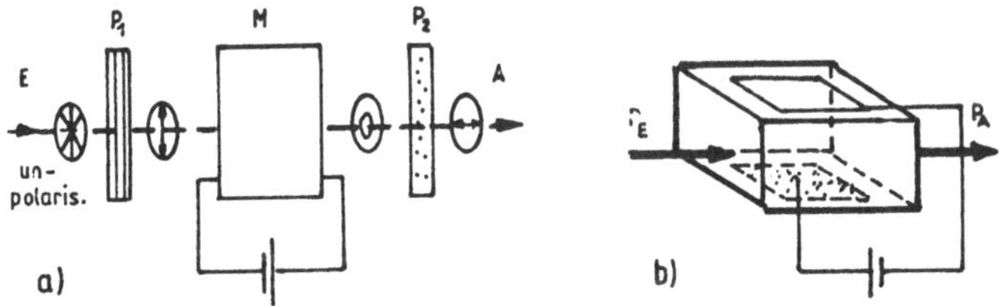

Bild 5.30 Elektrooptischer Intensitätsmodulator
a) Aufbau P_1, P_2: Polarisation, M: Modulator
b) Elektrooptischer Polarisationsmodulator M (Prinzipaufbau)

sierte Eingangsstrahlung. Sie wird erreicht

- durch Einfügen der Pockelszelle zwischen zwei Polarisatoren
  (Analysatoren) bei gewöhnlicher Strahlung (Bild 5.30a),
- oder Nutzung einer kohärenten, monochromatischen Strahlung
  (Laser), weil der Modulator dann als <u>Wellenleiter</u> ausführ-
  bar ist).

Trifft am Modulatoreingang die polarisierte Welle mit den
Komponenten E_x, E_y ein, so haben die zugeordneten Komponenten

$$E_{x'} \equiv E_0, \quad E_{y'} = E_0 \exp - j\Delta\Phi$$

am Modulatorausgang die steuerbare Phasendifferenz $\Delta\Phi$ nach
Gl.(5.59a), weil der Phasenunterschied der Einzelkomponenten
richtungsabhängig ist ($\rightarrow$ Änderung des Polarisationszustandes
durch den Modulator). Nach dem (zweiten) Polarisator (Analy-
sator) am Ausgang wird das Gesamtfeld der Welle bewertet:

$$E = E_0 \cos (\pi/4) \cdot [\exp - j\Delta\Phi - 1] \tag{5.60}$$

$$= (E_0/\sqrt{2}) \cdot [\exp - j\Delta\Phi - 1].$$

Die austretende Strahlung ist generell elliptisch polari-
siert, sie wird zirkular für $\Delta\Phi = \pi/2$ und linear für $\Delta\Phi = \pi$.

Die <u>Strahlungsleistung</u> (Intensität) am Ausgang beträgt

$$P = \text{const.}\ E\,E^{*} = \underbrace{\text{const}\ 2\ E^2_0}_{P_0} \sin^2 (\Delta\Phi/2) \tag{5.61}$$

mit der eingangsseitigen Intensität P_0.

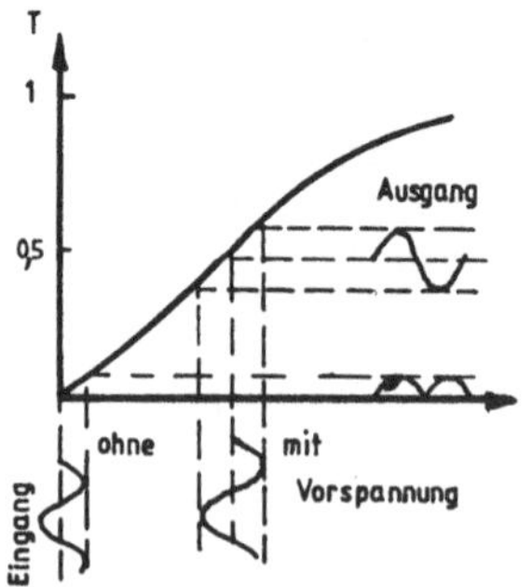

Bild 5.31
Transmission T im elektro-
optischen Modulator über der
Vorspannung

So gelingt über die Phasenmodulation auch <u>Intensitätsmodula-</u>
<u>tion,</u> die am häufigsten benutzte Modulationsart.

Die Modulationskennlinie (Bild 5.31) ist nichtlinear. Sie
läßt sich (wegen - U²) durch Arbeitspunktverlagerung mit <u>Vor-</u>
<u>spannung</u> linearisieren und zwar so, daß eine <u>feste Verzöge-</u>
<u>rung</u> um π/2 eingestellt wird (z.B. durch Einfügen einer λ/4-
Platte zwischen Modulator und Polarisator). Erwähnt sei, daß
sich bei sinusförmigem Modulationssignal ($\rightarrow$ U - sin ω_mt) die
Phase sinusförmig ändert und damit ein phasenmoduliertes Ausgangssignal

$$E = E_O \left[\cos \left(\omega t + \Delta\Phi \sin \omega_m t \right] \right. \tag{5.62}$$

mit dem typischerweise breiten Spektrum ($\rightarrow$ Prinzip FM-Modula-
tion) vorliegt.

Sehr zweckmäßig wird der Modulator als Wellenleiter (Bild 5.
32a) ausgeführt mit seitlich angebrachten Elektroden. Die
Einsatzfrequenz reicht bis zu einigen GHz (labormäßig bis 20
GHz). Auch diese Anordnung ist noch ein Phasenmodulator.
Durch geschickte Verbindung zweier Wellenleiter-Phasenmodula-
toren als sog. <u>Mach-Zehnder-Modulator</u> (Bild 5.32b) (oder
Interfrerenz-Wellenleiter-Modulator) entsteht ein <u>Intensi-</u>
<u>tätsmodulator,</u> der auf die Polarisationsforderung verzichten
kann. Dazu wird der Wellenleiter in zwei gleiche Arme ver-
zweigt und nach dem Modulationsbereich wieder zusammenge-

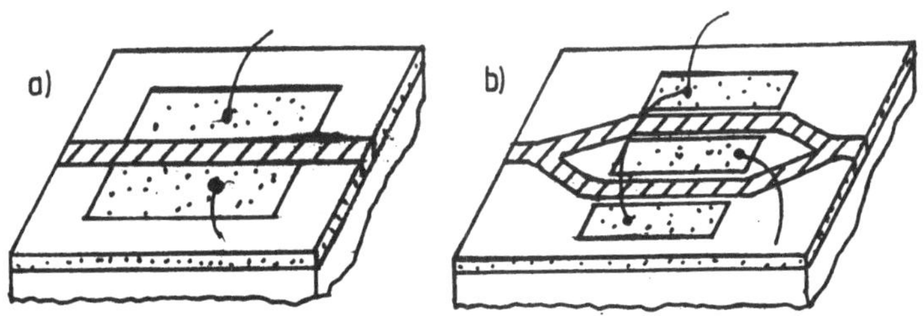

Bild 5.32 Elektrooptischer Modulator
        a) Wellenleitermodulator
        b) Mach-Zehnder-Modulator

führt. Beide Zwischenarme erhalten Parallelelektroden, die im Gegentakt arbeitend vorgespannt werden. Dadurch entsteht ausgangsseitig durch Überlagerung die gewünschte Intensitätsmodulationsfunktion direkt.

Elektroabsorption. Franz-Keldysh-Effekt. Ein (starkes) externes elektrisches Feld beeinflußt die Bandstruktur eines Halbleiters so, daß die Bandbreite W_G effektiv (schwach) abnimmt: **Stark-Effekt.** Dadurch ändert sich die Fundamental-Absorptionskonstante und damit die Absorptionskonstante $\alpha(E)$. Diese Abhängigkeit heißt **Elektroabsorption.** Bild 5.33a zeigt den Verlauf.

Die Verschiebung der Absorptionskonstante W_G umd W_G läßt sich bestimmen. Für direkte Halbleiter mit (Gl.(1.80))

$$\alpha = \begin{cases} (\text{const.}/\omega)\sqrt{hf - W_G} & hf \geq W_G \\ 0 & hf < W_G \end{cases}$$

beträgt die Bandabstandsänderung ΔW_G bei parabolischer Bandstruktur

$$\Delta W_G = (1/2) \cdot (3/2)^{2/3} (q\, E\, \hbar)^{2/3}\, m_n^{-1/3}. \tag{5.63}$$

Der Effekt ist insbesondere bei InP und GaAs ausgeprägt.

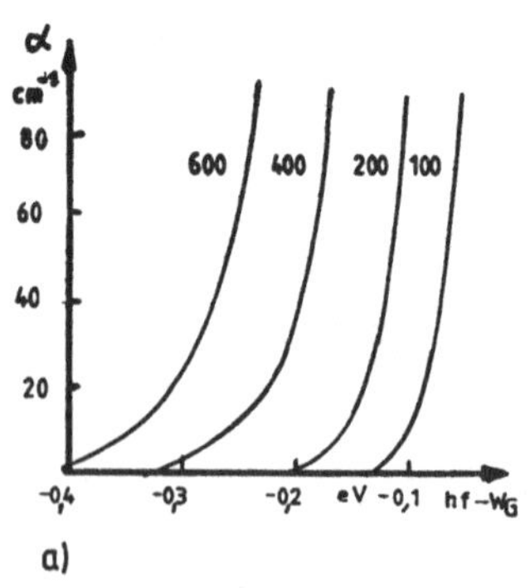

a)

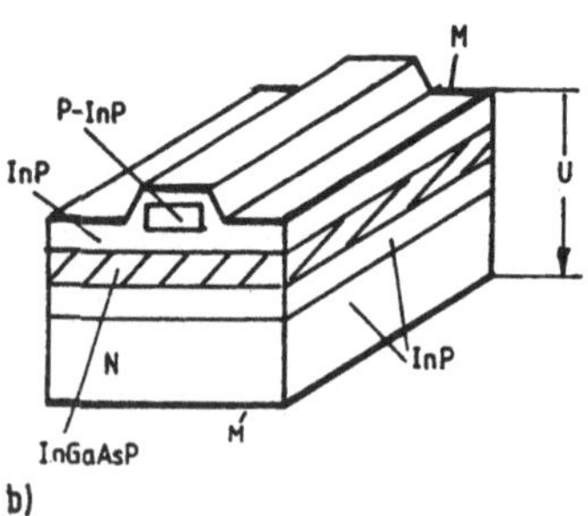

b)

Bild 5.33 Absorptionsmodulator
    a) Absorptionskoeffizient über der Photonenenergie (für InP, GaAs nach Parameter: Feldstärke E (kVcm⁻¹)
    b) Aufbau eines Absorptionsmodulators mit Wellenleiter

Als <u>Modulatoranordnung</u> dient ein streifenbelasteter Wellenleiter mit eingefügtem PN- oder Schottky-Übergang (Bild 5.
33b). Ohne Feld passiert das Licht den Wellenleiter nahezu
ungedämpft, mit Feld wächst die Dämpfung stark an und die
durchtretende Intensität sinkt: Modulationseigenschaft. Die
Einsatzbreite liegt im Bereich um 5 GHz.

Die Elektroabsorption ist besonders intensiv in <u>Multiquanten-
strukturen</u>, weil sich außer den Elektronen- und Lochniveaus
auch die Exzitonenresonanz durch das Feld ändern. Dazu muß
das Feld allerdings senkrecht zum Quantentopf stehen. Dies
läßt sich sehr effektiv im sog. <u>PIN-Absorptionsmodulator</u>
(Bild 5.34) ausnutzen. In einem P^+N^+-Übergang (AlGaAs) wird
im Übergangsbereich ein <u>Mehrfachquantenfilm</u> (GaAs, AlGaAs)
mit bis zu 50 Potentialnäpfen (Dicke = 10 nm) eingebracht.
Über die Sperrspannung läßt sich die Transparenz des Mittel-
gebietes durch Elektroabsorption steuern. Die Anordnung kann
auch als Fotodiode arbeiten und bildet so eine kombinierte
Modulator/Detektoranordnung. Sie zeigt in Verbindung mit
einer Rückkopplung über den äußeren elektrischen Kreis Rela-
xationseffekte (Self Electrooptic effect device, SEED) [5.19],
[5.21].
<u>Elektroreflektanzmodulator.</u> Der Brechungsindex eines Halb-
leiters hängt von mehreren Einflußgrößen ab, die im Zusammenhang mit der Modulation von Bedeutung sind:

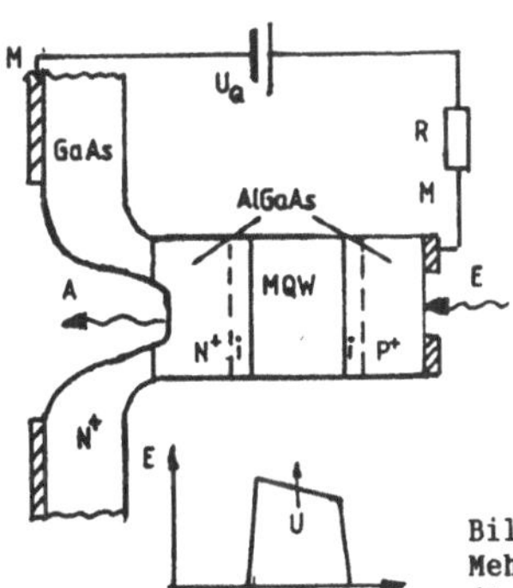

Bild 5.34
Mehrfach-Quantenfilmabsorptionsmodulator
(GaAs-AlGaAs-System) mit optische-elektrischer
Rückkopplung über U_Q, R (SEED)

- von der <u>Absorptionskonstante</u> über die Kramers-Kronig-Beziehung Gl.(1.16) und damit von der Feldstärke. Es gilt etwa für die Indexänderung

$$\Delta n(hf) = \text{const. } E^2 \tag{5.64}$$

(quadratischer Feldeinfluß analog zum Kerr-Effekt),
- von den Trägerdichten selbst (entweder durch Dotierung oder Injektion beeinflußt). Angenähert gilt

$$\Delta n = - \frac{\lambda^2 q^2 n}{8\pi^2 \varepsilon_0 n_s m_{eff} c^2} \tag{5.65}$$

(n_s Brechungsindex, m_{eff} effektive Masse). Sie liegt in der Größenordnung von $\Delta n \approx -5 \cdot 10^{-5} \ldots 10^{-2}$ im Dichtebereich $n \approx 10^{16} \ldots 10^{19}$ cm^{-3} bei Si.

Wird z.B. ein Streifenleiter einseitig mit einem PN-Übergang versehen, so tritt bei Flußpolung durch Trägerinjektion die erwähnte Brechzahländerung ein und diese Anordnung stellt einen Modulator dar.

Auch im Sperrbereich arbeitet dieses Prinzip (Tägerextraktion!), wie etwa beim <u>Sperrschichtweitenmodulator</u> (Bild 5. 35). Dazu wird der Wellenleiter wieder als PN-Übergang (z.B. InP-P-Gebiet als Kern, InGaAsP/InP als N-Umgebung) ausge-

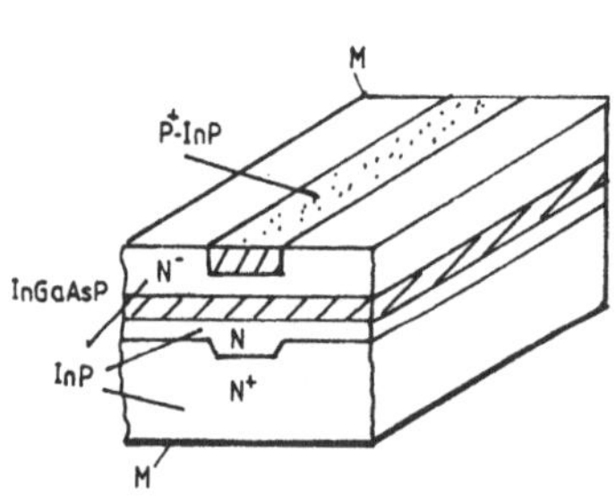

Bild 5.35
Sperrschichtweitenmodulator

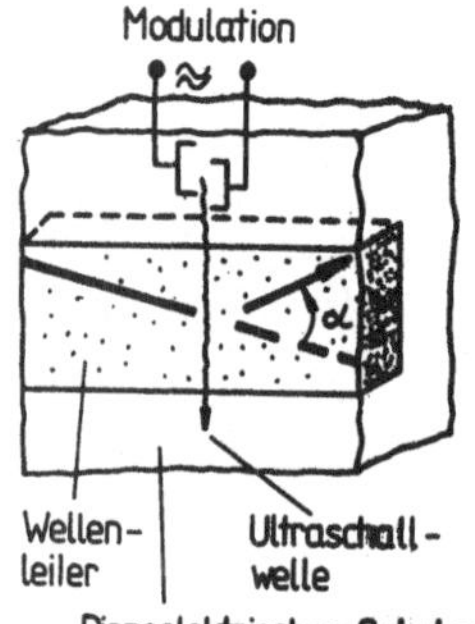

Bild 5.36
Akustooptischer Modulator

führt. Im Sperrzustand überlagern sich mehrere Effekte:
- die Wellenleitergeometrie durch Sperrschichtbreitenmodula-
  tion,
- die Absorptionskonstante direkt durch das hohe Feld,
- der Brechungsindex durch Trägerextraktion und Feld.

Dies alles erschwert zwar die Analyse, praktisch ist das
Konzept jedoch sehr erfolgversprechend.

Weitere Modulatorprinzipien sind
- der _akustooptische Modulator,_ bei dem der Brechungsindex
  durch akustische Wellen verändert wird (Bild 5.36). Die
  Schallwellen werden durch einen piezoelektrischen Wandler
  erzeugt ($\rightarrow$LiNbO$_3$, Quarz). Die obere Grenzfrequenz liegt
  deutlich unter 1 GHz.
- der _magnetooptische Modulator_ (Faraday-Modulator). Hierbei
  wird die Drehung der Polarisationsebene von linear polarisiertem Licht durch ein Magnetfeld ausgenutzt. Wegen der
  geringen Grenzfrequenz findet dieses Prinzip kaum Anwendung
  in integrierten Modulatoren.

5.2.1.2.2 Optisch gesteuerte Modulatoren

Für die rein optische Signalverarbeitung (s. Abschn. 5.2.3)
gewinnen _optisch_ gesteuerte Modulatoren zusehends Interesse.
Soweit man sich auf Halbleitermodulatoren konzentriert, bieten hier vor allem die _optische Beeinflussung_ von Absorptionskonstante und Brechungsindex die Grundlage für Steuerprinzipien. Wird nämlich die Trägerdichte in den Bändern
durch einfallende Strahlung kräftig angehoben, so ändert sich
die Absorptionskonstante und der Brechungsindex durch sog.
freie Träger (Bild 5.37). Der Effekt wird bisweilen als _Band-_
auffüllung bezeichnet. Bei ausreichend hoher Injektion kann
die Absorption sogar in eine _Verstärkung_ übergehen ($\alpha < 0$),
wie dies beim Laser (Bild 1.31) bereits diskutiert wurde.
Durch die Absorptionsänderung stellt sich nach der Kramers-
Kronig-Beziehung Gl.(1.16) auch die Indexänderung Δn ein.

Die Anhebung der Trägerdichte erfolgt optisch durch das sog.
Pumplicht (mit einer etwas kleineren Wellenlänge als W_G) und
der Photonendichte n_{ph}. Es verursacht Überschußelektronen mit
einer Generationsrate

$$- \frac{dn_{ph}}{df} = G = \alpha(\lambda) \cdot n_{ph} \frac{c}{n} \equiv \frac{\Delta n}{\tau_n}, \qquad (5.66)$$

die andererseits gleich der Rekombinationsrate (rechts, Elek-
tronenlebensdauer τ_n) sein muß. Man erhält

$$\Delta n = n_{ph} \frac{\tau_n c}{n} \alpha(\lambda). \qquad (5.67)$$

Ein Modulator besteht dann aus einer (dünnen) Halbleiterschicht, durch die das zu modulierende Signal tritt und in
die gleichzeitig der Steuerstrahl mit dem Modulationsinhalt
einwirkt. Der Effekt ist in Quantenstrukturen besonders stark
ausgeprägt.

5.2.1.3 Schalter

Optische Schalter stellen eine grundlegende Anordnung der optischen Signalverarbeitung dar, man denke nur an die breite
Anwendung der elektrischen Schalterfunktion z.B. in der Ana-

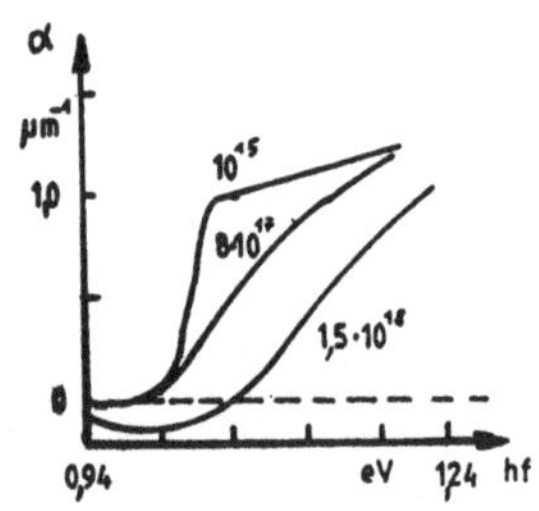

Bild 5.37
Absorption durch freie Ladungsträger
an einer $In_{0,73}Ga_{0,27}As_{0,64}P_{0,36}$-Probe
nach Banayai,L., Z. Phys.
B-Cond. Matt. 63(1986), 283

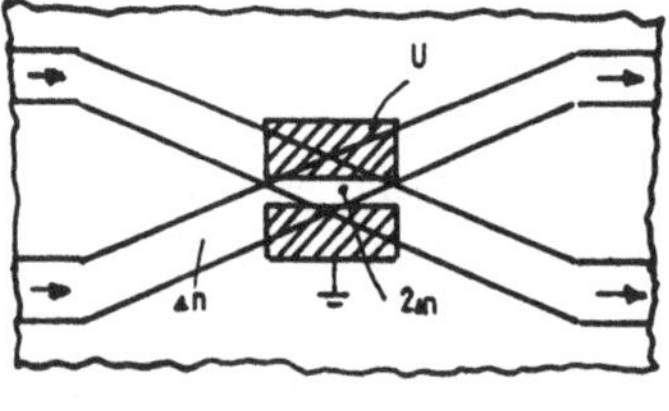

Bild 5.38
Steuerbare Wellenleiterkreuzung
(X-Schalter)

log- und Digitaltechnik (Multiplextechnik, Gatterprinzip, Modulatoren, AD-DA-Wandler u.a.m.). Der verbreitetste <u>optische
Schalter</u> ist der elektrooptisch gesteuerte <u>Richtkoppler</u> (s.
Abschn. 5.2.1.1). Er kann leicht als <u>Durch-</u> und <u>Umschalter</u>
verwendet werden, wie bereits erwähnt.

Eine besonders zweckmäßige Form liegt im <u>Kreuz-</u> oder <u>X-Schal-
ter</u> (Bild 5.38). Dabei kreuzen zwei Wellenleiter so, daß das
steuerbare Gebiet den Kreuzungsbereich gut überdeckt. Ohne
anliegende Spannung schaltet das Licht durch, mit Spannung
sperrt der Kreuzungsbereich. So wurden in $LiNbO_3$-Ausführung
bei Elektrodenlängen von wenigen mm bereits mit Spannungen >
10 V Sperrdämpfungen von bis zu 50 dB erreicht, während der
einfache Leistungsschalter bedeutend größere Steuerspannungen
bei wesentlich schlechterer Sperrwirkung benötigt. Die
Schaltzeiten solcher Schalter liegen im ps-Bereich.

5.2.2 Integrierte Optoelektronik

Beeinflußt durch die Vorteile, die die Schaltungsintegration
auf Basis der Silizium-Planartechnik brachte, lag es nahe,
auch Systeme von optischen und optoelektronischen Elementen
auf einem Substrat so zusammenzufügen, daß sie mit möglichst
einheitlicher Technologie hergestellt werden können. Diese
<u>optische Integration</u> oder <u>integrierte Optik</u> (IOC, integrated
optical circuits) wurden sicher durch verschiedene Probleme
gefördert, die mit der Entwicklung optischer Bauelemente auf-
traten: Wellenausbreitung in optischen Fasern und speziell im
Laser, optische Modulation der Laserstrahlung, optische Wellenleiter, Leitungskopplungen usw.[5.4],[5.11],[5.13],[5.15]-
[5.17], [5.25],[5.26].
Die Probleme bei der Herstellung optischer integrierter
Schaltungen sind derzeit noch erheblich größer als bei der
Schaltungsintegration, weil verschiedene Materialgruppen
miteinander zusammenwirken müssen. Sie resultieren aus den
verschiedenen physikalischen Wirkprinzipien der elektrooptischen und optischen Bauelemente:

- Die Wellenlänge der <u>erzeugten Strahlung</u> (durch Injektionslumineszenz) ist durch den Bandabstand W_G des verwendeten
  Halbleitermaterials ($A^{III} - B^V$-Halbleiter) gegeben. Als
  Strahlerzeuger kommen praktisch nur Laserdioden in Frage.
- Für die <u>Führung, Modulation</u> und <u>Unterbrechung</u> (Schalter)
  der erzeugten Strahlung auf dem Chip (bestimmt durch Transparenz, Totalreflexion, elektrooptischen Effekt u.a.) sollte die Materialtransparenz groß sein. Müssen solche Schaltungen über Glasfaserleitungen miteinander kommunizieren,
  so bestimmt zusätzlich das Glasfaserverhalten (Dämpfung,
  Dispersion λ_{opt} = 1,3 µm und 1,55 µm) die zu wählende Wel-
  lenlänge. Typische Materialien: $LiNbO_3$, $LiTaO_3$, GaAs, InP-
  Verbindungen, Glas.
- Für den <u>Strahlungsempfang</u> muß die Absorption möglichst groß
  sein, was sich materialmäßig etwa mit den Forderungen der
  Strahlungssender deckt.
- Für <u>elektronische Bauelemente</u> - im Regelfall MESFET- und
  Schottkydioden - werden zweckmäßig die optisch kompatiblen
  GaAsAs/GaAs- und InGaAsP/InP-Kombinationen verwendet.

Deshalb sind intensive Bemühungen im Gange, Strahlungssender
und -empfänger mit den Materialsystemen GaAs oder InP und
entsprechenden ternären und quaternären Verbindungen (Bild 2.
53) zu realisieren. Dabei können die Gitterkonstanten unabhängig vom Bandabstand angepaßt werden. Das zugehörige Sub-
stratmaterial muß einerseits heteroepitaktisches Aufwachsen
erlauben, andererseits wirtschaftlich herstellbar sein, was
bisher durch GaAs und InP-Substrate bedingt gewährleistet ist
(Kombination AlGaAs/GaAs, InGa AsP/InP, InGa AlAs/InP). Es
gibt intensive Bemühungen, in solchen Systemen noch Bereiche
von SiO_2/Si für Wellenleiter durch selektive Heteroepitaxie
einzuarbeiten (oder umgekehrt). Deshalb erfolgt die Integration sehr viel langsamer als in der Si-Technik und man unterscheidet:

- <u>Integrierte Optik:</u> Realisierung <u>optischer</u> Bauelemente zur
  Fortleitung, Verteilung und Beeinflussung von Strahlung in

<u>Planartechnik</u> als Vorbereitungsstufe integrierter optischer
Schaltungen.
- <u>Integrierte optische Schaltung:</u> Realisierung elektrischer,
  elektrooptischer und optischer Bauelemente zur Verstärkung,
  Fortleitung, Verteilung, Beeinflussung und Detektion von
  Strahlung in einer <u>integrierten</u> (d.h. nicht zerstörungsfrei
  trennbaren) Anordnung. Diese können sein (bewertet nach den
  Substratmaterialien)
    . die <u>hybriden integrierten optischen Schaltungen</u> mit <u>ver-</u>
      <u>schiedenen</u> Substraten,
    . die <u>monolithischen integrierten optischen Schaltungen</u> mit
      einheitlichem Substrat, kurz auch als <u>optoelektronischer</u>
      <u>Schaltkreis</u> (OEIC, Optoelectronic integrated circuit) be-
      zeichnet.

Zu herkömmlichen integrierten Schaltungen bestehen erhebliche
Unterschiede:
- komplexere Materialanforderungen und damit schwierigere
  Herstellung,
- Nutzung vieler verschiedenartiger Funktionselemente (insbesondere vieler passiver),
- stärkere Verkopplung der Funktionselemente auf dem Chip
  (elektrisch <u>und</u> optisch),
- derzeit extrem niedriger Integrationsgrad,
- Funktionselemente relativ groß im Vergleich zu denen hoch-
  integrierter elektrischer Schaltungen.

Deshalb überschreitet der Integrationsgrad optischer Schaltungen derzeit meist nur einige 10 ... 100 Funktionselemente,
und er beschränkt sich auf Beispiele wie Verbindungen von Fotodioden und Empfängerschaltungen, integrierte Halbleiterlaser, Wellenleiter und Fotoleiter, obwohl vereinzelt schon
Schaltungen im MSI- und LSI-Bereich (GaAs-Technik) realisiert
wurden.

Die Anfänge integrierter optischer Schaltungen gehen in die
70er Jahre zurück (Kombination einer Gunn-Diode mit einem

AlGaAs/GaAs DH-Laser und MESFET). Wegen ihres Zukunftpotentials werden jedoch weltweit erhebliche Forschungsanstrengungen gemacht, ohne die gesetzten Erwartungen bis jetzt voll erfüllt zu haben

5.2.2.1 Hybride integrierte optische Schaltungen

Hybride integrierte optische Schaltungen sind natürgemäß am weitesten entwickelt, weil sich hier durch unterschiedliche Substrate die Materialprobleme stark entschärfen lassen. Als typische Beispiele gelten Kombinationen elektronischer Schaltungen auf Si- oder GaAs-Substrat, optoelektronische Elemente auf InP-Substrat und integrierte optische Elemente auf LiNbO3-Substrat. Ein Beispiel zeigt Bild 5.39 bestehend aus einem Laserchip und einer passiven optischen Schaltung (Wellenleiter, Koppler, Modulator, Phasenschalter und Endspiegel) als kohärent arbeitende abstimmbare und modulierbare Strahlungsquellen.

Wie vorteilhaft optische Schaltungen sein können, zeigt ein Mehrkanalempfänger (Bild 5.40) bestehend aus einem Wellenleitersystem, Richtkopplern und einem angefügten Fotoempfängerarray. Da sich gerade diese Schaltung nur schwer monolithisch integrieren läßt, besteht für die nächste Zeit durchaus ein Bedarf an <u>wirtschaftlich</u> herstellbaren Hybridschaltungen.

5.2.2.2 Monolithisch integrierte optische Schaltungen

Vom Konzept her liegt es nahe, beispielsweise eine Laserdiode mit umgebender Transistorschaltung (durchweg MESFET) oder eine Fotodiode mit MESFET-Nachverstärker monolithisch zu integrieren.

<u>Kombination Strahlungssender - Transistor.</u> Das Beispiel einer funktionellen Verbindung der Laserdiode mit der Modulationsschaltung zeigt Bild 5.41. Sofern dabei ein GaAs-Substrat benutzt wird, lassen sich GaAs-MESFETs und integrierte GaAs-

Schaltungen recht gut herstellen. Andererseits ist dieses Substrat gleichzeitig Ausgang für die GaAsAS/As-DH-Laser-diode. Die Strommodulation erfolgt durch T_1, T_2 (T_1 Arbeits-punkt, T_2 Modulationsverstärker). Erreichbar sind mit solchen Anordnungen noch Modulationsfrequenzen von 4 GHz.

Erheblich mehr Probleme bereitet die Integration auf InP-Sub-strat vor allem vom MESFET her. Der Transistor benötigt für die Funktion eine ausreichende Schottkybarriere W_B. Sie be-trägt für GaAs $\approx$ 0,87 eV, für InP dagegen sehr viel weniger (< 0,4 eV). Deshalb sind MESFETs auf InP-Substrat derzeit praktisch nicht herstellbar. Als Ausweg werden Heterobipolar-transistoren oder SFETs verwendet, auch der MISFET (mit SiN_x-Isolator) ist ein aussichtsreicher Kandidat.

<u>Kombination Strahlungsempfänger - MESFET.</u> Eine Integration von Strahlungsempfänger und Verstärker bietet sich - außer der besseren Optimierung - vor allem deshalb an, weil diese

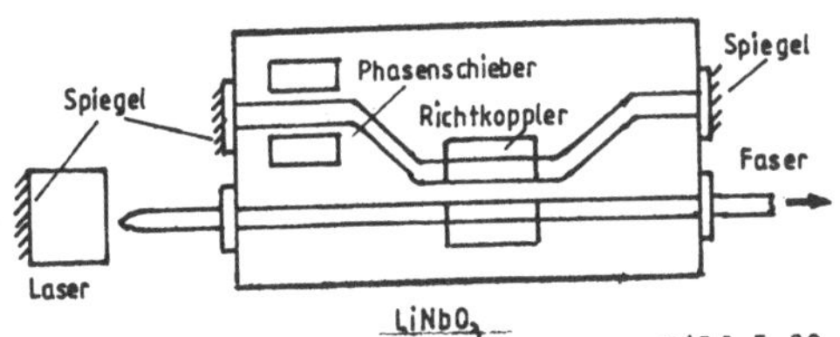

Bild 5.39
Hybridintegrierte optische abstimm-bare modulierbare Strahlungsquelle

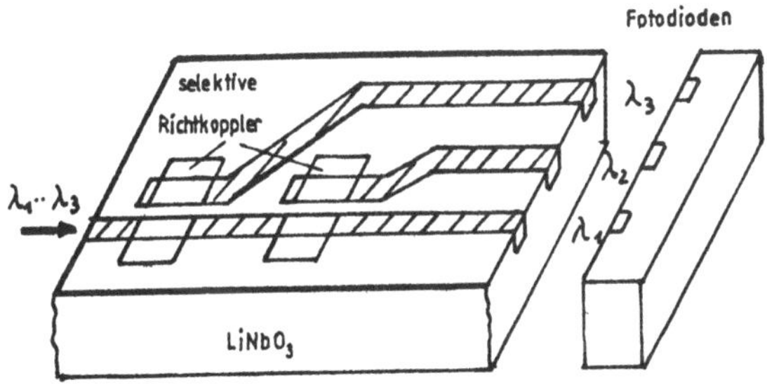

Bild 5.40
Abstimmbares Richtkopplerfilter
in Hybridtechnik mit Fotodiodenarray

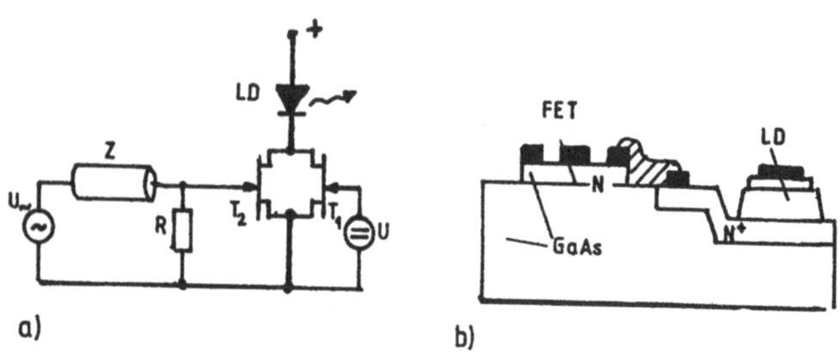

Bild 5.41 Integration von Laserdiode und MESFET
a) Schaltung, b) Grundsätzlicher Aufbau. Die Laserdiode ist in GaAs-AlGaAs-Technik ausgeführt (nach Wada, O., IEEE J. QE-22(1986), 805)

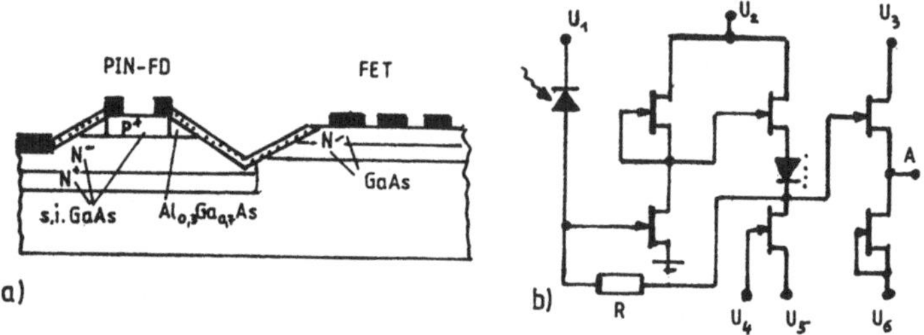

Bild 5.42 Integration eienr PIN-GaAs-Fotodiode mit einem MESFET-Nachverstärker (nach Wada, O., IEEE J. QE-22(1986), 805)

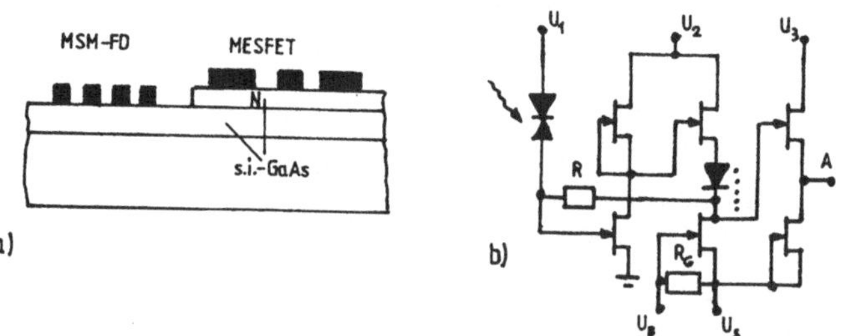

Bild 5.43 Integration einer MSM-GaAs-Fotodiode mit einem MESFET-Nachverstärker (nach Wada, O., IEEE J. LT-4(1986), 1694)

Vereinigung mit zusätzlich nachgeschalteter Laserdiode auch als <u>optischer Repeater</u> dienen kann. Üblich sind als Strahlungsempfänger PIN- und insbesondere Schottky-(MSM)-Fotodioden und als Verstärker MESFETs.

Bild 5.42 zeigt eine GaAs-PIN-Diode (0,85 µm) mit nachgeschalteter GaAs-MESFET-Transimpedanzstufe. Man erreicht derzeit zufriedenstellende Verstärkungs- und Rauschwerte, die
allerdings noch unter denen hybrider Stufen liegen.

Günstiger (Technologie, Eigenschaften) als PIN- sind
Schottky- oder noch besser MSM-Fotodioden (GaAs: 0,85 µm,
GaInAsP: 1,3 ... 1,55 µm auf InP-Substrat, s. Abschn. 3.2.3).
Bild 5.43 zeigt ein Beispiel auf GaAs-Basis mit einer Empfindlichkeit von mehr als -20 dB bei einer Bitrate B = 1 G
bit/s. Bild 5.44 vergleicht Empfängerdaten hybrider und monolithisch integrierter Schaltungen, ausgedrückt durch die Zahl
detektierter Photonen, die für eine 10^{-9} Bitfehlerrate erforderlich sind. Dabei liegen OEICs derzeit um etwa 10 dB unter
der Empfindlichkeit hybrider ICs.

<u>Anwendungsbereiche.</u> Integrierte optische Schaltungen verspre-
chen dort interessante Lösungen, wo die rein elektronische
Anordnung versagt oder nur mit hohem Aufwand möglich ist:
- zwei- und dreidimensionale optische Signalverarbeitung,

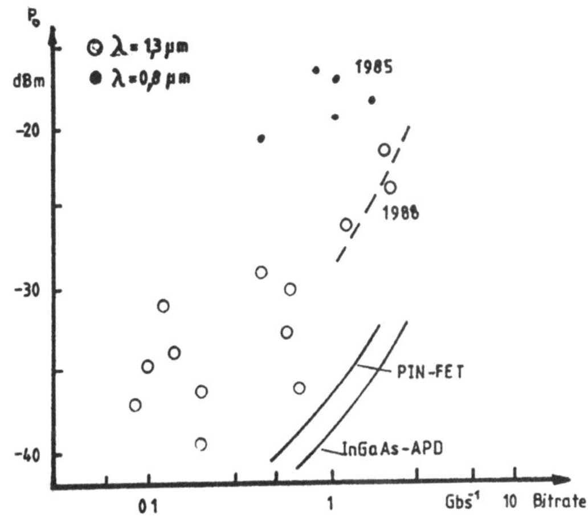

Bild 5.44 Empfindlichkeit (optische Empfangsleistung P_0) verschiedener
Empfänger (O, o optische integrierte Schaltungen verschiedener
Hersteller, 1990, hybride PIN-FET-Schaltungen und APD) über der
Bitrate

- nichtlineare Transmissionsmatrizen für die massiv parallele
optische Datenverarbeitung,
- Verknüpfung von Laser-Modulator und Empfängereinheit,
- Anwendung holographischer Prinzipien z.B. zur optischen
Verbindung zweier Schaltkreise,
- optisch rechnende Systeme und Komponenten,
- Ersatz elektrischer Chips durch optische, insbesonders bei
der dreidimensionalen Integration.

5.2.3 Photonik

Künftige Telekommunikationsnetzwerke werden in großem Umfang
die Lichtwellenleitertechnik (Glasfasern, integrierte Optik)
und damit den optischen Signalträger nutzen. Deshalb liegt es

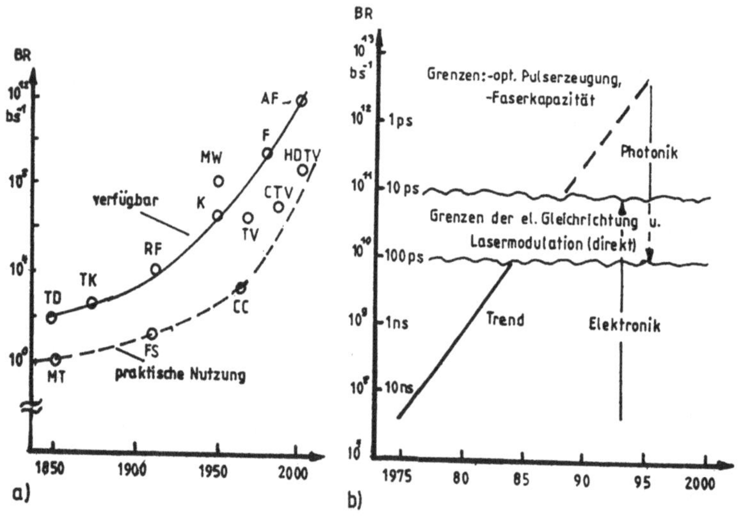

Bild 5.45 Zeitliche Entwicklung der Bitrate (BR)
   a) Historischer Trend (TD Telegraphendraht, TK Telegraphenka-
      bel, RF Rundfunk-, K Tiefseekabel, MW Mikrowellen, F Faser-
      kabel, AF verbesserte Faserkabel, MT Morsetelegraph, FS
      Fernschreiber, CC Rechnernetz, TV Fernsehen, CTV Farbfern-
      sehen, HDTV)
   b) Abgrenzung elektronischer und photonischer Kommunikations-
      techniken

nahe, die bisher rein elektronisch vollzogenen Funktionen:
Verstärkung, Schalten, Regeneration und Verarbeitung ebenfalls optisch durchzuführen und damit auf die <u>Wandlerbauele-
mente</u> elektrisch-optisch und optisch-elektrisch weitgehend zu
verzichten.

Die rein optisch basierte Signalverarbeitung, also die Steuerung von Licht durch Licht mittels gegenseitiger Wechselwirkung in der Materie wird als <u>Photonik</u> bezeichnet (obwohl
dieser Begriff derzeit noch unterschiedlich benutzt wird).

Die <u>Elektronik</u> umfaßt dann die rein elektronisch begründete
Signalverarbeitung, also die Steuerung des Ladungsflusses
durch das elektromagnetische Feld resp. den Ladungsfluß, der
das Feld erzeugt. Die Tendenz zur Photonik ergibt sich aus
den Anforderungen an moderne Kommunikationssysteme bezüglich
Geschwindigkeit, Bandbreite, Integrationsdichte und Paral-
lelisierbarkeit der Verarbeitung.

Diese Tendenzentwicklung resultiert aus den Anforderungen an
moderne Kommunikationssysteme:

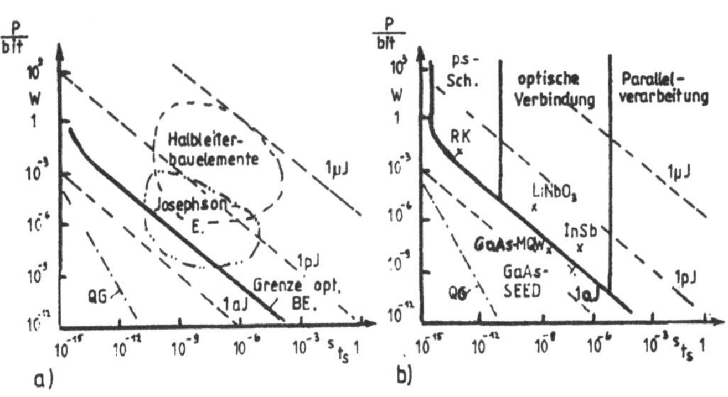

Bild 5.46 Schaltleistung pro Bit über der Schaltzeit t_s
a) Abgrenzung verschiedener Bauelementegruppen. Parameter
Schaltenergie (QG: Quantengrenze bei T = 300 K)
b) Anwendungsgebiete optischer Schalterelemente (RK Richtkoppler, x bistabile Fabry-Perot-Elemente)

- Die zu übertragenden Bitraten sind bisher ständig gewachsen
  mit prognostisch anhaltender Tendenz (Bild 5.45). Dies
  führt zwangsläufig in den Grenzbereich elektronischer Systeme, ohne aber schon die Grenzen optischer Systeme auszu-
  schöpfen.
- Die Signalverarbeitung verlangt extrem schnelle und leistungsarme Schalter. Die Schaltgeschwindigkeiten elektronischer Bauelemente reichen typischerweise herab bis in den
  ps-Bereich, optische Schalter sind aber um bis zu 2 Größenordnungen schneller. Dies geht am besten aus dem Verlust-
  leistungs-Verzögerungszeitdiagramm hervor (Bild 5.46), wie
  es aus der Integrationstechnik bekannt ist. Schaltzeitfor-
  derungen unter 1 ps lassen sich grundsätzlich nur optisch
  erzielen.
- Die Bandbreite rein optischer Systeme kann leicht auf einige 100 GHz gebracht werden, während die elektrische Übertragung schon im GHz-Bereich deutlich mehr Probleme bereitet. Hinzu kommt, daß die zur Übertragung nötige optische
  Energie kleiner als im elektrischen Fall sein kann, wo
  stets Leitungselemente umgeladen werden müssen.
- Bestimmte Anwendungsgebiete (Bildverarbeitung, Rechentechnik u.a.) haben eine Tendenz zu parallelverarbeitenden Systemen, die sich vorteilhaft durch 2d-Anordnungen der Si-
  gnalverarbeitungselemente (sog. Arrays) realisieren lassen. Auch elektronisch sind solche Arrays seit langem im
  Einsatz, doch wird ihre Leistungsfähigkeit stark vom Ver-
  drahtungsaufwand begrenzt. In optischen Systemen könnten
  leicht bis zu 10^9 Elemente parallel arbeiten.
- Die für die Integrationsdichte maßgebende Minimalgröße der
  Funktionselemente ist grundsätzlich durch die minimale
  Linearabmessung gegeben. Setzt man hierfür λ/n an, so ist
  der Wert $(\lambda/n)^3$ mit üblichen optischen Wellenlängen durchaus vergleichbar mit elektrischen Minimalgrößen.

Die Einsatzmöglichkeiten rein optischer Übertragungssysteme
sind vielgestaltig, z.B.

- Weitverkehrsverbindungen mit extrem hoher Übertragungsbandbreite,
- Multiplexübertragung für extrem großen Datenstrom mit Bitraten deutlich über 1 GBit/s (bis 50 GBit/s und mehr),
- mehrdimensionale Signalverarbeitung u.a.m.,
- Ersatz der bisherigen doppelten Wandlerfunktion optisch-
  elektrisch-optisch z.B. bei Signalrepeatern u.a.m.

Die Photonik benötigt ein breites Spektrum an Funktionsele-
menten: Schalter, optische Verstärker, Gatter, Speicher u.a.
m. Ihre Grundlagen sind - analog zu elektronischen Funktions-
elementen - nichtlineare optische Phänomene, die sog. nichtlineare Optik. Dazu zählen beispielsweise die nichtlineare
(meist intensitätsabhängige) Brechungszahl und die Absorptionskonstante. In Verbindung mit Rückkopplung (extern, intern, optisch oder elektrisch) kann es dabei zur optischen
Bistabilität kommen. Denkt man an die fundamentale Bedeutung
der elektrischen Bistabilität für elektronische Bauelemente
und Schaltungen, so werden die potentiellen Möglichkeiten
solcher Prinzipien offenbar. Aussichtsreiche Materialgruppen
der nichtlinearen Optik sind Gläser (mit bestimmten Halbleitern dotiert), ferroelektrische Kristalle, bestimmte Halbleitermaterialien, Supergitter (GaAs/GaAlAs-Basis), besonders
verspannte Supergitter auf SiGe-Basis u.a. So erreicht z.B.
ein nichtlinearer Richtkoppler auf Si-Basis eine Schaltzeit
von 100 fs = 0,1 ps. Auch die sog. Solitonen-Phänomene bieten
interessante Ansätze.

5.2.3.1 Nichtlineare optische Materialeigenschaften. Optische Bistabilität

Eine Voraussetzung der rein optischen Signalverarbeitung ist
die Existenz nichtlinearer optischer Materialeigenschaften,
also beispielsweise eine Strahlungsintensitätsabhängigkeit
von Brechungsindex und Absorptionskoeffizient. Auch eine
Feldabhängigkeit ist zweckmäßig. In Verbindung mit externer
oder interner Mitkopplung führen solche Materialien zu bista-

<u>bilen optischen Bauelementen</u>. Dabei zeigt die Charakteristik der optischen Ausgangsgröße I_a über der Eingangsgröße I_e einen <u>Hystereseeffekt</u> (Bild 5.47) [5.4],[5.9],[5.27].

Optische Bistabilität ist die Eigenschaft der optischen Transferkennlinie (Ausgangs-, Eingangsintensität), in einem gewissen Bereich eine <u>fallende</u> Charakteristik durch interne Mitkopplung zu besitzen. Sie präsentiert sich bei üblicher Kennlinienaufnahme als Hystereseerscheinung.

Die bisher festgestellte Kennlinie ist vom sog. S-Typ. Damit bieten sich grundsätzlich die gleichen Anwendungsmöglichkeiten wie in der Elektronik an (dort S- und N-Typ-Kennlinie), z.B.

- Schwingungserzeugung, Entdämpfung durch Nutzung des fallenden Gebietes,
- Kippschaltungen, optische Speicherschaltungen, optische Logikbauelemente,
- Schwellwertschaltungen,
- schnelle optische Schalter u.a.m.

Wie in der Elektronik kann außer über die Kennlinie (innere Mitkopplung, z.B. Tunnel- und λ-Diode, Thyristor) auch durch äußere Rückkopplung Instabilität erzeugt werden (z.B. Flip-

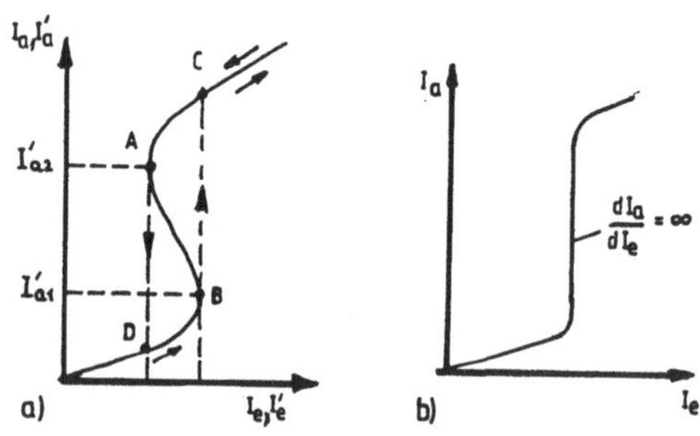

Bild 5.47 Kennlinie der optischen Ausgangsintensität I_a über der Eingangsintensität I_e
a) Bistabile Kennlinie im Hystereseeffekt
b) Kennlinie im Grenzfall der Stabilität

Flop). Im optischen Fall ist diese externe Rückkopplung sowohl optisch als auch elektrisch möglich.

Gegenwärtig werden zwei Formen der optischen Bistabilität verwendet:
- die <u>absorptive Bistabilität</u> mit nichtlinearem Absorptionskoeffizienten,
- die <u>refraktive oder dispersive Bistabilität</u> mit nichtlinearem Brechungsindex.

Die Erscheinungsformen sind sehr breit, weil beide Eigenschaften in praktisch allen optoelektrischen Bauelementen auftreten und ohnehin über die Kramer-Kronig-Beziehungen (nur linear gültig!) auch im nichtlinearen Bereich verknüpft sind. Als Beispiel einer Nichtlinearität möge die Strahlungsintensität abhängig von der Brechungszahl

$$n = n_0 + n_2 I \qquad (5.68)$$

betrachtet werden (Werte für n_2 enthält Tafel 5.7). Füllt ein solches Material den Resonator einer Laserdiode, so beträgt die Resonanzfrequenz anstelle $\omega_0 = \pi c / L n$ (Gl.(2.63)) jetzt

$$\omega_0 = \frac{\pi c}{L(n_0 + n_2 I)} \approx \omega_0' \left(1 - \frac{|A|^2}{|A_0|^2}\right) \qquad (5.69)$$

$\omega_0' = \pi c / n_0 L;$ $|A|^2 / |A_0|^2$ bezogene Intensität.

Die Strahlungsintensität I entsteht durch eine Feldwelle

Material	$- n_2$ (cm²/kW)
Si	$1,2 \cdot\cdot\ 10^{-7}$
GaAs	$8,6 \cdot 10^{-7}$
" (MQW)	$10^{-3} - 10^{-1}$
InSb	$1 \cdot 10^{-4}$
CdHgTe	$5 \cdot 10^{-4}$

Tafel 5.7 Beispiele des Koeffizienten n_2

$$A = A_O \exp (j\omega_O t - t/\tau_O) \tag{5.70}$$

im Resonator, wobei τ_O die internen Verluste beeinhalten möge. Die Amplitude A werde durch eine eintretende Welle der Amplitude

$$A_e = A_{eo} \exp j\omega t \tag{5.71}$$

erzeugt, aus dem Resonator trete ebenso eine Welle aus. Diese abgestrahlte Energie kann durch eine zeite Zeitkonstante τ_e in A(t) berücksichtigt werden. Die Energiebilanz führt dann auf (Faktor 2, herrührend von Reflexionsbedingungen am Spiegel)

$$|A_e|^2 = (2/\tau_e) \cdot |A|^2. \tag{5.72}$$

Die Bilanzgleichung für die zeitliche Änderung der Resonatorschwingung lautet dann

$$\frac{dA}{dt} = j\omega_O A - A\,\tau^{-1} + \sqrt{\frac{2}{\tau_e}} \cdot A_e$$

mit $\tau^{-1} = \tau_e^{-1} + \tau_O^{-1}$ oder

$$j\omega A = (j\,\omega_O - 1/\tau) \cdot A + \sqrt{2/\tau_e} \cdot A_e. \tag{5.73}$$

Diese Beziehung liefert den (stationären) Zusammenhang zwischen der Resonatorschwingung A und der Eingangsgröße A_e. Sie bildet so die Grundlage der optischen Transfercharakteristik. Führt man nämlich die (bezogenen) Intensitäten I'_a und I'_e über

$$I'_a = \frac{|A|^2}{|A_O|^2} \quad ; \quad I'_e = \left(\frac{2\tau}{\tau_e}\right)^2 \frac{|A_{eo}|^2}{|A_O|^2}$$

ein und löst auf, so ergibt sich

$$I'_a = I'_e \left\{ \left[\omega - \omega'_O(1 - I'_a)\right]^2 + \tau^{-2} \right\}^{-1} \tag{5.74}$$

mit dem Verlauf nach Bild 5.47a. Die Nichtlinearität entsteht durch den unterstrichenen Term und führt auf einen Hysteresebereich zwischen

$$\omega < \omega'_O \quad \text{und} \quad (\omega'_O - \omega)\,\tau > \sqrt{3}. \tag{5.75}$$

Mit steigender Eingangsintensität erreicht das Resonatorfeld zunächst den kritischen Wert I'_{a1} im Punkt B und springt dort nach Punkt C. Beim Absenken der Eingangsamplitude springt die Ausgangsgröße I'_a im Punkt A auf Punkt D und geht von da an nach Null. Dies ist das typische Verhalten einer bistabilen Kennlinie. Die Übergangszeiten zwischen den Zuständen hängen von den Zeitkonstanten τ_0 und τ_e ab.

Bistabilität nach diesem Muster ergibt sich auch für die nichtlineare Absorption.

Aus den Nichtlinearitätskoeffizienten von $n(I)$ (Tafel 57) geht hervor, daß Indexänderungen erst bei großen Leistungsdichten ($> 10^4$ kW/cm² (!)   und mehr) eintreten, wie sie nur im Resonator zutreffen.

5.2.3.2 Optische Verstärker

Optische Verstärker sind das wohl wichtigste Bauelement der Photonik, da sie außer der Verstärkungsfunktion auch als gesteuerter Schalter betrieben werden können bei dementsprechend breitem Einsatz. Die Transferkennlinie eines solchen Elementes muß dann von der Form Bild 5.47b sein mit möglichst großen "Verstärkungskoeffizienten" $v = dI_a/dI_e$ in einem Arbeitspunktbereich, m.a.W. ist keine so starke Mitkopplung erforderlich, daß Hysterese auftritt.

Gegenwärtig existieren zwei Verstärkerkonzepte: der <u>Halbleiterlaserverstärker</u> und der <u>Wellenleiterverstärker.</u> Durch die großen Einsatzmöglichkeiten besteht für beide Konzepte ein gewisser Erwartungsdruck.

<u>Halbleiterlaserverstärker</u> (Semiconductor laser amplifier, SLA). Die Anordnung (Bild 5.48) ist aufgebaut wie eine Laserdiode (s. Bild 2.37) jedoch mit folgenden Unterschieden:
- die Enden des Resonators sind nicht hoch reflektierend, sie spiegeln durch Bedeckung mit einer Antireflexionsschicht vielmehr nur schwach,

- auf der einen Seite wird die zu verstärkende Strahlung zugeführt, auf der anderen die verstärkte ausgekoppelt.

Den Arbeitspunkt stellt man noch unter der Laserschwelle ein (um Schwingung zu vermeiden), jedoch in einem Gebiet, wo der Resonator aktiv ist und damit eine Nettoverstärkung erfolgt.

Die Verstärkung g der aktiven Schicht (pro Länge) ergibt sich entsprechend Gl.(2.47 ff.) aus (L19)

$$g = \Gamma\, g_m - \alpha \tag{5.76a}$$

($\Gamma \approx 0,1 \ldots 0,3$ Confinement, α ($\approx 20 \ldots 60$ cm^{-1}, Dämpfung). Dabei setzt man für die innere Verstärkung

$$g_m = \frac{g_0}{1 + I/I_s} \qquad\qquad \begin{array}{l} I \;\text{ Lichtintensität} \\ I_s \;\text{ Lichtintensitätssättigung} \end{array} \tag{5.76b}$$

eine gewisse Intensitätsabhängigkeit an. Physikalisch wird die eintretende Strahlung I_e somit längs des Resonators verstärkt. Die Gesamtverstärkung am Ende L der aktiven Zone beträgt

$$\frac{I_a}{I_e} = G_s = \exp g \cdot L \tag{5.77}$$

Zwischen Resonatoreingang und -ausgang stellt sich eine Phasenverschiebung ein von

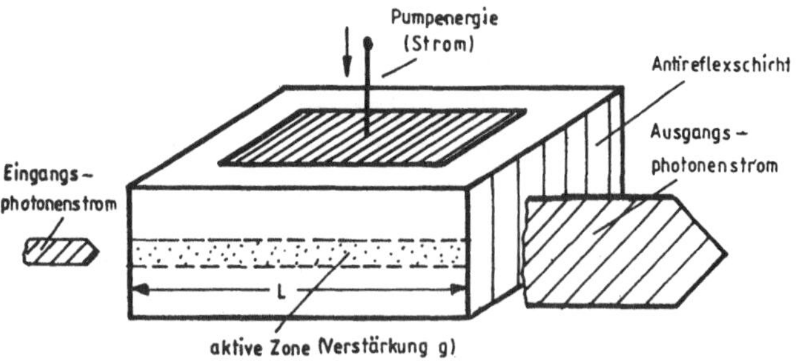

Bild 5.48 Optischer Verstärker nach dem Laserprinzip

$$\Phi = \Phi_O + g_O Lb/2 \cdot I/(I + I_s) \qquad \Phi_O = 2\pi/\lambda\, \ln. \qquad (5.78)$$

Sie setzt sich aus der Grundverschiebung Φ_O und einem intensitätsabhängigen Anteil zusammen (b $\approx$ 2 ... 6).

Am realen Verstärker müssen die Reflexionsverluste (Reflexionsfaktoren R_1, R_2) an den Resonatorenden noch berücksichtigt werden: man erhält dann als Gesamtverstärkung

$$G(\lambda) = \frac{(1 - R_1)(1 - R_2)\, G_s}{(1 - \sqrt{R_1 R_2}\, G_s)^2 + 4\sqrt{R_1 R_2}\, G_s\, \sin^2 \Phi}. \qquad (5.79)$$

Durch den Phasenwinkel wird die Verstärkung (schwach) wellenlängenabhängig, beim idealen Verstärker (R = 0) nicht.

Die Kleinsignalbandbreite des Halbleiterlaserverstärkers ist sehr groß (bis 4 THz!) und wird stark von Material und Aufbau bestimmt. L beträgt typischerweise 200 ... 400 µm für λ = 1,3 ... 1,5 µm. Erreicht wurden bisher Verstärkungen bis 20 dB.

Die Einsatzgebiete dieses Konzeptes sind vielfältig z.B. als optische Signalverstärker vor einem Fotodetektor zur Empfindlichkeitserhöhung, als gesteuerter optischer Schalter, abstimmbares Filter, Verbindung eines funktional integrierten nichtlinearen Absorbers und Verstärkers mit Hystereseeigenschaften u.a.m.. Welche Vorteile ein solcher Breitbandverstärker in einem Wellenlängen-(Frequenz-) Multiplexsystem bringt, zeigt Bild 5.49. In einer ankommenden Glasfaserleitung mit den Wellenzügen λ_1 ... λ_n müssen zunächst die Einzelwellenlängen durch Demultiplex gewonnen werden. Anschließend wird jede von ihnen separat detektiert, elektronisch verstärkt, durch einen Laser wieder erzeugt und schließlich durch Multiplex zum Originalsignal zusammengesetzt. Ein breitbandiger Laserverstärker erübrigt all diese Maßnahmen.

<u>Wellenleiterverstärker.</u> Ein zweites, sehr aussichtsreiches System ist ein mit Erbium dotierter SiO_2/GeO_2- oder SiO_2/Al_2O_3-Monowellenleiter, der <u>optisch gepumpt</u> wird und dadurch verstärkt. Erbium (E_r^{3+}) hat fünf optische Absorp-

tionsbänder bei etwa λ = 530, 670, 800, 980 und 1480 nm. Hebt man Träger durch optische Leistungszufuhr (zweckmäßig mit den letzten beiden Wellenlängen) in angeregte Zustände im Leitband, so können sie von dort aus stimulierte Emission als Grundlage der Verstärkung anregen. Die optische Pumpleistung wird über einen Richtkoppler aus einer Laserdiode eingekoppelt (Bild 5.50).

Das Konzept verspricht hohe Verstärkungen (> 30 dB), geringes Rauschen und große Bandbreite. Bitraten von 10 GBit/s bei Leitungslängen bis 400 km sind bereits erreicht worden. Neben E_r^{3+} als Dotierungsmaterial werden auch andere seltene Erden wie Nd^3, H_0^{3+}, Dy^{3+} (1,3 µm) oder E_r^{3+}, P_r^{3+} (1,5 µm) sowie Übergangsmetalle (C_r^{3+}) untersucht.

5.2.3.3 Optische Schalter und Digitalelemente

Für die Photonik interessieren nicht die üblichen **elektrisch** gesteuerten Schalter, sondern **optisch gesteuerte**. Verwendbar dafür sind z.B.
- optische Verstärkerelemente mit ausgesprochenem Sättigungsverhalten außerhalb des Verstärkungsbereiches,
- optische Elemente mit bistabiler Transferkennlinie,

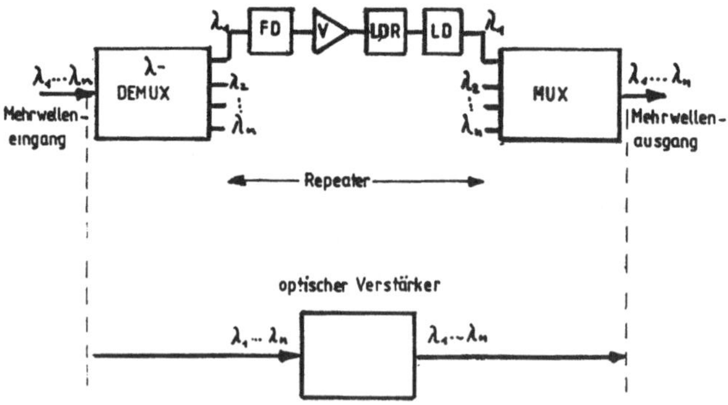

Bild 5.49 Vergleich eines üblichen Mehrwellenlängen-Repeatersystems mit einem entsprechend breitbandigen optischen Verstärker (FD Fotodetektor, Verstärkung und -verarbeitung, LD Laserdiode)

- einfache Ausnutzung von optischen Nichtlinearitäten, z.B.
  das einfache Umschalten zwischen stark absorbierendem und
  transparentem Zustand, wenn die Intensitätsabhängigkeit der
  Absorption ausgenutzt wird.

Beispiele für derartige optische Schalter sind:
- der nichtlineare Fabry-Perot-Resonator (Hohlraumresonator
  aus nichtlinearem optischen Material) mit Hystereseeigen-
  schaft zwischen durchtretendem und reflektiertem Licht, abhängig von der Strahlungsintensität,
- das sog. Self-electro-optic Device (SEED), das als licht-
  getriggerter Schalter arbeitet (Bild 5.51): ankommendes
  Licht erzeugt Träger im Halbleiter, wodurch sich die innere
  Feldstärke ändert. Dieses Feld beeinflußt die optische
  Transmission nahe der Bandkante und führt zur Fotostrom-
  Stromkennlinie (Bild 5.51a) mit teilweise fallendem Bereich. Im Grundstromkreis mit Lastwiderstand ändert sich
  dann rückwirkend die Absorption (self electro optic
  effect). Sie führt zu einer intensitätsabhängigen Transmission (Bild 5.51b) mit Hystereseeffekt [5.9].

Eine interessante Anwendung dieser Nichtlinearität ist die
logische Verknüpfung von Signalen. So kann z.B. ein ODER-
Gatter durch zwei optische Eingänge gebildet werden (Bild 5.
52). Haben der eine oder andere (oder beide) Eingänge die

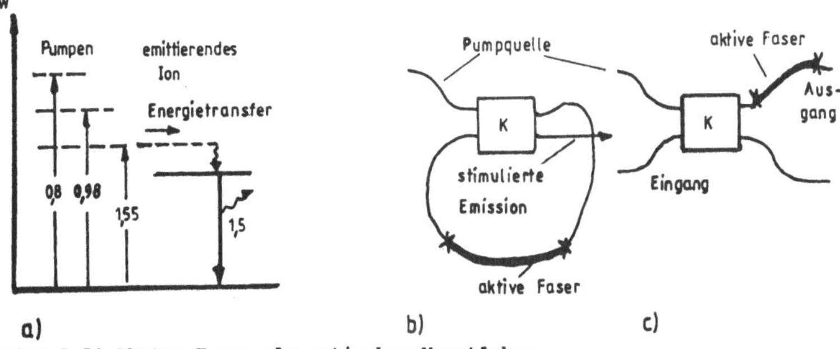

Bild 5.50 Aktive Faser als optischer Verstärker
         a) Emissionsmechanismus (Angaben in µm)
         b) Aktive Faser als Laser
         c) Aktive Faser als optischer Verstärker

Leistung $P > P_{np}$, so erscheint ausgangsseitig das "1"-Signal.
Wird keiner der beiden Ausgänge angesteuert, so geht der Ausgang nach "0". Auf diese Weise sind auch andere Verknüpfungen
möglich.

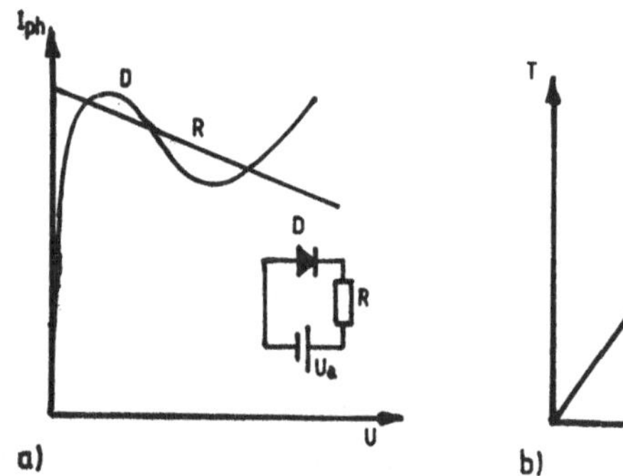
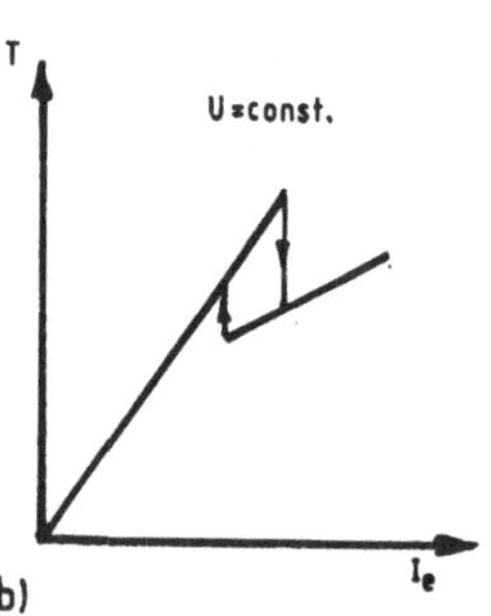

Bild 5.51 SEED

      a) Fotostrom I_{ph} einer MQW-PIN-Diode über der Vorspannung
         für konstante Lichteinstrahlung
      b) Transmission über der eingestellten Intensität für konstante
         Vorspannung

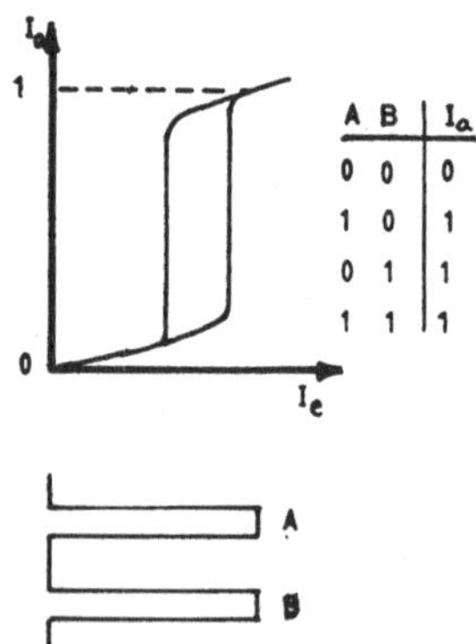

A	B	I_a
0	0	0
1	0	1
0	1	1
1	1	1

Bild 5.52
Anwendung der optischen
Hysterese zu einer ODER-
Verknüpfung

5.3 Optische Übertragungssysteme

Auf die generellen Vorzüge optischer Nachrichtensysteme ebenso wie auf ihren grundsätzlichen Aufbau war bereits zu Beginn
des Abschnittes 5 hingewiesen worden. Um mit einem solchen

System Informationen übertragen zu können, muß eine <u>Modulation</u> (und Demodulation) erfolgen. Hier haben sich einige typische Verfahren herausgebildet (Abschn. 5.3.1), [3.4], [3.54], [5.4], [5.18].

Für die Arbeitswellenlänge eines solchen Systems sind u. a. die zu erzielenden Eigenschaften, aber auch die verfügbaren Sende-, Übertragungs- und Empfangselemente ausschlaggebend Abschn. 5.3.2). Schließlich hängt es von der zu überbrückenden <u>Streckenlänge</u> ab, welcher Wellenleiter verwendet werden muß (Abschn. 5.3.3).

5.3.1 Modulation, Demodulation

Die wichtigsten Modulations- und Empfangsarten in optischen Übertragungssystemen sind
- <u>analoge</u> Modulationsverfahren (Intensitäts-, Frequenz- und Pulslagemodulation),
- <u>digitale</u> Modulationsverfahren (Pulsphasen- (PPM), Pulscode- (PCM), Pulsfrequenzmodulation (PFM)),
- der optische <u>Geradeaus-</u> und <u>Überlagerungsempfang,</u> wie er bereits im Abschnitt 3.5.3 behandelt wurde.

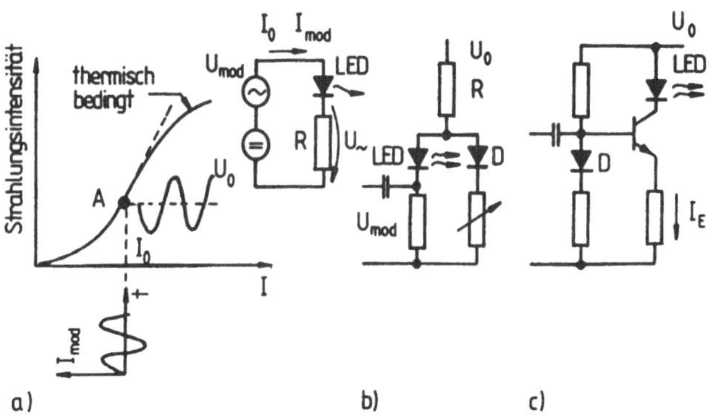

Bild 5.53 Modulationsschaltungen für LEDs
     a) Intensitätsmodulation
     b) Kompensation der thermischen Verzerrungen
     c) wie b), jedoch mit Transistoransteuerung

<u>Analogmodulation.</u> Am häufigsten wird hier die <u>Intensitätsmo-</u>
<u>dulation</u> benutzt in Form der direkten Modulation der Strah-
lungsleistung durch den Diodenstrom (LED-, Laserdiode). Sie
ist leicht durchzuführen. In großem Bereich gilt $P \sim I$, erst
bei höheren Strömen tritt Absenkung durch verschiedene Effekte (Strahlungssättigung, thermische Effekte) ein.

Bild 5.53a zeigt das Prinzip. Die Diode arbeitet mit Stromeinprägung und überlagertem modulierten Signal. Im üblichen
Betriebsstrombereich von 50 ... 100 mA kann der Modulations-
strom I_{mod} etwa das bis zu 0,7 ... 0,8fache des Ruhestromes
betragen. Dabei sollte die Kennlinie einen möglichst großen
linearen Teil haben. Die höchste Modulationsfrequenz hängt
direkt mit der Relaxationszeitkonstante τ zusammen (s.Gl. (2.
16)). Es lassen sich für die verschiedenen Diodenkonstruk-
tionen (Homo-, Einfach- oder Doppelheterodiode) Modulationsfrequenzen bis zu einigen 100 MHz erzielen, in Sonderfällen
bis in den GHz-Bereich.

Eine Verbesserung der Kennlinienlinearität gelingt durch Kompensation der "thermischen Verzerrungen" mit einer zweiten
Diode D (Bild 5.53b). Sie arbeitet gleichspannungsmäßig parallel. Auch eine Transistoransteuerung ist möglich (Bild 5.
53c). Dabei wird der Ruhestrom über I_E eingestellt und die
Diode D zur Temperaturkompensation genutzt.

Eine Linearisierung der Modulationskennlinie ist durch Gegen-
kopplung möglich: Von der erzeugten Strahlung wird ein geringer Teil einem Detektor zugeführt, dessen Ausgangsstrom in
einem Komparator mit dem Modulationssignal verglichen wird,
das die LED steuert. Das gleiche Schaltungskonzept wird auch
bei der Laserdiode benutzt.

Die <u>Frequenzmodulation</u> bietet grundsätzlich ein besseres
Signal-Rauschverhältnis sowie geringere Verzerrungen, allerdings auf Kosten der größeren Bandbreite

$$B_{FM} = 2\, B_S (1 + m)$$

(m Modulationsgrad, B_S Signalbandbreite).

Bei der <u>Pulslagemodulation</u> wird das Analogsignal durch eine Folge sehr kurzer Impulse (Dauer $\approx$ 10 ns) getragen, wobei der Pulsabstand dem analogen Modulationssignal proportional ist. Mit diesem Verfahren werden Nichtlinearitäten in der Modulationskennlinie unterdrückt. Ferner kann die Leistungsbelastung der Diode geringer gewählt werden. Diese Vorteile werden aber durch sehr aufwendige Modulator- und Demodulatorschaltungen erkauft.

<u>Digitalmodulation.</u> Bei dieser Modulationsart liegt die Information in einer Impulsfolge mit quantisierter Amplitude. Die einfachste Form dabei ist die Binärmodulation. Obwohl eine große Zahl verfügbarer Codes existiert, kommen für die optische Übertragung hauptsächlich nur die folgenden zur Anwendung (Bild 5.54):

- sog. <u>NRZ-Code</u> (Non return to zero). Hier bleibt der Zustand "1" während des Gesamtintervalls "1" erhalten und Zustand 0 während des Intervalls 0.
- sog. <u>RZ-Code</u> (return to zero), bei dem Zustand "1" den Wert 1 für die erste Intervallhälfte und 0 für die zweite hat. Zum Zustand 0 gehört während des Gesamtintervalls der Wert 0.
- sog. <u>BI-S</u> (biphase-S) Code. Hier gehört zum Zustand "1" ein Übergang beim Intervallstart und zum Zustand "0" ein Übergang beim Start und in Intervallmitte.

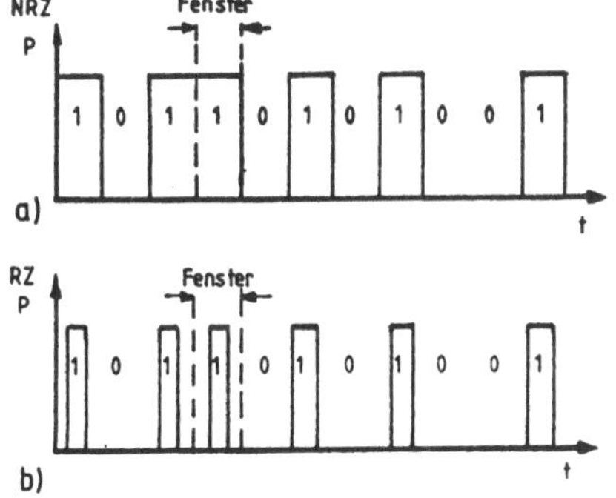

Bild 5.54
Digitalmodulation
a) NRZ-Signal. Jeder Impuls füllt das Zeitraster aus
b) RZ-Signal. Jeder Impuls füllt das Zeitraster nur teilweise aus

Der beträchtliche Vorteil digital modulierter optischer Systeme besteht

- im deutlich geringerem Einfluß des Rauschens und der Verzerrungen,
- dem einfacheren Aufbau,

allerdings auf Kosten einer z.T. höheren Bandbreite.

5.3.2 Optische Übertragungssysteme

Die Entwicklung dämpfungsarmer Lichtleiter stimulierte die Weiterentwicklung optischer Übertragungssysteme ganz entscheidend, da deren Vorteile im Vergleich zu herkömmlichen elektrischen Systemen (Drahtleitung, Koaxialleitung) beachtlich sind :

- hohe Bandbreite (bis in den GHz-Bereich), geringe Verluste
- geringes Gewicht, kleine Abmessung,
- unanfällig gegen elektrische Störungen, keine Erdungsprobleme
- geringe Einwirkung der Atmosphäre (was z.B. bei Kupferkabeln kritisch sein kann).

Vor allem die besseren Übertragungseigenschaften optischer Systeme überzeugen: Setzt man für eine Kabelstrecke einen Repeaterabstand von 1 ... 3 km mit einer Informationsmenge von 40 Mbs^{-1} an, so beträgt diese Entfernung bei Lichtleitern 5 ... 50 km (und mehr) mit zehnfacher Informationsmenge. Zum Vergleich: Ein Telefonkanal erfordert eine Bandbreite von rd. 3,4 kHz entsprechend einer Bitrate von rd. 64 Kbs^{-1}; 120 Kanäle erfordern also 8448 Mbs^{-1}, Stereorundfunk (15 kHz) 1,024 Mbs^{-1}; Fernsehen (5,5 MHz) 65,5 Mbs^{-1}). Die ersichtlichen Vorteile der Lichtleiter kommen besonders bei folgenden Anwendungsbereichen zur Geltung:

- Kabelfernsehen
- öffentliches Fernsprechen über verschiedene Entfernungen (Ortsbereich $\approx$ 10 km, zwischen Ortsnetzen $\approx$ 50 km),

- Verbindungen in Steuer- und Meßsystemen über kurze Entfernungen (Fabrikanlagen, elektrische Leistungssysteme, Flug-
  zeuge, Fahrzeuge),
- Verbindungen zwischen Rechnern auf kurze Entfernungen mit
  extrem hoher Datenrate,
- explosionsgeschützte Übertragung,
- Unterwasserverbindungen (Repeaterabstand 50 ... 100 km und
  mehr,
- militärische Anwendungen.

Für die Brauchbarkeit eines optischen Übertragungssystems
sind maßgebend
- die geeignetsten Sende- und Empfangselemente,
- die maximale Reichweite (für gegebene Sende- und Empfängerleistung) sowie die Übertragungsbandbreite.

5.3.2.1 Optische Quellen und ihre Anpassung

Als Senderelemente für optische Übertragungssysteme, die im
ersten optischen Fenster (Bild 5.3) um 0,85 µm arbeiten, kommen hauptsächlich in Frage:

<u>GaAlAs-LEDs</u> entweder vom Burrus-Typ (Bild 5.55), mit einer
Emissionsfläche parallel zum Strahlungsaustritt) oder der
Kantenemitterstrahler, bei dem die Strahlung parallel zur
Sperrschicht austritt. Auch die Lichtführung in der Diode und
eine Zusatzdiode auf der Oberfläche zur Bündelung kann eingesetzt werden. Im ersten Fall wird die Strahlung direkt in
die Glasfaser eingekoppelt. Der Einkopplungswirkungsgrad
hängt dabei von der numerischen Apertur, den Flächenverhält-
nissen und dem Transmissionskoeffizient ab.

Beim Kantenemitter kann die Strahldivergenz durch Lichtführung in der Diode und/oder einer Linse auf der Oberfläche
verkleinert werden. Dadurch entsteht zwar eine geringere
strahlende Fläche, aber eine bessere Einkopplung in die Leitung. In beiden Fällen beträgt der Einkopplungswirkungsgrad

nur einige Prozent. Dann werden bei Strahlungsleistungen um
etwa 10 mW nur relativ geringe Leistungen eingekoppelt, trotz
der in Super-LEDs herrschenden hohen Stromdichte von einigen
1000 A/cm²!

Die spektrale Halbwertsbreite $\Delta\lambda$ der Strahlungsleistung, die
für die Leistungsübertragung auf der Glasfaser wichtig ist,

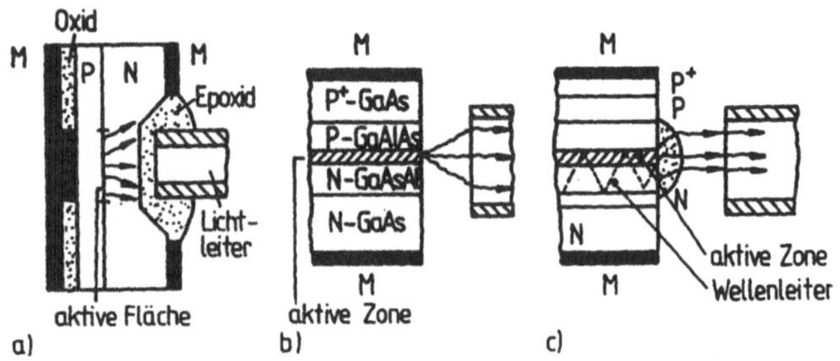

Bild 5.55 GaAs-LEDs für optische Übertragungssysteme
a) Burrus-Typ, b) Super-LED mit Kantenemitter,
c) LED mit Lichtführungsstruktur

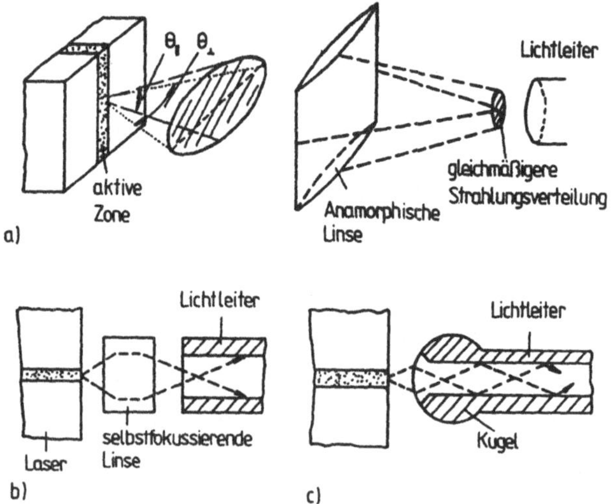

Bild 5.56 Ankopplung der Laserdiode an die Glasfaserleitung
a) Anamorphische Linse, b) Selbstfokussierende
Linse, c) Kugelförmig erweitertes Kanalende.

beträgt bei GaAs-LEDs etwa 30 ... 40 nm. Mit einer mittleren
Materialdispersion von 4 ns/km, wie sie für λ = 0,8 µm typisch ist (s. Tafel 5.1), würde sich ein Impuls nach einer
Laufstrecke von 10 km um 40 ns verbreitert haben. Die höchste
Modulationsfrequenz solcher Dioden liegt um 100 MHz, in Sonderfällen höher. Ihre gute Modulationslinearität macht sie
besonders für die Analogmodulation sehr geeignet.

<u>GaAlAs-Laserdioden</u> bieten - wie bereits bemerkt - gegenüber
LEDs den Vorteil der monochromen Strahlung (kleines $\Delta\lambda$).
Neuere Entwicklungen, wie die Heterostrukturen, kommen mit
vertretbaren Betriebsströmen bei Raumtemperatur aus. Sie haben sich heute als Sendeelement für die Glasfasertechnik
praktisch durchgesetzt.

Die Kopplung an die Glasfaser stellt ein wesentliches Problem
dar. Sie erfolgt beim Streifenlaser mit einer etwa elliptischen Emissionsfläche von rd. 10 x 0,5 m² durch eine sog.
<u>anamorphische Linse</u> (Bild 5.56a). Sie hat verschiedene Krüm-
mungen in zwei zueinander senkrechten Richtungen. Andere
Kopplungsarten bestehen - neben der seltener verwendeten Di-
rektkopplung - im Zwischenschalten von selbstfokussierenden
Linsen mit parabolischem Brechungsindex (Bild 5.56b) oder im
kugelförmigen Aufweiten der Glasfaser (Bild 5.56c). Die Kopplungsverluste liegen in den einzelnen Fällen zwischen 30 ...
80 %.

Eingesetzt werden für die Glasfasertechnik sowohl index- als
auch gewinngeführte Laserdioden (s. Bild 2.55). Beide zeigen
einige typische Unterschiede (Tafel 5.8):
- Ausgangsleistung und Schwellstrom sind beim gewinngeführten
  größer,
- der indexgeführte Laser führt hauptsächlich eine (longitudinale) Mode, der gewinngeführte Laser dagegen ein breite-
  res Spektrum. Daraus erklärt sich u.a. auch die kleinere
  Modulationsbandbreite des letztgenannten Elementes.

Eigenschaften	gewinn-geführt	index-geführt
Schwellstrom	$<$ 50 mA	$<$ 15 mA
Ausgangsleistung	$<$ 100 mW	$<$ 10 mW

Spektrum
  longitudinal
  transversal
	multimode
	"
		monomode
		"

Wellenfront (Fernfeld, Phase)	nicht eben	eben
Modulationsgrenz- frequenz	$<$ 1 GHz	5 GHz

Tafel 5.8 Typische Eigenschaften von Laserstrukturen

Für künftige Nachrichtensysteme wäre es vorteilhaft, die beiden folgenden Fenster bei 1,3 und 1,6 µm für die Übertragung
auszunutzen. Ein Blick auf die Materialien zeigt, daß im Bereich jenseits von 1 µm nur GaInAs, GaAsSb, GaInAsP und
CdHgTe als Diodenmaterialien in Frage kommen. Die derzeitigen
Einsatzchancen sind sehr verschieden:

- <u>GaInAs</u>-LEDs und Laserdioden – hergestellt in Flüssigkeits-
  und Dampfphasenepitaxie auf GaAs-Substraten – wurden lange
  Zeit als aussichtsreiche Lösungen angesehen.

- <u>GaInAsP</u>-Elemente scheinen aus heutiger Sicht als DH-Struk-
  tur die bessere Lösung zu sein. Dabei wird eine dünne
  GaInAsP-Schicht zwischen zwei InP P- und N-Gebieten angeordnet. In wichtigen Parametern (z.B. Stabilität) ist ein
  Vergleich mit GaAs-Elementen bei einer bemerkenswert niedrigen Schwellstromdichte bereits möglich.

- <u>GaAsSb</u>-LEDs und Laserdioden – hergestellt durch Flüssig-
  keitsepitaxie – werden ebenfalls mit Erfolg erforscht.

- <u>CdHgTe</u>-Dioden kommen seit langem als Detektoren im Infraroten zum Einsatz, über die Zukunftsaussichten von Laserdioden gehen die Aussichten noch auseinander.

In Tafel 5.1 war bereits auf typische Glasfaserübertragungs-
systeme verwiesen worden.

5.3.2.2 Optische Detektoren

Optische Detektoren wandeln nach Abschnitt 3 modulierte
Lichtwellen in elektrische Signale um. Daraus leiten sich
verschiedene Forderungen ab [3.32]:
- hohe Empfindlichkeit bei der Übertragungswellenlänge; immerhin müssen noch Strahlungsleistungen unter 1 W erkannt
  werden,
- große Detektionsbandbreite bzw. kurze Ansprechzeit auch bei
  hohen Bitraten. Die Detektionsfrequenz reicht beim Einsatz
  schneller Halbleiterlaser bis in den GHz-Bereich,
- geringes Eigenrauschen, also großer Signal-Rauschabstand
  bei gegebener Einstrahlleistung,
- gute Ankoppelbarkeit an die Glasfaser,
- gute elektrische Rahmenbedingungen (Zuverlässigkeit, kleine
  Versorgungsspannung, Lebensdauer, Kompatibilität mit anderen Bauelementen).

Diese Forderungen erfüllen Halbleiterfotodioden am besten.
Von den im Abschnitt 3 angeführten Elementen sind im Wellenlängenbereich um 0,85 - 1,5 µm besonders geeignet:
- für Kurzstreckensysteme die PIN-Diode,
- für Weitstreckensysteme die Lawinenfotodiode jeweils mit
  nachfolgendem Verstärker.

Unabhängig davon ist die Entwicklung stark im Fluß, vor allem
was die verwendeten Halbleitermaterialien anbelangt.

Die Einsatzfähigkeit einer optischen Empfangseinrichtung in
einer optischen Übertragungsstrecke, die gewöhnlich aus Fotodetektor, Verstärker, ev. Entzerrer und Filter sowie einer
Entscheidungsstufe (Digitalmodulation) oder dem Demodulator
(Analogmodulation) besteht, hängt sehr stark von der Empfindlichkeit und letztlich dem Rauschen der Eingangsstufe ab, wie
im Abschnitt 3.5 erläutert wurde. Ein wichtiges "Gütemaß" des
Fotodetektors war dabei die Detektivität D^* (Bild 3.51). Gegenüber dem theoretisch möglichen Wert D^* lassen die prak-

tisch erreichten Daten noch einen deutlichen Spielraum für
weitere Verbesserungen.

Außer der äquivalenten Rauschleistung interessiert für eine
Übertragungsstrecke noch die minimale optische Leistung, die
ein gewünschtes Signal-/Rausch-Verhältnis (bei Analogmodulation, z.B. 50 dB für hochwertige Übertragung) oder eine gewünschte Bitfehlerrate (bei Digitalmodulation) garantiert.

Die Erkennung optischer Signale erfolgt nach Abschnitt 3
durch Trägergeneration zufolge einfallender Photonen. Das ist
ein statistischer Vorgang, der einer Poisson-Verteilung unterliegt. Deswegen gibt es in einem digitalen System keine
fehlerfreie Detektion. Vielmehr gibt es selbst unter der
Annahme, daß jeder erzeugte Ladungsträger als ein Bit ("1")
erkannt wird, durch die Poisson-Verteilung eine bestimmte
Wahrscheinlichtkeit, daß kein Ladungsträger entsteht, also
ein _Fehler_ vorliegt. Diese _Bitfehlerwahrscheinlichkeit_ oder
Bitfehlerrate (Bit Error Rate, BER) hängt mit dem Signal-/
Rausch-Verhältnis zusammen. Näherungsweise gilt

$$\text{BER} \approx 1/2 \; \text{erfc} \; ((S/N)/\sqrt{2}). \tag{5.80}$$

Zu einer üblicherweise zugelassenen Fehlerrate von 10^{-9} (d.h.
ein falsches Bit auf 10^9 übertragene Informationen) gehört
ein Signal/Rausch-Verhältnis von 16 dB. Dabei werden wenigstens 21 Ladungsträgerpaare für die Darstellung einer "1" benötigt. Dies ist die untere Quantengrenze (Bild 5.57). Praktisch werden 100 ... 1000 Photonen pro Bit benötigt. Deshalb
liegt die erforderliche Empfangsleistung um 10 ... 39 dB über
der Quantengrenze. Gegenüber der analogen Übertragung ist der
Störabstand erheblich kleiner. Deshalb ermöglicht die Digi-
talübertragung wesentlich größere Streckenlängen.

Nach Bild 5.57 werden für kleinere Bitarten verbreitet PIN-
Fotodioden mit einem hochohmigen Folgeverstärker eingesetzt,
für höhere Bitraten dagegen Lawinendioden (höhere Grenzfrequenz. Wegen ihres höheren Rauschens muß der Folgeverstärker
rauschangepaßt sein.

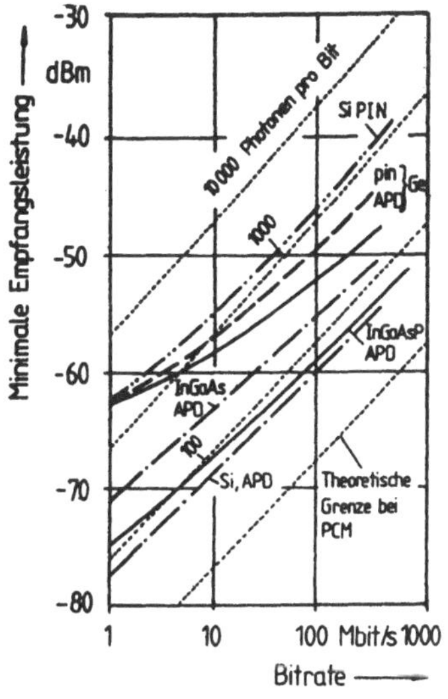

Bild 5.57
Minimale Empfangsleistung über
der Übertragungsrate für eine Bitfehlerrate von 10^{-9} ($\lambda = 0,85$ µm)
[theoretische Grenze, Parameter
Photonenzahl pro Bit (---), experimentelle Werte für verschiedene
Fotoempfänger]

5.3.2.3 Übertragungslänge

Die maximal erzielbare Übertragungslänge einer optischen Verbindung (ohne Regeneration) hängt ab von
- der Sendeleistung der optischen Quelle,
- der Kopplung zwischen optischer Quelle und Lichtwellenleiter,
- der Lichtleiterdämpfung,
- den Verlusten beim Übergang Lichtleiter - Detektor und
  seiner Empfindlichkeit.

Da die empfangene Energie pro Bit etwa konstant bleiben muß,
steigt die erforderliche Empfängerleistung mit der Übertragungsrate an (Bild 5.58). Trägt man in dieses Diagramm noch
die Sendeleistungen ein, so läßt sich die verfügbare Gesamtdämpfung angeben und daraus der Repeaterabstand abschätzen.
Günstiger ist zweifelsohne der Übergang zum Wellenlängenbereich 1,3 ... 1,6 µm. Dort sind Dämpfung und Materialdispersion geringer.

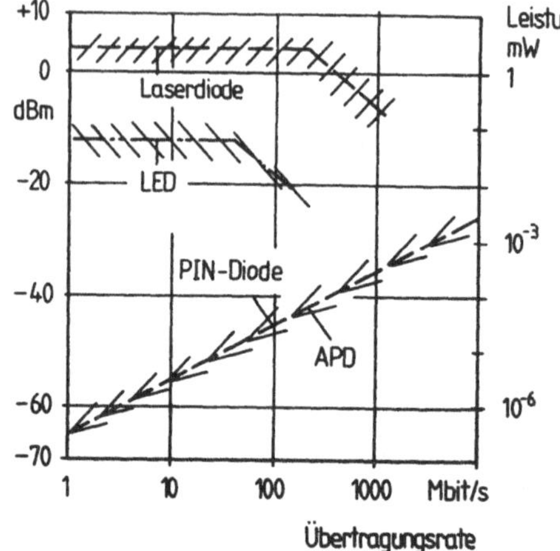

Bild 5.58
Strahlungsleistung
der LED und Laserdiode
und Empfindlichkeit von
Fotoempfängern über der
Übertragungsrate (Bit-
fehlerrate 10^{-9},
$\lambda = 0,85$ µm)

Nach der Übertragungslänge unterscheidet man

- Ultrakurz- und Kurzstreckenübertragung
- Mittelstreckenübertragung
- Weitstreckenübertragung
- Sonderverfahren (integrierte Optoelektronik, Photonik,
  Fasersensortechnik).

Diese Einteilung geht etwa mit der historischen Entwicklung
einher, nämlich die Senkung der Dämpfung von Glasfaserleitern
auf die (ideale) Dämpfungskurve der Lichtwellenleiter. Tafel
5.9 enthält eine Übersicht typischer Systemkonfigurationen
für die jeweilige Übertragungslänge.

<u>Ultrakurz- und Kurzstreckenübertragung.</u> Systeme für die
Ultrakurzstreckenübertragung arbeiten

- mit Streckenlängen im Bereich von Metern bis zu etwa 100 m,
- durchweg bei Wellenlängen zwischen 0,8 ... 0,9 µm und kommen deshalb mit GaAs- oder GaAlAs-LEds und Si-Fotoempfän-
  gern (Dioden, Transistoren) aus,
- mit kunststoffbeschichteten Quarzkernfaserleitern (kurze
  Entfernung) oder Multimode-Stufenindexfasern,
- mit Übertragungsbandbreiten bis zu einigen 10 MHzkm,
- mit Analog- oder Digitalübertragungen.

Für extrem kurze Strecken werden Vollkunststoff-Wellenleiter (Kerndurchmesser $\approx$ 1 mm, Dämpfung bis 300 dB/km) eingesetzt, für größere Multimode-Stufenindexglasfasern mit deutlich kleineren Dämpfungen. Die Kabelverbindung erfolgt über Steckverbinder unterschiedlichster Art mit Dämpfungen zwischen 1 ... 3 dB. Sender und Empfänger stehen vielfach als Baueinheiten zur Verfügung.

Anwendungen finden Kurzstreckensysteme vielfältig, z.B. in der Rechentechnik (Rechnerkurzstreckenverbindung), Steuer- und Automatisierungstechnik, in schmalbandigen Nachrichtenverbindungen (z.B. ISDN im Teilnehmerbereich, 64 Kbit/s).

<u>Mittelstreckenübertragung.</u> Derartige Systeme verwenden
- Streckenlänge bis 10 km,
- Wellenlängenbereiche

	ultrakurz	mittel	weit	
	L < 100 m B < 10 Mb/s	< 1 km B < 30 Mb/s	1-10 km B < 100 Mb/s	> 10 km B > 100 Mb/s
λ/µm	0,8-0,93	0,8-0,93	1,3-1,5	1,3-1,5
Quelle	LED(GaAs, GaAlAs)	GaAs-(LED),LD	InP-LD	InGaAsP-, AlGaAs- LD
Empfänger	PN-, PIN-Si Si-Fotodiode (bis 0,1 Mb/s)	PN-PIN-Si	APD-Si APD-GaAs	APD-Si APD-Ge
Nachverstärker	FET	Transimpedanz-verstärker	Bipolar-Transistor	Bipolar-Transistor
Leiter	Multimode Stufenindex Kunststoff Vollplast LWL (d:150-250 µm, NA > 0,3 α = $\leq$ 50 dB/km)	Multimode Stufenindex d $\approx$ NA $\approx$ 0,3 $\alpha \leq$ 6 dB/km	Gradienten-index NA $\approx$ 0,16 α < 3 dB/km	Monomode-Stufenprofil Grandientenin-dex
B.L	einige 10 MHzkm,	einige 100 MHzkm		

Tafel 5.9 Typische Systemkonfigurationen von optischen Übertragungs-
              systemen

  - bei 0,8 ... 0,9 µm: GaAlAs-LD und LED,Si-APD, PIN-Si-
    Dioden,
  - bei 1,3 ... 1,5 µm: InGaAsPInP-LD, seltener LED,
    InGaAsPInP-Detektoren,
- Gradientenindexfasern (größere Länge), Multimode-Streifen-
  indexleiter (kürzere Länge)
- Übertragungsbreiten bis zu, 100 MHzkm und mehr.

Zur Leitungsverbindung werden spezielle, dämpfungsarme Steckverbinder eingesetzt. Mittelstreckensysteme sind vorrangig im
Einsatz für
- das breitbandige ISDN-System mit z.B. 140 Mbit/s pro TV-
  Kanal sowie
- mittlere Nachrichtenverbindungsstrecken (z.B. Fern-
  meldeortsverbindungsleitungen u.a.).

<u>Weitstreckenübertragung.</u> Diese Systeme arbeiten mit
- Streckenlängen ab 10 km mit oder ohne Repeater (je nach
  Verwendungszweck, im letzten Fall müssen die System-
  komponenten sorgfältig optimiert werden),
- durchweg im Wellenlängenbereich 1,3 ... 1,5 µm mit entsprechender Laserdiode und Empfängerelementen,
- Monomode- oder Gradientenindexglasfasern.

Sie finden Anwendung
- als echte Weitverkehrsverbindungen (z.B. transozeanische
  Kabel und Langstreckenlandverbindungen),
- für die Hochdatenrateverbindungen (z.B. Verbindungen
  zwischen größeren Rechnern).

Bild 5.59 faßt die wichtigsten Eigenschaften und Anwendungsgebiete von Lichtleiterübertragungssystemen zusammen. Im
Wellenlängenbereich um 0,85 m hat sich die Multimodenfaser
verbreitet durchgesetzt mit Bandbreiten bis zu 1 Gbit/skm und
einem typischen Repeaterabstand von 10 ... 20 km. Die Anwendungsbereiche von Lichtleiterübertragungssystemen sind groß,
sie umfassen sowohl den Ersatz bestehender elektrischer Sy-

steme als auch die Erschließung neuer Felder und reichen von
Systemen für sehr kurze Entfernungen und kleiner Übertragungskapazität bis zu solchen für sehr große Entfernungen und
extrem hohem Übertragungsvermögen. Exemplarisch mögen die
folgenden Gebiete erwähnt sein:

- <u>Rechentechnik:</u> Kopplung von Rechnern mit extrem großen
  Daten,
- <u>Telekommunikationstechnik:</u> Hohe Datenübertragung bei kurzen bis mittleren Entfernungen, z.B. zwischen Teilnehmern
  und lokaler Zentrale bzw. im Ortsbereich,
- <u>Breitbandverkabelung:</u> Große Bandbreite im Kurz- und Mit-
  telstreckenbereich,
- <u>Meßwertübertragung, Steuerungstechnik:</u> Unempfindlichkeit
  gegenüber Störungen, keine Erdschleife (Verwendung im mobi-
  len Einsatz, in Verkehrssystemen und ausgedehnten Indu-
  strieanlagen),

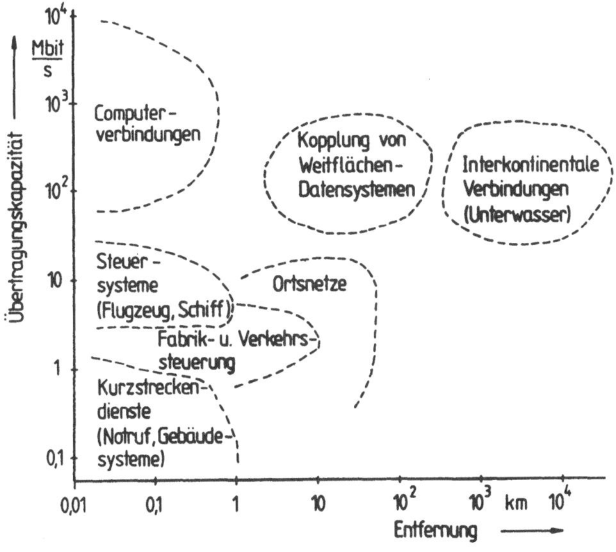

Bild 5.59 Typische Anwendungsbereiche von Lichtleiterübertragungssystemen

- <u>Hochspannungstechnik:</u> Datenübertragung über Hochspannungsleitungen ohne problematische Ein- und Auskopplung,
- <u>Chemische Industrie:</u> Erhöhte Explosionssicherheit von Übertragungssystemen,
- <u>Luft- und Raumfahrt:</u> Gewichtseinsparung gegenüber herkömmlichen elektrischen Systemen,
- <u>Militärtechnik:</u> Hohe Abhörsicherheit, hohe Bandbreite und Störstrahlungsempfindlichkeit ermöglichen vielfältigen Einsatz in Waffensystemen und der Sicherheitstechnik.

Diese knappe Aufzählung macht wohl deutlich, welche große technische und wirtschaftliche Bedeutung die Optoelektronik für die heutige und künftige Informationstechnik hat.

Literaturverzeichnis

Bücher

Butler, J.K.: Semiconductor injection lasers, J. Wiley Interscience, New York 1980

Casey, H.C., Panish, M.B.: Heterostructure laser, Academic Press, New York 1978

Chapell, A.: Optoelectronics: Theory and practice, McGraw- Hill, New York 1978

Cheo, P.K.: Fiber Optics and Optoelectronics, Prentice Hall, Englewood Cliffs USA 1990

Ebeling, K.J.: Integrierte Optoelektronik. Springer Verlag, Berlin 1989

Grau, G.: Optische Nachrichtentechnik. Springer Verlag, Berlin 1981

Herman, M.A.: Semiconductor optoelectronics. J. Wiley, New York 1980

Jones, K.A.: Introduction to Optical Electronis. J.Wiley & Sons, New York 1987

Joshi, N.V.: Photoconductivity: Art, Science and Technology. Marcel Dekker, Inc. New York 1990

Kersten, R.Th.: Einführung in die optische Nachrichtentechnik. Springer Verlag, Berlin 1983

Keyes, R.J.: Optical and infrared detectors. Springer Verlag, Berlin 1977

Kingston, R.H.: Detection of optical and infrared radiation. Springer Verlag, Berlin 1978

Kressel, H.: Semiconductor optoelectronics. J. Wiley & Sons, New York 1980

Kressel, H., Butler,J.K.: Semiconductor and Heterojunction LEDs. Academic Press, New York 1977

Mentzer, M.A.: Principles of Optical Circuit Engineering. Marcel Dekker, Inc. New York 1990

Müller, R.: Grundlagen der Halbleiter-Elektronik. Springer Verlag, Berlin 1979

Müller, R.: Bauelemente der Halbleiter-Elektronik. Springer Verlag, Berlin 1979

Nunley, W., Bechtel, J.S.: Infrared Optoelectronics. Devices and Applications. Marcel Dekker, Inc. New York 1987

Optoelectronics. Hewlett-Packard, Palo Alto 1982

Opto-Kochbuch, Das-. Texas Instruments, Freising 1975

Ostrowsky, D.B.: Fiber and integrated optics. Plenum Press, New York 1979

Sze, S.M.: Physics of semiconductor devices, 2. Aufl.. J. Wiley & Sons, New York 1981

Tamir, T.: Integrated optics, Springer-Verlag, Berlin 1979

Thompson, G.H.B.: Physics of semiconductor laser devices, J. Wiley & Sons, New York 1980

Unger, H.-G.: Optische Nachrichtentechnik, Bd. I und II. Hüthig Verlag, Heidelberg 1984

Van Etten, W.; Van der Plaats, J.: Fundamentals of Optical Fiber Communications. Prentice Hall New York 1991

Wilson, J.; Hawkes, J.F.B.: Optoelectronics, 2. Aufl.. Prentice Hall, Englewood Cliffs USA 1989

Winstel, G., Weyrich, C.: Optoelektronik I. Springer Verlag, Berlin 1981

Yariv, A.: Optical electronics, 2. Aufl.. J. Wiley & Sons, New York 1985

Literatur zu Abschnitt 1

[1.1] Aschoff, V.: Optische Nachrichtenübertragung im klassischen Alter-
tum. NTZ 30 (1977), 23-28
- : Frühe nachrichtentechnische Vorschläge aus dem 17. Jahrhundert.
NTZ 32 (1979), 50-54
[1.2] Born, M.W.; Wolf, E.: Principles of optics, 5. Aufl. Pergamon
Press 1975
[1.3] Mierdel, G.: Elektrophysik. Verlag Technik, Berlin 1972
[1.4] Planck, M.: Verh. dtsch. Phys. Ges. 2 (1900), 202
[1.5] Kittel, C.: Einführung in die Festkörperphysik. Oldenbourg Verlag,
München 1988
[1.6] Bergmann, L.; et al.: Lehrbuch der Experimentalphysik, III. Optik.
W. de Gruyter Verlag Berlin 1978
[1.7] Seeger, K.: Semiconductor physics. Springer Verlag, Berlin 1985
[1.8] Casey, H.C.; et al.: Concentration dependence of the absorption
coefficient for n- and p-type GaAs between 1.3 and 1.6 eV. J. appl.
Phys. 46 (1975), 250
[1.9] Madelung, O. et. al.: Physics of group IV elements and III-V-
compounds, Landolt-Börnstein Bd. 17a. Springer Verlag Berlin 1982
[1.10] Pearsall, T.P. (Ed.): GaInAsP Alloy Semiconductors. I. Wiley New
York 1982
[1.11] Sze, S.M.: Physics of semiconductor devices. I. Wiley New York
1981
[1.12] Thekaekara, M.P.: Data on incident solar energy, Suppl. Proc. 20th
Annu. Meet. Inst. Env. Sci.(1974), 21
[1.13] Wang, S.: Fundamentals of semiconductor theory and device physic.
Prentice Hall, New Jersey 1989
[1.14] Van Roosbroeck, W.; et al.: Photon-radiative recombination of
electrons and holes in germanium. Phys. Rev. 94 (1954), 1558
[1.15] Landsberg, P.T.; et al.: Radiative and auger processes in semiconductors, J. Lumin. 7 (1973), 3
[1.16] Varshni, Y.P.: Band-to-band radiative recombination in groups IV,
VI and III-V-semiconductors, phys. stat. sol. 19 (1967), 459
[1.17] Naese, C.J.: III-V alloys for optoelectronic applications. J. El.
Mat. 6 (1977), 253
[1.18] Craford, M.G.: Recent developments in LED-technology, IEEE Trans.
ED-24 (1977), 935
[1.19] Bennett, S.: Carrier-induced change in refractive index of InP,
GaAs and InGaAsP. J. Quant. El. QE-26 (1990), 113
[1.20] Adachi, S.: GaAs, AlAs and $Al_xGa_{1-x}As$: Material parameters for use
in research and device applications. J. appl. Phys. 58 (1985), R1-
R29
[1.21] Fiedler, F. et al.: Optical parameters of InP-based wave guides.
Sol. State El. 30 (1987), 73

Literatur zu Abschnitt 2

[2.1] Lee, T.P.: Recent development in LED's for optical fiber communication systems, Int. Fiber Optics and Comm., Handbook and buyers
guide 1980-1981, 6
[2.2] Okuda, H.; et al.: High-radiance light emitting diodes for optical
fiber communications, Suitomo Electr. Techn. Rev. 20 (1981), 202

[2.3] Botez, D.; et al.: Comparison of surface and edge-emitting LED's
      use in fiber optical communications. IEEE Trans. ED-26 (1979), 1230
[2.4] Tsang, W.T. (Ed.): Lightwave Communications technology pt. B. Semi-
      conductors and Semimetals Vol. 22 (Willardson, R.J., Ed.). Academic
      Press New York 1985
[2.5] Niina, T.; et al.: High brightness GaP green LED's, IEEE Trans.
      ED-30 (1983), 264
[2.6] Lastros-Martinez, A.: Internal quantum efficiency measurements for
      GaAs light emitting diodes, J. Appl. Phys. 49 (1978), 3565
[2.7] Kressel, H., Buttler, J.K.: Semiconductor lasers and LED's.
      Academic Press, New York 1977
[2.8] Esteban, M.: Evaluation of semiconductor optical parameters for
      laser diodes. IEE Proc. J. 138 (1991), 79
[2.9] Lee, T.P.; Dentai, A.G.: Power and modulation bandwidth of GaAs-
      AlGaAs high radiance LED's for optical communication systems. IEEE
      J. Quant. El. QE-14 (1978), 150
[2.10] Harth, W.: Influence of bias current on the modulation behaviour
       of GaAs-GaAlAs LEDs, AEÜ 35 (1981), 373
[2.11] Harth,W.: Power output and rise time of light emitting diodes, AEÜ
       30 (1976), 99
[2.12] Suematsu, Y.: Long-wavelength optical fiber communication, Proc.
       IEEE 71 (1983), 692
[2.13] Trommer, R.; Heinen, J.: Liquid-phase epitaxy of (In,Ga) (As, P)
       and (In,Ga) As on InP for 1.3 µm high-radiance IRED's and for
       photodiodes in the 1.3 µm to 1.65µm wavelength range. Siemens
       Forsch. u. Entw.-Ber. 11 (1982), 204
[2.14] Temkin, H.; et al.: InGaAsP LED's for 1.3 µm optical transmission.
       Bell. Syst. Tech. J. 62 (1983), 1
[2.15] Jacob, G.; et al.: Efficient injection mechanism for electrolumi-
       nescence in GaN. Appl. Phys. lett. 30 (1977), 412
[2.16] v. Münch, W.; et al.: Silicon carbide blue-emitting diodes
       produced by LPE. Sol. State El. 21 (1978), 1129
[2.17] Marcuse, D.: LED Fundamentals: Comparison of front- and edge-
       emitting diodes. IEEE J. Quant. Electr. QE-13 (1977), 819
[2.18] Boeck, J.; et al.: AlGaAs/GaAs double heterostructure superlumi-
       nescent diodes for optical transmission systems. Frequenz
       33(1979), 278
[2.19] Carr, W.N.; Photometric figures of merit for semiconductor lumi-
       nescent sources operating in spontaneous mode. Infrared Phys. 6
       (1966), 1
[2.20] Shumate, P.W.; et al.: Lightwave transmitters. In: Kressel, H.
       (Herausg.), Semiconductor devices for optical communications.
       Springer Verlag , Berlin 1980.
[2.21] Gordon, N.T.: Electroluminescence by impact excitation in ZnS:Mn
       and ZnSe:Mn Schottky diodes. IEEE Trans. ED-28 (1980), 434
[2.22] Lawther, C.; et al.: Blue-emitting S+-implanted Au-ZnS Schottky
       barrier diodes. Jap. J. appl. Phys. 19 (1080), 939
[2.23] Lawther, C.: A general model for widegap MIS light-emitting
       diodes. Jap. J. appl. Phys. 18 (1979), 849
[2.24] Bayraktaroglu, B.; et al.: White-light emission from GaAs MOS
       structures. El. lett. 14 (1978), 470
[2.25] Bergh. A.A.; et al.: Light-emitting diodes. Proc. IEEE 60 (1972),
       156

[2.26] Schauer, A.: State of the art and new developments in optoelec-
      tronic displays. In: Displays, Technology and Applications IPC-2
      (1080), 16
[2.27] Bylander, E.G.: Electronic displays. McGraw Hill, New York 1979
[2.28] DeGennes, P.G.: The physics of liquid crystals. Oxford, Clarendon
      1974
[2.29] Okamoto, K. u. a.: Low-threshold voltage thin-film elektrolumi-
      nescent devices, IEEE Trans. ED-28 (1981), 698
[2.30] Kressel, H. (Herausg.): Semiconductor devices for optical communi-
      cation. Springer Verlag, Berlin 1980
[2.31] Thompson, G.H.B.: Physics of semiconductor laser devices. J. Wiley
      & Sons, New York 1980
[2.32] Agrawal. G. P. et al: Long-wavelength semiconductor lasers. Van
      Nostrand Reinhold. New York 1986
[2.33] Casey, H.C. jr.; et al.: Heterostructure lasers (Part A and B).
      Academic Press, New York 1978
[2.34] Thompson, G.H.B.: Physics of semiconductor laser devices. J. Wiley
      & Sons, New York 1980
[2.35] Sonderheft: Special issue on light sources and detectors. IEEE
      Trans. ED-28 (1981), No. 4
[2.36] Stern, F.: Calculated spectral dependence of gain in excited GaAs.
      J. appl. Phys. 47 (1976), 5372
[2.37] Asada, M. et al: The temperature dependence of the threshold
      current of GaInAsP/InP DH lasers. IEEE J. Quat.El. QE-17(1981),
      611
[2.38] Casey, H.C. jr.: Room temperature threshold current dependence of
      $GaAs-Al_xGa_{1-x}As$ double hetero-structure lasers on x and active-
      layer thickness. J. appl. Phys. 49 (1978), 368
[2.39] Hayakawa, T.; et al.: Temperature dependence of threshold current
      in GaAlAs double-heterostructure lasers with emission wavelengths
      of 0,74-0,9 µm. IEEE J. Quant. El. QE-17 (1981), 2205
[2.40] Ishikawa, M.: Temperature dependence of the threshold current for
      InGaAlP visible laser diodes. IEEE J. Quant. El. QE-27 (1991), 23
[2.41] Burrus, C.A.; et al.: "Optical sources" in Miller, S.E. and
      Chynoweth, A.G. (Eds.): Optical fiber communication. Academic
      Press, New Work 1979
[2.42] Botez, D.: Constricted double-heterostructure lasers structures
      and electrooptical characteristics. IEEE J. Quant. El. QE-17
      (1981), 2290
[2.43] Nagarajan, R.: Band filling in GaAs/AlGaAs multiquantum well
      lasers and its effect on the threshold current. IEEE J. Quat. El.
      QE-25(1989), 1161
[2.44] Rosenzweig, M.: Threshold current analysis of InGaAs-InGaAsP
      multiquantum well separate confinement lasers. IEEE J. Quant. El.
      QE-27(1991), 1804
[2.45] Zhu, L.: Temperature dependence of optical gain, quantum
      efficiency and threshold current in GaAs/GaAlAs graded index
      separate-confinement heterostructure singled quantum well lasers.
      IEEE J. Quant. El. QE-25 (1989), 200
[2.46] Mirano, R.; et al.: AlGaAs-TJS-lasers with very low threshold
      current and high efficiency. Jap. J. appl. Phys. 17 (1978), Suppl.
      17-1, 355
[2.47] Hatakoshi, G.: Short-Wavelength InGaAlP visible laser diodes. IEEE
      J. Quant. El. QE-27 (1991), 1568

[2.48] Amann, M.C.: New stripe-geometry laser with simplified fabrication process. El. lett. 15 (1979). 441
[2.49] Streifer, W.; et al.: Coupled wave analysis of DFB- and DBR-lasers, IEEE J. Quant. Electr. QE-13 (1977), 134
[2.50] Holonyak, N. jr.; et al.: Quantum-well heterostructure lasers. IEEE J. Quant. El. QE-16 (1980), 170
[2.51] Kikushima, K. et al: Tunable amplification properties of distributed feedback laser diodes. IEEE J. Quant. El. QE-25 (1989), 163
[2.52] Henry, C.: Theory of the linewidth of semiconductor laser. IEEE J. Quant. El. QE-18(1982), 259
[2.53] Agrawal, G.P.: Modeling of distributed feedback semiconductor lasers with axially-varying parameters. IEEE J. Quant. El. QE-24 (1988), 2407
[2.54] Sacher, J.: Nonlinear dynamics of semiconductor laser emission under variable feedback conditions. IEEE J.Quant. El. QE-27(1991), 373
[2.55] Alphonse, G.: High power superluminescent diodes. IEEE Quant. El. QE-24 (1988), 2454
[2.56] Tateoka, K. et al: A high power GaAlAs superluminescent diode with an antireflective window structure. IEEE Quant. El. QE-27 (1991), 1804J.
[2.57] Petermann, K.: Laser diode modulation and noise. Kluwer Academic Publ. Tokyo 1988
[2.58] Tsang, W.T.: Heterostructure semiconductor lasers prepared by molecular beam epitaxy. IEEE J. Quant. El. QE-20 (1984), 1119
[2.59] Marcuse, D. et al: On approximate analytical solutions of rate equations for studying transient spectra of injection lasers. IEEE J.Quant. El. QE-19 (1983), 1397
[2.60] Tucker, R.S.: Large-signal circuit model for simulation of injection laser modulation dynamics. IEEE Proc. I 28 (1981), 180

Literatur zu Abschnitt 3

[3.1] Melchior, H.: Demodulation and photodetection techniques. In Arecchi, F.T. and Schulz-Debois, E.O. (Eds.), Laser Handbook Vol. 1, North-Holland, Amsterdam 1972, 725
[3.2] Lee, T.P.; et al.: Photodetectors. In Miller, E.W. and Chynoweth, A.G. (Eds.), Optical fiber communications. Academic Press, New York 1979
[3.3] Smith, R.G.; et al.: Receiver design for optical fiber communication systems. In Kressel, H. (Eds.) Topics in Applied Physics Vol. 39. Springer Verlag, Berlin 1980, 89
[3.4] Metz, S.: Eigenschaften und Entwicklungstendenzen schneller Photodetektoren für die optische Nachrichtenübertragung. NTZ 29 (1976), 127
[3.5] Rywkin, S.M.: Photoelektrische Erscheinungen an Halbleitern. Akademie Verlag, Berlin 1965
[3.6] Smith, R.A.; et al.: The detection and measurement of infrared radiation. Oxford University Press 1968, Absch. 5.9
[3.7] Kingston, R.H.: Detection of optical and infrared radiation. Springer Verlag, Berlin 1978
[3.8] Schlachetzki, A.; et al.: Photodiodes for optical communiation. Frequenz 33 (1979), 283

[3.9] Sun, C. et al: A new semiconductor device - the gate - controlled
photodiode: device concept and experimental results. IEEE J. Quant.
El. QE-26(1989), 896
[3.10] Mort, J. et al.: Photoconductivity and related phenomena.
Elsevier, N.Y. 1976
[3.11] Tang, B.T.: Semiconductors used in optoelectronic devices - an
overview. Journ. of El. Mat. 4 81975), 1229
[3.12] Müller, J.: Photodioden for optical communication. In Advances in
Electronics and Electron Physics 55 (1981), 183
[3.13] Brennan, K.: Comparison of multiquantum well, graded barrier and
doped quantumwell GaInAs/AlInAs avalanche photodiodes - a theoretical approach. IEEE J. Quant. El. QE-23 (1987), 1273
[3.14] Stillman, G.E.; et al.: III-V-compound semiconductor devices:
optical detectors. IEEE Trans. ED-31 (1984), 1643
[3.15] Kimura, T.; et al.: Improved avalanche photodiodes for long
wavelength optical fiber systems, Jap. J. appl. Phys. 21 (1982),
Suppl. 21-1, 339
[3.16] Lucovsky, G.; et al.: Coherent light detection in solid state
photodiodes. Proc. IEEE 51 (1963), 166
[3.17] Emmons, R.B.; et al.: The frequency response of avalanching
photodiodes. IEEE Trans. ED-13 (1966), 297
[3.18] Stillman, G.E.; et al.: InGaAsP photodiodes. IEEE Trans. ED-30
(1983), 364
[3.19] Burrus,C.A.; et al.: InGaAsP PIN photodiodes with low dark current
and small capacitance. El. lett. 15 (1979), 655
[3.20] Müller, J.: Thin silicon film PIN photodiodes with internal
reflection. IEEE Trans. ED-25 (1978), 247
[3.21] Lee, D. et al.: A low dark current high speed GaAs/Al$_{0.3}$Ga$_{0.7}$As
heterostructure Schottky barrier photodiode. IEEE J. Quant. El.
QE-25 (1989), 858
[3.22] Lee, T.P.; et al.: Zn-diffused back-illuminated pin-photodiodes in
InGaAs/InP grown by molecualr beam epitaxy. Appl. Phys. lett. 37
(1980), 730
[3.23] Webb, P.P.; et al.: Properties of avalanche photodiodes. RCA Rev.
35 (1974), 234
[3.24] Susa, N.; et al.: Characteristics in InGaAs/InP-avalanche photodiodes with separated absorption and multiplication regions. IEEE
J. Quant. El. QE-17 (1981), 243
[3.25] Hsieh, H. et al:: Avalanche buildup time of an InP/InGaAsP/InGaAs
APD at high gain. IEEE J. Quant. El. QE-25 (1989), 200
[3.26] Takanashi, Y.; et al.: 1.3 μm (InGa)(AsP) avalanche photodiodes.
J. of Opt. comm. 1 (1980), 51
[3.27] Susa, H.C.: Punch through type InGaAs photodetector fabricated by
vapor-phase epitaxy. IEEE J. Quant. El. QE-16 (1980), 542
[3.28] Card, H.C.: Photovoltaic properties of MIS-Schottky-barriers. Sol.
State El. 20 (1977), 971
[3.29] Lavagna, M.; et al.: Theoretical analysis of quantum yield in
Schottky diodes. Sol. State El. 20 (1977), 235
[3.30] Soole, J. et al.: In GaAs Metal-Semiconductor-Metal-Photodetektor
for long Wavelength optical communications. IEEE J. Quant. El. QE-
27 (1991). 1476
[3.31] Jayson, J.S.; et al.: Opto-Isolator. In Wolfe, R. (Ed.), Applied
Solid State Science Vol. 6. Academic Press, N.Y. 1976, 119

[3.32] Brain, M.C.; et al.: Phototransistor,APD-FET and PIN-FET optical receivers for 1-1.6 μm wavelength. IEEE Trans. ED-30 (1983), 390

[3.33] Larsson, A. et al.: Tunable superlattice pin-photodetectors characteristics, theory, applications. IEEE J. Quant. El. QE-24 (1988), 787

[3.34] Nin, H.; et al.: Lateral photovoltaic effect in MOS-structures. Jap. J. appl. Phys. 17 (1978), 1873

[3.35] Sakai, Sh.; et al.: InGaAsP/InP phototransistor-based detectors. IEEE Trans. ED-30 (1983), 404

[3.36] Campbell, J.C.; et al.: Optical comparator: a new application for avalanche phototransistor. IEEE Trans. ED-30 (1983), 408

[3.37] Campbell, J.C.; et al.: Heterojunction phototransistors for long-wavelength optical receivers. J. appl. Phys. 53 (1982), 1203

[3.38] Milano, R.A.; et al: An analysis of the performance of hetero-junction phototransistors for fiber optic communication. IEEE Trans. ED-29 (1982), 266

[3.39] Silber, D.; et al.: Progress in light activated power thyristors. IEEE TRans. ED-23 (1976), 899

[3.40] Mori, H.; et al.: An optically-coupled high-voltage pnpn-cross-point array. IEEE J. Sol. State Cir. SC-14 (1979), 998

[3.41] Nordstrom, R.A.; et al.: The field effect modified transistor: a high-responsivity photosensor. IEEE J. Sol. State Circ. SC-7 (1972), 411

[3.42] Sugawa, Y.; et al.: Integrated photo-coupled semiconductor cross-point switches. Jap. J. appl. Phys. 18 (1978), Suppl. 18.1, 405

[3.43] Gammel, J.C.; et al.: A photoconductive detector for high-speed fiber communcation. IEEE Trans. ED-28 (1981), 841

[3.44] Noad, J.P.; et al.: FET-photodetectors - a combined study using optical and electron-beam stimulation. IEEE Trans. ED-29 (1982), 1792

[3.45] Sher, A.; et al.: Si and GaAs photocapacitive MIS infrared detectors. J. appl. Phys. 51 (1980), 2137

[3.46] Forbes, L.; et al.: Characteristics of the indium-doped infrared sensing MOSFET (IRFET). IEEE Trans. ED-23 (1976), 1272

[3.47] Yamaguchi, E.; et al.: Optically-gated InP-MISFET: a new high-gain optical detector. Jap. J. appl. Phys. 21 (1982), 104

[3.48] Lester, T.P.; et al.: A new MOS photon-counting sensor operating in the above-breakdown-regime. IEEE Trans. ED-31 (1984), 1420

[3.49] Sugeta, T.; et al.: High speed photoresponse mechanism of a GaAs-MESFET. Jap. J. appl. Phys. 19 (1980), L 27

[3.50] Kan, H.: et al.: New structure GaP-GaAlP-heterojunction cold cathode. IEEE Trans. ED-26 (1979), 1759

[3.51] Martinelli, R.U.; et al.: The application of semiconductors with negative electron affinity surfaces to electron emission devices. Proc. IEEE 62 (1974), 1339

[3.52] DelaMoneda, F.H.; et al.: Noise in phototransistors. IEEE Trans. ED-18 (1971), 340

[3.53] Müller, R.: Rauschen. Springer Verlag, Berlin 1987

[3.54] Personick, S.D.: Receiver design for digital fiber optic communication systems I and II. Bell Syst. Tech. J. 52 (1973), 843

[3.55] Landsberg, P.T.: An introduction to the theory of photovoltaic cells. Sol. State El. 18 (1975), 1043

[3.56] Hall, R.N.: Silicon photovoltaic cells. Sol. State El. 24 (1981), 595

-468-

[3.57] Fonash, S.J.: Photovoltaic devices. CRC Critical Rev. in Sol. State and Materials Sciences (1980), 107

[3.58] Loferski, J.J.: Theoretical considerations governing the choice of the optimum semiconductor for photovoltaic solar energy conversion. J. appl. Phys. 27 (1956), 777

[3.59] Henry, C.H.: Limiting efficiency of ideal single and multiple energy gap terrestrial solar cells. J. appl. Phys. 51 (1980), 4494

[3.60] Arndt, R.A.; et al.: Optical properties of the COMSAT-non-reflective cell. 11th IEEE Photo Conf. N. Y. (1975), 40

[3.61] Fossum, J.G.; et al.: Physics underlying the performance of back-surface-field solar cells. IEEE Trans. ED-27 (1980), 785

[3.62] Lindmayer, J.; et al.: The violet cell: an improved silicon solar cell. 9th IEEE Photo-Conf. N. Y. (1972), 83

[3.63] Chappell, T.I.: The V-groove multijunction solar cell. IEEE Trans. Ed-26 (1979), 1091

[3.64] Bedair, S.M.; et al.: Material and device considerations for cascade solar cells. IEEE Trans. ED-27 (1980), 827

[3.65] Yukimoto, Y.: Research advances for GaAs solar cells. J. El. Eng. (Tokyo) 19 (1982), 39

[3.66] Yang, H.T.; et al.: Barrier high enhancement in heterojunction Schottky-barrier solar cells. IEEE Trans. ED-27 (1980), 851

[3.67] Shannon, J.M.: Control of Schottky-barrier-high using highly doped surface layers. Sol. State El. 19 (1976), 537

[3.68] Carlson, D.E.: Amorphous silicon solar cells. IEEE Trans. ED-24 (1977), 449

[3.69] Plättner, R.D., et al.: Properties of amorphous silicon solar cells. Siemens For. u. Entw.-Ber. 11 (1982), 284

[3.70] Rajkanan, K.; et al.: Open circuit voltage and interface study of silicon MOS solar cells. IEEE Trans. ED-27 (1979), 250

[3.71] Pulfrey, D.: MOS-Solar cells: a review. IEEE Trans. ED-25 (1978), 1308

[3.72] Ng, K.K.; et al.: A comparison of majority and minority silicon MIS-solar cells. IEEE Trans. ED-27 (1979), 716

Literatur zu Abschnitt 4

[4.1] Bussolati, C.; et al.: An optoelectronic switch for low level analog applications. IEEE Trans. IM-26 (1977), 105

[4.2] Gage, S.; et al.: Optoelectronics application manual. McGraw Hill, N. Y. 1977

[4.3] Takahashi, H.: Optically controllable S-type negative resistance presented by a combinational connection of photocoupled FET's. IEEE Trans. ED-30 (1983), 647

[4.4] Vettiger, P.: Linear signal transmission with optocouplers. IEEE J. Sol. State Circ. SC-12 (1977), 298

Literatur zu Abschnitt 5

[5.1] Kao, C.: Fiber optics research an development in the 1980's. Jap. J. appl. Phys. 20 (1981), Suppl. 20-1, 169

[5.2] Deri, R.: Low-loss. III-V semiconductor optical waveguides. IEEE J.Quant. El. QE-27 (1991), 626

[5.3] Unger, H.G.: Optische Nachrichtentechnik. Hüthig Verlag 1984

[5.4] Koch, T.: Semiconductor Photonic integrated circuits. IEEE J.Quant.
El. QE-27 (1991), 641

[5.5] Mentzer, M.: Principles of optical circuit engineering. Markel
Dekker Inc. New York 1990

[5.6] Walker, R.: High-speed III-V semiconductor Intensity modulators.
IEEE J. Quant. El. QE-27 (1991), 654

[5.7] Li, T.: Structure, parameters and transmission. Properties of optical fibers. Proc. IEEE 68 (1980), 1175

[5.8] Botez, D.; et al.: Components for optical communications systems- a
review, Proc. IEEE 68 (1980), 689

[5.9] Giles, C.: Quantum well SEED optical oscillators. IEEE J. Quant.
El. QE-26 (1990), 51

[5.10] Unger, H.G.: Planar optical waveguides and fibres. Clarendon
Press, Oxford 1977

[5.11] Forrest, S.R.: Optoelectronic integrated circuits. Proc. IEEE 75
(1987),1488

[5.12] Heinlein, W.: Grundlagen der faseroptischen Übertragungstechnik.
Teubner Verlag, Stuttgart 1985

[5.13] Tietgen, K.H.: Probleme der Topographie integrierter optischer
Schaltungen. Frequenz 35 (1981), 247

[5.14] Li, T.: Optical fibre communications - The state of the art. IEEE
Trans. Comm. 26 (1978), 946

[5.15] Yariv, A.: The beginning of integrated optoelectronic. IEEE Trans.
ED-31 (1984), 1656

[5.16] Forrest, S.R.: Monolithic optoelectronic integration: a new compo-
nent technology for lightwave communications. IEEE J. L. Techn.
LT-3(1985), 1248

[5.17] Bar-Chaim, N.; et al.: GaAs integrated optoelectronics. IEEE
Trans. ED-29 (1982), 1372

[5.18] Suematsu, Y.: Long-wavelength optical fiber communication. Proc.
IEEE 71 (1983), 692

[5.19] Ando, H.: Nonlinear absorption in nipi-MQW-structures. IEEE
J. Quant. El. QE-25(1989), 2135

[5.20] Grothe, H.; et al.: Selfpulsing conditions for semiconductor
laserdiodes with saturable absorber. AEÜ 37 (1983), 56

[5.21] Chemla, D.: Modulation of absorptionin field-effect quantum well
structures. IEEE J. Quant. El. QE-24 (1988), 1664

[5.22] Bennett, B.: Electro fraction and electroabsorption in InP, GaAs,
GaSb, InAs und InSb. IEEE J. Quant. El. QE-23 (1987), 2159

[5.23] Chen, R. et al.: GaAs-GaAlAs heterostructure single-mode channel-
waveguide cutoff modulator and modulator array. IEEE J. Quant. El.
QE-23 (1987), 2205

[5.24] Eimerl, D.: Crystal symmetry and the electrooptic effect. IEEE
J. Quant. El. QE-23 (1987), 2104

[5.25] Erman, M. et al.: Optical circuits and integrated detectors. IEE
Proc. J. 138 (1991), 101

[5.26] Wada, O. et al.: Recent progress in optoelectronic integrated
circuits (OEIC's). IEEE J. Quant. El. QE-22 (1986), 805

[5.27] Miller, D.A. et al.: The quantum well self-electrooptic effect
device: optoelectronic bistability and oscillation, and self-
linearized modulation. IEEE J. Quant. El. QE-21 (1985), 1462

Sachwortverzeichnis

Absorption 56, 64, 70, 124, 318
Absorption durch freie Ladungsträger 75
Absorption durch Gitterschwingung 75
Absorptionskante 77, 79
Absorptionskoeffizient 31, 34, 68, 90, 422
Absorptionsmechanismus 74, 81, 208
Abstrahlcharakteristik 128
Akzeptanzwinkel 379
AM-Wert 58
Analogmodulation 446
Ankopplung, optische 369
Ansteuerschaltung 137, 145, 155
Antireflexschicht 236, 253
Anzeige, alphanumerische 142
Anzeige, passive 139
Apertur, numerische 379
Ausbreitungsgeschwindigkeit 21
Ausgangsspektrum 183
Ausleseverfahren 327
Ausstrahlung, spezifische spektrale 53
Austrittsarbeit 295
Bandkantenverschmierung 80
Beleuchtungsstärke 97, 280
Bereich, sichtbarer 19
Besetzungsinversion 65, 67, 84, 162, 164
Bestrahlungsstärke 95
Beziehung, Fresnelsche 39
Bilanzgleichung 169, 187
Bildaufnahmeeinheit 327
Bistabilität, absorptive 437
Bistabilität, dispersive 437
Bistabilität, optische 435
Brechung 36
Brechungsindex 22, 42, 77, 90, 103, 200, 379, 393, 437
Brechungsindex, komplexer 32
Brechungsindexprofil 379
Brewster-Bedingung 42
Confinement 103, 168, 176
Confinement-Faktor 400
Dämpfung 384
Datenrate 351
DBR-Laser 195, 203
Dember-Effekt 291
Destriau-Effekt 63

Destriau-Zelle 158
Detektivität 308
Detektor, pyroelektrischer 293
Detektor, thermischer 215, 292
DFB-Laser 195, 203
Diagramm, -ß-, normiertes 396
Dielektrizitätszahl, komplexe 32
Differenzoptokoppler 362
Digitalmodulation 447
Direktempfang 310
Dispersion 22, 31, 384
Display 137, 143
Dunkelstrom 237
Dunkelleitfähigkeit 226
Dünnfilmwellenleiter 371
Durchgreifdiode 266
Durchlässigkeit 374
Effekt, äußerer fotoelektrischer 295
Effekt, elektrooptischer 415
Effekt, fotoelektrischer 25
Eigenabsorption 74
Eigenwelle 381
Eigenwertgleichung 393
Eindringtiefe 19
Einfallswinkel 42
Einstein-Beziehung 67
Einstein-Koeffizient 65, 170
Elektroabsorption 420
Elektrolumineszenz 62
Elektrolumineszenzanzeige 157
Elektronenaffinität 296
Elektronenaffinität, negative 296
Elektronengas, quasizweidimensionales 207, 228
Elektroreflektanzmodulator 421
Emission 56
Emission, induzierte 65
Emission, stimulierte 84, 162
Emissionsprozeß 63
Empfindlichkeit 217, 298
Empfindlichkeit, spektrale 95, 239, 240
Energieflußdichte 34
Energiequant 24
Extinktionskoeffizient 32
Exziton 29, 76
Fabry-Perot-Bedingung 48
Fabry-Perot-Resonator 166, 443
Faserparameter 381
Fenster, atmosphärisches 374

Fenster, optisches 193
Fenstereffekt 267
Filmwelle 393
Flächenemitter 128
Flächensensor 341
Flächenstrahler 112
Foto-MOS-Kondensator 333
Fotoarray 327
Fotobipolartransistor 279
Fotodarlington-Transistor 284
Fotodiode 232, 238
Fotodiode, positionsempfindliche 273
Fotodiodenmatrix 328
Fotoduodiode 282
Fotoeffekt, äußerer 219, 252
Fotoeffekt, innerer 219, 252
Fotoeffekt, lateraler 274
Fotoeffekt, vertikaler 274
Fotoelement 238, 245
Fotoemitter 296
Fotofeldeffekttransistor 285
Fotogeneration 76
Fotokatode 296
Fotoleiter 221
Fotoleitung 77, 220
Fotolumineszenz 62
Fotosensor 238
Fotospannung 233
Fotosperrschichteffekt 233, 279
Fotostrom 223
Fotothyristor 288
Fototransistorkoppler 354
Franz-Keldysh-Effekt 420
Frequenzmodulation 446
Fresnel-Reflexion 124
Füllfaktor 177, 315
Fundamentalabsorption 74, 76
Generations-Rekombinationsrauschen 301
Generationsrate 257
Gesetz, Kirchhoffsches 53
Glasfaserkabel 371, 405
Gleichung, Maxwellsche 29
Gradientindexprofil 380, 382
Grenzfrequenz 250, 351
Grenzwellenlänge 80, 217, 281
Grenzwinkel 392
GRINSCH-Struktur 210
Größe, fotometrische 93
Größe, radiometrische 93
Großsignalmodulation 190
Gruppengeschwindigkeit 389
Halbleiter-Fotovervielfacher 272
Halbleiterfotokatode 295

Halbleitermaterial 192, 193, 222, 246
Heißelektronenbolometer 292
Hellempfindlichkeitsgrad 96
Helligkeit 139
Helligkeitseindruck 19
Heterodiode 248, 266
Heterofototransistor 284
Heterosperrschicht-Laserdiode 195
Hintergrundrauschen 298
Hochleistungs-LED 128
Hohlraumstrahlung 26
Hystereseeffekt 436
Infrarotbereich 19
Infrarottonübertragung 376
Injektionslumineszenz 62, 98, 163
Integralbetrieb 281
Intensitätsreflexionsfaktor 41
Intensitätsverteilung 28
Intrabandabsorption 74, 82
Interferenz 47
Intrabandfotoleitung 227
Inversionsschicht-Fotodiode 273
Ionisationskoeffizient 256
Isolationsspannung 352
Isolationsverstärker 363
Kantenemitter 129
Kathodolumineszenz 62
Kernwelle 377
Kerr-Effekt 416
Kohärenz 47, 50
Kohärenzlänge 50
Kohärenzzeit 50
Konstante, optische 90
Kontrastverhältnis 139
Körper, schwarzer 54
Kramer-Kronig-Beziehung 32
Kristallimpuls 25
Kunststofflichtleiter 387
Kurzschlußfotostrom 233
Kurzstreckenübertragung 374, 456
Ladungsinjektionselement 333
Ladungsinjektionssensor 336
Ladungsspeicherprinzip 330
Ladungstransfer-Prinzip 327
Ladungstransfersensor 338
Laser 162
Laser, gewinngeführter 184
Laser, indexgeführter 184
Laserbedingung 167, 163
Laserbedingung, erste 164
Laserbedingung, zweite 165
Laserdiode, gewinngeführte 200
Laserdiode, indexgeführte 200

Laserdiodenarray 205
Lawinen-Fotodiode 255
Lawinendurchbruch 259
Lawineneffekt 136, 255
LCD-Anzeige 151
LED 98
Leuchtband-Anzeige 161
Leuchtdiode 98
Leuchtwirkungsgrad 111
Licht 20
Lichtemitter 14
Lichtgeschwindigkeit 21, 26
Lichtleiter 371, 376
Lichtstrom 108
Lumineszenzstrahlung 52, 60
Mach-Zehner-Modulator 419
Mantelwelle 377
Material 256
Materialdispersion 388
Matrixorganisation 141
Mehrfachquanten-Grabentechnik 193
Mehrfachreflexion 48
Mischkristall 80, 119
Mittelstreckenübertragung 457
Moden 393
Modendispersion 381, 389
Modenordnungsindex 168
Modenwelle 381
Modezahl 407
Modulation 445
Modulationsgrenzfrequenz 114, 189,
 243
Modulationsverhalten 187
Modulator 412
Monomodefaser 382
MOS-Diode 135
MOS-Feldeffekttransistor 287
MOS-Fotodetektor 272
MOS-Solarzelle 326
Mott-Barrieren-Fotodiode 254
Multiplexansteuerung 141
Multiplexanzeige 148
Multiplikationsfaktor 256, 258, 306
Multiquantenstruktur 421
Nachweisgrenze 308
NEP-Wert 308
Oberflächenkoppler 410
Optik, geometrische 52
Optik, integrierte 391, 409
Optik, nichtlineare 435
Optoelektronik 12
Optoelektronik, integrierte 425
Optoisolator 346
Optokoppler 14, 346

Optokoppler, integrierter 355
Optronik 12
Oszillator, atomarer 22
PEM-Detektor 290
Phasengeschwindigkeit 31, 38, 45
Phasenmaß 31
Photon 24
Photon-Drag-Detektor 291
Photonendetektor 215
PIN-Absorptionsmodulator 421
PIN-Diode 244
PIN-Fotodiode 248
Planarstruktur 123
Pockels-Effekt 416
Polarisation 34
Potentialtopf 206
Poyting-Vektor 34, 40, 399
Punktanzeige 142, 149
Putley-Detektor 291
Quantenausbeute 103, 234
Quantenrauschen 300
Quantentopf 206
Quantenwirkungsgrad 105, 169, 223,
 236
Quasianaloganzeige 160
Raumladungszone 233
Raumwelle 377, 392
Rauschen, thermisches 299
Rauschleistung 299
Rauschleistung, äquivalente 298, 308
Reflexion 29, 36
Reflexionsgrad 56
Reflexionskoeffizient 39
Reflexionsverlust 318
Rekombination 63, 65
Rekombination, strahlende 70
Rekombinationslebensdauer 115
Rekombinationsstrahlung 63, 173
Relais, optoelektronisches 347
Repeater 371
Resonanzbedingung 204
Resonanzbedingung, transversale 394
Resonator, optischer 165
Richtkoppler 409
Rückkopplung, verteilte 203
SAM-APD 268
Schalter 424
Schalter, optischer 442
Schaltung, integrierte optische 14,
 408
Schaltung, optoelektronische 16
Schichtdicke 395
Schottky-Diode 134
Schottky-Fotodiode 252

Schottky-Gate-Feldeffekttransistor 287
Schottky-Solarzelle 324
Schrödingergleichung 27
Schrotrauschen 302
Schwellstrom 165, 181
Schwellstromdichte 172
Schwellverstärkung 174
Schwingung, kohärente 22
SEED 443
Selbstabsorption 101
Sensor, linearer 341
Solarkonstante 58
Solartechnik 326
Solarzelle 238, 313
Solarstrahlung 57
Spannungsempfindlichkeit 225
Spektralbreite 110
Stefan-Boltzmann-Gesetz 54
Stefan-Boltzmann-Konstante 54
Stirnflächenkoppler 411
Störstellenabsorption 75
Störstellenfotoleitung 227
Strahlenoptik 52, 376
Strahlung, elektromagnetische 19
Strahlung, optische 19
Strahlungdiagramm 103
Strahlungsabsorption 123
Strahlungsdetektor 14, 215
Strahlungsdichte 66
Strahlungsempfänger 213
Strahlungsenergie 93
Strahlungserzeugung 52
Strahlungsfluß 27, 93
Strahlungsgesetz, Plancksches 54
Strahlungskennlinie 179
Strahlungsleistung 27, 105, 107, 237
Strahlungssender 14
Strahlungsstärke 95
Strahlungsverteilung 28
Streifenlaser 199
Streifenleiter 400
Stromempfindlichkeit 224, 281
Stromübertragungsverhältnis 350
Stufenindexprofil 380
Substratwelle 392
Supergitter 269
Supermoden 205
Superstrahlung 165
TE-Moden 397
TE-Welle 38
Teilchencharakter 17, 23
Temperaturstrahlung 52
TM-Welle 38, 397

Totalreflexion 43, 45, 126, 379, 392
Transferlänge 410
Transmission 29, 125
Transmissionsfaktor 39, 42
Transmissionsfenster 386
Transparenzdichte 171
Überlagerungsprinzip 310
Übertragungsbandbreite 388
Übertragungsglied, optisches 16
Übertragungskennlinie 350
Übertragungslänge 455
Übertragungsstrecke 11
Übertragungssystem, optisches 369, 444, 448
Übertragungsverluste 384
Ultraviolettbereich 19
Vecht-Zelle 158
Verschiebungsgesetz, Wiensches 55
Verstärker, optischer 439
Verstärkung 223
Verstärkungs-Bandbreiteprodukt 264, 283
Verstärkungskoeffizient 87
Verzögerungszeit 190
Wärmestrahlung 52
Weitstreckenübertragung 458
Welle, ebene 30
Welle, elektromagnetische 29
Wellencharakter 17
Wellengleichung 30
Wellenlänge 21
Wellenleiter, optischer 198, 403
Wellenleiterdispersion 388
Wellenleiterkern 376
Wellenleitermantel 376
Wellenoptik 22
Wellenvektor 30, 393
Wirkungsgrad 317
Zentrum, isoelektrisches 82
Zündung, optische 289
Zyklotronresonanzdetektor 292

Teubner Studienbücher

Physik

Becher/Böhm/Joos: **Eichtheorien der starken und elektroschwachen Wechselwirkung**
2. Aufl. DM 39,80

Berry: **Kosmologie und Gravitation.** DM 26,80

Bopp: **Kerne, Hadronen und Elementarteilchen.** DM 34,–

Bourne/Kendall: **Vektoranalysis.** 2. Aufl. DM 28,80

Büttgenbach: **Mikromechanik.** DM 32,–

Carlsson/Pipes: **Hochleistungsfaserverbundwerkstoffe.** DM 28,80

Constantinescu: **Distributionen und ihre Anwendung in der Physik.**
DM 23,80

Daniel: **Beschleuniger.** DM 28,80

Engelke: **Aufbau der Moleküle.** DM 38,–

Fischer/Kaul: **Mathematik für Physiker**
Band 1: Grundkurs. 2. Aufl. DM 48,–

Goetzberger/Wittwer: **Sonnenenergie.** 2. Aufl. DM 29,80

Gross/Runge: **Vielteilchentheorie.** DM 39,80

Großer: **Einführung in die Teilchenoptik.** DM 26,80

Großmann: **Mathematischer Einführungskurs für die Physik.**
6. Aufl. DM 36,80

Grotz/Klapdor: **Die schwache Wechselwirkung in Kern-, Teilchen- und Astrophysik.** DM 45,–

Heil/Kitzka: **Grundkurs Theoretische Mechanik.** DM 39,–

Henzler/Göpel: **Oberflächenphysik des Festkörpers.** DM 59,80

Heinloth: **Energie.** DM 42,–

Kamke/Krämer: **Physikalische Grundlagen der Maßeinheiten.** DM 26,80

Kleinknecht: **Detektoren für Teilchenstrahlung.** 2. Aufl. DM 29,80

Kneubühl: **Repetitorium der Physik.** 4. Aufl. DM 48,–

Kneubühl/Sigrist: **Laser.** 3. Aufl. DM 44,80

Kopitzki: **Einführung in die Festkörperphysik.** 2. Aufl. DM 44,–

Kunze: **Physikalische Meßmethoden.** DM 28,80

Lautz: **Elektromagnetische Felder.** 3. Aufl. DM 32,–

Lindner: **Drehimpulse in der Quantenmechanik.** DM 28,80

Lohrmann: **Einführung in die Elementarteilchenphysik.** 2. Aufl. DM 26,80

Lohrmann: **Hochenergiephysik.** 3. Aufl. DM 34,–

Mayer-Kuckuk: **Atomphysik.** 3. Aufl. DM 34,–

B. G. Teubner Stuttgart

Teubner Studienbücher

Physik

Mayer-Kuckuk: **Kernphysik.** 4. Aufl. DM 39,80

Mommsen: **Archäometrie.** DM 38,–

Neuert: **Atomare Stoßprozesse.** DM 28,80

Nolting: **Quantentheorie des Magnetismus**
Teil 1: Grundlagen, DM 38,–
Teil 2: Modelle, DM 38,–

Raeder u. a.: **Kontrollierte Kernfusion.** DM 42,–

Rohe: **Elektronik für Physiker.** 3. Aufl. DM 29,80

Rohe/Kamke: **Digitalelektronik.** DM 28,80

Schatz/Weidinger: **Nukleare Festkörperphysik.** DM 34,–

Schlachetzki: **Halbleiter-Elektronik.** DM 44,80

Schmidt: **Meßelektronik in der Kernphysik.** DM 28,80

Spatschek: **Theoretische Plasmaphysik.** DM 44,80

Theis: **Grundzüge der Quantentheorie.** DM 34,–

Walcher: **Praktikum der Physik.** 6. Aufl. DM 38,–

Wegener: **Physik für Hochschulanfänger.** 3. Aufl. DM 48,–

Wiesemann: **Einführung in die Gaselektronik.** DM 34,–

Preisänderungen vorbehalten.

B. G. Teubner Stuttgart

Kopitzki
Einführung in die Festkörperphysik

Eine Vorlesung über Festkörperphysik gehört heute an allen Universitäten und Technischen Hochschulen zu den Pflichtveranstaltungen für Physikstudenten nach Abschluß des Vordiploms. Der Umfang des Stoffangebots ist hierbei allerdings sehr unterschiedlich und hängt im allgemeinen von den Forschungsschwerpunkten an der jeweiligen Hochschule ab. Dieses Buch ist insbesondere für solche Studenten vorgesehen, die eine Beschäftigung mit der Festkörperphysik zwar nicht zum Schwerpunkt ihrer physikalischen Ausbildung machen wollen, jedoch mit den grundlegenden Gesetzmäßigkeiten und Betrachtungsweisen in der Festkörperphysik vertraut werden möchten. Die behandelten Themen werden in einer straffen und möglichst exakten Darstellungsweise angeboten. Sie werden in der vorliegenden zweiten Auflage des Buches durch je ein Kapitel über Supraleitung und Legierungen ergänzt.

Zum Verständnis des Buches werden neben einem physikalischen Grundwissen, wie es von einem Physikstudenten bis zum Vordiplom erworben wird, elementare Kenntnisse in der Atomphysik und der Quantenmechanik benötigt. Ergebnisse aus der Thermodynamik und Statistik, die in diesem Buch benutzt werden, sind im Anhang kurz erläutert.

Von Prof. Dr.
Konrad Kopitzki,
Universität Bonn

2., überarbeitete und erweiterte Auflage. 1989. 392 Seiten mit 275 Bilder. 13,7 x 20,5 cm. Kart. DM 44,–
ISBN 3-519-13083-1

(Teubner Studienbücher)

Preisänderungen vorbehalten.

B. G. Teubner Stuttgart

Schlachetzki
Halbleiter-Elektronik

Grundlagen und moderne Entwicklung

Seit der Erfindung des Transistors hat sich
die Elektronik nahezu vollständig zu einer
Halbleiter-Elektronik entwickelt. Deren
enormer wirtschaftlicher und gesellschaft-
licher Einfluß zeigt sich insbesondere
in der Mikroelektronik, die die Technologien
integrierter Schaltungen nutzt.
Ausgehend von den Grundlagen der
Halbleiter, werden die Funktionen der
wichtigsten Bauelemente – auch in ihren
modernen Bauformen – entwickelt und
dann die integrierten Schaltungen erläutert.
Darüber hinaus werden Heterostrukturen
besprochen, die mit der Entwicklung von
III/V-Halbleitern, wie z. B. Galliumarsenid und
seinen Legierungen, möglich geworden sind.
Sie haben vorzugsweise in optoelektronischen Bauelementen, wie etwa den Laserdioden, weitverbreitete Anwendung gefunden. Schließlich werden die wichtigsten
Sätze behandelt, die das Verhalten elektronischer Netzwerke verständlich machen. Das
Buch wendet sich an Leser, die die Entwicklungen der modernen Halbleiter-Elektronik
verstehen wollen. Dabei wird ein Wissens-
stand vorausgesetzt, wie er bis zum
Vordiplom in der Elektrotechnik oder Physik
vermittelt wird.

Aus dem Inhalt:

Grundlagen der Halbleiterphysik – Halbleiter-
übergänge – Bipolartransistor, Thyristor und
Feldeffekttransistor sowie ihre modernen
Bauformen – Optoelektronische Bauelemente – Analoge und digitale Grundschaltungen – Rauschen – Integrierte
Schaltungen und ihre wichtigsten Bauformen.

Von Prof. Dr.
Andreas Schlachetzki,
Technische Universität
Braunschweig

1990. 403 Seiten
mit zahlreichen Bildern
13,7 x 20,5 cm.
Kart. DM 44,80.
ISBN 3-519-03070-5

(Teubner Studienbücher)

Preisänderungen vorbehalten.

B. G. Teubner Stuttgart

Henzler / Göpel

Oberflächenphysik des Festkörpers

Die obersten Atomlagen eines Festkörpers spielen eine immer wichtigere Rolle nicht nur in der Grundlagenforschung sondern auch in zahlreichen Anwendungen wie Halbleitertechnologie, heterogene Katalyse, Korrosion u. a. In dem Buch werden die physikalischen Grundlagen für strukturelle und elektronische Eigenschaften einschließlich der zu ihrer experimentellen Bestimmung erforderlichen Meßmethoden dargestellt.

Aus dem Inhalt

Experimentelle Voraussetzungen und Hilfsmittel – Geometrische Struktur – Elektronische und vibronische Struktur von Oberflächen – Wechselwirkungen von Oberflächen mit Atomen und Molekülen – Anwendungsbeispiele aus der allgemeinen Materialforschung

Von Prof. Dr. **Martin Henzler,** Universität Hannover, und Prof. Dr. **Wolfgang Göpel,** Universität Tübingen unter Mitwirkung von Christiane Ziegler, Tübingen

1991. 641 Seiten mit 374 Bildern. 13,7 x 20,5 cm. Kart. DM 59,80. ISBN 3-519-03047-0

(Teubner Studienbücher)

Preisänderungen vorbehalten.

B. G. Teubner Stuttgart

Paul
Elektronische Halbleiterbauelemente

Knappe, praxisbezogene Übersicht der physikalischen Grundlagen und elektrischen Eigenschaften der wichtigsten Halbleiterbauelemente. Physikalisch-elektronische Vorgänge in Halbleiterstrukturen. Typische Halbleitergrundstrukturen: pn-Übergänge, Hetero- und Schottkyübergänge, Anwendung solcher Strukturen zu verschiedenen Dioden, Diodeneigenschaften, Bipolartransistoren und ihre wichtigsten Eigenschaften, Transistorarten. Thyristoren, Diacs, Triacs, Anwendungen, Sperrschicht-. Schottkygate- und High-mobility-Feldeffekttransistoren, MOS-Kondensator und MOS-Feldeffekttransistoren, Ladungstransferelemente, Dielektrische Dioden, Gunnelemente. Besonderes Gewicht wurde auf die SPICE-Modelle der wichtigsten Bauelemente gelegt.

Angesprochen werden Studenten elektrotechnischer Fachrichtungen an Universitäten und Fachhochschulen, aber auch in der Praxis stehende Ingenieure und Physiker.

Von Prof. Dr.-Ing.
Reinhold Paul,
Technische Universität
Hamburg-Harburg

2., überarbeitete und
erweiterte Auflage.
1989. 530 Seiten mit
277 Bildern und 30 Tafeln.
12,7 x 18,8 cm.
Kart. DM 27,80
ISBN 3-519-10112-2

(Teubner Studienskripten,
Band 112)